Ersatz- und Ergänzungsmethoden zu Tierversuchen

Herausgegeben von

H. Schöffl
H. Spielmann
H. A. Tritthart

Springer-Verlag Wien New York

H. Schöffl, H. Spielmann, H. A. Tritthart, K. Cußler,
U. Fuhrmann, A. F. Goetschl, F. P. Gruber, C. Heusser,
H. Möller, H. Ronneberger, A. Vedani (Hrsg.)

Forschung ohne Tierversuche 1995

Springer-Verlag Wien New York

Harald Schöffl
AFTF – Arbeitskreis für die Förderung von tierversuchsfreier Forschung, A-Linz
Prof. Dr. med. Horst Spielmann
BgVV – Bundesinstitut für gesundheitlichen Verbraucherschutz und Veterinärmedizin, D-Berlin
Prof. Dr. med. Helmut A. Tritthart
Karl-Franzens-Universität, A-Graz
Dr. med. vet. Klaus Cußler
PEI – Paul-Ehrlich-Institut, D-Langen
Dr. Ulrike Fuhrmann
Schering AG, D-Berlin
Dr. iur. Antoine F. Goetschl
STS – Schweizer Tierschutz, CH-Zürich
PD Dr. med. vet. Franz P. Gruber
FFVFF – Stiftung Fonds für versuchstierfreie Forschung, CH-Zürich
Dr. Christoph Heusser
Ciba-Geigy AG, CH-Basel
Prof. Dr. Helga Möller
Hoechst AG, D-Frankfurt/Main
Dr. med. vet. Hansjörg Ronneberger
Behringwerke AG, D-Mahrburg/Lahn
Dr. Angelo Vedani
SIAT – Schweizerisches Institut für Alternativen zu Tierversuchen, CH-Zürich

Satz: Helmut Appl, A-1123 Wien

Gedruckt auf säurefreiem, chlorfrei gebleichtem Papier – TCF

Mit 107 zum Teil farbigen Abbildungen

ISSN 0948-5155
ISBN-13: 978-3-211-82719-2 e-ISBN-13: 978-3-7091-9418-8
DOI: 10.1007/978-3-7091-9418-8

Vorwort

Das vorliegende Buch der Reihe *"Ersatz- und Ergänzungsmethoden zu Tierversuchen"* dokumentiert nun bereits zum dritten Mal die Referate und Poster einer Kongreßserie über Ersatz- und Ergänzungsmethoden zu Tierversuchen. Die hier vorgestellten Beiträge wurden im Rahmen des *„3. Österreichischen internationalen Kongresses über Ersatz- und Ergänzungsmethoden zu Tierversuchen in der biomedizinischen Forschung"*, der von 20.-22. Februar 1994 an der Universität Linz stattgefunden hat, präsentiert.

Es gibt in Europa kein vergleichbares Forum für eine sachliche, wissenschaftlich hochrangige und vom gemeinsamen Interesse an der Minderung von Tierversuchen getragene Diskussion zwischen allen Beteiligten - pharmazeutische Firmen, Behörden, Wissenschaftler, Interessensvertretungen, Ärzte, Veterinärmediziner und viele andere. Der Weg, den der Arbeitskreis für die Förderung von tierversuchsfreier Forschung (AFTF), Linz, und das Institut für Medizinische Physik und Biophysik, Graz, 1991 mit dem ersten Kongreß eingeschlagen haben, hat sich bewährt und breiten Anklang gefunden.

Für den dritten Kongreß konnten eine Reihe weiterer Mitveranstalter, wie ZEBET - die Zentralstelle zur Erfassung und Bewertung von Ersatz- und Ergänzungsmethoden zum Tierversuch im Bundesinstitut für gesundheitlichen Verbraucherschutz und Veterinärmedizin (BgVV) (vormals im Bundesgesundheitsamt) in Berlin, das Paul-Ehrlich-Institut in Langen, SIAT - das Schweizerische Institut für Alternativen zu Tierversuchen in Zürich sowie aus dem Bereich der Industrie die Ciba Geigy AG, Hoechst AG, Behringwerke AG und Schering AG gewonnen werden.

Zusammenarbeit und intensive Diskussion mit der Industrie ist erforderlich und wünschenswert. Einerseits trägt die Industrie dazu bei, Verfahren zur Reduktion bzw. zum Ersatz von Tierversuchen zu entwickeln, und andererseits müssen im Labormaßstab entwickelte Verfahren den Praxistest in der Industrie überstehen.

Ersatz- und Ergänzungsmethoden für Tierversuche sind überaus wünschenswert und werden nicht nur von einer breiten Öffentlichkeit, sondern auch von vielen Ärzten und Wissenschaftlern angestrebt bzw. eingefordert. Ersatz bedeutet aber nicht, wie in Krisenzeiten der Ersatzkaffee, irgendeinen billigen und schlechten Ausweg, sondern Ersetzbarkeit durch zumindest gleichwertige bzw. idealerweise duch bessere Methoden, welche einer genauen Prüfung unterzogen werden müssen, um derzeit etablierte, anerkannte Methoden tatsächlich verdrängen zu können. Dieser Weg ist mühsam und in der Regel im Stadium der Entwicklung mit einem hohen Personal- und vor allem finanziellen Aufwand verbunden, doch wie die Reduktion der erfaßten Tierversuche in Deutschland zeigt (von 4,2 Millionen im Jahr 1977 bis auf 1,2 Millionen im Jahr 1993, das bedeutet eine Abnahme um 70%) zwar langsam, aber zielführend.

So macht sich die Medizin nicht nur schuldig wenn sie **Falsches tut,** sondern auch wenn sie **Richtiges unterläßt,** und der Fortschritt in der Medizin, also die Suche nach Neuem, Richtigem und Erfolgreichem, ist mit einem völligen Verzicht auf Tierversuche heute noch nicht vereinbar. So muß z.B. die Suche nach Mitteln gegen die Haupttodesursachen und Hauptleidensverursacher der Menschheit, nämlich Herz-Kreislauferkrankungen und Krebs, weitergehen und jede Ersatzmethode, deren Aussagekraft verläßlich ist, eröffnet neue Wege der Forschung.

Denjenigen, die am 3. Linzer Kongreß nicht teilnehmen konnten, gibt der vorliegende Band Gelegenheit, sich umfassend über Fortschritte auf dem hochaktuellen Wissenschaftsgebiet der Entwicklung von Ersatz- und Ergänzungsmethoden zu Tierversuchen zu informieren. Die Herausgeber des 3. Bandes der Reihe *"Ersatz- und Ergänzungsmethoden zu Tierversuchen"* sind nicht nur den Referenten für die Erstellung der Manuskripte zu Dank verpflichtet, sondern sie bedanken sich ganz herzlich insbesondere bei allen Mitarbeitern des AFTF für die ehrenamtliche Arbeit, ohne die die Durchführung der Linzer Kongresse nicht möglich gewesen wäre. Stellvertretend für alle freiwilligen Helfer gilt unser besonderer Dank der Büroleiterin des AFTF, Frau ERNESTINE SCHÖFFL, sowie Frau KARIN OBERER und Herrn HELMUT APPL für die redaktionelle Bearbeitung des Tagungsbandes. Der Springer-Verlag, insbesondere Herr RAIMUND PETRI-WIEDER, hat uns wiederum großzügig unterstützt und uns jederzeit frei über die Gestaltung des Bandes verfügen lassen.

H. Schöffl
H. Spielmann
H.A. Tritthart
K. Cußler
U. Fuhrmann
A.F. Goetschl
F.P. Gruber
Ch. Heusser
H. Möller
H. Ronneberger
A. Vedani

Inhaltsverzeichnis

Poster

Fördernde Organisationen

Posterbeiträge alphabetisch nach Erstautor/in geordnet

Autor/inn/en

APPL, HELMUT, Arbeitskreis für die Förderung von tierversuchsfreier Foschung (AFTF), Arbeitsgruppe Wien, Postfach 39, A-1123 Wien

ARETZ, WALTRAUD, Dr., Hoechst AG, Zentrale Pharma Qualitätskontrolle, Entwicklungsprodukte/Biosynthetika, Gebäude H 790, D-65926 Frankfurt/Main

BAß, ROLF, Prof. Dr., Bundesinstitut für gesundheitlichen Verbraucherschutz und Veterinärmedizin (BgVV), Institut für Arzneimittel, Abteilung Toxikologie, Seestraße 10, D-13352 Berlin-Wedding

BORRMANN, ERIKA, Dr., Bundesinstitut für gesundheitlichen Verbraucherschutz und Veterinärmedizin (BgVV), Bereich Jena, Institut für Veterinärmedizin, Naumburger Str. 96A, D-07743 Jena

CERVINKA, MIROSLAV, Doz. Dr., Karls-Universität, Medizinische Fakultät, Lehrstuhl für Biologie, Simkova 870, CZ-50038 Hradec Kralove

CUßLER, KLAUS, Dr., Paul-Ehrlich-Institut, Paul-Ehrlich-Straße 51-59, D-63225 Langen

DANNER, ERNST, lic. iur., Volkswirtschaftsdirektion, Postfach, CH-8090 Zürich

DÖHMER, JOHANNES, PD Dr., Technische Universität München, Institut für Toxikologie und Umwelthygiene, Lazarettstr. 62, D-80636 München

DUTLER, HANS, Prof. Dr., Loorenrain 44, CH-8053 Zürich

ERHARD, MICHAEL H., Dr., Ludwig-Maximilians Universität München, Tierärztliche Fakultät, Institut für Physiologie, Veterinärstr. 13, D-80539 München

FALKENBERG, FRANK, Prof. Dr., Ruhr-Universität Bochum, Abt. für Medizinische Mikrobiologie und Immunologie, Gebäude MA01/124, Universitätstr. 150, D-44780 Bochum

FOLKERS, GERD, Prof. Dr., ETH Zürich, Departement Pharmazie, Winterthurerstraße 190, CH-8057 Zürich

GFELLER, WALTER, Dr., Ciba-Geigy AG, Toxikologie Pflanzenschutz, R-1058.3.36, CH-4002 Basel

GLATT, HANSRUEDI, Prof. Dr., Deutsches Institut für Ernährungsforschung, Arthur-Scheunert-Allee 114-116, D-14558 Potsdam-Rehbrücke

GRUBER, FRANZ P., PD Dr., Stiftung Fonds für versuchstierfreie Forschung (FFVFF), Biberlinstr. 5, CH-8032 Zürich

GRUNE-WOLFF, BARBARA, Dr., ZEBET (Zentralstelle zur Erfassung und Bewertung von Ersatz- und Ergänzungsmethoden zum Tierversuch) im Bundesinstitut für gesundheitlichen Verbraucherschutz und Veterinärmedizin (BgVV), Diedersdorferweg 1, D-12277 Berlin

HARTUNG, THOMAS, DDr., Universität Konstanz, Biochemische Pharmakologie, Universitätsstr. 10, D-78464 Konstanz

HENDRIKSEN, COENRAAD F.M., Dr., Rijksinstituut voor Volksgezondheit en Milieuhygiene, P.O. Box 1, NL-3720 BA Bilthoven

HLINAK, ANDREAS, Dr., Freie Universität Berlin, Institut für Virologie, FB Veterinärmedizin, Luisenstr. 56, D-10117 Berlin

KLÖCKING, H.P., Prof. Dr., Med. Akademie, Institut für Pharmakologie und Toxikologie, Postfach 595, D-98012 Erfurt

KNAUTHE, RUDOLF, Dr., Schering AG, Fertilitätskontrolle und Hormontherapie, Forschung, D-13342 Berlin

KÖRNER, CLAUDIA, Dr., Schering AG, PH-IVB-Wiss. Informationsvermittlung, D-13342 Berlin

LEHMANN, MICHEL, Dr., Bundesamt für Veterinärwesen, Sektion Tierversuche und Alternativmethoden, Schwarzenburgstraße 161, CH-3097 Bern-Liebefeld

LEUTHOLD, MARGRITH, Dr., Eidmattstraße 54, CH-8032 Zürich

LIEBSCH, MANFRED, Dr., ZEBET (Zentralstelle zur Erfassung und Bewertung von Ersatz- und Ergänzungsmethoden zum Tierversuch) im Bundesinstitut für gesundheitlichen Verbraucherschutz und Veterinärmedizin (BgVV), Diedersdorferweg 1, D-12277 Berlin

METZGER, RAINER, Dr., Molecular Devices GmbH, Bahnhofstraße 110, D-82166 Gräfelfing/ München

MÖLLER, HELGA, Prof. Dr., Hoechst AG, D-65926 Frankfurt/Main

NOTEBORN, MATHIEU H.M., Universität Leiden, Abt. für Molekulare Karzinogenesis, Sylvius Laboratorium, Postfach 9503, NL-2300 RA Leiden

PAPE, WOLFGANG, Dr., Beiersdorfer AG, Unnastraße 48, D-20245 Hamburg

PETZINGER, ERNST, Prof. Dr., Justus-Liebig-Universität Gießen, Institut für Pharmakologie und Toxikologie, Frankfurter Str. 107, D-35392 Gießen

RAESS, MARKUS, Dr., Ilgenstr. 22, Postfach 218, CH-8030 Zürich

REBSAMEN-ALBISSER, BIRGITTA, Dr., Verein Tierschutz ist Rechtspflicht (VTR), Geschäftsstelle Arlesheim, Mattweg 61, CH-4144 Arlesheim

RONNEBERGER, HANSJÖRG, Dr., Behringwerke AG, Postfach 1140, D-35001 Marburg

ROTH, FRAUKE, Dr., Universität Göttingen, Institut für Pflanzenbau und Tierhygiene in den Tropen, Kellnerweg 6, D-37077 Göttingen

SAUER, ACHIM, Dipl. Biol., Universität Konstanz, Fakultät für Biologie, Biochemische Pharmakologie, Universitätsstr. 10, D-78434 Konstanz

SAUER, URSULA G., Dr., Akademie für Tierschutz des Deutschen Tierschutzbundes e.V., Spechtstr. 1, D-85579 Neubiberg

SCHADE, RÜDIGER, PD Dr., Universitätsklinikum Charité der Humboldt Universität zu Berlin, Institut für Pharmakologie und Toxikologie, Clara-Zetkin-Straße 94, D-10117 Berlin

SCHWANIG, MICHAEL, Dr., Paul-Ehrlich-Institut, Postfach 1740, D-63207 Langen

SEIFFGE, DIRK, Dr., Hoechst AG, Rheingarstr. 190-196, D-65203 Wiesbaden

SIGG, HANS, Dr., Kantonales Veterinäramt, Culmannstraße 1, CH-8090 Zürich

SPIELMANN, HORST, Prof. Dr., ZEBET (Zentralstelle zur Erfassung und Bewertung von Ersatz- und Ergänzungsmethoden zum Tierversuch) im Bundesinstitut für gesundheitlichen Verbraucherschutz und Veterinärmedizin (BgVV), Diedersdorferweg 1, D-12277 Berlin

STADLER, BEDA M., Prof. Dr., Universität Bern, Inselspital, Institut für klinische Immunologie und Allergologie, CH-3010 Bern

SZINICZ, GERHARD, Prof. Dr., Landeskrankenhaus Bregenz, Chirurgische Abteilung, Carl-Pedenz-Straße 2, A-6900 Bregenz

TRITTHART, HELMUT A., Prof. Dr., Karl-Franzens-Universität Graz, Institut für Med. Physik und Biophysik, Harrachgasse 21, A-8010 Graz

VEDANI, ANGELO, Dr., Scheizerisches Institut für Alternativen zu Tierversuchen (SIAT), Biografik Labor, Aeschstraße 14, CH-4107 Ettingen BL

WALLMEIER, HOLGER, Dipl. Chem. Dr., Hoechst AG, Zentralforschung, Methodische Projekte, Scientific Computing, G 865 A, D-65926 Frankfurt/Main

Posterautor/inn/en

AIPLE, K.-P., Universität Hohenheim, Institut für Tierernährung, Emil-Wolff-Str. 10, D-70599 Stuttgart

BEHN, I., Universität Leipzig, Fakultät für Biowissenschaften, Pharmazie und Psychologie, Talstr. 33, D-04103 Leipzig

BLUMRICH, M., Behringwerke AG, Abteilung Pharmakologie & Toxikologie, Postfach 1140, D-35001 Marburg

CHEN, T.-S., Veterinärmedizinische Universität Wien, Institut für Medizinische Chemie, Linke Bahngasse 11, A-1030 Wien

CUßLER, K., Paul-Ehrlich-Institut, Paul-Ehrlich-Str. 51-59, D-63225 Langen

DEWEVER, B., Tissue Engeneering International, Oude Lillebaan 12, B-2275 Gierle

EIGENWILLIG, K., Med. Hochschule Erfurt, Institut für Pharmakologie und Toxikologie, Nordhäuser Str. 74, D-99089 Erfurt

FALCONE, F.H., Dipl. Biol., Forschungsinstitut Borstel, Parkallee 1-4, D-23845 Borstel

FISCHER, M., Freie Universität Berlin, Institut für Virologie, FB Veterinärmedizin (Standort Mitte), Luisenstr. 56, D-10117 Berlin

FISCHER, R., Ministerium für Wissenschaft und Forschung, Postfach 103453, D-70029 Stuttgart

FLEISCHHACKER, R., Universität Hohenheim, Institut für Organische Chemie, Garbenstr. 30, D-70593 Stuttgart

FORSCHUNGSZENTRUM JÜLICH GMBH, Projektträger Biologie, Energie, Ökologie, Bereich 21, D-52425 Jülich

GERNER, I., Bundesgesundheitsamt, Max v. Pettenkofer-Institut, Abt. Chemikalienbewertung, Thielallee 88-92, D-14195 Berlin

GROSSE-SIESTRUP, C., Dr., Universitätsklinikum Rudolf Virchow, Standort Charlottenburg, Spandauer Damm 130, D-14050 Berlin

HAGEMANN, C., Ciba-Geigy AG, R 1094.4.80, Toxikologische Dienste, CH-4002 Basel

HAGMANN, I., Stiftung Fonds für versuchstierfreie Forschung (FFVFF), Biberlinstr. 5, CH-8032 Zürich

HÄNEL, I., Dr., Robert von Ostertag-Institut, Bundesinstituts für gesundheitlichen Verbraucherschutz und Veterinärmedizin (BgVV), Bereich Jena, Naumburger Str. 96a, D-07743 Jena

HARTMANN, M., Dr., Karl-Franzens-Universität Graz, Institut für Histologie und Embryologie, Harrachg. 21, A-8010 Graz

HERRMANN, K., Dr., Universität Köln, Zoologisches Institut, Lehrstuhl für Experimentelle Morphologie, Weyertal 119, D-50923 Köln

HOMMEL, U., Dr., Universität Leipzig, FB Biowissenschaften, Institut für Zoologie, Talstr. 33, D-04103 Leipzig

HONSCHA, W., Justus-Liebig-Universität Gießen, Institut für Pharmakologie und Toxikologie, Frankfurter Str. 107, D-35392 Gießen

JOHANN, S., Dr., Technische Universität München, Institut für Experimentelle Chirurgie, Ismaninger Str. 22, D-81675 München

KNASMÜLLER, S., Mag. Dr., Universität Wien, Institut für Tumorbiologie und Krebsforschung, Borschkegasse 8a, A-1090 Wien
KRAUTER, G., Dr., Deutsches Krebsforschungszentrum, Im Neuenheimer Feld 280, D-69120 Heidelberg
KRISTEN, U., Prof. Dr., Universität Hamburg, Institut für Allgemeine Botanik, Ohnhornstr. 18, D-22609 Hamburg
KUHNERT, F., Université de Neuchâtel, Institut de Zoologie, Chantemerle 22, CH-2007 Neuchâtel
LEIDINGER, E., Dr., Veterinärmedizinische Universität Wien, Institut für Medizinische Chemie, Arbeitsgruppe für Peptid- und Proteinchemie, Linke Bahngasse 11, A-1030 Wien
MALIN, G., Dipl. Zool., Zentrale Versuchstieranlage, Medizinischen Fakultät, Universität Innsbruck, Fritz-Pregl-Straße 3, A-6020 Innsbruck
MERTENS, C., Zürcher Tierschutz, Zürichbergstr. 263, CH-8044 Zürich
ÖPPLING, V., Paul-Ehrlich-Institut, Paul-Ehrlich-Str. 51-59, D-63225 Langen
PFRAGNER, A., Karl-Franzens-Universität Graz, Institut für Allgemeine und Experimentelle Pathologie, Mozartgasse 14, A-8010 Graz
REINHARDT, C., Schweizerisches Institut für Alternativen zu Tierversuchen (SIAT), In Vitro Toxikologie, Technopark, Pfingstweidstr. 30, CH-8005 Zürich
SCHADE, R., PD Dr., Universitätsklinikum Charité der Humboldt-Universität zu Berlin, Institut für Pharmakologie und Toxikologie, Clara-Zetkin-Str. 94, D-10117 Berlin
SCHNIERING, A., Universitätsklinikum Charité der Humboldt-Universität zu Berlin, Institut für Pharmakologie und Toxikologie, Clara-Zetkin-Str. 94, D-10117 Berlin
SCHULZ, M., Technische Hochschule Darmstadt, Institut für Zoologie, Laboratorium für Mutagenitätsprüfung (LMP), Petersenstr. 22, D-64287 Darmstadt
SITTINGER, M., Universität Erlangen, Institut für Immunologie, Glückstr. 4A, D-91054 Erlangen
STEINDL, F., Dr., Universität für Bodenkultur, Institut für Angewandte Mikrobiologie, Nußdorfer Lände 11, A-1190 Wien
WEIßER, K., Paul-Ehrlich-Institut, Paul-Ehrlich-Str. 51-59, D-63225 Langen
WERNER, U., Universität Marburg, Institut für Pharmazeutische Technologie und Biopharmazie, Ketzerbach 63, D-35037 Marburg

In vitro-Modelle in der Krebsforschung

H.A. Tritthart, C. Helige, J. Smolle

Zusammenfassung

Für Forschung zur Verbesserung von Diagnose und Therapie sowie für Forschung zum Verständnis der Krebsentstehung und zur Untersuchung der Metastase-Fähigkeit von Krebszellen stehen viele in vitro-Techniken zur Verfügung, die in manchen Bereichen Tierversuchen überlegen sind. Methoden der Immunologie, der Zellkultur, der Membranforschung, der Molekularbiologie, der Gentechnik u.a. werden kurz besprochen und die Forschungsstrategien der Krebsforschung (z.B. EU, Europa im Kampf gegen Krebs) vorgestellt. In vitro-Techniken zur Analyse der Einzelschritte der metastatischen Kaskade und Zellkultur-, histologische und bildanalytische Verfahren haben die Metastasenforschung, die auf die Bekämpfung der Haupttodesursache Krebs zielt, wesentlich bereichert.

1. Einleitung

Krebs ist die zweitwichtigste Todesursache und gilt zurecht als eine besonders heimtückische Erkrankung, die viel Leid verursacht. Die Krebsforschung hat, obwohl ihre Erfolge noch sehr bescheiden sind, einen hohen Stellenwert, und die Einsicht, daß derzeit jeder vierte, vielleicht im Jahr 2000 schon jeder dritte während seines Lebens an Krebs erkranken wird, bleibt nicht ohne positive Wirkung auf die Anliegen der Krebsforschung. In vitro-Modelle in der Krebsforschung sind deshalb aus dem Blickwinkel der öffentlichen Meinung nicht das Hauptanliegen im Bemühen um die sinnvolle Reduktion von Tierversuchen. In vitro-Modelle in der Krebsforschung sind vielmehr ein Vorbild im Einsatz von Forschungsmethoden unter Verzicht auf Tierversuche in einem großen und medizinisch eminent wichtigen Gebiet und verdienen deshalb breiteres Interesse. Die in vitro-Techniken dominieren in der gesamten Krebsforschung in hohem Grade, und die Krebsforschung selbst hat eine Vorreiterrolle in der Förderung von in vitro-Techniken für andere Forschungsbereiche übernommen, z.B. unsterblich gemachte Zellen als Forschungsobjekt.

Krebs ist eine Krankheit, die dadurch charakterisiert ist, daß Zellen einer bestimmten Art ihre physiologische Wachstumskontrolle durch bleibende und weitervererbbare Veränderungen verlieren. Sie sind dadurch praktisch unsterblich und in ihrer Neigung zur Vermehrung von äußeren Einflüssen unabhängig. Welche Reize an welcher Stelle und in welchen Stufen eine krebsige Entartung bewirken können und welche Schäden am genetischen Material bzw. an der transmembranären und intrazellulären Signalübermittlung dafür entscheidend sind, ist derzeit Gegenstand der Forschung.

Für den menschlichen Körper ist selten das ungehemmte Wachstum lebensbedrohlich, vielmehr ist es die Fähigkeit von krebsig entartetem Gewebe, Absiedlungen, sog. Metastasen, an vielen und verschiedenen Stellen des Körpers bilden zu können. Dieser Vorgang der Metastasierung ist aber ein komplexer vielstufiger Prozeß, von dem man nicht annehmen darf, daß er bei den vielen verschiedenartigen Krebsformen immer in ähnlicher Art abläuft (Abb. 1). Die Ablösung von Krebszellen vom primären Krebsgewebe ist die erste unverzichtbare Stufe der Metastasierung und erfordert homeotypische Ablösung, also die Trennung von Krebszelle und Krebszelle. Weiters dürfte die Fähigkeit zu aktiver Wanderung wichtig sein, denn Wachstumsdruck von hinten erklärt nicht das Eindringen einzelner Krebszellen in gesundes Gewebe oder gar das Einwandern in Gefäße. Aber auch der Zell-Zellkontakt zwischen Krebszellen sowie zwischen Krebszellen und gesundem Gewebe und die Fähigkeit Adhäsionspunkte für die aktive Fortbewegung zu finden, spielen ebenso wie die Fähigkeit, Gewebebarrieren durch Krebszellen-eigene Enzyme zu durchbrechen, eine zentrale Rolle für die Metastasierung.

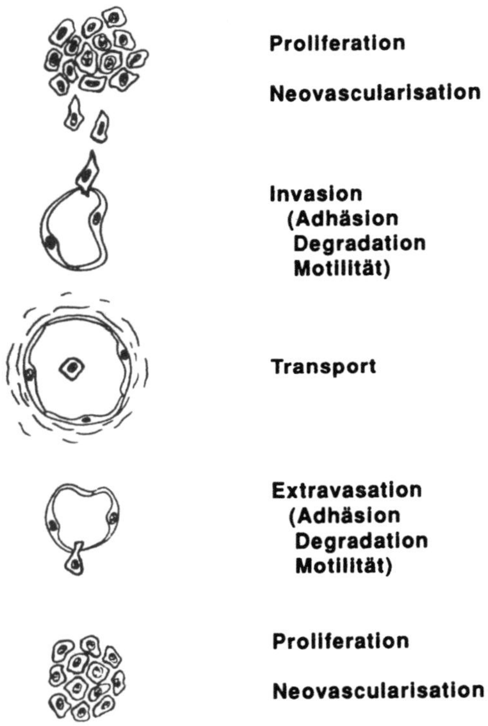

Abb. 1. Die wesentlichen Stufen der metastasischen Kaskaden, beginnend mit der Ablösung vom Primärtumor (oben), dem Eindringen in Gewebespalten, in Lymphgefäße und Venen mit Verschleppung von Tumorzellen (mitte) und der Bildung von Metastasen (unten)

Wo stehen wir heute in der Krebsbehandlung? Zum Zeitpunkt der Diagnose hängen die Zukunftsaussichten vor allem davon ab, ob bereits Absiedlungen, also Metastasen, gebildet wurden (Tabelle 1). Wo immer möglich ist die Vorsorge bzw. Früherkennung einzusetzen, denn ein im Frühstadium vor Metastasierung entdeckter Krebs ist mit chirurgischen und/oder strahlentherapeutischen Methoden mit gutem Erfolg und hoher Sicherheit zu entfernen. Nach Metastasierung sind alle Methoden, vor allem auch die der Chemotherapie, bisher enttäuschend. Die Verbesserung der Früherkennung und der lokalen chirurgischen bzw. strahlentherapeutischen Methoden sind sehr wichtig, doch die enttäuschenden Ergebnisse der Chemotherapie hängen auch damit zusammen, daß sie zumeist nur bei metastasierenden Tumoren eingesetzt wird. Erfolge wurden hauptsächlich bei Tumoren des blutbildenden Gewebes, bei Tumoren embryonalen Ursprungs und bei paediatrischen Tumoren mit etwa 2/3 Erfolgsrate beschrieben. Doch machen diese Tumorarten nur etwa 4% aller Krebsformen aus. Derzeit ist es das Ziel aller etablierten Therapiepläne der Chemotherapie, das außer Kontrolle geratene Wachstum von Krebszellen zu hemmen bzw. Krebszellen zu zerstören. Eine Chemotherapie zur spezifischen Hemmung der Metastasenbildung gibt es nicht.

Tabelle 1. Der derzeitige Stand der Behandlungserfolge bei Krebserkrankungen zum Zeitpunkt der Diagnose

	Primärer Tumor	**Metastasierter Tumor**	
angewandte Therapie			
- nur chirurgischer Eingriff	22%		
- nur Strahlentherapie	12%		
- beide kombiniert	6%		
Alle anderen Therapien und Kombinationen einschl. Chemotherapie		5%	(45%)
Gegenwärtig heilbare Patienten	40%	5%	
Heilung nicht erzielbar	18%	37%	(55%)

Ein Strategie-Papier für die Krebsforschung hat die EU entwickelt (EC, 1994), welches gut die Forschungsstrategien, die Methoden und die eingesetzten in vitro-Techniken beleuchtet.

2. Immunologie

Das immunologische Konzept umfaßt viele Wege und Methoden. Eine grundlegende Schwierigkeit jeder Krebstherapie ist die Tatsache, daß Krebs aus normalen Zellen entsteht und daß deshalb wenig Unterschiede zum gesunden Gewebe bestehen, die einen therapeutischen Ansatz erlauben. Dieser Mangel an Spezifität ist der wesentliche limitierende Faktor der Therapie. Bei Abwehrschwäche, insbesondere bei Aids, treten einige Krebsformen wie z.B. Lymphome sehr häufig auf. Deshalb ist die Annahme naheliegend, daß bestimmte Krebsformen durch ein funktionierendes Abwehrsystem unter Kontrolle gehalten werden und daß ein aggressiveres Abwehrsystem noch mehr ausrichten könnte. Vor allem wenn es gelänge, den kleinen von außen erkennbaren Unterschied zwischen Krebszellen und normaler Zelle auszunützen und die Aggressivität des Abwehrsystems zu steigern. Es gibt folgende Hauptwege:

- Monoklonale Antikörper
- Aktive Immunisierung
- Förderung der Antigen-Präsentation
- Tumorinfiltrierende Lymphozyten

Krebsformen, die eine Häufung bestimmter Moleküle in der Zelloberfläche aufweisen, wie z.B. Melanome, Dickdarmtumoren und Leberkrebs, schienen gut geeignete Kandidaten für den Einsatz monoklonaler Antikörper unter Ausnutzung einer möglichen zellzerstörenden Wirkung. Diese Hoffnungen haben sich aber kaum erfüllt. Ein diagnostischer Durchbruch ist durch szintigraphische Antikörpertechniken, den Einbau von Technetium in monoklonale Antikörper, gelungen. Für Dickdarmtumoren konnten mit einer Nachweisrate von 93% Tumoren und Metastasen nachgewiesen werden (TRAMPERT L. et al., 1992). Die Anlagerung von Zellgiften an monoklonale Antikörper versucht diese hochspezifische Vehikelfunktion auszunutzen, die immunspezifische Enzym-mediierte Chemotherapie ist ein Gebiet großer Hoffnung. Monoklonale Antikörper können durch eine zweite Bindungsstelle auch zur spezifischen Anreicherung von radioaktiven Nukliden an Tumorzellen führen und so eine Radioimmunotherapie ermöglichen, die die Ortsprobleme der Strahlentherapie elegant umgeht. Auch die zytotoxischen Zellen des Körpers, die bei Organtransplantationen für die Gewebeverträglichkeit über MHC Klasse I Antigene angreifen, könnten auf Tumorzellen gelockt werden durch MHC Antigene, die auf tumorspezifischen monoklonalen Antikörpern festgemacht sind.

Viele Krebsarten können auch in anderen Organismen ungestört wachsen, weil ihnen in der Zelloberfläche jene Moleküle fehlen, die für die MHC Klasse I bzw. Histokompatibilitäts-Antigene zum Erkennen von fremden Zellen unverzichtbar sind. Kann man die Gene für die MHC Antigen-Expression wieder anschalten, dann würden Tumorzellen erkannt und bekämpfbar. Interferone scheinen diese Antigenpräsentation in der Zelloberfläche bestimmter Krebsarten zu fördern. Lymphozyten, die in Tumorgewebe einwandern, kann man entnehmen, in optimalen Zellkulturbedingungen gezielt vermehren, und diese aktivierten Lymphozyten wandern nach Reinfusion in den Tumor zurück. Ein gentechnischer Einbau von Genen des Tumornekrosefaktors ist in solchen Lymphozyten möglich und Tumorzellen reagieren besonders empfindlich auf diesen Faktor. Leider brachte diese trickreiche Kombination von Zellkultur- und Gentechnik nur in einigen Melanompatienten vermutlich völlige Heilung, bei anderen versagte sie völlig.

3. Tumorsupressor-Gene

Science hat das Molekül P53 als einen vielfältigen Schutzfaktor vor Krebs zum Molekül des Jahres ernannt. Anfangs hielt man dieses Eiweiß für ein Produkt eines Krebsgens, eines sogenannten Oncogens, welches eine gesunde in eine Krebszelle verwandeln kann. Heute weiß man, daß das Protein eine Erbanlage aktiviert, die über ein 21kDalton Protein einen wichtigen Motor der Zellteilung, die Cyclin-Kinasen lahmlegt. Dadurch gewinnt die Zelle Zeit, genau nach Fehlern im Erbmolekül zu fahnden und diese zu beseitigen bevor Tochterzellen entstehen. Erbfehler, die zu Krebs führen können, werden so präventiv beseitigt. Dieses Eiweißmolekül kann in bestimmten Zellen durch einen physiologischen Zelltod, als Apoptose bezeichnet, zum Untergang unerwünschter Zellen führen. Bei etwa der Hälfte aller Krebspatienten findet man im Tumor ein verändertes P53 Protein und solche veränderten Proteine haben gestörte Funktionen und fördern in manchen Fällen das Krebswachstum aktiv. Auch Viren, wie z.B. die Papillomaviren, die am Gebärmutterhalskrebs mitbeteiligt sind, hemmen diesen Krebsschutzfaktor, lassen so mehr Zellen entstehen, in denen sie sich rascher vermehren können.

Hinter diesem Krebsschutzfaktor stehen zu dessen Produktion Gene, die man als Tumorsuppressor-Gene bezeichnet. Derzeit sind erst wenige Tumorsuppressor-Gene genauer untersucht worden, aber es ist natürlich eine sehr wichtige Perspektive der Genchirurgie, eine Einschleusung solcher krebshemmender Gene zu versuchen. Dieser Weg könnte noch wichtiger sein als der gentechnische Versuch, durch homologe Rekombinationstechniken mit speziellen in die Zellen eingebrachten Nukleinsäuresequenzen die Funktion von sogenannten Krebsgenen gezielt auszuschalten. Schon bisher spielt das gentechnisch gezielte Abschalten spezifischer Genfunktionen, z.B. mittels Anti-sense RNA, in der Krebsgrundlagenforschung eine wichtige Rolle. Diese Techniken erlauben es, die Rolle von Genen, die am Krebsgeschehen beteiligt sind, gezielt zu untersuchen. Bei einigen Krebsarten lassen sich schon mikroskopisch an den Chromosomen Genveränderungen als Stückverlust bei jeweils einem Chromosom nachweisen.

4. In vitro-Techniken

Die zelluläre und die molekulare Dimension der Krankheit Krebs wird heute praktisch ausschließlich mit in vitro-Methoden, der Zellkultur, der Biochemie, der Biophysik, und vor allem mit molekularbiologischen Verfahren erforscht, doch wie steht es mit der Metastasierung, dem entscheidenden Unterschied zwischen gutartigem und bösartigem Wachstum? Je rascher und je erfolgreicher ein Primärtumor metastatische Absiedelungen an entfernten Stellen bildet, umso bösartiger ist er, umso schlechter sind die Heilungschancen. Manchmal besteht der Verdacht, daß nur eine Unterpopulation von Zellen des Primärtumors hohe metastatische Potenz gewinnt, die Metastasen sind nicht immer das präzise Abbild des Primärtumors. Im Tierexperiment haben wir die Möglichkeit, aus einer fast unendlichen Vielfalt von Krebszell-Linien auszuwählen und einen Bolus solcher Zellen intravenös oder subcutan zu applizieren. Die Geschwindigkeit bzw. Dichte der Metastasenbildung können ebenso wie das lokale Tumorwachstum gemessen und Faktoren mit Einfluß auf diese Größen untersucht werden. Besonders einfach sind Tests mit Melanomzellen, die Metastasen in der Lunge sind, schwarze Pünktchen, die mit freiem Auge ausgewertet werden können. Diese Tierversuche haben eine schwer zu objektivierende Leidenskomponente, aber auch einige grundsätzliche Nachteile. Der Vorgang der Ablösung vom Primärtumor, des Eindringens in Gefäße ist mit einer intravenösen Bolusinjektion nicht nachzubilden. Auch die subcutane Einbringung eines Zellhaufens entspricht nicht der metastatischen Aussaat von Einzelzellen und deren Hinauswandern aus Gefäßen in gesundes Gewebe. Es ist deshalb durchaus sinnvoll, die vielen Schritte der metastatischen Kaskade in Form von klar definierten Einzelschritten mit in vitro-Techniken zu untersuchen. Im Tierversuch haben wir - wie bereits erwähnt - unzweckmäßige Startbedingungen und können nur das Endergebnis bewerten, der Stellenwert der einzelnen Zell-Funktionen in der metastatischen Kaskade bleibt völlig im Dunkeln. Selbst wenn wir wesentliche Hemmeffekte auf die Metastasierung im Tierversuch nachweisen können, können wir über den Angriffspunkt dieser Wirkung nur spekulieren. In vitro-Techniken erlauben die genaue Analyse der Einzelschritte in der metastatischen Kaskade, aber haben unvermeidbar je nach methodischem Konzept bestimmte Limitationen.

Um die homeotypische Trennung von Krebszellen von einem Primärtumor zu studieren, kann man sich kleiner in der Rührkultur hergestellter Sphäroide, z.B. von 200µm Durchmesser, bedienen. Aufgebracht auf eine Glasoberfläche mit frei wählbarer Beschichtung, z.B. Kollagen oder Laminin, läßt sich die Neigung und Fähigkeit des Ablösens von Zellen vermessen. Auch die Wanderungsgeschwindigkeit in der gewählten Oberfläche, die auch Endothelzellen sein können, bzw. im jeweiligen Medium läßt sich genau studieren. So genannte „gap junctions“, transmembranäre Kanäle zwischen Krebszellen, scheinen wesentlichen Einfluß auf die Haftfestigkeit zwischen Krebszellen zu haben und die Förderung der Bildung von „gap junctions“, z.B. durch die Vitamin A verwandten Retinoiden, hemmt die Neigung zu Metastasierung. Ein mehr an „gap junctions“ zwischen normalen Zellen und Krebszellen könnte auch eine verbesserte Zellkommunikation durch verschiedenartige Stoffe und so z.B. eine Wachstumskontrolle durch gesunde Zellen bewirken. Es ist offensichtlich, daß für das Lösen von Krebszellen ein Halt in der Umgebung gefunden werden muß; Kraftentwicklung, Zellverkürzung bzw. gerichtete Bewegung ist erforderlich. Die Rolle von Adhäsionsmolekülen in der Zelloberfläche kann so gezielt untersucht werden, und es gibt eine große Zahl derartiger Moleküle, die leider je nach Gewebe oder je nach Zelltyp sehr verschieden sein können. Für das Verständnis der Metastasierung ist es sehr wichtig zu wissen, welcher Adhäsionsmolküle sich Krebszellen bedienen in ihrer Wanderschaft durch das Gewebe, aber auch in ihrer Fähigkeit in Gefäßwänden Halt zu finden und einzudringen. Es gibt auch Faktoren, wie z.B. Zytokine, die die Ausbildung von Adhäsionsmolekülen steuern können. Krebszellen finden nicht nur Kontaktpunkte im gesunden Gewebe, sondern sie produzieren auch gewebezerstörende Enzyme, um sich den Weg freizuschlagen. Verschiedene Kollagentypen, Fibronectin, Laminin, Vitronectin u.a., bilden z.B. als Basalmembran natürliche Barrieren für die Krebszellenwanderung. Die Wanderung von Krebszellen ist am besten mit frisch angesetzten Fibroplasten vergleichbar, wenige focale Kontakte, wenig strukturierte Aktinbündel, hohe Membranfluidität. Das Zusammenspiel zwischen den kontaktsuchenden Membranrezeptoren und den kontraktilen Bündeln in der Zelle ist überaus kompliziert. Nur Aktin-Filamente und Mikrotubuli haben die nötige strukturelle Polarität und mechanochemische ATPasen wie Myosin, Dynein und Kinesin steuern die Wanderung der eukariotischen Zellen, wobei intrazelluläre Ca^{2+}-Ionen eine Schlüsselrolle spielen dürften.

Schon die Zellform in Abb. 2, normale Naevi-Zellen im Vergleich zu Melanomzellen, zeigt, daß die bösartigen Krebszellen eine hohe Motilität besitzen. Krebszellen zeigen dabei nicht nur einfache Fortbewegung, sondern auch zytokinetische Formänderungen und hektisches Aus- und Einfahren von Zellausläufern an Ort und Stelle, was für das Finden des Weges des geringsten Widerstandes wichtig ist. Mit Zeitraffertechniken läßt sich sowohl diese stationäre Motilität wie die Wanderungsgeschwindigkeit von Krebszellen in vitro in den verschiedensten Oberflächen genau vermessen (HOFMANN-WELLENHOF R. et al., 1994). Auf diese Weise lassen sich auch viele Faktoren mit Einfluß auf die Krebszellmotilität genau untersuchen und vor allem untersuchen, welche Signale von außen Stop- bzw. Go-Signale sind. Würden Krebszellen nach Eindringen in ein entfernt gelegenes gesundes Gewebe endlos weiterwandern, würden keine Metastasen gebildet werden. Die Zelle muß in geeigneter Umgebung von Wanderung auf Vermehrung umschalten, vermutlich unter Verwendung naheverwandter Systeme.

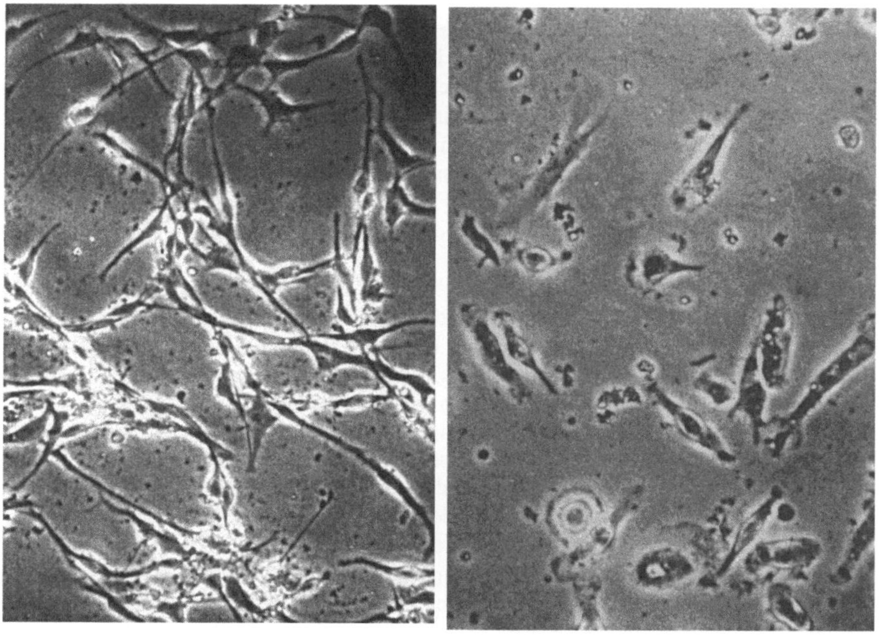

Abb. 2. Links: normale melaninhältige Zellen aus einem Muttermal (Naevus); rechts: Melanomzellen aus einem Hautkrebs in der Zellkultur. Die Melanomzellen zeigen geringe Anheftung an der Unterlage und ausgeprägte Wanderungsneigung

Auch die Zellvermehrung hat etwas mit Zellkontakten zu tun. Wachstumshormon-Rezeptoren haben meist Tyrosin-spezifische Proteinkinasen an der Membraninnenseite, die Proteine der focalen Kontakte wie Integrin, Talin und Vinkulin phosphorylieren und lösen so die Kontakte. Die Zelle kann sich abrunden und teilen, ohne Kontaktmöglichkeit ist z.B. in Suspension keine Zellvermehrung möglich. Auch SRC Proteine des Rous sarcoma-Viruses sind solche tyrosinspezifische Protein-Kinasen, die focale Kontakte lösen und so das Wachstum und die Vermehrung fördern können (BRAY D., 1992).

Es gibt natürlich noch viele andere Wege der transmembranären Signalübermittlung in Krebszellen, die derzeit untersucht werden. Dabei scheint die Proteinkinase C an der Schlüsselstelle vieler Signalwege zu sitzen. Wir und andere haben unter Verwendung solcher in vitro-Techniken gezeigt, daß Hemmstoffe der Proteinkinase C hochwirksame Inhibitoren der Krebszellmotilität und auch der Invasivität sind (HELIGE C. et al., 1993).

Es gibt viele in vitro-Techniken, in denen Krebszellen natürliche oder künstliche Barrieren überwinden müssen, z.B. Arterienwände, Venenwände, Ammnion, Netzwerke bzw. Filter, z.B. mit Kollagen-Gel definierter Dicke. Die Abb. 3 zeigt ein Beispiel mit einem Sandwich aus Laminin, Typ IV und Typ I Kollagen auf einem Teflonmaschenfilter. Die Zellzahl hinter der Barriere mit oder ohne Lockstoffen hängt von der Vermehrungsgeschwindigkeit der Zellen vor der Barriere, der Zellmotilität in der Barriere und natürlich auch von der Fähigkeit der Krebszellen ab, durch gewebedestruktive eigene Enzyme die Barriere aufzuweichen. Wir sind mit Unterstützung des Bundesministeriums für Wissenschaft und Forschung derzeit dabei, durch anspruchsvolle optische und bildanalytische Techniken solche Verfahren so zu vereinfachen, daß eine fortlaufende Kontrolle und exakte objektive Meßwerterhebung möglich ist.

Ein besonders erfolgreiches System, welches zum Nachweis metastatischer Potenz von Krebszellen Tierversuchen wenigstens gleichwertig oder überlegen ist, wurde von MAREEL und Mitarbeitern beschrieben (MAREEL M.M. et al., 1979). Es wird dabei Krebsgewebe mit gesundem Gewebe konfrontiert und dabei untersucht, wie rasch bzw. destruktiv Krebszellen in gesundes Gewebe einmarschieren.

Die Proteoglycan- und Laminin-Zusammensetzung von embryonalem Herzmuskelgewebe entspricht sehr gut jenem von Gewebe, in das zumeist Metastasen angesiedelt werden. Wir haben auch Sphäroide aus Gehirn oder Lebergewebe ausprobiert. Vor allem aber war es uns möglich, verschiedene bildanalytische Verfahren so einzusetzen, daß wir objektive Zahlenwerte der metastatischen Potenz erheben konnten, die die subjektive Bewertung erfahrener Pathologen exakt widerspiegeln (SMOLLE J. et al., 1990).

Mit dieser sehr verläßlichen Methode konnten sehr viele Ergebnisse erhoben werden und es soll an einem Beispiel gezeigt werden, daß die Messung der Krebszellmotilität alleine nicht ausreichend ist, um ein korrektes Bild der metastatischen Potenz zu erhalten.

Die Retinsäure in einer Konzentration von 1μM hat z.B. eine massive antiinvasive Wirkung in dem dreidimensionalen Konfrontationsmodell mit gesundem Gewebe nach MAREEL. Auch die Adhäsion an Typ I Kollagen oder Laminin wird verstärkt. Aber die Wanderungsgeschwindigkeit von Melanomzellen in diesen Oberflächen wurde kaum verändert (HELIGE C. et al., 1992).

Hemmt man aber die Wanderungsfähigkeit von Melanomzellen durch Inhibitoren der Mikrotubuli, wie z.B. Nokodazol, vollständig, so wird auch die Invasionsfähigkeit im Modell nach MAREEL geblockt. Krebszellmotilität ist nicht die einzige Meßgröße der Invasionsfähigkeit von Krebszellen, aber sie ist dafür unverzichtbar (FINK-PUCHES R. et al., 1994).

Dieses in vitro-Testsystem ist gemeinsam mit den anderen vorgestellten Systemen hervorragend geeignet, um die wesentlichen Funktionen von Krebszellen während der metastatischen Kaskade genau zu untersuchen. Es gibt aber eine grundsätzliche Limitation. Der Angiogenesis-Faktor, den Tumorgewebe bildet, vor allem um das rasche Wachstum kleiner Metastasen durch Anregung der Neubildung von Blutgefäßen um diese Metastasen herum zu fördern, kann als typische Wechselwirkung zwischen Wirtsorganismus und Krebs in vitro nicht nachgebildet werden.

Insgesamt ist aber die Spektrumsbreite und die Qualität der in vitro-Techniken in der Krebsforschung eindrucksvoll und das hohe Ziel nach gezielten Hemmstoffen, nicht nur des Wachstums, sondern auch der Metastasierung durch Screening zu suchen, ist zu einem sehr wesentlichen Teil unter Verzicht auf Tierversuche möglich geworden.

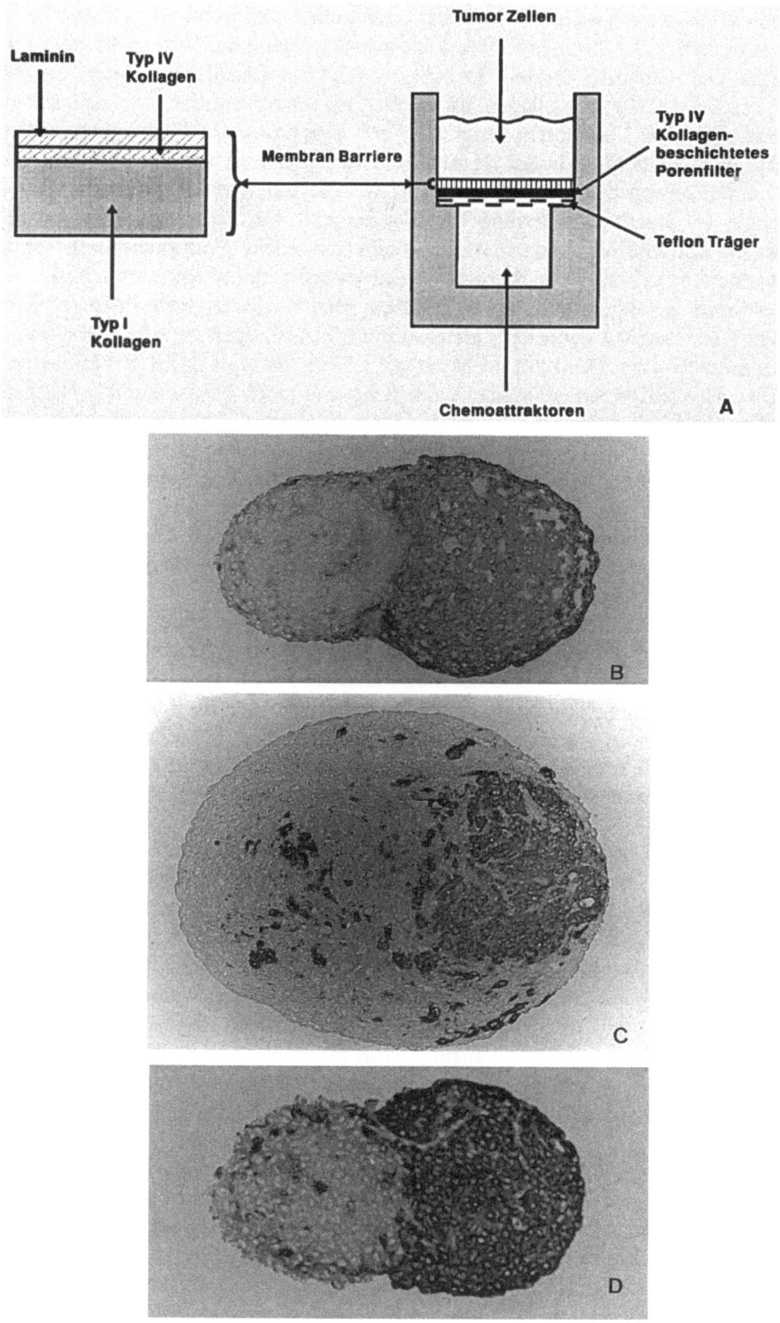

Abb. 3. **In vitro-Invasivitätsmodelle**
A: Eine Membranbarriere aus Laminin und Kollagen; zur Messung der Durchwanderungsfähigkeit von Krebszellen von künstlichen oder natürlichen Gewebebarrieren gibt es viele Testsysteme.
B, C, D: Konfrontation von Sphäroiden aus normalem Gewebe (B, links) und aus Krebszellen (B, rechts) erlaubt mit bildanalytischen Methoden das genaue Studium der Aggressivität und Invasionsgeschwindigkeit von Krebszellen in gesundes Gewebe (C). Bestimmte Vitamin A-verwandte Stoffe sind hochwirksame Hemmer der Krebszellinvasion (D)

Gefördert durch einen Forschungsauftrag des Bundesministeriums für Wissenschaft und Forschung, Fonds zur Förderung der wissenschaftlichen Forschung und der Steirischen Krebsgesellschaft.

Literatur

BRAY D., Cell Movements, New York London: Garland Publishing Inc., 1992

EC, Commission of the European Communities, Towards Coordination of Cancer Research in Europe, VERMORKEN A.J.M. (ed.), SCHERMER F.A.J.M. (Co-ed.), Amsterdam, Oxford, Washington, Tokyo: IOS Press, 1994

FINK-PUCHES R., HELIGE C., KERL H., SMOLLE J., TRITTHART H.A., Inhibition of melanoma cell directional migration in vitro via different cellular targets, Exp. Dermatol., (in press), 1993

HELIGE C., SMOLLE J., ZELLNIG G., HARTMANN E., FINK-PUCHES R., TRITTHART H.A., Antiinvasive activity of retinoic acid on K1735-M2 melanoma cells in vitro, Clinical & Experimental Metastasis, 10 (1), 49, 1992

HELIGE C., SMOLLE J., ZELLNIG G., FINK-PUCHES R., TRITTHART H.A., Effect of Dequalinium on K1735-M2 Melanoma Cell Growth, Directional Migration and Invasion in vitro, Eur. J. Cancer, 29 A (1), 124-128, 1993

HOFMANN-WELLENHOF R., SMOLLE J., HELIGE C., GOTTLIEB G., TRITTHART H.A., KERL H., Quantitative Assessment of Melanoma Single Cell Motility in vitro, Analytical Cellular Pathology, submitted

MAREEL M.M., KINT J., MEYVISCH C., Methods of study of the invasion of malignant C3H-mouse fibroblasts into embryonic chick heart in vitro, Virchows Archiv für Pathologische Anatomie und Physiologie und für Klinische Medizin B: Cell Pathology, 30, 95-111, 1979

SMOLLE J., HELIGE C., SOYER H.-P., HOEDL S., POPPER H., STETTNER H., TRITTHART H.A., KERL H., Quantitative evaluation of melanoma cell invasion in three-dimensional confrontation cultures in vitro using automated image analysis, J. Investigative Dermatol., 94, 114-119, 1990

TRAMPERT L., VILLENA C., BENZ P., KEWELOH H.C., SCHMIDT W., OBERHAUSEN E., A clinical evaluation of MAb BW 835/6 in breast and ovarian cancer, Nuklearmedizin, 31 (6), 249-253, 1992

Die Bedeutung der Pulsierenden Organ-Perfusion als Ersatz für Tierversuche in der Ausbildung in minimal invasiven Operationstechniken

G. Szinicz, S. Beller, A. Zerz, J. Rechner, K. Henle

Zusammenfassung

Die Ausweitung der Einsatzgebiete der Minimal Invasiven Chirurgie (MIC) einerseits und andererseits das Streben vieler Chirurgen zum möglichst schnellen Einstieg in diese Operationstechnik wirft quantitative und qualitative Probleme der Ausbildung in diesem neuen chirurgischen Verfahren auf.

Bisher erfolgte die Ausbildung an sogenannten Pelvi-Trainern mit Kunststoffattrappen und/ oder Tierorganen. Als zweiter und auch schon letzter Schritt vor der klinischen Operation mußte am narkotisierten Tier geübt werden.

Die Pulsierende Organ-Perfusion (POP) imitiert die Durchblutung von Organen oder Organkomplexen und wurde für die Ausbildung in laparoskopischen und thorakoskopischen Operationstechniken entwickelt. Aufgrund der optimalen Simulationsqualität und der Wirtschaftlichkeit schließt der POP-Simulationstrainer die Lücke zwischen Basistraining an Attrappen und Tierversuch.

Dieses Trainingsmodell erfordert weder den organisatorischen Aufwand von Tierversuchen noch die Infrastruktur einer tierexperimentellen Abteilung und ist in jedem Krankenhaus oder Laboratorium einsetzbar.

Die Anzahl der bisher für die MIC-Ausbildung erforderlichen Tierversuche kann damit wesentlich reduziert werden.

1. Die Minimal Invasive Chirurgie (MIC)

Die MIC (populärmedizinisches Synonym „sanfte Chirurgie"), ist eine neue chirurgische Operationstechnik, mit der operative Eingriffe über kleinste Zugangswege durchgeführt werden. Mit einer Mikrochipkamera wird der Einblick in das Operationsgebiet auf einen Monitor übertragen. Die Operation erfolgt mit ca. 30-40cm langen Instrumenten, die durch 5-10mm dicke Kanülen (Trokare) in den Bauch bzw. Brustkorb eingebracht werden.

Die Vorteile der MIC ergeben sich aus der geringeren Traumatisierung der Bauchdecke und der intraabdominellen Organe.

Dadurch wird der postoperative Schmerz wesentlich reduziert. Die schnellere Mobilisierbarkeit der Patienten trägt zu einer Senkung der gefürchteten postoperativen Komplikationen wie Venenthrombosen, Embolien, Pneumonien etc. bei. Weiters kommt es zu einer deutlichen

Verkürzung des stationären Aufenthaltes und der Dauer der Arbeitsunfähigkeit.

Demgegenüber stehen ein finanzieller Mehraufwand für Operationsinstrumente und für die technische Ausstattung des Operationssaales.

2. MIC-Ausbildung

Die Minimal Invasive Chirurgie stellt besondere Anforderungen an das handwerkliche Geschick des Operateurs. Insbesondere der Umgang mit den langen Instrumenten und das Operieren mit einem zweidimensionalen Monitor erfordern viel Übung.

Bisher begann die Ausbildung mit Simulationstrainern an Kunststoffattrappen und/oder Tierorganen. Wegen der Realitätsferne ist diese Übungsanordnung nur als Basistraining zum Erlernen der Augen-Hand-Koordination, des Knüpfens und - mit Einschränkungen - des Schneidens und Nähens geeignet.

Demgegenüber stellten bisher Tierversuche die einzige, der klinischen Operation adäquate Übungsmöglichkeit dar (KIRWAN W.O. et al., 1991; SCHWENK W. et al., 1994).

3. Die Pulsierende Organ-Perfusion (POP)

Die Pulsierende Organ-Perfusion wurde für die Simulation von Operationen in minimal-invasiv-chirurgischen Techniken entwickelt.

3.1. Funktionsweise

Die für die Übungen vorgesehenen Organe werden im Rahmen der routinemäßigen Nahrungsmittelproduktion im Schlachthaus entnommen und die Arterie an die Pumpe des POP-Simulationstrainers angeschlossen. Die Pumpe arbeitet druckkontrolliert mit einer elektronisch geregelten Pumpfrequenz und perfundiert die Organe mit Leitungswasser, dem rote Lebensmittelfarbe zugesetzt wird. Organ, Pumpe, elektronische Regelung und Perfusionsflüssigkeit befinden sich in einem Gehäuse (Simulationstrainer nach PIER/GÖTZ). Eine mit dem Gehäusedeckel luftdicht fixierte Neoprenmatte ersetzt die Bauchdecke und ermöglicht die Simulation des Pneumoperitoneums.

Mit dieser Anordnung läßt sich die Durchblutung von Organen äußerst realistisch imitieren (Abb. 1).

3.2. Anwendung

Die Stammarterie der Organe oder Organkomplexe wird mit einem dem Lumen entsprechenden Katheter kanüliert und allfällige Seitenäste der Arterie unterbunden, um den erforderlichen Perfusionsdruck sicherzustellen. Der Katheter wird mittels Adapter an die Pumpe angeschlossen und der Simulationstrainer mit gefärbtem Wasser gefüllt (Abb. 1).

Die Vorbereitung der einzelnen Organe benötigt zwischen 5 und 10 Minuten, danach kann mehrere Stunden lang geübt werden.

3.3. Operationssimulation

Mit Hilfe der POP können die meisten laparoskopischen/thorakoskopischen Standardoperationen wirklichkeitsnahe geübt werden. Präparatorische Fehler werden durch „Blutungen" angezeigt, die Beherrschung solcher Komplikationen kann - im Gegensatz zum Tierversuch - beliebig oft wiederholt und zeitlich nahezu unbegrenzt gelernt werden (Abb. 2).

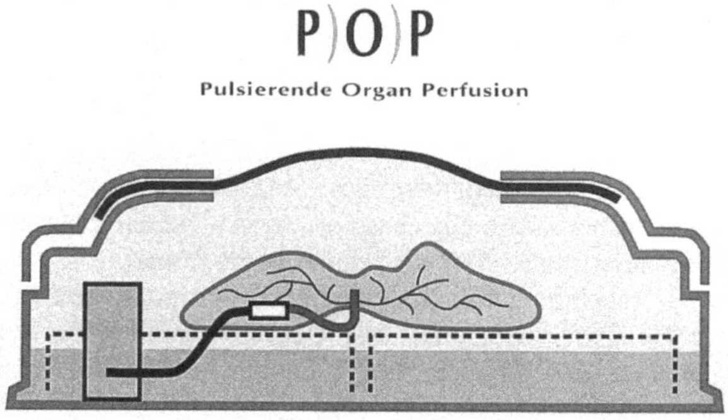

Abb. 1. POP - schematische Darstellung

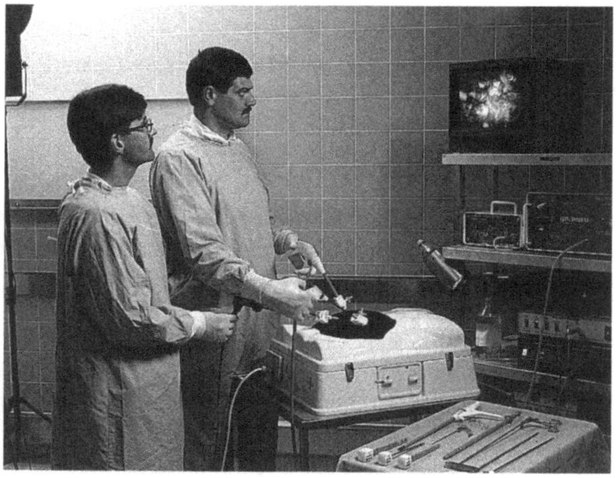

Abb. 2. Training am POP-Operationssimulator

3.3.1. Leber-/Gallenblasenkomplex

Es werden sowohl die zentrale Leberarterie als auch die Pfortader katheterisiert, die beiden Katheter mittels Y-Stück verbunden und an die Pumpe angeschlossen. Größere arterielle Seitenäste müssen mit Ligatur oder Klipp versorgt werden.

Sowohl laparoskopische Standardeingriffe wie die Cholecystektomie, als auch Präparationen am Gallengang und Operationen am Leberparenchym, wie die Versorgung von Rupturen und Parenchymresektionen können trainiert werden.

3.3.2. Herz-/Lungenpräparat

Die Perfusion erfolgt über einen großlumigen Katheter, der in die Lungenarterie eingebracht wird.

Neben der Pneumonektomie können Lobektomien, atypische und typische Segmentresektionen, Lungenkeilresektionen, maschinelle und manuelle Parenchymnähte, die zur Versorgung von Läsionen bzw. Rupturen oder zum Fistelverschluß erforderlich sind, durchgeführt werden.

3.3.3. Nierenpräparat

Die Perfusion erfolgt über die katheterisierte Aorta.

Sowohl die Präparation der Hilusgefäße, des Ureters als auch Operationen am Nierenparenchym (Naht einer Ruptur, Polresektionen) sind erlernbar.

3.3.4. Darmpräparat

Ein oder mehrere Mesenterialgefäße werden katheterisiert und der korrespondierende Darmabschnitt für die Übungen verwendet. Die Perfusion erfolgt bis in die Darmwandgefäße, sodaß manuelle und maschinelle Anastomosentechniken und die Präparation des Mesenteriums realitätsnahe trainiert werden können. Bei Verwendung größerer Darmabschnitte im Simulationstrainer kann auch der für laparoskopische Darmoperationen so wichtige „Zug und Gegenzug" geübt werden.

3.3.5. Weitere Simulationsmöglichkeiten

Gynäkologische Operationen können an imitierten Cysten, Adnexen etc., gefäßchirurgische Eingriffe an Aorten-/Arterienpräparaten oder Venen erlernt werden.

4. Diskussion

Die Ausweitung der Einsatzgebiete der Minimal Invasiven Chirurgie und der Wunsch vieler Chirurgen nach einer möglichst schnellen Anwendung dieser neuen Operationstechnik führen zu quantitativen und qualitativen Problemen bei der Ausbildung in der Minimal Invasiven Chirurgie.

Die Übungen an Kunststoffattrappen und unpräparierten Tierorganen sind wegen der mangelnden Simulationsqualität nur für das Basistraining geeignet. Die nächste und bislang auch schon letzte Ausbildungsstufe vor dem klinischen Eingriff war das Operationstraining am narkotisierten Tier (BUESS G., 1992; HIATT J.R. et al., 1992; MOUIEL J., 1992; SACKIER J.M. et al., 1991; SCHWENK W. et al., 1994). Tierversuche sind teuer, organisatorisch aufwendig und in den meisten Industriestaaten genehmigungspflichtig. Das bedeutet, daß Tierversuche nur in sehr beschränkter Zahl zur Verfügung stehen und zudem nur in Zentren mit entsprechender Infrastruktur durchgeführt werden können (KIRWAN W.O. et al., 1991; SACKIER J.M. et al., 1991; SCHWENK W. et al., 1994).

Die große Lücke zwischen Basistraining und Tierversuch wird durch die Pulsierende Organ-Perfusion geschlossen. Aufgrund der Simulationsqualität, der Wirtschaftlichkeit und der leichten Anwendbarkeit stellt die POP eine ideale Ergänzung des MIC-Trainings dar und ist in vielen Bereichen ein adäquater Ersatz für Tierversuche.

Neben dem Erlernen von Standardeingriffen bietet die POP die Möglichkeit, die Beherrschung von Komplikationen zu üben. Intraoperativ auftretende Probleme, insbesondere Blutungen, sind die häufigste Ursache für einen Wechsel zur konventionellen Operationstechnik. Eine Simulation dieser Komplikationen ist im Tierversuch aus verständlichen Gründen nicht möglich, weshalb auch deren chirurgische Versorgung tierexperimentell nicht geübt werden kann. Der hier vorgestellte Operationssimulator ermöglicht eine beliebig oft wiederholbare und zeitlich nahezu unbegrenzte Imitation dieser für Chirurgen - und Patienten - kritischen Situationen.

Da im POP-Simulationstrainer alle von der Klinik bekannten Technologien wie Hochfrequenz (unipolar, bipolar), Laser, Ultraschalldissektor, Aquadissektor etc. angewendet werden können, eignet sich diese Anordnung auch zum Experimentieren mit neuen Instrumenten und Technologien. Lediglich die Anwendung von Fibrinklebern kann wegen der fehlenden Aktivierung durch das Perfusionsmedium nicht geübt werden. Auf die Qualität der Übungen hat das

Fehlen von Gerinnungseigenschaften keinen Einfluß.

Die POP kann in jedem Krankenhaus oder Labor eingesetzt werden, erleichtert dadurch die Ausbildung in minimal-invasiv-chirurgischen Techniken und wird zu einer Reduktion der bisher erforderlichen Tierversuche beitragen.

Dies hat sich im Rahmen mehrerer Umfragen bei Teilnehmern der „Bregenzer Laparoskopietage“ (MIC-Intensivtrainingskurse für Fortgeschrittene), die regelmäßig von den Autoren veranstaltet und ausschließlich an POP-Operationssimulatoren durchgeführt werden, bestätigt: 80% der Teilnehmer haben die Frage, ob nach diesem Kurs Operationen an narkotisierten Tieren zur Verbesserung der Ausbildung angeboten werden sollten, mit „nicht erforderlich“ beantwortet.

Literatur

BUESS G., Training program of minimally invasive surgery at the unversity of Tübingen, Second European Congress of Viscerosynthesis, Luxembourg, Congress report, 222, 1992

HIATT J.R., SACKIER J., BERCI G., PARTLOW M., Laparoscopy in modern surgical training, Second European Congress of Viscerosynthesis, Luxembourg, Congress report, 223, 1992

MOUIEL J., Principles in teaching and training of new technologies in surgery, Second European Congress of Viscerosynthesis, Luxembourg, Congress report, 216, 1992

KIRWAN W.O., KAAR T.K., WALDRON R., Starting laparoscopic cholecystectomy - the pig as a training model, Ir J Med Sci., 160 (8), 243-246, 1991

SACKIER J.M., BERCI G., PAZ-PARTLOW M., A new training device for laparoscopic cholecystectomy, Surg. Endosc., 5 (3),158-159, 1991

SCHWENK W., BÖHM B., MILSAM J., STOCK W., Das Hundemodell in der Ausbildung zur laparoskopischen kolorektalen Chirurgie, Minimal invasive Chirurgie, 1, 34-39, 1994

Moderne Methoden der Biostatistik bei der Entwicklung und Validierung toxikologischer Prüfmethoden am Beispiel der Arbeiten in Deutschland zum Ersatz des Draize-Tests am Kaninchenauge

M. Liebsch, F. Moldenhauer, H. Spielmann

Zusammenfassung

Bei der Entwicklung von toxikologischen in vitro-Methoden ist die Charakterisierung empfindlicher Meßparameter, sog. „toxikologischer Endpunkte", bzw. Faktoren, in denen diese Meßparameter berücksichtigt werden, besonders wichtig. Die Identifizierung besonders empfindlicher Testparameter hat nicht nur für die Berechnung der in vivo-/in vitro-Korrelation entscheidende Bedeutung sondern auch bei der Kombination mehrerer Tests zu einer Testbatterie. Die Lösung der genannten Probleme wird mit Hilfe moderner Methoden der Biometrie erheblich erleichtert wie Erfahrungen bei der Entwicklung und Validierung von Ersatzmethoden zum Ersatz des Draize-Test am Kaninchenauge zeigen.

Bei der in Deutschland durchgeführten Validierungsstudie zur Identifizierung stark augenreizender Stoffe (EG-Kennzeichnung R-41) wurde sowohl beim HET-CAM-Test als auch beim Zytotoxizitätstest ein empirisch entwickeltes Bewertungssystem verwendet. Wie mehrfach berichtet, korrelierten bei Prüfung von 200 Stoffen die Zytotoxizitätsdaten nicht mit den in vivo im Draize-Test erhobenen Daten und auch im HET-CAM-Test konnten nicht alle stark augenreizenden Stoffe identifiziert werden (SPIELMANN H. et al., 1993). Es wurde daher geprüft, ob sich mit Hilfe moderner biostatistischer Verfahren, wie z.B. der Diskriminanzanalyse, in beiden in vitro-Tests geeignetere toxikologische Endpunkte bzw. von ihnen abgeleitete Faktoren identifizieren ließen, mit denen die beste Prädiktion von in vivo-Draize-Daten durch die Ergebnisse von in vitro-Tests möglich ist.

Die Diskriminanzanalyse zeigte, daß im HET-CAM-Test nur die Koagulation als Parameter geeignet war, stark augenreizende Stoffe zu identifizieren. Darüber hinaus können alle Stoffe, bei denen eine 10%ige Lösung im HET-CAM-Test innerhalb von 50 Sekunden eine Koagulation auslösen, ohne weitere Testung im Tierversuch als stark augenreizend eingestuft werden. Bei Kombination des Zytotoxizitätstests mit den Koagulationsdaten des HET-CAM-Test konnte mit der Diskriminanzanalyse eine in vitro-Teststrategie zur Identifizierung stark augenreizender Stoffe entwickelt werden, die eine akzeptable Sensitivität und Prädiktivität aufweist sowie eine akzeptable Rate falsch positiver Ergebnisse.

1. Einleitung

In einer nationalen Validierungsstudie wurden in Deutschland zwei in vitro-Methoden zum Ersatz des Draize-Tests am Kaninchenauge bezüglich ihrer Fähigkeit geprüft, mit ihrer Hilfe stark augenreizende Stoffe zu identifizieren (EG-Kennzeichung R-41), und zwar der HET-CAM-Test nach LÜPKE (1985) und der 3T3-Zell-Neutralrot-Zytotoxizitätstest (NR-Test) nach BORENFREUND und PUERNER (1985). Die Ergebnisse verschiedener Phasen dieser Validierungsstudie, die in 13 Laboratorien mit insgesamt 200 Prüfsubstanzen durchgeführt wurde, wurden bereits publiziert (SPIELMANN H. et al., 1991, 1993). Wie aufgrund früherer Studien zu erwarten war, ergab sich keine ausreichende Korrelation zwischen den Zytotoxizitätsdaten und den stark augenreizenden Eigenschaften der Prüfsubstanzen (SPIELMANN H. et al., 1993). Im HET-CAM-Test konnten von insgesamt 46 Stoffen, die nach EG-Kriterien in vivo „stark augenreizende bzw. korrosive" Eigenschaften aufwiesen, nur die Untergruppe der 10 am stärksten direkt reizenden Stoffe in einem befriedigenden Ausmaß identifiziert werden (70%). Dagegen wurden die restlichen 36 weniger stark reizenden Stoffe, die aufgrund geringer aber irreversibler Augenschäden ebenfalls mit „R-41" zu kennzeichen sind, nur 40% mit dem HET-CAM-Test korrekt identifiziert (SPIELMANN H. et al., 1993).

Zur Bestimmung der augenreizenden Eigenschaften chemischer Stoffe im HET-CAM-Test wird ein von LÜPKE (1985) empirisch entwickeltes Bewertungssystem benutzt, bei dem der sog. „Reizindex" (RI mit einem maximalen Wert von 21) bestimmt wird, und zwar aufgrund des Zeitpunktes des Auftretens der 3 morphologischen Parameter Koagulation, Hämorrhagie und Lysis während eines Beobachtungszeitraumes von 3 Minuten. Später konnte die Prädiktion des HET-CAM-Tests durch Berücksichtigung der sogenannten „Reizschwelle" (RS = die geringste Konzentration eines Stoffes bei der eine Reaktion an der CAM auftritt) verbessert werden (SPIELMANN H. et al., 1991, 1993). Es wurde über diese empirischen Ansätze hinaus bisher jedoch nicht versucht, mit Hilfe moderner biometrischer Methoden, wie z.B. der Diskriminanzanalyse, die toxikologischen Parameter des HET-CAM-Tests zu ermitteln, die den größten prädiktiven Wert für die Ermittlung stark augenreizender Stoffe besitzen. Es war mit Hilfe der Diskriminanzanalyse möglich, aus einer Gruppe von 9 Meßparametern, die im HET-CAM-Test im Rahmen der deutschen Validierungsstudie routinemäßig bestimmt wurden, den Zeitpunkt des Auftretens der Koagulation einer 10%igen Lösung (mzk10) als einzigen Parameter des HET-CAM-Tests zu identifizieren, der ausreichend mit den stark augenreizenden Eigenschaften der Prüfsubstanzen korrelierte. Weiterhin zeigte die Diskriminazanalyse, daß die am stärksten augenreizenden Stoffe allein mit Hilfe des Koagulationsparameters mzk10 zu identifizieren sind. Weiters konnten mit Hilfe der Diskriminanzanalyse durch Kombination des HET-CAM-Parameters mzk10 mit den Ergebnissen des Zytotoxizitätstests (NR-Test) die Sensitivität, Spezifität und die Zahl der falsch positiven Ergebnisse der in vitro-Testung so verbessert werden, daß mit beiden Tests eine in vitro-Teststrategie zur Identifizierung stark augenreizender Stoffe erarbeitet wurde, die in der Routinetestung eingesetzt werden kann. Diese Ergebnisse unterstreichen, daß moderne biometrische Methoden, wie z.B. die Diskriminanzanalyse, bereits bei der Testentwicklung von in vitro-Methoden eingesetzt werden sollten.

2. Material und Methoden

2.1. Tests und Stoffauswahl

Seit 1988 wurden in Deutschland in einer vom BMFT finanzierten Validierungsstudie zwei Alternativmethoden zum Ersatz des Draize-Tests am Kaninchenauge getestet und zwar der HET-CAM-Test am bebrüteten Hühnerei nach LÜPKE (1985) und der Zytotoxizitätstest an 3T3-Zellen mit der Neutralrot-Methode (NR-Test nach BORENFREUND und PUERNER, 1985). Ziel der Studie war die Identifizierung und Kennzeichnung stark augenreizender Stoffe (Kennzeichungn mit R-41 nach der Gefahrenstoffverordnung) mit Hilfe der beiden in vitro-Methoden. Die Prüfung umfaßte in den verschiedenen Stufen der Validierung insgesamt 200 Stoffe mit unterschiedlich reizenden Eigenschaften. Es wurden in dieser Studie unter blinden Bedingungen 52 bekannte Altstoffe geprüft, für die die Draize-Test-Daten als Literaturdaten vorlagen, und 148 neue Stoffe, für die in der deutschen chemisch-pharmazeutischen Industrie im Rahmen der toxikologischen Sicherheitsprüfung neue Draize-Tests entspechend der OECD-Richtlinie durchgeführt worden waren. Planung und Durchführung dieser Validierungsstudie wurden bereits ausführlich beschrieben (SPIELMANN H. et al., 1991, 1993).

2.2. Toxikologische Meßparameter des HET-CAM-Tests und des NR-Tests, die für die biometrische Analyse benutzt wurden

Zur Bewertung der reizenden Eigenschaften im HET-CAM-Test wurden neben den drei Endpunkten Hämorrhagie, Lysis und Koagulation zusätzlich die Reizschwelle *RS* und der Reizindex *RI* des reinen Stoffes (100%) sowie einer 10%igen Lösung bis zu einer Beobachtungsdauer von 300sec (5min) bestimmt.

Für die biometrische Analyse des HET-CAM-Tests wurden die folgenden 9 Parameter herangezogen:

lggeom	-	Logarithmus des geometrischen Mittels der Reizschwelle
mzk10	-	mittlere Reaktionszeit bis zum Auftreten der Koagulation bei einer 10%igen Lösung
mzk100	-	mittlere Reaktionszeit bis zum Auftreten der Koagulation bei einer 100%igen Lösung
mzl10	-	mittlere Reaktionszeit bis zum Auftreten der Lysis bei einer 10%igen Lösung
mzl100	-	mittlere Reaktionszeit bis zum Auftreten der Lysis bei einer 100%igen Lösung
mzh10	-	mittlere Reaktionszeit bis zum Auftreten der Hämorrhagie bei einer 10%igen Lösung
mzh100	-	mittlere Reaktionszeit bis zum Auftreten der Hämorrhagie bei einer 100%igen Lösung
mbgari10	-	Mittelwert des RI einer 10%igen Lösung
mbgari100	-	Mittelwert des RI einer 100%igen Lösung

Bei der biometrischen Analyse wurde nur ein Parameter des NR-Zytotoxizitästests mit 3T3-Zellen berücksichtigt:

lgfg50m	-	Logarithmus der 50%igen Hemmung der NR-Aufnahme, der mit dem Programm *Fitgraph* (QUEDENAU J. and HOLZHÜTTER H.G., 1993) bestimmt wurde.

2.3. Analyse der Prädiktion der in vitro-Tests zur Klassifizierung stark augenreizender Stoffe

Zur Berechnung der Güte der Klassifizierung der Testsubstanzen mit den in vitro-Tests wurden 2x2 Kontingenztafeln gebildet und daraus die Sensitivität und Spezifität berechnet (nach BALLS M. et al., 1990). Bei der Berechnung des Gesamtfehlers der Einstufung wird die Summe der falsch positiven und falsch negativen Einstufungen in Prozent der Gesamtheit der Prüfsubstanzen ausgedrückt. Als Überkennzeichnung wird die Anzahl der falsch positiv klassifizierten Stoffe in Prozent der Gesamtheit aller Prüfsubstanzen bezeichnet.

2.4. Diskriminanzanalyse

Zur Identifizierung der Meßparameter des HET-CAM-Tests, die am besten mit R-41 korrelieren, wurde mit Hilfe der schrittweisen Diskriminanzanalyse (stepwise discriminant analysis) durchgeführt (KLECKA W.R., 1980). Mit Hilfe der Diskriminanzanalyse läßt sich außerdem der Wert einer nominal skalierten abhängigen Variablen y - *hier: Einstufung in vivo mit R-41* - durch eine oder mehrere metrisch skalierte unabhängige Variable x_i vorhersagen. Beispielsweise können 2 unabhängige Variable x_{i1} und x_{i2} gegeneinander in einem Koordinatensystem aufgetragen werden. Jede x_{i1}, x_{i2}-Kombination wird aufgrund der Gruppenzugehörigkeit innerhalb der Variablen y (*hier: R-41 positiv oder negativ*) unterschiedlich gekennzeichnet. Ermittelt wird mit der Diskriminanzanalyse eine Trenngerade, die zwischen diese beiden Gruppen gelegt wird und zwar so, daß die Mittelwerte der beiden Häufigkeitsverteilungen der resultierenden Diskriminanzfunktion einen möglichst großen Abstand haben und gleichzeitig die Varianzen dieser Häufigkeitsverteilungen möglichst klein sind (SCHUCHARD-FISCHER C. et al., 1985). Die Gerade der Diskriminanzfunktion verläuft dabei rechtwinkelig zur Trenngeraden, die in den Abb. 1-4 wiedergegeben ist.

3. Ergebnisse und Diskussion

3.1. Qualitätskontrolle der Daten

Die Qualitätskontrolle der in vivo- und der in vitro-Daten ist eine wesentliche Voraussetzung für die biometrische Analyse. Von den 200 Stoffen, die in der Validierungsstudie experimentell in vitro geprüft wurden, lagen für 52 Stoffe in vivo-Draize-Daten nur aus der Literatur vor. Die Zahl der Prüfsubstanzen mit qualitativ akzeptablen in vivo-Draize-Daten betrug somit nur 148. Die genaue Prüfung der Prüfprotokolle zeigte, daß weitere 9 Stoffe aufgrund von Qualitätsmängeln eliminiert werden mußten, so daß nur noch 139 Stoffe für die Analyse verblieben. Aufgrund technischer Probleme, die auf die „blinde Testung" im Rahmen der Validierung zurückzuführen waren, wie z.B. Verwendung falscher Lösungsmittel für die Prüfsubstanzen, konnten weitere 17 Stoffe nicht berücksichtigt werden. Somit betrug die Gesamtzahl der Stoffe 122, für die sowohl qualitativ akzeptable in vivo-Draize-Daten, als auch HET-CAM- und NR-Zytotoxizitätsdaten vorhanden waren. Mit diesen 122 Stoffen wurde die biometrische Analyse durchgeführt. 30% von ihnen mußten aufgrund ihrer starken augenreizenden Eigenschaften mit R-41 gekennzeichnet werden. Aus technischen Gründen, wie z.B. mangelnder Löslichkeit in Wasser oder Öl, konnten bei diesen 122 Stoffen in den beiden in vitro-Tests nicht alle 10 Parameter bestimmt werden sondern nur bei 116 Stoffen. Das ist die Zahl der Stoffe, für die sämtliche in vivo- und in vitro-Daten für biometrische Analysen vorlagen.

3.2. Diskriminanzanalyse der Daten des HET-CAM-Test und des Zytotoxizitätstests

Die schrittweise Diskriminanzanalyse ermöglicht die Selektion der Variablen der in vitro-Tests anhand ihrer Korrelation mit den in vivo-Daten. Unter den 9 Variablen, die mit den 122 Stoffen im HET-CAM-Test bestimmt wurden, korrelierte der mzk10 (die mittlere Reaktionszeit bis zum Auftreten der Koagulation bei einer 10%igen Lösung) signifikant besser mit dem Merkmal R-41 als alle anderen toxikologischen Parameter. Das wird auch aus Tabelle 1 deutlich, die die Signifikanzwerte der 3 Endpunkte des HET-CAM-Tests wiedergibt, die am besten mit R-41 korrelieren (mzk10, mzk100, mzl100). Unerwarteterweise sind diese 3 Parameter erheblich besser zur Identifizierung stark augenreizender Stoffe geeignet als die bisher dafür benutzte Reizschwelle RS (lggeom) oder der Reizindex RI (mbgari10 und mbgari100).

Tabelle 1. Ergebnisse der schrittweisen Diskriminanzanalyse (KLECKA W.R., 1980)

Variable	F-Wert	p-Wert
mzk10	43,5	0,0001
mzk100	8,0	0,0056
mzl100	2,2	0,1442

n=120; Zahl von Variablen 9

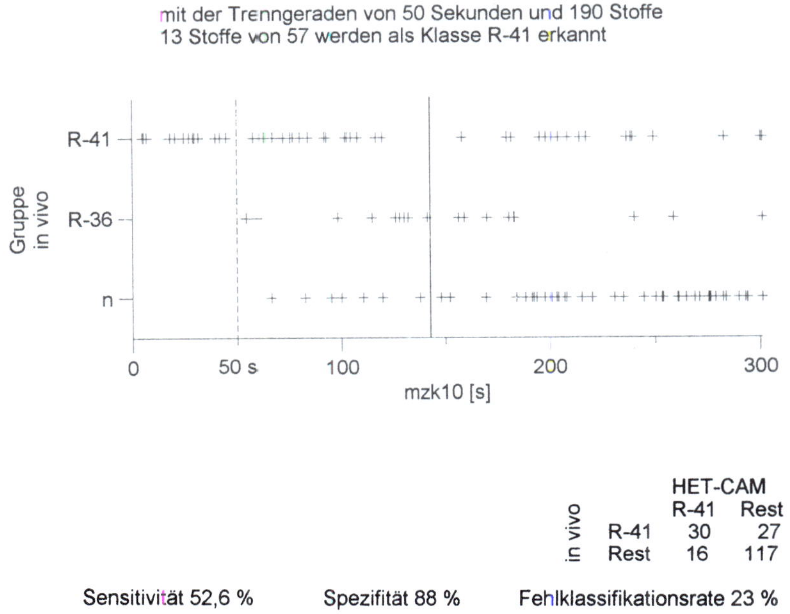

Abb. 1. Klassifizierung stark augenreizender Stoffe (R-41) mit Hilfe des mzk10 aus dem HET-CAM-Test. Alle Stoffe, deren mzk10 geringer als 50sec ist, können eindeutig mit R-41 gekennzeichnet werden. Für alle anderen Stoffe ist die Bestimmung zusätzlicher toxikologischer Parameter in vitro und in vivo erforderlich. Gering augenreizende Stoffe, die mit R-36 zu kennzeichnen sind, können mit Hilfe des mzk10 nicht identifiziert werden (SPIELMANN H., 1994)

Dieses Ergebnis unterstreicht, daß empirisch abgeleitete Parameter zur Charakterisierung von in vitro-Testsystemen sehr viel schlechter geeignet sind, in vitro-/in vivo-Korrelationen zu erfassen, als Meßparameter, die mit Hilfe moderner biometrischer Methoden identifiziert bzw. abgeleitet wurden. Die Ergebnisse in Tabelle 1 zeigen auch, daß der mzk10 um einen Faktor von 10 besser geeignet ist, starke Augenreizwirkungen vorherzusagen als der mzk100. Darüber hinaus beweist die Tatsache, daß die beiden diskriminanzstärksten Parameter mzk10 und mzk100 die Koagulationsreaktion repräsentieren, daß diese Reaktion an der CAM sehr viel besser geeignet ist, stark augenreizende Stoffe zu identifizieren als die beiden anderen Meßgrößen Hämorrhagie und Lysis. Dazu trägt sicher auch bei, daß unter den an der CAM bestimmten Parametern mzk10 und mzk100 die beste Reproduzierbarkeit aufweisen. Um die Parameter des HET-CAM-Tests zu identifizieren, welche am besten geeignet sind, zwischen nicht reizenden und gering augenreizenden Stoffen zu unterscheiden, sind noch zusätzliche biometrische Analysen erforderlich und zwar mit einer dafür speziell ausgewählten Gruppe von Prüfsubstanzen. Die weitere Analyse der HET-CAM-Daten der 122 Stoffe zeigt, daß die Identifizierung der Stoffe, die mit R-41 zu kennzeichnen sind, allein mit Hilfe des Parameters mzk10 unbefriedigend ist (Sensitivität 64%, Spezifität 80%, falsch positive Stoffe/Überkennzeichnung 13%). Die weitere Analyse (Abb. 1) zeigte jedoch auch, daß alle Stoffe, bei denen der mzk10 einen Wert von <50sec hatte, zur Gruppe der mit R-41 zu kennzeichnenden stark augenreizenden Stoffe gehörten. Um diese Beobachtung zu untermauern, wurde die Diskriminanzanalyse mit den mzk10 Werten von 190 Stoffen durchgeführt, die für die Studie zur Verfügung standen bzw. qualitativ akzeptable mzk10-Werte aufwiesen. *Das in Abb. 1 wiedergegebene Ergebnis bestätigt, daß alle 13 Prüfsubstanzen, die einen mzk10 von <50sec aufwiesen, tatsächlich zur Gruppe der R-41 Stoffe gehörten.* Da alle Stoffe unter blinden Bedingungen im HET-CAM-Test in 2-7 Laboratorien geprüft worden waren, **ist der mzk10 von <50sec ein Meßparameter, der eine Einstufung und Kennzeichnung stark augenreizender Stoffe mit R-41 allein mit Hilfe des HET-CAM-Tests ermöglicht und zwar ohne jede Überkennzeichnung und ohne daß eine zusätzliche Testung im Tierversuch erforderlich ist.**

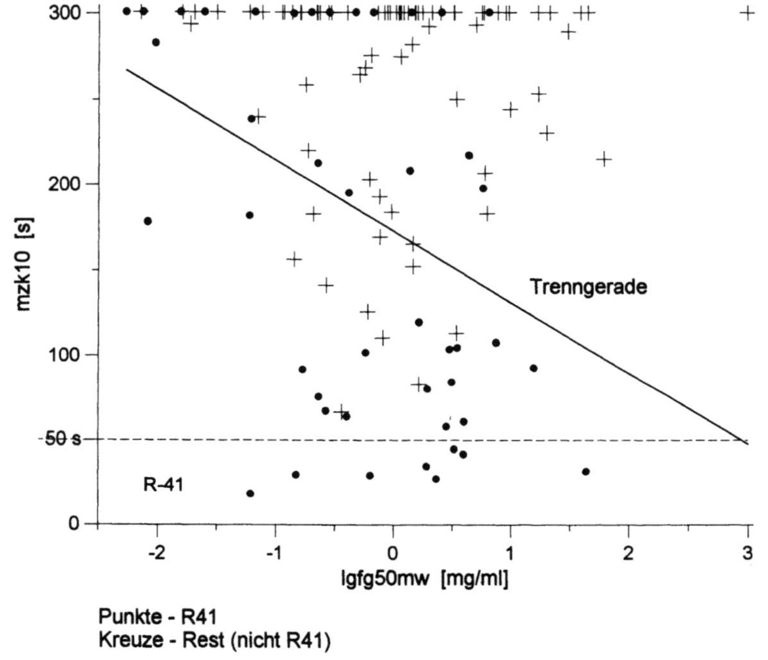

wenn :
0,0161 * mzk10 + 0,6724 * lgfg50mw < 2,78
dann stufe die Substanz als R41 ein

		in vitro R41	in vitro Rest
in vivo	R41	24	20
in vivo	Rest	11	67

Sensitivität 54,6 %   Spezifität 71,3 %   Fehlklassifikationsrate 25,4 %

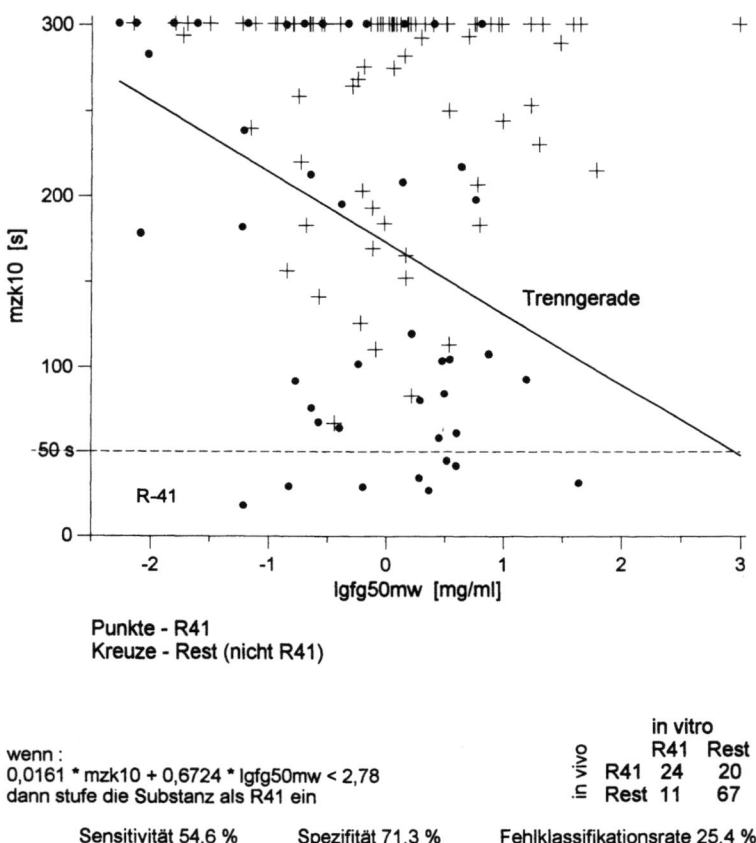

Abb. 2. Kombination des NR-Zytotoxizitäts- und des HET-CAM-Tests (mzk10) zur Identifizierung stark reizender, mit R-41 zu kennzeichnenden Stoffe (SPIELMANN H., 1994)

Die Validität dieses Einstufungskriteriums wird durch die Beobachtung gestützt, daß bekanntermaßen alle stark augenreizenden Stoffe innerhalb der ersten Minute an der CAM eine Koagulation hervorrufen. Bemerkenswert ist in diesem Zusammenhang, daß die beiden Stoffe, die einen mzk10 von 50 bis 60 Sekunden aufwiesen, aufgrund von Abb. 1 als gering augenreizend (Kennzeichnung mit R-36) eingestuft sind. Es handelt sich um zwei sog. Altstoffe, deren augenreizende Wirkung nicht nach den neuen OECD-Richtlinien bestimmt wurde. Eine erneute Prüfung im Tierversuch könnte bestätigen, daß die beiden Stoffe mit R-41 zu kennzeichnen sind.

3.3. Kombination des HET-CAM-Tests mit dem NR-Zytotoxizitätstest

In Abb. 2 wurde der mzk10 des HET-CAM-Tests gegen den lgfg50m des NR-Zytotoxizitätstests für 122 Stoffe aufgetragen. Die Diskriminanzanalyse zeigt, daß die beste Trennung zwischen Stoffen, die mit R-41 zu kennzeichen sind, und den nicht-kennzeichnungspflichtigen Stoffen resultiert, wenn Stoffe mit R-41 gekennzeichnet werden, für die gilt: 0,016·mzk10+ 0,6724·lgfg50m<2,78. Im Vergleich zur Klassifizierung allein aufgrund des mzk10 wird der Anteil der falsch positiv klassifizierten bzw. übergekennzeichneten Stoffe auf 9% reduziert, dagegen waren Sensitivität (55%) und Spezifität (71%) nicht akzeptabel. Weiterhin bestätigt Abb. 2 wiederum, daß alle Stoffe, die einen mzk10 <50sec aufweisen, richtig mit R-41 gekennzeichnet waren.

Die Güte der kombinierten Klassifizierung wurde jedoch erheblich verbessert, wenn die empfindlichsten Parameter des HET-CAM-Tests und des NR-Zytotoxizitätstests, mzk10 und lgfg50m, getrennt für gut wasserlösliche Stoffe (Löslichkeit >100g/l) und für schlecht wasserlösliche Stoffe (Löslichkeit <100g/l) miteinander kombiniert wurden. Da nicht von allen 122 Stoffen qualitativ akzeptable Löslichkeitsdaten vorhanden waren, konnte die Diskriminanzanalyse mit mzk10 und lgfg50m nur bei 52 gut und bei 42 schlecht wasserlöslichen Stoffen durchgeführt werden.

In Abb. 3 ist die Diskriminanzanalyse der 52 gut wasserlöslichen Stoffe wiedergegeben. Diese Graphik zeigt, daß die beste Klassifizierung stark augenreizender Stoffe in den beiden in vitro-Tests erreicht wird, wenn Stoffe mit R-41 gekennzeichnet werden, die die folgende Bedingung erfüllen: 0,0177·mzk10+0,9874·lgfg50m<3,2279. Aufgrund der Beschränkung auf die gut wasserlöslichen Stoffe wurde die in vitro-Klassifizierung erheblich verbessert, denn die Sensitivität stieg auf 82% an, die Spezifität auf 80% und die falsch positiven bzw. übergekennzeichneten Stoffe machten nur 11% aus.

Bei der Untergruppe der 42 schlecht wasserlöslichen Stoffe ergab die Diskriminanzanalyse, daß der mzk100 eine bessere Diskriminierung ermöglichte als der mzk10. Abb. 4 zeigt, daß die beste Klassifizierung erreicht wurde, wenn Stoffe mit R-41 gekennzeichnet wurden, für die gilt 0,0166·mzk100+0,3072·lgfg50m<1,8522. Aus Abb. 4 wird weiterhin deutlich, daß mit dieser Klassifizierung eine Sensitivität von 79%, eine Spezifität von 88% sowie eine falsch positive Zuordnung bzw. Überkennzeichnung von 8,7% erreicht wurden. Eine Verbesserung der in dieser Untergruppe erreichten Prädiktion stark augenreizender Wirkungen aufgrund von in vitro-Tests erscheint kaum möglich. Nach Ansicht der an der Studie beteiligten Laboratorien der deutschen chemisch-pharmazeutischen Industrie ist bei Würdigung der Tierschutzaspekte bei der Testung stark augenreizender Stoffe eine Überkennzeichnung von nicht mehr als 10% akzeptabel, so wie sie in der Gruppe der schwer wasserlöslichen Stoffe bei Kombination des HET-CAM-Tests mit dem NR-Zytotoxizitätstest bei Validierung unter blinden Bedingungen erreicht wurde. Schließlich überrascht es nicht, daß in der Gruppe der schwer wasserlöslichen Stoffe der mzk100, der mit der 100%igen Lösung erhoben wird, besser für die Diskriminierung geeignet war als der mzk10, der mit der 10%igen Lösung bestimmt wird.

Die in den Abb. 3 und 4 wiedergegebenen guten Klassifizierungsergebnisse aufgrund der Kombination des HET-CAM-Tests mit dem Zytotoxizitätstest waren recht unerwartet, weil der Versuch der Klassifizierung mit beiden Tests allein genauso wenig akzeptabel war wie mit Hilfe des komplexeren Reizindex RI oder der Reizschwelle RS. Das Ergebnis unterstreicht, daß es unbedingt erforderlich ist, moderne biometrische Methoden, wie z.B. die Diskriminanzanalyse, bereits bei der Testentwicklung aber auch bei Validierungsstudien und insbesondere bei der Analyse der in vitro-/in vitro-Korrelation zu berücksichtigen. Die Ergebnisse bestätigen außerdem, daß die Qualitätskontrolle der in vivo- und der in vitro-Daten eine Grundvoraussetzung für die biometrische Analyse bildet. In der vorliegenden Studie ermöglichte eine kommerziell entwickelte PC-gestützte Datenbank die anschließende Übertragung der Ergebnisse in eine strukturierte Datenmatrix, mit der alle weiteren biometrischen Untersuchungen unproblematisch durchgeführt werden konnten, wie z.B. Diskriminanzanalyse und Varianz-

analyse. Die guten Ergebnisse, die wir nach den geschilderten Vorarbeiten bei der Auswertung der BMFT-Studie zur Validierung von zwei Methoden zum Ersatz des Draize-Tests mit Hilfe der Diskriminanzanalyse erzielen konnten, unterstreichen nachdrücklich, daß sich der Aufwand lohnt, zeitaufwendige und teure Validierungsstudien mit modernen biometrischen Methoden auszuwerten.

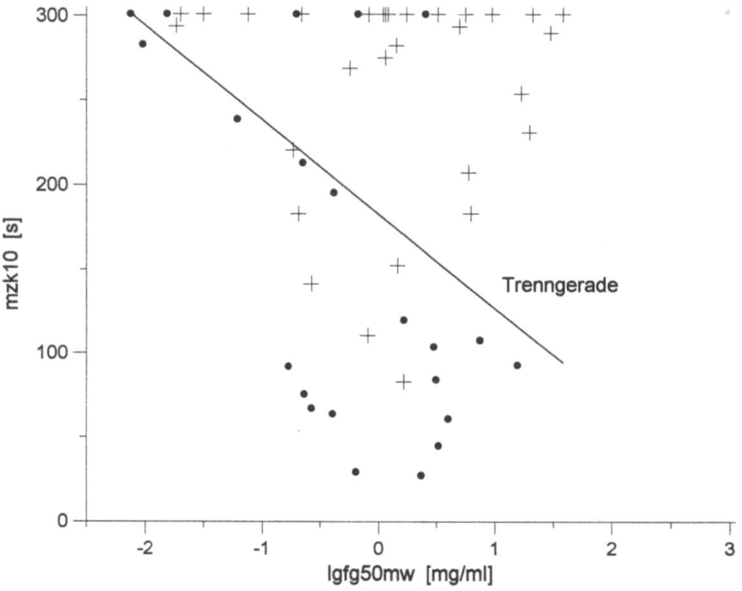

Punkte - R41
Kreuze - Rest (nicht R41)

wenn :
0,0177 * mzk10 + 0,9874 * lgfg50mw < 3,2279
dann stufe die Substanz als R41 ein

		in vitro	
		R41	Rest
in vivo	R41	18	4
	Rest	6	24

Sensitivität 81,8 % Spezifität 80 % Fehlklassifikationsrate 19,2 %

Abb. 3. Kombination von Zytotoxizitäts- und HET-CAM-Test (mzk10) zur Identifizierung stark reizender, gut wasserlöslicher (>100g/l) Stoffe. Die „Überkennzeichnung", d.h. der Anteil der „falsch positiven" Stoffe, beträgt 11% (SPIELMANN H., 1994)

3.4. Sequentielles Verfahren zur Klassifizierung stark augenreizender Stoffe mit R-41 aufgrund der Prüfung in vitro im HET-CAM-Test und im NR-Zytotoxizitätstest

Aufgrund der in den Abb. 1-4 dargestellten Ergebnisse wurde ein sequentielles Verfahren zur Klassifizierung chemischer Stoffe nach R-41 mit Hilfe von 2 in vitro-Tests entwickelt - *HET-CAM-Test und NR-Zytotoxizitätstest* -, das für die schlechter wasserlöslichen Stoffe (<100 g/l) in Abb. 5 schematisch dargestellt ist. *Im ersten Schritt dieser Prüfstrategie* wird im HET-CAM-Test der mzk10 bestimmt und bei einem Wert von <50sec kann der Stoff ohne jede weitere Testung in vitro oder in vivo mit R-41 gekennzeichnet werden. *Im zweiten Schritt* werden sowohl der mzk100 als auch der lgfg50m bestimmt, und es werden die Stoffe dann entsprechend der in den Abb. 3 und 4 wiedergegebenen Trennlinien mit R-41 gekennzeichnet, dabei ist mit einer Überkennzeichnung von ca. 10% zu rechnen.

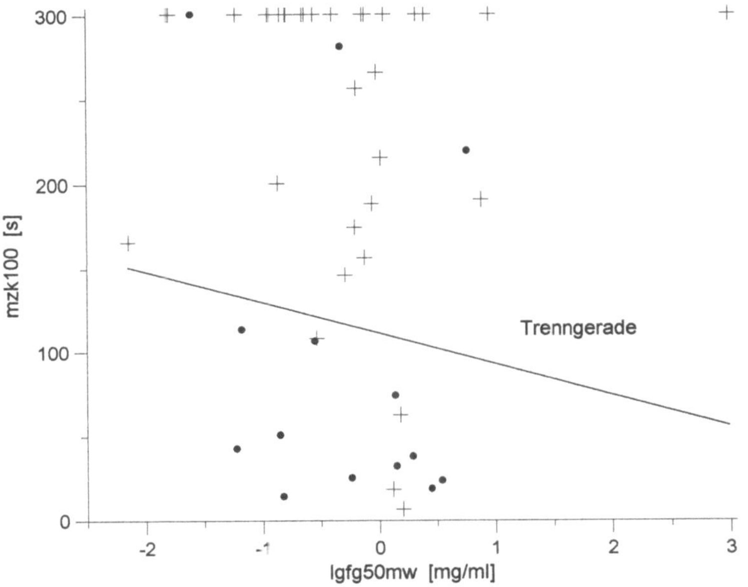

Punkte - R41
Kreuze - Rest (nicht R41)

wenn :
0,0166 * mzk100 + 0,3072 * lgfg50mw < 1,8522
dann stufe die Substanz als R41 ein

		in vitro	
		R41	Rest
in vivo	R41	11	3
	Rest	4	28

Sensitivität 78,6 % Spezifität 87,5 % Fehlklassifikationsrate 15,2 %

Abb. 4. Kombination von Zytotoxizitäts- und HET-CAM-Test (mzk100) zur Identifizierung stark reizender, schlecht wasserlöslicher (<100g/l) Stoffe. Die „Überkennzeichnung", d.h. der Anteil der „falsch positiven" Stoffe, beträgt 9 % (SPIELMANN H., 1994)

Chemische Stoffe, die die Kriterien zur Kennzeichung mit R-41 nach den genannten Kriterien der Prüfung in vitro im HET-CAM-Test und im NR-Zytotoxizitätstest nicht erfüllen, müssen noch in vivo am Kaninchenauge getestet werden, wie im Schema in Abb. 5 dargestellt. **Bei diesem sequentiellen Vorgehen werden die beiden in vitro-Tests der Prüfung in vivo vorgeschaltet, um die am stärksten augenreizenden Stoffe bereits ohne Tierversuche zu identifizieren. Nur mit den weniger stark augenreizenden Stoffen muß anschließend noch der Draize-Test durchgeführt werden.**

Das geschilderte sequentielle Verfahren entspricht den Vorstellungen der OECD, die 1993 vorgeschlagen hat, in vitro-Tests nur für die positive Kennzeichung zu verwenden (OECD, 1993), also im vorliegenden Fall mit R-41. Nach den OECD-Vorschlägen müssen alle negativen Testergebnisse anschließend durch einen Test im Tierversuch bestätigt werden. Die in Abb. 5 beschriebene, von uns entwickelte sequentielle Teststrategie für die Kennzeichnung stark augenreizender Stoffe mit R-41 folgt genau diesen Vorstellungen der OECD und führt gleichzeitig zu einer Reduktion des Leidens der Kaninchen, die für sicherheitstoxikologische Tierversuche eingesetzt werden müssen.

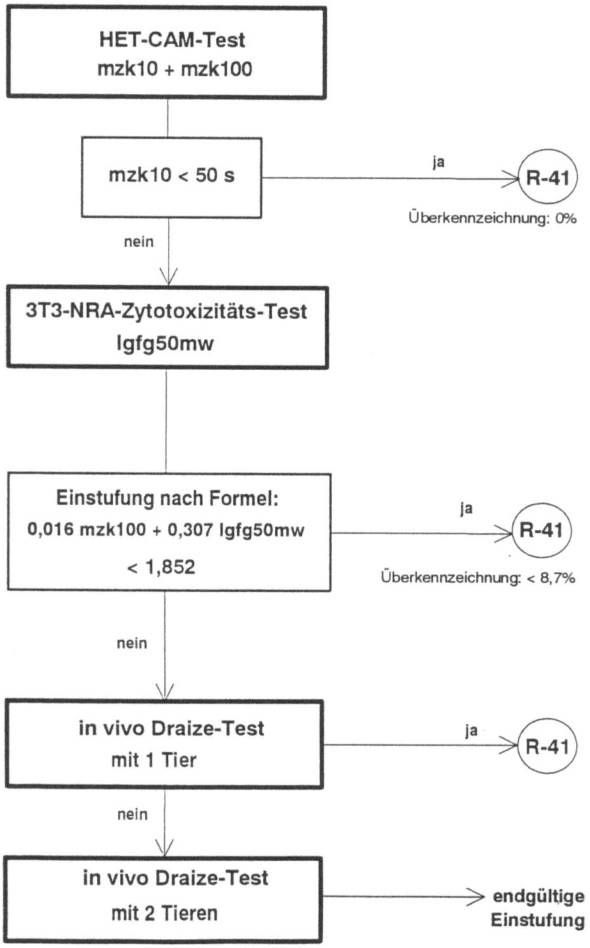

Abb. 5. Sequentielle Prüfstrategie für die Kennzeichnung stark augenreizender Stoffe (R-41) mit Hilfe des HET-CAM-Tests und des NR-Zytotoxizitätstests für schlecht wasserlösliche Stoffe (<100g/l). Nach dieser Prüfstrategie muß die Unbedenklichkeit von Stoffen, die mit den beiden in vitro-Tests nicht als kennzeichnungspflichtig eingestuft werden, anschließend noch im Draize-Test am Kaninchenauge bestätigt werden

Danksagung

Die Validierungsstudie von Alternativmethoden zum Ersatz des Draize-Tests am Kaninchenauge wurde vom BMFT (Projektträger Forschungszentrum Jülich GmbH) im Rahmen des Programms *„Alternativmethoden zum Tierversuch"* großzügig unterstützt und zwar einmal direkt seit 1988 und indirekt über das Verbundprojekt Biometrie seit 1992. Herrn DIETER TRAUE sind wir für die Herstellung der Abbildungen zu Dank verpflichtet.

Literatur

BORENFREUND E. and PUERNER J.A., Toxicity determination in vitro by morphological alterations and neutral red absorbtion, Toxicology Lett., 24, 119-124, 1985

KLECKA W.R., Discriminant Analysis, Sage University Paper series on Quantitative Applications in the Social Sciences, Series No. 07-019, Beverly Hills: Sage Publications, 1980

LUEPKE N.P., Hen's egg chorionallantoic membrane test for irritation potential, Food Chem. Toxicol., 23, 135-138, 1985

OECD Guidelines for Testing of Chemicals, Paris: OECD Publications Office, 1981 and 1993

QUEDENAU J. and HOLZHÜTTER H.G., FitGraph. A program package for fitting complicated dose response relations, Version 2.3., Institut für Biochemie der Humboldt-Universität Berlin, 1993

SCHUCHARD-FISCHER C., BACKHAUS, K., HUMME U., LOHBERG W., PLINKE W., SCHREINER W., Multivariate Analysemethoden: eine anwendungsorientierte Einführung, 3. korrigierte Aufl., Berlin, Heidelberg, New York, Tokyo: Springer Verlag, 1985

SPIELMANN H., GERNER I., KALWEIT S., MOOG R., WIRNSBERGER T., KRAUSER K., KREILING R., KREUZER H., LÜPKE N.P., MILTENBURGER H.G., MÜLLER N., MÜRMANN P., PAPE W., SIEGEMUND B., SPENGLER J., STEILING W., WIEBEL F., Interlaboratory assessment of alternatives to the Draize eye irritation test in Germany, Toxicol. in Vitro, 5, 539-542, 1991

SPIELMANN H., KALWEIT S., LIEBSCH M., WIRNSBERGER T., GERNER I., BERTRAM-NEIS E., KRAUSER K., KREILING R., MILTENBURGER H.G., PAPE W., STEILING W., Validation study of alternatives to the Draize eye irritation test in Germany: cytotoxicity testing and HET-CAM test with 136 industrial chemicals, Toxicol. in Vitro, 7, 505-510, 1993

SPIELMANN H., Abschlußbericht des BMFT-Forschungsvorhabens 0319 184A „Evaluierung von Ersatzmethoden zum Draize-Test am Kaninchenauge", *zur Begutachtung eingereicht beim Projektträger BEO im Forschungszentrum Jülich GmbH*, 1994

Homologie Modeling als Instrument zur Entwicklung von Protein-Ligand-Komplexen

G. Folkers, P. Kern

Zusammenfassung

Ein möglicher Ansatz zur Reduktion von Tierversuchen ist in der rationalen Entwicklung von Arzneistoffen die Selektion von aktiven Liganden über theoretische Wechselwirkungssmodelle. Dazu ist die Kenntnis des Ligand-Protein-Komplexes erforderlich. Idealerweise stammt dessen Struktur aus Kristalldaten. Diese können aber nicht für jedes Protein erzeugt werden. Aus dem sich ständig vergrößernden Satz von Kristallstrukturen dieser Komplexe lassen sich jedoch Regeln ableiten, die innerhalb isofunktioneller Proteine auf deren Bauprinzipien übertragbar sind. Diese auch als „knowledge based modeling" bezeichnete Prozedur bietet zumindest für eng verwandte Proteine eine Möglichkeit der 3D-Auffaltung und des Aufbaus von Protein-Ligand-Komplexen im Analogieschluß. Das Verfahren hat Grenzen in der Abbildung der Sequenzen aufeinander und in der Bewertung unbekannter Muster.

1. Einleitung

Die Ausbildung eines Ligand- (Arzneistoff) und Protein- (Rezeptor, Enzym) Komplexes ist das zentrale Element in der Wirkungsweise von Arzneimitteln. Theoretische Ansätze zur Arzneimittelentwicklung (design) versuchen diesen wichtigen Prozeß möglichst realitätsnah zu simulieren. Eine gute Beschreibung in Form eines Modells gestattet die Ableitung von Regeln und damit den Entwurf von etwas Neuem. Dies entspricht zumindest unserer normalen makroskopischen Erfahrungswelt. Nur von einer relativ geringen Anzahl von Ligand-Protein-Komplexen besitzen wir eine detaillierte Kenntnis durch strukturgebende Verfahren und es scheint unrealistisch, von jedem in der Zelle sich bildenden Komplex eine experimentelle Struktur zu erhalten. Homologie Modeling benutzt deshalb makroskopische Erfahrung, um auf atomarer Ebene ein mechanisches Modell der Ligand-Protein-Wechselwirkung aus der Kenntnis bisher bekannter Proteinstrukturen und Eigenschaften der Arzneistoffe abzuleiten. Ein entsprechender Designzyklus (nach BLUNDELL T. et al., 1992) ist in Abb. 1 dargestellt.

2. Methodische Grundlagen und deren Grenzen

Unsere bisherige Erfahrung zeigt, daß für die meisten Fälle eine 1:1 Wechselwirkung zwischen Ligand und Protein anzunehmen ist. Während die physikochemischen Grundlagen immer die gleichen sind, ist die Gewichtung der verschiedenen Bindungsprozesse von der chemischen Struktur des Liganden und der seiner Bindungsstelle abhängig. An der gleichen Bindungsstelle können verschiedene Liganden unterschiedlich binden und dadurch gegenteilige pharmakologische Effekte auslösen. Diese Erkenntnis ist die Basis dafür, daß überhaupt an ein Design gedacht werden kann.

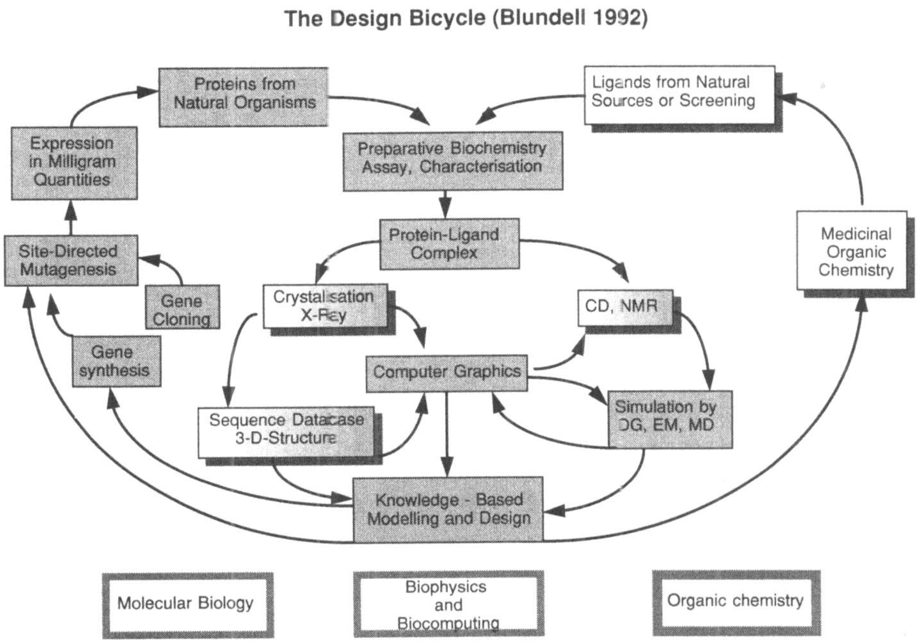

Abb. 1. Verknüpfung experimenteller und theoretischer Verfahren in der rationalen Arzneistoffentwicklung (nach BLUNDELL)

Die zweite grundlegende Erkenntnis sagt, daß Proteine, sowohl Rezeptoren wie auch Enzyme, für die gleiche Aufgabe meistens den gleichen dreidimensionalen Aufbau benützen. Sehr unterschiedliche Aufgaben, wie Steroidbindung einerseits und Phosphorylierung andererseits zeigen zwei völlig verschieden aufgefaltete Proteine. Die Aufgaben der Proteine, sowie ihre räumlich-zeitliche Einordnung sind also genetisch determiniert. Im Sinne der Evolutionstheorie ist damit die 3D-Struktur, weil sie die unmittelbare Funktion besitzt, stärker konserviert als darunter liegende Strukturebenen bis hin zur DNA. Dies ist durch Beispiele belegbar. Sequenzhomologien unter 20% zeigen noch Ähnlichkeiten in der 3D-Struktur wie bei der Immunglobulin Superfamilie (WILLIAMS A.F., 1987).

Mutagenese muß daher nicht automatisch und in jedem Fall zu einer Beeinträchtigung oder Abänderung der Proteinfunktion führen, außer wenn eine Funktionseinheit, z.B. eine Aminosäure, die beispielweise direkt an der Ligandumsetzung beteiligt ist, betroffen ist. Dies sind aber nur wenige. Viele Proteinbausteine sorgen für die Stabilisierung und die geeignete Einbettung in die Umgebung, sei es Zellmembran oder Cytosol. Letzteres kann durch unspezifische Wechselwirkung passieren, sodaß die hydrophoben Eigenschaften ausreichen, um eine Helix in einer Membran zu verankern. Die Eigenschaft hydrophob kann aber von einer ganzen Reihe verschiedener Aminosäuren ausgeübt werden. Ist es dagegen erforderlich, eine speziell gerichtete Wasserstoffbrücke zu einem Substituenten des Liganden auszubilden, um eine Erkennung zu gewährleisten, ist die Auswahl geeigneter Reste aufgrund der geometrischen Empfindlichkeit von Wasserstoffbrücken eher gering. Es ergibt sich für ein Protein also ein Bild aus einer Sequenz einiger individuell sehr wichtiger und vieler eigenschaftstypischer Aminosäuren. Ein Vergleich isofunktioneller Proteine aus verschiedensten Geweben verschiedenster Spezies zeigt in der Tat ein Muster aus konservierten und nicht konservierten Bereichen. Das Auftreten dieses Musters ist die zweite Grundlage für einen möglichen Designprozeß.

Homologie Modeling zum Aufbau eines Arzneistoff-Rezeptorprotein-Wechselwirkungskomplexes basiert auf diesen beiden Erkenntnissen und verwendet Werkzeuge der theoretischen Chemie und der Computergraphik. Der generelle Ablauf einer solchen Studie ist in der Literatur breit dokumentiert (Blundell T. et al., 1987; Vriend G. and Sander C., 1991; Thornton J.M. and Swindells M.B., 1993) und gestaltet sich wie in Abb. 2 gezeigt.

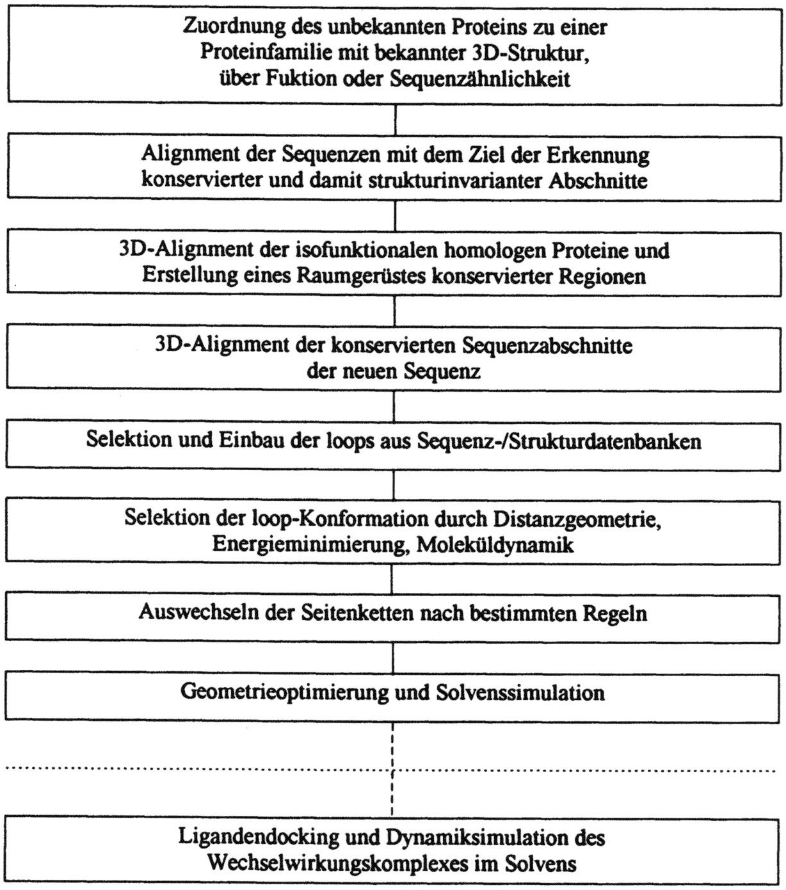

Abb. 2. Schematischer Ablauf einer Homologierekonstruktion eines strukturell nicht bekannten Proteins

Im ersten Schritt wird versucht, das zu modellierende Protein einer strukturell bereits bekannten Proteinklasse zuzuordnen. Kriterien sind dabei Sequenz- und Funktionsähnlichkeit. Während im letzteren Fall zwar eine 3D-Ähnlichkeit zu erwarten ist, muß sie nicht unbedingt mit der Sequenzähnlichkeit korrelieren. Guanylatkinase ist beispielsweise isofunktionell zu Adenylatkinase bezüglich ihrer Aufgabe der Phosphatübertragung auf Nukleoside. Beide Proteine haben einen sehr ähnlichen Aufbau aber nur 17% Sequenzhomologie. Eine Suche in Sequenzdatenbanken muß deshalb das Kriterium isofunktionell enthalten. Die nachfolgende lineare Abbildung der Proteinsequenzen aufeinander (Alignment) zur Untersuchung der Sequenzhomologie hängt in der Qualität ihrer Aussage von der generellen Übereinstimmung der Sequenzen der beiden Proteine ab. Gute Mustererkennung ist mit bisherigen Verfahren und ohne experimentelle Zusatzinformationen nur mit einer Ähnlichkeit von mehr als 50% zu erwarten. In diesen Fällen kann durch Verschiebung von Sequenzstücken gegeneinander meist klar die Position konservierter Regionen aufgeklärt werden. In allen Fällen geringerer Sequenzhomologie müssen wesentliche experimentelle Zusatzinformationen vorliegen, um ein rationales Alignment durchführen zu können. Wesentliche Hilfe bringen site directed mutagenesis, inverses epitope mapping, CD-Spektroskopie und Sekundärstrukturvorhersage (FOLKERS G. et al., 1993).

Dreidimensionale Superposition der beiden Proteine ist der nächste Schritt. Während zu Beginn der Entwicklung dieser Verfahren tatsächlich zwei Proteine 1:1 aufeinander abgebildet wurden, zieht man heute aufgrund besserer technischer Verfahren „consensus" Strukturen als Schablone für das zu modellierende Protein vor. Consensus Strukturen entstehen durch räumliche Mittelung mehrerer strukturbekannter isofunktioneller Proteine. Dieses multiple Alignment reduziert die Fehlermöglichkeiten, die aufgrund der oben diskutierten evolutionären Bevorzugung der 3D-Struktur entstehen und spezies- bzw. gewebespezifische Sequenzvariationen zuläßt. Modelle für Serinproteasen bieten Beispiele für eine erfolgreiche Anwendung der Consensussequenz-Technik (GREER J., 1981, 1990).

Meist werden die wichtigsten Sekundärstrukturelemente auf diese Weise plaziert. Sie sind verbunden durch konformativ weniger charakteristische, oft sehr flexible loops. Entsprechend ist deren Modellierung relativ schwierig. Es ist momentan üblich, loop-Konformationen aus Strukturdatenbanken nach Sequenzähnlichkeit zu übernehmen, obwohl es keine Garantie für die Richtigkeit der Geometrien gibt.

Anschließend an den Aufbau der Proteinhauptkette erfolgt die Lokalisierung der Seitenketten. Deren Abfolge ist aus der Sequenz bekannt, die Auffaltung der Kette bedingt jedoch optimale Seitenkettengeometrien, da diese einen Großteil der Faltungswechselwirkungen erzeugen. Dieser Modellierungsschritt ist quasi die Inversion des natürlichen Faltungsvorgangs und setzt eigentlich eine exakte Kenntnis desselben voraus. Bis heute ist es jedoch nicht gelungen, ein deterministisches Bild der Proteinfaltung zu erhalten. Die Seitenkettengeometrie entsteht daher aus einer statistischen Absuche des Konformationsraumes und Selektion nach maximalen Wechselwirkungen bei minimaler Gesamtenergie. Die Grenzen des Vorgehens liegen in der qualitativ sehr unterschiedlichen Beschreibung der Wechselwirkungskräfte. Während beispielsweise Wasserstoffbrücken recht gut von den verwendeten Kraftfeldern dargestellt werden, sind hydrophobe Interaktionen teilweise nicht einmal berücksichtigt.

Die in den bisherigen Schritten erhaltene Proteingeometrie muß nun eine Strukturverfeinerung durchlaufen. Alle durch den Modellierungsprozeß eingefügten Artefakte, wie unerlaubte Überlappungen von Seitenkettensubstituenten, nicht optimale Winkel oder verdrillte Ringe werden durch Energieminimierung und Dynamiksimulation im Solvens Wasser beseitigt. Die Simulation im Wasser ist von entscheidendem Vorteil für eine realistische Wechselwirkungsgeometrie der Seitenketten. Im Vakuum würden an der Oberfläche aufgrund fehlender Solvatisierung zahlreiche elektrostatische und hydrophobe Kontakte zu anderen Proteinteilen ausgebildet. Für globuläre, cytosolische Proteine ist die Situation noch recht einfach und mit den aktuellen Rechenverfahren zu bearbeiten. Sehr viel problematischer wird die Modellierung von membranständigen Proteinen, die ihre Gestalt oft wesentlich dem Druck der Membran verdanken, ja sogar allosterisch auf diese Weise reguliert werden können. Für deren Beschreibung existieren bislang keine adäquaten Potentiale. Generelles Problem der Energieminimierung ist die Suche nach dem globalen Minimum. Alle Verfahren finden energieminimale Strukturen in der Nähe der Startstruktur. Die Zuführung von Energie bei MD Simulationen, Monte Carlo, und Simulated Annealing Verfahren helfen bei der Absuche der Energiehyperfläche, ohne aber eine Gewähr für die Auffindung der Geometrie des globalen Minimums zu bieten, da nicht alle Zustände in endlicher Zeit explizit simulierbar sind.

Vor diesem Problem stehen auch alle alternativen energiebasierten Ansätze, die eine direkte Auffaltung ohne Homologieschablone machen (SIPPL M., 1990). Ein massiver Nachteil der Homologieansätze kann allerdings durch die energiebasierten Verfahren beseitigt werden. Sie sind in der Lage, auch dann noch Aussagen zu machen, wenn das Faltungsmotiv einer Sequenz oder eines Teils davon neu ist. Damit kommt es im Vergleichsdatensatz nicht mehr vor und die Homologiemethode scheitert. Diese Situation tritt beispielweise bei der Modellierung der viralen Thymidinkinase auf, die zweifach so groß wie ihre zelluläre Spielart ist (FOLKERS G. et al., 1993).

In das homolog aufgefaltete und energieminimierte Protein muß im folgenden Schritt der Ligand eingebaut werden. Dafür stehen automatische docking-Routinen unterschiedlichster Qualität zur Verfügung. Viele dieser Routinen sind aber nur in Kombination mit menschlicher Intuition erfolgreich. Es tritt auch hier wieder das Problem auf, daß wir momentan nicht in der Lage sind, den kompletten Satz molekularer Wechselwirkungen völlig deterministisch zu beschreiben. Multiple Bindungsmodi von Liganden können nicht vorhergesagt werden.

Ein nicht zu vernachlässigender Nachteil des Homologie Modeling ist die mangelnde Auflösung bei Sequenzen sehr unterschiedlicher Kettenlänge. Selbst wenn das Alignmentproblem gelöst werden kann, gibt es einen großen Sequenzanteil dessen 3D-Struktur unbestimmt bleibt. Daraus resultieren unvollständige Modelle, die beispielsweise das Zentrum des Proteins, nicht aber die dem Solvens zugewandte Oberfläche besitzen (FOLKERS G. et al., 1991). Wechselwirkungsrechnungen oder Geometrieoptimierungen führen bei diesen Rumpfproteinen zu zweifelhaften Ergebnissen. In Wasserumgebung ist das Rumpfprotein zu stark polaren Einflüssen ausgesetzt, was zu Geometrieartefakten führt. Eine Lösungsmöglichkeit ist die simulierte Solvatation in virtuellen Flüssigkeiten, die teils Protein, teils Solvenscharakter besitzen (KERN P. et al., 1994). Erste Untersuchungen mit core-Proteinen aus Röntgenstrukturen zeigen positive Ergebnisse. Über Simulationszeiten von mehreren hundert Picosekunden bleibt der Wechselwirkungskomplex in funktionaler Geometrie erhalten (Abb. 3).

3. Anwendungen

Eigene Arbeiten zum Homologie Modeling viraler Thymidinkinasen (FOLKERS G. et al., 1991, 1993) hatten exakt das obengeschilderte Problem des Alignments von Sequenzen sehr unterschiedlicher Kettenlänge. Zelluläre Kinasen sind nur halb so groß wie die viralen Proteine. Biochemische Untersuchungen zeigen, daß mit der Verdoppelung der Reste auch zusätzliche enzymatische Funktionen etabliert wurden. Damit ist auch der zweite Nachteil des Homologie Modelings bei dieser Proteinklasse vorhanden, nämlich das Auftreten bisher nicht bekannter Muster. Eine Modellierung dieses Bereichs, der zudem keine Sequenzhomologien zu irgendwelchen anderen Proteinen aufweist, ist ausgeschlossen. Die einzige Möglichkeit, hier wesentlich weiterzukommen, ist die Strukturaufklärung. Nichtsdestoweniger konnten die Co-Substrat- und Teile der Substratbindungsstelle konstruiert und mit site-directed mutagenesis-Experimenten verifiziert werden (FOLKERS G. et al., 1991). Dort lassen sich mittels virtuellem Solvens nun docking-Studien durchführen.

Erfolgreiche Homologiestudien sind bereits sehr früh durchgeführt worden. Die Entwicklung der ersten ACE-Hemmer an der funktionshomologen Carboxypeptidase zeigten die Übertragbarkeit enzymatischer Bauprinzipien, wie das der katalytischen Triade (REDSHAW S., 1993). In diesem Fall war die Kenntnis der active site ausreichend, um zu einer Leitstruktur zu gelangen, die dann auf klassischem Wege optimiert wurde.

Zu den jüngsten Beispielen gehört die Erstellung der 3D-Struktur des Calcineurins über Homologie Modeling aus Calmodulin (WEST S. et al., 1993). Beide Proteine sind etwa gleich lang mit nur 147 bzw 136 Aminosäuren und zeigen speziell für die Kalziumbindung hohe Ähnlichkeit auf allen Ebenen der Proteinorganisation. So war eine Homologiemodellierung möglich, selbst wenn die allgemeine Sequenzidentität nur 35% beträgt. Zur praktischen Durchführung fand das Programm COMPOSER (SUTCLIFF M.J. et al., 1987) Anwendung, das sehr ähnlich der oben beschriebenen Vorgehensweise arbeitet.

Abb. 3. Partikel einer virtuellen Lennard-Jones Flüssigkeit stabilisieren die active site eines Nukleosid-bindenden Enzyms Adenylatzyklase

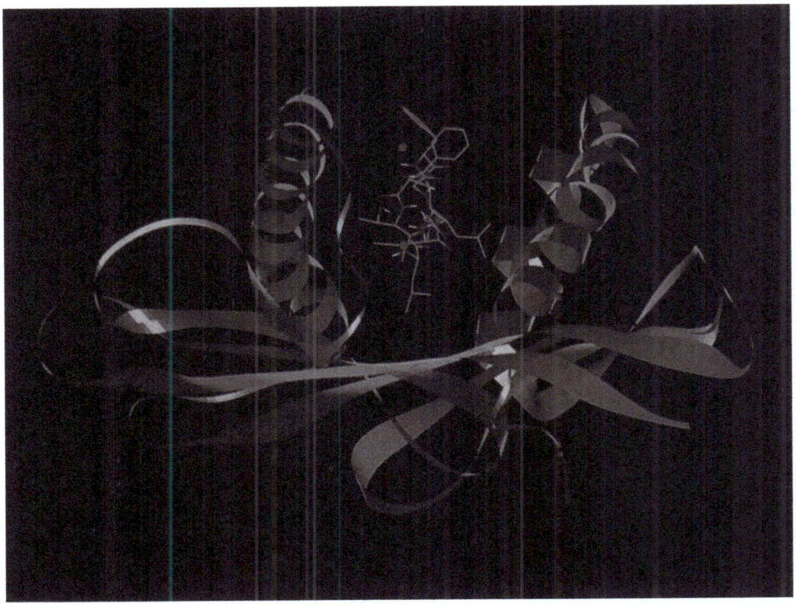

Abb. 4. Homologiekonstruktion eines HLA Moleküls aus dem Immunsystem. Die farbigen Bänder kennzeichnen den Verlauf der Proteinfaltung. Zwischen den helikalen Bereichen bindet das Antigen

T-Zell Rezeptoren gehören zu den wichtigsten Bestandteilen unseres Immunsystems. Sie erkennen antigene Peptide in einem ternären Komplex mit Haupthistokompatibilitätsmolekülen (MHC), die zusammen den MHC-Komplex bilden. Strukturell und funktionell unterscheidet man Klasse I und Klasse II MHC. Klasse I MHCs werden von zytotoxischen (CD8) T-Lymphozyten erkannt, während Klasse II Moleküle hauptsächlich mit CD4 Helferzellen interagieren. Sechs Jahre nach der Publikation der Röntgenstruktur des ersten Klasse I MHCs liegt nun die Struktur des Klasse II HLA-DR1 Komplexes vor. Im Gegensatz zu Klasse I Molekülen ist die Bindungsstelle für die antigenen Peptide auf beiden Seiten offen, sodaß nicht nur maximal Nonapeptide, sondern mindestens Peptide mit 15 Resten gebunden werden können. Die Gesamtstruktur ist sehr ähnlich den Klasse I Molekülen, der Aufbau unterscheidet sich jedoch dadurch, daß HLA-DR1 ein echtes α,β-Heterodimer darstellt, während MHC Klasse I Moleküle drei Domänen mit einer nicht kovalenten β_2-Microglobulin Domäne zur quasi-symmetrischen Gesamtstruktur ergänzen. Alle Unterklassen dieser Immunsystemmoleküle, die die Individualität der Erkrankungen innerhalb der Spezies (Mensch) ausdrücken, können nach den oben gezeigten Überlegungen modelliert werden (Abb. 4) (ROGNAN D. et al., 1992). Die Kenntnis dieser Strukturen gibt die große Hoffnung, einmal Autoimmunerkrankungen, wie die des Rheumatischen Formenkreises, für deren Molekularbiologie die Beteiligung der MHC I und II Spezies inzwischen nachgewiesen ist, mit selektiven Peptidomimetika therapieren zu können.

Literatur

BLUNDELL T., HUBBARD R., WEISS M.A., Structural Biology and diabetes mellitus: molecular pathogenesis and rational drug design, Diabetologica, 35, 69-76, 1992

FOLKERS G., TRUMPP-KALLMEYER S., GUTBROD O., KRICKL S., TETZER J., KEIL J., Computer-aided active-site-directed modeling of the Herpes Simplex Virus 1 and human thymidine kinase, J. Comp. Aid. Mol. Design, 5, 385-404, 1991

FOLKERS G., BRÜNJES J., MICHAEL, M., SCHILL J., Modelling by Homology of the HSV1-Tk. Sequence Embedded Structural Alignment, J.Receptor Res., 13, 147-162, 1993

GREER J., Comparative Model-building of the Mammalian Serine Proteases, J. Mol. Biol., 153, 1027-1042, 1981

GREER J., Comparative Modelling methods: Applications to the family of the Mammalian Serine Proteases, Proteins, 7, 317-334, 1990

KERN P., BRUNNE R., VAN GUNSTEREN W., FOLKERS G., submitted 1994

REDSHAW S., Angiotensin-Converting Enzyme (ACE) Inhibitors and the Design of Cilazapril, in: GANELLIN C.R. and ROBERTS M.S. (eds.), Medicinal chemistry, The Role of Organic Chemistry in Drug Research, London: Academic Press, 163-185, 1993

ROGNAN D., ZIMMERMANN N., JUNG G., FOLKERS G., Molecular dynamics study of a complex between the human histocompatibility antigen HLA-A2 and the IMP58-66 nonapeptide from influenza virus matrix protein., Eur. J. Biochem., 208, 101-113, 1992

SIPPL, Calculation of Conformational Ensembles from Potential of Mean Force, J. Mol. Biol., 213, 859-883 1990

SUTCLIFF M.J., HAYES F.R.F., BLUNDELL T.L., Knowledge-based modeling of homologous proteins part I: Three dimensional framework derived from the simultaneous superposition of multiple structures, Prot. Eng., 1, 377-384, 1987

THORNTON J.M. and SWINDELLS M.B., Modeling of related protein structures, in: DIAMOND G.R., KOETZLE T.F., PROUT K., RICHARDSON J.S. (eds.), Molecular structures in Biology, Oxford: Oxford University press, 82f, 1993

VRIEND G. and SANDER C., Detection of Common 3 Substructures in Proteins, Proteins, 11, 52-59, 1991

WEST S., BAMBOROUGH P., TULLY R., Tertiary Structure of Calcineurin B by Homology Modeling, J.Mol.Graphics, 11, 47-52, 1993

WILLIAMS A.F., A year in the life of the immunoglobulin superfamily, Immunology Today, 8, 298-303, 1987

Modelling und Computersimulation bei der Wirkstoff-Suche

H. Wallmeier

Zusammenfassung

Um die Entwicklung von pharmakologischen Wirkstoffen effizient durchführen zu können, ist die Arbeit mit Modellvorstellungen und Modellen wichtig, welche die Fähigkeit zur Voraussage aufweisen. Gerade in der Orientierungsphase eines Forschungsprojektes können theoretische Methoden wesentlich dazu beitragen, die Richtung des Vorgehens auch ohne breit angelegte in vivo-Testreihen festzulegen. Optimale Voraussetzungen sind gegeben, wenn eine erstrebte biologische Wirkung auf die Wechselwirkung mit einem definierten Wirkort zurückgeführt werden kann. Bei Kenntnis einer molekularen Wirkort-Struktur ist es möglich, Zusammenhänge zwischen Wechselwirkungen mit einem Wirkstoffmolekül und biologischer Wirkung herzustellen. Dazu ist es nötig, relevante Strukturen des Wirkstoff-Wirkort-Komplexes zu betrachten. Ein Computer kann die entsprechenden Strukturen automatisch erzeugen, wenn ein Programm zur Verfügung steht, welches in der Lage ist, die möglichen Konformationen, Positionen und Orientierungen eines Wirkstoffmoleküls weitgehend auszuloten (*automatisches Docking*). Ergänzend dazu sind Molekulardynamik-Simulationen geeignet, die Konsistenz der Docking-Ergebnisse zu überprüfen und die gefundenen Strukturen weiter zu verfeinern. Die dadurch erreichbare Differenzierung unterschiedlicher Wirkstoffkonzepte erlaubt Voraussagen, die auch über den Rahmen der bekannten Leitstrukturen hinausgehen können. Am Beispiel von Renin-Inhibitoren zur Blutdrucksenkung wird die Anwendung des automatischen *Docking*-Algorithmus, wie er im CONDOR-Programm der Hoechster Zentralforschung realisiert ist, veranschaulicht.

1. Ausgangspunkt

Die Grundgleichung des Molecular Modelling lautet:

$$\Delta G = -RT \cdot \ln K$$

Sie verknüpft theoretisch berechenbare Energien (ΔG) mit experimentell meßbaren Gleichgewichtskonstanten (K). Aus der Sicht des Theoretikers bietet sie die Möglichkeit zur Eichung und Verifizierung von Modellen, aus der Sicht des Experimentators ist sie eine Hilfe zum Verständnis und Mittel zur Voraussage auf der Basis von Analogien. Das Zusammenwirken von Theorie und Experiment bietet mit dieser Schnittstelle die Chance zu größtmöglicher Effizienz im Rahmen der heute gegebenen theoretisch/rechnerischen und experimentell/technischen Voraussetzungen.

Wenn man die Bildung eines Komplexes aus Wirkmolekül (Ligand) und Wirkort (Rezeptor) als Grundlage einer gewünschten pharmakologischen Wirkung betrachten kann, dann ist die Festigkeit (Bindungsenergie) des Komplexes ein Maß für die Stärke der Wirkung.

So beruht beispielsweise die Inhibierung eines Enzyms (R) darauf, daß es Moleküle (I) gibt, die fester im aktiven Zentrum des Enzyms als das natürliche Substrat (S) binden, aber vom Enzym nicht weiter zum Produkt (P) verarbeitet werden können. Es stellen sich folgende Gleichgewichte ein:

$$R + S \leftrightarrow R{:}S \leftrightarrow R + P$$

$$R + I \leftrightarrow R{:}I$$

mit

$$K_S = \frac{[R]\cdot[S]}{[R{:}S]} = \exp\left[-\left(E_R + E_S - E_{R:S}\right)/RT\right] = \exp\left[E_{\text{Bindung}}(S)/RT\right]$$

$$K_I = \frac{[R]\cdot[I]}{[R{:}I]} = \exp\left[-\left(E_R + E_I - E_{R:I}\right)/RT\right] = \exp\left[E_{\text{Bindung}}(I)/RT\right]$$

Für das Konzentrationsverhältnis der Enzym-Komplexe gilt bei gleichbleibender Enzymmenge:

$$\frac{[R{:}S]}{[R{:}I]} = \frac{[S]\cdot K_I}{[I]\cdot K_S} \sim \frac{\exp\left[E_{\text{Bindung}}(I)/RT\right]}{\exp\left[E_{\text{Bindung}}(S)/RT\right]} = \exp\left[\left(E_{\text{Bindung}}(I) - E_{\text{Bindung}}(S)\right)/RT\right]$$

Das Verhältnis wird also umso mehr beim Inhibitor-Komplex liegen, je größer dem Betrage nach die (negative) Bindungsenergie des Inhibitor-Komplexes ist. In diesem Sinne basiert die theoretische Vorhersage über die Wirkung eines Moleküls auf der Bindungsenergie mit dem Wirkort. Die Aufgabe der Modellierung besteht damit in der Bestimmung eines möglichst realistischen Wertes für diese Bindungsenergie. Ganz wesentlich ist dabei, daß die Bindungsenergie stets eine Funktion der räumlichen Anordnung der Bindungspartner ist.

2. Modellierung von Rezeptor-Liganden-Komplexen

Normalerweise hat man eine Reihe unterschiedlicher Beiträge zur Bindungsenergie, die sich auch in ihrer Wichtigkeit unterscheiden. Zunächst gibt es immer einen enthalpischen und einen entropischen Beitrag:

$$\Delta G = \Delta H + T\cdot\Delta S$$

Der entropische Beitrag ($T\cdot\Delta S$) ergibt sich aus der Wahrscheinlichkeit einer betrachteten Anordnung und spiegelt letztendlich wider, wie leicht bei der Komplexbildung gewonnene Energie umverteilt und akkommodiert werden kann. Hierbei spielen die Solvatation von Ligand und Rezeptor, sowie die Zahl der Freiheitsgrade des Liganden, die durch die Komplexbildung mit dem Rezeptor "eingefroren" werden, eine Rolle. Die direkte Bestimmung solcher Beiträge ist sehr aufwendig, sodaß man in der Praxis meist auf Inkrementsysteme zurückgreift, die aus experimentellen Stoffdaten abgeleitet sind (WILLIAMS D.H. et al., 1993).

Um den enthalpischen Beitrag (ΔH) zur Bindungsenergie zu bestimmen, braucht man eine Methode, um die (potentielle) Energie einer gegebenen molekularen Anordnung berechnen zu können. Bei der Modellierung von Wirkstoffen arbeitet man überwiegend mit klassisch-mechanischen Kraftfeldern. In der vorliegenden Arbeit wurde das AMBER_3.0-Kraftfeld (WEINER S.J. et al., 1984) verwendet.

Die Berechnung der Energie ist allerdings nicht der kritischste Aspekt des Problems. Eine berechnete Energie ist nämlich nur dann brauchbar, wenn sie auf einer sinnvollen und repräsentativen Struktur basiert. Eine Bindungsenergie ergibt sich als folgende Differenz:

$$E_{Bindung} = E_{Komplex} - E_{Rezeptor} - E_{Ligand}$$

Alle Energien auf der rechten Seite dieser Gleichung basieren auf unabhängigen Strukturen. Die berechnete Bindungsenergie ist dann brauchbar, wenn bei allen drei Systemen die günstigste Struktur und damit Energie bekannt ist. Entscheidend ist also die Kenntnis bzw. die Bestimmung der Strukturen (Konformationen). Speziell beim Rezeptor-Liganden-Komplex bezeichnet man die Bestimmung der Struktur auch als Docking. Beim Rezeptor selbst ist es allerdings üblich, von Kristallstrukturen auszugehen, die damit eine wesentliche Rolle bei dieser Art der Modellierung von Wirkstoffen spielen. Die theoretische Vorhersage ganzer Proteinstrukturen ist bislang noch die Ausnahme (TAYLOR W.R., 1993).

2.1. Docking als Konformationssuche

Die Suche der optimalen Struktur des Rezeptor-Liganden-Komplexes ist eine spezielle Art der Konformationssuche. Man hat drei Ebenen zu unterscheiden:

- Orientierung des Liganden relativ zum Rezeptor
- Konformation des Liganden im Kontakt mit dem Rezeptor (Liganden-Response)
- Konformation des Rezeptors im Kontakt mit dem Liganden (Rezeptor-Response)

Oftmals kann die dritte Ebene abgekoppelt werden, weil Rezeptoren meist nur geringe Konformationsänderungen beim Binden eines Liganden vollführen. Der Rezeptor-Response kann dann als eine Korrektur zur Konformation des Komplexes betrachtet werden. Hierzu eignen sich Molekulardynamiksimulationen des Komplexes.

Der Aufwand, um Konformationen von Rezeptor-Liganden-Komplexen zu finden, ist erheblich. Die Zahl der Konformationen eines Komplexes ist gleich dem Produkt aus der Zahl der Liganden-Konformationen (K_L) und der Zahl der Liganden-Positionen (K_P) im Rezeptor:

$$K_K = K_L \cdot K_P$$

Jede frei drehbare Bindung eines Moleküls erzeugt m (meist 2 oder 3) verschiedene Konformere (lokale Energie-Minima). Die Zahl der Konformationen eines Moleküls (Ligand) ist gleich dem Produkt aller lokalen Konformere, d. h. sie steigt exponentiell mit der Zahl f der drehbaren Bindungen:

$$K_L = m^f$$

Die Zahl der Ligandenpositionen im Rezeptor hängt stark von der Topologie des Rezeptors und des Liganden ab. Die Größenordnung läßt sich jedoch mit einer vereinfachten, eindimensionalen Betrachtung abschätzen. Bei einem Rezeptor mit n_R Bindungsstellen und einem Liganden mit n_L Bindungsstellen gilt:

$K_P = 2 \cdot (n_R + n_L - 1)$ bei einem offenen Rezeptor (mindestens 1 Wechselwirkung)

$K_P = 2\cdot(n_R - n_L + 1)$ bei einem geschlossenen Rezeptor ($n_L<n_R$, mindestens n_L Wechselwirkungen)

Der Faktor 2 entspricht der Zahl der möglichen Orientierungen des Liganden.

Insbesondere das exponentielle Anwachsen der Zahl der Liganden-Konformationen erlaubt nur bei sehr kleinen Liganden eine vollständige Konformationssuche unter Berücksichtigung aller drehbaren Bindungen und Liganden-Positionen. Im allgemeinen muß man stets irgendwelche Einschränkungen bei der Konformationssuche machen. Dadurch verliert man jedoch meist die Gewißheit, daß die allergünstigste Konformation auch tatsächlich gefunden wird.

Bei offenkettigen Liganden besteht die Möglichkeit, die Auswahl der Konformationen durch eine bestimmte Reihenfolge der drehbaren Bindungen zu steuern, indem man bei der Suche sequentiell vom Zentrum zu den Molekülenden geht. Darin spiegelt sich wider, daß die äußere Gestalt eines Moleküls durch Veränderungen nahe dem Zentrum am meisten beeinflußt wird. Bei dieser Vorgehensweise entsteht eine Art Stammbaum von Konformationen. Die Zahl der dabei erreichbaren Konformationen ist nur noch $m\cdot f$. Die Bandbreite des Stammbaums kann zudem durch energetische Auswahl der Konformere einer drehbaren Bindung beschränkt werden. Dabei werden stets nur die jeweils günstigsten Konformationen weiter verfolgt und man hat zumindest eine recht hohe Wahrscheinlichkeit, die allergünstigste Konformation zu finden.

Bei der Konformationssuche für Rezeptor-Komplexe müssen darüberhinaus Position und Orientierung des Liganden im Rezeptor gefunden werden. Die Berücksichtigung einer Hierarchie der Freiheitsgrade führt hier zu zwei verschiedenen Strategien. Zum einen kann man die Konformationen des freien Liganden nehmen und herausfinden, wo sie im Rezeptor am besten binden (Konformations-Strategie). Zum anderen kann man von den Bindungsstellen des Rezeptors ausgehen und sehen, welche jeweils die dort optimale Konformation des Liganden ist (Positions-Strategie). Während die Konformations-Strategie für kleine Moleküle mit wenigen Konformationen geeignet ist, empfiehlt sich die Positions-Strategie für größere Moleküle im Kontakt mit vergleichsweise engen Rezeptoren. Die beschriebenen Strategien lassen sich gut auf Computern realisieren. Man bezeichnet solches Algorithmen-gesteuertes Vorgehen auch als automatisches Docking.

2.2. Der letzte Schliff: Computersimulationen

Der Rezeptor-Response läßt sich am besten mit Hilfe von Molekulardynamik-Simulationen (MD) untersuchen. Dabei werden allen Atomen entprechend der vorgegebenen Temperatur Geschwindigkeiten zugeordnet. Zur potentiellen Energie aus dem Kraftfeld kommt damit noch die kinetische Energie der thermischen Molekülbewegung. Unterschiede in der Summe beider Energiebeiträge entsprechen auch Unterschieden in der (freien) Gesamtenergie G:

$$\Delta(E_{kinetisch} + E_{potentiell}) = \Delta G = \Delta H - T\cdot\Delta S$$

Mit Hilfe der Newtonschen Bewegungsgleichungen können sukzessive Koordinaten und Geschwindigkeiten des Gesamtsystems ermittelt werden. Dies entspricht der zeitlichen Entwicklung der Molekülschwingungen, erlaubt detaillierte Einblicke in die Dynamik des molekularen Systems und gibt einer Ausgangsstruktur die Möglichkeit, in einen Gleichgewichtszustand zu gelangen.

3. Anwendung

Bei der Entwicklung eines Renin-Inhibitors, einem Wirkstoff zur Blutdrucksenkung, wurde das oben beschriebene automatische Docking erstmals eingesetzt. Der Rezeptor ist hier ein Enzym, welches in der Muskulatur der großen Blutgefäße aus dem Polypeptid Angiotensinogen das Angiotensin I abspaltet, aus welchem in einem weiteren Schritt durch das Enzym ACE das Angiotensin II und anschließend durch das Enzym Aminopeptidase Angiotensin III gebildet wird. Das Neuropeptid Angiotensin III löst bei der Gefäßmuskulatur das Signal zur Kontraktion (Vasokonstriktion) aus und bewirkt dadurch eine Steigerung des Blutdrucks (Abb. 1). Durch Inhibierung des Renins wird die Kaskade gestört, es kommt zur Entspannung der Blutgefäße und der Blutdruck sinkt.

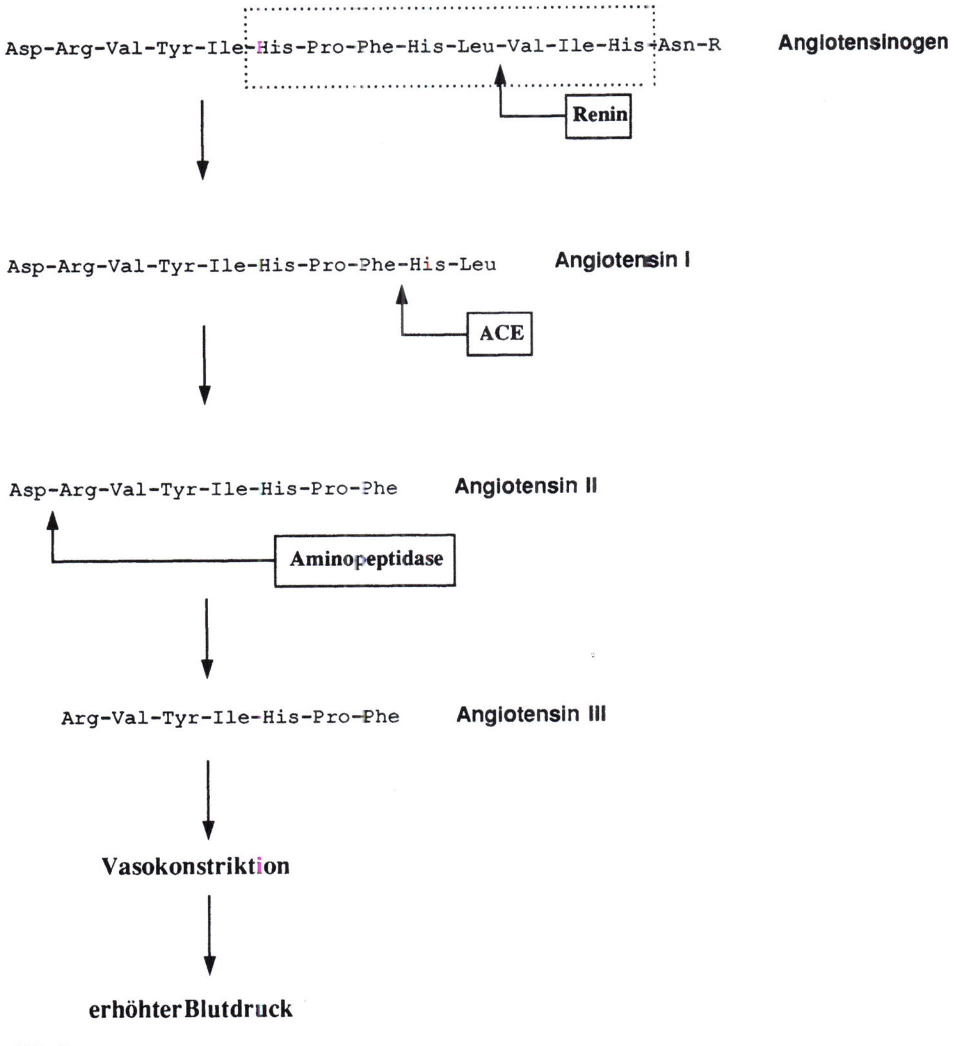

Abb. 1

Abb. 2 zeigt die Korrelation zwischen berechneten Bindungsenergien (Docking und MD) und experimentell bestimmten IC_{50}-Werten (Wirkstoffkonzentrationen bei denen 50%ige Hemmung des Enzyms erreicht wird). Die Streuung der Punkte um die Regressionsgerade ist ein Maß für die Genauigkeit der Methode. Im Rahmen dieser Genauigkeit konnten damit berechnete Bindungsenergien zur Vorhersage der Wirksamkeit neuer Strukturen benutzt werden. Die Auswirkung dieser Vorgehensweise ist direkt nur sehr schwer nachweisbar. Allerdings wird aus dem Vergleich der Arbeiten an einem ACE-Inhibitor, bei denen noch kein Modelling eingesetzt wurde, mit den Arbeiten am Renin-Inhibitor deutlich, daß das Ziel mit sehr viel weniger Tierversuchen erreicht wurde (Abb. 3).

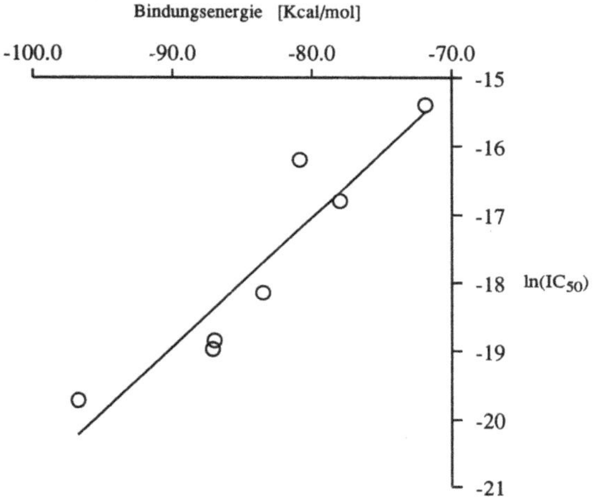

Abb. 2

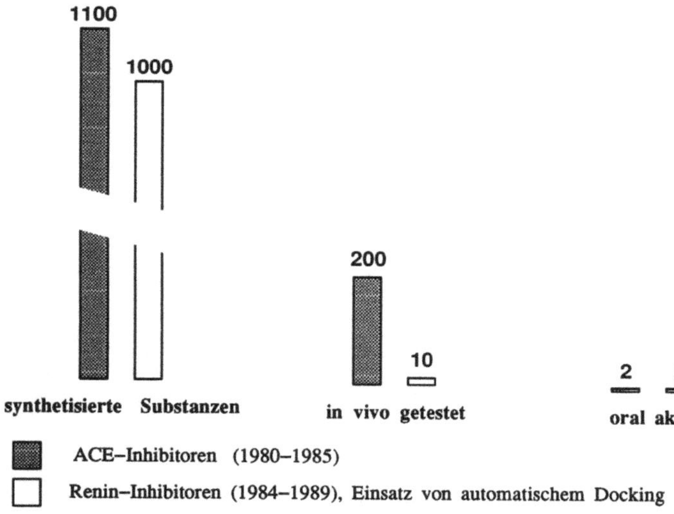

Abb. 3

4. Schlußbetrachtung

Die Möglichkeit, Rezeptorkomplexe zu modellieren, stellt eine große Hilfe bei der Entwicklung von pharmakologischen Wirkstoffen dar (computer assisted drug design). Das theoretische Modell erlaubt einen unmittelbaren Zugang zu Struktur-Wirkungs-Beziehungen. Es ist dabei jederzeit möglich, sich von vorgegebenen „lead"-Strukturen zu lösen und völlig neuartige Wirkprinzipien zu entwickeln. Die Bedeutung der Methode ergibt sich aus der Möglichkeit, in vivo-Tests mit wenig wirksamen Substanzen weitgehend zu vermeiden. Zweifellos kommt dadurch den verbleibenden Tests eine umso höhere Bedeutung zu.

Literatur

TAYLOR W.R., Protein structure prediction from sequence, Computers in Chemistry, 17 (2), 117-122, 1993

WEINER S.J., KOLLMAN P.A., CASE D.A., SINGH U.C., GHIO C., ALAGONA G., PROFETA S.,WEINER P., A New Force Field for Molecular Mechanical Simulation of Nuceic Acids and Proteins, J. Am. Chem. Soc., 106, 765-784, 1984

WILLIAMS D.H., SEARLE M.S., MACKAY J.P., GERHARD U., MAPLESTONE R.A., Toward an astimation of binding constants in aqueous solution: Studies of associations of vancomycin group antibiotics, Proc. Natl. Acad. Sci. USA, 90, 1172-1178, 1993

Neue Wege zur Computer-unterstützten Ableitung der Struktur von Wirkstoffen Enzym-gerichteter Art

H. Dutler, S.A. Bizzozero, B.A. Pabsch

Zusammenfassung

Mit den hier vorgelegten Arbeiten wird aufgezeigt, welche Kriterien primär wichtig sind für eine starke, wirkungskonforme Bindung eines Peptids an die Bindungsstelle eines Proteins. Mit Hilfe der Untersuchungen der Bindung von peptidischen Inhibitoren an die aktive Stelle von Proteasen steht eine Methode zur Verfügung, diese Art von Information mit einfachen Mitteln sehr genau erhalten zu können. Die Methode benutzt Kinetik und Moleküldynamik-Computersimulation. Bei geeigneter Anwendung erlaubt sie die Voraussage der Bindungseigenschaften und der Wirkungsweise eines Peptids.

1. Einleitung

Als Grundlage dienen stereoelektronische Argumente, die sich aus dem Reaktionsverlauf der Hydrolyse von Peptiden durch Serinproteasen ableiten lassen (DUTLER H. and BIZZOZERO S.A., 1989). In unseren früheren Arbeiten haben wir gezeigt, daß der Stickstoff der zu spaltenden Peptidbindung im Verlaufe der Reaktion seine Geometrie ändern muß (DUTLER H. et al., 1991). Bei der Bildung und dem Zerfall des tetrahedralen Zwischenproduktes geht der Stickstoff zunächst von planar zu tetrahedral über und erfährt anschließend eine Inversion. Bei beiden Vorgängen ändert der Wasserstoff an diesem Stickstoff seine Position gegenüber der aktiven Stelle. Wenn nun dieser Wasserstoff eine Brücke bildet (kritische Wasserstoff-Brücke), die in ein ausgedehntes Wasserstoffbrücken-System (HBS) einbezogen ist, muß entweder diese kritische Wasserstoffbrücke gebrochen oder die Inversion des Stickstoffs unterdrückt werden. Die „Stärke“ des HBS kann damit als Maß für die Verlangsamung der Hydrolyse (relativ zu einem Referenz-Substrat) betrachtet werden. Dieser Effekt wird von uns ausgenützt, um bei entsprechend gebauten Peptiden Inhibitorwirkung zu erzeugen. Mit Hilfe der üblichen Methoden der Enzymkinetik gelingt es, mit solchen Peptiden variierender Struktur und mit verschiedenen Serinproteasen genaue Daten über die Verlangsamung der Reaktion und die Affinität der Peptide zu erhalten. Zur Auswertung werden diese kinetischen Daten mit den modellierten Strukturen der Enzymsubstrat-Komplexe verglichen.

Interessanterweise findet sich das hier angesprochene Prinzip der Fixation dieses Wasserstoffs am Stickstoff in den natürlichen Ovomucoidinhibitoren realisiert. Das HBS (Abb. 1) beinhaltet dort die beiden Sauerstoffatome ε1 und ε2 eines Glutamats C-terminal zur suszeptiblen Peptidbindung (y1-Position) und $O_{\gamma 1}$ des Threonins N-terminal zur suszeptiblen Peptidbindung (x2-Position).

Ein weiteres sehr wichtiges Strukturmerkmal dieser Ovomucoidinhibitoren findet sich darin, daß die ϕ- und ψ-Winkel N-terminal zur suszeptiblen Peptidbindung erstaunlich genau ganz bestimmte Werte annehmen: ϕ (x1) = -105° und ψ (x1) = 30° (ZBINDEN P., 1992). Dieses Winkel-Kriterium gilt für sämtliche in der PDB-Struktur-Datenbank auffindbaren Peptidinhibitoren; die beiden Winkel treten sonst bei keinen anderen, in Datenbanken aufgeführten Peptiden auf.

2. Experimentelle Grundlagen

Die verwendeten Peptide und Referenz-Substrate für Trypsin und Chymotrypsin sind zusammen mit den kinetischen Daten in der Tabelle aufgeführt. Für die Modellierarbeiten wurden die Moleküldynamik(MD)-Simulationen (Periodische Randbedingungen) mit GROMOS87 (VAN GUNSTEREN W.F. und BERENDSEN H.J.C., 1990) auf CRAY Y-MP/464 angewendet. Sämtliche Simulationen beginnen mit Strukturen abgeleitet vom Ovomucoidinhibitor-Chymotrypsin-Komplex und dauern 210ps. Die methodischen Angaben für die Synthesen und die Bestimmung der Konstanten sowie die Modellierarbeiten sind anderswo beschrieben (PABSCH B., 1994).

3. Resultate und Diskussion

Die HBS der beiden Hexapeptide ATREYA und AAREYI für Trypsin sind in Abb. 2A und 2B schematisch dargestellt. Zum Vergleich findet sich in Abb. 1B das Bild des entsprechenden Peptidausschnittes im Ovomucoidinhibitor-Chymotrypsin-Komplex. Die räumlichen Verhältnisse des HBS bei diesem Ovomucoid-Peptid (OP) sind in Abb. 1A dargestellt. ATREYA und OP zeigen wie erwartet ein ähnliches Grundmuster. Beim OP werden zusätzlich vier Wassermoleküle und ein Amid von Asparagin ins HBS einbezogen. Beim AAREYI ist das Grundmuster sehr verschieden, da das $O_{\gamma 1}$ von Threonin fehlt. Als signifikantes Kriterium für die Hydrolysegeschwindigkeit kann die Stabilität des HBS, ausgedrückt durch geometrische Parameter, herangezogen werden. Der einfach bestimmbare Unterschied in der Distanz des Wasserstoffs am Stickstoff zu $O_{\varepsilon 1}$ und $O_{\varepsilon 2}$ des Glutamats ist ein Maß für die Koplanarität und damit für die Stärke der kritischen Wasserstoffbrücke. Die MD-Simulation über 60ps ergibt, daß dieser Unterschied beim langsamer reagierenden ATREYA signifikant größer ist als beim schneller reagierenden AAREYI. Damit ist gezeigt, daß die „Stärke“ des HBS tatsächlich als Maß für langsame Hydrolyse dienen kann.

Die beiden kritischen Winkel o und ψ lassen sich zur Beurteilung der Affinität bei wirkungskonformer Bindung der Peptide heranziehen. Die im Verlaufe der Simulationen über 210ps auftretendenden Winkelpaare erscheinen in Abb. 3 in Abständen von 0,2ps in Form von Punkten. Bei ATREYA bilden diese Punkte eine dichte „Wolke“ rund um den -105°/30°-Wert; beim AAREYI sind diese Punkte weit gestreut und nur wenige erscheinen in der Nähe dieses Wertes. Damit ist gezeigt, daß das ATREYA in der aktiven Stelle des Trypsins gut eingepaßt werden kann und in der Beweglichkeit stark behindert ist. Im Gegensatz dazu gibt es beim AAREYI nur wenige Konformere, die in die aktive Stelle passen und deren Beweglichkeit ist sehr groß. Dieses Resultat ist sehr gut mit der wesentlich höheren Affinität der ATREYA zu vereinbaren. In guter Übereinstimmung dazu stehen die RMS-Fluktuationen der beiden Substrate um die von 110-210ps gemittelte Struktur. Über die ganze Länge von ATREYA sind diese Fluktuationen (insbesondere an den beiden Enden) wesentlich geringer als bei AAREYI. Eine weitere Bestätigung der besseren Bindung des ATREYA ergibt sich aus der Änderung der Lennard-Jones Wechselwirkungen (Abb. 4). Bei ATREYA bleibt die Energie der Wechselwirkungen mit dem Enzym über 210ps annähernd konstant und bei AAREYI nimmt sie signifikant zu; entsprechend bleibt die Energie der Wechselwirkungen mit dem Wasser bei ATREYA ebenfalls annähernd konstant und nimmt bei AAREYI signifikant ab. Diese Resultate demonstrieren, daß die Konformationsbetrachtungen in guter Übereinstimmung mit den kinetischen

Daten sind und damit ein verläßliches Kriterium für die wirkungskonforme Bindung darstellen.

Ein besonders interessantes Resultat ergibt das Chymotrypsin-Substrat ATFEYR im Vergleich zum reduzierten Analogon ATFΨ(CH_2NH)EYR. ATFEYR zeigt als freies Substrat (Abb. 3C) eine breite Streuung der Punkte im ϕ/ψ-Diagramm; beim Binden an Chymotrypsin wird die „Wolke" der Punkte sehr viel dichter und enger und bedeckt (Abb. 3E), wenn auch in geringem Maße, den -105°/30°-Wert. Beim ATFΨ(CH_2NH)EYR ist die Verteilung der Punkte im freien Substrat bereits sehr eng, mit keinem Punkt beim -105°/30°-Wert (Abb. 3D); gebunden ans Chymotrypsin zeigt diese Substanz nur eine geringe Veränderung der Dichte der „Wolke", mit keinem Punkt beim -105°/30°-Wert (Abb. 3F). Offensichtlich ist das reduzierte Peptid im Gegensatz zu ATFEYR sehr stark in einer Konformation fixiert, welche nicht in die aktive Stelle paßt. Dieser Unterschied kommt in den HBS der beiden Peptide (Abb. 2) sehr deutlich zum Ausdruck: Bei ATFΨ(CH_2NH)EYR (Abb. 2D) ist das HBS viel ausgedehnter als bei ATFEYR (Abb. 2C). Damit ist durch die MD-Simulation aufgezeigt, warum dieses reduzierte Peptid vom Chymotrypsin nicht gebunden wird.

Literatur

DUTLER H. and BIZZOZERO S.A., Mechanism of the Serine Protease Reaction. Stereoelectronic, Structural and Kinetic Considerations as Guidelines to Deduce Reaction Paths, Accounts of Chemical Research, 22, 322-327, 1989

DUTLER H., BIZZOZERO S.A., ZBINDEN P., PABSCH B., Reaction-Path Knowledge as a Basis for Design and Synthesis of Novel Protease Inhibitors, in: SAREL S., MECHOULAM R., ASHANAT I. (eds.), Trends in Medicinal Chemistry '90 (IMPAC), Blackwell Scientific Publications, 79-86, 1991

PABSCH B.A., Neuartige Peptidinhibitoren für Serinproteasen: Synthese, Kinetik und Moleküldynamik, Diss. ETH, Zürich,1994

VAN GUNSTEREN W.F. und BERENDSEN H.J.C., Moleküldynamik-Computersimulationen, Methodik, Anwendungen und Perspektiven in der Chemie, Angew. Chemie, 102, 1020-1055, 1990

ZBINDEN P., Untersuchung der Beziehung von Struktur und Aktivität von Serinproteasen mit Hilfe von ab-Initio, semiempirischen quantenchemischen Rechnungen und molekularmechanischen Simulationen, Diss. ETH, Zürich, 1992

Anhang

Tabelle 1. **Kinetische Konstanten der verwendeten Peptide**
Alle Analysen bei pH 8 und 25°C
a) Substrate für Trypsin in 500mM Tris-HCl, 200mM NaCl und 10mM Ca_2Cl mit HPLC
b) Substrate für Chymotrypsin (wie unter a)
c) Referenzsubstrat für Trypsin in 0,5mM Phosphat, 200mM NaCl und 10mM Ca_2Cl mit pH-Stat.
d) Referenzsubstrat für Chymotrypsin in 0,5mM Tris-HCl und 200mM NaCl mit pH-Stat.

Peptide	Abkürzungen	Km mM	V s^{-1}
Ac-Phe-Arg-Ala-Ala-NH_2 c)	FRAA	500	230
H-Ala-Ala-Arg-Glu-Tyr-Ile-NH_2 a)	AAREYI	285	90
H-Ala-Thr-Arg-Glu-Tyr-Ala-NH_2 a)	ATREYA	25	6,6
Ac-Ala-Ala-Ala-Phe-Ala-Ala-NH_2 d)	AAAFAA	170	31,4
H-Ala-Thr-Phe-Glu-Tyr-Arg-NH_2 b)	ATFEYR	10	4,6
H-Ala-Thr-PheΨ[CH_2NH]Glu-Tyr-Arg-NH_2 b)	ATFΨ[CH_2NH]EYR	-	-
-Cys-Thr-Leu-Glu-Tyr-Arg-	OP	-	-

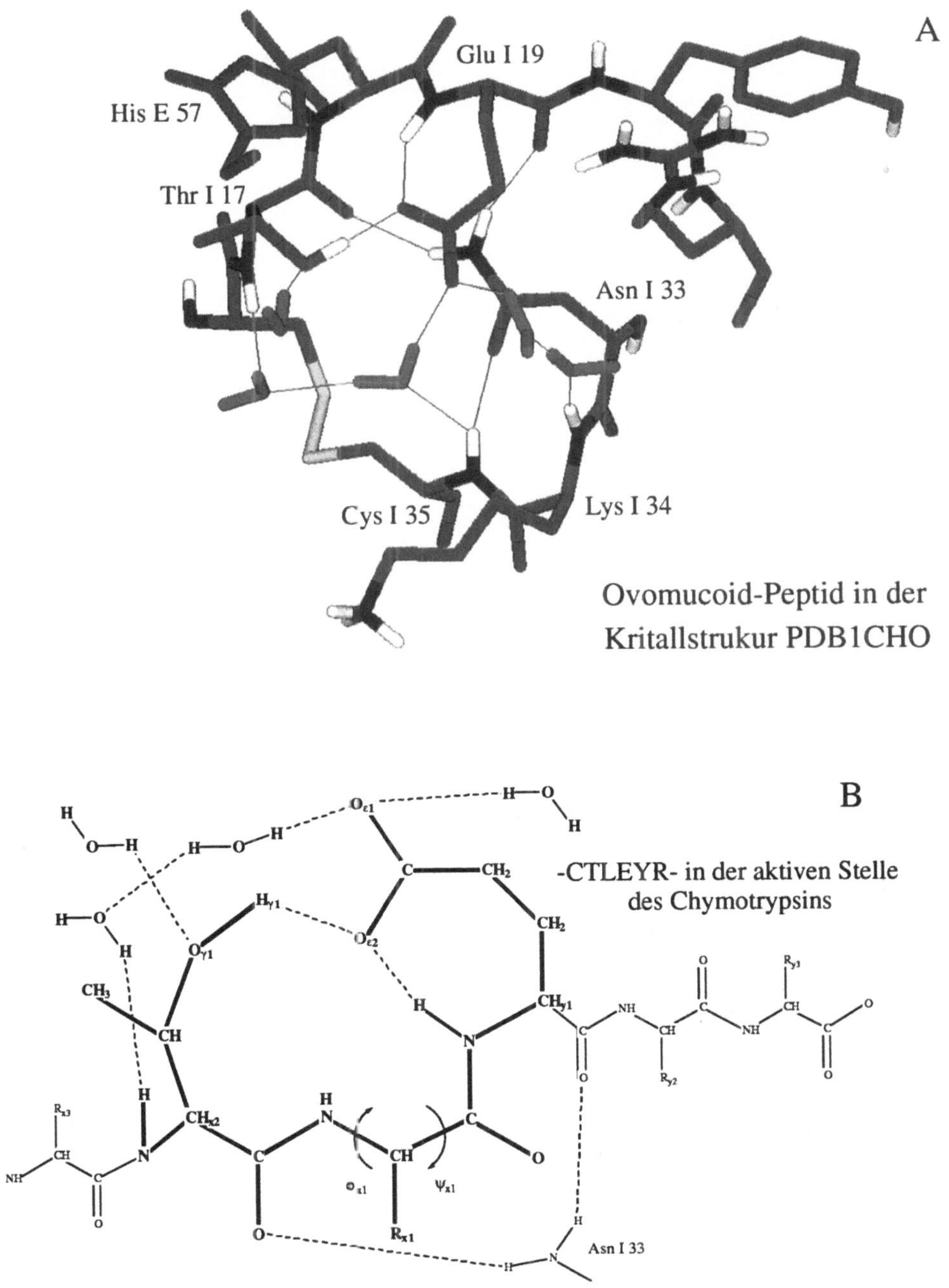

Abb. 1. **Wasserstoffbrücken-System (HBS) des Ovomucoidinhibitor-Chymotrypsin-Komplexes in der aktiven Stelle der Kristallstruktur PDB1CHO**
(A) Räumliche Darstellung des HBS beim Ovomucoid-Peptid (OP) *(B)* Schematische Darstellung

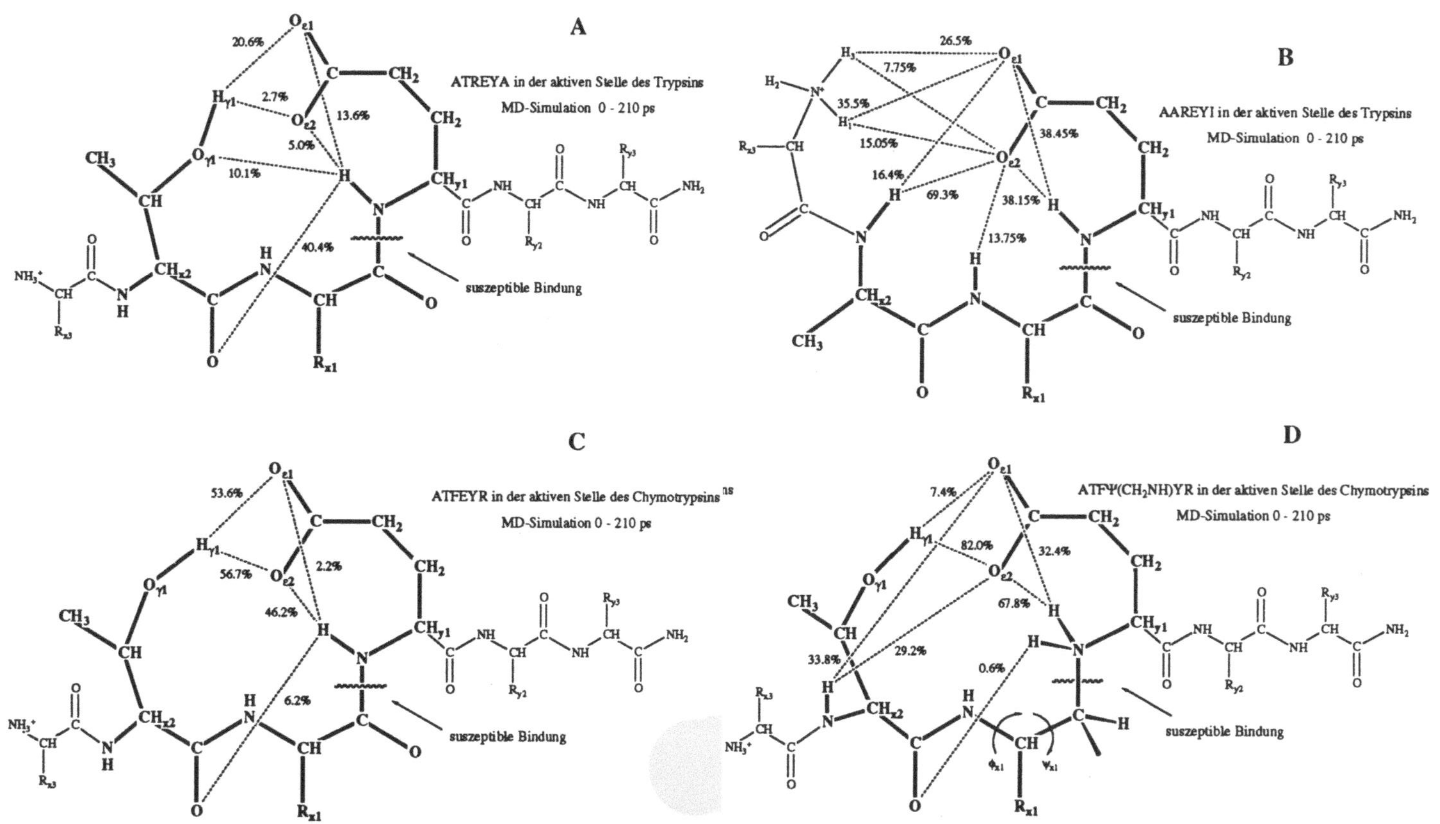

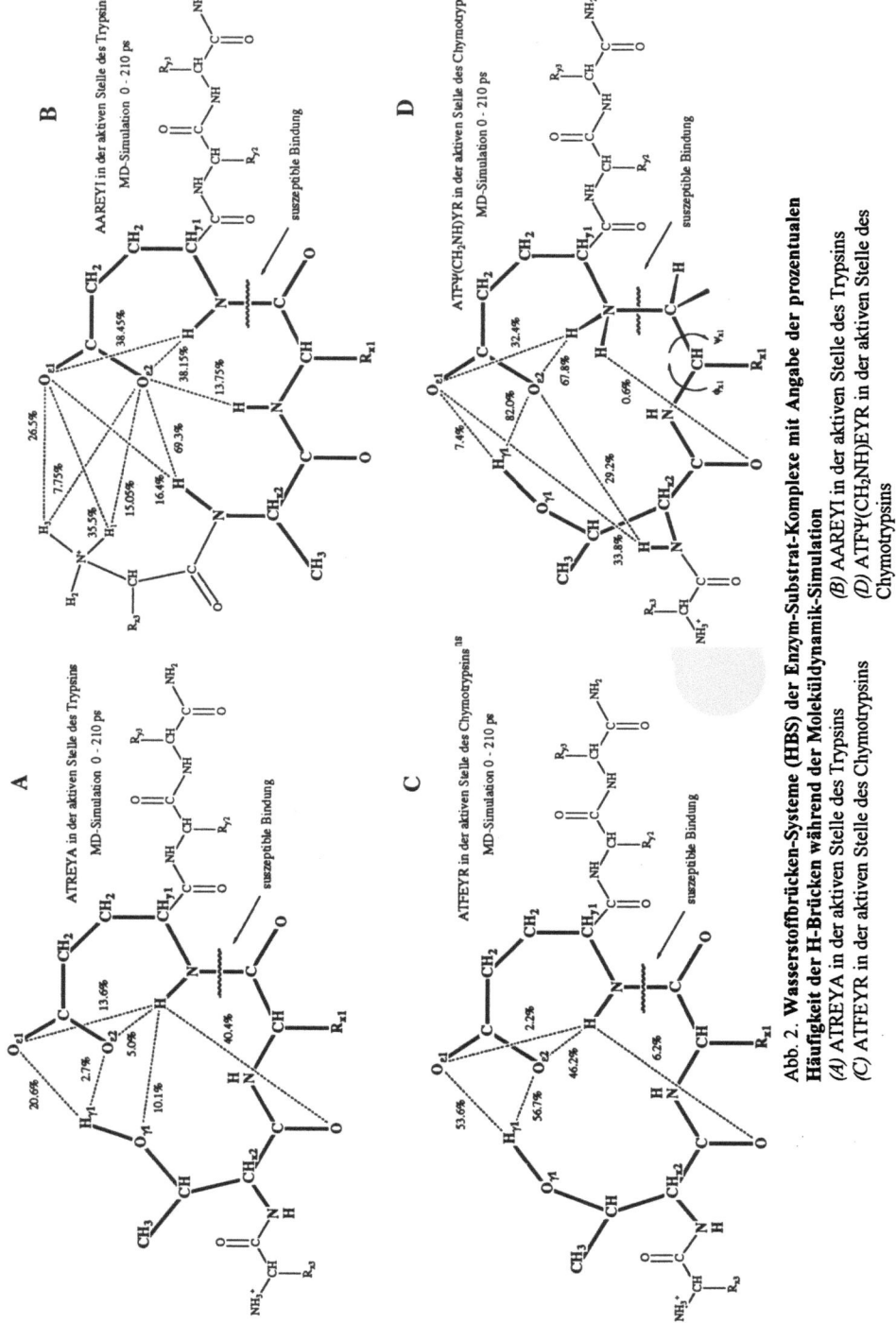

Abb. 2. **Wasserstoffbrücken-Systeme (HBS) der Enzym-Substrat-Komplexe mit Angabe der prozentualen Häufigkeit der H-Brücken während der Moleküldynamik-Simulation**

(A) ATREYA in der aktiven Stelle des Trypsins
(B) AAREYI in der aktiven Stelle des Trypsins
(C) ATFEYR in der aktiven Stelle des Chymotrypsins
(D) ATFΨ(CH_2NH)EYR in der aktiven Stelle des Chymotrypsins

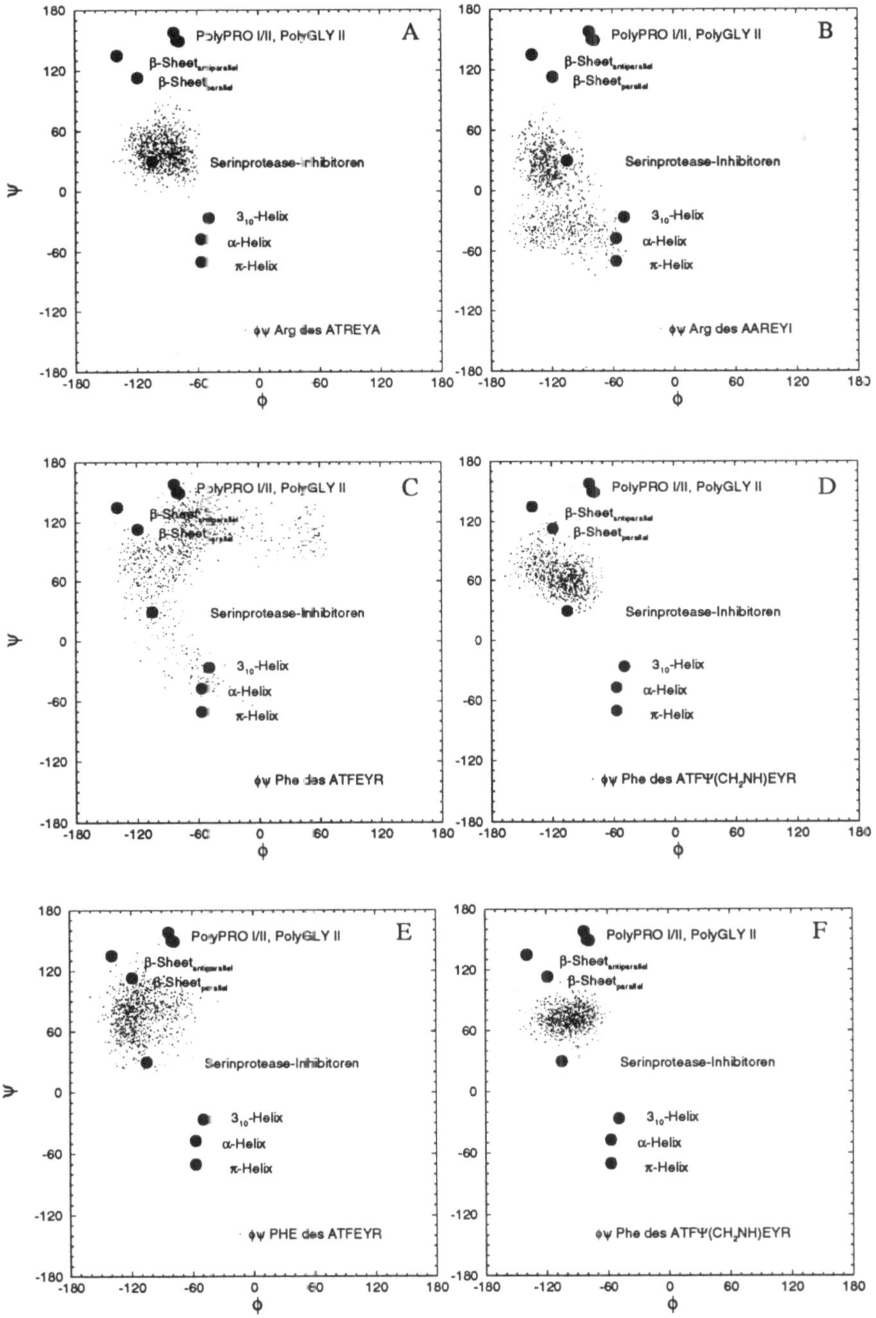

Abb. 3. φ/ψ-Diagramme der P1-Position während der Moleküldynamik-Simulation
(A) ATREYA in der aktiven Stelle des Trypsins
(B) AAREYI in der aktiven Stelle des Trypsins
(C) freies ATFEYR
(D) freies ATFΨ(CH_2NH)EYR
(E) ATFEYR in der aktiven Stelle des Chymotrypsins
(F) ATFΨ(CH_2NH)EYR in der aktiven Stelle des Chymotrypsins

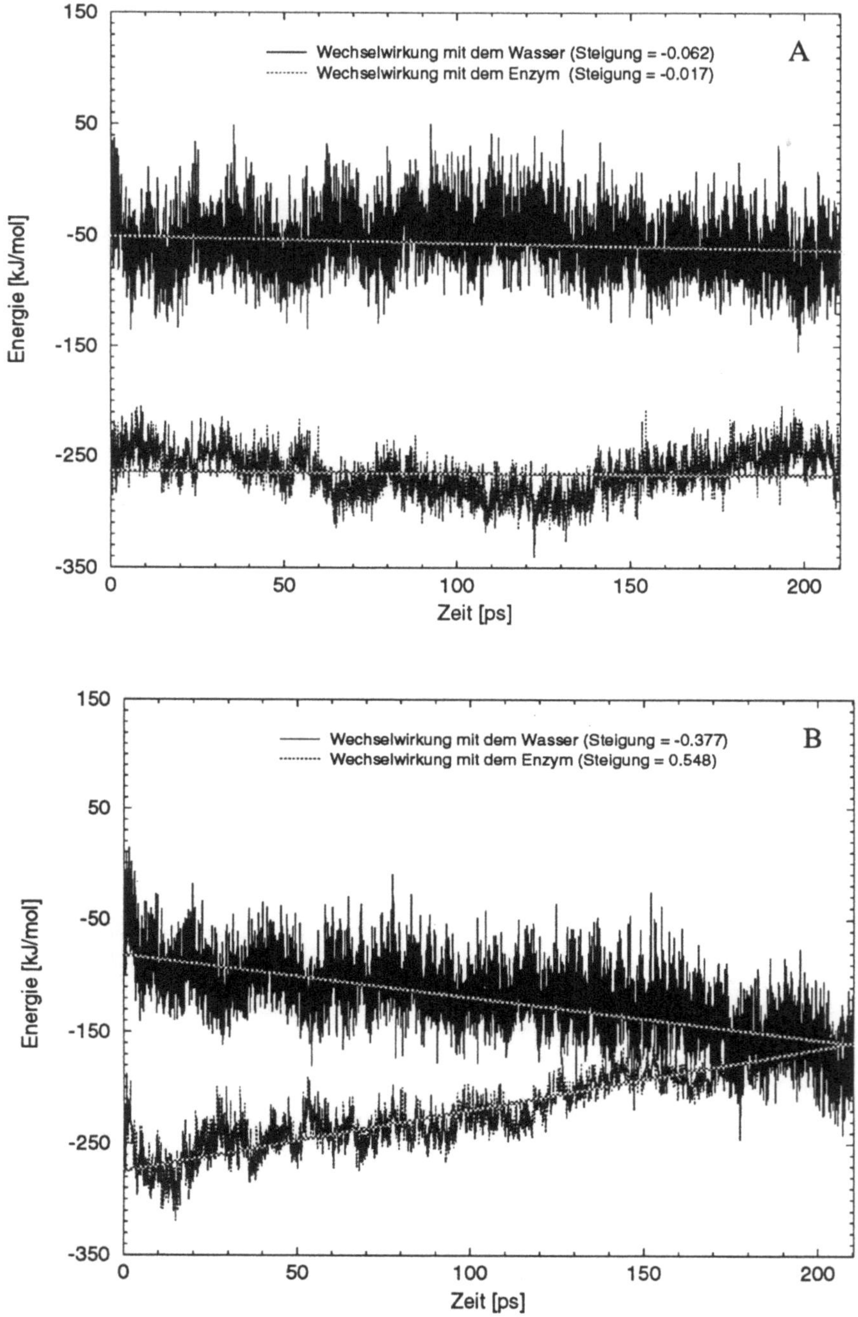

Abb. 4. **Lennard-Jones Wechselwirkungen der Substrate in der aktiven Stelle des Trypsins als Funktion der Zeit**
(A) ATREYA *(B)* AAREYI

Pseudoreceptor Modeling und die 3R

A. Vedani

Zusammenfassung

Pseudoreceptor Modeling, ein neues computergestütztes Verfahren zum rationalen Entwurf neuer Wirkstoffe, erlaubt die Rekonstruktion der dreidimensionalen Struktur eines unbekannten biologischen Rezeptors aufgrund der Strukturen seiner Liganden (bekannte Wirkstoffe). Es verbindet die bisherigen Techniken auf diesem Gebiet, erweitert deren Möglichkeiten durch die Generierung eines expliziten Rezeptormodelles aber deutlich. Dieses Modell kann anschließend dazu verwendet werden, die Bindungsstärke neuer Wirkstoffe qualitativ vorauszusagen.

Die Bedeutung des *Pseudoreceptor Modeling* für die Reduktion und den Ersatz von Tierversuchen besteht darin, daß die Methode dann eingesetzt werden kann, wenn keine oder nur wenig Information über den biologischen Rezeptor zur Verfügung steht - eine Situation, wo bisher fast ausschließlich Tierversuche zielführend waren. *Pseudoreceptor Modeling* erlaubt es erstmals, potentielle Wirkstoffe eines an sich unbekannten Rezeptors *ex vivo* zu *screenen*.

1. Einleitung

Computergestützte Verfahren zum rationalen Entwurf neuer Wirkstoffe (englisch: *Computer-Aided Drug Design*, abgekürzt CADD) beruhen auf der 1894 vom Chemiker und späteren Nobelpreisträger EMIL FISCHER formulierten Komplementarität zwischen Wirksubstanz und Rezeptor. In die Pharmakologie übertragen besagt diese, unter dem Namen „Schloß-Schlüssel-Prinzip" bekannt gewordene Hypothese, daß ein Wirkstoff in seinen Rezeptor passen muß wie ein mechanischer Schlüssel ins Schloß. Auf diesem Prinzip basierend versucht CADD, Zusammensetzung und Struktur pharmakologischer Wirkstoffe zu ermitteln, die optimal an einen vorgegebenen Rezeptor passen.

Das Schloß-Schlüssel-Prinzip ist allerdings ein zu vereinfachtes Modell für die Beschreibung der Wechselwirkungen zwischen Wirkstoff und Rezeptor, denn diese unterscheiden sich in zwei wesentlichen Aspekten von einem mechanischen System:

1. Wirkstoff und Rezeptor sind viel komplexere Gebilde als ihre mechanischen Analoga. Nicht nur ihre dreidimensionale Struktur sondern auch ihre elektrische Ladungsverteilung und hydrophilen bzw. hydrophoben Eigenschaften (Wasser- bzw. Fettlöslichkeit) beeinflussen ihre Wirkungsweise.

2. Wirkstoff und Rezeptor sind höchst flexible Gebilde und vermögen sich gegenseitig anzupassen. Dies hat zur Folge, daß ein Wirkstoff nicht ausschließlich an *seinen* Rezeptor bindet, sondern (wenngleich mit unterschiedlicher Stärke) auch an andere Rezeptoren, was sich beispielsweise in Nebenwirkungen von Medikamenten äußern kann. Die aus der Komplexität und Flexibilität von Wirkstoff und Rezeptor resultierende Vielfalt an (Schloß-Schlüssel-) Kombinationsmöglichkeiten erklärt, warum CADD den Einsatz leistungsfähiger Rechner bedingt.

Computergestützte Verfahren stellen aber auch eine Alternative zum langwierigen, kostspieligen und letztendlich durch Tierversuche abgesicherten pharmakologischen *screening* dar. Mit CADD können schwach oder unwirksame Substanzen sicher und frühzeitig erkannt und aus dem Evaluationsverfahren ausgeschieden werden, ***bevor*** Tierversuche notwendig werden (→ Reduktion von Tierversuchen). Beim *screening* im Computer werden nur wenige, dafür potentiell wirksame Substanzen für weitere präklinische Untersuchungen (einschließlich pharmakologisch/toxikologisch-orientierter Tierversuche) selektioniert.

Der Ersatz von Tierversuchen im *screening*-Verfahren selbst hängt davon ab, ob überhaupt Tiere für das betreffende *screening* eingesetzt werden. Stehen *in vitro*-Methoden zur Verfügung, werden diese sicher (und das nicht nur aus ökonomischen Gründen) dem Tierversuch vorgezogen. In Fällen aber, wo der Rezeptor nicht oder nur in ungenügender Menge bzw. Reinheit isolierbar ist (und sich *in vivo*-Methoden „aufdrängen"), kann CADD auch Tierversuche direkt ersetzen.

2. Methodik

Die wesentlichsten Methoden innerhalb des CADD sind in Tabelle 1 angeführt.

Tabelle 1. Übersicht der wichtigsten CADD-Methoden

Technik	**Anwendungsmöglichkeiten**
Computer Graphics	Abbildung, Analyse und Manipulation von Molekülen in Echtzeit 3-D
Model Building	Aufbau eines Moleküls aus Molekülfragmenten
Receptor Fitting	Einpassen eines kleinen Moleküls in die Bindungstasche eines Makromoleküls: z.B. Wirkstoff→Rezeptor
Molecular Mechanics	Rechnerische Optimierung einer Molekülstruktur
Molecular Dynamics	Simulation der molekularen Dynamik
Protein Folding	Simulation des Faltungsprozesses von Proteinen aus ihrer Primärsequenz
Modeling by Homology	Indirekte Bestimmung der Struktur eines Proteins aus dessen Primärsequenz und der dreidimensionalen Struktur eines homologen Proteins
Receptor Mapping	Ableitung von Eigenschaften (wie Form, elektrische Ladungsverteilung) eines strukturell unbekannten Rezeptors aus den Strukturen seiner Liganden
Pseudoreceptor Modeling	Rekonstruktion der dreidimensionalen Bindungsstelle eines strukturell unbekannten Rezeptors aus den Strukturen seiner Liganden

Klassische Methoden gehen von der dreidimensionalen Struktur des Rezeptors aus und erlauben das computergestützte Einpassen eines Wirkstoffmoleküls. Aus der Qualität dieses „Passens" kann dessen Bindungsstärke abgeschätzt werden. Im englischen Sprachraum wird diese Methode *receptor fitting* genannt. Leider ist der Einsatz von *receptor fitting* dadurch eingeschränkt, daß bis heute „erst" die Strukturen von ca. 200 Enzymen und Rezeptoren mit hinreichender Genauigkeit bekannt sind - verglichen mit der Anzahl biologisch relevanter Systeme ein leider nur kleiner Anteil.

Im letzten Jahrzehnt haben sich aber auch CADD-Methoden etabliert, die es erlauben, bei unbekannter Rezeptorstruktur Informationen über diesen zu erhalten. Diese Ansätze beruhen auf der Annahme, daß die Struktur der Bindungsstelle eines Rezeptors durch die Topologie der Wirkstoffe widergespiegelt wird, die an diesen zu binden vermögen. Aus einem Satz bekannter Wirkstoffe lassen sich Eigenschaften (wie Form, elektrische Ladungsverteilung und lipophiler/ hydrophiler Charakter) des unbekannten Rezeptors ableiten. Im englischen Sprachraum werden diese Methoden unter dem Begriff *Receptor Mapping* (→ Kartographieren des Rezeptors) zusammengefaßt. In der Sprache des FISCHER'SCHEN Schloß-Schlüssel-Prinzips versucht

Receptor Mapping aufgrund bekannter Schlüssel, Eigenschaften des Schlosses abzuleiten.

Pseudoreceptor Modeling, die neueste Stoßrichtung innerhalb des *Receptor Mapping*, geht noch einen Schritt weiter und versucht, die Bindungsstelle des Rezeptors (also das Schloß selbst) aus den Strukturen bekannter Wirkstoffe zu rekonstruieren. Das Pseudorezeptor-Konzept besteht darin, die gebundenen Wirkstoffe in genügend Wechselwirkungen mit dem Pseudorezeptor einzubinden, um so die wichtigsten Ligand-Rezeptor-Wechselwirkungen am wahren Rezeptor zu simulieren. Ein solcher Pseudorezeptor sollte imstande sein (und dies ist natürlich ein interner Gütetest!), die relative Bindungsstärke einer Serie von Wirkstoffen qualitativ zu reproduzieren. Stellt diese Serie eine „repräsentative Auswahl" dar, so kann der Pseudorezeptor (anstelle des unbekannten biologischen Rezeptors) dazu verwendet werden, neue oder hypothetische Wirkstoffmoleküle auf ihre biologische Aktivität hin zu prüfen.

Die Bedeutung des *Receptor Mapping* und insbesondere des *Pseudoreceptor Modeling* für die Reduktion und den Ersatz von Tierversuchen besteht darin, daß diese Methoden eingesetzt werden können, wenn keine oder nur wenig Information über den biologischen Rezeptor zur Verfügung steht. Das sind aber genau die Bedingungen, unter denen bisher Alternativmethoden nur wenig greifen konnten und auch mit Tierversuchen nur sehr unsystematisch vorgegangen werden kann. *Pseudoreceptor Modeling* erlaubt es erstmals, potentielle Wirkstoffe eines an sich unbekannten Rezeptors *ex vivo* zu *screenen*.

3. Das Yak© Pseudorezeptor Konzept

Forschungsschwerpunkt der letzten Jahre am SIAT Biografik-Labor war die Entwicklung und Validierung eines *Pseudoreceptor Modeling*-Konzeptes. Ein entsprechendes Computerprogramm, *Yak*, erlaubt die interaktive Konstruktion eines peptidischen Pseudorezeptors (also eines Proteins) um ein beliebiges molekulares Gerüst (meist ein Satz räumlich überlagerter Wirksubstanzen). Details des Algorithmus und der Validierung sind z.B. in VEDANI (1994) publiziert.

Vorgängig zum *Pseudoreceptor Modeling* muß das Pharmakophor definiert werden. Unter „Pharmakophor" versteht man in diesem Zusammenhang ein Ensemble räumlich überlagerter Wirkstoffmoleküle, die für den zu rekonstruierenden Rezeptor repräsentativ sind, d.h. alle wesentlichen funktionellen Gruppen in einer räumlich korrekten Anordnung enthalten.

Für den *mapping*-Prozeß besonders kritisch ist die Identifikation funktioneller Gruppen, welche für die Bindung an den Rezeptor relevant sind. Dazu machen wir uns die Direktionalität molekularer Wechselwirkungen zunutze. In unserem Konzept werden diese durch Vektoren repräsentiert und zeigen - vereinfacht gesagt - die bevorzugte Wechselwirkungsart und -richtung der einzelnen funktionellen Gruppen an. Werden nun diese Vektoren aller überlagerten Wirkstoffmoleküle analysiert, so gehen wir davon aus, daß Regionen mit hoher „Vektordichte" auf wichtige Kontaktstellen am Rezeptor hinweisen, während Stellen mit geringerer Vektordichte für die Bindung des vorgegebenen Ligandensatzes wahrscheinlich „weniger selektiv" sind.

Ein zweiter, kritischer Schritt beinhaltet die Auswahl geeigneter Bindungspartner (Aminosäuren, Metallionen, Wassermoleküle), um alle funktionellen Gruppen des Pharmakophors abzusättigen. Diese Auswahl wird durch eine Datenbank (mit wahrscheinlichen Ligand-Rezeptor-Fragmentpaaren) sowie durch die Abschätzung des *molecular lipophilicity potential* unterstützt. Diese Information erlaubt es im allgemeinen, einige wenige wahrscheinliche Rezeptorfragmente für eine gegebene funktionelle Gruppe zu identifizieren. Diese müssen dann im *mapping*-Prozeß in einem *trial-and-error*-Verfahren durchgetestet werden.

Gewünschte Rezeptorfragmente werden automatisch angedockt und orientiert, und der wachsende Pharmakophor-Pseudorezeptor-Komplex wird mittels Absuchen des konformationellen Raumes (d.h. aller „Faltungsmöglichkeiten") und Energieminimierung optimiert. Diese Prozedur wird solange fortgesetzt, bis entweder alle funktionellen Gruppen abgesättigt sind oder die räumlichen Verhältnisse eine weitere Anlagerung von Rezeptorfragmenten ausschließen.

Der Pseudorezeptor kann aber auch unabhängig vom Ligandensatz erweitert werden. Dies erlaubt es, Schleifen, Helices oder ausgedehnte Faltblattstrukturen einzuführen. Die Solvatation des Pseudorezeptors erlaubt es, die Lösungsmittelzugänglichkeit der Bindungsstelle, die Ausbildung von Wasserkanälen und allfällige Protonentransport-Mechanismen zu untersuchen. Schließlich muß es auch möglich sein, ein bestehendes Modell z.B. durch den gezielten Austausch gewisser Aminosäuren (→ *site-directed mutagenesis* im Computer) zu verändern und dem gegebenen Ligandensatz optimal anzupassen.

Nach Abschluß des *mapping*-Prozesses ist es äußerst wichtig, den so generierten Pseudorezeptor auf seine biophysikalische Relevanz hin zu untersuchen. Im allgemeinen schließt dies die folgenden Kriterien ein: qualitative Reproduktion der relativen Bindungsenergien des verwendeten Trainingssatzes, Sekundärstruktur des Pseudorezeptors („Faltung" der Proteinhauptkette), Verteilung von hydrophilen und hydrophoben Aminosäuren, Lösungsmittelzugänglichkeit sowie die Stabilität des Pseudorezeptors in Moleküldynamik-Simulationen.

Zur Validierung unseres Pseudorezeptor-Konzeptes haben wir eine Serie von Simulationen vorgenommen, welche versuchten, die Bindungsstelle bekannter Enzyme aus den Strukturen ihrer Wirkstoffe zu rekonstruieren. Die so erhaltenen Rezeptormodelle konnten anschließend mit der experimentellen Struktur verglichen werden. Zwei dieser Studien (Carboanhydrase und Thermolysin) sind publiziert (VEDANI A., 1994).

In Zusammenarbeit mit Sandoz Pharma in Basel versuchen wir derzeit, Modelle für den serotonergischen 5HT2-Rezeptor zu generieren. Der 5HT2-Rezeptor (ein gekoppeltes Transmembranprotein) ist ein schwieriges System, weil angenommmen werden muß, daß dieser Rezeptor einem *induced-fit* Mechanismus folgt, d.h. sich individuell - und möglicherweise unter signifikanter Konformationsänderung - dem jeweiligen Wirkstoff anpaßt.

Das Pharmakophor (Abb. 1) bestand aus sieben Wirkstoffmolekülen mit bekannter biologischer Aktivität.

Das mit *Yak* erstellte Modell (Abb. 2) ist noch nicht mit allen biologischen Daten konsistent, erklärt aber einige Unterschiede in der Wirkungsweise der verschiedenen Wirkstoffe zumindest qualitativ (Tabelle 2).

Tabelle 2. Vergleich der relativen Bindungsstärken des 5HT2-Rezeptors (Experimentelle Werte ↔ *Yak*-Pseudorezeptor)

Wirkstoff	Experiment	Yak-Modell	Differenz (in %)
1	1,000	1,000	0,0
2	0,917	0,904	-1,5
3	0,881	0,952	+8,1
4	0,837	0,901	+7,7
5	0,715	0,636	-11,1
6	0,713	0,811	+13,7
7	0,697	0,789	+13,1
Durchschnitt (RMS)	-	-	9,3

Auf diesem Modell basierend, versucht nun Sandoz Pharma neue Leitsubstanzen für den 5HT2-Rezeptor zu finden. Gleichzeitig gehen an unserem Labor die Bemühungen zur Verbesserung des Rezeptor-Modells weiter.

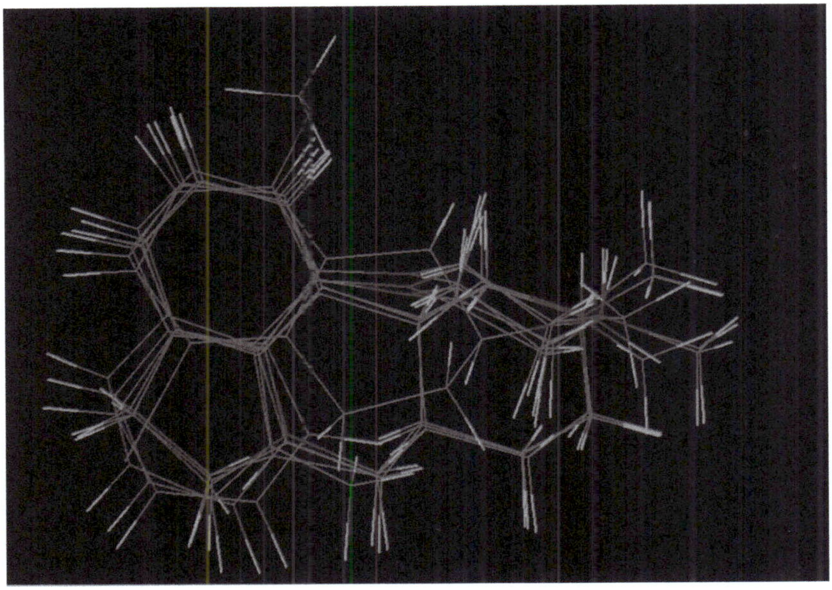

Abb. 1. Räumlich überlagerte Wirkstoffmoleküle (Pharmakophor) für den 5HT2-Rezeptor. Die Moleküle sind nach Atomtypen eingefärbt (Kohlenstoff: grau, Sauerstoff: rot, Stickstoff: blau, Wasserstoff: weiß, Chlor: grün)

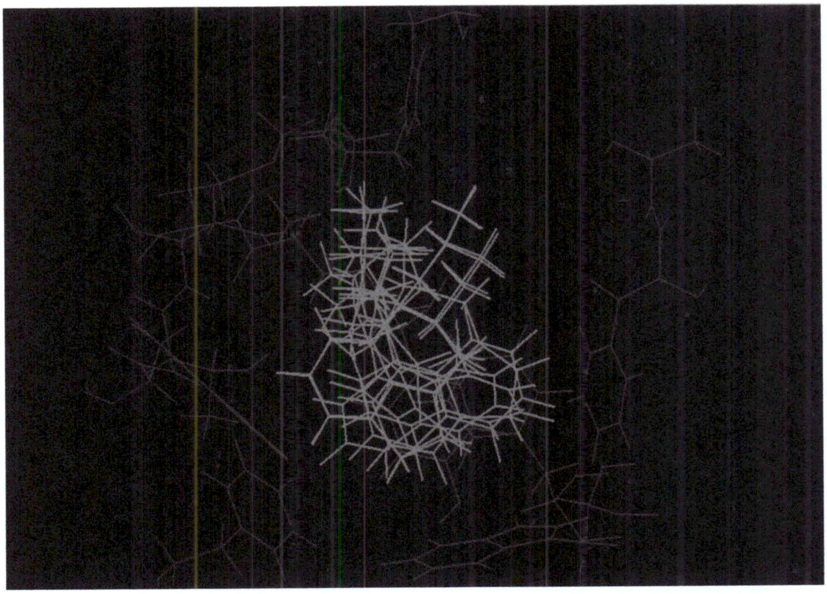

Abb. 2. Mit *Yak* erstelltes Modell für den 5HT2-Rezeptor. Das Pharmakophor (räumlich überlagerte Wirkstoffe) ist in gelb wiedergegeben, das Rezeptormodell in rot

4. Signifikanz

Die Bedeutung des *Pseudoreceptor Modeling* besteht darin, daß es *Receptor Fitting* und *Receptor Mapping* verbindet, die Möglichkeiten des Letzteren aber deutlich erweitert. *Pseudoreceptor Modeling* generiert ein explizites, dreidimensionales Modell des Wirkstoff-Rezeptor-Komplexes, das dazu verwendet werden kann, relevante Wirkstoff-Rezeptor-Wechselwirkungen zu erkennen, die molekulare Dynamik zu simulieren und die Bindungsstärke der Ligandmoleküle innerhalb des Trainingssatzes qualitativ zu reproduzieren. Stellt dieser eine „repräsentative Auswahl" dar, so kann der Pseudorezeptor dazu verwendet werden, die Stärke von Wirkstoffen außerhalb des Trainingssatzes vorauszusagen (→ *drug design*).

Die Bedeutung des *Pseudoreceptor Modeling* für die Reduktion und den Ersatz von Tierversuchen besteht darin, daß die Methode eingesetzt werden kann, wenn keine oder nur wenig Information über den biologischen Rezeptor zur Verfügung steht - einer Situation, in welcher bisher fast ausschließlich Tierversuche zielführend waren. *Pseudoreceptor Modeling* erlaubt es erstmals, potentielle Wirkstoffe eines an sich unbekannten Rezeptors *ex vivo* zu prüfen.

Im Gegensatz zu *Receptor Fitting* lassen sich mit *Pseudoreceptor Modeling* auch Informationen über allfällige Nebenwirkungen erhalten: Wenn als Trainingssatz eine Serie von Substanzen mit vergleichbaren Nebenwirkungen verwendet wird, kann der entsprechende Pseudorezeptor dazu verwendet werden, eben diese Nebenwirkungen an potentiellen Wirkstoffen des *screening sets* zu erkennen und im anschließenden *drug design* selektiv auszuschließen.

Danksagung

*Ich bin Dr. JAMES P. SNYDER (**Istituto di Ricerche di Biologia Moleculare, IRBM**) und seinen ehemaligen Mitarbeitern bei G.D.Searle & Co. für ihre intensive Unterstützung während der Entwicklung und Validierung des Yak-Konzeptes zu besonderem Dank verpflichtet.*

*Das SIAT Biografik-Labor wird durch die Stiftung **Schweizerisches Institut für Alternativen zu Tierversuchen** (SIAT, Zürich) finanziert. Weitere großzügige finanzielle Unterstützung erhielten wir von der Stiftung **Fonds für versuchstierfreie Forschung** (FFVFF, Zürich), dem Schweizerischen Nationalfonds, G.D.Searle & Co. (Chicago) und IRBM (Pomezia/Roma).*

*Schließlich geht mein Dank an **YETI**, den legendären Schneemenschen des Himalaya, an die Menschen des „Schneelandes" für die Kultivierung einer harmonischen Landschaft - einer Landschaft, in der zahlreiche Ideen unserer beiden Programme **Yak** und **Yeti** ihren Ursprung nahmen.*

Literatur

SNYDER J.P., RAO S.N., KOEHLER K.F., PELLICCIARI R., Drug Modeling at Cell Membrane Receptors: The Concept of Pseudoreceptors, in: ANGELI P., GULINI U., QUAGLIA W. (eds.), Trends in Receptor Research, Amsterdam: Elsevier Science Publishers, 367-403, 1992

SNYDER J.P., RAO S.N., KOEHLER K.F., VEDANI A., Pseudoreceptors, in: KUBINYI H. (ed.), 3D QSAR in Drug Design, Leiden: ESCOM Science Publishers B.V., 336-354, 1993

SNYDER J.P., RAO S.N., KOEHLER K.F., VEDANI A., PELLICCIARI R., Apollo Pharmacophores and the Pseudoreceptor Concept, in: WERMUTH C.G. (ed.), QSAR and Molecular Modelling, Leiden: ESCOM Science Publishers B.V., 44-51, 1993

VEDANI A., Das Konzept des Pseudorezeptors für das pharmakologische Screening, ALTEX, Heidelberg: Spektrum Akademischer Verlag, 1, 11-21, 1994

Möglichkeiten und Grenzen von genetischen Methoden als Alternative zu Tierversuchen

J. Doehmer

Zusammenfassung

In vitro-Systeme sind analytische Werkzeuge, um die in vivo-Situation untersuchen und verstehen zu können. Es bedarf einer Technologie, um in vitro-Systeme zu entwickeln. Die Art und Weise, wie diese Technologie zur Entwicklung von in vitro-Systemen eingesetzt wird, entscheidet darüber, was ein in vitro-System leisten kann und welche Fragestellungen und Probleme sich damit lösen lassen. Es ist eine Frage der Zeit und der gerade verfügbaren Technologie, welche in vitro-Systeme sich zur Lösung von Fragestellungen entwickeln und anwenden lassen. In diesem Sinne läßt sich auch die Gentechnologie einsetzen, um in vitro-Systeme mit gewünschten Eigenschaften zu entwickeln. Diese Eigenschaft kann die Produktion eines Arzneimittels sein oder die Expression von Enzymen, an denen der Arzneimittel- und Schadstoff-Metabolismus untersucht werden kann. Für letzteres werden als Beispiel gentechnologischer Möglichkeiten zur Entwicklung von in vitro-Systemen die Konstruktion und Anwendung Cytochrom P450 exprimierender V79 Zellen des Chinesischen Hamsters dargestellt. Im Vergleich mit anderen in vitro-Systemen, beispielsweise primäre Hepatozyten, werden Grenzen und Möglichkeiten verschiedener in vitro-Systeme deutlich.

1. Problemstellung

Es ist von fundamentalem toxikologischen und pharmakologischen Interesse zu verstehen, unter welchen Bedingungen Fremdstoffe aus der Umwelt und Medikamente verstoffwechselt werden („Biotransformation"), welche Intermediär-Produkte dabei entstehen, und welche toxikologischen und pharmakologischen Wirkungen diese Intermediär-Produkte haben („Biologischer Endpunkt"). Beide Aspekte müssen in einem aussagekräftigen Untersuchungssystem vereint und meßbar sein. Die in vivo-Situation ist als Untersuchungsobjekt hierzu denkbar ungeeignet. Die außerordentliche Komplexität der Biotransformation verhindert durch die Vielzahl der sich gegenseitig beeinflussenden Enzyme, Substrate und anderer Parameter eine analytische Vorgangsweise, um eine einzelne Reaktion zu erfassen. Ebenso ist es mitunter schwierig, einen praktikablen und einfachen Biologischen Endpunkt am Tier zu definieren. Hinzu kommt, daß es in den meisten Fällen erhebliche Spezies-abhängige Unterschiede im Metabolismus zwischen Tier und Mensch gibt, die eine Extrapolation auf den Menschen nicht erlauben. Bei richtiger Anwendung technologischer Möglichkeiten lassen sich in vitro-Systeme konstruieren, mit denen sich Metabolismus-abhängige Probleme lösen lassen. In diesem Sinne können gentechnologische Verfahren eingesetzt werden, um ein zu untersuchendes Enzym nach Klonierung des kodierenden Gens und Gentransfer in eine geeignete Empfängerzelle in einer wesentlich definierteren Umgebung wieder zur Funktion zu bringen und damit Untersuchungen zugänglich zu machen, wie es in der in vivo-Situation nie sein könnte.

2. Experimentelle Strategie und Methodik

Aus dem Umgang mit Genen zum Zwecke des Gentransfers in kultivierte Zellen haben wir in den vergangenen Jahren gelernt, daß das übertragene Gen ohne Schwierigkeit von der Empfängerzelle gelesen wird, obwohl das eigene orthologe Gen der Empfängerzelle abgeschaltet oder natürlicherweise nie in dieser Zelle abgelesen wurde. Nichtsdestoweniger kann dann eine Zelle nach erfolgreichem Gentransfer ein authentisches Produkt herstellen (DOEHMER J. et al., 1982). In Kenntnis dieser Möglichkeiten wurde 1987 von uns ein Programm begonnen, Zellen, die aufgrund ihres Wachstumsverhaltens für toxikologische und pharmakologische Untersuchungen geeignet sind, auf gentechnologischem Wege so zu verändern, daß sie in der Lage sind, Fremdstoffe und Pharmaka selbständig zu metabolisieren (DOEHMER J., 1993; DOEHMER J. and GREIM H., 1993).

Die Arbeiten zur gentechnologischen Konstruktion einer Zelle erfordern die folgenden Operationen:

1. Klonierung des interessierenden Gens (bevorzugt Cytochrome P450) in Form einer vollständigen cDNA aus Genbanken.
2. Rekombination mit einem eukaryotischen Vektor, der die cDNA mit Ablese-Signalen versorgt (bevorzugt SV40 early promotor).
3. Übertragung des rekombinanten Vektors in eine geeignete Empfängerzelle (bevorzugt V79 Chinesische Hamsterzellen) durch DNA gekoppelten Gentransfer (bervorzugt Ca/P-Copräzipitation).
4. Selektion, Identifizierung und Charakterisierung der nach Gentransfer wachsenden Zellklone auf DNA-, RNA- und Protein-Ebene zum Nachweis des gewünschten Genproduktes.
5. Enzymatische Charakterisierung des Genproduktes.
6. Validierung der Zellklone mit Substanzen, von denen bekannt oder zumindest zu erwarten ist, daß sie metabolisch aktiviert werden.
7. Anwendung der neuen Zellinien zur Lösung toxikologischer und pharmakologischer Probleme.

3. Stand der Entwicklung

In einem Zeitraum von nunmehr etwa 7 Jahren gelang uns die Konstruktion von acht von V79 abgeleiteten Zellinien. Alle Zellinien konnten bereits in Zytotoxizitäts-, Mutagenitäts- und Metabolismus-Untersuchungen validiert werden. Somit stehen diese Zellinien als neuartiges analytisches Werkzeug zur Verfügung. Allen von V79 abgeleiteten Zellinien ist gemeinsam, daß sie die durch Gentransfer erworbene Eigenschaft besitzen, ein bestimmtes Cytochrom P450 zu exprimieren. Drei der von uns konstruierten Zellinien exprimieren Cytochrome P450 der Ratte, die restlichen Zellinien exprimieren die entsprechenden Cytochrome P450 des Menschen. Somit sind in definierter Weise Spezies-Vergleiche in vitro möglich. Im einzelnen sind folgende Zellinien verfügbar: V79r1A1 (DROGA S. et al., 1990) V79r1A2 (WÖLFEL C. et al., 1991), V79r2B1 (DOEHMER J. et al., 1988), V79h1A1 (SCHMALIX W.A. et al., 1993), V79h1A2 (WÖLFEL C. et al., 1992), V79h2A6 (noch nicht veröffentlicht), V79h2E1 (noch nicht veröffentlicht), V79hOR (noch nicht veröffentlicht).

4. Toxikologische Untersuchungen

Aufgrund besonderer Eigenschaften sind V79 Zellen ein bevorzugtes in vitro-System in verschiedenen toxikologischen Untersuchungen hinsichtlich Mutagenität, Zytotoxizität, Mikrokern-Bildung, chromosomaler Schädigung durch DNA-Strang-Brüche, DNA-Strang-Austausch und vieles mehr. In den allermeisten Fällen sind die toxischen Wirkungen von Chemikalien von einer metabolischen Aktivierung abhängig. Die zusätzliche Eigenschaft zur metabolischen Kompetenz durch eine gentechnologische Veränderung wertet das V79 System qualitativ und quantitativ auf. Eine Reihe von Substanzen wurde bereits an den gentechnologisch veränderten V79 Zellen getestet, um Cytochrom P450 abhängige toxische Effekte darstellen zu können (ELLARD S. et al., 1991; KULKA U. et al., 1993; GLATT H.R. et al., 1993; SCHMALIX W.A. et al., 1993).

5. Pharmakologische Untersuchungen

Die meisten Arzneimittel werden initial über Cytochrom P450 abhängige Reaktionen metabolisiert. Es gehört zur Arzneimittel-Sicherheit, sowohl die metabolisch kompetente Cytochrom P450 Isoform, als auch das davon abhängige Metaboliten-Profil zu kennen. V79 Zellen mit definierter Cytochrom P450 Ausstattung sind zu derartigen Untersuchungen geeignet. V79 Zellen lassen sich in Gegenwart des zu testenden Arzneimittels kultivieren. Die Abbauprodukte sind im Kulturüberstand nachweisbar, wie beispielsweise für Koffein gezeigt (FUHR U. et al., 1992). Ebenso lassen sich pharmakologische Wirkungen der Abbauprodukte zeigen, wie beispielsweise bei Zytostatika, die erst nach metabolischer Aktivierung wirksam werden können, wie im Falle des Cyclophosphamid (DOEHMER J. et al., 1990).

6. Zellkultursysteme im Vergleich

Die richtige Wahl des am besten geeigneten in vitro-Systems setzt detaillierte Kenntnisse darüber voraus, wozu ein in vitro-System konstruiert und etabliert wurde und was es demnach leisten kann, um eine Fragestellung zu lösen. Die falsche Wahl eines in vitro-Systems kann die Ursache für Artefakte in Form falsch negativer oder falsch positiver Ergebnisse sein.

Als Beispiel sei hier der Vergleich zwischen primären Hepatozyten der Ratte und V79 Zellen mit Expression des Cytochroms P450 1A2 für die Phenacetin-O-Deethylierung angeführt (JENSEN K.G. et al., 1993a, b). Beide Zellsysteme unterscheiden sich nicht hinsichtlich des Umsatzes von Phenacetin zum Paracetamol. Allerdings stellt sich bei detaillierter Darstellung der Enzymkinetik im Eadie-Hofstee-Plot heraus, daß Cytochrom P450 1A2 exprimierende V79 Zellen eine lineare Abhängigkeit zeigen, wo hingegen in Hepatozyten die Abhängigkeit einen bilinearen Verlauf zeigt. Erklären läßt sich dies durch die unterschiedliche Enzym-Ausstattung der beiden Zellen. Während die V79 Zellen eine einzige Cytochrom P450 Isoform exprimieren, enthalten Hepatozyten eine Vielzahl verschiedener Isoformen. Im Falle des Phenacetins ist bekannt, daß es mit geringer Affinität an andere Isoformen binden kann, aber nicht umgesetzt wird. Dadurch ist eine Kinetik für Cytochrom P450 1A2 in Hepatozyten nicht möglich und würde eine Reinigung dieser Isoform erforderlich machen. V79 Zellen mit Cytochrom P450 1A2 Expression verhalten sich wie die gereinigte Isoform und sind für detaillierte Kinetik-Studien geeignet (JENSEN K.G. et al., 1993a, b).

7. Zukünftige Entwicklungen

Unser Ziel ist die Einrichtung einer Batterie von von V79 abgeleiteten Zellinien, die für metabolische Leistungen des Stoffwechsels von Fremdstoffen und Pharmaka definiert sind. Die Schaffung solcher Zellinien wird in erheblichem Maße dazu beitragen, die Metabolisierung von

Fremdstoffen und Pharmaka und die toxikologischen und pharmakologischen Wirkungen der entstehenden reaktiven Metabolite auf molekularer und zellulärer Ebene zu verstehen. Im Vordergrund unserer Entwicklungen stehen nunmehr die Ausstattung der V79 Zellen mit humanen Cytochrom P450 Isoformen.

So wünschenswert V79 Zellen mit einer einzigen Cytochrom P450 Isoform für analytische Zwecke sind, so kann es doch Probleme geben, die zur Lösung ein komplexeres in vitro-System erforderlich machen. Dies ist beispielsweise dann der Fall, wenn zwei Enzyme hintereinandergeschaltet sind, und der Effekt oder das interessierende Produkt erst nach Metabolisierung durch beide Enzyme sichtbar wird. Dann bietet es sich an, V79 Zellen auf gentechnologischem Weg für beide Enzyme zu konstruieren, wie dies beispielsweise für Cytochrom P450 Isoformen und den nachgeschalteten konjugierenden Enzymen nunmehr geschieht.

Es ist daher abwegig, den Wert eines in vitro-Systems ausschließlich danach zu beurteilen, inwiefern es die in vivo-Situation ersetzen oder simulieren kann. Deshalb sind auch Kriterien, die ein in vitro-System nur danach beurteilen, welche Tierart und wieviele Tiere ersetzt werden können, als unwissenschaftlich - weil von politischen Vorgaben bestimmt - abzulehnen. Vielmehr sollte die Entwicklung eines in vitro-Systems sich am zu lösenden Problem orientieren, wie die oben dargestellten V79 Zellen mit humanen Formen der Cytochrome P450. Ohne Zweifel ersetzen diese auf indirektem Wege Tierversuche, wenn es um Metabolismus-Fragen geht. Die Frage nach der Anzahl der eingesparten Tiere und der Tierart läßt sich jedoch prospektiv nicht konkret beantworten. Das Projekt wird deshalb nach den zur Zeit geltenden Kriterien des BMFT nicht gefördert. Das Problem von der politischen Wertung von Projekten zur Entwicklung von alternativen in vitro-Systemen führt zu einer unbefriedigenden Forschungsförderung gerade derjenigen Projekte, die auf einer besonders innovativen und wissenschaftlichen Leistung aufbauen, weil sie sich am zu lösenden Problem wissenschaftlich orientieren.

Danksagung

Durch eine großzügige Unterstützung durch das BGA/ZEBET war die Entwicklung der V79 Zellen mit humanen Cytochrom P450 Isoformen erst möglich.

Literatur

DOEHMER J., V79 Chinese hamster cell genetically engineered for cytochrome P450 and their use in mutagenicity and metabolism studies, Toxicology, 82, 105-118, 1993

DOEHMER J. and GREIM H., Cytochromes P450 in genetically engineered cell cultures: The gene technological approach, in: SCHENKMAN J.B. and GREIM H. (eds.), Handbook of Experimental Pharmacology, Vol. 115, Cytochrome P450, 415-429, 1993

DOEHMER J., BARINAGA M., VALE W., ROSENFELD M.G., VERMA I.M., EVANS R.M., Introduction of rat growth hormone gene into mouse fibroblasts via a retroviral DNA vector: Expression and regulation, Proc. Natl. Acad. Sci. USA, 79, 2268-2272, 1982

DOEHMER J., DOGRA S., FRIEDBERG T., MONIER S., ADESNIK M., GLATT H.R., OESCH F., Stable expression of cytochrome P-450IIB1 cDNA in V79 Chinese hamster cells and metabolic activation of aflatoxin B1, Proc. Natl. Acad. Sci. USA, 85, 5769-5773, 1988

DOEHMER J., SEIDEL A., OESCH F., GLATT H.R., Genetically engineered V79 Chinese hamster cells metabolically activate the cytostatic drugs cyclophosphamide and ifosfamide, Environmental Health Perspectives, 88, 63-65, 1990

DOGRA S., DOEHMER J., GLATT H.R., SIEGERT P., FRIEDBER T., SEIDEL A., OESCH F., Stable expression of rat cytochrome P-450IA1 cDNA in V79 Chinese hamster cells and their use in mutgenicity testing, Molecular Pharmacology, 37, 608-613, 1990

ELLARD S., MOHAMMED Y., DOGRA S., WÖLFEL C., DOEHMER J., PARRY J.M., The use of genetically engineered V79 Chinese hamster cultures expressing rat liver CYP 1A1, 1A2, 2B1 cDNAs in micronucleus assays, Mutagenesis, 6, 461-470, 1991

FUHR U., DOEHMER J., BATTULA N., WÖLFEL C., KUDLA C., KEITA Y., STAIB A.H., Biotransformation of caffeine and theophylline im mammalian cell lines genetically engineered for expression of single cytochrome P450 isoforms, Biochemical Pharmacology, 43, 225-235, 1992

GLATT H.R., PAULY K., WÖLFEL C., DOGRA S., SEIDEL A., HARVEY R.G., OESCH F., DOEHMER J., Stable expression of heterologous cytochromes P450 in V79 cells: Mutagenicity studies with polycyclic aromatic hydrocarbons, Polycyclic Aromatic Hydrocarbons, 3, 1167-1174, 1993

JENSEN K.G., ÖNFELT A., POULSEN H.E., DOEHMER J., LOFT S., Effects of benzo(a)pyrene and (±)-trans-7,8-dihydroxy-7,8-dihydrobenzo(a)pyrene on mitosis in Chinese hamster V79 cells with stable expression of rat cytochrome P 450 1A1 or 1A2, Carcinogenesis, 14, 2115-2118, 1993a

JENSEN K.G., LOFT S., DOEHMER J., POULSEN H.E., Metabolism of phenacetin in V79 Chinese hamster cell cultures expressing rat liver cytochrome P450 1A2 compared to isolated rat hepatocytes, Biochemical Pharmacology, 45, 1171-1173, 1993b

KULKA U., DOEHMER J., GLATT H.R., BAUCHINGER M., Cytogenetic effects of promutagens in genetically engineered V79 Chinese hamster cells expressing cytochromes P450, European Journal of Pharmacology, Section Environmental Toxicology and Pharmacology, 228, 299-304, 1993

SCHMALIX W.A., MÄSER H., KIEFER F., REEN R., WIEBEL F.J., GONZALEZ F., SEIDEL A., GLATT H.R., GREIM H., DOEHMER J., Stable expression of human cytochrome P450 1A1 cDNA in V79 Chinese hamster cells and metabolic activation of benzo(a)pyrene, European Journal of Pharmacology, Section Environmental Toxicology and Pharmacology, 248, 251-261, 1993

WÖLFEL C., PLATT K.L., DOGRA S., GLATT H.R., WÄCHTER F., DOEHMER J., Stable expression of rat cytochrome P450IA2 cDNA in V79 Chinese hamster cells and hydroxylation of 17b-estradiol and 2-aminofluorene, Molecular Carcinogenesis, 4, 489-498, 1991

WÖLFEL C., HEINRICH-HIRSCH B., SEIDEL A., FRANK H., RAMP U., WÄCHTER F., WIEBEL F., GONZALEZ F., DOEHMER J., Genetically engineered V79 Chinese hamster cells for stable expression of human cytochrome P450IA2 cDNA, European Journal of Pharmacology, Section Environmental Toxicology and Pharmacology, 228, 95-102, 1992

Das Cytosensor®- Microphysiometer - eine neue Methode in der Arzneimittelentwicklung

R. Metzger, L.A. Laxhuber

Zusammenfassung

Das *Cytosensor®-Microphysiometer (CM)* kombiniert Siliziumsensoren mit kultivierten Zellen und eröffnet damit neue Möglichkeiten bei der funktionellen Aufklärung von Wirksubstanzen. Der hochauflösende und schnelle pH-Nachweis ist das Meßprinzip des Sensors. Die Stoffwechselrate von Zellen kann direkt bestimmt werden, wobei Intermediärprodukte und Protonen vermittelte Effekte zur Ansäuerung des Zellmediums führen. Bereits kleinste metabolische Veränderungen können mit Hilfe des *CM* in ein meßbares Signal umgewandelt werden. Zellen reagieren auf externe Signale. Zum Beispiel können Rezeptor-Liganden-Wechselwirkungen zunächst zur Aktivierung der zellulären Stoffwechselrate führen. Aber auch Medikamente, Giftstoffe, Wachstumsfaktoren, Hormone, Viren und Kosmetika beeinflussen die Stoffwechselaktivität von Zellen und lassen sich über die metabolische Rate beschreiben. Dadurch bieten sich Anwendungen für Neuro- und Immunopharmakologen bei der Suche nach neuen spezifischen Medikamenten, ebenso wie für Toxikologen beim Verträglichkeitstest von unspezifisch wirkenden toxischen Substanzen. Der *CM* ist eine Alternative zu herkömmlichen Tierversuchen (z.B. Draize-Test). Ergebnisse an Zellen lassen sich mit Befunden aus Tierversuchen in hohem Maße korrelieren. Bindungseigenschaften, die im Primärscreening getestet wurden, lassen sich in funktioneller Hinsicht durch die *Cytosensor* Technologie ergänzen und an nativen Zellsystemen, Primärkulturen, Bakterien und Geweben charakterisieren. Das *Cytosensor-Microphysiometer* ermöglicht schnelle Aussagen hinsichtlich Dosierung und Wirkmechanismen bisher unbekannter Substanzen in der Arzneimittelentwicklung und ist eine gute Ergänzung für *in vivo*-Versuchsansätze.

1. Einleitung

Bei der Entwicklung eines neuen Arzneimittels spielt der Prozeß der Wirkungsfindung eine zentrale Rolle. Dabei ist die molekularbiologische und biochemische Analyse von besonderer Relevanz. Aus der Verknüpfung von alternativen Vorversuchen muß die eindeutige Charakterisierung einer Substanz hervorgehen, um damit genügend Sicherheit für den kontrollierten und limitierten Tierversuch zu gewinnen. Im Bereich der tierversuchsfreien Forschung, wie auch in der pharmazeutischen Industrie führt die Untersuchung von Wirksubstanzen zu einer gesteigerten Nachfrage für schnelle und reproduzierbare Testsysteme, welche die Anforderungen hinsichtlich Sensitivität, Effektivität und Handhabung erfüllen müssen. Biosensoren, als integraler Bestandteil von Testsystemen, erfüllen diese Voraussetzungen. Im Vergleich zu alternativen Technologien, ermöglichen Biosensoren die direkte Messung biochemischer Reaktionen. Als Novität auf diesem Sektor wurde ein Silizium-Sensor von der Arbeitsgruppe um

HARDEN MCCONNELL (Stanford University) präsentiert, der weitreichende Konsequenzen geschaffen hat. Auf dieser Basis wurde das *Cytosensor*®-Microphysiometer entwickelt, eine synergetische Kombination aus Biotechnik und Mikroelektronik (PARCE J.W. et al., 1989). Mit seiner Hilfe ist es möglich geworden, die Stoffwechselaktivität an kultivierten Zellen und Geweben direkt meßtechnisch zu erfassen. Der universelle Einsatz hat dieses System zu einer methodischen Erweiterung in den Bereichen Biochemie, Immunologie, Virologie, Neuropharmakologie und Arzneimittelentwicklung geführt.

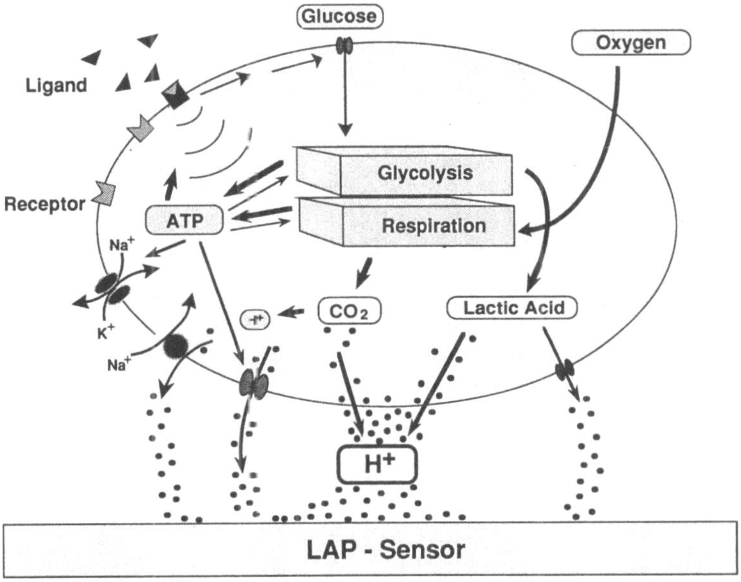

Abb. 1. **Das biologische Prinzip des Cytosensor-Systems**
Zellen nehmen Nährstoffe wie Glukose und Sauerstoff auf und bauen sie zur Erzeugung von Energie (ATP) ab. ATP ist maßgeblich an der intrazellulären Signalübertragung beteiligt und wird durch ligandengebundene Rezeptoren reguliert. ATP kann durch Wechselwirkungen Enzyme phosphorylieren oder auch direkt auf den zellulären Stoffwechsel wirken. Dabei entstehen Metabolite, die neben Protonen als Laktat und Kohlendioxid ausgeschieden werden. Die Folge ist eine Ansäuerung des Zellmediums. Diese Veränderungen des externen pH-Wertes gehen proportional einher mit der zellulären metabolischen Rate und werden mit dem LAP-Sensor erfaßt

2. Prinzip und Wirkungsweise

Der im folgenden beschriebene LAP-Sensor (Light-Addressable Potentiometric Sensor) ist die Zentraleinheit des Cytosensors (HAFEMAN D.G. et al., 1988; OWICKI J.C. and PARCE J.W., 1992) (Abb. 1). Er mißt potentiometrisch und selektiv die Konzentration von H^+-Ionen, wie sie z.B. durch metabolische Prozesse von Zellen abgegeben werden, mit einer Empfindlichkeit von weniger als 1/1.000 pH-Einheiten. Diese LAP-Sensoren sind jeweils in Meßkammern integriert und können durch eine halbdurchlässige Polykarbonat-Membran mit kultivierten Zellen in Wechselwirkung treten. Kulturmedium kann durch die Kammer gepumpt werden („Flow On"), was einerseits die Zellen konstant mit Nährstoffen versorgt und andererseits zelluläre Stoffwechselprodukte entfernt. In diesem Zustand lassen sich Zellen über Stunden und selbst Tage hinweg beobachten und mit Wirksubstanzen untersuchen. Studien können sowohl mit adhärenten Zellen, als auch mit Suspensionskulturen durchgeführt werden, wobei zur Kultivierung von je ca. 300.000 Zellen/Kammer ausgegangen wird. Dabei spielt es keine Rolle, ob es sich um

Bakterien oder eukaryontische Zellen handelt. In periodisch festgesetzten Zeiteinheiten wird die Medienversorgung unterbrochen und die zelluläre metabolische Aktivität ermittelt. Diese metabolische Umsetzung „projiziert" einen momentanen Zustand der Zelle, der üblicherweise einem intrazellulären „steadystate" entspricht. Durch die Wechselwirkung von Liganden mit spezifischen Zellerkennungsmolekülen, den Rezeptoren, kann dieser Zustand aktiviert werden. Über den Bindungsvorgang wird die biologische Wirksamkeit einer potentiellen Substanz ausgelöst. Im Verlauf der zellulären Reaktion lassen sich damit funktionelle Mechanismen in Gang setzen, die von ganz entscheidender Bedeutung in der Pharmaforschung sind (McConnell H.M. et al., 1992).

Ein komplettes Cytosensor System besteht aus acht unabhängigen Sensor-Kammern. Neben den LAP-Sensoren dienen weitere Komponenten, wie Peristaltikpumpen und Entgaser (verhindert Luftblasenbildung) einer einwandfreien Versorgung der Zellen mit Nähr- und Wirkstoffmedien während des Meßvorganges. Medium und Zellkammern lassen sich individuell auf den für die Zellen idealen Temperaturbereich einstellen.

3. Anwendungsbeispiele

Mit der Einzigartigkeit des Cytosensors biologische Mechanismen auf zellulärer Ebene direkt meßtechnisch zu erfassen, können Analysen durchgeführt werden, die überwiegend nur unter Einsatz von Versuchstieren möglich waren. Im folgenden sollen Anwendungsbereiche aus der Neuropharmakologie, der Immunologie, der experimentellen Onkologie, sowie der Toxikogie dargestellt und diskutiert werden. Substanzspezifische Wirkungsprofile sind als Beispiele in Abb. 2 dargestellt.

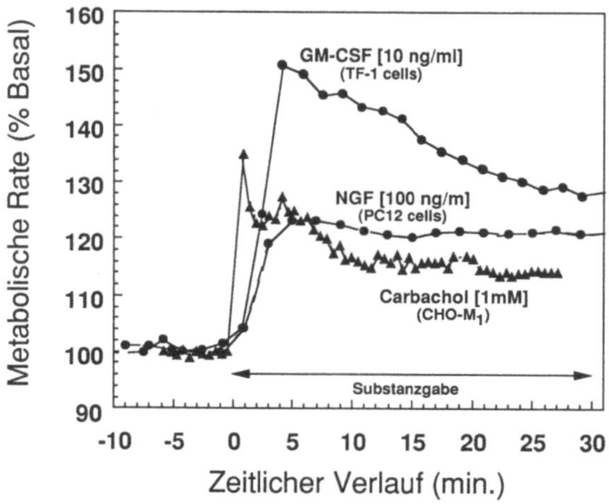

Abb. 2. Substanzspezifische Aktivierung von unterschiedlichen Rezeptoren
Das Wirkungsprofil einer Substanz ist direkt von der intrazellulären Signalweiterleitung abhängig. Die Substanz Karbachol ist an der neuronalen Erregungsleitung beteiligt und wirkt an muskarinergen Acetylcholinrezeptoren. An Rhabdomyosarkomzellen vermittelt dieser Ligand eine schnelle Reaktion. Die Wirkung von NGF (nerve growth factor) und GM-CSF (granulocyte macrophage colony stimuliating factor) an Zellen der Nebenniere und T-Zellen ist dagegen deutlich verzögert, zeigt aber eine länger anhaltende Wirkung

3.1. Toxikologie

Zur Risikoermittlung von Substanzen im Bereich der Pharmakologie und Kosmetik werden vielfach Tierversuche eingesetzt. Aus verständlichen Gründen sucht man derzeit nach Alternativen für solche Methoden. Da die Stoffwechselaktivität als Parameter für das „Wohlbefinden" einer Zelle interpretiert werden kann, lag eine Anwendung für diese Fragestellungen nahe. In Zusammenarbeit mit „Procter & Gamble" konnte das Cytosensor-System durch Verwendung humaner Hautzellen (z.B. epidermale Keratinozyten) analog zu *in vivo*-Ansätzen validiert werden (BAGLEY D.M. et al., 1992). Im Rahmen dieser Studie ließen sich Veränderungen des zellulären Metabolismus als Reaktion auf bestimmte Substanzen, wie z.B. Detergentien, ausgezeichnet mit den *in vivo*-Daten des Draize-Tests korrelieren. Darüberhinaus war der Versuchsverlauf mit insgesamt 2-5 Stunden deutlich kürzer als die übliche Zeitspanne eines Tierversuches von mehreren Tagen

Ein weiterer Vorzug des Systems liegt in der Verträglichkeitsprüfung. Werden Zellen einer Test-Substanz ausgesetzt, so kann neben dem initialen zytotoxischen Effekt auch das „Erholungsprofil" aufgezeichnet werden (Abb. 3). Dadurch läßt sich die Frage klären, ob bestimmte toxische Stoffe eine permanente oder eine nur vorübergehende Zell-Schädigung bewirken (WADA H.G. et al., 1992).

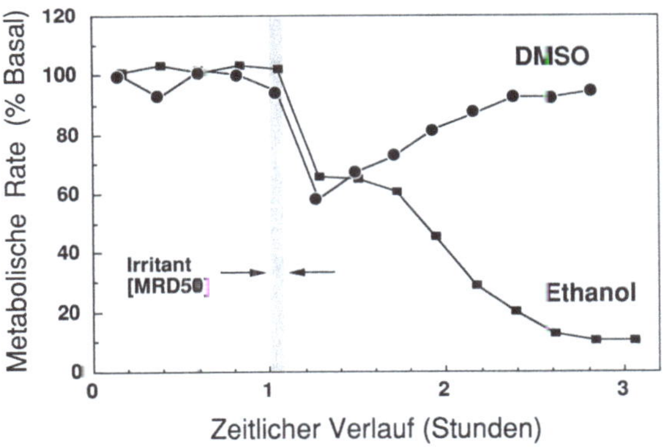

Abb. 3. **Das „Erholungsprofil" an humanen Keratinozyten**
Zellen wurden der halbmaximalen metabolischen Dosis (MRD50) von DMSO & Äthanol für 5 Minuten ausgesetzt und für insgesamt 2 Stunden aufgezeichnet

3.2. Tumorbiologie und Immunologie

Im Bereich der Krebsforschung sind Erkenntnisse über Substanzklassen von Wichtigkeit, die bei der Auslösung von Tumoren eine entscheidende Rolle spielen. Schon sehr frühzeitig wurde erkannt, daß sich das Cytosensor-Microphysiometer für die funktionelle Charakterisierung von Tumorgewebe und Krebszellen besonders eignet. Gerade wachstumsvermittelnde Effekte lassen sich sehr schnell aufzeichnen. Dies gilt z.B. für Proliferationsstudien. Mit Hilfe des Microphysiometers gelingt es, Effekte von NGF (nerve growth factor) bereits nach etwa 30-60min aufzuzeichnen, während dies mit konventionellen Methoden viele Stunden oder sogar Tage in Anspruch nimmt. Vergleicht man für beide Tests die EC_{50} Konstanten von NGF, so läßt sich in jedem Fall ein Wert von ca. 150pM ermitteln (siehe Tabelle 1). Effekte, die somit in der frühen Proliferationsphase eingeleitet werden, lassen sich dem Langzeiteffekt eindeutig zuordnen. Entsprechende Untersuchungen hatten auch an weiteren Wachstumsfaktoren, wie bFGF, GM-CSF und Interleukinen zu übereinstimmenden Ergebnissen geführt.

Im Rahmen einer weiteren Entwicklungsstudie wurde nach Anwendungskonzepten im

Bereich der Immuntoxikologie geforscht. Es ließ sich zeigen, daß sich das Cytosensor-System direkt auf Tumor-Zellen von Krebspatienten anwenden läßt. In Zusammenarbeit mit Dr. SIKIC und Dr. ROSS von der Stanford Universität wurde belegt, daß die chemotherapeutische Wirksamkeit von Medikamenten mit dem Cytosensor getestet werden kann. Metastasen und Tumore unterscheiden sich bei Patienten erheblich hinsichtlich ihrer Empfindlichkeit für Chemotherapeutika. Die Wirkung eines solchen Medikamentes kann man nur bedingt abschätzen. Um die Belastungen einer Therapie am Patienten herabzusetzen, wird intensiv an übertragbaren *in vivo*-Modellen geforscht. Bisher ist dies nur mit aufwendigen und zeitintensiven Methoden möglich. Fundierte Aussagen hinsichtlich einer spezifischen und gezielten Therapie lassen sich daher nur selten treffen. Durch den Einsatz des Cytosensor-Systems können diese Nachteile vermieden werden. Schwerpunkte der Cytosensor-Anwendungen sind gegenwärtig Testungen der Resistenzentwicklungen von Zytostatika, sowie die selektive Inhibierung tumorgener Effekte durch spezifische Antikörpermoleküle (NAG B. et al., 1992). Neben kanzerogenen Effekten lassen sich aber auch virale Infektionsereignisse bestimmen und analog duch Zytostatika vermindern. In Abb. 4 wurde die antivirale Wirkung des Azidothymidins (AZT) an HIV-infizierten HeLa-Zellen über mehrere Tage aufgezeichnet. Ansteigende Konzentrationen des Antiinfektivas verhindern weitere Virusinfektionen, während der Metabolismus unbehandelter Zellen deutlich vermindert ist (PARCE J.W. et al., 1991).

Tabelle 1. **Vergleichende pharmakologische Studien am Beispiel des Cytosensors mit traditionellen Methoden**
Die Effektivdosis 50 wurde als pharmakologischer Parameter herangezogen, um eine Reihe funktioneller Methoden der Cytosensor-Technologie gegenüberzustellen. Dabei wurden Aktivierungszustände von zyklischem Adenosinmonophosphat (cAMP), Inositoltriphosphat (IP3), Protein-Kinase C (PKC) und Tyrosin-Kinasen (TK) ausgewertet und mit Cytosensor-Messungen verglichen

Rezeptor Subtyp	Intrazelluläre Signal-Übertragung	EC_{50}-Wert (Methode)	EC_{50}-Wert (Cytosensor)	Ligand
Acetylcolin (M_1muskarinerg)	IP3/DAG	3,2µM	2,5µM	Karbachol
Adreno (β2-adrenerg)	cAMP	1nM	4nM	Isoproterenol
Cytokine (GM-CSF)	PKC	4,3pM	3,6pM	GM-CSF
Neutrophine (NGF)	TK	148pM	153pM	NGF

3.3. Arzneimittelentwicklung und sekundäres Screening

In der Arzneimittelentwicklung unterliegt die Validierung eines neuen Medikamentes mehreren Prüfungsabschnitten. Diese setzen sich aus aufwendigen und langwierigen Untersuchungen zusammen, um die Wirksamkeit und Unbedenklichkeit einer Substanz zu beweisen. Ganz wesentlich in dieser Kaskade ist der funktionelle Aspekt einer Untersuchung. Für diesen Bereich ermöglicht der Cytosensor Erweiterungmöglichkeiten, wobei eine ausführliche Charakterisierung an nativen Zellsystemen, Primärkulturen und Geweben erfolgen kann. So kann beispielsweise im Bereich der Schmerzforschung das schmerzauslösende Signal in ein metabolisches Signal transformiert werden, sodaß über diese Art der Signalumkehr zunächst alle intrazellulären Mechanismen („Second Messenger") aufgezeigt werden können und sich ohne große zeitliche Verzögerung in Einzelkomponente zerlegen lassen (BOUVIER C. et al., 1993; WADA H.G. et al., 1992; METZGER R. und HAWLITSCHEK G., 1993).

Durch die hohe Sensitivität des Siliziumchips kann mit dem Cytosensor weitgehend auf genmanipulierte oder künstliche Systeme, wie Reportergen Assays und transfizierte Zellinien verzichtet werden, weil sich bereits durch Einsatz von Primärkulturen oder Gewebeschnitten intrazelluläre Vorgänge aufzeichnen und nachvollziehen lassen. In der Pharmaforschung bedeutet das, daß aus einer großen Anzahl von molekular sehr ähnlichen und potentiellen Wirkstoffen, diejenigen mit dem Cytosensor ausgewählt werden können, die eine biologische und funktionelle Wirksamkeit aufweisen und somit für eine weitere Untersuchung von Relevanz sind. Hierbei können Tierversuchsreihen deutlich minimiert werden.

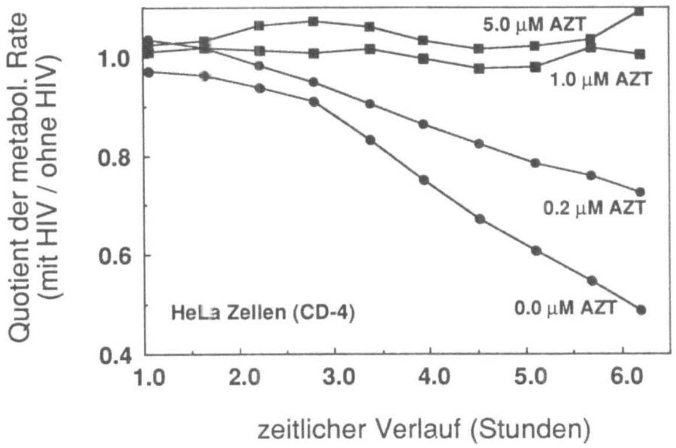

Abb. 4. **Antiviraler Einfluß durch AZT auf HIV-transfizierte Zellen**
Azidothymidin (AZT) hemmt die reverse Transkriptase des Virus und beeinflußt das Verhalten transfizierter Zellen. Ansteigende Konzentrationen des Antiinfektivum verhindern weitere Virusinfektionen, während der Metabolismus unbehandelter Zellen deutlich vermindert wird

4. Schlußfolgerung

Das Cytosensor-Mikrophysiometer ist ein neues und konzeptionell ausgerichtetes System für Messungen im Bereich der Arzneimittelentwicklung und Toxikologie. Über die Messung der Stoffwechselrate können die Reaktionen von „lebenden Zellen" auf bestimmte Wirksubstanzen direkt aufgezeichnet werden. Das nicht radioaktiv arbeitende System ist eine ideale Ergänzung für Tierexperimente, und ermöglicht schnelle und funktionelle Aussagen hinsichtlich Dosierung und Wirkungsmechanismen bisher unbekannter Wirksubstanzen.

Literatur

BAGLEY D.M., BRUNNER L.H., DE SILVIA O., COTTIN M., O'BRIEN K.A.F., UTTLEY M., WALKER A.P., An Evaluation of five potential Alternatives In Vitro to the Rabbit Eye Irritation Test In Vivo, Toxic in vitro, 6, 4, 275-284, 1992

BOUVIER C., SALON J.A., JOHNSON R.A., CIVELLI O., Dopaminergic Activity measured in D1- and D2 transfected Fibroblasts by Silicon Microphysiometer, J. Rec. Research, 13, 559-571, 1993

HAFEMAN D.G., PARCE J.W., MCCONNELL H.M., Light-Addressable Potentiometric sensor for Biochemical Systems, Science, 240, 1182-1185, 1988

MCCONNELL H.M., OWICKI J.C., PARCE J.W., MILLER D.L., BAXTER G.T., WADA H.G., PITCHFORD S., The Cytosensor Microphysiometer: Biological Applications of Silicon Technology, Science, 257, 1906-1912, 1992

METZGER R. und HAWLITSCHEK G., Das Cytosensor-Microphysiometer, BioTec, 1, 30-33 1993

OWICKI J.C. and PARCE J.W., Biosensors based on the energy metabolism of living cells: The physical chemistry and cell biology of extracellular acidification, Biosensors and Bioelectronics, 7, 255-272, 1992

NAG B., WADA H.G., FOK K.S., GREEN D.J., SHARMA S.D., CLARK B.R., PARCE J.W., MCCONNELL H.M., Antigen-Specific Stimulation of T Cell Extracellular Acidification by MHC ClassII-Peptide Complexes, J. Immunology, 148, 7, 2040-2044, 1992

PARCE J.W., OWICKI J.C., KERCSO K.M., SIGAL G.B., WADA H.G., MUIR V.C, BOUSSE L.J., ROSS K.I., SIKIC B.I., MCCONNELL H.M., Detection of Cell-Affecting Agents with a Silicon Biosensor, Science, 246, 181-296, 1989

PARCE J.W., OWICKI J.C., WADA H.G., KERCSO K.M., Cells on Silicon: The Microphysiometer, Alternative Methods in Toxicology, 8, 97-106, 1991

WADA H.G., OWICKI J.C., BRUNNER L.H., MILLER K.R., RALEY-SUSMAN K.M., PANFILI P.R., HUMPHRIES G.M.L., PARCE J.C., Measurement of Cellular Responses to Toxic Agents using a Silicon Microphysiometer, AATEX, 1, 154-164, 1992

In vitro-Modelle zur Untersuchung der Wirkung von Estrogenen auf die Leber

R. Knauthe

Zusammenfassung

Die Wirkung von Estrogenen an der Leber hat positive wie negative Aspekte. Zur Charakterisierung dieser Wirkungen sind umfangreiche tierexperimentelle Untersuchungen notwendig. Diese Untersuchungen können teilweise durch den Einsatz von gentechnisch veränderten Zelllinien ergänzt oder ersetzt werden. In diesem Beitrag werden der Hintergrund der estrogenen Leberwirkungen beschrieben, sowie Möglichkeiten und Grenzen diskutiert, wie in vitro-Methoden auf der Basis von Zellkulturmodellen zur Charakterisierung der hepatischen Estrogenität eingesetzt werden können.

1. Einleitung

Die weiblichen Sexualhormone sind biologisch hoch aktive Wirkstoffe, die im Körper nur in geringsten Mengen hergestellt werden. Sie haben die Funktion von Botenstoffen, die Signale von einem Ort des Organismus über die Blutbahn an einen anderen Ort weiterleiten (Abb. 1a). Ihre Wirkung entfalten sie, indem sie in den Zielorganen mit biologischen Sensoren zusammentreffen, die als Rezeptoren bezeichnet werden. Hierbei handelt es sich um Biomoleküle (Eiweißstoffe), die gezielt mit den Hormonen in Wechselwirkung treten. Dies führt dazu, daß bestimmte Programme in den Zielzellen der Organe an- oder abgeschaltet werden. Auf molekularer Ebene bedeutet dies, daß die Zielzellen möglicherweise anfangen, sich zu vermehren oder zu differenzieren, bestimmte Faktoren herzustellen und bestimmte Gene an- oder abzuschalten (Abb. 1b).

Die allgemein bekannten Zielorgane der weiblichen Sexualhormone sind die Gebärmutter, die Hirnanhangdrüse und die Brust. Neben diesen klassischen Angriffspunkten haben sie auch Wirkungen auf andere Zielorgane. Hierzu gehören das Gefäßsystem, die Knochen und die Leber.

In Therapie und Prophylaxe werden sowohl natürliche als auch synthetische Hormone eingesetzt. Die Vielzahl der möglichen Angriffspunkte erfordert eine gute Charakterisierung des Wirkprofils dieser Substanzen an den verschiedenen Organen. Dies gilt besonders bei der Entwicklung neuer Therapiekonzepte oder neuer Wirkstoffe.

In diesem Beitrag soll anhand der estrogenen Wirkung auf die Leber dargestellt werden, wie durch den sinnvollen Einsatz von Zellkulturmodellen die notwendige Charakterisierung von natürlichen und synthetischen Sexualhormonen in vitro begleitend zu Tierexperimenten erfolgen und wie damit die Anzahl von aufwendigen Tierversuchen verringert werden kann.

2. Die Wirkung von Estrogenen an der Leber

Eine weit verbreitete Anwendung natürlicher und synthetischer weiblicher Sexualhormone liegt einerseits im Bereich der Empfängnisverhütung, andererseits in der Hormon Substitutionstherapie (HRT).

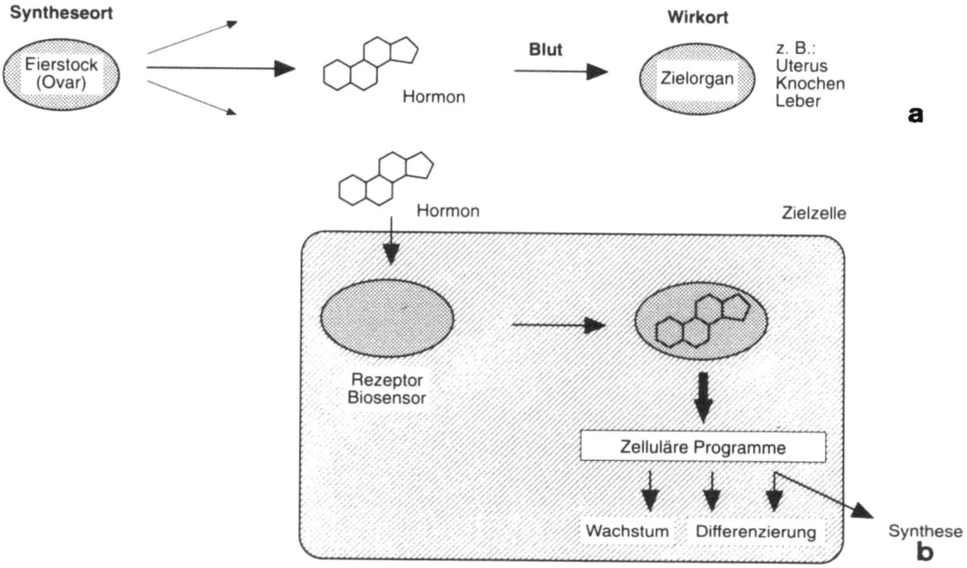

Abb. 1. **Wirkungsweise von Sexualsteroiden**
a) Sexualhormone sind Botenstoffe, die Signale vom Ort ihrer Entstehung (z.B. Eierstock/Ovar) über die Blutbahn an ihre Wirkorte z.B.: Uterus, Knochen und Leber) weiterleiten.
b) An ihren Zielorten entfalten Sexualhormone ihre Wirkung durch Wechselwirkung mit zellulären Rezeptoren (Biosensoren). Die biologische Antwort ist die Umsetzung des Signals in zellulären Progammen

Bei der Empfängnisverhütung durch orale Kontrazeptiva, in denen Estrogene mit einem Gestagen kombiniert werden, wird in zur Zeit handelsüblichen Präparaten durch gezielte Beeinflussung des weiblichen Zyklus die Anreifung einer befruchtungsfähigen Eizelle verhindert und damit einer ungewollten Schwangerschaft vorgebeugt.

In der Hormon Substitutionstherapie verwendet man Estrogene therapeutisch und prophylaktisch, um altersbedingte Beschwerden und Erkrankungen, die mit dem Eintritt der Wechseljahre der Frau auftreten, zu behandeln. Hierbei stehen Veränderungen im Blutgefäßsystem und im Bereich des Knochenstoffwechsels im Vordergrund, die in dieser Lebensphase ursächlich mit dem Verlust der körpereigenen Estrogene zusammenhängen. Der Einsatz von Estrogenen in der HRT, alleine oder in Kombination mit anderen Hormonen, begründet sich durch ihre gefäß- und knochenschützende Wirkung sowie durch positive Einflüsse auf das allgemeine Wohlbefinden und auf das seelische Gleichgewicht gerade während der Wechseljahre.

Die Gesamtwirkung der Estrogene in den erwähnten Indikationen setzt sich einerseits aus direkten Wirkungen an den gewünschten Zielorten aber auch indirekten Wirkungen über andere Zielorgane zusammen. So lassen sich einige der positiven und negativen Wirkungen von Estrogenen auf Wirkungen an der Leber zurückführen. Hierbei handelt es sich beispielsweise um Veränderungen des Lipidstoffwechsels, was nach gängiger Lehrmeinung die gefäßschützenden Eigenschaften der Estrogene ausmacht. Eine andere Leberwirkung der Estrogene beobachtet man im Bereich der Blutgerinnungsfaktoren, die in erster Linie in der Leber synthetisiert werden. Unter dem Einfluß von Estrogenen kommt es zu einer Veränderung der Syntheseleistung der Leber für verschiedene Blutgerinnungs- und gerinnungshemmende Faktoren (JESPERSEN J. et al., 1990). In der Vergangenheit wurden diese Befunde im Zusammenhang mit einem erhöhten thrombotischen Risiko in bestimmten Gruppen von Pillenanwenderinnen diskutiert.

Abhängig von der eingesetzten Substanz und der Applikationsform (z.B. oral oder über die Haut) kommt es mehr oder weniger ausgeprägt zu den beschriebenen Effekten an der Leber. Die Charakterisierung der Leberwirkung eines Estrogens ist daher zur Beurteilung seines gesamten Wirkprofils von großer Bedeutung.

3. Gentechnisch veränderte Zellen zur Charakterisierung der hepatischen Estrogenität

Die Charakterisierung estrogener Substanzen kann in vivo und in vitro durchgeführt werden. Generelle Substanzeigenschaften wie die estrogene Wirkstärke lassen sich in verschiedenen estrogenempfindlichen Zellinien bestimmen. Selektivere Wirkungen auf bestimmte Organe, wie z.B. Gebärmutter oder Leber, erfordern nach wie vor tierexperimentelles Vorgehen.

Durch die operative Entfernung der Eierstöcke weiblicher Ratten wird deren körpereigene Estrogenproduktion weitestgehend unterbunden und es treten nach wenigen Tagen typische Estrogenmangelsymptome auf. In diesem Zustand werden die Tiere mit einer Testsubstanz behandelt. Deren estrogene Wirkung läßt sich nun an verschiedenen estrogensensitiven Parametern messen, wie etwa dem Gewicht der Gebärmutter. Die Wirkungen auf die Leber lassen sich anhand verschiedener biochemischer Meßgrößen im Blutserum oder in Organextrakten feststellen.

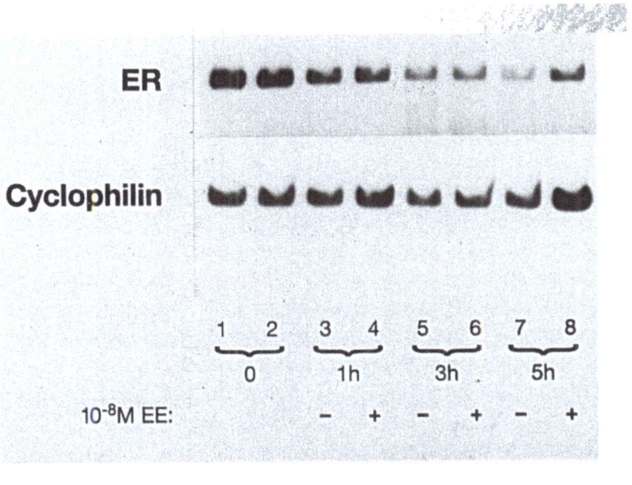

Abb. 2. **Zeitverlauf des Verlustes der Estrogenrezeptor-Boten-RNA in Rattenleberprimärkulturen** Rattenleberprimärzellen (Erklärung siehe Text) wurden unmittelbar nach Entnahme aus dem Organ, sowie nach 1, 3 und 5 Stunden in Kultur daraufhin überprüft, ob sie die Boten-RNA als Voraussetzung zur Biosynthese des Estrogenrezeptors bereitstellen (ER). Um zu allen Zeitpunkten die Vergleichbarkeit der Messung zu gewährleisten, wird ein interner Standard (Cyclophilin) mitgeführt, der unverändert bleibt und auf den die Meßwerte bezogen werden. Nach 5 Stunden in Kultur sind 80% der Boten-RNA für den Estrogenrezeptor (ER) abgebaut. Dies ist unabhängig davon, ob ein Estrogen im Kulturmedium ist oder nicht. Als Schlußfolgerung kann davon ausgegangen werden, daß die Zellen in Kultur den Estrogenrezeptor nicht mehr herstellen

Eine alternative Möglichkeit zur Bestimmung der selektiven Wirkung von Estrogenen ist die organotypische Zellkultur. Prinzipiell ist es möglich, Leberzellen in Kultur zu halten und daran Substanzwirkungen zu testen. Aufgrund eigener Untersuchungen konnte allerdings festgestellt werden, daß Leberzellen, die direkt dem Organ entnommen und kultiviert werden (Primärkulturen), nicht mehr auf Estrogene ansprechen (KRATTENMACHER R. et al., 1994). Ursache hierfür ist, daß innerhalb von Stunden nach in Kulturnahme die Estrogenrezeptoren verloren gehen (Abb. 2). Die Zellen werden unempfindlich gegenüber Estrogenen und reagieren nicht mehr so, wie in ihrem natürlichen Organverband. Das gleiche trifft für verschiedene etablierte Zellinien zu, die den Estrogenrezeptor nicht mehr herstellen. Derartige Zellen sind als in vitro-Modell zur Charakterisierung von Estrogenen an der Leber ungeeignet.

4. FE33-Zellen, transformierte Rattenlebertumorzellen

Mit einer gentechnischen Methode, die als stabile Transfektion bezeichnet wird (Abb. 3) wurde 1990 eine Rattenleberzellinie hergestellt, in der der Verlust des Estrogenrezeptors durch gentechnische Manipulation ausgeglichen werden konnte (KALING M. et al., 1990).

Hierzu wurde in eine Rattenlebertumorzellinie (FTO-2B) mittels eines Transportvehikels (in Abb. 3 als Plasmid bezeichnet) die Erbinformation (DNA) zur Produktion des Rezeptors eingeschleust. In einem Bruchteil der so behandelten Zellen erfolgt der stabile Einbau dieser Information in das Erbgut. In wiederum nur einem Teil dieser Zellen wird tatsächlich der Estrogenrezeptor exprimiert. Derartige Zellen isoliert man gezielt aus der Vielzahl der kultivierten Zellen, die nach wie vor keinen Rezeptor herstellen. In dem beschriebenen Beispiel wurde so aus der estrogenunempfindlichen Mutterzellinie FTO-2B die estrogensensitive Zellinie FE33 gewonnen (Abb. 3).

Zur Beurteilung der Wertigkeit der Zellkultur ist die Reproduzierbarkeit von Beobachtungen am lebenden Tier (in vivo) im in vitro-Modell dringend erforderlich. Das bedeutet, bestimmte Meßparameter, die in der Leber durch Estrogene in vivo beeinflußt werden, sollten sich in der Zellkultur unter Estrogeneinfluß gleichsinnig verhalten.

In verschiedenen Arbeiten und eigenen Untersuchungen (FELDMER M. et al., 1991; KNAUTHE R. et al., 1993; KRATTENMACHER R. et al., 1994) konnte gezeigt werden, daß Angiotensinogen, ein in der menschlichen und der Rattenleber synthetisierter Faktor, unter Estrogenkontrolle steht und unter der Einwirkung dieses Hormons ansteigt.

In Abb. 4 ist die Auswertung eines Versuches dargestellt, in dem der Anstieg der zellulären Information zur Herstellung dieses Faktors in FE33-Zellen gemessen wurde. Im Gegensatz zu der ursprünglichen Mutterzellinie konnte an FE33-Zellen die in der Ratte und am Menschen beobachtete direkte Wirkung von Estrogen auf das Gen für Angiotensinogen nachvollzogen werden. Auch für andere, hier nicht näher diskutierte Faktoren, konnte in den stabil transformierten Zellen die Regulation durch Estrogene nachgewiesen werden. Bemerkenswerterweise haben wir durch das Studium der Regulation verschiedener Gene in diesen Zellen Gene identifiziert, die im Tiermodell gleichsinnig durch Estrogene beeinflußt werden und deren Regulation in der Leber durch dieses Hormon bisher gar nicht bekannt war (DIEL P. et al., 1994). Dieser Sachverhalt zeigt eindrucksvoll die prädiktive Bedeutung dieses Zellkulturmodells für die in vivo-Situation.

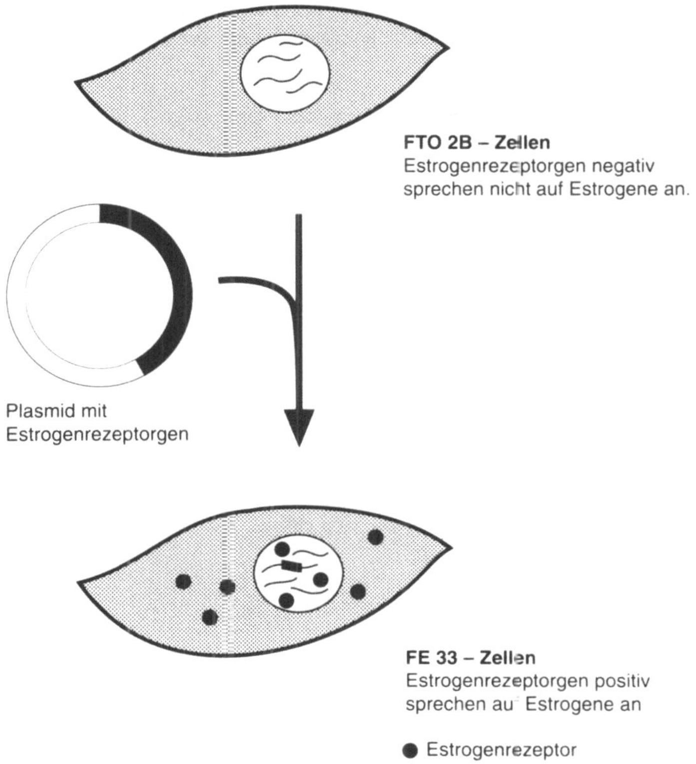

Abb. 3. Herstellung von gentechnologisch veränderten estrogensensitiven Rattenlebertumorzellen (Erklärungen siehe Text)

5. Die menschliche Lebertumorzellinie HepG2

Mit den FE33-Zellen steht also ein in vitro-Modell zur Verfügung, mit dem die hepatische Wirkung von Estrogenen anhand verschiedener Meßgrößen in vitro beschrieben werden kann. Allerdings muß bei diesem Modell berücksichtigt werden, daß nicht alle am Tier und davon abgeleiteten Zellinien meßbaren Größen direkt auf den Menschen übertragbar sind, was letztendlich aber das Ziel beim Aufbau eines prädiktiven Modells ist. Wünschenswert wäre es deshalb, ein entsprechendes in vitro-Modell zu erarbeiten, das einerseits den Vergleich zur Ratte zuläßt, aber auch den Bezug zum Menschen herstellt. Ausgehend von dieser Überlegung wurde in unseren Laboratorien die menschliche Lebertumorzellinie HepG2 nach der für FE33-Zellen oben beschriebenen Methode (siehe Abb. 3) gentechnisch verändert und das Gen für die Herstellung des Estrogenrezeptors stabil eingebracht. Die untransfizierte Mutterzellinie (HepG2) synthetisiert einige menschliche Gerinnungsfaktoren und Plasmaproteine, sowie Angiotensinogen und andere relevante Faktoren (FAIR D.S. and BAHNAK B.R., 1984; FAIR D.S. and MARLER R.A., 1986; JAVITT N.B., 1990). Dies ist gegenüber dem Rattenmodell basierend auf FE33-Zellen ein Vorteil, weil viele für den Menschen relevanten Leberparameter nur am Menschen und davon abgeleiteten Zellinien meßbar sind, nicht aber an der Ratte. Durch die Etablierung eines Zellkulturmodells auf der Basis menschlicher Leberzellen wird die Anzahl möglicher Meßparameter vergrößert und die sinnvolle Auswahl solcher Meßparameter erleichtert, die eine prädiktive Aussage für die Wirkung von Estrogenen an der menschlichen Leber zulassen.

In den stabil transformierten HepG2-Zellen werden nach unserem derzeitigen Kenntnisstand relevante endogene Gene wie in der menschlichen Leber durch Estrogene reguliert. Diese Zellen sind deshalb nach unserer Auffassung zur Charakterisierung der hepatischen Estrogenität beim Menschen geeignet.

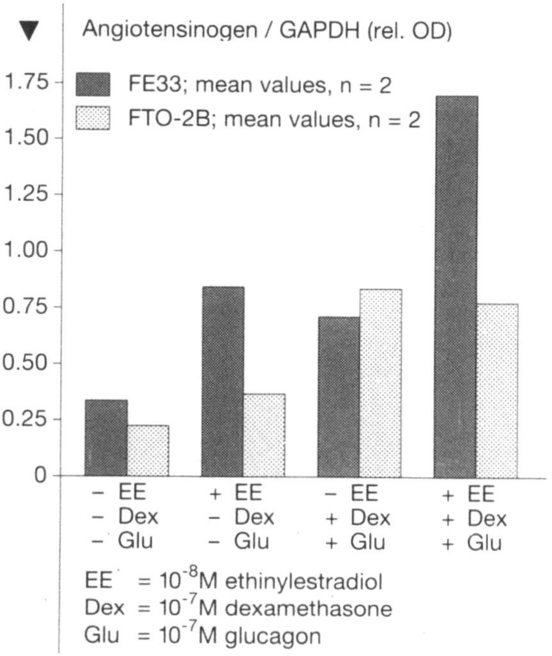

Abb. 4. **Quantitative Auswertung eines Versuchs in FE33- und FTO-2B-Zellen zum Nachweis der Regulation des Gens für Angiotensinogen durch Estrogene**
FE33 und FTO-2B-Zellen wurden für 24 Stunden mit den in der Abb. angegebenen Hormonen behandelt. In einer Northernblotanalyse wurde bestimmt, ob und in welcher Menge relativ zu einem definierten, unveränderlichen Standard (GAPDH) die Zellen die Boten-RNA zur Synthese von Angiotensinogen bereitstellen. Die dunkelgrauen Balken zeigen die Verhältnisse in FE33-Zellen, die hellen Balken in FTO-2B-Zellen. Geprüft wurde in Abwesenheit und Anwesenheit von Dexamethason/Glucagon.
Während FE33-Zellen auf den Stimulus mit Ethinylestradiol (synthetisches Estrogen) sowohl in Abwesenheit als auch in Anwesenheit von Dexamethason/Glucagon reagieren (vergleiche jeweils dunkelgraue Balken in Balkenpaaren 1 und 2 beziehungsweise 3 und 4), kann derselbe Effekt in FTO-2B-Zellen nicht beobachtet werden. Das Ergebnis zeigt, daß Angiotensinogen in FE33-Zellen, nicht aber in FTO-2B-Zellen, die keinen Estrogenrezeptor enthalten, wie in der menschlichen Leber durch Estrogene reguliert wird

6. Die Grenzen von Zellkulturmodellen

Bei der kritischen Bewertung von Zellkultursystemen muß deutlich auf die Grenzen derartiger Modelle hingewiesen werden. Mit Zellkulturen können immer nur direkte Effekte an der verwendeten Zellinie untersucht werden. Die Auswahl der zu untersuchenden Faktoren muß sehr sorgfältig erfolgen, damit sie für die in vivo-Situation prädiktiv sind. Ein großer Nachteil ist, daß nur direkte Wirkungen untersucht werden können. So ist beispielsweise aus eigenen Untersuchungen bekannt, daß bestimmte Faktoren der Leber, wie beispielsweise IGF I, zwar in der Leber synthetisiert werden und sogar auf Estrogene ansprechen, aber die eigentliche Regulation über einen indirekten Weg erfolgt, nämlich über die Hirnanhangsdrüse (KRATTENMACHER R. et al., 1994). Alle übergreifenden Effekte einer Testsubstanz, die nicht direkt an der Leber wirken, können in derartigen Modellen nicht erfaßt werden. Dies bedeutet, daß Zellkulturmodelle einen sinnvollen Platz in der Vorauswahl geeigneter neuer Verbindungen haben und begleitend zu Tierexperimenten eingesetzt werden sollten, diese aber nicht vollständig ersetzen können.

7. Ausblick

Zusammenfassend läßt sich feststellen, daß durch den Einsatz gentechnisch veränderter Leberzellinien geeignete in vitro-Modelle zur Charakterisierung der hepatischen Estrogenität entwickelt wurden, und uns damit die Möglichkeit gegeben ist, tierexperimentelles Arbeiten ergänzend mit in vitro-Methoden zu begleiten und auf einen Teil der bisher nötigen Tierexperimente vollständig verzichtet werden kann.

Literatur

DIEL P., WALTER A., FRITZEMEIER K.H., HEGELE-HARTUNG CH., KNAUTHE R., Identification of estrogen regulated hepatic genes in the rat by ddRT-PCR. Estrogen effects on Insulin-like growth factor binding protein-1 (IGFBP-1), Vitamin D-dependent calcium binding protein (9-kDa CaBP) and Major acute phase protein (MAP) in vitro and in vivo, in prep., 1995

FAIR D.S. and BAHNAK B.R., Human hepatoma cells secrete single chain factor X, prothrombin and antithrombin III, Blood, 64, 194-204, 1984

FAIR D.S. and MARLER R.A., Biosynthesis and secretion of factor VII, protein C, protein S, and the protein C inhibitor from a human hepatoma cell line, Blood, 67, 64-70, 1986

FELDMER M., KALING M., TAKAHASHI S., MULLINS J.J., GANTEN D., Glucocorticoid- and estrogen responsive elements in the 5' flanking region of the rat angiotensinogen gene, J.Hypert., 9, 1005-1012, 1991

JAVITT N.B., HepG2 cells as a resource for metabolic studies: lipoprotein, cholesterol and bile acids, The Faseb Journal, 4, 161-68, 1990

JESPERSEN J., PETERSEN K.R., SKOUBY S.O., Effects of newer oral contraceptives on the inhibition of coagulation and fibrinolysis in relation to dosage and type of steroid, Am J. Obstet. Gynecol., 163, 396-403, 1990

KALING M., WEIMAR-EHL T., KLEINHANS M., RYFFEL G.U., Transcription factors different from the estrogen receptor stimulate in vitro transcription from promotors containing estrogen response elements, Molec. Cell Endo., 69, 167-178, 1990

KNAUTHE R., PARCZYK K., WALTER A., FRITZEMEIER K.H., In vitro systems to study hepatic effects of estrogens, Exp. and Clinical Endo., 101, Suppl. 1, 145, 1993

KRATTENMACHER R., KNAUTHE R., PARCZYK K., WALTER A, HILGENFELDT U., FRITZEMEIER K.H., Estrogen Action on Hepatic Synthesis of Angiotensinogen and IGF I: Direct and Indirect Estrogen Effects, J. Steroid Biochem. Molec. Biol., 48, 207-214, 1994

Heterologe Expression von Sulfotransferasen: Illustration eines neuen Forschungsansatzes in der Toxikologie

H.R. Glatt, A. Czich, I. Bartsch, J.L. Falany, C.N. Falany

Zusammenfassung

Viele toxikologische, insbesondere kanzerogene Wirkungen werden nicht durch die aufgenommene Substanz selbst verursacht, sondern durch reaktive Metaboliten, die der Organismus daraus bildet. Diese Wirkungen können deshalb nur erfaßt werden, wenn die erforderlichen Enzyme im Testsystem vorhanden sind. Dies ist weder für *in vivo*- noch für *in vitro*-Modelle selbstverständlich, da das fremdstoffmetabolisierende Enzymsystem erhebliche Speziesunterschiede aufweist und da viele fremdstoffmetabolisierende Enzyme in Zellen in Langzeitkultur nicht exprimiert werden. Wir haben zwei wichtige Sulfotransferasen (STs) der Ratte und zwei entsprechende STs des Menschen einzeln in Bakterien (*Escherichia coli* und *Salmonella typhimurium* TA1538) exprimiert. Diese Bakterien stellen eine unbegrenzte Quelle für exakt definierte STs dar. Subzelluläre Präparationen daraus können als externe Stoffwechselsysteme in verschiedenen *in vitro*-Tests eingesetzt werden. Die gentechnisch veränderten *Salmonella*-Stämme eignen sich auch direkt für Mutagenitätsuntersuchungen. Durch die artspezifische Berücksichtigung von wesentlichen Wirtsfaktoren des Menschen sind derartige *in vitro*-Methoden in einigen Aspekten Tierversuchen überlegen, sodaß sich ihre Validierung durch Tierversuche erübrigt. Zu den Nachteilen gehört, daß das fremdstoffmetabolisierende System des Menschen komplex und noch lange nicht völlig entschlüsselt ist. Trotzdem verspricht der gezielte Einsatz der neuen Werkzeuge den Gewinn detaillierter Kenntnisse über Mechanismen der Bioaktivierung, wofür in dieser Arbeit Beispiele aufgeführt werden. Diese ermöglichen, Tierversuche rational zu planen, sodaß gegenüber ungezieltem Screening weniger Tiere eingesetzt und schlüssigere Ergebnisse erhalten werden können. Und sie helfen bei der Extrapolation von Ergebnissen aus Modellsystemen auf den Menschen.

1. Einleitung

1.1. Die Bedeutung von Modellsystemen in der Toxikologie

Die Toxikologie ist aus zwei Gründen in besonderem Maße auf Modellsysteme angewiesen:

1) Experimentelle Untersuchungen am Menschen verbieten sich weitgehend, insbesondere wenn mit gravierenden oder irreversiblen Wirkungen gerechnet werden muß.

2) Epidemiologische Untersuchungen haben den Nachteil, daß eine unerwünschte Wirkung

erst erfaßt wird, wenn sie bereits eingetreten ist, die prophylaktische Toxikologie also versagt hat. Besonders gravierend ist dieser Nachteil bei Spätwirkungen, die sich erst lange nach der Exposition manifestieren. Bei Krebs beträgt diese Latenzzeit viele Jahre bis Jahrzehnte, bei Erbschäden in Keimzellen unter Umständen sogar viele Generationen. Der epidemiologische Nachweis eines Zusammenhanges ist hier sehr schwer. So wurde die krebserzeugende Wirkung des Rauchens erst erkannt, als bereits Millionen von Menschen daran gestorben waren.

Die Verwendung von Modellsystemen impliziert vielfältige Extrapolationen, z.B. vom Versuchstier auf den Menschen, von hohen, regelmäßigen auf niedrige, unregelmäßige Dosierungen, von einem Endpunkt auf einen anderen (z.B. von DNA-Addukten auf Mutagenität oder von Mutagenität auf Kanzerogenität) oder von einem partikulären *in vitro*-System auf die ganzheitliche *in vivo*-Situation. In der Pharmakologie läßt sich die Schlüssigkeit dieser Extrapolationen retrospektiv am therapeutischen Erfolg überprüfen. Im Gegensatz dazu führt eine erfolgreiche prophylaktische Toxikologie zum Ausbleiben unerwünschter Wirkungen, was ihre Verifizierbarkeit drastisch einschränkt. Sie muß sich deshalb bei Extrapolationen auf die Ähnlichkeit der Systeme und die Kenntnis der Mechanismen stützen.

Die molekularen Strukturen, über die Substanzen auf den Organismus einwirken - ihre Rezeptoren im weitesten Sinne - zeigen im allgemeinen nur geringe Unterschiede zwischen verwandten Spezies, selbst wenn die Folgen, die sich aus dieser molekularen Interaktion für den Organismus ergeben, größeren Speziesunterschieden unterliegen. Da des weiteren die Übersetzung von der Molekül- zur Organismusebene im wesentlichen durch das biologische System und nicht durch die Substanz bestimmt wird, können Systemeigenheiten bei der Extrapolation von Befunden mit Testsubstanzen auf ein anderes biologisches System berücksichtigt werden.

Jedoch wirkt nicht nur die Substanz auf den Organismus ein, sondern auch dieser auf die Substanz durch Resorption, Verteilung, Metabolisierung und Exkretion. Hierbei, insbesondere beim Fremdstoffmetabolismus, können zwischen verschiedenen Spezies, physiologischen Zuständen und Zelltypen äußerst große Unterschiede auftreten.

1.2. Prinzipien des Fremdstoffmetabolismus

Als offene Systeme sind Lebewesen ständig fremden chemischen Einflüssen ausgesetzt. Da alle körperfremden Substanzen bei genügend hoher Konzentration physiologische Prozesse stören, ergibt sich die Notwendigkeit ihrer Ausschleusung. Bei höher organisierten Tieren erfolgt diese hauptsächlich renal und biliär, wofür im allgemeinen eine gute Wasserlöslichkeit und eingeschränkte Membrangängigkeit erforderlich sind. Umgekehrt ist es gerade für hydrophobe, gut membrangängige Substanzen besonders leicht, in Organismen einzudringen.

Diese Diskrepanz kann weitgehend durch Verstoffwechslung überbrückt werden, großteils durch speziell für diesen Zweck geschaffene Enzyme. Allerdings konnte die Handhabung von chemischen Fremdeinflüssen wegen deren unbegrenzter Vielfalt und Variabilität in der Evolution nicht im gleichen Ausmaß optimiert werden wie der endogene Stoffwechsel. Für diese breite Leistungsfähigkeit wird in Kauf genommen, daß in einigen Fällen Metaboliten gebildet werden, die stärker mit körpereigenen Prozessen interferieren als die Ausgangssubstanzen. Besonders wichtig sind hier chemisch reaktive Zwischenprodukte. Im endogenen Stoffwechsel wird die Reaktivität durch Enzyme, Kopplung sequentieller Reaktionen und Kompartimentierung kanalisiert, wodurch gefährliche Nebenreaktionen weitgehend vermieden werden können. Im Stoffwechsel körperfremder Substanzen ist diese Dirigierung der Reaktionswege weit weniger perfektioniert, sodaß unerwünschte Reaktionen mit wichtigen zellulären Strukturen, wie der DNA, häufig vorkommen. Reaktive Metaboliten spielen eine zentrale Rolle bei der chemischen Mutagenese und damit auch in der Kanzerogenese (unter anderem durch Mutationen in Onkogenen und Tumorsuppressorgenen), bei der Immunsensibilisierung und bei zytotoxischen Wirkungen.

Der Fremdstoffmetabolismus wird großteils durch eine relativ geringe Zahl von Enzymen mit breiter Substrattoleranz katalysiert (GLATT H.R., 1993). Die Expression vieler dieser Enzyme ist streng reguliert und beschränkt sich auf bestimmte Zelltypen des Organismus.

Auch wenn in allen Wirbeltieren (und zum Teil auch in Invertebraten) die gleichen oder sehr ähnliche Reaktionsprinzipien genutzt werden, können sich Expressionsniveaus und Substratspezifitäten der homologen Enzyme verschiedener Spezies beträchtlich unterscheiden. Dies mag teilweise daran liegen, daß praktisch jedes Enzym je nach Art der Fremdstoffbelastung vorteilhaft oder ungünstig sein kann und daß die Art der Fremdstoffbelastung stark von der besetzten ökologischen Nische geprägt wird.

Unterschiede im Fremdstoffmetabolismus dürften der Hauptgrund für quantitative und qualitative Speziesunterschiede der Kanzerogenität von Substanzen darstellen. Die Berücksichtigung des Fremdstoffmetabolismus, im allgemeinen durch Zugabe von subzellulären Leberfraktionen, war überdies ein entscheidender Durchbruch bei der Entwicklung von *in vitro*-Tests zur Erfassung von Kanzerogenen und Mutagenen. Allerdings berücksichtigen die gängigen *in vitro*-Tests vorzugsweise den Phase-I-Stoffwechsel (insbesondere Cytochrom-P450-vermittelte Reaktionen), während der Phase-II-Stoffwechsel häufig vernachlässigt wird. Dies gilt insbesondere für die STs, die in Zellen in Kultur kaum exprimiert werden, aber eine Vielzahl von Substanzen toxifizieren können (GLATT H.R. et al., 1994a). Zusätzliche Probleme ergeben sich aus dem Umstand, daß Sulfatkonjugate polar sind und als solche nicht ohne weiteres von außen in Zielzellen eindringen können (GLATT H.R. et al., 1990).

Aus diesen Gründen entschlossen wir uns, mit gentechnischen Verfahren ST-profiziente Zielzellen für *in vitro*-Tests zu konstruieren. Wir haben STs der Ratte und des Menschen in Säugerzellen (GLATT H.R. et al., 1994a) und in Bakterien exprimiert. Hier berichten wir über die Verwendung der gentechnisch veränderten Bakterien in Mutagenitätsuntersuchungen.

1.3. Fremdstoffmetabolisierende STs und ihre heterologe Expression

Es sind zwei Familien von fremdstoffmetabolisierenden STs bekannt. Die Familie 1 konjugiert bevorzugt (aber nicht ausschließlich) phenolische Substrate, die Familie 2 alkoholische Substrate. Beim Menschen sind zwei Phenol-STs [P-PST (= hMx-ST) und M-PST] und eine Alkohol- (oder Hydroxysteroid-) ST (hDHEA-ST) bekannt (FALANY C.N., 1991). Die Ratte scheint eine größere Anzahl verschiedener STs zu besitzen als der Mensch. Die quantitativ wichtigste Hydroxysteroid-ST der Ratte ist die STa (= rDHEA-STa). Unter den Phenol-STs der Ratte wird der AST IV (= rMx-ST) eine große Rolle bei der Toxifizierung von Kanzerogenen zugeschrieben. Wie die P-PST des Menschen konjugiert sie das Antihypertensivum Minoxidil effizient.

2. Methoden

Die beiden wichtigsten fremdstoffmetabolisierenden STs des Menschen (hMx-ST, hDHEA-ST) und die vermutlich nächstverwandten STs der Ratte (rMx-ST, rDHEA-STa) wurden stabil in *E. coli* exprimiert, wobei anderswo beschriebene Methoden verwendet wurden (FALANY C.N. et al., 1994). Zytosol dieser Zellen wurde über eine DEAE-Säule chromatographiert, um eine Kofaktor-zerstörende Aktivität zu entfernen. Gleichzeitig wurden bei diesem Schritt die STs etwa dreifach angereichert.

Diese Enzympräparationen wurden zur Aktivierung von Testsubstanzen in einem bakteriellen Mutagenitätstest eingesetzt. Verwendet wurde der *S. typhimurium*-Stamm TA98 (MARON D.M. and AMES B.N., 1983), der im Gegensatz zu Wildtyp-Salmonellen wegen einer Sequenzänderung (Fehlen einer Base) im *hisD*-Gen kein Histidin synthetisieren kann und deshalb zum Wachstum auf die Zugabe von Histidin angewiesen ist. Wenn bei einer Mutation das *hisD*-Gen seine Funktionsfähigkeit zurückgewinnt (z.B. durch Wiedereinfügen der fehlenden Base), so spricht man von einer Reversion. Im Test wurden pro Ansatz etwa 7 x 10^8 hisitidinabhängige Bakterien mit der Testsubstanz, der Enzympräparation und PAPS (Kofaktor für STs) inkubiert und auf Histidin-defiziente Agarplatten gegeben. Auf diesem Nährboden können nur Revertanten Kolonien bilden. Aus einer Erhöhung ihrer Zahl gegenüber unbehandelten Kulturen kann auf eine mutagene Aktivität geschlossen und diese quantifiziert werden.

In einer weiteren Serie von Experimenten haben wir die STs nicht extern zugegeben, sondern durch Gentransfer im *his*⁻ *S. typhimurium*-Stamm TA1538 stabil exprimiert, was eine Bioaktivierung direkt in der Zielzelle erlaubte.

Untersucht wurden benzylische Alkohole von polyzyklischen aromatischen Kohlenwasserstoffen. Exemplarisch werden Ergebnisse für 1-Hydroxymethylpyren (1-HMP), 1-Hydroxyethylpyren (1-HEP), 7-Hydroxymethyl-12-methylbenz[*a*]anthracen (7-HM-12-MBA) und 4*H*-Cyclopenta[*def*]chrysen-4-ol (OH-CPC) gezeigt. Die statistischen Analysen stützen sich auf eine größere Zahl von Verbindungen.

3. Ergebnisse

In Abwesenheit von Säugerenzymen zeigte keiner der untersuchten benzylischen Alkohole eine nennenswerte Mutagenität. Zugabe von Leberzytosolpräparationen oder heterolog exprimierten STs führte zu teilweise äußerst starken mutagenen Wirkungen, die über weite Bereiche linear zur eingesetzten Enzymmenge waren. Dies erlaubte einen quantitativen Vergleich der Enzympräparationen hinsichtlich ihrer Fähigkeit, die Testsubstanzen zu aktivieren (Tabelle 1).

Tabelle 1. **Aktivierung benzylischer Alkohole zu Mutagenen durch heterolog exprimierte Sulfotransferasen (STs) von Ratte und Mensch**
his⁻ Bakterien wurden in einem KCl-haltigen Puffer mit der Testsubstanz (43nmol 1-HMP, bzw. 31nmol der anderen Substanzen), der Enzympräparation (0,1µg bis 4mg Protein) und PAPS (Kofaktor für STs) inkubiert. Dieser Ansatz wurde auf eine Histidin-defiziente Agarplatte gegeben und für 2 Tage bei 37°C bebrütet. Auf Platten ohne Testsubstanz wuchsen, unabhängig von der Anwesenheit von Enzympräparationen, 35-50 Kolonien (his⁺-Revertanten). Praktisch die gleichen Werte wurden erhalten, wenn die Substanzen alleine zugesetzt wurden. Zugabe von Enzympräparationen zu den Ansätzen mit Testsubstanz führte zu einem Anstieg der Zahl der Kolonien, der über weite Bereiche linear zur Enzymmenge war und teilweise das 100fache des Kontrollwertes übertraf. Die Tabelle gibt die Steigung dieser Kurven wieder und für negative Ergebnisse die Detektionsgrenze

	Induzierte Revertanten/mg Protein			
Enzympräparation	1-HMP	7-HM-12-MBA	1-HEP	OH-CPC
rDHEA-STa	570.000	93.000	270	4.200
hDHEA-ST	260.000	3.400	18.000	2.600
rMx-ST	160.000	<100	420	69.000
hMx-ST	14.000	<100	150	<100

Beide DHEA-STs aktivierten alle Substanzen, doch zeigten sich zwischen Human- und Rattenenzym erhebliche quantitative Unterschiede. So wurde 7-HM-12-MBA 27mal effizienter durch die rDHEA-STa als durch die hDHEA-ST aktiviert. Eine umgekehrte Präferenz, um den Faktor 67, zeigte sich gegenüber 1-HEP. Noch größere Speziesunterschiede wurden für die Mx-STs beobachtet. So übertraf die rMx-ST bei der Aktivierung von OH-CPC beide DHEA-STs bei weitem (um den Faktor 16 bzw. 27), während sich das entsprechende Enzym des Menschen als völlig inaktiv erwies. Auch gegenüber den anderen geprüften Substraten zeigte die hMx-ST keine oder nur minimale Aktivität.

Ein weiterer Speziesunterschied ergibt sich daraus, daß die rDHEA-STa und die rMx-ST mit hoher Geschlechtsselektivität in der Leber weiblicher bzw. männlicher Ratten exprimiert werden, während sich die orthologen Enzyme des Menschen geschlechtsneutral verhalten. Dies reflektiert sich in geschlechtsabhängigen Unterschieden bei der Aktivierung benzylischer Alkohole durch Zytosolpräparationen aus der Rattenleber, welche beim Menschen nicht auftreten (GLATT H.R. et al., 1994b).

Neben den hier heterolog exprimierten STs gibt es in der Leber des Menschen wie der Ratte weitere STs. Um zu prüfen, wie weit mit den bereits untersuchten STs die Aktivitäten in den

Leberzytosolpräparationen erklärt werden können, wurde die Mutagenität einer Serie von benzylischen Alkoholen in Gegenwart von heterolog exprimierten STs mit jener in Gegenwart von Leberzyotosol verglichen. Nach einer Normierung, die die Unterschiede in der intrinsischen Mutagenität der Metaboliten der verschiedenen Testsubstanzen neutralisiert, wurden lineare Korrelationsanalysen durchgeführt. Hohe Korrelationen ergaben sich zwischen den Aktivitäten von Humanleberzytosol und hDHEA-ST (r^2 = 0,77), Leberzytosol weiblicher Ratten und rDHEA-ST (r^2 = 0,72) und Leberzytosol männlicher Ratten und rMx-ST (r^2 = 0,49). Die anderen 18 möglichen Vergleiche ergaben keine nennenswerte Korrelationen (r^2 = 0,00-0,24). Diese Korrelationsdaten belegen, daß den bereits heterolog verfügbaren STs eine dominante Rolle bei der Aktivierung benzylischer Alkohole durch Leberzytosol zukommt und daß die verwendeten Methoden der Mutagenitätsprüfung Ergebnisse liefern, die sich für eine quantitative Analyse eignen.

Die externe Zugabe von Enzymen hat den Vorteil, daß ihre Menge variiert werden kann, was - wie gerade gezeigt - quantitative Aktivitätsvergleiche zwischen verschiedenen Enzymen und Enzympräparationen ermöglicht. Überdies kann die gleiche Enzympräparation in verschiedenen *in vitro*-Testsystemen eingesetzt werden. Der Nachteil ist die unphysiologische, extrazelluläre Lokalisation des Enzyms, was gerade bei Sulfatkonjugaten wegen deren schlechten Membrangängigkeit besonders problematisch ist.

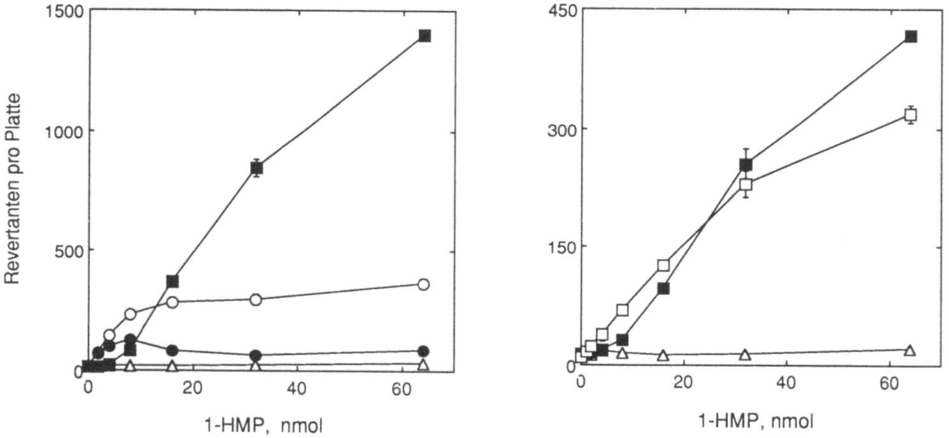

Abb. 1. Mutagenität von 1-HMP in *S. typhimurium* TA1538 (Δ) und davon abgeleiteten Stämmen, die Sulfotransferasen des Menschen und der Ratte exprimieren, rDHEA-STa (■), hDHEA-STa (●), rMx-ST (□), hMx-ST (O). Es sind die Mittelwerte und SE von 3 Inkubationen gezeigt, soweit SE nicht vom Symbol überdeckt wird. Die zwei Figuren stellen separate Experimente dar, bei denen unterschiedliche Anzuchtbedingungen und Zahlen an Bakterien eingesetzt wurden

Bei den oben beschriebenen Experimenten wurde mit der Zugabe von KCl ein Kunstgriff angewandt. In Gegenwart von Cl^- können benzylische Sulfatester in benzylische Chloride umgewandelt werden, die ähnliche chemische Reaktivitäten wie die Sulfatester besitzen, aber im Gegensatz zu diesen gut membrangängig sind (GLATT H.R. et al., 1990; ENDERS N. et al., 1993). Dabei ist jedoch unklar, ob derartige Substitutionsreaktionen nur *in vitro* oder auch *in vivo* von Bedeutung sind. Um diese Problematik zu vermeiden, exprimierten wir die Enzyme direkt in Zellen, in denen sich Mutationen gut erfassen lassen. Bei diesem Verfahren ist die Menge an exprimiertem Enzym vorgegeben. Jedoch kann die Konzentration der Testsubstanz variiert werden. Dies wurde für 1-HMP in einem Mutagenitätstest in *S. typhimurium* TA1538 und davon abgeleiteten, ST-profizienten Stämmen gemacht. Alle vier geprüften STs aktivierten 1-HMP (Abb. 1). Ins Auge stachen jedoch Unterschiede in den Dosis-Wirkungskurven.

Während bei hoher Substratkonzentration die relativen Aktivitäten der vier Enzyme ähnlich waren wie bei externer Aktivierung (rDHEA-ST > hDHEA-ST > rMx-ST > hMx-ST), erwiesen sich bei niedrigen Substratkonzentrationen die Mx-STs als viel wichtiger als die DHEA-STs. Vermutlich besitzen die Mx-STs also niedrigere V_{max}-, aber auch niedrigere K_m-Werte für 1-HMP als die DHEA-STs (Eine andere Erklärung wäre eine relativ schnelle Suizid-Inaktivierung der Mx-STs durch die von ihnen gebildeten reaktiven Metaboliten).

4. Diskussion

Am Beispiel der STs wurde gezeigt, daß mit heterologer Expression Wirtsfaktoren, die für die Aktivierung von Fremdsubstanzen verantwortlich sind, molekular identifiziert werden können. Die Methode ermöglicht zudem, direkt die humanen Enzyme in *in vitro*-Systemen zu berücksichtigen. Dies ist ein offensichtlicher Vorteil gegenüber Tierversuchen, da erhebliche Speziesunterschiede in fremdstoffmetabolisierenden Enzymen vorkommen, was auch durch die Ergebnisse der vorliegenden Studie illustriert wird. *In vitro*-Testsysteme, in denen humane Faktoren berücksichtigt werden, stellen deswegen nicht ein sekundäres Modell für das primäre Modell Tierversuch dar. Sie bedürfen deshalb weder einer Validierung durch Tierversuche, noch können sie unmittelbar spezifische Tierversuche ersetzen. Sie sind ein separates primäres Modell, mit dem Erkenntnisse erarbeitet werden können, die für Tierversuche unzugänglich sind. Wegen ihres komplementären Charakters können die gewonnenen Erkenntnisse insbesondere auch bei der Extrapolation von Befunden aus Tierversuchen auf den Menschen genutzt werden und zum Beispiel die Willkür bei Sicherheitsfaktoren einschränken, die eingeführt wurden, um Unsicherheiten bei Extrapolationen zu berücksichtigen. (Dies beinhaltet keine Einschränkung, reale Sicherheitsfaktoren bei der Festlegung von Grenzwerten einzubeziehen.) Noch zweckmäßiger erscheint es, bereits vor Tierversuchen mechanistische Erkenntnisse zum Metabolismus und zu möglichen Aktivierungswegen der Prüfsubstanz zu erarbeiten und diese bei der Planung des Tierversuches zu nutzen. Es kann zum Beispiel eine Spezies gewählt werden, die dem Menschen in den enzymatischen Eigenschaften gegenüber der zu untersuchenden Substanz möglichst ähnlich ist oder die eine hohe Empfindlichkeit erwarten läßt. In einigen Fällen kann sich damit die Durchführung eines Tierversuchs in mehr als einer Spezies erübrigen, die zur Zeit deswegen gebräuchlich ist, weil über die Eignung eines Tiermodells im individuellen Fall oft große Ungewißheit herrscht. Selbstverständlich können die in mechanistischen Studien erarbeiteten Erkenntnisse auch bei klinischen und epidemiologischen Studien am Menschen genutzt werden, zum Beispiel durch Einbezug von genetischen Polymorphismen bei Enzymen, die wesentlich zum Metabolismus der untersuchten Substanz beitragen.

Aus den in dieser Arbeit vorgestellten Mutagenitätsergebnissen geht hervor, daß sowohl der Mensch als auch die Ratte STs besitzen, durch die alle untersuchten benzylischen Alkohole aktiviert werden können. Allerdings ist zu erwarten, daß ST-vermittelte toxikologische Wirkungen von 7-HM-12-MBA in der Ratte, verglichen mit dem Menschen, überzeichnet werden, insbesondere in weiblichen Tieren. Ähnliches gilt für den sekundären benzylischen Alkohol OH-CPC, wobei hier jedoch in männlichen Ratten die stärkere Antwort zu erwarten ist. Verglichen mit diesen Substanzen dürfte sich ein mögliches humantoxikologisches Potential von 1-HEP in Ratten weniger leicht erkennen lassen.

Unsere Ergebnisse lassen ferner vermuten, daß der Beitrag verschiedener Enzyme zur Bioaktivierung von der Substratkonzentration abhängig ist. Bei hohen Dosierungen, die im Tierversuch üblich sind, dürfte bei der Aktivierung von 1-HMP die DHEA-ST dominieren, so daß bevorzugt in weiblichen Ratten mit Wirkungen zu rechnen ist. Tatsächlich erwies sich die Substanz als Weibchen-spezifischer Promotor von präneoplastischen Leberläsionen in der Ratte (GLATT H.R. et al., 1994c). Unsere Ergebnisse legen allerdings nahe, daß bei niedrigen Expositionsniveaus, die für Umweltbelastungen des Menschen typisch sind, Mx-STs wichtiger werden, so daß Männchen bevorzugt ansprechen sollten.

Bei diesen Überlegungen wurde nicht berücksichtigt, daß es neben den aktivierenden Enzymen konkurrierende und detoxifizierende Enzyme gibt, die das Substrat sequestrieren bzw. den aktiven Metaboliten inaktivieren können. So werden die meisten Substrate der STs auch von UDP-Glukuronosyltransferasen umgesetzt, wobei allerdings für die hier getesten Substanzen keine Untersuchungen vorliegen. Typischerweise dominiert bei niedrigen Substratkonzentrationen die Sulfatierung, bei hohen die Glukuronidierung. Insbesondere in Kanzerogenitätsexperimenten wird versucht, durch Verwendung extrem hoher Dosierungen die Zahl der Tiere zu reduzieren, die erforderlich sind, um eine Wirkung zu erfassen. Dieser Ansatz erscheint für Substanzen problematisch zu sein, für die Hinweise für ST-vermittelte Toxifizierung vorliegen. Es könnte sinnvoller sein, über den untersuchten Endpunkt oder die gewählte Tierspezies statt über die Dosis die erforderliche Testsensitivität zu erreichen. Als empfindliche Endpunkte bieten sich molekulare oder zytologische Veränderungen an, die gegenüber pathophysiologischen Endpunkten zudem eine wesentlich geringere Belastung der Versuchstiere bedeuten.

Aus der Vielzahl der Wirtsfaktoren, die die Toxikokinetik kontrollieren, ergibt sich, daß die hier verwendeten Methoden für schematische Prüfungen - die zur Zeit noch die Toxikologie dominieren - wenig geeignet sind, da sie substanzbezogen eingesetzt werden müssen und gründliche Kenntnisse des fremdstoffmetabolisierenden und -transportierenden Systems erfordern. Doch dürfte die Zahl der heterolog exprimierten Faktoren rasch zunehmen. Danach ist ihr Einsatz einfach und wenig aufwendig. So erfordert eine Mutagenitätsstudie in 100 Bakterienstämmen nur einen kleinen Bruchteil der Kosten und der Zeit einer Kanzerogenitätsstudie in Tieren. Es kann also gehofft werden, daß die Toxikologie bald ihr Gesicht verändern wird, daß sie zunehmend danach strebt, die Mechanismen und biologischen Grundlagen von toxikologischen Wirkungen zu verstehen. Dies wird nicht nur zu zuverlässigeren Aussagen führen, sondern auch eine erhebliche Gewichtsverlagerung von Tierversuchen zu *in vitro*-Verfahren bewirken. Es ist zu wünschen, daß dieser Übergang, in dem heterologe Testsysteme aufgebaut und Toxikologen in den neuen Denkweisen ausgebildet werden müssen, durch öffentliche Mittel gefördert wird.

Anmerkung

Diese Arbeiten wurden durch die DFG (SFB 302), die EU (Kontrakt EV5V-CT91-0006) und die USPHS (Grant GM38953) finanziell unterstützt.

Literatur

ENDERS N., SEIDEL A., MONNERJAHN S., GLATT H.R., Synthesis of 11 benzylic sulfate esters, their bacterial mutagenicity and its modulation by chloride, bromide and acetate anions, Polycyclic Aromatic Comp., 3 Suppl., 887-894, 1993

FALANY C.N., Molecular enzymology of human liver cytosolic sulfotransferases, Trends Pharmacol. Sci., 12, 255-259, 1991

FALANY C.N., WHEELER J.M., OH T.S., FALANY J.L., Steroid sulfation by expressed human cytosolic sulfotransferases, J. Steroid Biochem. Mol. Biol., 48, 369-375, 1994

GLATT H.R., Fremdstoffmetabolismus und Mutagenitätsprüfung, in: FAHRIG, R. (Hrsg.) Mutationsforschung und genetische Toxikologie, Wissenschaftliche Buchgesellschaft Darmstadt, 169-185, 1993

GLATT H.R., HENSCHLER R., PHILLIPS D.H., BLAKE J.W., STEINBERG P., SEIDEL A., OESCH F., Sulfotransferase-mediated chlorination of 1-hydroxymethylpyrene to a mutagen capable of penetrating indicator cells, Environ. Health Perspect., 88, 43-48, 1990

GLATT H.R., PAULY K., PIÉE-STAFFA A., SEIDEL A., HORNHARDT S., CZICH A., Activation of promutagens by endogenous and heterologous sulfotransferases expressed in continuous cell cultures, Toxicol. Lett., 72, 13-21, 1994a

GLATT H.R., SEIDEL A., HARVEY R.G., COUGHTRIE M. W. H., Activation of benzylic alcohols to mutagens by human hepatic sulfotransferases, Mutagenesis, 9, 553-557, 1994b

GLATT H.R., WERLE-SCHNEIDER G., SEIDEL A., SCHWARZ M., Initiation and promotion of enzyme-altered foci in rat liver by 1-hydroxymethylpyrene, Polycyclic Aromatic Comp., 7, 153-160, 1994c

MARON D.M. and AMES B.N., Revised methods for the *Salmonella* mutagenicity test, Mutation Res., 113, 173-215, 1983

The baculovirus system as a producer of benign veterinary vaccines

M.H.M. Noteborn

Summary

Vaccines against virus infections can be based on live (attenuated) viruses, inactivated viruses or on the immunogenic part of a virus, in which case we speak of subunit vaccines. The production and/or application of live and inactivated viral vaccines requires large amounts of potentially pathogenic viruses, which in some cases even have to be grown in animals. In contrast, subunit vaccines can be produced safely and, in addition, are harmless to the vaccinated animal since they are non-infectious. Subunit vaccines can be produced in large quantities by means of tissue-culture systems. The baculovirus/insect-cell (BIC) system, in which cultured insect cells synthesize foreign protein(s) encoded by recombinant baculoviruses, offers an excellent tool for the high-level production of immunogenic antigens. There are already many examples of BIC-produced viral antigens for the purpose of vaccine production, especially for veterinary vaccines. The fact that the BIC system is not based on animals and is non-pathogenic for vertebrates makes it a suitable candidate for the production of benign veterinary subunit vaccines. In this report, the principle of the BIC system and its application in the recent development of veterinary vaccines are described.

1. Introduction

In recent years, the interest in producing benign veterinary vaccines has increased considerably. The synthesis of (non-virulent) immunogenic viral protein components in tissue-culture offers such an opportunity. A major requirement for such a system is that it produces large quantities of immunologically authentic proteins. Bacteria can produce large amounts of viral proteins; however, the modifications of the synthesized products often differ from those in the authentic eukaryotic host cell. Obviously, eukaryotic cells do not have this drawback and often are the only practical alternative. Three eukaryotic expression systems are generally used: yeast cells, mammalian cells and viral-expression vectors, e.g. vaccinia virus, herpes virus and baculovirus. The baculovirus/insect-cell (BIC) system can produce foreign proteins in larger quantities than the other eukaryotic expression systems (LUCKOW V.A. and SUMMERS M.D., 1988). Baculoviruses are harmless to vertebrates (GRANADOS R.R. and FREDERICI B.A., 1986), which makes this system especially suitable for the production of vaccines (Table 1).

2. Baculoviruses and host cells

Baculoviridae constitute a large family of occluded viruses that are pathogenic to arthropods of the orders Lepidoptera, Diptera, and Hymenoptera (GRANADOS R.R. and FREDERICI B.A., 1986). Especially, the Autographa californica nuclear polyhedrosis virus (AcNPV) is used as a viral vector for the expression of foreign genes in tissue culture. It infects only species of the order Lepidoptera and is characterized by a large rod-shaped, enveloped nucleocapsid: it has a double-stranded, circular, supercoiled DNA genome of about 130 kilo-basepairs (kb), that holds about 100 genes. AcNPV has two infectious forms of viral progeny, occluded virus (OV) and extracellularly budded virus (EV), which have distinct roles in infection. OVs are involved in the transmission of virus from insect to insect. The EVs cause secondary infections in other cells of the same insect host. The OV bodies contain primarily the viral proteins polyhedrin and p10. The genes for these proteins are expressed abundantly in the last stages of an infection and have highly active promoters. In infected cells, polyhedrin and p10 can constitute up to half of the total cellular protein mass. Substitution of the polyhedrin and p10 genes abolishes the formation of OV but has minimal effect on the production of EV. As far as cell culture is concerned, the polyhedrin and p10 genes are non-essential for the AcNPV life-cycle; this property allows us to express foreign genes in insect cells, under the regulation of strong viral promoters (VLAK J.M., 1992).

Cell lines that are permissive for the replication of AcNPV are commercially available from the American Tissue Culture Collection. The most commonly used cultured cells are Spodoptera frugiperda (Sf9) cells. They can be grown as monolayer or suspension culture at 28°C in e.g. TC-100 medium (Gibco-BRL) supplemented with fetal calf serum. Sf9 cell lines have also been adapted to grow to high densities in fermentors with serum-free medium (KING L. and POSSEE R.D., 1992).

Table 1. Benefits and drawbacks of the BIC-system as producer of veterinary viral vaccines

Benefits	Drawbacks
– Non-animal system	– Relatively expensive
– Non-pathogenic to vertebrates	– More than one vaccination necessary
– High level of production	– Addition of adjuvant necessary
– Immunogenically authentic antigens	– Use of recombinant insect virus
– Subunit vaccines are non-virulent	
– Differentiation between vaccinated and infected animals	

3. Construction of baculoviruses producing foreign antigens

In principle, the construction of a recombinant baculovirus consists in the replacement of a non-essential viral gene by a foreign gene of interest. As a result, this gene will be regulated by a strong baculovirus promoter, which will cause infected insect cells to produce large amounts of the gene product in question (Fig. 1). Foreign genes are inserted into the baculovirus genome by means of an intermediate plasmid transfer vector. This vector contains a strong baculovirus promoter, transcription-termination sequences, flanking baculovirus DNA, as well as prokaryotic sequences allowing propagation of the plasmid in E.coli bacterial cultures. The foreign gene has to be placed under the control of the baculovirus promoter (KING L. and POSSEE R.D., 1992). KITTS et al. (1990) have developed baculovirus DNAs, that can be linearized and/or deleted at the locus within the homologous region of the transfer vector. Cotransfection of insect cells with linearized/deleted baculovirus DNA and the recombinant transfer-vector DNA results in the replacement of the baculovirus unit with the foreign gene via a process of homologous recombination between the viral gene-flanking regions of vector and baculovirus DNA during replication. The total number of recombinant baculovirus accounts for almost 100% of the virus yield.

The most commonly used transfer vectors are based on the strong promoters of the baculovirus polyhedrin and p10 genes expressed very late after infection (EMERY V.C., 1991; BISHOP D.H.L. et al., 1992). Transfer vectors encoding one or more than one foreign gene simultaneously have been developed. In this way, one or more foreign gene units can be integrated at one locus within the baculovirus genome, e.g. the polyhedrin locus. Alternatively, one can replace both the non-essential polyhedrin and p10 genes by foreign ones. Furthermore, one can co-infect insect cells with several recombinant baculoviruses expressing different foreign genes. The possibility to produce more than one foreign antigen in insect cells by recombinant baculoviruses is essential for the production of subunit vaccines that have to consist of several antigens (see below). Various transfer vectors and recombinant baculovirus DNA are commercially available (Pharmingen, San Diego, CA) (GRUENWALD S. and HEITZ J., 1993).

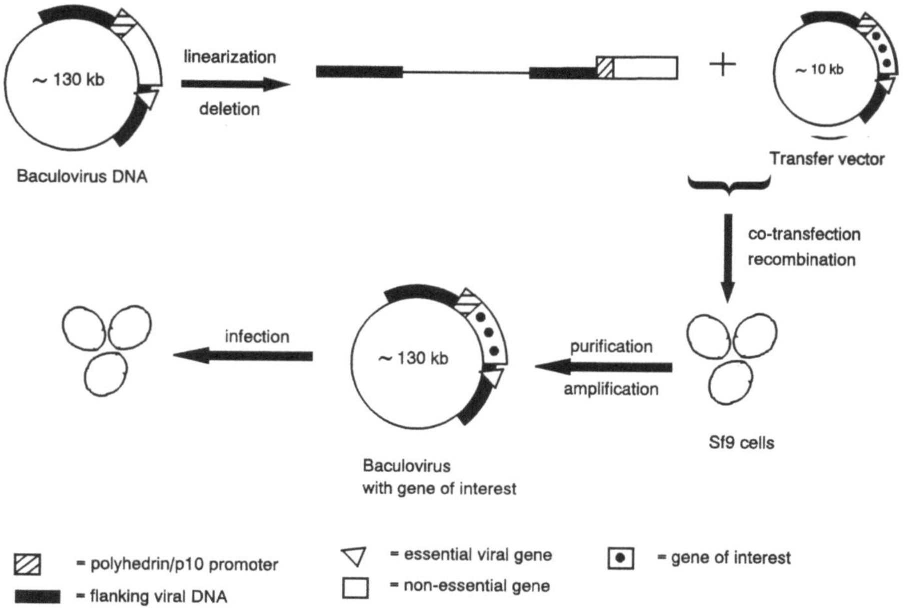

Fig. 1. The construction of a recombinant baculovirus by replacement of a non-essential gene by a sequence encoding the gene of interest

4. Synthesis and post-translational modification of foreign antigens

Co-transfection of a transfer vector with linearized baculovirus DNA in insect cells yields almost exclusively baculoviruses of recombinant type. However, it is still desirable that progeny particles are further purified and characterized, since expression levels between recombinant clones may vary, or a minor population of original virus breaks through on subsequent repetitive passage. KING and POSSEE (1992) have described various methods for purifying and characterizing recombinant baculoviruses. From the purified recombinant baculovirus one has to make large virus stocks. With these stocks one can infect fresh insect cell cultures batchwise and produce the desired foreign protein (Fig. 1). The foreign gene product may have a negative effect on the rate of its own synthesis. The yield of foreign proteins ranges from 1-500mg per 10^9 infected insect cells.

Correct post-translational modification is extremely important to ensure the (immunological) authenticity of the protein produced. Most of the post-translational modifications of (foreign) gene products synthesized in insect cells are essentially the same as in higher eukaryotes (KING L. and POSSEE R.D., 1992). Since proteins from the BIC system contain disulfide bridges, they probably are properly folded. Mammalian signal sequences, involved in cross-membrane transport, are recognized and cleaved in insect cells. Therefore, recombinant proteins synthesized in insect cells can be secreted into the medium. Some viral proteins, e.g. fowl-pox virus hemagglutinin, are correctly cleaved endoproteolytically in insect cells whereas others, like HIV-1 gp160, require simultaneous expression of the necessary virus-encoded proteases. Complex formation between foreign proteins in insect cells will occur as long as all required factors are made. The formation of empty poliovirus or parvovirus particles has been reported when the BIC system was used. Myristylation, acylation and phosphorylation of recombinant proteins from the BIC system is correct. N- and O-linked glycosylation of foreign proteins does occur in insect cells, but in all cases analysed so far proved to be incomplete. The added oligosaccharides are less complex than their authentic counterparts in mammalian cells.

5. Subunit vaccines are benign to animals

The use of whole viruses for the development of vaccines always entails a potential pathogenic risk, whether it concerns wild-type, attenuated or inactivated pathogenic organisms. In the so-called controlled-exposure approach, animals are vaccinated with wild-type pathogenic organisms, which may entail a serious outbreak. Of course, attenuated vaccines are less pathogenic to the immunized animal than wild-type ones. However, one cannot exclude that, due to back-mutational events, the attenuated strain might turn into a virulent escape mutant. For the production of inactivated vaccines, one normally has to produce large amounts of pathogenic viruses, sometimes even in animals. In the past, incorrectly inactivated virus caused serious outbreaks.

An immune reponse is never directed against a pathogenic organism as a whole. Instead, a number of localized spots, i.e. epitopes or antigenic determinants on the surface of the organism, will be recognized as foreign to the host. The host will produce antibodies and/or cytotoxic T-cells against these foreign epitopes, which serve to protect the animal against repeated pathogenic invasion. Therefore, it is possible to use only one of the proteins or protein fragments of a whole organism as a vaccine, provided that it contains a major antigenic determinant. Since such vaccines contain only the immunogenic but not the virulent part, they are called subunit vaccines.

Subunit vaccines are very safe for they are non-infectious. There are, however, some drawbacks to their use. To elicit a protective immune response in vaccinated animals, one needs rather high amounts of antigen. The cell type that processes subunit vaccines is the macrophage. Induction of an adequate immune response is, therefore, completely dependent on the correct uptake and processing by macrophages. If in a natural infection other cells are infected and start acting as antigen-presenting cells, processing may not be sufficient. Furthermore, subunit vaccines as a whole trigger the immune system less efficiently. Therefore, it is always necessary to add an adjuvant to subunit vaccines and in general animals have to be vaccinated more than once, all of which makes a subunit vaccine rather expensive (Table 1).

The use of effective subunit vaccines is possible only if one can produce large quantities of the antigen. As already mentioned, the BIC system offers an excellent tool for the high-level production of proteins. In general, the proteins produced by recombinant baculoviruses are immunologically similar if not identical to their authentic counterparts. The observation that glycosylation of recombinant proteins is different from that of the authentic protein (see above) does not seem to be a major disadvantage. Most of the recombinant antigens are recognized by neutralizing antibodies and capable of eliciting antibodies in vaccinated animals (Table 1). A whole range of antigens have already been expressed in the BIC system for the purpose of medical and veterinary vaccine production (VLAK J.M. and KEUS R., 1990).

6. Development of veterinary vaccines synthesized by the BIC system

For the development of veterinary subunit vaccines, the BIC system has been used in a number of occasions, as may be illustrated by the following examples (Table 2). Vaccination of chickens with an oil-emulsion vaccine containing BIC-produced haemagglutinin-neuraminidase of Newcastle disease virus, resulted in complete protection against Newcastle disease virus infections (NAGY E. et al., 1991). Also in the case that more than one viral protein is needed for the induction of a protective immune response, the BIC system proved to be useful: the outer capsid proteins VP2 and VP5 of bluetongue virus produced by the BIC system elicited protection in vaccinated sheep (ROY P. et al., 1990). The VP2 protein is the major component of autonomous parvovirus capsids and contains the key epitopes in viral neutralization. When the VP2-encoding genes from porcine and canine parvovirus were expressed by a recombinant E.coli, an insoluble product of low immunogenicity was obtained. In contrast, expression of recombinant VP2 of both parvovirus types in the BIC system yielded large amounts of virus-like particles. The recombinant VP2 particles were used for the immunization of pigs and dogs and elicited a complete protection against the virulent challenge (LOPEZ DE TURISO J. et al., 1992).

Table 2. Examples of viral antigens synthesized by means of the BIC system and its potential for vaccines

Virus	Viral antigen	Host	Potential vaccine
Avian leukemia virus	Envelope protein(s)	Chicken	No
Bluetongue virus	Capsid proteins VP1 and VP2	Sheep	Yes
Canine parvovirus	Capsid protein VP2	Dog	Yes
Chicken anemia virus	VP1 and VP2	Chicken	Yes
Hog cholera virus	Glycoprotein E1	Pig	Yes
Porcine parvovirus	Capsid protein VP2	Pig	Yes
Newcastle disease virus	Haemagglutinin neuraminidase	Chicken	Yes

As mentioned above, the glycosylation of proteins generally does not occur correctly in the BIC system. The involvement of protein glycosylation in the immune reponse of an antigen is still controversial. According to some reports, the carbohydrate chains are important, whereas other experiments suggest the opposite. In our laboratory, we have made the observation that immature N-linked glycosylation of avian leukemia virus envelope proteins, synthesized in a BIC system, evoked a partial protective immune response in vaccinated chickens (NOTEBORN M.H.M. et al., 1992). HULST et al. (1993) have expressed glycoprotein E1 of Hog cholera virus (HCV) in insect cells. The E1 protein was, as expected, incompletely glycosylated but secreted into the medium. Intramuscular vaccination of pigs with immuno-affinity-purified E1 in a double water-oil emulsion elicited a complete immunoprotective response against intranasal challenge with a high lethal dose of virulent HCV. Aberrant glycosylation of the HCV E1 protein and to a lesser extent for the avian leukemia virus envelope protein does not seem to have a negative effect on their protective immune response in vaccinated animals.

The use of subunit vaccines might make it possible to differentiate between infected or vaccinated animals. For instance, animals infected with HCV raise antibodies against at least two viral proteins, namely E1 and E2. Animals vaccinated with recombinant HCV E1 protein (see above) elicited only antibodies against E1 protein and not against E2 protein. Therefore, the use of a subunit vaccine against HCV infections, based on recombinant E1 protein, offers the possibility to differentiate serologically between vaccinated and infected animals (Table 1; HULST M.M. et al., 1993). Thus, the recombinant-E1 vaccine would allow a controlled eradication of the hog cholera virus.

In the case of chicken anemia virus (CAV), the only commercially available vaccine is based on non-attenuated CAV propagated in chicken embryos. CAV causes clinical signs in young chickens and sub-clinical signs in older animals. The pathogenicity of CAV is aggravated by the fact that it causes immunodeficiency in infected chickens, which might result in secondary infections. Exposing adult hens to CAV induces abundant antibodies in these chickens; the maternal antibodies subsequently prevent outbreaks in the progeny. In collaboration with the ID-DLO, Lelystad, The Netherlands, we have developed a subunit vaccine against CAV infections consisting of recombinant CAV proteins VP1 and VP2 produced in a BIC system. Progeny of mothers immunized with this vaccine were protected against a challenge with a high dose of CAV (KOCH G., 1994). The reported subclinical signs of CAV-infected older animals are not expected in animals inoculated with our subunit vaccine against CAV, since it is non-infectious.

7. Conclusions

Antigens of many different viruses have been expressed in high yields by the BIC system. The foreign antigens are often very similar, if not identical, to their authentic counterparts. In most cases, the recombinant antigens were capable of providing a protective immunity in vaccinated animals. Therefore, the BIC system is suitable for the production of subunit vaccines against viral infections. The production of subunit vaccines with the BIC system is not based on animals, as it might be the case with live or inactivated viral vaccines. Furthermore, these vaccines are not pathogenic for vertebrates. A drawback for subunit vaccines is their relatively high cost. Nevertheless, for the benefit of animals, it is to be welcomed that veterinary subunit vaccines made by means of the BIC system are becoming commercially available.

Acknowledgments

I thank H. VAN ORMONDT for critical reading of the manuscript and C.A.J. VERSCHUEREN for excellent art work.

References

BISHOP D.H.L., HILL-PERKINS M., JONES I.M., KITTS P.A, LOPEZ-FERBER M., CLARKE A.T, POSSEE R.D., PULLEN J., WEYER U., Construction of baculovirus expression vectors, in: VLAK J., SCHLAEGER E.-J., BERNARD A.R., Baculovirus and recombinant protein production processes, Basel: Editiones Roche, F. Hoffmann-La Roche Ltd , 92-97, 1992

EMERY V.C., Baculovirus expression vectors, in: COLLINS M.K.L. and CLIFTON N.J. (eds.), Methods in molecular biology, Practical molecular virology: Viral vectors for gene expression course, Humana Press, 8, 287-307, 1991

GRUENWALD S. and HEITZ J., Baculovirus Expression Vector System: Procedures and Methods Manual, San Diego: Pharmingen, 1993

GRANADOS R.R. and FREDERICI B.A., The biology of baculoviruses, Biological properties and molecular biology, Boca Raton, Fla: CRC, 1, 1986

HULST M.M., WESTRA D.F , WENSVOORT G. MOORMANN R.J.M., Glycoprotein E1 of Hog cholera virus expressed in insect cells protects swine from Hog cholera, Journal of Virology, 67 (9), 5435-5442, 1993

KING L. and POSSEE R.D., The baculovirus expression: a laboratory guide, London: Chapman and Hall, 1992

KITTS P.A., AYRES M.D., POSSEE R.D., Linearization of baculovirus DNA enhances the recovery of recombinant virus expression vectors, Nucleic Acids Research, 18, 5667-5672, 1990

KOCH G., unpublished results, 1994

LOPEZ DE TURISO J., CORTES E., MARTINEZ C., RUIZ DE YBANEZ R., SIMARRO I., VELA C., CASAL I., Recombinant vaccine for canine parvovirus in dogs, Journal of Virology, 66, 2748-2753, 1992

LUCKOW V.A. and SUMMERS M.D., Trends in the development of baculovirus expression vectors, Bio/Technology, 6, 47-55, 1988

NAGY E., KRELL P.J., DULAC G.C., DERBYSHIRE J.B., Vaccination against Newcastle disease with a recombinant baculovirus hemagglutinin-neuraminidase subunit vaccine, Avian Diseases, 35, 585-590, 1991

NOTEBORN M.H.M., KANT A., EIJDEMS E.W.H.M., DE BOER G.F., VAN DER EB A.J., KOCH G., Immunogenic properties of avian leukosis virus env-proteins synthesized with a baculovirus expression vector, in: VLAK J., SCHLAEGER E.-J., BERNARD A.R., Baculovirus and recombinant protein production processes, Basel: Editiones Roche, F. Hoffmann-La Roche Ltd., 92-97, 1992

ROY P., URAKAWA T., VAN DIJK A.A., ERASMUS B.J., Recombinant virus vaccine for bluetongue disease in sheep, Journal of Virology, 64 (5), 1998-2003, 1990

VLAK J.M., The biology of baculoviruses in vivo and in cultured insect cells, in: VLAK J., SCHLAEGER E.-J., BERNARD A.R., Baculovirus and recombinant protein production processes, Basel: Editiones Roche, F. Hoffmann-La Roche Ltd., 92-97, 1992

VLAK J.M. and KEUS R., Baculovirus expression vector system for production of viral vaccines, in: A. MIZRAHI (ed.), Viral vaccines, New York: Wiley-Liss, 91-128, 1990

Immortalisierung von Leberparenchymzellen durch Zellfusion und Transfektion eines Gallensäuretransporter-Gens

E. Petzinger, W. Honscha, M. Blumrich, W. Föllmann, H. Platte, U. Zeyen-Blumrich, S. Immenschuh, N. Katz, M. Maurice, G. Feldmann

Zusammenfassung

Durch Zellfusion wurden aus isolierten Rattenhepatozyten und einer Fao H35-Reuberhepatomzellinie Hybridzellen, sog. Hepatozytoma-Zellen (HPCT), hergestellt, die nach Klonierung in Dauerkulturen etabliert wurden. Nach einem Screeningverfahren wurden von 50 Klonen zwei Zellinien, HPCT Klon 1E3 und 1F9, angezüchtet, in denen folgende Eigenschaften primärer Leberparenchymzellen exprimiert wurden: hormonabhängige Gluconeogenese aus Laktat, Synthese von Albumin und Transferrin, hormonabhängige Synthese von Gallensäuren und basaler Transport von unkonjugierten Gallensäuren. In den Klon 1E3 wurde durch Elektroporation die cDNA des Na^+-abhängigen Taurocholattransporters transfiziert. Nach Klonierung der transfizierten Zellen wurde eine HPCT-Zellinie, 1E3-TC, etabliert, die konjugierte und unkonjugierte Gallensäuren aufnimmt.

1. Einleitung

Differenzierte Hepatozyten proliferieren im allgemeinen nicht in der Zellkultur, sondern bilden stationäre, kurzlebige Monolayer aus, in denen maximal 1-2 Zellzyklen unter besonderen Inkubationsbedingungen ablaufen können (MICHALOPOULOS G. et al., 1982). Eine Gewinnung von größeren Zellmengen ist nicht möglich. Vielfach wurden daher Hepatomzellkulturen mit kontinuierlicher Zellteilung als ein Äquivalent für Langzeitkulturen von primären Hepatozyten adoptiert. Beispiele sind die humanen Hepatomzellen HepG2 und die von Ratten abstammenden H4IIE-Zellen, Morrison Hepatomzellen und Fao Reuberhepatomzellen. Diese Zellen besitzen einzelne hepatozelluläre (Synthese)Eigenschaften, während andere fehlen. Bisher ist weder eine Hepatomzellinie noch eine andere Langzeitkultur bekannt, die Gallensäuren aktiv und Carrier-vermittelt aufnehmen könnte. Von KÖHLER und MILSTEIN (1976) wurde gezeigt, daß es möglich ist, mittels Polyethylenglykol (PEG) Hybridzellen durch Fusionierung zweier verschiedener Zellen herzustellen. Danach zeigen sie die Eigenschaften aus beiden Parentalzellen. Das Ziel unseres Projektes war es, eine permanent teilende Zellinie aus Hepatozytenhybridzellen zu erhalten, in der möglichst zahlreiche zellspezifische Eigenschaften der Hepatozyten exprimiert werden. Wir haben daher Rattenhepatozyten mit Rattenhepatomzellen unter Verwendung von PEG 1000 fusioniert (Abb. 1). Die Methode wurde an Leberzellen erstmals von WIDMAN et al.

(1976), und später von POLOKOFF und EVERSON (1986), sowie von COLEMAN und BARDES (1990), mit Erfolg eingesetzt. Über hepatozytenspezifische Eigenschaften dieser Zellen ist bereits an anderer Stelle berichtet worden (FÖLLMANN W. et al., 1989a,b; KATZ N. et al., 1992; UTESCH D. et al., 1992; IMMENSCHUH S. et al., 1993; PETZINGER E. et al., 1994; BLUMRICH M. et al., 1994).

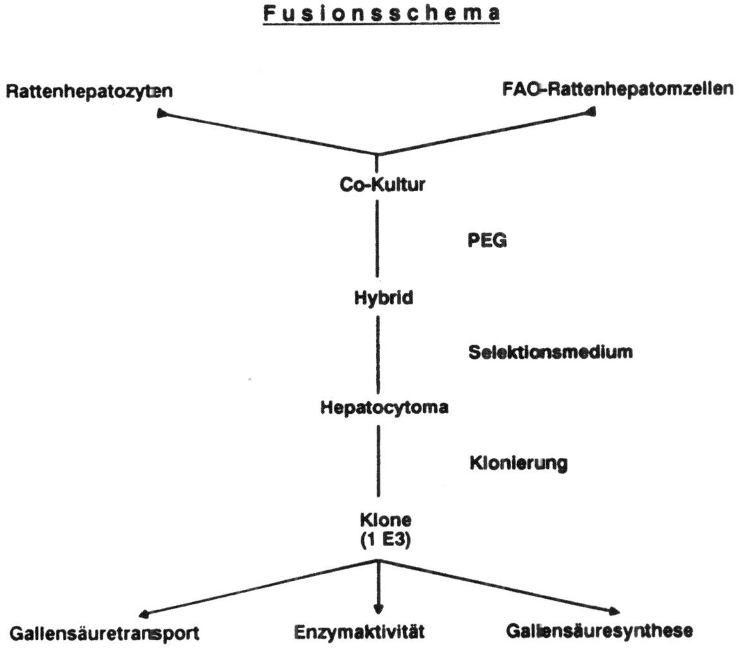

Abb. 1. **Schema der Zellfusion von kultivierten Rattenhepatozyten mit FAO-Rattenhepatomzellen**
Die Zellen wurden cokultiviert und durch Polyethylenglycol fusioniert. In einem Selektionsmedium (POLOKOFF M.A. and EVERSON G.T., 1986) überlebten nur die Fusionszellen, die in Form von HPCT-Zellinien kloniert wurden (PETZINGER E. et al., 1994)

2. Ergebnisse

2.1. Morphologie und Wachstum

HPCT-Zellen bilden in der Zellkultur geschlossene Monolayer aus einkernigen Zellen (Abb. 2B), die denen von Hepatozyten ähnlich sind (Abb. 2A). Zwischen angrenzenden Zellen können kanalikuläre Strukturen entstehen, die durch tight junctions abgeschlossen sind. In diese *in vitro*-Gallekanalikuli werden fluoreszierende Gallensäuren sezerniert. Die Kanalikuli enthalten das hepatozelluläre Antigen B10 sowie Aminopeptidase N, die auch in den Gallekanaliculi von Hepatozyten vorkommt. Sie sind damit ein *in vitro*-System, das funktionell und morphologisch den Gallekanalikuli der Hepatozyten analog ist (PETZINGER E. et al., 1994). Im Unterschied bilden die parentalen Fao-Hepatomzellen einen unregelmäßigen, chaotischen Zellverband, der zahlreiche interzelluläre Lücken aufweist. In Fao-Hepatomzellen wurden keine kanalikulären Strukturen gefunden. Die Zelloberfläche der HPCT-Zellen ist dicht mit Mikrovilli besetzt, während sie bei Fao-Hepatomzellen nur spärlich Mikrovilli enthält. HPCT-Zellen sind mononukleär (Abb. 2B), während in Kulturen von Hepatozyten oft binukleäre Zellen auftreten (Abb. 2A). Der Durchmesser der HPCT-Zellkerne ist größer als der von Hepatozyten (11,7±1,9µm gegen 6,9±0,9µm). Die Zellen des Klons HPCT 1E3 enthalten n=110±5 Chromosomen, die von Klon 1F9 n=102±7 Chromosomen. Die Chromosomenzahl bleibt über mehr als 40 Passagen konstant. HPCT-Zellen (Klon 1E3) wachsen in einem Medium mit 16% FKS mit einer Verdopplungsrate von 54 Stunden, während Fao-Hepatomzellen bei 5% FKS eine Verdopplungszeit von 48 Stunden haben. Bei einer geringeren FKS-Konzentration verlangsamt sich die Teilungsrate der HPCT Zellen. Den 1E3 Hepatozytomazellen fehlen die Charakteristika einer malignen Zellinie. HPCT 1E3 Zellen zeigen Kontaktinhibition in der Zellkultur. Sie wachsen weder im Softagar, noch entstehen Tumore in neugeborenen Ratten, denen die Zellen unter die Rückenhaut injiziert wurden. Dagegen bilden Fao-Hepatomzellen nach 6 Wochen subcutane solide Tumore sowie nach 20 Tagen Kolonien im Softagar (PETZINGER E. et al., 1994).

2.2. Stoffwechseleigenschaften kultivierter HPCT-Zellen

Für die Messung von Synthese- und Transporteigenschaften eignen sich subkonfluente Kulturen besser als Kulturen im konfluenten Endstadium.

2.2.1. Glukoneogenese

HPCT-Zellen bilden aus Laktat Glukose. Die Syntheserate ist geringer als in 4 Stunden-Kulturen von Hepatozyten. In beiden wird die Gluconeogenese durch Glucagon stimuliert (KATZ N. et al., 1992). Fao-Hepatomzellen sind nicht in der Lage, Glukose aus Laktat zu bilden. Dementsprechend enthalten die HPCT-Zellen Klon 1E3 die Enzyme Glukose-6-Phosphatase und Phosphoenolpyruvatkinase in gleicher Aktivität wie in 24 Stunden-Hepatozytenkulturen. Dagegen ist die Aktivität des Enzyms Fructose-1,6-Biphosphatase geringer. In Fao-Zellen war eine Aktivität dieses Enzyms nicht meßbar (KATZ N. et al., 1992).

2.2.2. Glykolyse

Das Glykolyseenzym Glukokinase fehlt völlig in Fao-Hepatomzellen. Statt dessen ist die Enzymaktivität der Hexokinase vorhanden. Eine umgekehrte Situation liegt bei kultivierten 24 Stunden-Hepatozyten vor, in denen die Glukokinaseaktivität dominiert. Das Verhältnis Glukokinase zu Hexokinase beträgt hier 2,5:1. In den Hybridzellen ist das Verhältnis der beiden Enzymaktivitäten intermediär. Es beträgt jetzt 0,5:1 (KATZ N. et al. 1992). In Hepatozyten und in HPCT-Zellen stimuliert Insulin die Glukokinaseaktivität der Zellen. Insulin steigert auch die Aktivität der Pyruvatkinase. Dieses Enzym zeigt die höchste Aktivität in Fao-Zellen, die niedrigste in Hepatozytenkulturen und eine intermediäre Aktivität in HPCT-Zellen. In HPCT und Fao-Zellen liegt ausschließlich der M2-Typ der Pyruvatkinase vor, während in Hepatozyten der L-Typ vorkommt (KATZ N. et al., 1992).

2.2.3. Gallensäuresynthese

Fao-Zellen sind weder in der Lage, endogen Gallensäuren zu synthetisieren, noch können sie exogen zugesetzte Gallensäuren konjugieren. Dagegen ist im Überstand von HPCT-Zellkulturen ein Muster endogener Gallensäuren nachweisbar, das weitgehend dem Gallensäuremuster der Rattengalle entspricht (BLUMRICH M. et al., 1994). Von drei HPCT-Zellklonen wird überwiegend Taurocholat neben Cholat, Glykocholat und Chenodeoxycholat gebildet. Die Syntheserate des Klons 1E3 blieb über 65 Zellpassagen konstant. Die endogene Gallensäuresynthese wird durch Zusatz des Cholesterinprecursors Mevalonsäure in Anwesenheit des Glukocorticoids Hydrocortison stimuliert. In Abwesenheit von Hydrocortison ist die Gallensäuresynthese vollständig blockiert (BLUMRICH M. et al., 1994). Wird die unkonjugierte Gallensäure Cholat zu HPCT-Zellen zugesetzt, bilden die Zellen daraus Tauro- und Glykocholat. Eine Taurin- und Glycinkonjugation von unkonjugierten Gallensäuren fehlt den Fao-Hepatomzellen (Abb. 3).

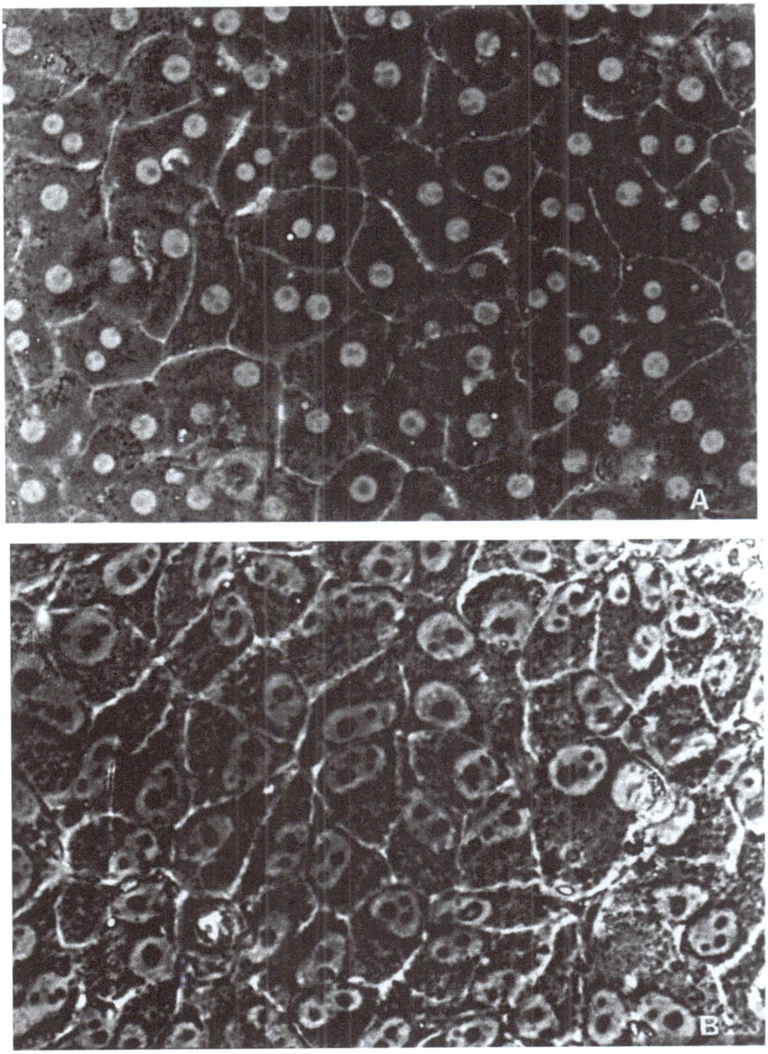

Abb. 2. **Abbildung einer Primärzellkultur von Leberparenchymzellen der Ratte (A) und von kultivierten Hepatozytomzellen Klon 1E3 (B) im Lichtmikroskop**
Beide Zellarten bilden dichtwachsende Monolayer, die Gallekanälchen (Kanaliculi) enthalten. In der kanaliculären Zellmembran von HPCT-Zellen wurde immuncytochemisch Antigen B10 sowie Aminopeptidase N nachgewiesen. Während in Hepatozyten ca. 25% der Zellen zwei Zellkerne besitzen, sind HPCT-Zellen stets mononukleär. Die Durchmesser der Zellkerne von HPCT-Zellen betragen 11,7±1,9µm, während sie bei Leberparenchymzellen 6,9±0,9µm groß sind. Der DNA-Gehalt je HPCT-Zelle ist doppelt so groß als bei Leberparenchymzellen

2.2.4. Gallensäuretransport

Fao-Hepatomzellen können weder konjugierte noch unkonjugierte Gallensäuren in nennenswertem Umfang aufnehmen. Ein sättigbarer Transport war in diesen Zellen nicht nachweisbar. Im Gegensatz hierzu wird Cholat, jedoch nicht Tauro- und Glykocholat, von Klon 1E3 in niedrigen Passagen durch einen sättigbaren Aufnahmeprozeß aufgenommen (BLUMRICH M. et al.,

1994). Das K_m der Aufnahme beträgt 47±9µmol/l. Dies entspricht dem K_m der Cholataufnahme in frisch isolierte Hepatozyten. Das V_{max} beträgt jedoch nur 94±29pmol x mg^{-1} x min^{-1}. Es macht etwa 12% der Transportkapazität bei frisch isolierten Hepatozyten aus und ist damit mit dem Transport-V_{max} von 104pmol x mg^{-1} x min^{-1} bei kultivierten 48 Stunden-Hepatozyten vergleichbar (VAN DYKE R.W. et al., 1982). Mit der Aufnahme von Cholat geht die Aufnahme von Bumetanid und Phalloidin synchron. Nach Inkubation mit Phalloidin entstehen auf der Zelloberfläche multiple Membranprotrusionen, die in Anwesenheit von Cholat unterdrückt werden. In dieser Eigenschaft entprechen diese HPCT-Zellen isolierten Hepatozyten (FRIMMER M. et al., 1977). Während die Synthese von Gallensäuren stabil war, geht der Transport von Cholat bei höheren Passagen deutlich zurück (BLUMRICH M. et al., 1994). Daher wurde versucht, ein Gallensäuretransportsystem durch stabile Transfektion in das Genom von HPCT-Zellen zu integrieren.

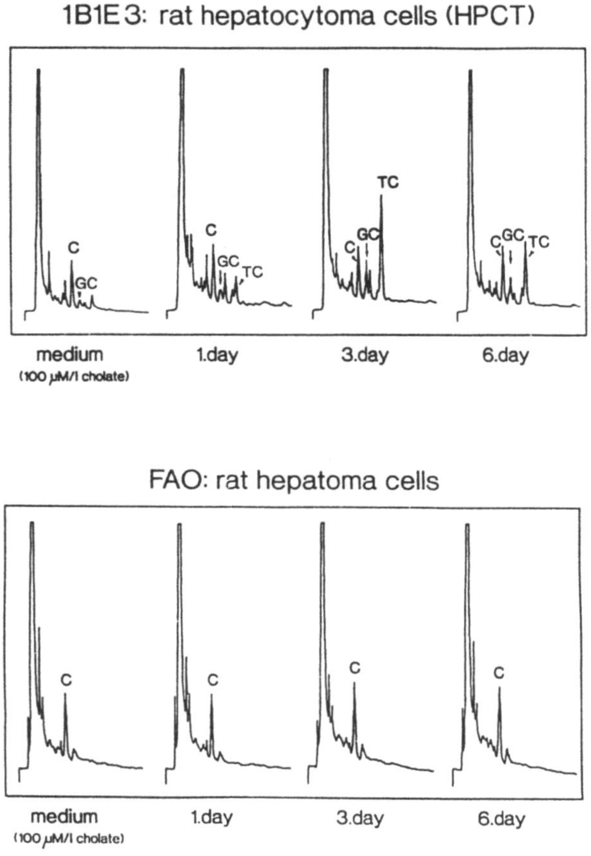

Abb. 3. **Konjugation von Cholsäure (C) zu Glykocholsäure (GC) und Taurocholsäure (TC) in HPCT 1E3 Zellen**

Die Zellen wurden in Anwesenheit von 100µM Cholsäure inkubiert. Nach einem Tag wurden im Zellüberstand Glyko- und Taurocholsäure nachgewiesen. Zusätzlich werden endogen Gallensäuren im Verlauf von 6 Tagen neu gebildet und in das Medium abgegeben. Die Nachweisempfindlichkeit für konjugierte Gallensäuren ist bei diesem Verfahren (HPLC) ca. 10fach besser als für unkonjugierte Gallensäuren. Die parentalen FAO Hepatomzellen sind weder in der Lage Gallensäuren endogen zu synthetisieren noch können sie exogen zugesetzte Gallensäuren konjugieren

2.2.5. Transfektion des Na^+-abhängigen Taurocholattransportsystems

Die cDNA des Na^+-abhängigen Taurocholattransporters wurde in einen modifizierten pSV2-Vektor (DOEHMER J. et al. 1988), der den SV 40-early-Promotor enthält, kloniert (Abb. 4). Dieser Klon wurde anschließend zusammen mit dem Plasmid pSV-neo, das das Geneticinresistenzgen enthält, durch Elektroporation in HPCT-1E3-Zellen transfiziert. Anschließend wurden positiv transfizierte Zellklone in Gegenwart von Geneticin selektiert. Die verbliebenen Zellklone wurden vereinzelt und in Massenkulturen angezüchtet. Ca. 50 Zellklone wurden auf ihre Fähigkeit, die Gallensäure (^{3}H)Taurocholat zu transportieren, getestet. Ein Zellklon, HPCT 1E3TC-6/2, wurde exemplarisch als Zellinie propagiert. Die Zellen nehmen Taurocholat nur in Anwesenheit von Natriumionen auf (Abb. 5A). Die Aufnahme der radioaktiven Gallensäure wird durch einen Überschuß an unmarkiertem Taurocholat fast vollständig gehemmt (Abb. 5B). Werden diesen transfizierten Zellen die fluoreszierenden Gallensäuren NBD-Cholat und NBD-Taurocholat zugesetzt, kommt es zur zellulären Fluoreszenz und zur Ausscheidung der Gallensäuren in die *in vitro*-Gallekanaliculi.

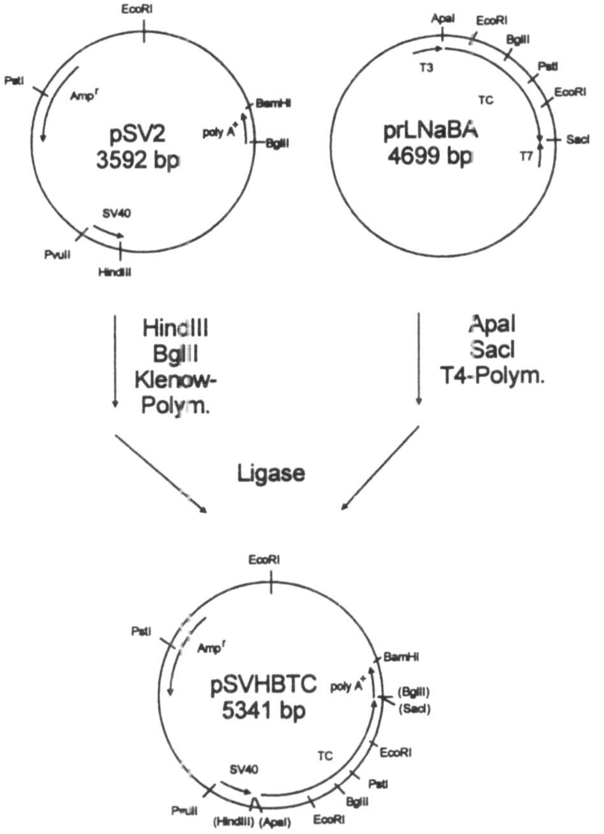

Abb. 4. **Konstruktion des Vektors pSVHBTC aus einem pSV2-Vektor und dem Plasmid prLNaBA, das die cDNA des Natrium-abhängigen Taurocholattransporters (TC) enthält**
Der pSV2-Vektor wurde von Herrn Dr. J. DOEHMER, München, das Plasmid prLNaBA von Dr. B. HAGENBUCH, Zürich zur Verfügung gestellt. Die Transfektion der HPCT 1E3-Zellen erfolgte durch Elektroporation. Die transfizierten Zellen wurden selektioniert und kloniert. Die Klone wurden angezogen und für Aufnahmemessungen mit (^{3}H)-Taurocholat inkubiert. Die positiven Klone HPCT 1E3-TC wurden als Zellinien etabliert

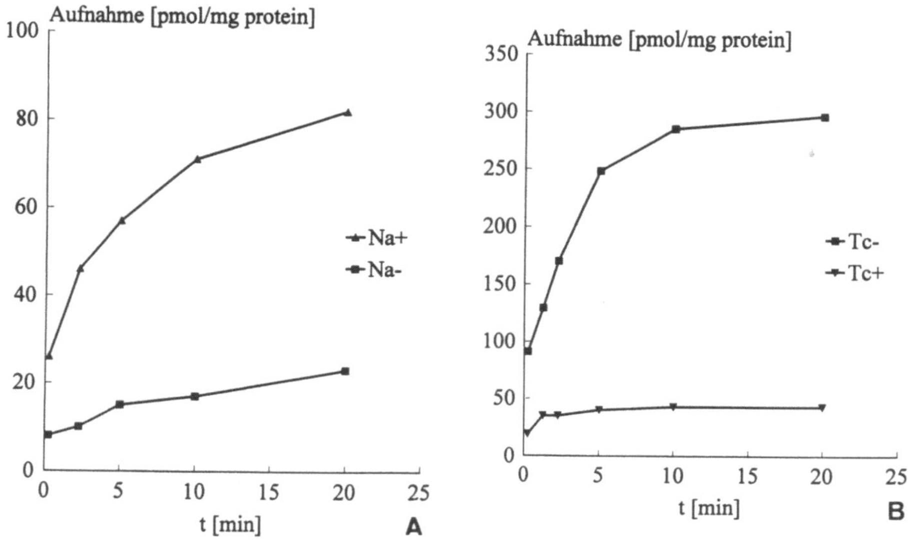

Abb. 5. **Transport von (^{3}H)-Taurocholat in transfizierte HPCT 1E3-TC Zellen (Klon 6/2)**
Die Taurocholataufnahme ist natriumabhängig (Na^+). In Abwesenheit von NaCl (Na^-; NaCl ersetzt durch Cholinchlorid) unterbleibt die Gallensäureaufnahme (A). Der Transport der radioaktiven Taurocholsäure (Tc^-) wird in Anwesenheit von 250µM kalter Substanz (Tc^+) vollständig unterdrückt (B)

3. Diskussion

Eines der großen zellbiologischen Hindernisse der *in vitro*-Hepatologie ist der Erhalt differenzierter Stoffwechsel- und Transporteigenschaften in Hepatozytenkulturen. Es wurden daher vielfältige Immortalisierungsstrategien entwickelt, die im wesentlichen auf dem Prinzip der Onkogentransfektion bzw. der Hybridomafusion beruhen (Tabelle 1).

Tabelle 1. **Literatur zu Verfahren der Immortalisierung von Hepatozyten**
In der linken Spalte sind Literaturzitate dargestellt, in denen eine Transfektion von Hepatozyten mit viralen oder zellulären Onkogenen beschrieben wird. Die Referenzen geben nur eine kleine Auswahl der Literatur wieder. In der rechten Spalte sind die Publikationen aufgeführt, in denen Zellfusionen zwischen Hepatozyten und Hepatomzellen bzw. zwischen Fibroblasten und Hepatomzellen beschrieben wurden

Immortalisierung von Hepatozyten	
Onkogentransfektion	**Zellfusion (Hybridomaprinzip)**
Objekt: Polyoma Virus early region	Hepatozyten plus Hepatomzellen
HÖHNE M. et al., 1987	WIDMAN L.E. et al., 1979
PAUL D. et al., 1988	POLOKOFF M.A. and EVERSON G.T., 1986
	COLEMAN R.A. and BARDES E.S.G., 1990
Objekt: ras Oncogen	Fibroblasten plus Hepatomzellen
HUBER B.E. and CORDINGLEY M.G., 1988	CASSIO D. et al., 1991
FISCHBACH M. et al., 1991	
Objekt: SV 40 early region	
ISOM H.C. and GEORGOFF I., 1984	
WOODWORTH C.D. and ISOM H.C., 1987	

Darüber hinaus wurden Gene aus Hepatozyten in bereits etablierte Permanentkulturen von Fibroblasten transfiziert (DOEHMER J. et al., 1988; WÖLFEL C. et al., 1991). Jeder Ansatz kann für sich in Anspruch nehmen, er habe ein geeignetes in vitro-Modell für eine bestimmte Fragestellung geschaffen. Der von uns propagierte Weg, der zu einer Dauerkultur von Hybridzellen geführt hat, erlaubt zellbiologische Untersuchungen. Mit diesen Zellen war es möglich, eine hormonselektive Regulation des Kohlenhydratstoffwechsels (KATZ N. et al., 1992), der Albuminsynthese und -sekretion (IMMENSCHUH S. et al., 1993) und der Gallensäuresynthese (BLUMRICH M. et al., 1994) nachzuweisen. In diesen Versuchen wurde das während der Zellfusion bereits übertragene genomische Potential untersucht. Als wesentliche Erweiterung in Richtung einer immortalen Hepatozytenzellinie sind jedoch Versuche anzusehen, bei denen exogene cDNA genomisch stabil in HPCT-Zellen integriert wird. Im Falle der hier vorgestellten Transfektion eines hepatozellulären Gallensäuretransportsystems stellt die Zellinie HPCT 1E3-TC die erste Dauerkultur einer Zelle mit einer aktiven Gallensäureaufnahme dar. Von Bedeutung ist hierbei, daß das Transportsystem am korrekten Zellpol plaziert wurde. Dies bedeutet, daß auch das intrazelluläre Sorting der translatierten Carrierproteine intakt ist. Es mag die Frage auftreten, weshalb derartige Transfektionen nicht in Hepatomzellen oder auch in Nicht-Leberparenchymzellen erfolgen können. Im Falle des Na^{+}-abhängigen Taurocholattransporters wurde eine Transfektion in V79-Fibroblasten in gleicher Weise durchgeführt. Die unter Selektionsbedingungen isolierten Zellklone transportierten nur in den ersten Passagen Taurocholat. Obwohl die Southernanalyse zeigt, daß die Zellen die Transporter-DNA noch besitzen, ist inzwischen keine V79-Zellinie mehr in der Lage, Taurocholat aufzunehmen. Eine Transfektion in Hepatomzellen erscheint sinnlos, weil im Verlauf der malignen Transformation von Hepatozyten die Transportsysteme für Gallensäuren abgeschaltet werden (ZIEGLER K. et al., 1980; VON DIPPE P. and LEVY D., 1983). Aus den bisherigen Daten ist die Schlußfolgerung zulässig, daß der Na^{+}-abhängige Gallensäuretransport zu den Eigenschaften des Hepatozyten zählt, dessen Expression in möglichst hepatozytennahen Zellen erfolgen sollte, selbst wenn es kurzzeitig möglich ist, ihn auf andere Zellen zu übertragen. Die hier vorgestellten HPCT-Zellen sind hierfür deshalb geeignet, weil sie neben einer hepatozytenähnlichen Zellpolarität (Gallekanaliculi) auch über eine endogene Synthese von Gallensäuren verfügen. Als ein immortalisiertes Zellmodell eignen sich diese Zellen für Untersuchungen zur Regulation hepatozytenspezifischer Zellfunktionen.

Literatur

BLUMRICH M., ZEYEN-BLUMRICH U., PAGELS P., PETZINGER E., Immortalization of rat hepatocytes by fusion with hepatoma cells: 2. Studies on the transport and synthesis of bile acids in hepatocytoma (HPCT) cells, Eur. J. Cell Biol., 64, 339-347, 1994

CASSIO D., HAMON-BENAIS C., GUÉRIN M., LECOQ O., Hybrid cell lines constitute a potential reservoir of polarized cells: Isolation and study of highly differentiated hepatoma-derived hybrid cells able to form functional bile canaliculi in vitro, J. Biol. Chem., 115, 1397-1408, 1991

COLEMAN R.A. and BARDES E.S.G., Perinatal hepatocyte/hepatoma hybrids: Construction of clones that express developmentally regulated monoacylglycerol acyltransferase activity, J. Lipid Res., 31, 2257-2264, 1990

DOEHMER J., DOGRA S., FRIEDBERG T., MONIER S., ADESNIK M., GLATT H.-R., OESCH F., Stable expression of rat cytochrome P450 III B1 cDNA in Chinese hamster cells (V79) and metabolic activation of aflatoxin B1, Proc. Nat. Acad. Sci., 85, 5769-5773, 1988

FISCHBACH M., CAO H., IBANEZ M.D., TSACONAS C., ALOUANI S., MONTANDON F., EL BARAKA M., PADIEU P., DREANO M., CHESSEBEUF-PADIEU M., Maintenance of liver function in long term culture of hepatocytes following in vitro or in vivo Ha-ras[EJ] transfection, Cell Biol. Toxicol., 7, 327-345, 1991

FÖLLMANN W., SCHMUCK R., UTESCH D., GARTH I., EIGENBRODT E., KINNE R.K.H., PETZINGER E., Immortalized hepatocytes as a model for the study of liver functions in vitro, Naunyn-Schmiedeberg's Arch. Pharmacol., 339, R 13, 1989a

FÖLLMANN W., IMMENSCHUH S., GERBRACHT E., EIGENBRODT N., PETZINGER E., Morphology and enzymatic pattern of rat hepatocytoma cells, Naunyn-Schmiedeberg's Arch. Pharmacol., 340, R71, 1989b

FRIMMER M., PETZINGER E., RUFEGER U., VEIL L.B., The role of bile acids in phalloidin poisoning, Naunyn-Schmiedeberg's Arch. Pharmacol. 301, 145-147, 1977

HÖHNE M., PIASECKI A., UMMELMANN E., PAUL D., Transformation of differentiated neonatal rat hepatocytes in primary culture by polyoma virus early region sequences, Oncogene, 1, 337-345, 1987

HUBER B.E. and CORDINGLEY M.G., Expression of phenotypic alterations caused by an inducible transforming ras oncogene introduced into rat liver epithelial cells, Oncogene, 3, 245-256, 1988

IMMENSCHUH S., PETZINGER E., KATZ N., Secretion of plasma proteins and its insulin-dependent regulation in rat hepatocyte-hepatoma hybrid cells, Eur. J. Cell Biol., 60, 256-260, 1993

ISOM H.C. and GEORGOFF I., Quantitative assay for albumin-producing liver cells after simian virus 40 transformation of rat hepatocytes maintained in chemically defined medium, Proc. Nat. Acad. Sci., 81, 6378-6382, 1984

KATZ N., IMMENSCHUH S., GERBRACHT U., EIGENBRODT E., FÖLLMANN W., PETZINGER E., Hormone-sensitive carbohydrate metabolism in rat hepatocyte-hepatoma hybrid cells, Eur. J. Cell Biol., 57, 117-123, 1992

KÖHLER G. and MILSTEIN C., Derivation of specific antibody-producing tissue culture and tumor lines by cell fusion, Eur. J. Immunol., 6, 511-519, 1976

MICHALOPOULOS G., CIANCULLI H.D., NOVOTNY A.R., KLIGERMAN A.D., STROM S.C., JIRTLE R.L., Liver regeneration studies with rat hepatocytes in primary cultures, Cancer Res., 42, 4673-4682, 1982

PAUL D., HÖHNE M., HOFFMANN B., Immortalization and malignant transformation of hepatocytes by transforming genes of polyoma virus and SV 40 virus in vitro and in vivo, Klin. Wschr., 66, 134-139, 1988

PETZINGER E., FÖLLMANN W., BLUMRICH M., WALTHER P., HENTSCHEL J., BETTE P., MAURICE M., FELDMANN G., Immortalization of rat hepatocytes by fusion with hepatoma cells: 1. Cloning of a hepatocytoma cell line with bile canaliculi, Eur. J. Cell Biol., 64, 328-338, 1994

POLOKOFF M.A. and EVERSON G.T., Hepatocyte-hepatoma cell hybrids: characterization and demonstration of bile acid synthesis, J. Biol. Chem., 261, 4085-4089, 1986

UTESCH D., ARAND M., THOMAS H., PETZINGER E., OESCH F., Xenobiotic-metabolizing enzyme activities in hybrid cell lines established by fusion of primary rat liver parenchymal cells with hepatoma cells, Xenobiotica, 22, 1451-1457, 1992

VAN DYKE R.W., STEPHENS J.E., SCHARSCHMIDT B.F., Bile acid transport in cultured rat hepatocytes, Am. J. Physiol., 243, G484-G492, 1982

VON DIPPE P. and LEVY D., Characterization of the bile acid transport system in normal and transformed hepatocytes, J. Biol. Chem., 258, 8896-8901, 1983

WIDMAN L.E., GOLDEN J.J., CHASIN L.A., Immortalization of normal liver functions in cell culture: rat hepatocyte-hepatoma cell hybrids expressing ornithin carbamoyltransferase activity, J. Cell. Physiol., 100, 391-400, 1976

WÖLFEL C., PLATT K.-L., DOGRA S., GLATT H.R., WÄCHTER F., OESCH F., DOEHMER J., Stable expression of rat cytochrome P450 IA2 cDNA in V79 Chinese hamster cells and hydroxylation of 17ß-estradiol and 2-aminofluorene, Mol. Carcinog., 4, 489-498, 1991

WOODWORTH C.D. and ISOM H.C., Regulation of albumin gene expression in a series of rat hepatocyte cell lines immortalized by simian virus 40 and maintained in chemically defined medium, Molec. Cell Biol., 7, 3740-3748, 1987

ZIEGLER K., PETZINGER E., FRIMMER M., Decreased phalloidin response, phallotoxin uptake and bile acid transport in hepatocytes prepared from Wistar rats treated chronically with diethylnitrosamine, Naunyn-Schmiedeberg's Arch. Pharmacol., 310, 245-247, 1980

In vitro-Testsystem zur Prüfung auf Phototoxizität

W.J.W. Pape

Zusammenfassung

Lichtvermittelte Hautreaktionen können durch geeignete Stoffe nach deren topischer oder systemischer Applikation durch Bestrahlung mit UV- und sichtbarem Licht induziert werden.

Um derartige Stoffe erkennen und zuverlässig untersuchen zu können, sind geeignete Prüfmethoden mit standardisierten Protokollen notwendig. Bei der Erarbeitung von Richtlinien zur in vivo-Prüfung von phototoxischen Stoffen wurde empfohlen, zunächst nach validen nichttierexperimentellen Methoden Ausschau zu halten und diese für das toxikologische Screening im Rahmen einer stufenweisen hierarchischen Prüfstrategie einzusetzen.

Die vorliegende Arbeit wird eine Vorgehensweise vorschlagen, die zusammen zwei Wege einschließt. Der erste Angang umschließt die chemisch/biochemischen-analytischen Fragestellungen von Stabilität und Photoreaktivität. Der zweite Weg zeigt mögliche Routinetests mit zellbiologischen Prüfungen auf, die neben dem photobiologischen Screening auch helfen können, einfache mechanistische Fragestellungen zu klären.

Das nachfolgende Diagramm (Abb. 1) gibt einen schematischen Überblick über die wesentlichen Schritte der vorgeschlagenen Prozedur.

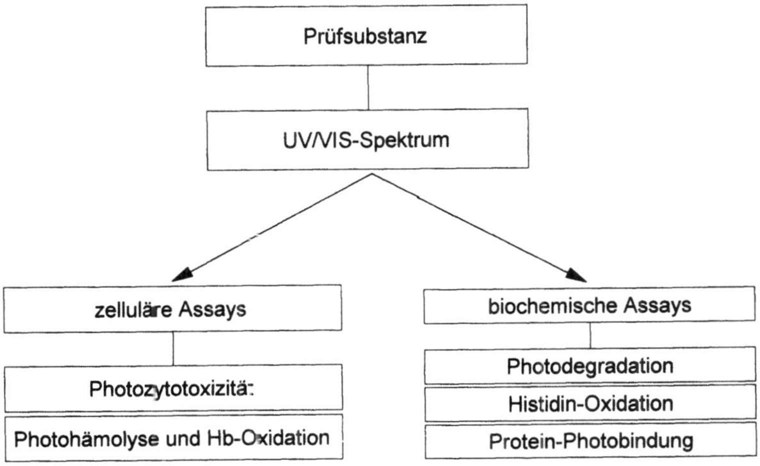

Abb. 1. Schema der Teststrategie

1. Einleitung

Zellbiologische Methoden mit sogenannten in vitro- oder ex vivo-Systemen sind bereits seit langem bekannt. Eines der ältesten und am häufigsten eingesetzte Modelle ist die Prüfung auf Photoeffekte an isolierten Erythrozyten (SACHAROFF G. und SACHS H., 1905; HASSELBALCH K.A., 1909). Im Zusammenhang mit topischen Anwendungen wurden aber auch zunehmend dermale Zellen, wie Keratinozyten und Fibroblasten, für derartige Untersuchungen vorgeschlagen. Ein häufig beobachtetes Problem solcher Angänge ist die oft sehr limitierte Vergleichbarkeit von publizierten Daten, was protokollabhängig zudem nicht nur für in vitro-Methoden gilt, sondern in oft noch erheblicherem Maße auch für Berichte über in vivo-Ergebnisse.

Da photolabile Stoffe in der Regel nicht auf dem Markt erscheinen und somit Photoeffekte bei gebrauchsbedingtem Einsatz sehr selten evident werden, wurde über in vitro-Methoden häufig nur im Zusammenhang mit mechanistischen Prüfungen von auffällig gewordenen Stoffen berichtet. Vergleichende Studien mit verschiedenen Zelltypen haben gezeigt, daß Ergebnisse von zellbiologischen Untersuchungen eher von den Randbedingungen, wie Lichtexposition, Prüfmodalitäten und Strahlungsquelle abhängen als vom Zelltypus. Ungünstig ausgewählte Testbedingungen können gelegentlich zu falsch negativen Ergebnissen führen. Eine Differenzierung zwischen bestrahlter und unbestrahlter Situation erscheint dann erfolglos.

Für die Laborroutine werden praktikable, zuverlässige und kostengünstige Testmodelle benötigt, die in guter Reproduzierbarkeit und Vergleichbarkeit prädiktieren können und international verfügbare Zellen nutzen.

Mechanistische Ansätze sind für erste Fragestellungen gemeinhin nicht gefragt. Der parallele Ansatz mit chemisch-biochemischen mit zellbiologischen Untersuchungen kann hingegen interessant und wichtig sein, weil in Gegenwart bestimmter zellulärer Komponenten Reaktionen auftreten können, die in analytischen Ansätzen allein nicht zu detektieren sind.

Besonderes Augenmerk muß auf die sorgfältige Auswahl und regelmäßige Überprüfung der experimentellen Randbedingungen gelegt werden. Hier können bei photobiologischen Untersuchungen leicht entscheidende Fehler eingeschleppt werden, die zu widersprüchlichen Ergebnissen führen. Dies gilt vornehmlich für die Eigenschaften der Lichtquelle und die Art und Dauer der Exposition.

Ein umfangreiches und nützliches System von in vitro-Modellen ist von JOHNSON et al. 1984 vorgeschlagen worden. Die hier präsentierten Methoden basieren zum Teil auf diesem Vorschlag und sind durch eigene Erfahrungen ergänzt.

2. Methoden

Die hier verwendeten Methoden und Materialien sind in Originalarbeiten anderenorts detailiert beschrieben (LOVELL W.W., 1993; PAPE W.J.W. et al., 1994a; SPIELMANN H. et al., 1994). Es wurden die folgenden Methoden eingesetzt.

2.1. Photo RBC Assay

Der Photo RBC Assay (**R**ed **B**lood **C**ell Assay) prüft die Lichtabhängigkeit von zwei Endpunkten. Zum Einen wird die seit nahezu 100 Jahren beschriebene Photohämolyse untersucht. Hierbei wird die UV-lichtinduzierte Freisetzung von Hämoglobin mit der Dunkelreaktion verglichen. Die Testbedingungen sind so gewählt, daß die Erythrozyten durch die Bestrahlung allein praktisch nicht beeinflußt werden. Zum anderen dient die oftmals beobachtete oxidative Veränderung des Oxyhämoglobins zum Methämoglobin in Gegenwart von Phototoxinen und Licht als zweiter Endpunkt. Dieser Prozeß spielt auch in vivo unter starker Sonnenexposition eine Rolle und deckt vermutlich wichtige mechanistische Aspekte ab (PAPE W.J.W. et al., 1994a).

2.2. Photozytotoxizitäts-Test

Die zweite eingesetzte Methode ist der Photozytotoxizitäts-Test mit 3T3-Mäusefibroblasten und der bekannten Neutralrotaufnahme als Endpunkt zur photometrischen Bestimmung der im Dunkel induzierten Zytotoxizität von lichtaktivierten Stoffen im Verhältnis zur lichtinduzierten Zytotoxizität. In Voruntersuchungen zur EU/COLIPA Validierungsstudie (SPIELMANN H. et al., 1994) hatte sich ergeben, daß Mäusefibroblasten einer stabilen Linie zur Untersuchung bevorzugt gegenüber primären humanen dermalen Fibroblasten oder Keratinozyten in Monolayerkultur eingesetzt werden können (PFANNENBECKER U. und PAPE W.J.W., unveröffentlichte Ergebnisse). Das schreibt das Testprotokoll während der Bestrahlung im EBSS-Minimalmedium vor, um etwaige Seiteneffekte und Störungen zu minimieren. Die Bewertung der Reaktionen läuft auf den Vergleich der NR_{50}-Werte von Dunkel- und Lichtreaktion hinaus. Faktoren, die deutlich größer als 1 sind (= keine Unterschiede zwischen beiden NR_{50}-Werten), weisen auf einen phototoxischen Effekt hin (SPIELMANN H. et al., 1994).

Solche phototoxischen Reaktionen können direkt durch Bildung toxischer Reaktanten induziert werden oder indirekt durch die Generation von aktiven Sauerstoffspezies, wie z.B. Singulett-Sauerstoff. Um diese Reaktionen zu erfassen, wurde ferner die Photodegradation der lichtinduzierten Generation von Singulett-Sauerstoff im Histidinassay (LOVELL W.W. and SANDERS D.J., 1990) und die Bindung an humanes Serumalbumin analysiert (PENDLINGTON R.U. and BARRATT M.D., 1990).

3. Ergebnisse und Diskussion

Fünfzehn ausgewählte Stoffe, zu denen verläßliche photodermatologische Daten existieren, wurden in den vorgeschlagenen Assays auf ihre in vitro-Phototoxizität geprüft. Elf der Stoffe wurden laut Literatur als phototoxisch oder photoirritant beschrieben. Drei Stoffe, die UV absorbieren, sind nicht phototoxisch. Piroxicam als fünfzehnter Stoff kann nach Literaturbefunden nicht eindeutig zugeordnet werden.

Wie aus der Tabelle 1 ersichtlich ist, zeigten alle Stoffe - bis auf Piroxicam, Chlorhexidin und PABA - das Phänomen der Hämoglobinoxidation. Im NRU-Phototoxizitätstest war Piroxicam ebenfalls nicht photoaktiv. Die lichtinduzierte Proteinbindung wurde an allen Stoffen, bis auf Chlorhexidin, beobachtet. Rose bengal erwies sich im Histidin Assay als stärkster Singulett-Sauerstoffgenerator. Alle anderen mit + markierten Stoffe waren deutlich weniger effizient. Eine überlappende denkbare photoaktivierte Bindung am Histidin kann nicht zweifelsfrei ausgeschlossen werden. TCSA bindet vermutlich an Histidin.

Photohämolyse wurde nur in 8 von 15 Fällen beobachtet, wobei die lytische Wirkung von Amiodoron durch DMSO gequencht wurde, während die ethanolische Lösung des Stoffes Hämolyse unter Bestrahlung induzierte. Im Falle von Rose bengal wurde Methämoglobin als Endpunkt der Hb-Oxidation überwiegend erst nach der Hämolyse beobachtet, was auf eine membranolytische Wirkung durch Singulett-Sauerstoff von außen schließen läßt. Chlorpromazin und Promethazin hingegen induzierten bereits auch ohne Bestrahlung starke MetHb-Bildung, die allerdings unter simuliertem Sonnenlicht erheblich verstärkt wurde und bei niedrigen Konzentrationen des Phototoxins auftrat. Desgleichen verschob sich die beobachtete Photohämolyse nach niedrigen Dosen.

Doxycyclin und Tetracyclin induzierten unter Bestrahlung eine moderate MetHb-Bildung, die bei längerer Exposition wahrscheinlich auch zur Photohämolyse geführt hätte, wie es für Erythrozyten anderer Spezies beobachtet wurde. Das bekanntermaßen ausgeprägt photoirritant wirkende 8-Methoxypsoralen zeigte keine Photohämolyse und nur schwache Hb-Oxidation zum MetHb, was die weitverbreitete These von der Interaktion mit der DNA stützen mag.

Im 3T3-NR-Uptake-Phototest wurden die Quotienten auf den NR_{50}-Werten der bestrahlten und der unbestrahlten Probe errechnet. In einigen Fällen weniger löslicher Stoffe konnte nur approximativ ein Wert „größer als“ ermittelt werden. Insbesondere Neutralrot ist wegen seiner intrazellulären Aufnahme besonders phototoxisch, obwohl die Dunkelreaktion nicht immer die Berechnung eines NR_{50}-Wertes zuließ. Wie aus Abb. 2 ersichtlich, wurden die Phototoxizitätstests unter optimalen Bestrahlungsbedingungen durchgeführt. Die phototoxischen Effekte, wie am Fall von Chlorpromazin und Benzanthron gezeigt, sind durch längere oder intensivere Bestrahlung kaum weiter zu verstärken. Entscheidend erscheint die strikte Kontrolle des UVB-Anteils zu sein.

Tabelle 1. **Übersicht der Ergebnisse der zellbiologischen und biochemischen Prüfungen auf Phototoxizität**
Symbole: +++ = stark; ++ = mittel; + = schwach; 0 = kein Effekt
*: Q (+/-) = EC_{50} unbestrahlt / EC_{50} bestrahlt
?: keine Zytotoxizität und Photozytotoxizität bei der höchstmöglichen Testkonzentration
°: Chemikalien ohne photoirritatives Potential in vivo

Probe	Photo-Hämolyse	Hb-Oxidation	NRU-Test Q (-/+)*	Histidin-Oxidation (+ Bindung)	Protein-Bindung	Protein-Photobindung
Rose Bengal	+++	+	21	+++	+++	+++
Neutralrot	++	++	>37,000	+	+	+++
Bithionol	++	++	3	0	++	++
Chlorpromazin	++	+++	34	++	+	++
Promethazin	+	+++	62	+++	0	++
Amiodaron	+	++	6	0	+	+
TCSA	+	++	38	+	+++	+++
6-Methylcumarin	+	++	>5	++	0	++
8-MOP	0	+	>11	+	0	++
Doxycyclin	0	++	>200	+	0	+++
Tetracyclin	0	++	35	++	0	+++
Piroxicam	0	0	?	0	++	+++
Zimtaldehyd°	0	+	2	0	0	++
Chlorhexidin°	+	0	2	0	0	0
PABA°	0	0	1	0	0	+

Eine Reihe von Stoffen, insbesondere aber Rose Bengal und Tetrachlorsalicylanilid (TCSA), zeigte bereits ohne Bestrahlung eine ausgeprägte unspezifische Proteinassoziation, die sich von der lichtinduzierten Reaktion so nicht differenzieren läßt. TCSA ist für seine starke unspezifische Bindung bekannt. Die Untersuchung der lichtinduzierten kovalenten Bindung (PENDLINGTON R.U. and BARRATT M.D., 1990) erfordert zusätzliche analytische Arbeiten, die je nach Fragestellung durchzuführen sind. Das hier verwendete Verfahren dient lediglich, ebenso wie der Histidin-Oxidationstest, als Screening, um Hinweise auf spezielle Mechanismen zu erhalten. Photosensitizer, die eine unter Bestrahlung deutliche Zunahme der prozentualen Bindung an Serumalbumin zeigen, weisen direkt auf kovalente Photobindung hin, wie z.B. im Falle des Tetracyclin und Doxycyclin oder 6-Methylcumarin und 8-MOP.

Abb. 3 zeigt am Beispiel des Chlorpromazins, daß Messungen der Photohämolyse am Punkt der höchsten nicht lytischen Konzentration nicht notwendigerweise zur Erkennung einer lichtinduzierten Hämolyse führt, während die durch Hb-Oxidation bedingte MetHb-Bildung bei jeder Konzentration Photoeffekte zeigte. Diese Technik wird jedoch häufig propagiert. Es empfiehlt sich, grundsätzlich immer mehrere Konzentrationen zu untersuchen.

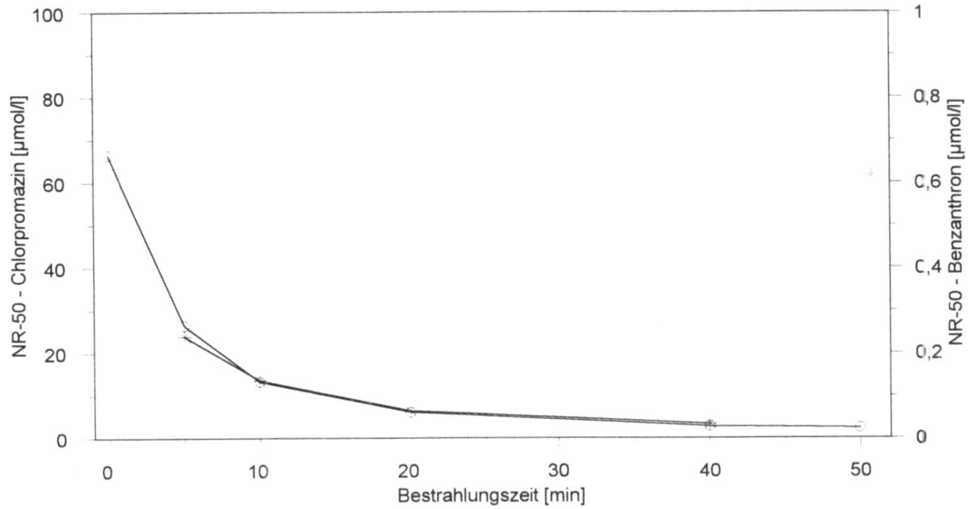

Abb. 2. Untersuchung der optimalen Bestrahlungszeit für Chlorpromazin (-o-) und Benzanthron (-*-) über die NR_{50}-Werte (übliche Testbedingungen; 50 min = 5J/cm²)

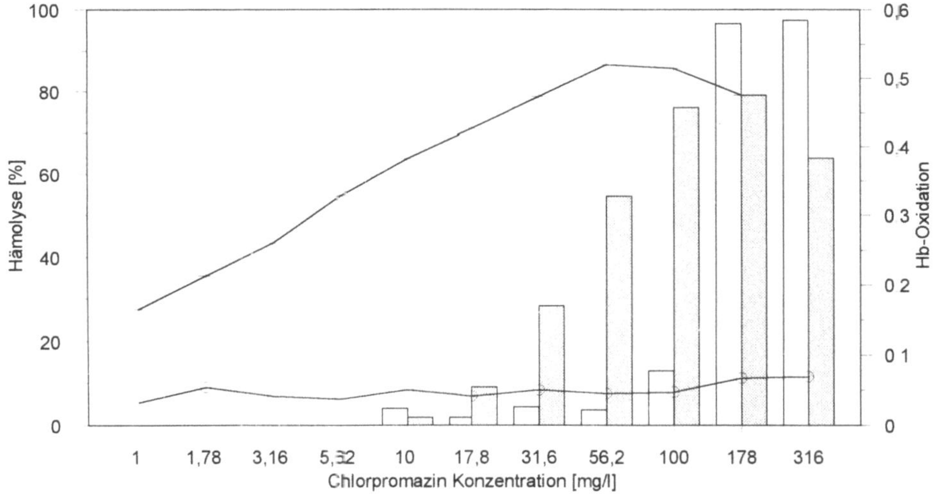

Abb. 3. Photohämolyse (Säulen) und Hämoglobinoxidation (Kurven) am Beispiel von Chlorpromazin (unter Standardbedingungen - UVA 15J/cm², UVB 1J/cm²). Die Dunkelreaktion (offene Säulen) und Photohämolyse (graue Säulen) zeigen unterschiedliche Steilheit. Die Methämoglobinbildung im Dunkeln (-o-) zeigt keine konzentrationsabhängigkeit. Die Lichtreaktion (-*-) ist konzentrationsabhängig und läuft vor der Photohämolyse ab

Die separate Bestrahlung von instabilen Stoffen kann im Zytotoxizitätstest neben der direkten in situ-Bestrahlung genutzt werden, um lichtinduzierte Degradation zu detektieren, die mit einer verstärkten oder abgeschwächten Toxizität einhergehen kann. Im Falle von Tetra- und Doxycyclin kann Degradation beobachtet werden.

Die differenzierte Analyse der Hb-Oxidation im Überstand und Sediment hämolytischer Proben kann zusammen mit der Dosis-Wirkungskurve genutzt werden, den Zielort der lytischen Interaktion zu analysieren. So attackiert Rose bengal mittels Singulett-Sauerstoff die Erythrozytenmembran offenbar von außen, während Promethazin die intrazelluläre MetHb-Bildung stark unterstützt, bevor Lyse von innen heraus erfolgt. Amiodaron zeigt auch eine dominante Präferenz zur wahrscheinlich radikalischen Lysis der Zellmembran ohne vorangehende Hämoglobinoxidation. Diese Beobachtung steht im Einklang mit der Annahme, daß Amiodaron in die Membran integriert wird.

Die vorliegenden Ergebnisse lassen eine erfolgreiche Anwendung von in vitro-Methoden für das generelle Screening auch neuer unbekannter Stoffe erhoffen. Insbesondere die zellbiologischen Angänge mit 3T3-Fibroblasten und der Oxidation des Hämoglobins zu Methämoglobin und weiteren Produkten sind zum schnellen Screening geeignet. Beide Tests zeigen gute Prädiktabilität.

Die Hb-Oxidation kann zusammen mit den biochemischen Methoden zudem eingesetzt werden, um Mechanismen auf molekularer Ebene abzuklären, wobei die besonders aggressiven Wege über aktive Sauerstoffspezies bedeutend sind. Daneben kann die Photobindung an Protein Hinweise auf photoallergisches Potential eines Stoffes geben. Dermatologische Studien zeigen, daß dies für viele der hier untersuchten Stoffe zutrifft.

Eine Erweiterung dieser Prüfstrategie in Richtung auf photomutagene Wirkung erscheint sinnvoll und nützlich.

Literatur

HASSELBALCH K. A., Untersuchung über die Wirkung des Lichtes auf Blutfarbstoffe und rote Blutkörperchen wie auch über optische Sensibilisation für diese Lichtwirkungen, Biochemische Zeitschrift, 19, 435-493, 1909

JOHNSON B.E., WALKER E.M., HETZERINGTON A.M., In Vitro Models for Cutaneous Phototoxicity, in: MARKS R. and PLEWIG G. (eds.), Skin Models, Springer Verlag, 264-281, 1986

LOVELL W.W. and SANDERS D.J., Screening test for phototoxins using solutions of simple biochemicals, Toxicology in Vitro, 4, 318-320, 1990

LOVELL W.W., A scheme for in vitro screening of substances for photoallergenic potential, Toxicology in Vitro, 7, 95-102, 1993

PAPE W.J.W., BRANDT M., PFANNENBECKER U., Combined in vitro assay for photohaemolysis and haemoglobin oxidation as part of a photoirritancy test system examined on different phototoxic substances, Proceedings of the PIVT III., Toxicology in Vitro, 8, 755-757, 1994a

PAPE W.J.W., PFANNENBECKER U., DIEMBECK W., A Strategic approach for In Vitro Phototoxicity Testing, in: ROUGIER A., GOLDBERG A.M., MAIBACH H.J. (eds.), Alternative Methods in Toxicology, In Vitro Skin Toxicology, New York: M.A. Liebert, Inc. Publishers, 10, 203-212, 1994b

PENDLINGTON R.U. and BARRATT M.D., Molecular basis of photocontact allergy, International Journal of Cosmetic Science, 12, 91-103, 1990

SACHAROFF G. und SACHS H., Über die hämolytische Wirkung der photodynamischen Stoffe., Münchener Medizinische Wochenschrift, 52, 297 - 299, 1905

SPIELMANN H., BALLS M., DÖRING B., HOLZHÜTTER H.G., KALWEIT S., KLECAK G., L'EPLATTENIER H., LIEBSCH M., LOVELL W.W., MAURER T., MOLDENHAUER F., MOORE L., PAPE W.J.W., PFANNENBECKER U., POTTHAST J:, DE SILVA O., STEILING W., WILLSHAW A., EEC/COLIPA Project on in vitro phototoxicity testing: first results obtained with a Balb/c 3T3 cell phototoxicity assay, Toxicology in Vitro, 8, in press, 1994

Erste Phase der Validierung von in vitro-Phototoxizitätstests im Rahmen eines EG/COLIPA Projektes

H. Spielmann, M. Liebsch, B. Döring, W.J.W. Pape, M. Balls, J. Dupuis, G. Klecak, W.W. Lovell, T. Maurer, O. De Silva, W. Steiling

Zusammenfassung

Seit 1991 erarbeiten in einem gemeinsamen Validierungsprojekt 6 Laboratorien der europäischen Kosmetikindustrie sowie FRAME (England) und ZEBET (Deutschland) *in vitro*-Methoden für eine internationale Richtlinie zur akuten Phototoxizitätstestung. In der 1993 abgeschlossenen ersten Phase des Validierungsprojektes wurde versucht, die besten *in vitro*-Tests für eine Validierung unter blinden Bedingungen auszuwählen. Dazu wurden die einzelnen Tests mit 20 Stoffen mit bekannten phototoxischen Eigenschaften geprüft (11 phototoxische (PT) Stoffe, 5 UV absorbierende nicht-PT und 4 nicht UV absorbierende nicht-PT Stoffe).

Unter identischen UV-Bestrahlungsbedingungen (Sonnensimulator, UVA 5J/cm^2) wurden diese Testchemikalien von allen Laboratorien in einem einfachen, standardisierten Zytotoxizitätstest mit einer Mäusefibroblastenzellinie (3T3 Zellen) geprüft (toxikologische Parameter: Neutralrot-Aufnahme, NRA). Außerdem wurden unter den gleichen Bedingungen in einzelnen Labors etablierte *in vitro*-Phototoxizitätstests geprüft, wie z.B. der Photohämolyse-Test und der Hämoglobinoxidations-Test (PAPE W.J.W. et al., 1993), der Histidin-Oxidations-Test, ein Hefe-Test (JOHNSON B.E. et al., 1986), Tests mit menschlichen Lymphozyten und Keratinozyten sowie zwei neue, kommerzielle, in den USA entwickelte Testsysteme (SOLATEX PI^{TM} und Skin^{2TM}). Die Ergebnisse des neuen 3T3 NRA-Phototoxizitätstests, des Histidin-Oxidations-Tests, des kombinierten Photohämolyse- und Hämoglobinoxidations-Tests und des Skin^2-Tests ergaben eine bessere Übereinstimmung mit *in vivo*-Daten vom Menschen und aus Tierversuchen als die anderen geprüften Tests. Diese Tests sollten daher unter blinden Bedingungen weiter validiert werden.

1. Einleitung

Unter *akuter Phototoxizität* versteht man das Auftreten toxischer Symptome an der lichtbestrahlten Haut nach einmaliger Aufnahme bzw. Behandlung mit einem chemischen Stoff, wie z.B. nach Einnahme von Medikamenten oder nach ihrem Aufbringen auf die Haut. Diese Hautreaktion wird vorwiegend durch die nicht sichtbaren UV-Anteile des Lichtes ausgelöst, insbesondere durch UV-A. Im Gegensatz dazu bezeichnet man als *Photoallergie* verzögert auftretende allergische Hautreaktionen, die durch Fremdstoffe in Kombination mit Licht ausgelöst werden. Das vorliegende Projekt beschäftigt sich nur mit *in vitro*-Methoden zur Identifizierung phototoxischer Stoffe.

Die heute üblichen Testsysteme zur Erfassung „der akuten Phototoxizität an der Haut" sind toxikologische Tierversuche mit Meerschweinchen, Kaninchen, Ratten oder Mäusen. Obwohl kürzlich von einer Arbeitsgruppe der OECD eine Standardmethode für die Prüfung chemischer Stoffe auf Phototoxizität im Tierversuch erarbeitet wurde (NILSSON R. et al., 1993), hat die OECD den Vorschlag bisher nicht akzeptiert, weil keine Einigung über die zu verwendenden Tierspezies erzielt werden konnte. Statt dessen wurde ein schrittweises Vorgehen empfohlen, bei dem zunächst anhand von *in vitro*-Tests die Notwendigkeit zur Durchführung eines Tierversuches zu prüfen ist. Aus diesem Grunde haben 1991 die COLIPA (Europäischer Verband der Kosmetikhersteller, Sitz: Brüssel) und die für toxikologische Prüfrichtlinien zuständige Generaldirektion XI (DG XI) der EG ein gemeinsames Projekt zur Entwicklung und Validierung von *in vitro*-Phototoxizitätstests begonnen. In dem Projekt, das von der DG XI der EG finanziert und von ZEBET (BGA, Berlin)[1] koordiniert wird, sollen für die Kosmetikindustrie *in vitro*-Methoden für die Phototoxizitätstestung standardisiert und validiert werden, um ihre rasche Akzeptanz durch die zuständigen Behörden zu erreichen. Die gängigsten *in vitro*-Methoden zur Erfassung phototoxischer Eigenschaften und die wichtigsten bisher bekannt gewordenen Mechanismen (BERGNER T. und PRYZIBILLA B., 1993) sind in Tabelle 1 zusammengestellt.

Tabelle 1

***In vitro*-Methoden zur Erfassung phototoxischer Eigenschaften und spezifischer phototoxischer Mechanismen**		
Unspezifische Erfassung phototoxischer Effekte		
Bakterien und Einzeller:		
	Bakterien	*Bacillus subtilis*
	Hefen	*Candida albicans*
	Einzeller	*Paramecium aurelia*
Primärzellkulturen:		
	menschliche Keratinozyten	
	Lymphozyten und Mastzellen	
permanente Zellinien:		
	Fibroblasten der Maus, z.B. 3T3-Zellen	
Haut-Organkulturen:		
	künstliche menschliche Haut - SKIN^{2TM} und Testskin^{TM}	
Identifizierung spezifischer phototoxischer Mechanismen		
Wirkung am Zellkern:		
	Hefezellen - z.B. Candida albicans	
Wirkung an Zellmembranen:		
	Erythrozyten-Photohämolyse	
	SOLATEX PI^{TM}	
Energieübertragung auf andere Moleküle:		
	Histidin-Oxidation	
	Hämoglobin-Oxidation	
Bildung von Reaktionsprodukten mit Lipiden und Proteinen:		
	Histaminfreisetzung aus Mastzellen	
	Photo-Protein-Bindung	

[1] Im Juli 1994 wurde das Bundesgesundheitsamt (BGA) reorganisiert. ZEBET ist jetzt Teil des Bundesinstitutes für gesundheitlichen Vebraucherschutz und Veterinärmedizin (BgVV).

In der ersten Phase des Projektes wurden 1992 von COLIPA 20 Testchemikalien mit bekannten phototoxischen Eigenschaften ausgesucht (11 phototoxische (PT) Stoffe, 5 nicht-PT und 4 UV absorbierende nicht-PT Stoffe), um verschiedene etablierte *in vitro*-Phototoxizitätstests miteinander zu vergleichen (Tabelle 2). Wie Tabelle 2 weiterhin zeigt, wurden außerdem kommerziell entwickelte einfache Tests in die Studie einbezogen, die auch von Institutionen durchgeführt werden können, die nicht über speziell ausgebildetes Personal verfügen.

Tabelle 2

EG-COLIPA Validierungsstudie von *in vitro*-Phototoxizitätstests
Teilnehmende Laboratorien und Testverfahren

Laboratorien

HOFFMANN LA ROCHE Basel Schweiz	CIBA GEIGY Basel Schweiz	UNILEVER Sharnbrook England	L'ORÉAL Aulnay-Sous-Bois Frankreich
BEIERSDORF AG Hamburg Deutschland	HENKEL KGaA Düsseldorf Deutschland	FRAME Nottingham England	ZEBET / BGA Berlin Deutschland

***In vitro*-Tests**

1) in allen Laboratorien:	3T3 Neutralrot Aufnahme	
2) in den teilnehmenden Laboratorien etablierte Tests:		
mechanistische Tests:	Hefetest: Candida albicans	
	Histidin Photo-Oxidation	
	Erythrozyten-Photohämolyse	
	Erythrozyten-Hämoglobinoxidation	
	Photo-Proteinbindungstest	
Zellkultur-Tests:	Human-Lymphozyten	
	Human-Keratinozyten	
	P 815 Maus Lymphom Zelltest	
3) neue kommerzielle Tests:	SOLATEX PI	
	Hautmodell:	Skin^2
	Hautmodell:	Testskin LDE

Zur Standardisierung wurde außerdem in allen Labors ein einfacher *in vitro*-Phototoxizitätstest mit der Mäuse-Fibroblastenzellinie Balb/c 3T3 durchgeführt, die gut charakterisiert und einfach zu beschaffen ist. Für die Phototoxizitätsprüfung wurde aufgrund der Vorarbeiten von Dr. W. PAPE (Beiersdorf AG, Hamburg) der einfache Neutralrot-Zytotoxizitätstest (NRU-Test; SPIELMANN H. et al., 1991) so modifiziert, daß vor der UV-Bestrahlung ein zusätzlicher Inkubationsschritt mit der Testsubstanz eingeführt wurde. Das von der UV-Quelle produzierte Spektrum wurde durch Filterung auf den UV-A-Bereich und das sichtbare Licht begrenzt. Auf die sehr zytotoxische UV-B-Strahlung wurde bewußt verzichtet, um eine möglichst hohe Dosierung mit der für die Phototoxizität relevanteren UV-A-Strahlung zu ermöglichen. Zur Ausschaltung möglicher Unterschiede bei der UV-Bestrahlung arbeiteten alle Labors mit derselben UV-Lichtquelle und geeichten UV-Meßgeräten (UV-Meter), und zwar nicht nur im 3T3-NRU-Phototoxizitätstest, sondern auch bei allen anderen *in vitro*-Tests. Es wird in dieser Studie ausführlich über die Ergebnisse mit dem 3T3-NRU-Phototoxizitätstest berichtet sowie zusammenfassend über die übrigen *in vitro*-Tests.

2. Material und Methoden

2.1. UV-A-Lichtquelle, UV-A-Meßgerät

Da bei *in vitro-* und *in vivo*-Phototoxizitätstests häufig unterschiedliche UV-Bestrahlungsbedingungen verwendet werden und die Ergebnisse daher nicht vergleichbar sind (unterschiedliche UV-Spektren und -Bestrahlungsintensität), benutzten alle Labors die gleiche Quecksilber-Metall-Halogenidlampe von demselben Hersteller (SOL 500, Fa. Dr. Hönle, D-Martinsried). Diese Lampe ahmt die Spektralverteilung des natürlichen Sonnenlichtes nach. Die Ausschaltung von UV-B wurde durch einen Filter mit 50% Durchlässigkeit bei 335nm Wellenlänge erreicht. Die Energie dieser Lichtquelle wurde in allen Labors mit demselben einfachen UV-A-Meter (Typ Nr. 37, Dr. Hönle) ermittelt, dessen Kalibrierung bei Bedarf mit einem Referenz-UV-A-Meter desselben Typs kontrolliert wurde, das nur bei diesen Kontrollmessungen benutzt werden durfte und sonst im Dunklen aufbewahrt wurde. Für die Tests mit Erythrozyten wurde die SOL 500 Lampe mit einem H_2-Filter versehen (Dr. Hönle, 50% Durchlässigkeit bei 320nm), da Erythrozyten widerstandfähiger gegenüber UV-B sind.

2.2. Auswahl und Verteilung der Testchemikalien

Die Auswahl von Testchemikalien mit guten *in vivo*-Daten ist bei der Phototoxizität besonders schwierig, da Daten für den Menschen nur sporadisch vorliegen und sie mit Ergebnissen aus Tierversuchen nur teilweise vergleichbar sind. Vor diesem Hintergrund haben COLIPA Mitgliedsfirmen 20 Testchemikalien aufgrund von Literaturdaten für Menschen und Versuchstiere für die Validierung der *in vitro*-Phototoxizitätstests ausgewählt, die *3 Klassen* zuzuordnen sind (Tabelle 3):

Klasse I - 11 phototoxische Stoffe (PT)
Klasse II - 5 Stoffe, die UV-Licht absorbieren, aber nicht PT sind; einige besitzen photoallergene Eigenschaften
Klasse III - 4 Stoffe, die weder UV-absorbierend noch PT sind

Alle Testchemikalien wurden von ZEBET beschafft und vor Beginn der Validierung an alle teilnehmenden Arbeitsgruppen verschickt. Es wurden daher alle Tests mit identischen Stoffen geprüft, aber in dieser ersten Phase wurde die Validierung nicht unter blinden Bedingungen durchgeführt.

2.2.1. 3T3-Zell-Neutralrot-Aufnahme-Test (3T3-NRA-Test)

2.2.1.1. Versuchsdurchführung

Der Neutralrot-Aufnahme-Test (NRA-Test) zur Bestimmung der Zytotoxizität mit Balb/c 3T3-Fibroblasten der Maus (BORENFREUND E. and PUERNER J.A., 1985) wurde für die Phototoxizitätstestung wie folgt abgeändert: Balb/c 3T3-Zellen, Klon 31 (ICN-Flow Laboratories), wurden in „96-well"-Platten (NUNC, Dänemark) kultiviert, wie bereits früher beschrieben (SPIELMANN H. et al., 1991). Nach 24 Stunden wurde das Kulturmedium DMEM entfernt, und nach zweimaligem Waschen mit EBSS wurden die in EBSS gelösten Testchemikalien in jeweils 8 Konzentrationen zu den Zellen gegeben. Unlösliche bzw. schwerlösliche Testchemikalien wurden in DMSO gelöst und mit einer Endkonzentration von 1% DMSO in EBSS zu den Zellen gegeben. Im Anschluß an eine einstündige Vorinkubation mit den Testchemikalien wurden die 96-well-Platten mit UV-A (1,6mW/cm^2) 50 Minuten lang durch den Styroldeckel bestrahlt (= 5J/cm^2). Während der Exposition wurde ein zweiter Plattensatz mit denselben Stoffen und Testkonzentrationen im Dunkeln aufbewahrt. Nach der UV-A-Bestrahlung wurde

EBSS wieder durch DMEM ersetzt (ohne die Testchemikalien), und die NRA wurde 24 Stunden später bestimmt, wie bereits früher beschrieben (SPIELMANN H. et al., 1991). Der Test wurde in insgesamt 8 Labors durchgeführt.

2.2.1.2. Auswertung und statistische Analyse der in vitro-Daten

Zur Analyse der Ergebnisse wurden die Konzentrationen für die Testchemikalien im NRA-Test bestimmt, bei denen jeweils 50% der Zellen mit und ohne UV-A-Bestrahlung überleben (IC_{50}). Sofern in beiden Fällen eine IC_{50} ermittelt werden konnte, wurde das Verhältnis der Zytotoxizitätswerte durch einen UV-Faktor ausgedrückt:

$$\text{UV-Faktor} = \frac{IC_{50}(-UV)}{IC_{50}(+UV)}$$

Der Grenzwert für diesen Faktor, der eine Unterscheidung zwischen PT Stoffen und nicht-PT Stoffen ermöglichen soll, wurde biometrisch mittels Diskriminanzanalyse ermittelt und zwar unter Verwendung der in allen Labors mit allen Prüfsubstanzen bestimmten UV-Faktoren (Tabelle 3; siehe auch Abb. 3).

2.3. Kurze Beschreibung der übrigen in vitro-Tests der EG/COLIPA Studie

2.3.1. Hefe: Der Candida albicans-Phototoxizitätstest

Der Hefetest (DANIELS F.J., 1965) ist ein einfacher mikrobiologischer Test, bei dem *Candida albicans* auf Agarplatten ausgesät werden und bei dem Wachstumshemmhöfe um die Testchemikalien herum mit und ohne UV-Bestrahlung 24 und 48 Stunden nach Exposition bestimmt werden. Der Test ist in vielen Laboratorien der chemisch-pharmazeutischen und kosmetischen Industrie zur Prüfung von Stoffen auf phototoxische Eigenschaften etabliert. Der Hefetest erfaßt insbesondere Stoffe, deren phototoxischer Mechanismus auf direkte Interaktion mit der DNA zurückzuführen ist (JOHNSON B.E. et al., 1986; vergl. Tabelle 1).

2.3.2. Histidin-Oxidationstest

Einige chemische Stoffe sind aufgrund der Aktivierung durch UV-A oder UV-B in der Lage, die heterozyklische Aminosäure Histidin oxidativ abzubauen. Die Abnahme von Histidin in Gegenwart der Testchemikalie läßt sich relativ einfach kolorimetrisch nachweisen (JOHNSON B.E. et al., 1986). Dieser *in vitro*-Phototoxizitätstest ist in vielen Labors etabliert und wird als relativ spezifischer Test für die Energieübertragung unter UV-Einfluß auf dem Wege der Bildung von „singlet"-Sauerstoff angesehen.

2.3.3. Photohämolyse und Hämoglobinoxidation an Erythrozyten

Mit dieser *in vitro*-Methode werden einerseits oxidative Membranwirkungen phototoxischer Stoffe erfaßt, die unter UV-Einwirkung zur Zerstörung der Erythrozytenmembran führen, so daß Hämolyse auftritt (JOHNSON B E. et al., 1986), und andererseits die Oxidation von Hämoglobin zu Methämoglobin (PAPE W.J.W. et al., 1993). Beide Endpunkte der Photooxidation an Erythrozyten, die Hämolyse und auch die Methämoglobinbildung, lassen sich recht einfach und zudem in demselben Testansatz erfassen. Der Photohämolyse-Test ist in vielen Labors etabliert, der Methämoglobinbildungs-Test jedoch bisher nur in einem Labor, das auch an dieser Studie beteiligt ist.

Tabelle 3. Phototoxizität von 20 Stoffen: Ergebnisse im Neutralrot-Aufnahmetest (NRA) an 3T3-Zellen

			In vivo-Daten		*In vitro-Daten im 3T3-NRA-Phototoxizitätstest*				
					Mittelwert IC_{50} - UV	**Mittelwert IC_{50} + UV**	**Mittelwert des Faktors**		
		CAS-Nr.	**Mensch**	**Tier**	**µg/ml**	**µg/ml**	**-UV/+UV**	**n**	**Ergebnis**
	Klasse I: UV absorbierende, phototoxische Stoffe								
1	Promethazin	58-33-3	+	+/-	45,9	0,8	78,5	13	+
2	Chlorpromazin	69-09-0	++	++	24,6	0,6	46,6	13	+
3	6-Methylkoumarin	92-48-8	a	a	*	32,7		13	+
4	Tetrachlorosalicylanilid	1154-59-2	a	+	19,8	0,4	55,6	12	+
5	Doxycyclin	100 929-47-3	+	+	1182	6,4	255	4	+
6	8-Methoxypsoralen	298-81-7	++	++	*	14,7		1	+
7	Tetracyclin	64-75-5	+	+	1916	16,8	374	9	+
9	Amiodaron	1951-25-3	+	+	24,3	4,1	6	9	+
10	Bithionol	97-18-7	+	+	13,9	3,9	7	1	+
11	Neutral Rot	553-24-2	+		*	0,01		1	+
12	Bengal Rosa	632-69-9	+/-	-	4,2	0,2	70,2	1	+
	Klasse II: UV absorbierende, nicht-phototoxische Stoffe								
8	Piroxicam §	36322-904	(+)	-	*	*		11	-
13	Zimtaldehyd	104-55-2	a	a	32,8	10,6	3,6	8	-
14	Chlorhexidin	3697-42-5			61,5	74,4	1,5	11	-
15	Uvinul MS 40	4065-45-6	+/-		15958	11577	1,4	11	-
16	Paraaminobenzoesäure	150-13-0	a		10463	9780	1	7	-
	Klasse III: Stoffe, die weder UV absorbieren noch phototoxisch sind								
17	Penicillin G	69-57-8			53914	49755	1,1	8	-
18	L-Histidin $	71-00-1			*	*		12	-
19	Thioharnstoff	62-56-6	a		17651	16944	1	13	-
20	Laurylsulfat	151-21-3			35,6	24,2	1,5	14	-

§ höchste Testkonzentration: 2,4 mg/ml
$ höchste Testkonzentration: 46,4 mg/ml
+ phototoxisch
- nicht phototoxisch
+/- widersprüchliche Datenlage
a (photo)allergen
n: Zahl der Bestimmungen
* Es konnte Zytotoxizität (IC50) ermittelt werden.
Mittelwerte: arithmethische Mittel von n Bestimmungen (Standardabweichungen nicht aufgeführt)

2.3.4. Der SOLATEX PI Test

Das Testsystem ist eine Weiterentwicklung des *in vitro*-Testsystems SKINTEX (In Vitro International, Irvine, USA), bei dem in einem physikochemischen Zweikompartiment-Modell hautirritierende Eigenschaften anhand von zwei Reaktionen bestimmt werden. Als Reaktionsparameter werden dabei einmal Schäden an einer Biomembran durch Freisetzung des in die Membran eingeschlossenen Farbstoffes Neutralrot erfaßt (Kompartiment 1) und andererseits wird die Denaturierung einer makromolekularen Matrix (Kompartiment 2) durch die Prüfchemikalien gemessen. Sowohl die Freisetzung von Neutralrot als auch die Trübung der Proteinmatrix werden gemeinsam photometrisch bestimmt. Der SOLATEX PI Test basiert auf einem Vergleich dieser Effekte mit und ohne zusätzliche UV-Bestrahlung.

Die UV-A-induzierte prozentuale Extinktionszunahme wird mit einer speziell für den Test entwickelten Software errechnet (DAQC. SL; In Vitro International, Irvine, USA), die auch eine Qualitätskontrolle umfaßt. Ein *in vitro*-Phototoxizitätstest wird nur dann als Meßwert akzeptiert, wenn die gleichzeitig mitgeprüften Negativ- und Positivkontrollen innerhalb festgelegter Grenzwerte liegen. Stoffe werden dabei als phototoxisch klassifiziert, wenn die UV-A-Exposition zu einer Steigerung der OD um mindesten 41% führt.

2.3.5. Skin^{2TM} ZK 1350 Phototoxizitätstest

Der Skin^{2TM}-Test (Model ZK 1350, Advanced Tissue Sciences, La Jolla, USA) ist ein für die pharmakologisch-toxikologische Testung künstlich hergestelltes, Modell der menschlichen Haut, das für pharmakologisch-toxikologische Tests eingesetzt werden kann. Es besteht aus menschlichen neonatalen primären Fibroblasten, die auf einem Trägernetz aus Nylon wachsen und mit Keratinozyten besät werden, so daß sich eine mehrschichtige Epidermis entwickelt. Durch definierte Kulturbedingungen baut sich an der Grenze zwischen Medium und Luft ein Stratum corneum auf. Das standardisierte sterile Skin^2-Hautmodell wird weltweit per Luftfracht verschickt und bleibt 6 Tage lang kultivierungsfähig.

Der Phototoxizitätstest mit dem Skin2-Modell basiert auf einem Vergleich der zytotoxischen Eigenschaften einer Prüfsubstanz mit oder ohne UV-A-Exposition. Die Bestimmung der Zytotoxizität erfolgt photometrisch mit der MTT-Methode (MOSMANN T., 1983).

Eine Prüfsubstanz wird als phototoxisch klassifiziert, wenn durch UV-A-Bestrahlung von Skin^2-Hautstücken im Vergleich zu unbestrahlten Kontrollen die Zytotoxizität der Testsubstanzen im MTT-Test um mehr als 30% gesteigert wird.

3. Ergebnisse

3.1. 3T3-NRA-Phototoxizitätstest

3.1.1. UV-A-Empfindlichkeit der 3T3-Zellinie

Vor Beginn der in vitro-Phototoxizitätsstudien wurde die Empfindlichkeit der Zellinie Balb/c 3T3 gegenüber UV-A-Bestrahlung in 7 Labors im NRA-Zytotoxizitätstest geprüft. Wie Abb. 1 zeigt, war in 5 Laboratorien das Wachstum der 3T3-Zellen im Bereich von 0-5J/cm^2 im Vergleich zu unbestrahlten Kontrollen nicht beeinträchtigt während die 3T3-Zellen in 2 Labors bereits deutlich von dieser UV-Dosierung geschädigt wurden. Da Unterschiede bei der UV-A-Bestrahlung ausgeschlossen werden konnten, wurden Qualität und Herkunft der 3T3-Zellen überprüft. Es zeigte sich, daß die beiden englischen Labors zwar 3T3-Zellen derselben Firma (Flow-England) eingesetzt hatten, daß sich diese Zellen aber bereits in der 130.-140. Passage befanden, während die übrigen Labors „jüngere“, weniger UV-empfindliche 3T3-Zellen benutzten, die sich in der 70.-80. Passage befanden und von Flow-Deutschland geliefert wurden.

In der Validierungsstudie wurden daher einheitlich „jüngere", weniger UV-empfindlichere 3T3-Zellen (Passage <100) eingesetzt. Die höchste für diese Zellen nicht-zytotoxische UV-A-Dosis von 5J/cm^2 (entsprechend 50 Minuten Bestrahlungszeit mit einer Intensität von 1,6mW/cm^2; Abb. 1) wurde als UV-A-Dosis bei der *in vitro*-Phototoxizitätstestung eingesetzt.

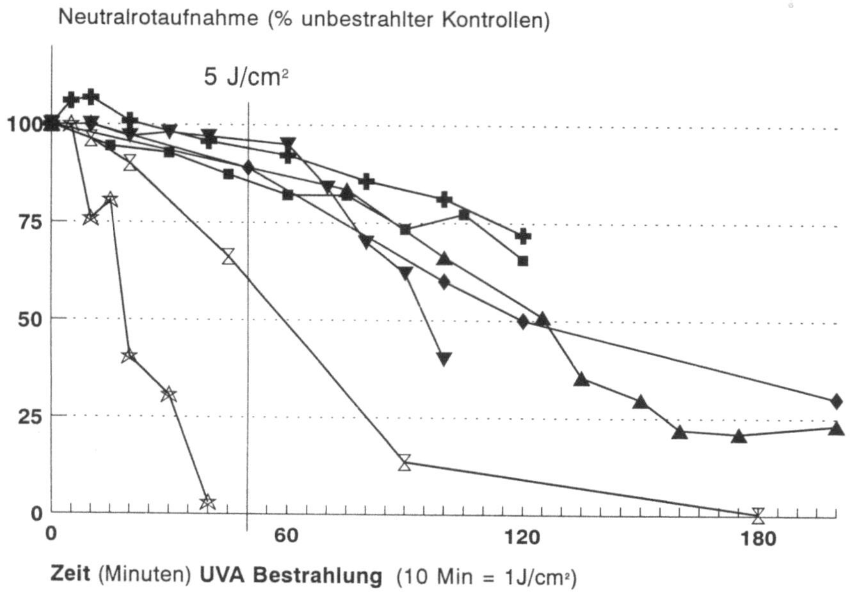

Abb. 1. 3T3-Zellen wurden mit UVA (SOL 500: 1,6mW/cm^2) in „96-well" Mikrotestplatten bis zu 180 Minuten bestrahlt, um ihre UV-A- Empfindlichkeit zu bestimmen und die für den Phototoxizitätstest zu verwendende höchstmögliche UV-A-Dosis zu ermitteln. Diese Dosis (5J/cm^2, entsprechend einer Bestrahlungszeit von 50 Minuten) ist durch die vertikale Linie gekennzeichnet. Die 7 Einzelkurven wurden in 7 Laboratorien ermittelt

3.1.2. Phototoxizitätsprüfung im 3T3-NRA-Zytotoxizitätstest

Tabelle 3 zeigt, daß nur bei 15 der 20 Stoffe ein UV-Faktor ermittelt werden konnte, und in Abb. 2 sind die UV-Faktoren für diese 15 Stoffe graphisch wiedergegeben. Die biometrische Diskriminanzanalyse der in allen 8 Labors ermittelten UV-Faktoren ergab einen Wert von 5,1 für die Unterscheidung von PT und nicht-PT Stoffen. Abb. 2 macht unter Berücksichtigung der logarithmischen Skala für den UV-Faktor deutlich, daß aufgrund der Streuung der Meßdaten im Bereich dieses Diskriminierungsfaktors die Zuordnung von 3 der 15 Stoffe nur eingeschränkt möglich ist.

In der Gruppe dieser 15 Stoffe, bei denen der UV-Faktor ermittelt werden konnte und unter Verwendung des Diskriminierungsfaktors von 5,1, wurden 8 von 8 *in vivo* phototoxischen UV-absorbierenden Stoffen der *Klasse I* richtig als positiv erkannt, d.h. als phototoxisch. 4 der *in vivo* nicht phototoxischen Stoffe der *Klasse II* (UV-absorbierend) und 3 Stoffe der *Klasse III* (nicht UV absorbierend) wurden richtig als negativ, d.h. als nicht-phototoxisch erkannt.

Bei 5 Stoffen (*Nr. 3, 6, 8, 11 und 18*) konnte der UV-Faktor nicht ermittelt werden, weil sie auch in der höchsten testbaren Konzentration ohne Bestrahlung (-UV) nicht-zytotoxisch für die 3T3-Zellen waren. Aus dieser Gruppe wurden die 3 *in vivo* phototoxischen Stoffe der *Klasse I* (*Nr. 3, 6 und 11*) dennoch richtig als positiv erkannt, weil sie bei UV-A-Bestrahlung eine ausgeprägte Zytotoxizität zeigten, wie Abb. 3 beispielhaft für 8-Methoxypsoralen (*Nr. 6*) verdeutlicht. Bei zwei Stoffen (*Nr. 8, Piroxicam, und Nr.18, L-Histidin*) waren selbst nach Bestrahlung (+UV) keine zytotoxischen Effekte zu messen. Beide Stoffe wurden daher richtig als negativ klassifiziert.

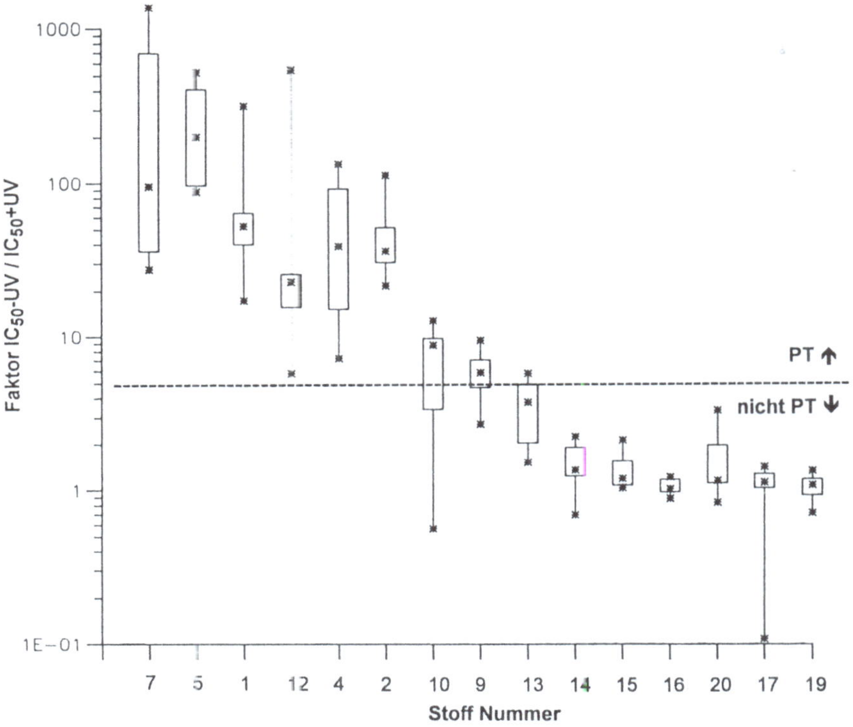

Abb. 2. UV-Faktoren (IC_{50}-UV / IC_{50}+UV) für die 15 Stoffe, bei denen in Abwesenheit von UV-A-Bestrahlung die Zytotoxizität bestimmbar war. Die Stoffnummern entsprechen der Nummerierung in Tabelle 3. Zur Veranschaulichung wurden die Stoffe entsprechend der Größe ihrer UV-Faktoren geordnet. Die UV-Faktoren sind als Mittelwert mit 95% Vertrauensbereich und Minimum- und Maximumwerten (Boxplot) dargestellt. Die gestrichelte Linie gibt den per Diskriminanzanalyse ermittelten Grenzwert von 5,1 für eine Unterscheidung von phototoxischen und nicht-phototoxischen Stoffen wieder

3.2. SOLATEX PI Test

Die Phototoxizitätsbestimmung mit diesem neuen in vitro-Test war aufgrund des noch nicht ausgereiften Softwareprogramms nicht zuverlässig möglich. Nach den in Tabelle 4 wiedergegebenen Meßergebnissen wurden in der *Klasse I* 9 von 11 Stoffen richtig positiv klassifiziert, ein Stoff (Bithionol) lag im Grenzbereich und 8-MOP wurde nicht erkannt. In der *Klasse II* wurde einer der 4 Stoffe (Uvinul MS 40) falsch positiv eingestuft, und in der *Klasse III* war einer der 4 Stoffe (Thioharnstoff) nicht testbar.

3.3. Skin[2TM] ZK 1350 PT

Der Tabelle 4 ist außerdem zu entnehmen, daß 9 von 11 Stoffen der *Klasse I* mit dem in diesem Test richtig positiv als phototoxisch erkannt wurden. Die in dieser Klasse falsch negativ eingestuften Stoffe waren 6-Methylkumarin (*Nr. 3*) und Bithionol (*Nr. 10*). Die Stoffe der *Klassen II und III* wurden alle richtig negativ eingestuft, d.h. als nicht-phototoxisch erkannt.

Tabelle 4. Zusammenfassung der Ergebnisse der EG/COLIPA Validierungsstudie

	Mechanistische Tests			*Kommerzielle Tests*		*Wachstumshemm-Tests*			
	Histidin Photo-oxidation	RBC* Photo-hämolyse	RBC* Photo-Hb-oxidation	SOLA-TEX PI	Skin² ZK 1300 ZK 1350	Hefe	menschl. Lympho-cyten	menschl. Keratino-cyten	3T3-NRA Standard-Test
Klasse I UV-absorbierend, phototoxisch									
1 Promethazin	+	+	+	+	+	+	+	+	+
2 Chlorpromazin	(+)	+	+	+	+	(+)	+	+	+
3 6-MC	+	+	+	+	-	+	+	+	+
4 TCSA	+	+	+	+	+	+	-	+	+
5 Doxycyclin	+	-	+	+	+	+	+	+	+
6 8-MOP	+	-	(+)	-	+	+	+	-	+
7 Tetracyclin	+	-	+	+	+	-	-	+	+
9 Amiodaron	-	+	-	+	+	+	+	-	+
10 Bithionol	-	+	+	+/-	-	-	-	+	+
11 Neutral Rot	+	+	-	+	+	-	+	+	+
12 Bengal Rosa	++	+	(+)	+	+	+	n.g.	+	+
Klasse II UV-absorbierend, nicht-phototoxisch									
8 Piroxicam	-	-	-	-	-	-	-	-	-
13 Zimtaldehyd	(+)	-	-	-	-	-	-	-	-
14 Chlorhexidin	-	(+)	-	-	-	-	-	-	-
15 Uvinul MS 40	-	-	-	+	-	-	-	-	-
16 PABA	-	-	-	-	-	-	-	-	-
Klasse III nicht UV-absorbierend, nicht-phototoxisch									
17 Penicillin G	-	-	-	-	-	-	-	-	-
18 L-Histidin	-	-	-	-	-	-	-	-	-
19 Thioharnstoff	-	-	-	n.m.	-	-	-	-	-
20 Laurylsulfat	-	-	-	-	-	-	-	-	-

* = Erythrozyten
\+ = in vitro phototoxisch
\- = in vitro nicht phototoxisch
n.m. = Testung nicht möglich
n.g. = nicht getestet

3.4. Übrige Tests

Tabelle 4 zeigt außerdem die Ergebnisse, die mit den übrigen *in vitro*-Phototoxizitätstests erhalten wurden, die nur spezifische phototoxische Mechanismen erfassen, wie z.B. der Histidin-Oxidationstest, der Photohämolyse-Test und der Hämoglobin-Oxidationstest an Erythrozyten und der Hefe-Test (Tabelle 1). Erfreulicherweise waren die Ergebnissse mit diesen Tests in den teilnehmenden Labors gut reproduzierbar. Da die Tests nur bestimmte phototoxische Mechanismen erfassen, waren die Ergebnisse für die phototoxischen Stoffe der *Klasse I* mit den einzelnen Tests nur bei einem Teil der Stoffe positiv. Darüberhinaus überschneiden sich bei einigen Tests die positiven Ergebnisse bei einigen Stoffen, weil die Stoffe oft über mehrere Mechanismen phototoxisch wirken können. Die Testung mit menschlichen Keratinozyten und Lymphozyten ergab nur unbefriedigende Ergebnisse, weil die Tests noch nicht ausreichend entwickelt waren und beispielsweise standardisierte Testprotokolle noch nicht vorlagen.

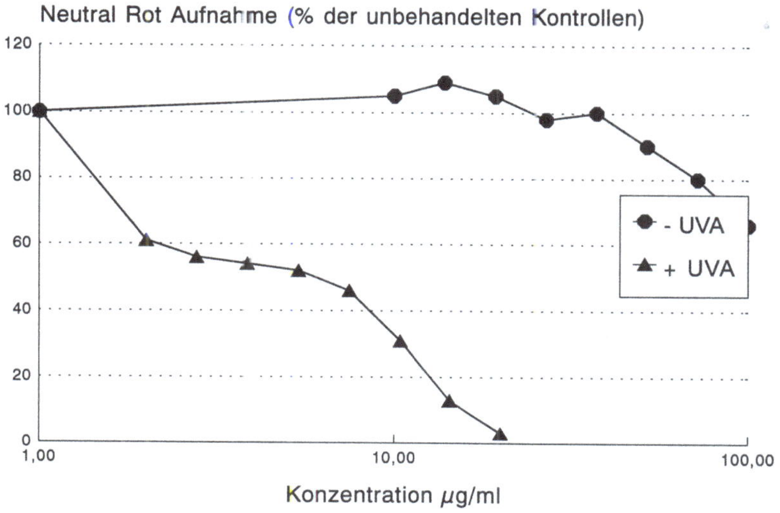

Abb. 3. Phototoxizität von 8-Methoxypsoralen im 3T3-NRA-Test. Ohne UV-A-Bestrahlung war bis zur Löslichkeitsgrenze keine Zytotoxizität (IC_{50}) bestimmbar. Nach UV-A-Bestrahlung ist eindeutig ein zytotoxischer Effekt zu sehen. Der Stoff wirkt auch *in vivo* phototoxisch

4. Diskussion und Ausblick

In dieser Validierungsstudie von in vitro-Methoden zur Phototoxizitätstestung ist bemerkenswert, daß erstmals von allen Teilnehmern identische UV-Bestrahlungsbedingungen gewählt wurden. Weiterhin war wichtig, daß vor der Validierung die Qualität der 3T3-Zellen verglichen wurde, d.h. ihre UV-Empfindlichkeit, die in einzelnen Fällen unterschiedlich war. Nur aufgrund der Standardisierung der Qualität der UV-Bestrahlung und des Alters der Zellen bzw. ihrer Passagezahl konnten überraschend gut übereinstimmende Ergebnisse bei der Phototoxizitätsprüfung von 20 Testchemikalien im 3T3-NRA-Test in 8 Labors erreicht werden.

Zur Auswahl der Prüfsubstanzen ist zu bemerken, daß die Qualität der *in vivo*-Daten der Prüfsubstanzen auf dem Gebiet der Phototoxizität problematisch ist, weil Daten für den Menschen nur schwer zu ermitteln sind und Ergebnisse in Tierversuchen speziesabhängig variieren. Schwierigkeiten bereitete aufgrund der *in vivo*-Daten nur Piroxicam, das im Tierversuch nicht phototoxisch wirkt und in keinem der *in vitro*-Tests dieser Studie phototoxische Eigenschaften zeigte. Während man früher diskutierte, daß Piroxicam beim Menschen phototoxisch wirkt, belegen neuere Untersuchungen, daß Piroxicam selbst nicht phototoxisch wirkt (HÖLZLE E. et al., 1993), sondern daß die akuten Hautreaktionen nach UV-Exposition auf eine Kreuzreaktion mit Merthiolat bei Patienten mit einer Photoallergie gegen Merthiolat zurückzuführen sind (LJUNGGREN B., 1989).

Der 3T3-NRA-Test zeigte eine bessere Prädiktivität als alle in der Validierungsstudie geprüften *in vitro*-Tests und auch im Vergleich zu früheren Studien, in denen permanente Zelllinien für die *in vitro*-Phototoxizitätstestung geprüft wurden (z.B. DUFFY P.A. et al., 1987). Aufgrund dessen erscheint der 3T3-NRA-Test für die weitere Validierung unter blinden Bedingungen besonders geeignet. Die mit dem SOLATEX-Test von uns erarbeiteten Ergebnisse wären unter blinden Bedingungen deutlich schlechter ausgefallen. Derzeit bemühen wir uns zusammen mit dem Hersteller des SOLATEX-Tests um eine Verbesserung des Testprotokolls.

Das Skin^2-Testsystem für die Phototoxizitätsprüfung ist aufgrund unserer Vorarbeiten als gut reproduzierbar anzusehen. Ein Vorteil gegenüber allen anderen *in vitro*-Testsystemen liegt in der Möglichkeit, wasserunlösliche Stoffe als ölige Suspension in gleicher Weise wie an der Haut *in vivo* zu testen. Außerdem stellt dieses kommerzielle Testsystem geringe Anforderungen an Labor und Personal. Als kritische Faktoren sind beim Skin^2-Test die bisher geringen Erfahrungen in der Praxis, das Transportproblem, die begrenzte Haltbarkeit und der hohe Preis zu nennen.

Bei der weitergehenden Validierung unter blinden Bedingungen sollen aufgrund der geschilderten Ergebnisse als generelle „Screening"-Tests für phototoxische Eigenschaften von chemischen Stoffen der 3T3-NRA-Test und der Skin^2-Test geprüft werden. Von den Tests, mit denen spezifische phototoxische Eigenschaften erfaßt werden, sollen der Histidin-Oxidationstest, der Photohämolyse-Test und der Hämoglobin-Oxidationstest bei der Validierung unter blinden Bedingungen berücksichtigt werden.

Danksagung

Diese Studie wurde finanziell von der DG XI der EG in Brüssel und vom Europäischen Zentrum zur Validierung von Alternativmethoden (ECVAM) in Ispra (Italien) unterstützt.

Literatur

BALLS M., BOTHAM P., CORDIER A., FUMERO S., KAYSER D., KOETER H., KOUNDAKJIAN P., LINDQUIST N.G., MEYER O., POIDA L., REINHARDT C.A., ROZEMOND H., SMYRNIOTIS T., SPIELMANN H., VAN LOOY H., VAN DER VENNE M.-T., WALUM E., Report and recommendations of an international workshop on promotion of the regulatory acceptance of validated non-animal toxicity test procedures, ATLA, 18, 339-344, 1990

BERGER T. und PRYZIBILLA B., Phototoxizität, in: MACHER E., KOLDE G., BRÖCKER E.B. (Hrsg.), Jahrbuch der Dermatologie: Licht und Haut, Zülpich: Biermann Verlag, 101 - 133, 1993

BORENFREUND E. and PUERNER J.A., Toxicity determined in vitro by morphological alterations and Neutral Red absorption, Toxicology Lett., 24, 119-124, 1985

DANIELS F.J., A simple microbiological method for demonstrating phototoxic compounds, Journal of Investigative Dermatology, 44, 259-263, 1965

DUFFY P.A., BENNET A., ROBERTS M., FLINT O.P., Prediction of phototoxic potential using human A431 cells and mouse 3T3 cells, Molecular Toxicology, 1, 579-587, 1987

JOHNSON B.E., WALKER E.M., HETHERINGTON A.M., In vitro models for cutaneous phototoxicity, in: MARKS R. and PLEWING G. (eds.), Skin models - models to study function and disfunction of skin, Berlin Heidelberg New York: Springer, 265-281, 1986

HÖLZLE E., NEUMANN N., GOERTZ G., Photoallergie - Mechanismus und Diagnostik, in: MACHER E., KOLDE G.B., BÖCKER E.B. (Hrsg.): Jahrbuch der Dermatologie, Zülpich: Biermann Verlag, 135-142, 1993

LJUNGGREN B., The piroxicam enigma, Photodermatology, 6, 151-154, 1989

MOSMANN T., Rapid colometric assay for cellular growth and survival: application to proliferation and cytotoxicity assays., J. Immunol. Methods, 65, 55-63, 1993

NILSSON R., MAURER T., REDMOND N., A standard protocol for phototoxicity testing. Results from an interlaboratory study, Contact Dermatitis, 28, 285-290, 1993

PAPE W.J.W., BAND M., PFANNENBECKER U., Combined in vitro assay for photohaemolysis and haemoglobin oxidation as part of a photoirritancy test system examined on different phototoxic substances, Toxicol. In Vitro, 1993

SPIELMANN H., GERNER I., KALWEIT S., MOOG R., WIRNSBERGER T., KRAUSER K., KREILING R., KREUZER H., LÜPKE N.-P., MILTENBURGER H.G., MÜLLER N., MÜRMANN P., PAPE W.J.W., SIEGEMUND B., SPENGLER J., STEILING W., WIEBEL F.J., Interlaboratory assessment of alternatives to the Draize eye irritation test in Germany, Toxicol. In Vitro, 5, 539-542, 1991

Qualität: Unabdingbare Voraussetzung zur Erreichung der Vision 3R

W. Gfeller, H. Hartmann, F. Waechter, M. Schoch, Ch. Hagemann

Zusammenfassung

Die Qualität als Grundsatz der GLP (Good Laboratory Practice) spielt im Rahmen von Toxizitätsprüfungen eine wichtige Rolle. Daten und Bewertungen aus Prüfungen, die diesen Qualitätskriterien entsprechen, müssen nicht wiederholt werden; damit kann ein unnötiger Einsatz von Versuchstieren vermieden werden. Die Prinzipien der GLP sollten für alle Tierversuche Standard werden.

Reduce, refine, replace strebt an, immer weniger Tiere für Versuche einzusetzen. Die Toxikologie hat die Verpflichtung, wissenschaftlich korrekte Aussagen zu machen. Höchste Qualität im Sinn von 3R ist demnach „Ersatz von Tierversuchen durch Modelle, die Daten liefern, welche auf Mensch, Tier und Umwelt übertragbar sind".

Im Moment kann die Toxikologie noch nicht ohne Versuchstiere auskommen. Je mehr Tierversuche ersetzt werden, umso mehr gezielte Versuchsanordnungen werden notwendig, um verwertbare, auf den Menschen übertragbare Resultate zu erhalten.

Resultate und Schlüsse aus Versuchen, welche nicht den offiziellen Richtlinien entsprechen, aber mit einem hohen Qualitätsstandard durchgeführt wurden, sollten Aussicht bekommen, von den Behörden akzeptiert und in die Risikobetrachtung einbezogen zu werden.

1. Einleitung

In meiner Präsentation geht es darum aufzuzeigen, welche Rolle der Qualitätsbegriff im Rahmen der Toxikologie und im Rahmen der Zielsetzung zur Verminderung der Tierversuche spielen soll.

2. Toxikologie

Bevor ich Qualitätskriterien diskutieren kann, möchte ich kurz über die Toxikologie und deren Zielsetzungen sprechen.

Toxikologie ist die Lehre von den schädlichen Wirkungen chemischer Stoffe auf lebende Organismen. Die Aufgabe der Toxikologie besteht darin, mögliche Schadwirkungen durch chemische Stoffe auf Lebewesen in Abhängigkeit zur Dosis zu untersuchen. Die Toxikologie hat zum Ziel, Gefährdungen zu erkennen, sowie das Risiko chemischer Stoffe für die Gesundheit von Mensch und Tier abzuschätzen. Die Schlüsse und Maßnahmen aus den Erkenntnissen der Toxikologie führen dazu, Schäden von Mensch, Tier und Umwelt abzuhalten.

Seit eh und je wurden zur Untersuchung von möglichen Giftwirkungen Tiere als Ersatz für den Menschen eingesetzt, zumal uns die Erfahrung lehrt, daß die Reaktionen auf chemische Stoffe und Gifte von Mensch und Tier vergleichbar sind.

Im Rahmen der toxikologischen Untersuchungen wird unter Berücksichtigung von Dosis/Wirkungsbeziehungen sowie Wirkungsdauer die akute und chronische Giftwirkung sowie die unschädliche bzw. die schädigende Dosis festgestellt. Zudem muß geprüft werden, ob die Substanz reizend, allergieauslösend, krebsfördernd oder krebsauslösend, erbgutschädigend und fruchtschädigend ist und die Fortpflanzung beeinträchtigen kann.

Die Schlüsse, die aus toxikologischen Untersuchungen gezogen werden, haben für Mensch, Tier und Umwelt eine große Tragweite. Aus diesem Grund muß die Durchführung von Toxizitätsuntersuchungen sehr strengen Qualitätskriterien genügen.

3. Was versteht man unter Qualität?

Üblicherweise wird unter Qualität Beschaffenheit, Güte und Wert verstanden.

Ich möchte mich aber in meiner Präsentation an der im Rahmen des TQM (Total Quality Management) verwendeten Begriffsbestimmung orientieren. Qualität wird dabei als Wertmaßstab verstanden, der an Leistungen - seien sie materieller oder geistiger Natur - angelegt werden kann und der uns Auskunft gibt über die erreichte Übereinstimmung mit gestellten Anforderungen.

Die gestellten Anforderungen sind in unserem Fall:

- tierversuchsfreie Forschung
- wissenschaftlich einwandfreie Aussage

Je geringer die Abweichung von den gestellten Anforderungen ist, desto besser oder höher ist die Qualität. Ideal ist die „Nullabweichung"; das heißt in unserem Fall: optimale wissenschaftliche Aussage ohne Versuchstiere.

Es geht also darum, die Frage zu stellen, inwiefern das Streben nach Qualität dazu beisteuern kann, die Anforderungen „tierversuchsfreie Forschung" und „wissenschaftlich plausible Aussagen" zu erreichen. Das heißt, auch die Prüfmethoden der Toxikologie, wie sie heute durchgeführt und wissenschaftlich akzeptiert werden, auf ihre Abweichung von den oben definierten Anforderungen zu untersuchen.

3.1. Abgrenzungen

Wenn es darum geht, Qualität bei der Planung eines Tierversuches, der Interpretation der Richtlinien und der Versuchsdurchführung, Versuchsauswertung und Interpretation zu erreichen, werden die klassischen Methoden zur Qualitätsverbesserung eingesetzt.

3.2. Good Laboratory Practice (GLP)

Das wesentliche Prinzip der GLP ist die Rekonstruierbarkeit aller im Rahmen eines Versuches erfolgten Überlegungen, Aktionen, Vorgänge und Daten. Die GLP bildet eine gemeinsame Grundlage für alle Laboratorien, welche sich mit der Prüfung und Beurteilung chemischer Stoffe befassen.

3.3. *Peer Review*

Die Methoden der Peer Review befassen sich schwerpunktmäßig mit der Qualität der wissenschaftlichen Aussage.

Grundsätzlich werden wissenschaftliche Aussagen durch unabhängige Experten auf ihre Stichhaltigkeit untersucht und bewertet.

3.4. *Validierung*

Validiert werden Systeme, Methoden und Geräte, welche im Rahmen von Versuchsanordnungen eingesetzt werden. Validieren heißt „nachprüfen, ob das Gerät, das System oder das Verfahren das tut, was man von ihm erwartet, was von ihm behauptet wird oder anders ausgedrückt, spezifikationskonform arbeitet".

3.5. *Richtlinien*

Verschiedene Länder (USA, Japan) und Organisationen (EG, OECD, WHO) haben Richtlinien zur Durchführung von Toxizitätsuntersuchungen herausgegeben. Auch diese Richtlinien bilden eine gemeinsame Grundlage für alle Laboratorien, welche auf dem Gebiet der Toxikologie arbeiten.

4. Vision 3 R

CHRISTOPH A. REINHARDT (REINHARDT CH.A., 1993) hat die Vision 3R wie folgt formuliert: „Wille und Weg, die Zahl der in wissenschaftlichen Versuchen eingesetzten Tiere einzuschränken, Versuchstiere im Labor weniger zu belasten, Tierversuche durch andere Testmodelle zu ersetzen und damit auf solche Versuche mehr und mehr zu verzichten".

Diese Vision ist erreicht, wenn Untersuchungsmethoden eingesetzt werden, die wenige oder keine Tiere brauchen und die in der Lage sind, Aussagen zu machen, die verwertbar sind.

5. Möglichkeiten der Qualitätsverbesserung in der Toxikologie

Im folgenden möchte ich versuchen, die im Moment gültigen toxikologischen Untersuchungsmethoden zu werten und zu untersuchen, inwiefern mittels alternativer Methoden Resultate erarbeitet werden können, welche geeignet sind, als Basis für eine toxikologische Risikoabschätzung zu dienen.

5.1. *Die „klassische" Qualitätsbetrachtung*

GLP, Validierungen, Peer Reviews und Richtlinien haben dazu beigetragen, daß sich alle mit einer Methode erworbenen Daten, Befunde und Beurteilungen in einem allgemein akzeptierten und wissenschaftlich fundierten „Toxikologie-System" einreihen und vergleichen lassen.

Es wurden Voraussetzungen geschaffen, daß die Prüfdaten durch die Behörden anderer Länder anerkannt werden. Dadurch werden Doppelprüfungen vermieden, demnach Versuchstiere, Material und Arbeitszeit eingespart, Handelshemmnisse abgebaut, und es wird eine allgemein vergleichbare und gute Qualität der Prüfdaten erreicht.

GLP, Validierungen, Peer Reviews und Richtlinien sind nach wie vor wichtige Mittel, um den Tierverbrauch in der klassischen Toxikologie einzuschränken. Es muß an dieser Stelle ganz klar gesagt werden, daß die Einhaltung der Qualität im Rahmen des GLP-Begriffs weiterhin unabdingbare Voraussetzung zur Erreichung von 3R ist und dies nicht nur in der klassischen

Toxikologie sondern auch bei der Entwicklung von versuchstierfreien Methoden. Der Vorteil dieser Maßnahmen ist:

- keine unnötige Wiederholung
- internationale Akzeptanz
- keine Betrügereien

5.2. Qualitätsbeurteilung toxikologischer Prüfungen im Rahmen der Produktentwicklung

Im Rahmen der Produktentwicklung werden, wie schon eingangs erläutert, Tierversuche durchgeführt. Diese Tierversuche sind in den folgenden Abbildungen nach den Qualitätkriterien Belastung der Tiere (Grad 3 entspricht einer erheblichen Belastung = Schmerz und Leiden; Grad 0 entspricht keiner Belastung der Versuchstiere) und wissenschaftliche Aussage (hohe Note entspricht einer optimal verwertbaren wissenschaftlichen Aussage) gewertet.

Die akuten Versuche (akute orale und dermale Toxizität sowie akute Haut- und Schleimhautreizung) haben zum Ziel, die Prüfsubstanz in bezug auf ihr akutes Gefährdungspotential zu charakterisieren. Die akuten Versuche sind für die Versuchstiere belastend. Die daraus resultierende wissenschaftliche Aussage ist begrenzt. Allerdings werden aufgrund dieser Versuche die Produkte gekennzeichnet und damit der Verkehr bei Vorliegen von ungünstigen Befunden mit dem Produkt eingeschränkt und derjenige, der mit der Substanz umgeht, auf mögliche Nebenwirkungen aufmerksam gemacht. In diesem Sinn kommt diesen Versuchen ein hoher Stellenwert zu.

Die Sensibilisierungsprüfungen sind belastend für die Tiere. Die Versuchsanordnung hat zum Ziel, das Potential neuer Produkte, Kontaktallergien auszulösen, zu identifizieren. Die daraus resultierende wissenschaftliche Aussage ist hoch. Die Resultate dieser Versuche dienen ebenfalls dazu, Substanzen, welche ein kontaktallergisches Potential haben, zu kennzeichnen und damit den Verkehr mit solchen Produkten einzuschränken.

Subchronische und chronische Toxizitätsprüfungen haben zum Ziel, die Substanzwirkungen bei längerdauernder Exposition zu charakterisieren. Die subchronischen und chronischen Prüfungen werden meistens an Mäusen, Ratten oder Hunden durchgeführt. Die Versuchsanordnung verlangt, daß in der höchsten Dosis sichtbare, aber nicht lebensbedrohende Nebenwirkungen beobachtbar sein sollen. Aus diesem Grund sind solche Versuche für die Versuchstiere weniger belastend. Aufgrund dieser Studien können Aussagen gemacht werden, bis zu welcher Dosierung keine Nebenwirkungen und ab welcher Dosierung Nebenwirkungen beobachtet werden, welcher Natur die Nebenwirkungen sind, welche Organe in welcher Ausdehnung betroffen sind und ob die Phänomene reversibel sind. Die Resultate dieser Studien dienen dazu, das Risiko für den Menschen, der über längere Zeit der Substanz exponiert wird, abzuschätzen. Die wissenschaftliche Aussage aus diesen Versuchen kann als gut bezeichnet werden.

Geht es darum festzustellen, ob ein Produkt ein kanzerogenes Potential hat, werden die Versuchstiere, meistens Mäuse und Ratten, über mehr als die Hälfte ihrer Lebensdauer einer Substanz exponiert. Am Ende der Untersuchung werden die Tiere von Pathologen auf Neubildungen (Tumore) untersucht, und es wird aufgrund des resultierenden Tumorprofils festgestellt, ob das geprüfte Produkt Krebs hervorrufen kann. Auf Basis dieser Studien wird das Risiko für den Menschen abgeschätzt. Die wissenschaftliche Aussage aus diesen Versuchen kann als gut bezeichnet werden.

Substanzen können auch die Entwicklung von Föten während der Trächtigkeit negativ beeinflussen. In reproduktionstoxikologischen Untersuchungen werden sämtliche Aspekte der Fortpflanzung untersucht. Die wissenschaftliche Aussage aus diesen Versuchen kann als gut bezeichnet werden.

5.3. Verfeinerter Prüfplan

Das Einhalten der GLP-Prinzipien bedeutet nicht unbedingt, daß gleichzeitig eine effiziente und gute Wissenschaft betrieben wird. Das heißt, daß die Untersuchung der toxischen Eigenschaften eines Produktes mit den in den Richtlinien vorgesehenen Methoden nicht in jedem Fall wissenschaftlich bestmöglich oder vertretbar ist. Bis vor einigen Jahren war „Durchprüfen" einer mit Codenummer versehenen Substanz gemäß Behördenanforderungen die Regel. Seit einiger Zeit rückt die chemische Struktur der Prüfsubstanzen ins Zentrum der Betrachtung. Entsprechend differenzierter wird der Prüfplan.

Um das toxische Potential eines Produktes bei einmaliger Verabreichung abzuschätzen, würde ich zuerst geeignete Computermodelle einsetzen. Die erhaltene Schätzung entspricht mit großer Wahrscheinlichkeit nicht der Realität. Deshalb würde ich den vom Computer geschätzten Wert mit den Resultaten von Zytotoxizitätstests vergleichen und mit dieser Kenntnis an wenigen Tieren aufsteigende Dosen prüfen, bis ein „First Side Effect Level" erreicht wird (ECETOC, 1985; GRIFFITH J.F., 1964; LINGK W., 1982; ZBINDEN G. and FLURY-ROVESI M., 1981).

Zur Abschätzung der Reizwirkung auf Haut und Schleimhaut (ECETOC, 1988; ECETOC, 1990) würde ich ähnlich vorgehen: Aufgrund der Computerschätzung würde ich den Bovine Cornea Test (GAUTHERON P. et al., 1994), den LUEPKE-Test (LUEPKE N.P., 1985a, 1985b, 1986) und ev. Eyetex und Skintex einsetzen. Die gefundenen Schätzungen würde ich mit einem „Single Animal Test" bestätigen. Diesen Single Animal Test würde ich schonend vornehmen: Ich würde den „low volume rabbit test" (GRIFFITH J.F. et al., 1980) durchführen, das heißt, ich würde 1/10 des in der OECD-Arbeitsvorschrift vorgegebenen Probevolumens verwenden. Mittels des aurikulären Lymphknotentests kann das kontaktallergische Potential eines Produktes schonend untersucht werden (ECETOC, 1990; KIMBER I. and WEISENBERGER C., 1989; MAURER T., 1985).

Ich meine, daß im akuten Bereich mit der vorgeschlagenen Vorgehensweise das akut toxische Potential einer Substanz genügend charakterisiert werden kann, damit die Substanz klassifiziert werden kann und Vorschriften über den sicheren Umgang mit dem Produkt formuliert werden können. Demnach kann mit einem minimalen Einsatz von Versuchstieren ein wesentlicher Erkenntnisgewinn erarbeitet werden.

Aufgrund von Resultaten aus Embryokulturen, Organkulturen, Primärkulturen von embryonalen Zellen und etablierten Zellinien würde ich die Anordnungen und Dosierungen für die Untersuchungen der Reproduktionstoxikologie wählen (CHERNOFF N. and KAVLOCK R.J., 1982; FLINT O.P. and ORTON T.C., 1984; FLINT O.P. and BOYLE F.T., 1985; NEUBERT D. et al., 1976; SCHMID B.P. et al., 1983).

Die Situation ist im subchronischen und chronischen Bereich sowie bei den Spezialuntersuchungen wesentlich komplexer. Die bis jetzt validierten Alternativen decken ein Raster von Informationen ab, die nicht in jedem Fall geeignet sind, ein Produkt toxikologisch angemessen zu charakterisieren. Um verwertbare, auf den Menschen übertragbare Informationen zu erhalten, müssen Resultate von „maßgeschneiderten" Alternativmethoden mit Resultaten von gut geplanten, wenig belastenden „klassischen" Tierversuchen miteinander verknüpft, interpretiert und gewertet werden (PURCHASE I.F.H., 1994). Daraus können mehr und mehr wissenschaftliche Erkenntnisse und Erfahrungen gewonnen werden, welche mit der Zeit dazu führen, daß immer weniger Tiere eingesetzt werden müssen. Dieses Ziel kann aber nur erreicht werden, wenn die Qualität der Denkarbeit, der Planung, der experimentellen Durchführung und der Folgerungen richtig ist.

Einzelne Behörden sind tatsächlich bereit, aus Versuchen, welche nicht den offiziellen Richtlinien entsprechen, Schlüsse zu ziehen und sie in die Risikobetrachtung einzubeziehen.

Der Prozeß des Umdenkens braucht Zeit; es ist wichtig, sich dieser Tatsache bewußt zu sein.

Literatur

CHERNOFF N. and KAVLOCK R.J., An in vivo teratology screen utilising pregnant mice, J. Toxicol. Environ. Health, 10, 451, 1982
ECETOC, Acute Toxicity Tests, LD_{50} (LC_{50}) Determinations and Alternatives, Monograph, 6, 1985
ECETOC, Alternative Approaches for the Assessment of Reproductive Toxicity (with emphasis on embryotoxicity/teratogenicity), Monograph, 12, 1989
ECETOC, Eye Irritation Testing, Monograph, 11, 1988
ECETOC, Skin Irritation, Monograph, 15, 1990
ECETOC, Skin Sensitisation Testing, Monograph, 14, 1990
FLINT O.P. and BOYLE F.T., An in vitro test for teratogens: Its application in the selection of non-teratogenic triazole antifungals, Concepts Toxicol., 3, 29, 1985
FLINT O.P. and ORTON T.C., An in vitro assay for teratogens with cultures of rat embryo midbrain and limb bud cells, Toxicol. Appl. Pharmacol., 76, 383, 1984
GAUTHERON P., GIROUX J., COTTIN M., AUDEGOND L., MORILLA A., MAYORDOMO-BLANCO L., TORTAJADA A., HAYNES G., VERICAT J.A., PIROVANO R., GILLIO TOS E., HAGEMANN C., VANPARYS P., DEKUNDT G., JACOBS G., PRINSEN M., KALWEIT S., SPIELMANN H., Interlaboratory Assessment of the Bovine Corneal Opacicty and Permeability (BCOP) Assay, Toxic. in Vitro, 8 (3), 381-392, 1994
GRIFFITH J.F., Interlaboratory variation in the determination of the acute oral LD_{50},Toxicol. Appl. Pharmacol., 6, 726, 1964
GRIFFITH J.F., NIXON G.A., BRUCE R.D., REER P.J., BANNAN E.A., Dose-response studies with chemical irritants in the albino rabbit eye as a basis for selecting optimum testing conditions for predicting hazard to the human eye, Toxicol. Appl. Pharmacol., 55, 501, 1980
KIMBER I. and WEISENBERGER C., A murine local lymph node assay for the identification of contact allergens, Arch. Toxicol., 63, 274, 1989
LINGK W., Eine Ringuntersuchung auf EG-Ebene zur Bestimmung der akuten oralen Toxizität an Ratten, in: HUNTER W.J. and MORRIS C. (eds.), Quality Assurance of Toxicological Data, Commission of the European Communities, EUR 7270 EN, 89, 1982
LUEPKE N.P., Hen's egg chorioallantoic membrane test for irritation potential, Fd. chem. Toxicol., 23, 287, 1985a
LUEPKE N.P., HET-chorioallantoic-Test: An alternative to the Draize rabbit eye test, in: GOLDBERG A.M. and LIEBERT M.A. (eds.), In vitro toxicology: A progress report from the John Hopkins Centre for alternatives to animal testing, 591, 1985b
LUEPKE N.P., The hen's egg test (HET) - an alternative toxicity test, Br. J. Dermatol., 115, (Suppl. 31), 133, 1986
MAURER T., The optimisation test, in: ANDERSON K.E. and MAIBACH H.I., Contact Allergy Predictive Tests in Guinea Pigs, Current Problems in Dermatology, 14, 114, 1985
NEUBERT D., MERKER H.J., BARRACH H.J., LESSMOELLMANN U., Biochemical and teratological aspects of mammalian limb bud development in vitro, in: EBERT D.J. and MAROIS M., Tests of Teratogenicity in vitro, Amsterdam, New York, Oxford: North Holland Publ. Comp., 353, 1976
PURCHASE I.F.H., Current Knowledge of Mechanisms of Carcinogenicity: Genotoxins versus Non-genotoxins, Human & Experimental Toxicology, 13, 17-28, 1994
REINHARDT CH.A., Die Verantwortung des Forschers, ROCHE Magazin, 46, 1993
SCHMID B.P., TRIPPMACHER A., BIANCHI A., Teratogenicity induced in cultured rat embryos by the serum of procarbazin treated rats, Toxicol, 25, 53, 1983
ZBINDEN G. and FLURY-ROVESI M., Significance of the LD_{50} test for the toxicological evaluation of chemical substances, Arch. Toxicol., 47, 77, 1981

Anhang

Versuch	Richtlinie	Versuchsziel	Qualität in bezug auf: Tierschutz (Angst und Leiden) Schweregrad 0	1	2	3	Toxikologie (wissenschaftliche Aussage) Aussage 0	1	2	3
akute orale Toxizität Ratte	OECD 401	- Abschätzung des toxischen Potentials bei einmaliger oraler Verabreichung - ist das Produkt giftig, wenn es verschluckt wird? - Klassierung, Etikettierung				|		|		
akute dermale Toxizität Ratte	OECD 402	- Abschätzung des toxischen Potentials bei einmaliger dermaler Verabreichung - ist das Produkt giftig wenn es auf die Haut gelangt - Klassierung, Etikettierung				|		|		
Sensibilisierung Meerschweinchen	OECD 406	- Abschätzung des kontakt-allergischen Potentials - Klassierung, Etikettierung				|				|
Hautirritation und Augenirritation Kaninchen	OECD 403/404	- Abschätzung des Potentials Haut und Schleimhaut zu irritieren oder zu zerstören - Klassierung, Etikettierung				|		|		
subchronische, wiederholte Verabreichung 28 Tage Ratte, Hund	OECD 407	- Abschätzung Toxiziät bei wiederholter Verabreichung - Target Organe - MTD, NOEL, NAOEL,			|				|	
subchronische, wiederholte Verabreichung 90 Tage Ratte, Hund Maus	OECD 410/411	- Abschätzung Toxiziät bei wiederholter Verabreichung - Target Organe - MTD, NOEL, NAOEL, - Vorbereitungsstudie für chronische Tox - Karzinogenitätsstudie			|				|	
chronische, wiederholte Verabreichung 24 Monate Ratte, 18 Monate Maus	OECD 451 452 453	- Abschätzung Toxiziät bei wiederholter Verabreichung - Target Organe - MTD, NOEL, NAOEL, - chronische Toxizität - Karzinogenität			|				|	
Teratogenität Ratte, Kaninchen	OECD 414	- Abschätzung des teratogenen Potentials			|				|	
2-Generationenstudie Ratte	OECD 416	- Abschätzung des Potentials den Fortpfanzungszyklus zu beeinflussen			|				|	

Abb. 1. „Klassischer" Prüfplan

Versuchsziel	Versuch/Alternative	Qualität in Bezug auf							
		Tierschutz (Angst und Leiden)				Toxikologie (wissen-schaftliche Aussage)			
		Schweregrad				Aussage			
		0	1	2	3	0	1	2	3
- Abschätzung des toxischen Potentials bei einmaliger oraler und dermaler Verabreichung	Computersimulation	|				|			
	Zytotoxizitätstest	|				|			
- ist das Produkt giftig wenn es verschluckt wird - Klassierung, Etikettierung	orientierender akuter Versuch mit wenigen Tieren: Limiten First side-effect level			|				|	
- Abschätzung des kontakt-allergischen Potentials - Klassierung, Etikettierung	-aurikulärer Lymphknoten Test			|				|	
- Abschätzung des Potentials Haut und Schleimhaut zu irritieren oder zu zerstören - Klassierung, Etikettierung	-Bovine Cornea Test	|						|	
	-Lüpke - Test	|					|		
	-Basierung auf dermaler LD 50	|							|
	-Skintex	|				|			
	-Eyetex	|				|			
	-Single Animal Test				|			|	
- Abschätzung Toxiziät bei wiederholter Verabreichung - Target Organe - MTD, NOEL, NAOEL, - Vorbereitungsstudie für Langzeitstudien	sorgfältig angelegter 14/28 Tage Test mit erweiterter Parameter-auswahl)				|				|
- Abschätzung chronische Toxizität (18/24 Monate) - ist das Produkt karzinogen	Chronische Toxizität/ Karzinogenität gemäss OECD 451/52/53			|				|	
- Abschätzung des teratogenen Potentials	Vorversuche mit diversen Modellen	|				|			
	Hauptversuch gemäss OECD 414			|					|
- Abschätzung des Potentials den Fortpfanzungszyklus zu beeinflussen	2-Generationenstudie Ratte			|				|	

Abb. 2. Verfeinerter Prüfplan

Die Qualifikation der Spezifikation von Verunreinigungen in neuen Wirkstoffen

H. Möller, H.-H. Donaubauer

Zusammenfassung

Die Prüfung und Beurteilung von Verunreinigungen in Arzneimitteln gewinnt zunehmende Bedeutung bei der Charakterisierung der Qualität von neuen Wirkstoffen. Veranlaßt durch die neuen Empfehlungen der Internationalen Harmonisierungskonferenz (ICH) zur Festlegung der Spezifikation von Verunreinigungen in neuen Wirkstoffen werden Überlegungen diskutiert, inwieweit die Identifizierung und Spezifikation sowie Qualifikation von Verunreinigungen im Rahmen der Entwicklung geplant werden können. Zur Qualifikation von Verunreinigungen wird die Durchführung von toxikologischen Prüfungen empfohlen; hierzu wird ein Prüfkonzept diskutiert.

1. Einleitung

Die Prüfung und Beurteilung von Verunreinigungen in Arzneimitteln ist seit mehr als hundert Jahren ein bedeutendes Qualitätsmerkmal im Rahmen der Qualitätskontrolle. In Abhängigkeit von Herstellung und Lagerung von Arzneimitteln haben Arzneibücher diesem Qualitätsanspruch Rechnung getragen, in dem sie unwirksame und auch toxische Nebenprodukte spezifiziert haben.

Die Bedeutung von Verunreinigungen zur Garantie der Arzneimittelsicherheit wurde gleichermaßen bei internationalen regulatorischen Anforderungen berücksichtigt (CARTWRIGHT A.C., 1990; KOHNO K., 1989).

Mit der Entwicklung von spezifischen und selektiven analytischen Verfahren wurde der Nachweis von Verunreinigungen im ppm-Bereich ermöglicht, womit eine deutliche Erhöhung der Arzneimittelsicherheit erzielt werden konnte (BALLEY L.C., 1990).

Im Sinne der internationalen Harmonisierung wurde in Zusammenarbeit der Zulassungsbehörden und Industrieverbände von Europa, USA und Japan ein einheitlicher Qualitätsstandard formuliert, der mögliche Verunreinigungen definiert, Vorschläge zur Spezifikation macht und Wege aufzeigt, auf welche Weise die Qualifikation von Verunreinigungen durch Tierversuche erzielt werden kann (ICH, 1993a).

Mit dieser Vereinheitlichung von regulatorischen Anforderungen wird eine weltweit einheitliche Vorgehensweise bei der Qualitätsplanung erzielt, wodurch unterschiedliche Beurteilungsmaßstäbe bei der Arzneimittelzulassung vermieden werden sollen (MAHONEY K. et al., 1993; FDA, 1987; Drug Approval and Licensing Procedures in Japan, 1988; EC, 1989).

2. Klassifizierung von Verunreinigungen

Das Amerikanische Arzneibuch (USP) definiert eine Verunreinigung als eine Komponente des Wirkstoffs - Wasser ausgenommen - welche von der Definition des wirksamen Bestandteils abweicht. USP (Pharmacopoeial Forum) unterscheidet zwischen „Related Substances", „Process Contaminants" und „Extraneous Contaminants", wobei letztere Verunreinigungen unter GMP-Bedingungen zu vermeiden sind (Pharmacopoeial Forum, 1987).

Der vierte Entwurf vom November 1993 der ICH-Empfehlung „Impurities in New Drug Substances" teilt Verunreinigungen in folgende Klassen ein:

- Organische Verunreinigungen
- Anorganische Verunreinigungen
- Lösungsmittelreste

Die organischen Verunreinigungen können während der Herstellung und während der Lagerung eines Wirkstoffes entstehen, demzufolge können Restmengen von z.B.

- Synthese-Ausgangsstoffen,
- Synthese-Zwischenprodukten,
- Synthese-Hilfsmittel (Reagentien, Katalysatoren) sowie
- Bestandteile von Neben- bzw. Zersetzungsreaktionen

zu organischen Verunreinigungen gezählt werden.

Anorganische Verunreinigungen wie beispielsweise anorganische Salze, Schwermetalle, Reagentien, Katalysatoren und andere Synthese-Hilfsmittel (z.B. Aktivkohle, Filterbestandteile) sind Rückstände aus dem Herstellungsprozeß, die während der Lagerung in ihrer Menge unverändert bleiben.

Lösungsmittelreste resultieren überwiegend aus den letzten Herstellungsstufen, bei denen organische Lösungsmittel zur Umkristallisierung bzw. Reinigung eines Wirkstoffes verwendet werden.

Neben den Verunreinigungen, die während der Herstellung und Lagerung eines Wirkstoffes entstehen, sind auch solche zu nennen, die durch externe Kontamination der Synthese-Ausgangsstoffe bzw. -Zwischenprodukte sowie des Wirkstoffes entstehen können. Hierzu zählt die Kontamination durch Mikroorganismen und auch partikuläre Verunreinigungen (z.B. Fasern, Partikel), die insbesondere bei sterilen bzw. keimarmen Wirkstoffen eine besondere Rolle spielen.

3. Spezifikation von Verunreinigungen

Für Verunreinigungen in einem neuen Wirkstoff, der nach einem definierten Herstellungsprozeß hergestellt und in einem Fertigprodukt verarbeitet wird, sind Spezifikationen für die in Abb. 1 genannten Komponenten bzw. Klassen festzulegen.

Die Festlegung der Spezifikation orientiert sich an der Leistungsfähigkeit des Herstellungsverfahrens eines neuen Wirkstoffes, insbesondere an den Reinigungsschritten, ob und inwieweit mögliche Verunreinigungen entfernt bzw. auf tolerierbare Restmengen minimiert werden können. Die Grenzwerte von Verunreinigungen werden in der Höhe festgelegt, die durch toxikologische und klinische Prüfungen als validiert bzw. qualifiziert gelten, wobei maximale Tagesdosis, Dosierungsschema und Dauer der Therapie berücksichtigt werden sollten. Nicht zuletzt muß das zum quantitativen Nachweis von Verunreinigungen verwendete analytische Verfahren geeignet sein, die Verunreinigungen mit ausreichender Präzision und Selektivität bestimmen zu können. Der Nachweis der Leistungsfähigkeit des analytischen Verfahrens wird durch die analytische Validierung erbracht (ICH, 1993b).

Each specified identified impurity
Each specified unidentified impurity
Any other unidentified impurity
Total impurities
Inorganic impurities
Residual solvents
Microbial contaminants

Abb. 1. Konzept der Spezifikation von Verunreinigungen in neuen Wirkstoffen

Sofern die Spezifikation von Verunreinigungen in einem neuen Wirkstoff nicht durch die präklinische und klinische Prüfung qualifiziert worden ist, bedarf es der Qualifikation von Verunreinigungen größer als 0,1% (bezogen auf den Wirkstoff) durch Tierversuche. Anorganische Verunreinigungen sind in der Regel nach den Angaben von Arzneibüchern zu bestimmen und zu spezifizieren. Lösungsmittelreste werden gleichermaßen nach den Anforderungen der Arzneibücher bestimmt und hinsichtlich der Restgehalte begrenzt. Hierzu werden für einige Lösungsmittel bereits Grenzwerte vorgegeben (Pharmacopoeial Forum, 1989; Pharmeuropa, 1990) (Abb. 2). Die für den Nachweis der dort beschriebenen Lösungsmittelreste vorgeschlagenen gaschromatographischen Verfahren bedürfen noch der Harmonisierung auf internationaler Basis.

	Pharmeuropa (1990)	Ph. Forum (1989)
Acetonitrile	50	
Chloroform	50	50
Benzene	100	100
1,4 Dioxane	100	100
Butanol	500	
2-Methylpropanol	400	
Methylene chloride	500	100
Dimethylformamide	1000	
2-Methoxyethanol	1000	
Methanol	1000	
Toluene	1000	
Formamide	1000	
Ethylene oxide	*	10
Trichlorethylene		100

* specified separately (≤ 1)

Abb. 2. Grenzwerte von Lösungsmittelresten, vorgeschlagen von Pharmeuropa (1990) und Pharmacopoeial Forum (1989)

Zur Begrenzung von Kontaminanten, die durch Rohstoffe oder aus der Umgebung eingeschleust werden können, beschreiben die Arzneibücher Anforderungen hinsichtlich der mikrobiologischen und partikulären Kontamination.

4. Qualifikation der Spezifikation von Verunreinigungen

Bei der Festlegung der Spezifikation von Verunreinigungen in einem neuen Wirkstoff ist darauf zu achten, daß die Verunreinigung in ihren festgelegten Grenzwerten durch toxikologische und klinische Prüfungen qualifiziert sind. Dieses Ziel läßt sich allerdings nur dann erreichen, wenn während der Entwicklung eines Arzneimittels das Verunreinigungsprofil über alle Stufen der Entwicklung eines Herstellungsprozesses in Art und Menge vergleichbar ist. In der Regel treten beispielsweise während der Maßstabsvergrößerung (scaling-up) des Herstellungsprozesses von neuen Wirkstoffen Veränderungen im Verunreinigungsprofil ein, so daß neue, noch nicht qualifizierte Verunreinigungen erneut durch Untersuchungen am Tier qualifiziert werden müssen.

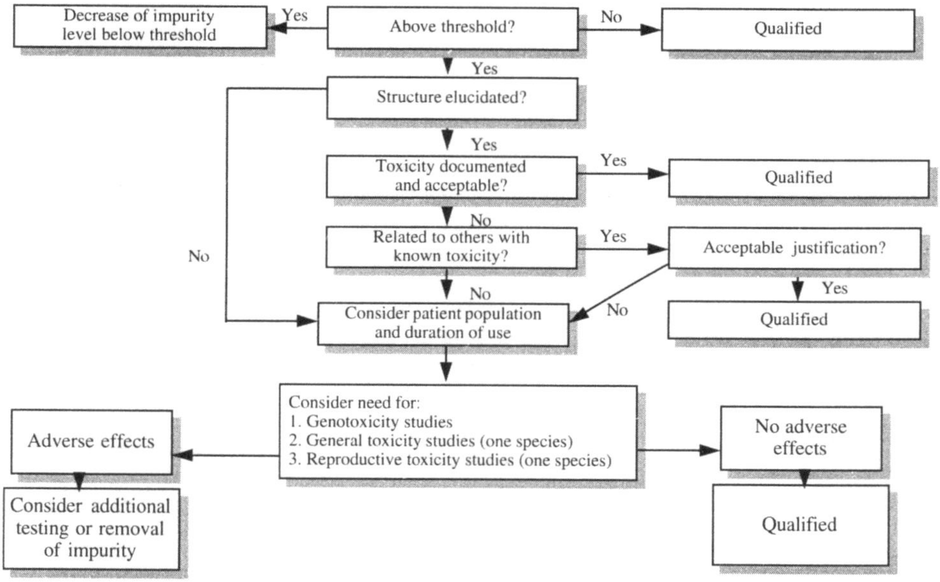

Abb. 3. Konzept der Qualifikation von Verunreinigungen in neuen Wirkstoffen mit Hilfe der toxikologischen Prüfung (ICH, 1993)

Für die Durchführung von toxikologischen Prüfungen wird in der ICH-Empfehlung „Impurities in New Drug Substances" die in Abb. 3 dargestellte Vorgehensweise beschrieben.

Wenn man von einem Schwellenwert von >0,1% ausgeht, soll der Versuch unternommen werden, die Identifizierung der unbekannten Verunreinigung vorzunehmen. Sofern die toxikologischen Eigenschaften dieser identifizierten Verunreinigung bekannt sind oder auch von ähnlichen Verbindungen abgeleitet werden können, gilt diese Verunreinigung als bekannt und qualifiziert. Im Falle einer neuen, toxikologisch noch nicht qualifizierten Verunreinigung sollte diese als Bestandteil, mindestens in der Menge der vorgesehenen Spezifikation, durch toxikologische Prüfung qualifiziert werden. Die Qualifikation kann mit der isolierten Verunreinigung vorgenommen werden; es empfiehlt sich jedoch, den Wirkstoff mit der neuen Verunreinigung in einer über der Spezifikation liegenden Menge toxikologisch zu beurteilen. Die Herstellung des Prüfmaterials läßt sich in der Praxis auch durch „Spiking" einer Wirkstoffcharge mit einer gezielten Menge der zu qualifizierenden Verunreinigung erreichen (HPB, 1990). Das Ergebnis der toxikologischen Prüfung (Wirkstoff mit einer Verunreinigung) kann mit früher durchgeführten Untersuchungsbefunden (Wirkstoff ohne neue Verunreinigung) oder durch Vehikelkontrolle vergleichend bewertet werden.

4.1. Als toxikologische Prüfung wird vorgeschlagen:

- Allgemeine Toxizitätsprüfung
  14 Tage, 1 Spezies, vorzugsweise Nager (hohe Dosis und Vehikelkontrollgruppe)
- Genotoxität
  - Ames-Test
  - in vivo-Mikronukleus-Test
- Reproduktionstoxizität
  - Segment II (Embryotoxizität und Teratogenität)
    1 Spezies, vorzugsweise Ratte (hohe Dosis und Vehikelkontrolle)

Die angegebenen Toxizitätsprüfungen stellen das Minimum dar. Im Einzelfall kann es in Abhängigkeit von den erhaltenen Resultaten erforderlich sein, weitere Prüfungen durchzuführen.

Die Reproduktionstoxizität ist nur dann erforderlich, wenn Frauen in gebärfähigem Alter mit dem Wirkstoff behandelt werden.

Die Toxizitätsprüfungen sind grundsätzlich unter Beachtung der Grundsätze der Guten Laborpraxis (GLP) durchzuführen (HARSTON S.J., 1992). Die nationalen und internationalen Richtlinien zur toxikologischen Prüfung von Arzneimitteln sollten beachtet werden. Abweichend von diesen Richtlinien wird vorgeschlagen, in der allgemeinen Toxizitätsprüfung und der Reproduktionstoxikologie möglichst nur eine, maximal zwei Dosierungen zu testen. Dies führt zu einer Minimierung der Anzahl der benötigten Versuchstiere und trägt dem Tierschutzgesetz Rechnung. Gleichermaßen sollten die Prüfungen nur an einer Spezies, vorzugsweise Nager, durchgeführt werden.

5. Strategien zur Qualifikation von organischen Verunreinigungen in neuen Wirkstoffen

Während der Entwicklung eines Arzneimittels ist es erforderlich, einen neuen Wirkstoff in unterschiedlichen Maßstäben herzustellen und diesen im Rahmen der Prozeßentwicklung vom Labor- bis zum Produktionsmaßstab zielgerecht zu planen.

Wie Abb. 4 zu entnehmen ist, bedarf es der umfassenden Dokumentation der Herstellungsverfahren (vom Labor- bis zum Produktionsmaßstab), wobei es von großer Bedeutung ist, daß die Beurteilung der Qualität des Wirkstoffs insbesondere seines Verunreinigungsprofils mit den Änderungsmaßnahmen des Herstellungsprozesses simultan erfolgt. Gleichzeitig wird empfohlen, die Stabilität des Wirkstoffs für jede Maßstabveränderung zu beurteilen, um mögliche Zersetzungsprodukte bei Lagerung des Wirkstoffs nachweisen zu können, die gleichermaßen im Sinne der Arzneimittelsicherheit qualifiziert werden müssen.

Obwohl die Herstellung und Prüfung von Arzneimitteln für die toxikologische Prüfung noch nicht nach GMP-Anforderungen, sondern erst mit Beginn der klinischen Prüfung erfolgen muß (EC, 1990 und 1992; FDA, 1991), ist es empfehlenswert, eine GMP-gerechte Dokumentation bereits zur Herstellung und Prüfung von Wirkstoffchargen für die toxikologische Prüfung einzuführen. Damit läßt sich eine kontinuierliche Beurteilung der Qualität eines neuen Wirkstoffes im Sinne der Qualifikation von Verunreinigungen erreichen.

In den frühen Phasen der Entwicklung können in der Regel organische Verunreinigungen nur als Summe spezifiziert werden, wobei darauf zu achten ist, daß die Menge der Verun-

reinigungen für die toxikologischen Prüfungen nicht geringer sein soll als für die klinischen Prüfungen zu einem späteren Zeitpunkt (Abb. 5).

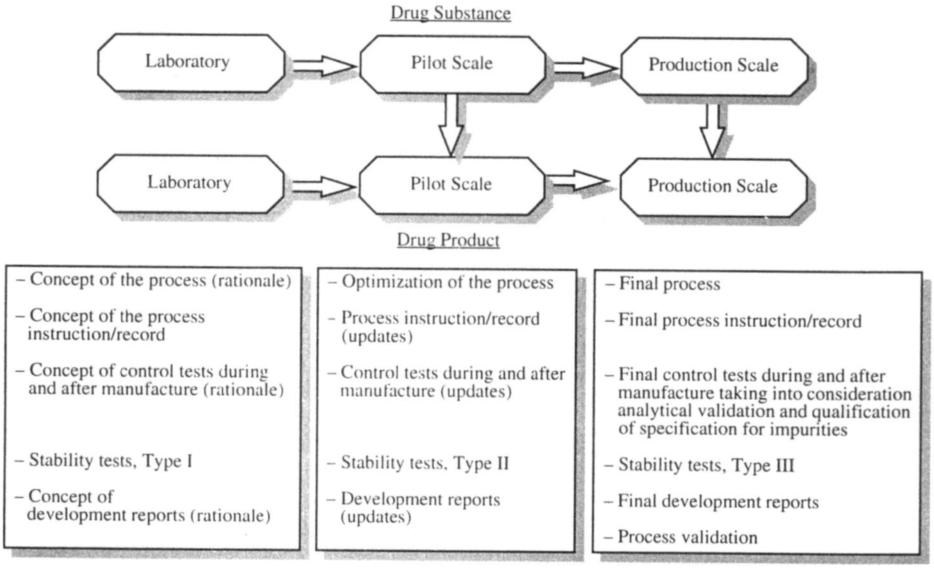

Abb. 4. Prüfkonzept von neuen Wirkstoffen und Fertigprodukten während der Entwicklung unter Berücksichtigung des Herstellungsmaßstabes

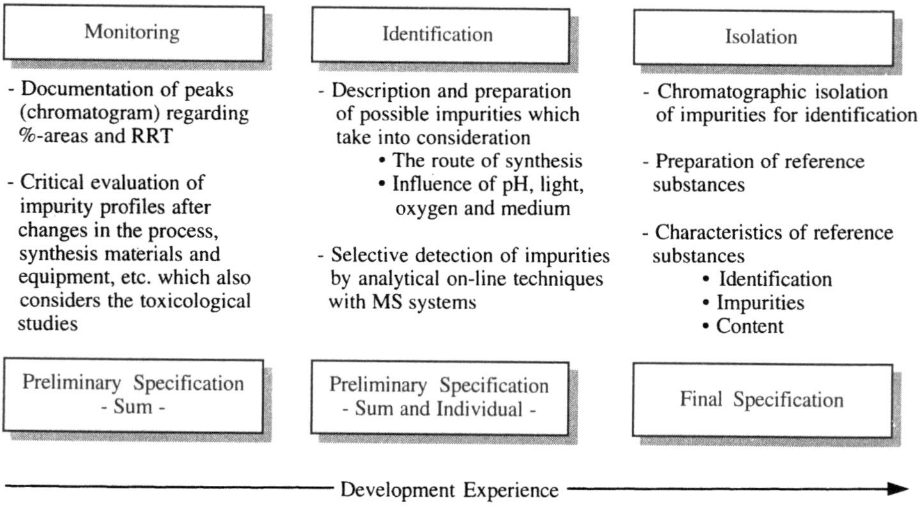

Abb. 5. Analytischer Nachweis und Identifizierung von Verunreinigungen in neuen Wirkstoffen während der Entwicklung

Mit Zunahme der Kenntnisse während der Entwicklung werden die Verunreinigungen unter Berücksichtigung von Herstellungsprozeß und Stabilität des Wirkstoffs identifiziert und im Rahmen der toxikologischen Prüfung qualifiziert. Mit dem Wirkstoff des endgültigen Herstellungsverfahrens wird neben den Qualitätsmerkmalen Identität, Gehalt und pharmazeutisch-

technischen Kriterien die Spezifikation der Verunreinigungen festgelegt und mit der Qualität von Chargen während der präklinischen und klinischen Prüfung vergleichend bewertet.

Sofern die festgelegte Spezifikation qualifiziert ist, bedarf es keiner weiteren toxikologischen Prüfung. Bei Bedarf, wenn beispielsweise die Qualität im Produktionsmaßstab von der vorangegangenen Qualität abweicht, muß eine Qualifikation durch toxikologische Prüfungen - wie unter Abschnitt 4 beschrieben - durchgeführt werden.

Zusammenfassend können die in Abb. 6 dargestellten Hinweise als strategische Planung für die Festlegung von Spezifikationen von Verunreinigungen in neuen Wirkstoffen während der präklinischen und klinischen Prüfung angesehen werden.

- Continuous update of the documentation for the manufacturing process and controls taking into consideration the rationales of changes
- Specifications of impurities for key starting materials, intermediates and drug substance
- Downstream trials of purification processes
- Monitoring the impurity profile of the relevant manufacturing steps regarding purification capability
- Specifications of the impurities for the final product based on development experiences taking into consideration
  - The capability of manufacturing process during scale-up procedures
  - The toxicological studies
  - The clinical concept
- Report of the process and analytical development
- Quality assessment based on the process development and analytical development
- Qualification of the limits for impurities (toxicological studies)

Abb. 6. Strategische Planung für die Festlegung von Spezifikationen für Verunreinigungen während der präklinischen und klinischen Entwicklung

Literatur

BALLEY L.C., Chromatography, in: GEUNARO A.R. (ed), Remington's Pharmaceutical Sciences, 18th Edition, Easton PA: Mack Publishing Company, 1990

CARTWRIGHT A.C., Toxicology of Impurities in Organic Synthetic Drugs, Int. Pharm. J., 4, 146-150, 1990

Drug Approval and Licensing Procedures in Japan, Yokugyo Jiho, Ltd. Tokyo, 1988

EC, Commission of the European Communities, Chemistry of Active Ingredients, in: The Rules Governing Medicinal Products in the European Community, Vol. III, 1989

EC, Commission of the European Communities, Good Clinical Practice for Trials on Medicinal Products, in: The Rules Governing Medicinal Products in the European Community, Voll. III, Addendum, 1990

EC, Commission of the European Communities, Annex to the EC Guide to Good Manufacturing Practice „Manufacture of Investigational Medicinal Products“, III/3004/91 - EN, 1992

FDA, Food and Drug Administration, Guideline for Submitting Supporting Documentation in Drug Applications for the Manufacture of Drug Substances, 1987

FDA, Food and Drug Administration, Guideline on the Preparation of Investigational New Drug Products, 1991

HARSTON S.J., Gute Laborpraxis (GLP): Qualitätssicherung, Lieferanten, Feldprüfung: OECD-GLP Veröffentlichungen Nr. 4 bis 6, Pharm. Ind., 54, 758-772, 1992

HPB, Health Protection Branch, Canada, Chemistry and Manufacturing: New Drugs, 1990

ICH, Internat. Conference on Harmonisation of Technical Requirements for the Registration of Pharmaceutical for Human Use - Impurities in New Drug Substances, Fourth Draft, 1993a

ICH, Internat. Conference on Harmonisation of Technical Requirements for the Registration of Pharmaceuticals for Human Use, Validation of Analytical Procedures, Draft Consensus Text, 1993b

KOHNO K., The Current Requirements for Purity of Drugs in Japan, Pharm. Ind., 51, 934-937, 1989

MAHONEY K., SCALES M.D.C., TUCKER M.L., Impurities in Organic Synthetic Drugs - A Review of Regulatory and Toxicological Consideration, Adverse Drug Reat. Toxicol. Rev., 12, 129-138, 1993

Pharmacopoeial Forum, Concept for Establishing Rational Drug Substance Impurity Limits, 2972-2974, 1987

Pharmacopoeial Forum, Organic Volatile Impurities, 5256-5262, 1989

Pharmeuropa 2, Survey: Residual Solvents, 142-206, 1990

Möglichkeiten der Reduktion von Tierversuchen in der Qualitätskontrolle bei Arzneimitteln (Sicht der deutschen Behörde)

R. Baß, D. Schnädelbach

Zusammenfassung

Bei der Diskussion um die mögliche Reduzierung von Tierversuchen in der Arzneimittelforschung, -entwicklung und -qualitätskontrolle zeigt sich, daß den Behörden, die die Ergebnisse aller Prüfungen, z.B. aus Tierversuchen, beurteilen, Grenzen gesetzt sind. Tierversuche können nicht einfach mit einem Verwaltungsakt abgeschafft werden. Neben internationalen Verflechtungen von Vorschriften gilt es, das Ziel der tierexperimentellen Untersuchungen daraufhin zu überprüfen, ob es gleich gut auch mit anderen - tierversuchsfreien - Methoden erreicht werden kann. Hier sind die pharmazeutischen Unternehmer ebenso gefordert wie Bundes- und Landesbehörden. Im nachfolgenden Beitrag wird versucht, die derzeitige Situation und sich abzeichnende Möglichkeiten für den Sektor Qualitätskontrolle aus Sicht der deutschen Bundesoberbehörde (Bundesgesundheitsamt - BGA)[1] zu beleuchten. Wichtigste Voraussetzung ist Verständnis über Begriffe wie Qualität und für deren Nachweis geeignete Methoden, Tierversuche und deren Eignung für die Erfüllung von Qualitätsvorschriften zum Nachweis von Identität, Reinheit und Gehalt.

Im Ergebnis ist zu betonen, daß das Streichen bestimmter Tierversuchsprüfungen aus dem Arzneibuch keine Änderung des Arzneimittels bedeuten darf, d.h. die Anforderung an die Qualität bleibt bestehen.

1. Einleitung

Beim Arbeitskreis für die Förderung von tierversuchsfreier Forschung möchte ich mich auch im Namen des Leiters des Institutes für Arzneimittel, Herrn Professor HILDEBRANDT, für die Einladung zu diesem Kongreß bedanken.

Die Qualität und Sicherheit von Arzneimitteln, die Qualität und Sicherheit der Qualitätskontrolle von Arzneimitteln und die Verminderung von Tierversuchen spielen - jeder Punkt für sich genommen als auch in ihrer gegenseitigen Beeinflussung - für unsere Institution gleichermaßen eine enorm wichtige Rolle. Laut Auftrag des Arzneimittelgesetzes geht es für uns primär um das Erreichen und Einhalten der angemessenen „Qualität“ von Arzneimitteln. Sofern dies ohne Tierversuche sichergestellt werden kann, sind wir als Bundesoberbehörde mit Arznei-

---

[1] Im Juli 1994 wurde das Bundesgesundheitsamt (BGA) reorganisiert. Der Autor ist nunmehr Mitar-beiter im Bundesinstitut für Arzneimittel und Medizinprodukte. Die unterschiedlichen Kompetenzen von BGA und PEI (Paul Ehrlich Institut) bleiben von der Aussage her aber bestehen.

mittelzulassungskompetenz der tierversuchsfreien Forschung, Entwicklung und Qualitätssicherung gesetzlich verpflichtet.

2. Definitionen

Zum gegenseitigen Verständnis gilt es, thematisch wichtige Begriffe verständlich und nachvollziehbar zu definieren und Einverständnis über ihre Anwendung zu erzielen. Herr Dr. SPIELMANN hat das in seinem Beitrag bereits betont und für den Bereich der Phototoxizität gemacht. Nur so kann eine Abstimmung der verschiedenen Spezialisten aus den vielen Bereichen der Naturwissenschaften inklusive der Medizin und Veterinärmedizin, den Rechtswissenschaften und den vielen Tierschützern aus Behörden, Firmen, Forschungseinrichtungen und anderen Gruppierungen erfolgreich sein.

2.1. Arzneimittel

Die Definition für den Begriff des Arzneimittels ist dem geltenden Arzneimittelrecht zu entnehmen: Nach EG und nationalem Recht sind Arzneimittel Stoffe und Zubereitungen aus Stoffen, die dazu bestimmt sind, durch Anwendung am (menschlichen oder tierischen) Körper Krankheiten zu heilen, vom Körper erzeugte Wirkstoffe zu ersetzen, Krankheitserreger abzuwehren,...

Der Begriff des Arzneimittels als Stoff oder stofflich wird weiter spezifiziert: chemische Elemente/Verbindungen/Gemische/Lösungen, Pflanzen bzw. deren Teile/Bestandteile, Körper bzw. deren Teile/Bestandteile/Stoffwechselprodukte, Mikroorganismen/Viren bzw. deren Bestandteile/Stoffwechselprodukte,...

Daraus ergibt sich eine Vielzahl und Vielartigkeit von Arzneimitteln, so z.B. gehören auch Homöopathika, Phytopharmaka, Sera, Impfstoffe, Testallergene, Radiopharmazeutika und biotechnisch hergestellte Produkte dazu; d.h., also alles, was bei Mensch und Tier zu den angeführten Zwecken angewandt wird und chemischen, biologischen oder biotechnologischen Ursprungs ist (heute muß zusätzlich auch die somatische Gentherapie angeführt werden, für die ein Regelbedarf noch besteht). Die unterschiedlichen Prüfungen, Prüfvorstellungen und Vorschriften für Teilbereiche werden so verständlich.

2.2. Qualität

Qualität ist mit Sicherheit assoziiert. Dieses wäre die weitreichendste Definition, die in der Abb. 1 näher ausgeführt wird.

Im Rahmen des heutigen Themas geht es um eine restriktivere Auslegung des Begriffes Qualität. Danach ist Qualität die Beschaffenheit einer „Einheit“ (Arzneimittel) bezüglich ihrer Eignung, festgelegte und vorausgesetzte Anforderungen zu erfüllen (DIN 55350, Teil II). Daraus folgt, daß ein Produkt mit „guter Qualität“ einem bestimmten Zweck (mehr oder weniger gut) dienen soll. Diese relativierende Auslegung macht deutlich, daß es keinen eindeutigen oder absoluten Maßstab oder meßbaren Wert für Qualität geben kann. Die Festlegung von Qualität und die Überwachung ihrer Einhaltung führen zu „Sicherheit“. Die häufig gemachte Annahme, daß Qualität in ein Arzneimittel „hineingeprüft“ werden könnte, ist falsch. Qualität muß produziert werden.

Qualität, speziell die pharmazeutische, biologische, biotechnologische und chemische Qualität betrifft:

- Identität,
- Reinheit als qualitative Beschreibung und quantitative Erfassung jedweder Verunreinigung (siehe Beitrag von Frau Dr. MÖLLER),

- Gehalt an Wirkstoff als Ausgangswert für vorklinische und klinische Bestimmungen von Wirksamkeit und Unbedenklichkeit eines Arzneimittels, sowie die
- Stabilität/Haltbarkeit des synthetisierten oder isolierten Wirkstoffes und des hergestellten Arzneimittels.

Wiegen und Messen sind dafür anzuwenden.

Arzneimittel Qualität (Sicherheit)	
Sicherheit des Produktes	• Herstellung • Reproduzierbarkeit • Zulassungskriterien
Sicherheit der Information	• Packungsbeilage • Fachinformation • Summary of Product Characteristics (SPC) • Summary Basis for Approval (zukünftig)
Sicherheit der Abgabe	• Freiverkäuflich • Apothekenpflichtig • Verschreibungspflichtig • Begrenzung auf bestimmte - Patientengruppen - Ärztegruppen • Überwachung Pharmakovigilanz

Abb. 1

„Gut“ ist vom Ansatz her der (gewogene) Gehalt von z.B. 10mg Wirkstoff pro Tablette (ohne daß dies die „gute“ Qualität hinreichend beschrieben hätte). „Schlecht“ ist vom Ansatz her der (gemessene) Gehalt von 1 „Einheit“ pro Milliliter (ohne daß dies die „schlechte“ Qualität hinreichend vermuten ließe). Verständlicherweise kumuliert die Beschreibung und Erfassung vieler solcher Einzelmerkmale der Qualität zur Gesamt-Qualität des Produktes. Die einzelnen Merkmale sind in der Prüfspezifikation als „Soll“ festgelegt und bilden so die Grundlage der Prüfung auf Qualität mittels Prüfverfahren, die geeignet sein müssen, die einzelnen Spezifikationen abgreifen zu lassen. Ergebnisse, bei denen „Ist“ mit „Soll“ übereinstimmt, ergeben eine „gute“ Qualität; Ergebnisse, bei denen „Ist“ von „Soll“ abweicht, ergeben eine „schlechte“ Qualität. Die mit validierten, d.h. geeigneten und verläßlichen Methoden durchzuführenden Nachweise lassen sich optimal mit physikalisch-chemischen Prüfverfahren erbringen. Sind solche Prüfverfahren nicht vorhanden oder möglich, muß auf andere Verfahren, z.B. biologische, die sehr streuen können, zurückgegriffen werden. Fehlen weiterhin internationale Standards für die zu verwendenden Einheiten und Standardisierungen und sind trotz Qualitätskontrolle beträchtliche Chargenunterschiede bezüglich des Gehaltes an Wirkstoff und an Verunreinigungen zu erwarten, wird man sich zu fragen haben, ob das Prüfverfahren überhaupt die in Qualität und Sicherheit gesetzten Erwartungen erfüllen kann.

Dementsprechend kommt der Prüfung der Qualitätskontrolle in Form der Überprüfung des „Modells“ (Musterbeschreibung), des die Untersuchungen durchführenden Labors, der ausgewählten Methode (Prüfverfahren) und schließlich des erhaltenen Ergebnisses, wie es für Arzneimittel unter GAP (Good Analytical Practice der Pharmaceutical Inspection Convention - PIC), GMP (Good Manufacturing Practice), GLP (Good Laboratory Practice) und GCP (Good Clinical Practice) vorgegeben ist, sehr große Bedeutung zu. Bei der Prüfung des Modells sind verschiedene experimentelle Ansätze, verschiedene Orte zur Durchführung der Prüfverfahren, verschiedene Methoden und unterschiedliche Zuständigkeiten von Behörden bzw. der Selbstkontrolle zu berücksichtigen, wie sie für Deutschland in der Prüfrichtlinie nach §26 Arzneimittelgesetz AMG zusammengefaßt dargestellt sind. Die Zuständigkeiten von Bundesoberbehörden (BGA und PEI), sowie der Landesbehörden, Regierungspräsidien und örtlichen Prüflaboratorien für die durchzuführenden Inspektionen (Plausibilität und Meßwerte), für die Überprüfung des „Modells" (Plausibilität) einerseits und die Überprüfung der „Serie" (Meßwerte) andererseits sind dabei zu beachten; die derzeitig unterschiedlichen Kompetenzen von BGA und PEI für die Arzneimittel des jeweiligen Zuständigkeitsbereiches sind bekannt. Das Arzneimittelinstitut des BGA ist zuständig für die Überprüfung des „Modells", aber nicht für Inspektionen oder die Überprüfung der „Serie".

2.3. *Arzneibuch*

Anforderungen an die Qualität und Sicherheit von Substanzen und Prüfvorschriften, wie sie z.B. für die Qualitätsbeschreibung von bekannten biologischen Arzneimitteln wichtig sind, finden sich im Arzneibuch (Abb. 2). Häufig gebrauchte Prüfvorschriften, beispielsweise zur Prüfung der Sicherheit biologischer Substanzen, sind im Allgemeinen Teil des Arzneibuchs beschrieben (Abb. 3); diese werden in den entsprechenden Monographien zitiert bzw. herangezogen. Über die Limitierung der Verunreinigungen soll das Ziel, nämlich „Qualität" , erreicht werden. Das Arzneibuch schreibt die Qualität von Substanzen und Zubereitungen vor, indem es Anforderungen an bestimmte Qualitätsmerkmale festlegt und Methoden angibt, mit denen die Qualität geprüft werden kann. Das Arzneibuch läßt jedoch die Verwendung von Alternativmethoden zu, wenn sie die gleichen Ergebnisse wie die vorgeschriebenen Methoden ergeben. Die Festlegung der Anforderung an ein bestimmtes Qualitätsmerkmal bedeutet, daß die fragliche Substanz oder Zubereitung dieser Anforderung genügen muß. Sie bedeutet nicht, daß die Prüfung in jedem Fall durchgeführt werden muß. Dies muß hier hervorgehoben werden, weil z.B. die tierexperimentelle Prüfung auf eine bestimmte Verunreinigung entfallen kann, wenn die fragliche Qualität anders sichergestellt ist.

Arzneibuch (§55 Abs 2 AMG)
Beschreibung der Anforderungen und Vorschriften zur Herstellung, Prüfung und Bezeichnung von Arzneimitteln

Arzneibuch: DAB
Europäisches Arzneibuch plus nationale Teile des Deutschen Arzneibuches
z.B. eigene
- Monographien und allgemeine Vorschriften
- Reagentien
- Methoden

Arzneibuch: DAB plus HAB

Arzneibuch: beschreibt für den pharmazeutischen Unternehmer und die Behörde(n) geltende „Qualitäts"-Normen

Arzneibuch: für die Zulassung von Arzneimitteln geltende Minimalkriterien

Abb. 2

Arzneibuch **V.2 Methoden der Biologie**		
V.2.1	•	Biologische Sicherheitsprüfungen
Limitierung von Verunreinigungen durch Tierversuche		
	••	Sterilität (z.B. Parenteralia)
	••	Mycobact. tbc.
	••	Pyrogene
	••	Anomale Toxizität
	••	Histaminähnliche Substanzen
	••	Blutdrucksenkende Substanzen
	••	Bakterienendotoxine

Abb. 3

2.4. Tierversuch

Die Definition nach §7, Abs. 1 des deutschen Tierschutzgesetzes (Abb. 4) gilt für solche Versuche, die dem Nachweis der Qualität eines Arzneimittels dienen, ganz genauso wie für diejenigen, die der Erfassung von pharmakologischen Wirkungen, toxischen Potentialen oder für die Beschreibung von pharmako-/toxikokinetischen Parametern dienen.

Tierversuch (§7 Abs 1 TierschG) [20.8.1990]	
... Eingriffe oder Behandlungen zu Versuchszwecken	
1.	an Tieren, wenn sie mit Schmerzen, Leiden oder Schäden für diese Tiere <u>oder</u>
2.	am Erbgut von Tieren, wenn sie mit Schmerzen, Leiden oder Schäden für die erbgutveränderten Tiere oder deren Trägertiere
verbunden sein können.	

Abb. 4

3. Qualität von Arzneimitteln und Tierversuche

Für die nun anstehende Diskussion kann unser Qualitätsbegriff wieder sehr weit gefaßt werden. Unabhängig davon, wie der Bedarf für die Verwendung welcher Arzneimittel für welchen Zweck (Patient und Krankheit) gesehen wird, ist anzuerkennen, daß alle verwendeten Arzneimittel denselben Qualitätsstandards genügen müssen, d.h. Limitierungen der Qualität werden allenfalls durch den „Stand der Technik" gesetzt: Qualität ist von Fall zu Fall „leicht" oder „schwer" oder „gar nicht" zu erreichen und zu garantieren.

Naturgemäß werden für das Erreichen und Einhalten von Qualität bei einem neuen Wirkstoff oder bei einem neuen Wirkprinzip von Arzneimitteln eher Tierversuche als notwendig konzidiert als bei bekannten. Wir haben es hier mit der Umsetzung der Vorstellung zu tun, daß Tierversuche am Anfang der Entwicklungskette oft unumgänglich sind: Die Verwendung von „Versuchskaninchen" und anderen Tierspezies zum präventiven Schutz des Menschen: Erst wenn der Tierversuch sowohl Hinweise auf erwünschte Wirkungen gezeigt hat als auch keine schwerwiegenden, der Anwendung beim Menschen entgegenstehenden Ergebnisse ergeben hat, kann die klinische Prüfung - als Bestandteil des Gesamtqualitätskonzeptes - wissenschaftlich und ethisch freigegeben werden. Diese logische Sequenz mit dem Tierversuch als integralem Sicherheitsbestandteil wird heute kaum ernsthaft angezweifelt. Es muß aber betont werden, daß die resultierende Sicherheit für den Patienten in den meisten Fällen schließlich daraus resultiert, daß als nicht geeignet beurteilte Wirkstoffe von vornherein vom Menschen - sei es der gesunde Proband oder der Patient - ferngehalten werden.

Von dieser Situation ist eine andere deutlich abzugrenzen, nämlich die, in der Tierversuche auch am Ende der Entwicklungskette stehen. Hier schützt der Tierversuch den Menschen nicht vor der Verwendung eines ungeeigneten Arzneimittels anhand der Beurteilung der (Nicht-) Eignung und (Nicht-)Zulassungsfähigkeit durch die Zulassungsbehörde, sondern soll Entscheidungshilfe über die Anwendbarkeit eines bereits anerkannten Wirkprinzips und von der zuständigen Behörde als „Modell" bereits zugelassenen Arzneimittels liefern und zwar von Fall zu Fall, d.h. von Charge zu Charge. Dies geschieht praktisch unabhängig davon, ob es sich um einen neuen oder bekannten Wirkstoff im Arzneimittel handelt; vielmehr scheint es so, daß - wenn denn eine Häufung festgestellt werden könnte- gerade bekannte Stoffe den Tierversuch magisch und dauernd wiederkehrend anzuziehen scheinen. Um hier besser differenzieren zu können, müssen wir Arzneimittel anders aufteilen:

- Häufige „Verursacher" von Tierversuchen lassen sich dann erkennen, wenn man die zur Anwendung kommenden Arzneimittel nach Patientenwünschen und -vorstellungen und nach dem Therapieverhalten des Arztes gruppiert; dies ließe sich unter dem Eindruck zur Notwendigkeit der Einschränkung von Tierversuchen sicher deutlich beeinflussen.
- Häufige „Verursacher" von Tierversuchen sind auch „unreine" Stoffe oder Gemische, die sich im Gegensatz zu „reinen" Stoffen oder deren Kombination der physikalisch-chemischen Qualitätsüberprüfung von Charge zu Charge wegen methodischer Schwierigkeiten entziehen können.

Daraus folgt, daß Arzt und Patient es in einem gewissen Rahmen selbst in der Hand haben, wieviele Tierversuche durchzuführen sind: Die Verwendung glykosidhaltiger „biologischer" Pflanzenauszüge oder die Anwendung der chemisch reinen (isolierten) Glykoside erfordert auf der einen Seite die biologische Standardisierung im Tierversuch, ermöglicht auf der anderen Seite das „Wiegen" als tierversuchsfreien Qualitätsmaßstab der Gehaltsbestimmung. Es steht uns nicht an, gesetzlich gleichberechtigte Therapieformen zu verteufeln oder zu loben, der Hinweis auf zusätzlich erforderlich werdende Tierversuche mag aber für den einen oder anderen Patienten und Arzt zur zusätzlichen Entscheidungshilfe werden. Es gibt inzwischen viele „Auswege" aus der historisch abzuleitenden und verständlichen Herstellung von Arzneimitteln aus biologischem Material pflanzlichen oder tierischen Ursprungs. Neben die bereits angeführte chemische Synthese von Einzelstoffen ist heute die biotechnische Herstellung von „biologischen Arzneimitteln", wie z.B. Insulin, getreten. Solche technischen Fortschritte erlauben inzwischen immer häufiger die Herstellung von Charge zu Charge kontinuierlich gleichbleibend reiner Substanzen, die sich im Gegensatz zu den von Charge zu Charge wechselhaften biologischen Gemischen (wie z.B. bei glykosidhaltigen Pflanzenauszügen und nicht weiter aufgereinigtem Insulin) der tierversuchsfreien physikalisch-chemischen Reinheitsüberprüfung unterziehen lassen. Die aus dem Arzneimittel abgeleitete Notwendigkeit zur Qualitätsüberprüfung im Tierversuch kann somit reduziert werden.

Es verbleibt die Notwendigkeit zum Tierversuch wie z.B. heute noch häufig bei Impfstoffen, bei denen die oben angeführten Möglichkeiten der Auswahl und des Ausweichens auf „chemische" Präparate noch nicht gegeben ist. Der Zwang zur Durchführung des Tierversuchs besagt nichts über seine Aussagekraft.

4. Abänderung von Qualitätsvorschriften zur Vermeidung von Tierversuchen

Um von der heutigen Situation, in der die Durchführung von Tierversuchen notwendig ist zu einer solchen zu gelangen, bei der dieses nicht oder nur in reduziertem Umfang nötig ist, müssen zwei Wege getrennt beschrieben werden, nämlich die prinzipielle Beibehaltung der im gültigen Arzneibuch beschriebenen Tests in Form von Tierversuchen und die Änderung der dort vorgesehenen Testungen und Testmethoden (Abb. 5).

Bei Beibehaltung der bisherigen Anforderungen der Arzneibuchmonographie gilt die Anforderung, daß z.B. „Anomale Toxizität" nicht vorhanden sein darf (und auszuschließen ist) grundsätzlich fort. Der pharmazeutische Unternehmer (PU) mag dies mit dem im Arzneibuch beschriebenen Tierversuch als Qualitätsnachweis belegen (Abb. 3). Der einzelne Hersteller kann jedoch im Einzelfall aufgrund gemachter Erfahrungen ganz oder teilweise diese Prüfung weglassen und begründet dies gegenüber der zuständigen Behörde. Als Nachteile dieses Weges mag man anführen, daß die Erwartungen der Behörde nicht definiert und somit die Erfolgsaussichten schwer einzuschätzen seien. Zutreffend ist, daß der einzelne Unternehmer seinen Einzelfall eigeninitiativ zu vertreten hat und nicht auf die Argumente anderer Kollegen zurückgreifen kann. Für die Behörde ergibt sich das Problem, daß gegebenenfalls jeder Einzelfall getrennt zu bewerten ist hinsichtlich der nur dort gemachten Erfahrungen und deren Brauchbarkeit als Validierung. Dies mag erklären, warum die hier angebotenen Möglichkeiten kaum genutzt werden.

Auch bei einer Streichung der Prüfung auf anomale Toxizität gilt die Forderung, daß „Anomale Toxizität" nicht vorhanden sein darf, grundsätzlich fort. Die entsprechende Prüfung in der Monographie wird jedoch nur dann gestrichen, wenn sie nachweislich nicht mehr relevant ist. Sofern sich alle Beteiligten über letzteres einig sind, ist der Weg zu einer Änderung der Monographie offen, ansonsten jedoch schwer gangbar, weil gerade biologische Sicherheitsprüfungen meist nicht ohne Tierversuche durchführbar sind, Erfolge hat es jedoch inzwischen gegeben. Exemplarisch soll hier der Ersatz des bisher im Arzneibuch beschriebenen Tests mit Tierversuchen auf Pyrogene durch die tierversuchsfreie Testung mit dem LAL-Test genannt werden.

Für den Ersatz von Tierversuchen kommen vorzugsweise physikalisch-chemische Analysemethoden mit hoher Spezifität und Genauigkeit in Frage. Die Methoden müssen selbstverständlich validiert werden, auch im Hinblick auf die Korrelation der Ergebnisse mit der Wirkung der Substanz. So konnte bei der biotechnischen Herstellung von Insulin der „Nicht-Insulin" Anteil des Produktes soweit gesenkt werden, daß das resultierende Produkt nunmehr einer validierten physikalisch-chemischen Qualitätsprüfung zugänglich geworden ist. Dieses und andere Beispiele sind Gegenstand weiterer Beiträge, auf die ohne Schilderung von Details an dieser Stelle Bezug genommen wird.

Es gibt also eine Reihe von Möglichkeiten, um entweder als einzelner Unternehmer die Qualität des eigenen Präparates oder als Gesamtheit die Testung für alle Präparate zu verändern. Das Zurückziehen auf die Position, die zuständigen Behörden würden sich entsprechenden Bemühungen gegenüber verschließen, kann heute nicht mehr akzeptiert werden. Darstellungen auf diesem Kongreß sowie die Förderung von entsprechenden Projekten beim Bundesgesundheitsamt und beim Paul-Ehrlich-Institut belegen vielmehr, daß wir die Notwendigkeit zur Reduktion bzw. Abschaffung von Tierversuchen klar erkannt haben und uns aktiv darum bemühen, tierversuchsfreie Tests zu entwickeln, als Qualitätsnachweis zu validieren und einzuführen. Die Probleme gerade der biologischen Qualitätsprüfungen sind uns wohl bekannt.

Qualität ↔ Vorschriften Von „Prüfung" zu „keine Prüfung" in Tierversuchen
1. Beibehaltung der Arzneibuchmonographietests (unter Beibehaltung der Qualitätsanforderung) • Validierung der Qualität als Erfahrung Prüfung jeder Charge Prüfung jeder 10. Charge Prüfung jeder x-ten Charge Prüfung keiner Charge • Zuverlässigkeit der Produktion wurde hinreichend nachgewiesen • Der PU entscheidet „<u>nicht</u>" zu prüfen 2. Änderung der Arzneibuchmonographietestung (unter Beibehaltung der Qualitätsanforderung) • Abschaffen bisher beschriebener Tests „nicht mehr erforderlich" • Ersatz bisher beschriebener Tests Pyrogenprüfung → LAL-Test

Abb. 5

5. Ziel der Qualitätsprüfung - Vorschriften

Ziel des Qualitätsnachweises ist der Nachweis von Identität, Reinheit und Gehalt. Bei allen drei Merkmalen können Tierversuche erforderlich sein. Auf die drei oben angeführten Möglichkeiten wird verwiesen:

- die eigenverantwortliche Entscheidung des (einzelnen) pharmazeutischen Unternehmers hinsichtlich der Anwendung einer Methode,
- das Abschaffen einer bisher im Arzneibuch verwendeten Methode,
- der Ersatz der bisher verwendeten durch eine andere Methode.

Betreffend die Gehaltsbestimmung eines Wirkstoffs kommt nur der Ersatz des bisherigen Verfahrens durch ein anderes validiertes Verfahren in Frage.

Bei dem heute vorhandenen breiten Spektrum an Methoden, sie reichen von „barfuß" bis „Hi-Tech", ist auf das Bemühen der Arzneibücher hinzuweisen, Methoden zu verwenden, die wenig aufwendig sind, die jedoch die Erfordernisse sowohl der (produzierenden und verbrauchenden) ersten Welt, als auch der (produzierenden und verbrauchenden) dritten Welt erfüllen. Der methodischen Vereinfachung von Arzneibuchtests sind jedoch Grenzen gesetzt. Die Beurteilung des Einzelfalls kann sowohl die Beibehaltung als auch die Abschaffung von Tierversuchen zum Ergebnis haben. Es muß nochmals darauf hingewiesen werden, daß das Streichen einer (Tierversuchs-)Prüfung aus dem Arzneibuch keine Änderung der Qualität des Arzneimittels bedeuten darf, die Anforderung an die Qualität bleibt bestehen.

6. Empfehlungen

- Die Herstellung biologischer Stoffe, Gemische und Produkte pflanzlichen, mikrobiologischen und tierischen Ursprungs wird heute von Fall zu Fall geändert. Änderungen können im einen Fall zum Weglassen von Tierversuchen führen, im anderen zu ihrer Beibehaltung oder Wiedereinführung. Was zu geschehen hat, richtet sich nach dem möglichen und auszuschließenden Risiko sowie nach den verfügbaren Methoden. Der pharmazeutische Unternehmer hat also zu prüfen, ob die vorhandene Arzneibuchmonographie geeignet ist, die Qualität im Einzelfall zu prüfen.

- Herstellung und Akzeptanz „reiner" Stoffe anstelle unreiner Gemische wechselnder Zusammensetzung erleichtern das Weglassen von Tierversuchen.
- Der Verzicht auf vom Arzneibuch vorgesehene Prüfungen kann vom pharmazeutischen Unternehmer aus eigenem Wissen und eigenverantwortlich vorgenommen werden.
- Das Weglassen bestimmter Qualitätsprüfungen kann unter Zustimmung aller Beteiligter im Arzneibuch verankert werden.
- Der Ersatz bestehender Prüfverfahren ist möglich, muß erarbeitet und validiert werden.

In jedem Fall muß die Qualität des Arzneimittels gewährleistet bleiben; dementsprechend bleibt die Anforderung an die Qualität des Arzneimittels erhalten.

Entwicklung eines Verfahrens zum pharmakologischen Screening von Wirksubstanzen gegen Septischen Schock im Zellkultursystem

T. Hartung, K.P. Odenthal, A. Sauer, T. Schwarz, A. Wendel

Zusammenfassung

Es wird die Weiterentwicklung einer an der Hochschule entwickelten Ersatzmethode zum Tierversuch in Kooperation von Universität und einem mittelständischen Unternehmen der pharmazeutischen Industrie vorgestellt. Das Modell basiert auf der Cokultur von Leberzellen mit Makrophagen, die zum sogenannten „unspezifischen Abwehrsystem" gehören. Bakterielle Wirkstoffe führen zu einer Aktivierung der Makrophagen, die dann ähnlich zur Situation im Patienten oder dem Versuchstier die Leberzellen schädigen. Die exakten Vorgänge in der Kultur oder im Organismus sind nur teilweise geklärt. Die bisher untersuchten Mechanismen der Schädigung weisen jedoch eine große Übereinstimmung auf.

Um aus dieser Labormethode nun ein leistungsfähiges Screeningverfahren abzuleiten, werden folgende Schritte durchlaufen:

- Fortführung des Vergleichs mit dem Tierversuch
- Vereinfachung der Handhabung
- Umsetzung nach Richtlinien der Good Laboratory Practice (GLP)
- Erprobung der Methode, Ausdehnung der Anwendung
- Vorbereitung eines Ringversuches mit weiteren Unternehmen der pharmazeutischen Industrie

Es besteht die Hoffnung, damit einen großen Teil der Tierversuche in der Wirkstoffindung einzusparen. Für die Auffindung eines neuen Medikamentes werden durchschnittlich 10.000 Substanzen geprüft. Im Fall des Septischen Schocks sind die notwendigen Tierversuche besonders belastend; andererseits bleibt er bis auf weiteres ein Feld von intensivem wissenschaftlichen und pharmazeutischen Forschungsbedarf.

1. Einleitung

Die Wirkstoffindung der pharmakologischen Forschung basiert auf der Verfügbarkeit von experimentellen Modellen, in denen mögliche Wirksubstanzen getestet werden können. Der Zugang ist heute noch in der Regel tierexperimentell, d.h. ausgehend von Beobachtungen des Arztes am Patienten wird versucht, eine entsprechende Erkrankung dem Versuchstier beizubringen. Dieses Abbild der menschlichen Erkrankung wird zunächst an einer Ähnlichkeit der hervorgerufenen Symptome bemessen. Der nächste Schritt ist dann im allgemeinen die experimentelle Charakterisierung dieser „Modellerkrankung" des Versuchstieres. Insbesondere interessieren hier die Mechanismen der Schädigung. Daraus können dann Hypothesen über die Entstehung der Erkrankung beim Menschen abgeleitet werden, die beim Patienten überprüft werden können. Ein gutes pharmakologisches Modell ahmt also nicht nur wesentliche Pathomechanismen der Krankheitsentstehung beim Menschen nach, sondern bewährt sich in der Praxis vor allem durch Auswahl geeigneter Wirkstoffe für eine weitere Prüfung bis hin zur Klinik.

Es sind genau diese drei Schritte, die heute auch eine Substitutionsmethode zum Tierversuch durchlaufen muß, um ihre Eignung zur Modellierung des Tierversuches zu belegen (Abb. 1). Es gilt also zu zeigen, daß die jeweilige Methode das „brauchbare Zellmodell eines brauchbaren Tiermodelles" ist. Wieder ist der Ausgangspunkt die klinische und tierexperimentelle Erfahrung zum entsprechenden Krankheitsbild. Orientierend an den daraus gewonnenen Vorstellungen findet als erstes die Nachahmung z.B. im perfundierten Organ oder der Zellkultur statt. Diese Aufbauarbeit orientiert sich zunächst nur an der erreichbaren offensichtlichen Ähnlichkeit. Das entsprechend erarbeitete Ersatzverfahren muß nun auf seine tatsächliche mechanistische Ähnlichkeit hin untersucht werden. Auf dieser Basis wird dann der eigentliche Eignungstest für die Wirkstoffindung im Vergleich zum Tierversuch möglich.

Am Beispiel einer Ersatz- und Ergänzungsmethode zum septischen Organversagen sollen im folgenden diese Phasen der Methodenentwicklung und Prüfung skizziert werden.

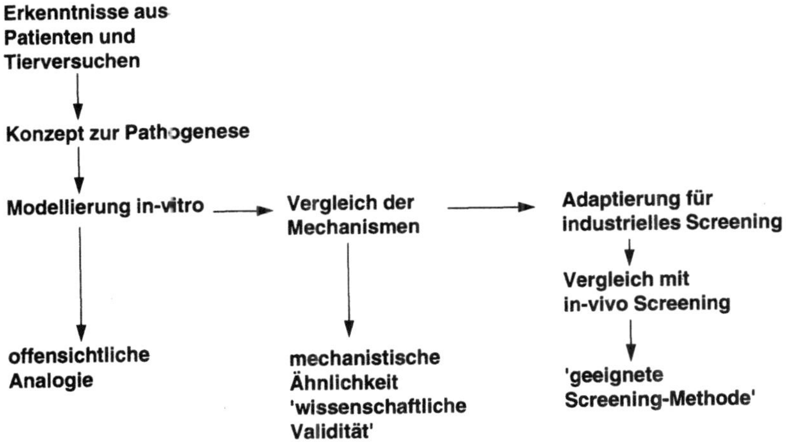

Abb. 1. Schritte der Validierung einer in vitro-Ersatzmethode für einen Tierversuch

2. Erfahrungen aus der Klinik und dem Tierversuch als Ausgangspunkt der Modellentwicklung

Das septische Organversagen ist eines der ungelösten Probleme der modernen Intensivmedizin: Schätzungen gehen von 80.000 Toten in der Bundesrepublik pro Jahr aus. Es ist die häufigste nicht-cardiale Todesursache, denn rund 70% der betroffenen Patienten versterben trotz Intensivbehandlung. Trotzdem ist das Krankheitsbild kaum im öffentlichen Bewußtsein - im allgemeinen spricht man von „er erlag seiner schweren Krankheit".

Das septische Organversagen ist eine fatale Komplikation, die durch einige sehr verschiedene Erkrankungen herbeigeführt werden kann. Oft handelt es sich zunächst um große Verletzungen wie Unfälle, große Operationen oder Verbrennungen; genauso können aber auch Schwächungen der körpereigenen Immunabwehr durch Medikamente (z.B. bei Chemotherapie oder Immunsuppression nach Transplantation), virale Erkrankungen (z.B. AIDS) oder Durchblutungsstörungen (Darminfarkt, Herzinfarkt oder größerer Blutverlust) oder aber auch schwierig beherrschbare Infektionen (Pankreatitis, Bauchfellentzündung, Lungenentzündung) dieses Organversagen bewirken. Das Gemeinsame dieser auf den ersten Blick so verschiedenen Krankheitsbilder ist, daß sie alle eine Infektion begünstigen, die ein solches Ausmaß annehmen kann, daß der Körper sie nicht auf eine einzelne Stelle (Fokus) beschränken kann, sondern es zu einer systemischen Reaktion kommt, d.h. der ganze Körper von dieser Infektion betroffen ist. Man spricht dann von einer „Sepsis". Diese Infektion kann vor allem von Bakterien aber auch von Viren und Pilzen ausgelöst werden. Oft sind die Krankheitserreger sogar zunächst friedliche Bewohner des Magen/Darm-Traktes, die erst im Krankheitsfall in den Körper eindringen und dann ihr zerstörerisches Werk beginnen können.

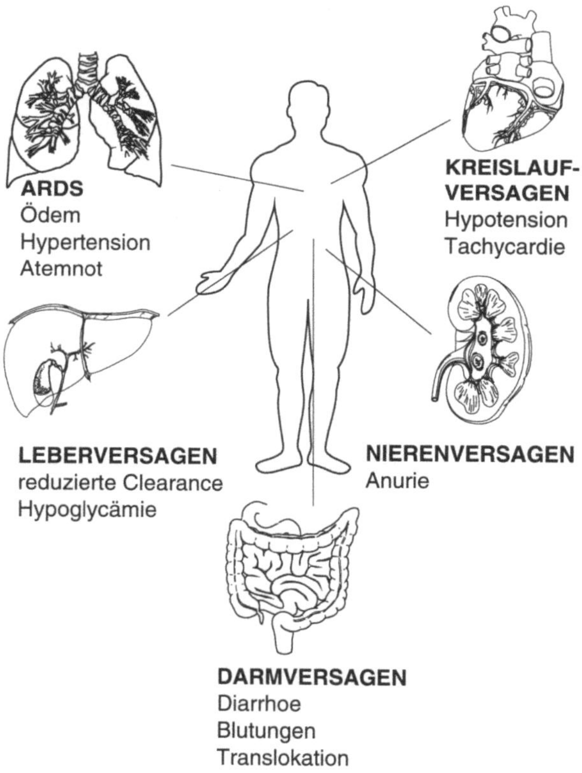

Abb. 2. Septisches Multiorganversagen

Typisch für das septische Syndrom ist die zunehmende Schädigung verschiedener Organe; im Vollbild des „Septischen Schocks“ können gleichzeitig Lunge, Kreislauf, Niere, Leber und Darm betroffen sein und letztlich versagen (HARDIE E.M. and KRUSE-ELIOTT K., 1990) (Abb. 2). Tatsächlich kann man auch im Versuchstier durch Infektion oder entsprechende Schädigung (Verletzung, Verbrennung etc.) ein ganz ähnliches Multiorganversagen auslösen (Tabelle 1, 3. Spalte). In den letzten Jahren hat man gelernt, daß nicht die Infektion direkt verantwortlich für diese Organschäden ist, sondern eine Überaktivierung der körpereigenen Abwehr (STRIETER R.M. et al., 1990). Die ungewöhnlich starke Aktivierung der Immunabwehr, des sogenannten „unspezifischen Immunsystems“, führt zu einer derart heftigen Abwehrreaktion, daß nicht nur der eindringende Keim sondern auch der Organismus selbst geschädigt wird. Für diese Sofortreaktion des Immunsystemes sind weniger die Antikörper-produzierenden Lymphozyten als vielmehr Makrophagen und erst in einer späteren Phase neutrophile Granulozyten verantwortlich.

Tabelle 1. Klassische Symptome des Multiorganversagens in verschiedenen Nagetiermodellen

Organ	Symptom	Infektion	LPS-Schock	GalN/LPS
Lunge	Blutdruck↑ Hypoxie Ödem	x	x	(x)
Leber	Funktionsverlust	x	x	x
Niere	Oligurie	x	x	
Darm	Diarrhoe Blutung	x	x	
Kreislauf	Blutdruck↓ Tachycardie	x	x	(x)

Es lag deshalb nahe, zur Modellierung dieser Vorgänge in Zellkultur eben diese Makrophagen mit Organzellen zusammen zu bringen und eine bakterielle Aktivierung durchzuführen. Es wurden Leberzellen und Lebermakrophagen, die Kupfferschen Sternzellen, ausgewählt, da die Leber rund 80% aller Makrophagen des Körpers enthält. Diese Makrophagen erkennen Bakterien insbesonders an einer Zellwandkomponente, dem Endotoxin (LPS für Lipopolysaccharid). Gereinigtes LPS löst weitgehend ähnliche Abwehrreaktionen aus, wie ein Bakterienkontakt. So kann auch im Versuchstier ein Multiorganversagen mit LPS anstelle von Bakterieninfektion ausgelöst werden (Tabelle 1, 4. Spalte). Mit Hilfe einer leberspezifischen Sensitivierung der Tiere durch Galaktosamin (GalN) kann der Schaden auch allein auf die Leber gelenkt werden (Tabelle 1, 5. Spalte). LPS wurde deshalb als geeigneter Stimulator des Lebermakrophagen in Zellkultur ausgewählt. Tatsächlich gelingt es, mit LPS Lebermakrophagen der Ratte derart zu überaktivieren, daß die gemeinsam kultivierten Makrophagen und Leberzellen (Cokulur) geschädigt werden (HARTUNG T. and WENDEL A., 1991). Damit ist der erste Schritt der Modellentwicklung getan: Es besteht eine offensichtliche Analogie zu den pathogenetischen Vorstellungen, d.h., eine Aktivierung über die bakterielle Signalsubstanz LPS führt zur Schädigung der Leberzellen, die selbst unempfindlich für LPS sind (Abb. 3).

3. Der mechanistische Vergleich von in vivo zu in vitro als erste Validierung

Der erste Schritt der Validierung gegen den Tierversuch war nun der mechanistische Vergleich. Damit ensteht das erste Problem einer solchen Validierung: Die Auslösung eines septischen Leberversagens erfolgt im Versuchstier nach verschiedenen experimentellen Protokollen; neben den erwähnten Modellen von LPS-Schock und GalN/LPS-Leberschädigung sind vor allem Infektionsmodelle mit und ohne LPS-Gabe gebräuchlich. Selbst diese einzelnen Modelle werden ganz unterschiedlich durchgeführt (Dosierungen, Zeitabläufe, Tierart, schnelle oder langsame Infusion des schädigenden Agens, Erhaltung von Vitalfunktionen etc.). Viele Daten liegen jedoch zur GalN/LPS-Leberschädigung im Nagetier vor. Deshalb wurde zunächst dieses Tierversuchsmodell als Vergleichspunkt gewählt. Tatsächlich konnte die Beteiligung ähnlicher Mechanismen in dem Zellmodell gezeigt werden (HARTUNG T. und WENDEL A., 1993a, b): So sind Zellen aus in vivo verschieden sensitiven Rattenstämmen entsprechend empfindlich in Zellkultur. Durch Vorbehandlung unempfindlich gemachte Tiere (verschiedene Formen der Toleranz) ergeben unempfindliche Zellkulturen (HARTUNG T. und WENDEL A., 1992). Auch die freigesetzten und den Schaden vermittelnden Botenstoffe (Cytokine, Eicosanoide und reaktive Sauerstoffspezies) ähneln in vitro dem Tierversuch der GalN/LPS-Leberschädigung.

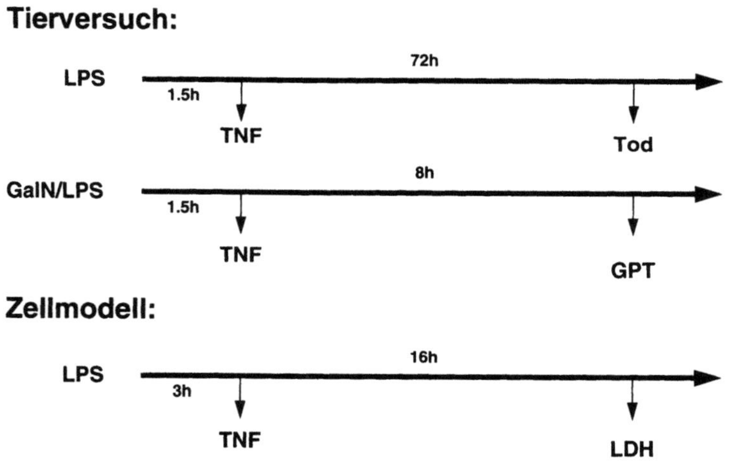

Abb. 3. Experimenteller Ablauf der Schock-Modelle

Folgende grundlegende Probleme bestehen beim Vergleich von in vivo zu in vitro:

- ***Das Datenmaterial zu Tierversuchen ist sehr uneinheitlich.***
  Auf die Abweichungen in der Durchführung der Protokolle der Tierversuche wurde bereits hingewiesen; hinzu kommen die verschiedenartigen Dokumentationen und der begrenzte Umfang der erhobenen Datenmengen, weil im Tierversuch naturgemäß mit einer minimalen Tierzahl gearbeitet wird.
- ***In vivo wird oft mit verschiedenen Tierarten gearbeitet.***
  Speziesunterschiede sind ein großes Problem der Validierung. Im Falle unseres Zellmodelles sind die meisten in vivo-Daten in der Maus gewonnen. Das Zellmodell wurde jedoch mit Rattenzellen aufgebaut. Es stellte sich z.B. heraus, daß Thromboxan ein Mediator des Leberversagens im Tierversuch in der Ratte aber nicht in der Maus ist. Dementsprechend fanden wir auch eine Beteiligung von Thromboxan im Zellmodell.

- ***Es sind kaum Daten zu Substanzen publiziert, die nicht protektiv wirken.***
  Der Vergleich von pharmakologischen Modellen erfolgt im besonderen durch den Vergleich der protektiven Wirkstoffe. Es ist im allgemeinen schwer auszuschließen, daß eine Substanz nicht protektiv wirken kann; eine andere Dosierung, Verabreichung oder die Gabe zu einem anderen Zeitpunkt könnte für eine Schutzwirkung notwendig sein. Aus diesem Grund werden kaum Negativergebnisse publiziert. Für einen Vergleich von in vivo zu in vitro ist es aber gerade wünschenswert zu zeigen, daß auch negative Ergebnisse übertragbar sind.
- ***Zahlreiche Aspekte des Tiermodelles sind im Zellmodell nicht erfaßt.***
  Einige wesentliche Aspekte des Tierversuchs können im Zellmodell nicht nachgeahmt werden: Gelangt das Medikament überhaupt im Tier an seinen Wirkort? Welchen Effekt macht die Elimination der Substanz z.B. über die Niere? Welche anderen Zellen und Organe wechselwirken mit den untersuchten Phänomenen? Ändert sich die Durchblutung des untersuchten Organs im Tierversuch? Welche Interaktionen bestehen mit dem Nervensystem?
- ***Statt „lebend - tot“ erhält man in vitro eine kontinuierliche Reaktion.***
  Letalität im Tierversuch und Toxizität in vitro sind zwei verschiedene Dinge: Im einen Fall stirbt der gesamt Organismus; im anderen Fall stirbt im allgemeinen lediglich ein Teil der Zellpopulation. Es ist schwierig festzulegen, ab welchem Ausmaß des Zellunterganges eine für den Organismus bedrohliche Schädigung repräsentiert wird. Würde eine Substanz, die die Hälfte der Leberzellen schützt, im Versuchstier das Überleben garantieren?

Die skizzierten Probleme erlauben lediglich, eine Ähnlichkeit des Modelles wahrscheinlich zu machen. Die beste Überprüfung des Modelles erfolgt, indem Voraussagen aus dem Studium des Zellmodelles für den Tierversuch gemacht und dann in diesem überprüft werden.

4. Die Bewährung in der Praxis

Der nächste Schritt der Validierung ist nun, eine Methode, der eine gewisse mechanistische Ähnlichkeit zum Tierversuch attestiert werden kann, in der Praxis als Ersatzmethode einzusetzen. Dazu ist für das industrielle Pharmascreening im allgemeinen zunächst eine Adaptierung der Methode erforderlich: Die Methode muß so einfach sein, daß sie reproduzierbar von technischem Personal durchgeführt werden kann. Durch Automatisierung und Vereinfachung sollte außerdem ein hoher Probendurchsatz ermöglicht werden. Für die Qualitätssicherung ist darüber hinaus in der Pharmaforschung die Umsetzung nach den Standards der „Good Laboratory Practice“ (GLP) wünschenswert.

Diese Umsetzung für die industrielle Praxis ist Ziel eines bereits begonnenen Kooperationsprojektes des Lehrstuhls für Biochemische Pharmakologie der Universität Konstanz und der Firma Madaus, Köln. Erste Schritte waren die Anpassung der Zellkulturen von 6-well-Platten auf Mikrotiterplatten mit 96 Vertiefungen. Dies ermöglicht einerseits eine erhöhte Inkubationszahl mit der selben Zellmenge. Andererseits kann damit eine automatisierte Bearbeitung mit Mehrkanalpipetten (evtl. Pipettierautomaten) und vor allem eine Messung mit ELISA-Readern erfolgen. Letzteres setzte die Umstellung der Zytotoxizitätsmessung von der Messung der LDH-Freisetzung auf ein anderes Meßprinzip voraus. Die Messung der Reduktion des Tetrazoliumfarbstoffes MTT konnte hier erfolgreich adaptiert werden. Die Messung mittels eines ELISA-Readers ermöglicht die direkte Übergabe der Meßdaten an eine EDV mit folgender Auswertung. Durch diese Maßnahmen können nun mit den Zellen einer Präparation bis zu 100 Dosis/Wirkungs-Kurven einzelner Substanzen aufgenommen werden.

Ziel ist nun die weitere Vereinfachung und Standardisierung der Durchführung des Tests. Eine wesentliche Erleichterung war der Verzicht auf eine Plattenbeschichtung mit Kollagen, weil dieser Arbeitsschritt mit vielen Waschvorgängen ausgesprochen arbeitsintensiv ist.

Als nächstes sollen Substanzen, die bereits in vivo in den entsprechenden Tierversuchen geprüft wurden, im adaptierten Zellkultursystem untersucht werden. Mehrere Pharmafirmen stellen dafür sowohl Prüfsubstanzen als auch ihre in vivo-Daten zur Verfügung.

5. Ausblick

Für die Findung eines neuen Wirkstoffes werden heute durchschnittlich 10.000 Substanzen in der pharmakologischen Forschung getestet. Eine geeignete Vorauswahl der Substanzen in einem Zellkultursystem kann die Zahl der notwendigen Tierversuche damit drastisch verringern. Die bisherige mechanistische Validierung der Methode belegt erhebliche Ähnlichkeit mit den Vorgängen im Versuchstier. Dies rechtfertigt den Versuch eines Ersatzes des Tierversuches für die Wirkstoffindung. Die notwendige Adaptierung der Methode ist weitgehend abgeschlossen, sodaß nun die Überprüfung im Vergleich zu früheren in vivo-Screenings erfolgen kann. Sollten sich daraus positive Ergebnisse ableiten lassen, ist die Einbeziehung weiterer Firmen und der abschließende Ringversuch geplant.

Natürlich ist der Maßstab all dieser Bemühungen nicht allein die Modellierung eines Tierversuches, weil er ja selbst nur das Abbild der Erkrankung des Menschen ist. Eine Validierung eines Zellkulturversuches anhand klinischer Erfahrungen ist jedoch im allgemeinen nicht möglich. In einem parallelen Projekt, gefördert durch ZEBET, Berlin, wird jedoch zur Zeit versucht, mit menschlichen Leberzellen ein analoges Modell zu etablieren. Tatsächlich läßt sich auch in menschlichen Cokulturen durch LPS ein entsprechender Zellschaden auslösen. Der Vergleich mit dem Rattenmodell (Abb. 4) könnte dann zeigen, welche Aspekte des Zellmodelles grundsätzlich auch beim Menschen ablaufen können.

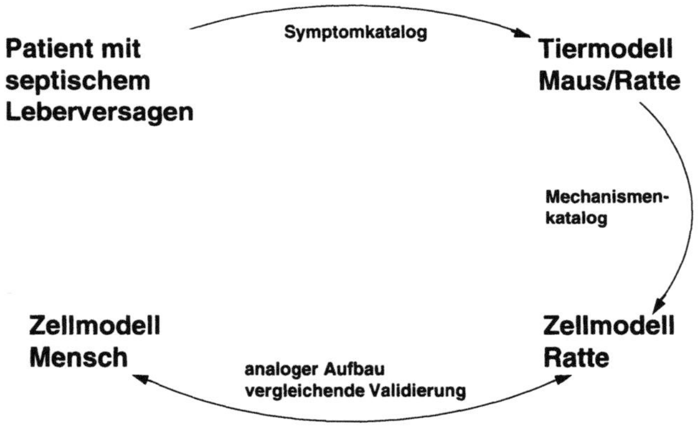

Abb. 4. Konzept des Projektes

Literatur

HARDIE E.M. and KRUSE-ELIOTT K., Endotoxic shock: Part I, A review of causes, Journal of Veterinary Internal Medicine, 4, 258-266, 1990

HARTUNG T. and WENDEL A., Endotoxin-inducible cytotoxicity in liver cell cultures - I, Biochemical Pharmacology, 42, 1129-1135, 1991

HARTUNG T. and WENDEL A., Endotoxin-inducible cytotoxicity in liver cell cultures - II: Demonstration of endotoxin tolerance, Biochemical Pharmacology, 43, 191-196, 1992

HARTUNG T. und WENDEL A., Entwicklung eines Zellkulturmodelles für das Organversagen im septischen Schock, ALTEX (Alternat. zu Tierexp.), 18, 16-24, 1993a

HARTUNG T. und WENDEL A., Ein Zellkulturmodell für das Organversagen im septischen Schock, in: SCHÖFFL H., SPIELMANN H., GRUBER F., KOIDL B., REINHARDT C.A. (Hrsg.), Ersatz- und Ergänzungsmethoden zu Tierversuchen, Band II: Alternativen zu Tierversuchen in Ausbildung, Qualitätskontrolle und Herz-Kreislauf-Forschung, Wien New York: Springer, 219-225, 1993b

STRIETER R.M., LYNCH J.P., BASHA M.A., STANDIFORD T.J., KASHARA K., KUNKEL S.L., Host responses in mediating sepsis and adult respiratory distress syndrome, Seminars in Respiratory Infections, 5, 233-247, 1990

Konzept zur Qualitätsprüfung von Peptid-Arzneimitteln, dargestellt am Thrombolytikum Hirudin (HBW 023)

W. Aretz, H. Grötsch, M. Siewert

Zusammenfassung

Für die Gehaltsbestimmung von Peptid-Arzneistoffen wird in einigen Fällen, auch in Arzneibüchern, immer noch eine tierexperimentelle biologische Wertbestimmung vorgeschrieben. Zahlreiche Bemühungen zielen darauf ab, diese durch in vitro-Methoden zu ersetzen. Am Beispiel des rekombinanten [Leu^1, Thr^2]-63-desulfo-Hirudin (HBW 023) wurde ein Qualitätskonzept entwickelt, das von vorneherein auf eine biologische Wertbestimmung im Sinne eines Tierversuchs bei der routinemäßigen Qualitätskontrolle verzichtet.

Verschiedene biochemische und chromatographische Verfahren, die sich zur Bestimmung von Peptiden eignen, werden für HBW 023 beschrieben. Gehalt (Aktivität) und Reinheit von Hirudin werden in der routinemäßigen Kontrolle durch parallele Anwendung von unterschiedlichen Analysemethoden gewährleistet.

1. Einleitung

In zunehmendem Umfang werden Peptide oder Proteine als Arzneimittel eingesetzt oder zu diesem Zweck entwickelt. In vielen Fällen handelt es sich dabei um natürliche Verbindungen oder deren Derivate, deren Entdeckung auf Beobachtung ihrer Wirkungen am Tier oder auf Tierversuche zurückgeführt werden kann. Dies gilt für verschiedene Hormone, z.B. Insulin, aber auch für das Thrombolytikum Hirudin.

Da eine peptidchemische Synthese bei derart komplexen Molekülen allenfalls unter Aspekten der Strukturaufklärung möglich war, war man in der Vergangenheit unter Gesichtspunkten der Produktion als Arzneimittel auf die Gewinnung aus tierischen Organen (Insulin, Heparin) oder Ganztieren (Hirudin) angewiesen. Aufgrund der tierexperimentellen Beobachtungen zur Entdeckung und der entsprechenden Produktion war es dann auch naheliegend, die Charakterisierung der gewonnenen Arzneimittel wiederum am Tier vorzunehmen.

Mit Einführung der Gentechnologie wurde es möglich, derartige Proteine mit Hilfe von Mikroorganismen zu gewinnen. Die Notwendigkeit des Einsatzes von Tieren zur Arzneimittelproduktion ist damit entfallen. Da ebenso auf der Seite analytischer Verfahren biochemische und physikalisch-chemische Methoden erhebliche Fortschritte erfahren haben, sollte es auch zur Aktivitätsbestimmung und Standardisierung von Peptid- und Protein-Arzneimitteln möglich sein, auf tierexperimentelle Untersuchungen zu verzichten.

Bei dem aus dem medizinischen Blutegel (*Hirudo medicinalis*) gewonnenen Hirudin handelt es sich um ein kleines Protein mit 65 Aminosäuren. Dieses ist N-terminal gekennzeichnet durch hydrophobe Aminosäuren, gefolgt von einer Kernregion mit drei Disulfidbrücken und einer Häufung von sauren Aminosäuren am C-terminalen Ende. Arginin, Methionin und Tryptophan fehlen im Molekül. Das natürliche Hirudin enthält zusätzlich ein sulfatiertes Tyrosin.

Bei dem von Hoechst und Behring entwickelten rekombinanten Arzneistoff HBW 023 handelt es sich um ein Hirudin, mit den Aminosäuren Leucin und Threonin an Position 1 und 2. Die Sulfatierung am Tyrosin in Position 63 entfällt.

Die Wirkung von Hirudinen beruht auf einer selektiven Thrombininhibition. Hirudin und Thrombin bilden mit hoher Affinität einen nicht-kovalent gebundenen Komplex. Die gerinnungshemmende Wirkung von Hirudin beruht damit auf der Hemmung der Umwandlung von Fibrinogen sowie aller weiteren thrombinkatalysierten Reaktionen im Rahmen der Gerinnungskaskade (WALSMANN P., 1988; MARKWARDT F., 1989; BICHLER J. and FRITZ H., 1991).

2. Biologische Wertbestimmungen

Wirksamkeit und Aktivität von gerinnungshemmenden Arzneistoffen können nach Applikation am Tier durch Bestimmung gerinnungsrelevanter Parameter an anschließend gezogenen Blutproben ermittelt werden Anwendung finden die auch in der Gerinnungsdiagnostik üblicherweise eingesetzten Verfahren der Plasmathrombinzeit (PTZ), der Thromboplastinzeit nach QUICK (TPZ) oder der partiellen Thromboplastinzeit (PTT). Entsprechende Tierexperimente wurden im Rahmen der pharmakologischen Prüfung von HBW 023 für die Untersuchungen zur Wirksamkeit, zur Dosisfindung und zur Pharmakokinetik von subcutaner versus intravenöser Applikationen eingesetzt

Im Rahmen der Entwicklung eines neuen Arzneimittels sind die genannten Tierversuche, die an Maus, Meerschweinchen, Ratte, Katze, Hund und Affe durchgeführt wurden, unerläßlich. Eine Übertragung dieser Versuche auf eine routinemäßige Aktivitätsbestimmung jeder Wirkstoffcharge in der Qualitätskontrolle wurde im Fall von HBW 023 selbst in der Anfangsphase nicht vorgenommen, weil bereits in der Planungsphase alternative in vitro-Verfahren als hinsichtlich der Aussagekraft mindestens gleichwertig eingestuft wurden.

3. Biochemische Bestimmungsverfahren

3.1. Thrombin-Hemmtest mit chromogenem Substrat

Die selektive Bindung zwischen Hirudin und Thrombin mit hoher Affinität wird zur in vitro-Bestimmung der Aktivität ausgenutzt. Wie in Abb. 1 schematisch dargestellt, wird für die Prüfung ein Überschuß an Thrombin vorgelegt. α-Human-Thrombin ist international standardisiert. Für die analytische Bestimmung von HBW 023 wird kommerziell erhältliches Rinder-Thrombin, das gegen diesen Standard eingestellt wurde, verwendet. Unter streng standardisierten Versuchsbedingungen, die Konzentrationen von Analyt, Substrat und Reagenzien, Pufferzusammensetzung, Temperatur sowie Inkubationszeiten betreffen, wird die zu bestimmende Hirudinprobe zum Überschuß Thrombin gegeben.

Schnell und quantitativ wird HBW 023 zum Thrombin-Hirudin-Komplex gebunden. Aufgrund des Überschusses verbleibt freies Thrombin in der Mischung. Nun erfolgt die Zugabe des synthetischen, chromogenen Substrates (Chromozym®-TH), das aus einem Tripeptid mit endständiger p-Nitroanilid-Struktur besteht. Überschüssiges, nicht verbrauchtes Thrombin spaltet dieses Substrat zu p-Nitroanilin und Tripeptid. Ersteres wird bei 405nm photometrisch vermessen. Bei Einhaltung der standardisierten Reaktionsbedingungen ist die freigesetzte Menge p-Nitroanilin dem Thrombingehalt der Mischung proportional, sodaß auf Hirudin zurückgerechnet werden kann.

Diese Bestimmungsmethode ist für HBW 023 in weiten Bereichen einsetzbar, für die Aktivitätsbestimmung des Arzneistoffs, für die Gehaltsbestimmung von Hirudin in Zubereitungen, aber auch für die Quantizifierung z.B. in biologischen Proben. Wichtige Voraussetzung ist die Einhaltung eines Konzentrationsbereichs, in dem die Liniarität der Bestimmung gewährleistet ist (Abb. 2).

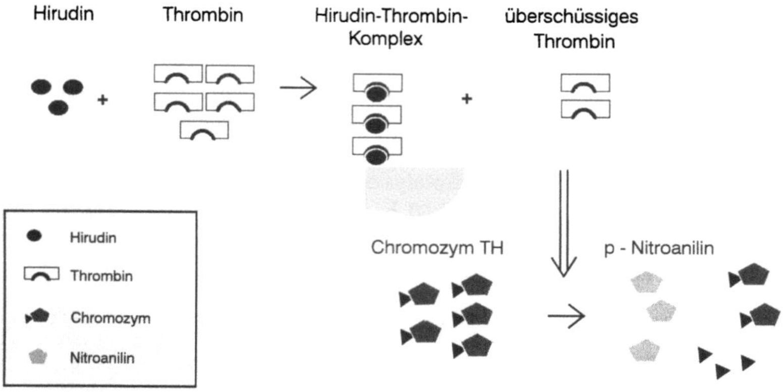

Abb. 1. Thrombin-Hemmtest für Hirudin (HBW 023); schematische Darstellung des quantitativen Bestimmungsverfahrens

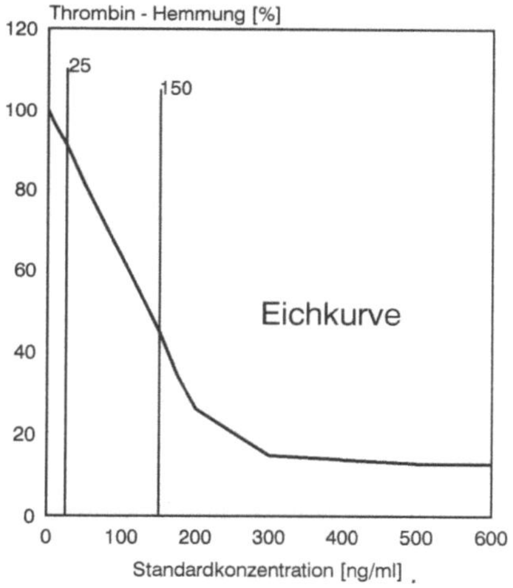

Abb. 2. Eichfunktion zum Thrombin-Hemmtest für Hirudin (HBW 023); linearer Meßbereich von 25ng/ml bis 150ng/ml

3.2. ELISA

Während der vorgenannte Thrombin-Inhibitionstest auf einer biochemischen Reaktion nach Komplexbildung beruht, ist auch eine Quantifizierung von Hirudin auf immunochemischem Weg möglich. Unter Ausnutzung mehrerer antigener Determinanten wurden zwei „double antibody" ELISAs (FRIESEN H.J. et al., 1993) nach der Sandwich-Methode entwickelt, deren Prinzip in Abb. 3 dargestellt ist.

Nach Adsorption des ersten Anti-Hirudin-Antikörpers an die Mikrotiterplatte wird nach Probenzugabe Hirudin entweder am Epitop um Aminosäure 60 oder an den Endpositionen 63 bis 65 erfaßt. In einer zweiten, für beide ELISAs identischen Immunreaktion bindet ein peroxidasegekoppelter Antikörper Hirudin am Epitop um Position 20 (Abb. 4). Aus den beiden beschriebenen Antikörpern und dem zu bestimmenden Hirudin bildet sich ein hochspezifischer Sandwich-Komplex. Die Antikörper werden jeweils im Überschuß zugesetzt. Nichtgebundene Antikörper werden durch Waschschritte zwischen den Immunreaktionen entfernt. Die gebundene Peroxidase bewirkt nach Zusatz des Substrat-Chromogen-Gemisches (H_2O_2/TMB) die eigentliche Indikatorreaktion. Die Farbintensität des entstehenden Produkts ist der Hirudinkonzentration proportional und wird photometrisch vermessen.

Beide Assays sind auch für die Bestimmung von Hirudin in biologischen Proben geeignet.

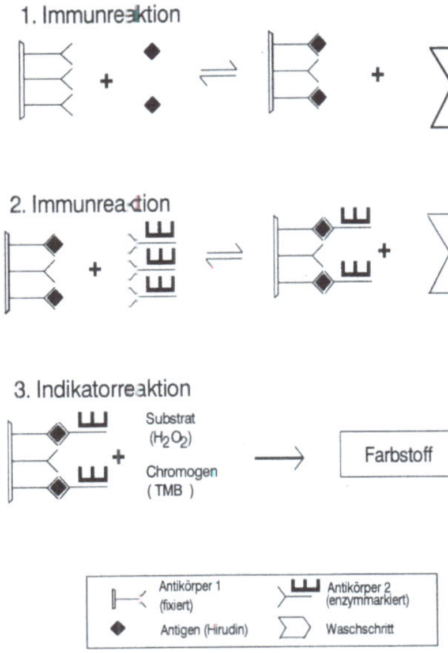

Abb. 3. ELISA für Hirudin (HBW 023); schematische Darstellung des quantitativen Bestimmungsverfahrens (Sandwich-Prinzip)

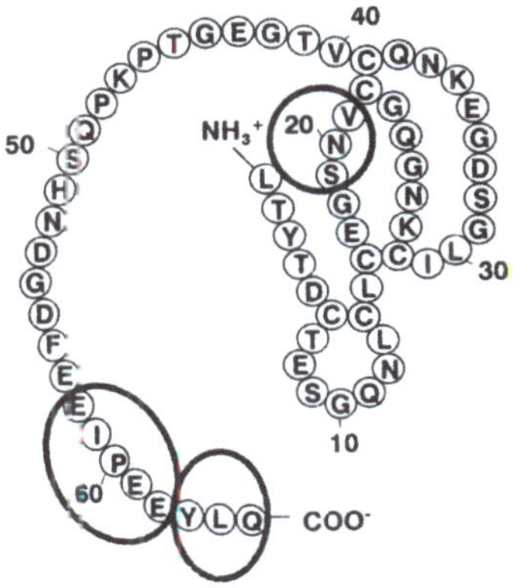

Abb. 4. Aminosäurestruktur von Hirudin (HBW 023) mit Kennzeichnung der Epitope für die Immunreaktionen im ELISA (modifiziert nach FRIESEN)

4. Physikalisch-chemische Trennmethoden

4.1. Flüssigchromatographie (HPLC)

Mit Einzug der chromatographischen Techniken in die analytischen Laboratorien und vor allen Dingen durch die Entwicklung der HPLC steht dieses Verfahren nicht nur für die Analytik klassischer, chemischer Arzneistoffe, sondern nun auch für die Reinheits- und Gehaltsbestimmung von Proteinen und Peptiden zur Verfügung. Anders als bei den biochemischen Bestimmungsmethoden steht hier die Trennung von Gemischen im Vordergrund, worunter nicht nur die Abtrennung von Hirudin von Begleitsubstanzen aus einer Zubereitung oder der Matrix einer Probe zu verstehen ist, sondern auch die Trennung des Arzneistoffs von darin möglicherweise enthaltenen Nebenprodukten.

Abb. 5 zeigt Chromatogramme von zwei HBW 023-Proben, die verdeutlichen, daß mittels HPLC eine Reihe von möglichen Nebenprodukten aufgetrennt werden kann.

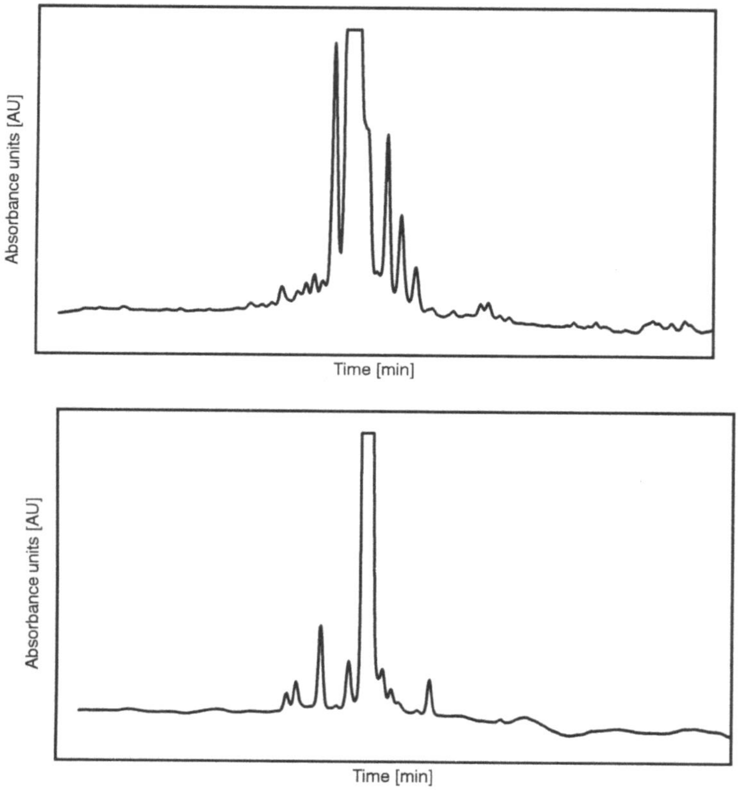

Abb. 5. HPLC für Hirudin (HBW 023); chromatographische Trennung zur Reinheitsprüfung von zwei Proben im Rahmen der Arzneimittelentwicklung

Im Fall von HWB 023 konnte der Herstellungsprozeß im Rahmen der Entwicklung soweit optimiert werden, daß die meisten der in frühen Phasen erkennbaren Nebenprodukte nicht mehr entstehen oder zuverlässig abgereichert werden können. Unvermeidbare, noch enthaltene Nebenkomponenten konnten aufgeklärt werden. Hierbei handelt es sich überwiegend um Verbindungen, bei denen hinsichtlich der Aminosäure-Sequenz einzelne Aberrationen oder Deletionen vorliegen und die ebenfalls gerinnungshemmend wirksam sind.

Bei der chromatographischen Reinheitsbestimmung werden also Nebenkomponenten ggf. auch mit voller Wirksamkeit als „Verunreinigungen" erfaßt. Die Beschreibung dieses Nebenproduktprofils unabhängig von der Frage der Wirksamkeit ist aber nach Stand von Wissenschaft und Technik als Reinheitsprüfung erforderlich z.B. im Sinne der Prüfung der gleichbleibenden Qualitätseigenschaften über die Produktionschargen (Chargenkonformität) sowie im Rahmen von Gehaltsbestimmungen auch unter Stabilitätsgesichtspunkten, also zur Ableitung von Lagerhinweisen und Laufzeiten.

Die gleiche HPLC-Methode wird neben der beschriebenen Reinheitsbestimmung auch zur Gehaltsbestimmung von HBW 023 eingesetzt. Hierzu wurde ein Referenzstandard in Hoechst etabliert und definiert, mit dessen Hilfe die Quantifizierung nach der externen Standardmethode erfolgt.

4.2. Kapillarelektrophorese (HPCE)

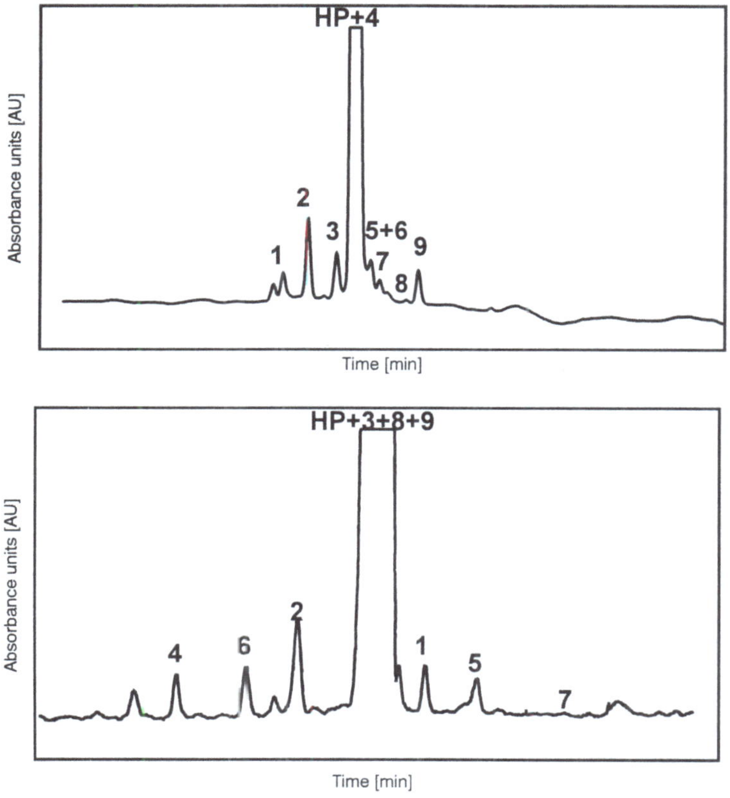

Abb. 6. HPLC und HPCE für Hirudin (HBW 023); Gegenüberstellung von (oben) chromatographischer und (unten) elektrophoretischer Trennung zur Reinheitsprüfung. Kennzeichnung von Hauptpeak (HP = HBW 023) und möglichen Nebenprodukten (1 bis 8)

Trotz der guten Trennleistung chromatographischer Verfahren (HPLC) war erkannt worden, daß eine Reihe von tatsächlich beobachteten oder potentiellen Nebenprodukten nicht untereinander oder sogar nicht vom HBW 023-Peak abtrennbar sind, trotz unzähliger Versuche zur Optimierung der chromatographischen experimentellen Bedingungen. Diese Situation ist gerade bei Peptiden und Proteinen typisch und nicht unerwartet, weil eine enorme Vielzahl von Nebenprodukten alleine durch Monoaberration oder Monodeletion denkbar sind.

Für HBW 023 wurde deshalb ein alternatives, zwar ebenfalls physikalisch-chemisches, jedoch auf einem anderen Trennprinzip (Ladung/Masse) beruhendes Verfahren, die Kapillarelektrophorese herangezogen. Abb. 6 zeigt ein typisches Kapillarelektropherogramm (BRAZEL D. und DÖNGES R., 1993). Durch den direkten Vergleich wird erkennbar, daß über HPCE eine Reihe kritischer Komponenten, die in der HPLC nicht trennbar sind, zuverlässig aufgetrennt werden. Gleichzeitig wird deutlich, daß auch mittels Kapillarelektrophorese eine vollständige Trennung nicht herbeizuführen ist. Die HPCE kann deshalb in der Hirudin-Analytik im Rahmen der Forschung und Entwicklung bei besonderen Problemen oder weitergehenden Fragen beispielsweise im Rahmen von Haltbarkeitsstudien zusätzlich zur HPLC eingesetzt werden.

5. Qualitätskonzept

In den vorausgegangenen Abschnitten sind die unterschiedlichen für Hirudin erarbeiteten Bestimmungsverfahren beschrieben worden. Jedes Verfahren weist entscheidende Vor- und Nachteile auf, die die Charakterisierung der biologischen Wirksamkeit und die Charakterisierung der Reinheit im Sinne der Selektivität des Verfahrens betreffen. Abb. 7 stellt den Versuch dar, eine Rangfolge der vorgestellten Verfahren in der diesbezüglichen Qualifikation schematisch zusammenzufassen. Während eine tierexperimentelle Wertbestimmung die biologische Wirksamkeit von Hirudin sicher widerspiegeln würde, wäre hier keine Selektivität gegenüber ebenfalls (anteilig) wirksamen Nebenkomponenten gegeben. Der vorgestellte Thrombin-Inhibitionstest erreicht weitestgehend die Repräsentanz der biologischen Wirksamkeit. Lediglich spezielle pharmakokinetische Aspekte, die vor allen Dingen für eine s.c.-Gabe relevant wären, bleiben unberücksichtigt. Die Selektivität ist gegenüber einem hypothetischen tierexperimentellen Ansatz etwas verbessert, weil metabolische Interaktionen ausgeschlossen sind.

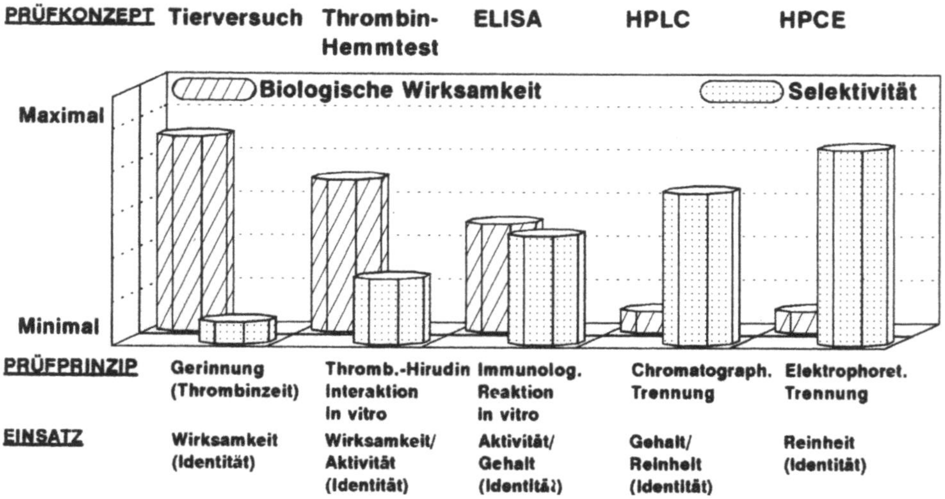

Abb. 7. Quantitative Bestimmungsverfahren für Hirudin (HBW 023); Prüfprinzip und Einsatzmöglichkeiten sowie vergleichende Bewertung hinsichtlich „Charakterisierung der biologischen Wirksamkeit" bzw. „Selektivität"

Im Fall der ELISA-Bestimmung ist durch die beiden Antikörper mit unterschiedlich erkennenden Determinanten eine deutlich höhere Selektivität gegeben. Die Übertragbarkeit auf die biologische Wirksamkeit erreicht im Methodenvergleich eine mittlere Position, weil kein unmittelbares Korrelat zwischen Antikörperaffinität und Thrombinaffinität nachgewiesen ist.

Demgegenüber besitzen sowohl HPLC als auch HPCE einen sehr hohen Grad an Selektivität. Eine Vielzahl von Nebenprodukten, von denen ein wesentlicher Teil bei allen anderen Bestimmungsverfahren identisch wie Hirudin erfaßt wird, werden abgetrennt. Allerdings ist aufgrund der Chromatogramme keine Korrelation zur biologischen Wirksamkeit gegeben.

Für die Entwicklung des Qualitätskonzeptes HBW 023 ergab sich daher der Schluß, daß bei den hohen Ansprüchen, die an Arzneimittelsicherheit gestellt werden, keines der vorgestellten Verfahren **alleine** für die Charakterisierung von Hirudin und Hirudin-Zubereitungen dem heutigen Stand von Wissenschaft und Technik entspricht.

Der Nachweis der Identität berücksichtigt Thrombin-Inhibition, HPLC, die Aminosäure-Zusammensetzung und „Peptide-Mapping". Für die Bestimmungen von Reinheit und Gehalt wird die beschriebene HPLC-Methode eingesetzt, darüber hinaus spezielle analytische Verfahren zur Erkennung von höher molekularen Verunreinigungen oder z.B. Wirtszell-Proteinen. Die Bestimmung der Aktivität erfolgt schließlich separat durch den quantitativen Thrombin-Inhibititionstest.

Die kritische Bewertung der verschiedenen alternativen Verfahren hat also abschließend zu dem Konzept geführt, Reinheit und Gehalt routinemäßig durch Kopplung von zwei verschiedenen in vitro-Verfahren mit unterschiedlicher Charakteristik zu gewährleisten. Hierzu wird der Thrombin-Inhibititionstest eingesetzt, der bei geringer Selektivität eine sehr hohe Aussagekraft hinsichtlich der biologischen Wirksamkeit zeigt, in Kombination mit der HPLC, die bei geringem Korrelat mit der biologischen Wirksamkeit sehr gute Selektivität bringt.

Literatur

BICHLER J. and FRITZ H., Review, Hirudin, a new therapeutic tool?, Ann. Hematol., 63, 67-76, 1991

BRAZEL D. und DÖNGES R., persönliche Mitteilung, 1993

FRIESEN H.J., BERSCHEID G., PÜNTER J., persönliche Mitteilung, 1993

MARKWARDT F., Hirudin als potentielles Antikoagulanz zur Prävention der Rethrombosierung nach intrakoronarer Lyse und Angioplastie, Hämostaseologie, 9, 204-208, 1989

WALSMANN P., Über den Einsatz des spezifischen Thrombininhibitors Hirudin für diagnostische und biochemische Untersuchungen, Pharmazie, 43, 737-744, 1988

Zur Thrombogenitätsstestung von Prothrombinkomplexkonzentraten in vivo und in vitro

H.-P. Klöcking

Zusammenfassung

- Zur Prüfung von Prothrombinkomplexkonzentraten auf eine potentielle Thrombogenität werden in vitro- und in vivo- (Stase- und Non-Stase-Modelle) Methoden herangezogen.
- Die allgemein praktizierten in vitro-Tests zum Ausschluß von potentiell thrombogenen Konzentraten geben keine sichere Voraussage für die Entfaltung thrombogener Aktivitäten in vivo.
- Bevorzugt sollten in vitro-Tests eingeführt werden, deren Ergebnisse mit den Befunden der Thrombusbildung im Stase-Modell nach WESSLER positiv korrellieren. Auf dieser Basis könnte die Sicherheit zur Erkennung von potentiell thrombogenen Konzentraten erhöht werden, insbesondere bei der produktionsbegleitenden Thrombogenitätsprüfung.
- Auf die Prüfung eines Konzentrates im Non-Stase-Modell kann nicht verzichtet werden, weil nur in dieser Versuchsanordnung eine Gerinnungsstörung im Sinne einer Verbrauchsreaktion erkannt werden kann.

1. Einleitung

Prothrombinkomplexkonzentrate (PKK) enthalten die Blutgerinnungsfaktoren II, VII, IX und X in konzentrierter Form.

Sie werden nahezu seit 30 Jahren erfolgreich zur Therapie und Prophylaxe von Blutungen und Blutungsrisiken bei kombiniertem oder isoliertem Mangel der Faktoren II, VII, IX und X (angeboren oder erworben), z.B. Hämophilie B, erworbene Faktor-IX-Mangelzustände, eingesetzt. Als unerwünschte Wirkungen wurden thromboembolische Komplikationen, wie venöse Thromboembolien, arterielle Thrombosen, disseminierte intravaskuläre Gerinnungen (DIC), registriert (BLATT P.M. et al., 1974; KASPER C.K., 1975; MARASSI A. et al., 1978). Im Zeitraum von 1986-1990 wurden 72 thromboembolische Komplikationen - darunter 7 tödliche - weltweit registriert (MANNUCCI P.M., 1993).

Für die Thrombogenität werden Überdosen an Faktor II und X (MAGNER A. and ARONSON D.L., 1979), ein oder mehrere aktivierte Gerinnungsfaktoren (IIa, VIIa, IXa und Xa) (HULTIN M.B., 1979), koagulatorisch-aktive Phospholipide (GILES A.R. et al., 1982) und der Plasminogenaktivatorinhibitor (PAI-1) (MIKAELSSON M. and OSWALDSSON U., 1993) verantwortlich gemacht. Das Auftreten thromboembolischer Komplikationen hat dazu geführt, daß einerseits PKK als potentiell thrombogen angesehen werden müssen und andererseits Testverfahren zur Prüfung von PKK auf thrombogenes Potential entwickelt wurden.

2. Prüfschema auf Thrombogenität

Eine Einschätzung der Thrombogenität eines Stoffes muß entsprechend den unterschiedlichen Angriffspunkten im thrombohämorrhagischen Gleichgewicht differenziert vorgenommen werden. Für PKK-Präparate, deren Angriffspunkte im Gerinnungssystem zu suchen sind, werden folgende Prüfparameter vorgeschlagen: Bestimmung aktivierter Gerinnungsfaktoren, Bewertung einer lokalisierten Makrothrombose und Einschätzung des Ausmaßes einer Verbrauchskoagulopathie. Die erforderlichen Methoden und die kritischen Werte sind der Tabelle 1 zu entnehmen.

Tabelle 1. Thrombogenitätsprüfung von Prothrombinkomplexkonzentraten (PKK)

Ziel *Nachweis/Ausschluß*	*Methoden*	*Hinweis auf thrombogenes Potential*
Aktivierte Gerinnungsfaktoren (FIIa, VIIa, IXa, Xa)	Gerinnungsverfahren	
Globalteste	Fibringerinnungszeit	< 6h
	nicht aktivierte partielle Thromboplastinzeit (NAPTT)	< 150sec
	NAPTTR*	< 0,5
	Thrombinbildungszeit (Tgt_{50})	< 10min
Einzelfaktorbestimmung	Amidolytische Verfahren	
Makrothrombose	Stase Modell nach WESSLER	ED_{50}< 100 E FIX/kg bzw. Mittlerer Score < 2,0
Verbrauchsreaktion	Non-Stase-Modell	Fibrinogen↓, Fibrinmonomer↑, Plättchenzahl↓, Antithrombin III↓, FV↓, FVIII↓, Fibrinopeptid A↑, Fragment 1,2↑

*NAPTTR = NAPTT mit PKK : NAPTT ohne PKK

2.1. In vitro-Testverfahren

Als einfachster Test zur Prüfung auf Thrombogenität eines PKK-Präparates erweist sich die Bestimmung der Fibrinogengerinnungszeit (MIDDLETON S.M. et al., 1978). Gleiche Volumina einer 1%igen Fibrinogenlösung und einer unverdünnten PKK-Lösung werden bei 37°C 6 Stunden lang auf Gerinnselbildung beobachtet.

Die nicht aktivierte partielle Thromboplastinzeit (NAPTT) ist ein Beispiel für eine globale Bestimmungsmethode, um PKK zu charakterisieren. Dieses Verfahren wurde in die Europäische Pharmakopoe aufgenommen. In diesem Test wird plättchenarmes Plasma mit dem PKK (1:10 verdünnt) und exogenem Phospholipid gemischt und die Gerinnungszeit nach Rekalzifizierung bestimmt (KINGDON H.S. et al., 1975). Mit Hilfe dieses Tests wird vorzugsweise Faktor IXa erfaßt (SAS G. et al., 1975; WHITE J.G., 1971). Um einen besseren Vergleich zu ermöglichen, wurde mit den Quotienten (NAPPTR) aus den Gerinnungszeiten mit und ohne PKK gearbeitet. Eine Modifikation des NAPPT-Tests besteht darin, daß in Abhängigkeit von der Phospholipidkonzentration durch Vorinkubation ein höherer Anteil aktivierter Faktoren nachgewiesen werden kann (KLÖCKING H.-P. et al., 1984). Enthalten die Präparate keine aktivierten Faktoren so besteht zwischen der üblichen und modifizierten Methode kein Unterschied. Das gleiche trifft für höhere Verdünnungen der PKK zu. Ein weiterer globaler Test, die Thrombinbildungszeit (TGt_{50}), wird zur Einschätzung des Thrombogenitätsgrades von PKK vielfältig herangezogen (SAS G. et al., 1975). In diesem Test wird die Zeit der Bildung von Thrombin durch das rekalzifizierte PKK ermittelt. Mit dieser Bestimmung wird hauptsächlich ein Komplex aktivierter Faktoren mit Phospholipiden erfaßt, wenn die Konzentrate ausreichende Mengen Phospholipid und Faktor V enthalten.

2.2. *In vivo-Methoden*

Neben der Bestimmung der aktivierten Gerinnungsfaktoren kommt der Bewertung einer lokalisierten Makrothrombose im Stase-Modell nach WESSLER an Ratten oder Kaninchen und die Einschätzung des Ausmaßes einer Verbrauchsreaktion im Nicht-Stase-Modell bei Kaninchen, Ratten, Hunden oder Schweinen eine entscheidende Bedeutung zur Beurteilung der Thrombogenität von Faktor-IX-Konzentraten zu. Im Stase-Modell nach WESSLER wird die momentane, vermutlich auf den Faktor IXa zurückzuführende Thrombogenität gemessen. Im Stase-Modell nach WESSLER wird in der Regel bei narkotisierten Ratten ein etwa 5mm langer Abschnitt der Vena jugularis vom umgebenden Gewebe freipräpariert und um die Endstellen werden Fäden für die spätere Ligaturen gelegt. Danach wird in die kanülierte Vena femoralis der gleichen Seite das PKK innerhalb von 15sec injiziert. 30 Sekunden nach Beendigung der Injektion werden die Ligaturen an der freipräparierten V. jugularis angelegt. Nach weiteren 10 Minuten wird das isolierte Venensegment herausgeschnitten und in einer mit physiologischer NaCl-Lösung gefüllten Petrischale der Veneninhalt ausgestrichen und nach folgendem Schema visuell beurteilt: 0 = keine Thrombusbildung, nur herausfließendes Blut; 1 = einige makroskopisch sichtbare Fibrinfasern bzw. ein kleiner Thrombus; 2 = mehrere kleine Thromben oder ein grösserer Thrombus; 3 = zwei oder mehrere größere Thromben, das Gefäß nicht ganz ausfüllend; 4 = ein das Gefäß völlig ausfüllender Thrombus. Die Auswertung erfolgt als Durchschnittswert nach der differenzierten Punktebewertung bzw. durch Ermittlung der mittleren effektiven Dosis (ED_{50}) unter Zugrundelegung der Kriterien der Thrombusbildung „ja oder nein" nach LICHTFIELD und WILCOXON (1949).

Um eine Verbrauchsreaktion bzw. Verbrauchskoagulopathie durch PKK auszuschließen, wurden sogenante Non-Stase-Modelle eingeführt. Die PKK-Präparate werden Kaninchen (PROWSE C.V. and WILLIAMS A.E., 1980; KLÖCKING H.-P. et al., 1984), Ratten (MCLAUGHLIN L.F. et al., 1992), Hunden (CASH J.D. et al., 1975; MAC GREGOR I.R. et al., 1991) und Schweinen (HARRISON J. et al., 1985) 15-30min infundiert und in dem in Intervallen abgenommenem Blut nach Anzeichen einer stattgehabten Aktivierung des Gerinnungssystems gefahndet. Dazu können die Bestimmungen von Fibrinogen, Fibrinmonomer, Thrombozytenzahl, Faktor V, Faktor VIII, Antithrombin III, Fibrinopeptid A und Fragment 1,2 dienen.

3. Korrelation von in vitro-Tests mit den in vivo-Modellen

Die Ergebnisse der Thrombogenitätstests in Tiermodellen lassen darauf schließen, daß die in vitro-Verfahren (NAPTT, TGt_{50}) keine vollkommene Voraussage der in vivo-Thrombogenität erlauben (CASH J.D. et al., 1975; HEDNER U. et al., 1976). Kurze NAPTT-Werte korrelieren nicht immer mit einer Thrombusbildung im Stase-Modell nach WESSLER (GILES A.R. et al.,1980; KINGDON H.S. et al., 1975; PROWSE C.V. and WILLIAMS A.C., 1980; MENACHE D. et al., 1984). Der TGt_{50}-Test soll als Indikator für den thrombogenen Effekt eines PKK in vivo relevanter sein als das NAPTT-Verfahren (WHITE J.G., 1971). Die Relevanz von kurzen NAPTT-Werten und Thrombusbildung im Stase-Modell nach WESSLER in bezug auf ihre Aussage am Menschen ist nicht bekannt (SMITH K.J., 1992). Attraktiv für die Einschätzung der Thrombogenität eines PKK-Präparates in vitro scheint der Gehalt von aktivierten Gerinnungsfaktoren zu sein. Studien wurden durchgeführt, um diesbezüglich in vitro-Bestimmungen mit in vivo-Effekten zu korrelieren. Danach können aktivierte Gerinnungsfaktoren eine Rolle bei der in vivo-Thrombogenität von PKK spielen (ARONSON D.L. and MENACHE D., 1987). Faktor IXa Standard gab eine lineare Dosis-Wirkungskurve zwischen 0,2 und 0,52 Einheiten Faktor IXa/kg der Thrombusbildung im Stase-Modell nach WESSLER (GRAY E. et al., 1993). Diese Ergebnisse deuten darauf hin, daß die Bestimmung von Faktor IXa ein Parameter ist, der eine Voraussage über die in vivo-Thrombogenität eines PKK-Präparates abgeben könnte.

4. Schlußfolgerungen

Die gegenwärtig geübten „Globaltests" zur Ermittlung einer in vitro-Thrombogenität von PKK geben keine sichere Aussage für eine mögliche thrombogene Potenz der untersuchten Präparate in vivo. Daher sind nach wie vor tierexperimentelle Untersuchungen zur Einschätzung der Thrombogenität von PKK-Präparaten notwendig. Eine Reduzierung könnte sich ergeben auf der Grundlage einer Dosis-Wirkungsanalyse der Thrombusbildung im Stase-Modell nach WESSLER an Ratten und/oder Kaninchen von aktivierten Gerinnungsfaktoren, insbesondere von Faktor IXa. Die Konzentrationen bzw. Einheiten, die eine 30-100%ige Thrombusbildung in vivo bewirken, ist dann für die in vitro ermittelten Werte in gleicher Größenordnung für aktivierte Gerinnungsfaktoren als deutlich thrombogen anzusehen. Derartige Grenzdosen sollten auf ihre Relevanz im Non-Stase-Modell überprüft werden.

Literatur

ARONSON D.L. and MENACHE D., Thrombogenicity of factor IX complex: in vivo investigation, Developments in Biological Standardisation, 67, 149-155, 1987

BLATT P.M., KINGDON H.S., MC LEAN G., ROBERTS H.R., Thrombogenic material in prothrombin complex concentrates, Annals of Internal Medicine, 81, 766-770, 1974

CASH J.D., DALTON R.G., MIDDLETON S., SMITH J.K., Studies on the thrombogenicity of Scottish factor IX concentrates in dogs, Thrombosis et Diathesis Haemorrhagica, 33, 632-639, 1975

GILES A.R., JOHNSTON M., HOOGENDOORN H., BLAJCHMAN M., HIRSH J., The thrombogenicity of prothrombin complex concentrates: I. The relationship between in vitro characteristics and in vivo thrombogenicity in rabbits, Thrombosis Research, 17, 353-366, 1980

GILES A.R., NESHEIM M.E., HOOGENDOORN H., TRACY P.B., MANN K.G., The coagulant-active phospholipid content is a major determinant of in vivo thrombogenicity of prothrombin complex (factor IX) concentrates in rabbits, Blood, 59, 401-407, 1982

GRAY E., TUBBS J., CESMELI S., BARROWCLIFFE T.W., Thrombogenicity of F IX concentrates; in vitro and in vivo results, Thrombosis and Haemostasis, 69, 2655, 1993

HARRISON J., ABILDGAARD CH., LAZERSON J., CULBERTSON R., ANDERSON G., Assessment of thrombogenicity of prothrombin complex concentrates in a porcine model, Thrombosis Research, 38, 173-188, 1985

HEDNER U., NILSSON I.M., BERGENTZ S.-E., Various prothrombin complex concentrates and their effect upon coagulation and fibrinolysis in vivo, Thrombosis and Haemostasis, 35, 386-395, 1976

HULTIN M.B., Activated clotting factors in factor IX concentrates, Blood, 54, 1028-1038, 1979

KASPER C.K., Thromboembolic complications (following the use of factor IX concentrates), Thrombosis et Diathesis Haemorrhagica, 33, 640-644, 1975

KINGDON H.S., LUNDBLAD R.L., VELTKAMP J.J., ARONSON D.L., Potentially thrombogenic materials in factor IX concentrates, Thrombosis and Haemostasis, 33, 617-631, 1975

KLÖCKING H.-P., KLEBEN CH., JABLONOWSKY CH., MEERBACH W., DORNHEIM G., Untersuchungen zur Thrombogenität eines neuen Prothrombinkomplexkonzentrates, Folia Haematologica, 111, 645-661, 1984

LICHFIELD JR. J.T. and WILCOXON F., A simplified method of evaluating dose-effect experiments, The Journal of Pharmacology and experimental Therapeutics, 96, 99-113, 1949

MAC GREGOR I.R., FERGUSON J.M., MCLAUGHLIN L.F., BURNOUF T., PROWSE C.V., Comparison of high purity factor IX concentrates and a prothrombin complex concentrate in a canine model of thrombogenicity, Thrombosis and Haemostasis, 66, 609-613, 1991

MCLAUGHLIN L.F., DRUMMOND O., MAC GREGOR I.R., A novel rat model of thrombogenicity : its use in evaluation of prothrombin complex concentrates and high purity factor IX concentrates, Thrombosis and Haemostasis, 68, 511-515, 1992

MAGNER A. and ARONSON D.L., Toxicity of factor IX concentrates in mice, Developments Biological in Standardisation, 44, 185-188, 1979

MANNUCCI P.M., Clotting factor concentrates, in: LECHNER K. and GADNER H. (eds.), Haematolgy Trends' 93, Stuttgart New York: Schattauer, 216-229, 1993

MARASSI A., MANUZULLO V., DI CARLO V., MANNUCCI P.M., Thromboembolism following prothrombin complex concentrates and major surgery in liver disease, Thrombosis and Haemostasis, 39, 787-788, 1978

MENACHE D., BEHRE E., ORTHNER C.L., NUNEZ H., ANDERSON H.D., Triantaphyllopoulos D.C., Kosow D.P., Coagulation factor IX concentrate: method of preparation and assessment of potential in vivo thrombogenicity in animal models, Blood, 64, 1220-1227, 1984

MIDDLETON S.M., FORBES C.D., PRENTICE C.R.M., Thrombogenic potential of factor IX concentrates: Comparison of tests, Thrombosis and Haemostasis, 40, 574-576, 1978

MIKAELSSON M. and OSWALDSSON U., Faktor IX complex concentrates contain plasminogen activator inhibitor type 1 (PAI-1), Thrombosis and Haemostasis, 69, 2639, 1993

PROWSE C.V. and WILLIAMS A.E., A comparison of the in vitro and in vivo thrombogenic activity of factor IX concentrates using stasis (WESSLER) and non-Stasis rabbit models, Thrombosis and Haemostasis, 44, 81-86, 1980

SAS G., OWENS R.E., SMITH J.K., MIDDLETON S., CASH J.D., In vitro spontaneous thrombin generation in human factor IX concentrates, British Journal of Haematology, 31, 25-35, 1975

SMITH K.J., Factor IX concentrates: the new products and their propertes, Transfusion Medicine Reviews, VI, 124-136, 1992

WHITE J.G., Platelet microtubulus and microfilaments: effects of cytochalsin B on structure and function, in: CAEN J. (ed.), Platelet Aggregation, Paris: Masson and Cie, 15-52, 1971

Ersatzmethode zum Tierversuch in der Wirksamkeitsprüfung von Tuberkulinen

M. Schwanig, Ch. Mainka

Zusammenfassung

Die vom europäischen Arzneibuch vorgeschriebene Wirksamkeitsprüfung von Tuberkulinen schreibt einen Hauttest an zuvor gegen Tuberkulin sensibilisierten Meerschweinchen vor.

Dieses Testverfahren wurde mit einer in vitro-Stimulierung der Lymphozyten sensibilisierter Meerschweinchen verglichen, wobei die Stimulierung der Zellen durch Tuberkulin über den Einbau von ^3H Thymidin und Messung der Betastrahlung ermittelt wurde. Obwohl das System keine funktionelle Korrelation zur verzögerten Hautreaktion in vivo hat, zeigte sich sowohl in der Kinetik der Reaktionen als auch im Vergleich mit einem Standardpräparat, daß die im Hauttest ermittelte relative Wirksamkeit gut mit der Stimulierung der Zellen in vitro übereinstimmt.

Damit verfügen wir nun über ein Verfahren, das mit deutlich weniger Tieren - 4-5 gegenüber 10-12 im Hauttest - vergleichbare Ergebnisse liefert und zugleich den Tieren Schmerzen erspart.

1. Einleitung

Versuche, die in ihrer Zielsetzung eine Reduzierung der für einen Test nötigen Tierzahl oder eine Reduzierung des Leidens der Tiere anstreben, erfordern in einer Phase der Validierung des neuen Systems in aller Regel leider den Einsatz einer eher höheren Zahl von Tieren. Um dies für die hier beschriebenen Versuche zu vermeiden, wurden ausschließlich Tiere eingesetzt, die ohnehin in den gesetzlich vorgeschriebenen Versuchen eingesetzt werden mußten. Das Ziel, einen Tierversuch langfristig weniger schmerzhaft bei geringerer Zahl von Tieren zu gestalten, wird dadurch allerdings etwas verzögert, weil die Resultate nur langsamer anfallen.

Bei allen Überlegungen zur Einsparung von Tierversuchen in der Prüfung von immunologisch wirksamen Präparaten muß bei der Bewertung des Umfangs der möglichen Einsparungen an Tierversuchen berücksichtigt werden, daß diese Versuche, anders als bei der Entwicklung und Zulassung chemisch definierter Pharmazeutika, nicht nur vor der Zulassung durchgeführt werden, sondern für jede Produktions- oder gar Abfüllcharge, also die Menge die in einem Arbeitsgang hergestellt wird, durchzuführen sind. Dies macht es um so nötiger, hier Einsparungen anzustreben.

2. Prüfung von Tuberkulinen nach den Arzneibuchvorschriften

Die vom europäischen Arzneibuch (hier identisch mit dem deutschen Arzneibuch = DAB) vorgeschriebene Wirksamkeitsprüfung von Tuberkulinen (DAB) sieht folgenden Test vor:

Mindestens 6 weiße Meerschweinchen, meist müssen, um die geforderte Präzision der Ergebnisse zu erzielen, 10-12 Tiere eingesetzt werden, werden gegen Tuberkulin sensibilisiert. Dies geschieht bei Tuberkulinen ad usum humanum durch Injektion mit abgetöteten Mycobacterium tuberculosis, bei Tuberkulinen ad usum veterinarium werden die Tiere mit virulenten Mycobacterium bovis infiziert. Eine Alternative zu beiden Verfahren ist die Sensibilisierung der Tiere mit dem Tuberkulose-Impfstoff BCG.

Nach fünf bis sechs Wochen wird den Tieren das Fell an beiden Flanken geschoren und wie bei der intradermalen Tuberkulinprüfung beim Menschen werden die Tuberkuline in einer Dosis von 0,1ml in die Haut gespritzt. Dabei werden die mindestens drei Verdünnungsstufen des zu prüfenden Tuberkulins und eines Standardtuberkulins so gewählt, daß die kleinste Verdünnung eine Hautreaktion - eine Typ IV allergische Spätreaktion - von mindestens 8mm und die größte von nicht mehr als 24mm erzeugt.

Durch Vergleich der Mittelwerte der Hautreaktionen in Millimeter des Standardtuberkulins mit dem zu prüfenden kann die Wirksamkeit berechnet werden. Um ein auswertbares Ergebnis zu erhalten, sollten die Werte in einer halblogarithmischen Darstellung - Tuberkulindosen logarithmisch und Hautreaktionen linear aufgetragen - immer im mittleren, linearen Bereich der Dosis-Wirkungskurve liegen, und die beiden Dosis-Wirkungskurven müssen parallel verlaufen.

3. In vitro-Tuberkulinprüfung

Eine Tuberkulinreaktion, die eine Hautreaktion vom Spättyp ist, stellt eine außerordentlich komplexe Kaskade immunologischer Reaktionen dar. Will man hierfür eine in vitro-Alternative suchen, die die relative Wirksamkeit der Tuberkuline in quantitativ vergleichbarer Weise widerspiegelt, so ist von vornherein klar, daß es sich nicht um einen funktional vergleichbaren Test handeln kann. Was verglichen werden kann, ist nur die quantitative Aussage: Das zu prüfende Tuberkulin soll im Vergleich mit dem Standardtuberkulin in beiden Testsystemen eine vergleichbare Wirksamkeit zeigen.

Da vom Ablauf der Hautreaktion bekannt war, daß sie in der ersten Stufe von spezifisch sensibilisierten Lymphozyten angestoßen wird, wurde nach einem in vitro-Verfahren gesucht, welches die Sensibilisierung der Lymphozyten erfassen kann.

Hier bot sich der Lymphozyten-Transformationstest an, weil schon andere Autoren (HASLOV K. et al., 1984) gezeigt hatten, daß bei Lymphozyten spezifisch sensibilisierter Meerschweinchen durch Tuberkulin eine antigenspezifische Steigerung der Teilungsrate induziert werden kann.

Die erste Frage war, ob es einen erkennbaren Zusammenhang zwischen Tuberkulindosis und Stimulierung der Lymphozyten gibt (MAINKA CH. und SCHWANIG M., 1988).

Die Lymphozyten (alle über einen Dichtegradienten isolierten Zellen aus dem peripheren Blut oder aus Lymphknoten) der Meerschweinchen, die zuvor im Hauttest eingesetzt wurden, wurden mit unterschiedlichen Tuberkulinen sensibilisiert. In Abhängigkeit von der Art der Sensibilisierung (virulent lebende oder inaktivierte Mykobakterien oder BCG) und den eingesetzten in ihrer Zusammensetzung unterschiedlichen Tuberkulinen ergaben sich die in den Abbildungen (Abb. 1-3) dargestellten Dosis-Wirkungskurven. Das verwendete Verfahren ist hier der Einbau von radioaktiv mit ^{3}H markiertem Thymidin, das in einem Beta-Counter gemessen wird.

Da sowohl die Lymphozyten aus dem peripheren Blut als auch die aus den Lymphknoten in einem mittleren Bereich zwischen etwa 30I.E./ml und 300I.E./ml Tuberkulin eine lineare Abhängigkeit von der Dosis zeigten und die Stimulierung mit virulenten Keimen keinen Vorteil gegenüber der mit BCG erbrachten, entschlossen wir uns im weiteren Vorgehen, periphere Blutlymphozyten BCG-sensibilisierter Tiere zu verwenden. So konnten wir das erforderliche Blut durch Herzpunktion am narkotisierten Tier gewinnen und mußten die Tiere nicht töten.

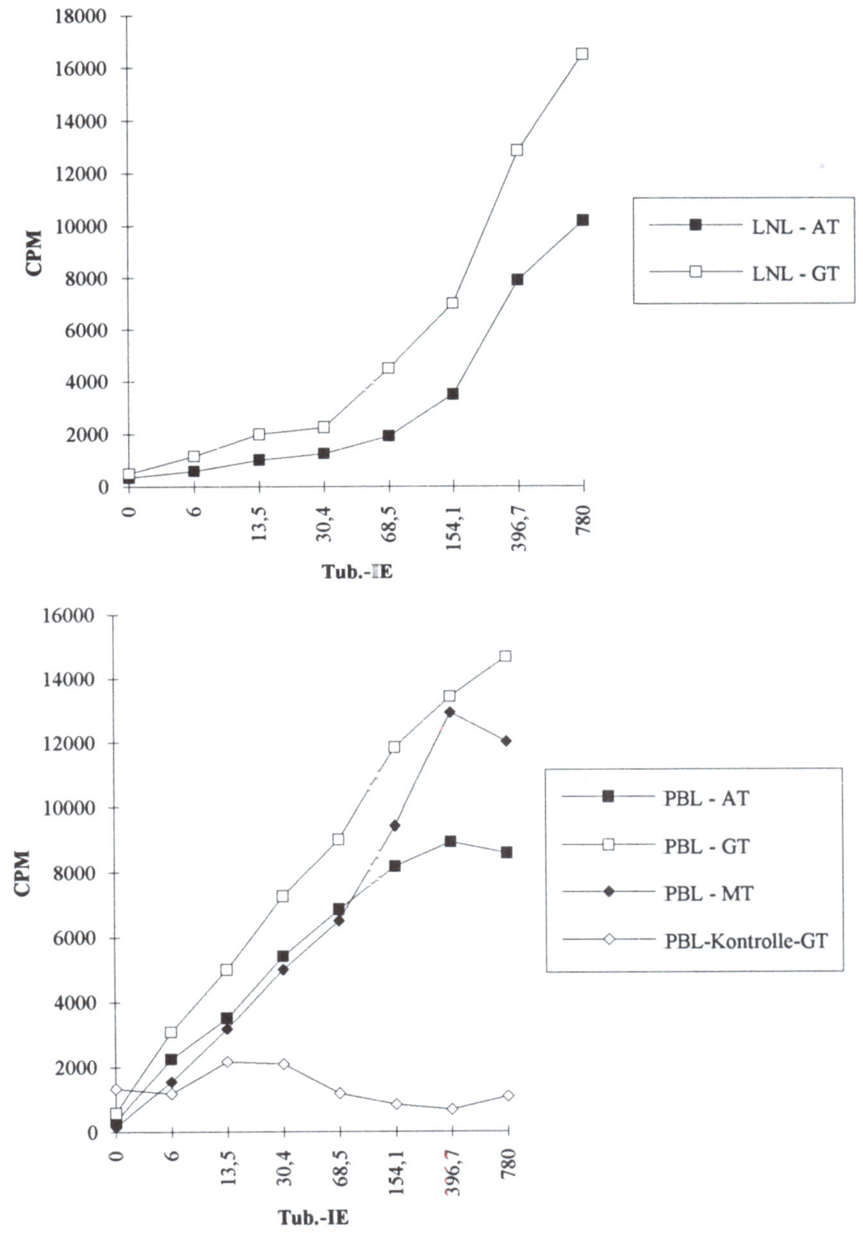

Abb. 1. **Tuberkulinstimulierung der Lymphozyten aus mit virulenten M. tuberculosis infizierten Meerschweinchen**

LNL = Lymphozyten aus Lymphknoten
AT = Alttuberkulin
MT = Mischtuberkulin aus AT und GT
Tub.-I.E. = Tuberkulin, Internationale Einheiten/ml

PBL = Lymphozyten aus dem peripheren Blut
GT = gereinigtes Tuberkulin
CPM = Counts per Minute (Messung der Betastrahlen pro Minute)
PBL-Kontrolle-GT = PBL aus nicht infizierten Meerschweinchen, mit GT in Kultur

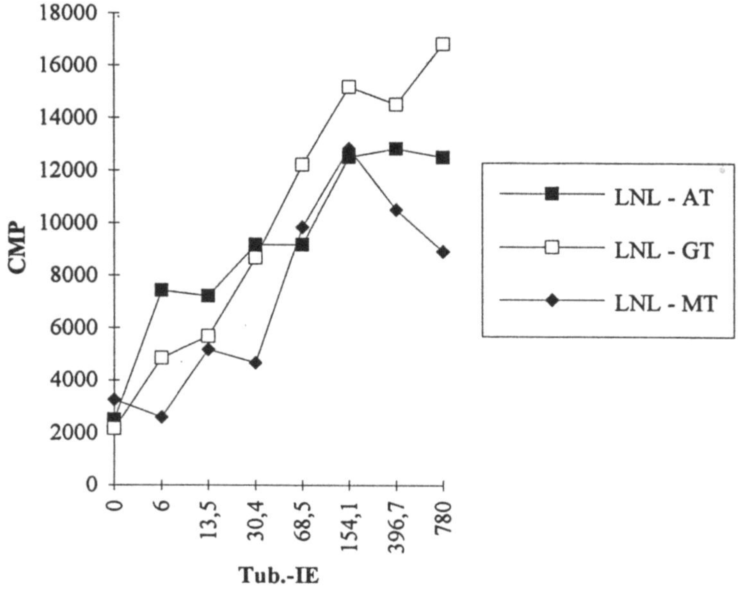

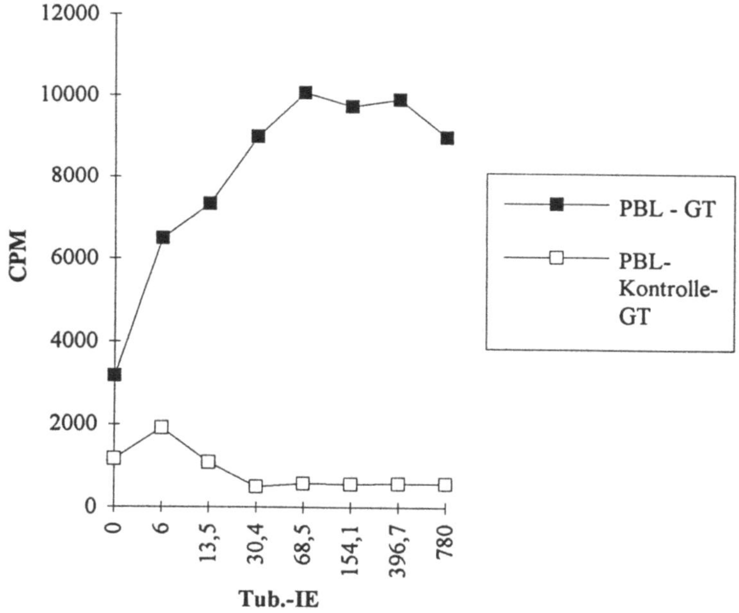

Abb. 2. **Tuberkulinstimulierung der Lymphozyten aus mit inaktivierten M. tuberculosis infizierten Meerschweinchen**

LNL = Lymphozyten aus Lymphknoten
AT = Alttuberkulin
MT = Mischtuberkulin aus AT und GT
Tub.-I.E. = Tuberkulin, Internationale Einheiten/ml

PBL = Lymphozyten aus dem peripheren Blut
GT = gereinigtes Tuberkulin
CPM = Counts per Minute (Messung der Betastrahlen pro Minute)
PBL-Kontrolle-GT = PBL aus nicht infizierten Meerschweinchen, mit GT in Kultur

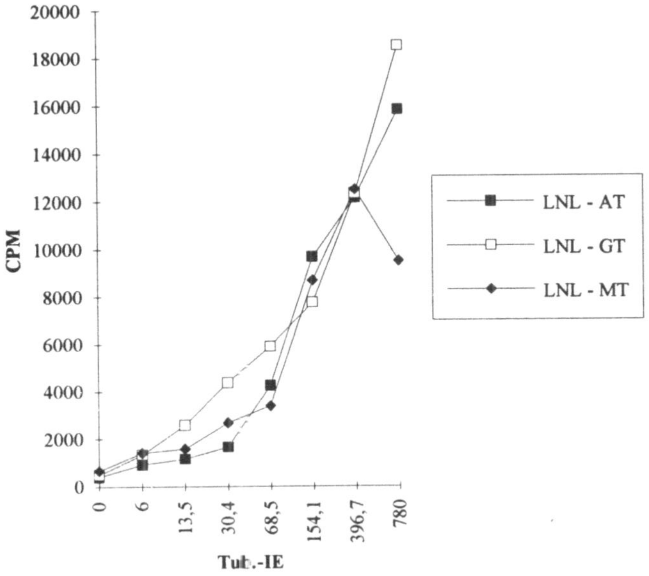

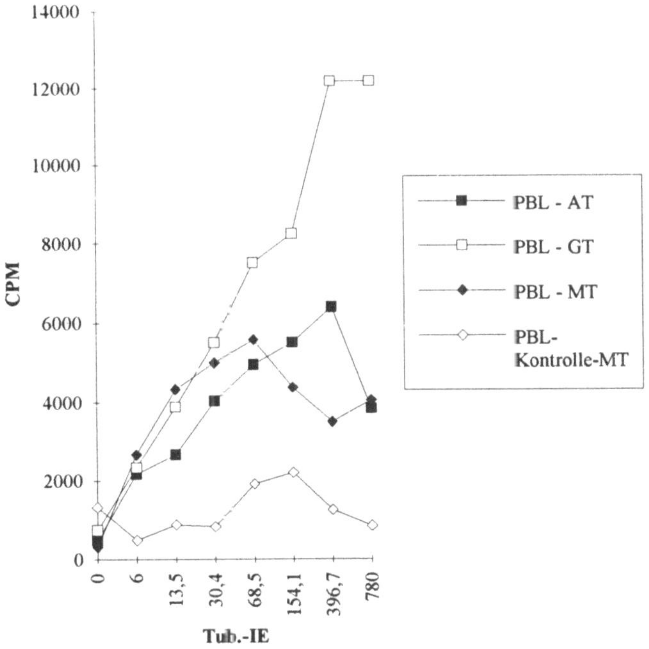

Abb. 3. **Tuberkulinstimulierung der Lymphozyten aus mit BCG (Tuberkulose-Impfstoff) sensibilisierten Meerschweinchen**

LNL = Lymphozyten aus Lymphknoten
AT = Alttuberkulin
MT = Mischtuberkulin aus AT und GT
Tub.-I.E. = Tuberkulin, Internationale Einheiten/ml

PBL = Lymphozyten aus dem peripheren Blut
GT = gereinigtes Tuberkulin
CPM = Counts per Minute (Messung der Betastrahlen pro Minute)
PBL-Kontrolle-MT = PBL aus nicht infizierten Meerschweinchen, mit MT in Kultur

Dieses Verfahren wurde seitdem in den in der Tabelle 1 aufgelisteten Versuchen parallel zu der Prüfung im Hauttest durchgeführt, wobei für beide Ergebnisse ein identisches Auswertungsverfahren - ein Parallel Line Assay - eingesetzt wurde.

Tabelle 1. Relative Wirksamkeit von Tuberkulinen im Lymphozyten-Transformationstest (LST) in Prozent der Wirksamkeit im Hauttest (Zahlen in Klammer geben den 95%-Mutungsbereich an)

Tuberkulin	Hauttest	LST
1	100 (85-117)	140 (105-187)
2	100 (86-115)	122 (96-153)
3	100 (90-111)	139 (104-186)
4	100 (86-116)	71 (46-111)
5	100 (88-130)	185 (84-407)
6	100 (88-114)	93 (17-466)
7	100 (n.g.)	40 (28-55)
8	100 (87-115)	81 (69-95)
9	100 (n.g.)	99 (64-156)
10	100 (86-116)	67 (48-93)

Die Ergebnisse zeigen, daß zumindest die Größenordnungen zwischen Wirksamkeit im Hauttest und im Lymphozyten-Stimulationstest vergleichbar sind. Lediglich die beiden Versuche 5 und 7 lagen außerhalb der vom Arzneibuch als zulässiger Mutungsbereich genannten Grenzen von 64% bis 155%.

Eine weitere Differenzierung wurde dadurch versucht, daß an Stelle der in den oben geschilderten Versuchen verwendeten gemischten Lymphozyten nur T-Lymphozyten verwendet wurden. Dabei wurde von der Vorstellung ausgegangen, daß primär T-Lymphozyten für die Hautreaktion verantwortlich sind. Dies führte zu keiner Verbesserung der Ergebnisse (MÜLLER U., 1988). Mit den T-Lymphozyten konnte zwar ebenfalls eine dosisabhängige Stimulierung festgestellt werden, diese korrelierte aber in der mathematischen Auswertung nicht mit den Ergebnissen des Hauttests. Auch der Versuch, in einem nicht mit radioaktiver Markierung arbeitenden System die dosisabhängige Stimulierung zu messen, schlug bisher fehl.

4. Diskussion

Mit dieser Methode verfügen wir nun über ein Verfahren, das es uns ermöglicht, vergleichbare Ergebnisse zu erhalten und zugleich deutlich weniger Tiere einsetzen zu müssen - 4-5 gegenüber 10-12 im Hauttest - sowie den Tieren Schmerzen zu ersparen. Der apparative Aufwand und die beim Arbeiten mit radioaktiv markiertem Material notwendigen Sicherheitsvorkehrungen sind zugegebener Maßen erheblich. Da aber solche Wertbemessungen von Tuberkulinen immer die Aufgabe von speziell dafür eingerichteten Labors waren und sind, kann nach unserem Kenntnisstand davon ausgegangen werden, daß dort entsprechende Voraussetzungen gegeben sind. Auch die Aufstallung einer größeren Gruppe tuberkulös infizierter Meerschweinchen über einen Zeitraum von bis zu 7 Wochen und der Umgang mit diesen Tieren erfordert einen hohen Aufwand. Geht man weiter davon aus, daß eine lege artis in Narkose durchgeführte Herzpunktion den Tieren weniger Leid zufügt als 10 Tuberkulininjektionen in die Haut, die über mehrere Tage stark juckende und zum Teil ulzerierende Hautreaktionen auslösen, so erscheint dieser Aufwand, auch unter Berücksichtigung der Reduktion der Tierzahl auf weniger als die Hälfte, durchaus gerechtfertigt.

Literatur

DAB 10, Deutsches Arzneibuch, 10 Ausgabe, Grundlieferung 1991

HASLOV K., MÖLLER S., BENTZON M.W., Studies on the development of the tuberculin sensitivity in immunized guinea-pigs with demonstration of close relation between results of skin test and the lymphocyte transformation technique, Int. Arch. Allergy appl. Immun., 73, 114-122, 1984

MAINKA CH. und SCHWANIG M., Dosis-Wirkungskurve verschiedener Tuberkuline im Lymphozyten-Stimulationstest, J. vet. Med., 35, 301-310, 1988

MÜLLER U., Untersuchungen zur Wertbemessung von Tuberkulinen durch in vitro-Stimulation sensibilisierter T-Lymphozyten, Inaugural-Dissertation, Gießen, 1988

Prüfung auf anomale Toxizität bei Sera und Impfstoffen

M. Schwanig, K. Duchow, M. Nagel, B. Krämer

Zusammenfassung

Ziel des Projektes ist die Untersuchung zur Aussagekraft der Arzneibuchvorschrift V.2.1.5 über die Prüfung auf anomale Toxizität von Impfstoffen und Immunsera sowie Immunglobulinen.

Dabei sollen durch Erfassung und Vergleich von Daten über die „Prüfung auf anomale Toxizität" bei Impfstoffherstellern und im Paul-Ehrlich-Institut Bewertungskriterien zur Aussagefähigkeit des Prüfverfahrens erarbeitet werden.

Durch die Weiterentwicklung der Produktions- und Prüfbedinungen von Impfstoffen und Immunsera durch Good Manufacturing Practice- (GMP) und Good Laboratory Practice- (GLP) Standards sind Verunreinigungen während des Herstellungsprozesses faktisch auszuschließen.

Durch die unspezifischen Bewertungskriterien (Überleben, Gewichtszunahme) ist eine differenzierte Aussage über die Verträglichkeit der geprüften Impfsubstanz kaum möglich.

Insbesondere ist auch die Übertragbarkeit der an den Nagern gewonnenen Ergebnisse auf die Zielspezies in Frage zu stellen.

Die bisherigen Erhebungen belegen die folgenden Tendenzen:

1. Alle Chargen des Untersuchungszeitraums - drei bis fünf Jahre zurück - erfüllten die Anforderungen der Prüfung auf anomale Toxizität.
2. Die als Gesundheitskriterium herangezogene Gewichtszunahme zeigt insbesonders bei Mäusen unabhängig von den Präparaten in der Tendenz eine umgekehrte Proportionalität zum Ausgangsgewicht.
3. Auch bei Präparaten, die nicht immer im ersten Ansatz die Anforderungen erfüllen, zeigt diese Prüfung produktspezifische nicht aber chargenspezifische Unterschiede.
4. Die Ergebnisse der Untersuchung belegen bei Veterinär-Impfstoffen, daß ein Scheitern in der Prüfung auf anomale Toxizität nicht mit der Vertäglichkeit in der Zielspezies korreliert.

All diese Ergebnisse deuten darauf hin, daß die Prüfung auf anomale Toxizität keine Aussagekraft mehr für die Unschädlichkeit GMP-gerecht produzierter Sera und Impfstoffe besitzt. Es wird daher das Bestreben sein, durch die Dokumentation der laufenden Untersuchungen auf eine Abschaffung dieser Prüfung hinzuwirken. Dies könnte bei der Prüfung von Sera und Impfstoffen allein für die in Deutschland verkauften Präparate zu einer Ersparnis von über 10.000 Versuchstieren jährlich führen.

1. Einleitung

Das hier geschilderte Projekt soll Daten zur Aussagekraft der Untersuchung gemäß der Arzneibuchvorschrift V.2.1.5 (DAB 10, 1991) über die Prüfung auf anomale Toxizität von Impfstoffen und Immunsera sowie Immunglobulinen liefern. Dieses Projekt hat das erklärte Ziel in Anbetracht der sehr genau festgelegten und kontrollierten Produktionsbedingungen, die bei allen Herstellern heute den Anforderungen der Pharmabetriebsverordnung (PharmBetrV, 1994) entspricht, international als Good Manufacturing Praxis (GMP, GMPB) bekannt, zu dokumentieren, daß die Aussagekraft dieses Testes nicht mehr den Einsatz einer so großen Zahl von Tieren rechtfertigt.

Zu diesem Ziel werden bei Impfstoffherstellern und im Paul-Ehrlich-Institut Daten über die „Prüfung auf anomale Toxizität" zur Bewertung der Aussagefähigkeit des Prüfverfahrens erfaßt und verglichen. Der vorgesehenen Zeitrahmen für das Projekt ist August 1993 bis Juli 1994.

Die Regelung der Durchführung der **„Prüfung auf anomale Toxizität"** im Deutschen Arzneibuch (DAB 10, 1991) sowie in der Impfstoffverordnung-Tiere (ImpfstVoTi, 1993) entsprechen auf internationaler Ebene dem **„Abnormal Toxicity Test"** in der Europäischen Pharmacopoe, dem **„General Safety Test"** der WHO und dem **„Test for Undue Toxicity"** der International Pharmacopoeia. Aus unseren Erhebungen konnte ermittelt werden, daß allein für den Bereich der erfaßten Sera und Impfstoffe zur Anwendung beim Menschen jährlich rund 10.000 Tiere hierfür eingesetzt werden müssen. Für die Sera und Impfstoffe zur Anwendung bei Tieren ist eine Zahl der eingesetzten Mäuse und Meerschweinchen für den Test auf anomale Toxizität nicht so genau festlegbar, weil viele Hersteller zunehmend von der alternativen Möglichkeit des spezifischen Toxizitätstests an der Zieltierspezies Gebrauch machen.

Für den von uns untersuchten Bereich ist insbesonders von Bedeutung, daß die Bestimmungen der Europäischen Pharmacopoe über die inhaltlich identischen nationalen Arzneibücher Rechtskraft in den Mitgliedstaaten des Europarates besitzt und nur über eine Änderung der Monographiebestimmungen für diese Präparategruppe außer Kraft gesetzt werden können.

Darüber hinaus besteht die Hoffnung, daß für die nicht rechtsverbindlichen WHO-Requirements (WHO, 1994), die aber Bedeutung bei weltweit exportierenden Herstellern, insbesondere für solche, die Impfstoffe für WHO-Impfprogramme liefern, besitzen, nach einer möglichen Änderung der Bestimmungen der Europäischen Pharmacopoe das Problem auch neu überdacht wird.

2. Monographievorschriften

Für die praktische Durchführung sind in den Monographien der Impfstoffe und Sera für Menschen bzw. Tiere in der Regel folgende Vorgangsweisen vorgeschrieben:

* *Sera und Impfstoffe für Menschen:*
  5 Mäuse erhalten jeweils eine Humandosis, aber höchstens 1ml intraperitoneal;
  2 Meerschweinchen wird ebenfalls je eine Humandosis, maximal aber 5 ml intraperitoneal verabreicht.

* *Sera und Impfstoffe für Tiere:*
  5 Mäuse erhalten jeweils 0,5ml des Präparates subkutan in die Kniefalte;
  2 Meerschweinchen wird je 2,0ml der Prüfsubstanz intraperitoneal injiziert;
  Impfstoffzubereitungen, die Zusatzstoffe enthalten, sind bei Meerschweinchen ebenfalls subkutan zu injizieren.

Die Injektionsvolumina sind so gewählt, daß die Dosen einerseits groß genug sein sollen, um bei vorhandener Kontamination eine toxische Reaktion auslösen zu können und andererseits aber so niedrig sein sollen, daß ein Effekt durch die Substanz selbst ausgeschlossen werden kann.

Zeigen die Tiere innerhalb von sieben Tagen keinerlei pathologische Reaktionen, entspricht die Substanz der Prüfung. Stirbt eines der Tiere oder zeigt Krankheitsanzeichen (Ausnahmeregelung bei pertussishaltigen Impfstoffen, hier dürfen die Tiere in den ersten drei Tagen „vorübergehende" Zeichen leichter Verhaltensstörungen (engl. „signs of slight malaise„) zeigen), wird die Prüfung wiederholt. Diese Sonderregelung paßt die Prüfung daran an, daß die Pertussis-Impfstoffe insbesondere für Mäuse schlecht verträglich sind. Sobald zwei oder mehr Tiere sterben, entspricht die Substanz der Prüfung nicht.

Dem Kommentar zur Monographie (SCHNEIDER W., 1986) ist als Bewertungskriterium dieser Prüfung lediglich zu entnehmen, daß die eingesetzten Tiere sieben Tage post vaccinationem zu überleben und eine positive Gewichtsentwicklung aufzuweisen haben.

3. Diskussion

Das Prüfverfahren wird bei der Chargenproduktion in der Regel als Unschädlichkeitstest zur Überprüfung des Endprodukts eingesetzt.

Überlebensrate und Gesundheitszustand von mit dem jeweiligen Präparat behandelten Meerschweinchen und Mäusen sollen Indikatoren für unerwartet auftretende toxische Eigenschaften des Produkts darstellen.

Verunreinigungen und andere negative Einflüsse auf eine Charge während des Herstellungsprozesses sollen dadurch aufgedeckt werden.

Durch die Weiterentwicklung der Produktions- und Prüfbedingungen von Impfstoffen und Immunsera durch Good Manufacturing Practice- und Good Laboratory Practice-Standards sind jedoch toxische Verunreinigungen während des Herstellungsprozesses fast auszuschließen.

Außerdem ist durch die unspezifischen Bewertungskriterien der Prüfung auf anomale Toxizität (Überleben, Gewichtszunahme) eine differenzierte Aussage über die Verträglichkeit der geprüften Impfsubstanz kaum möglich.

Insbesonders ist auch die Übertragbarkeit der an Mäusen und Meerschweinchen gewonnenen Ergebnisse auf die Zielspezies in Frage zu stellen.

Die bisherige Auswertung der Unterlagen des Paul-Ehrlich-Instituts und der sehr kooperativen Hersteller haben für den untersuchten Zeitraum der letzten drei bis fünf Jahre keine einzige Charge erbracht, die auf Grund einer Prüfung auf anomale Toxizität hätte zurückgewiesen werden müssen. Dabei ist darauf hinzuweisen, daß die größten europäischen und nordamerikanischen Impfstoffhersteller ihre Daten für unsere Untersuchung zur Verfügung stellten.

Als Tendenz zeichnet sich für die Impfstoffe für Menschen lediglich ab, daß ohnehin seltenen Wiederholungsprüfungen fast ausschließlich bei Impfstoffen erforderlich sind, die eine Ganzkeim-Pertussis-Komponente enthalten. Die Kenntnis der schlechteren Verträglichkeit dieses Impfstoffes spiegelt sich ja auch in dem oben zitierten Text der neuesten Monographie wieder. Bei der Erarbeitung der neuen Monographie wurde alternativ zur gewählten Formulierung auch vorgeschlagen, wie in der vorhergehenden Monographie die Injektionen bei Mäusen subkutan vorzunehmen oder aber nur das halbe Volumen zu injizieren. Alle drei Varianten dienen lediglich dem Zweck, die Versuchsbedingungen so anzupassen, daß der Test bestanden werden kann. Eine wissenschaftliche Ratio für die Toxizität oder Verträglichkeit des Impfstoffes beim Menschen ist daraus nicht erkennbar.

Darüber hinaus scheint die Gewichtszunahme insbesonders der Mäuse eher vom Ausgangsgewicht als vom applizierten Präparat abhängig zu sein.

Für die Impfstoffe für Tiere zeigt sich, daß die Aufkonzentrierung der enthaltenen Zusatzstoffe und Konservierungsmittel bei kleinen Labortieren häufig zu lokalen oder generalisierten

Symptomen der Unverträglichkeit führt, die jedoch, etwa in einem Test auf spezifische Toxizität, für die Impfspezies keine Relevanz besitzt.

Hier sei ein Beispiel aus der Prüfpraxis des Paul-Ehrlich-Instituts aufgeführt:

Ein E. coli-Impfstoff für Schweine führte nach vorschriftsmäßiger Applikation bei Mäusen und Meerschweinchen zu schweren systemischen Reaktionen, ein Tier verendete. Die Wiederholungsprüfung verlief mit gleicher Symptomatik.

Bei einer parallel dazu angesetzten spezifischen Toxizitätsprüfung zeigten die Zieltiere (Schweine) keinerlei Beeinträchtigungen, der Impfstoff wurde gut vertragen, was auch durch die nachfolgend durchgeführten pathologisch-anatomischen und histologischen Untersuchungen bestätigt wurde.

Der Impfstoff entsprach nicht den Anforderungen der Prüfung auf anomale Toxizität, er hätte somit nach Maßgabe des DAB wegen Nichterfüllung der Anforderungen zurückgewiesen werden müssen, obwohl er für die Zieltierspezies gut verträglich war, was durch die Prüfung auf spezifische Unschädlichkeit nachgewiesen werden konnte.

Die bisherigen Ergebnisse belegen für die Präparate zur Anwendung am Menschen die Unverhältnissmäßigkeit zwischen Tiereinsatz und (nicht vorhandener) Aussagekraft des Tests. Das konkrete Beispiel der Prüfung von Pertussis-Impfstoffen, Anpassung der Versuchbedingungen damit der Tests bestanden werden kann, zeigt zusätzlich auf, daß nicht erkennbar ist, daß ein Bezug zwischen dem Test im Tier und der Verträglichkeit am Menschen ermittelt werden soll. Das Beispiel der E. coli-Impfstoffe für Schweine bestätigt die bei Tieren besser überprüfbare These, daß die Prüfung an den kleinen Nagern keinen Bezug zur Verträglichkeit an der Zielspezies hat. Mit der Vorlage des Abschlußberichtes im Herbst 1994, der eine statistische Auswertung unseres umfangreichen Datenmaterials enthalten wird, hoffen wir einen Beitrag zur Abschaffung dieses unseres Erachtens nach anachronistischen Tests leisten zu können.

Danksagung

Dieses Projekt wird durch eine Projektförderung des Bundesministerium für Forschung und Technologie der Bundesrepublik Deutschland, Forschungszentrum Jülich, im Rahmen des Programms „Angewandte Biologie und Biotechnologie“ aus Mitteln des Forschungsbereichs „Ersatzmethoden zum Tierversuch“ unterstützt.

Literatur

DAB 10, Deutsches Arzneibuch, 10 Ausgabe, Grundlieferung 1991, Band 1 Allgemeiner Teil, Abschnitt V.2.1.5., 1991

GMP, Good manufacturing practices for pharmaceutical products, in: WHO Expert Committee on Specification for Pharmaceutical Preparations, Thirty second Report, Geneva World Health Organisation, WHO Technical Reports Series, No. 823, Annex 1, 1992

GMPB, Good manufacturing practices for biological products, in: WHO Expert Committee on Specification for Pharmaceutical Preparations, Thirty third Report, Geneva World Health Organisation, WHO Technical Reports Series, No. 834, Annex 3, 1993

ImpfstVoTi, Verordnung für Sera, Impfstoffe und Antigene nach dem Viehseuchengesetz (Impfstoff-Verordnung Tiere) vom 2. Januar 1978, BGBl. 1978, Teil 1, 15-25, zuletzt geändert am 12. November 1993, BGBl. Teil 1, 1886, 1993

PharmBetrV, Betriebsverordnung für Pharmazeutische Unternehmer vom 8. März 1985 (BGBl., Teil 1, 546) zuletzt geändert am 13. Juli 1994, BGBl. Teil 1, 1561, 1994

SCHNEIDER W., in: HARTKE K., HARTKE H., MUTSCHLER E., RÜCKER G., WICHTL M. (Hrsg.), Deutsches Arzneibuch 9, Kommentar, 1986

WHO, Requirements for Biological Substances der WHO, letzte Aufflistung in WHO Tech. Report Series No 840 WHO Expert Committee on Biological Standardization - Forty-Third report, Annex 8, 213-218, 1994

Refinement, Reduction and Replacement in Potency Testing on Batches of Diphtheria, Tetanus and Pertussis Vaccine

C.F.M. Hendriksen

Summary

Vaccine batches undergo extensive quality control before these products are released for clinical application.

Traditionally quality control is characterized by the large number of animals used, usually for statutory tests, based on procedures which not infrequently are accompanied by severe distress. Interest in the possibilities of „alternative“ tests that offer the same or even better information on the quality of the product and which minimise animal distress, reduce animal usage or even avoid the use of animals entirely, has greatly increased in the last few years.

To illustrate activities in this field, an outline will be given of a project started in the mideighthies at the National Institute of Public Health and Environmental Protection (RIVM) in the Netherlands. The project was initially focused on the (multi-dilution) potency test for inactivated vaccines, based on a challenge procedure. By systematic approach we have been studying a number of possibilities to reduce and/or refine the use of animals. These studies, including the single dilution test, the use of isogenic animals, serological models and in vitro test systems, will be discussed below.

1. Introduction

Although interest in new vaccine production strategies, such as recombinant DNA derived products and synthetic peptide vaccines, is increasing, the production of most vaccines currently available is still based on conventional techniques. In these techniques, the virulent microorganism or toxin is attenuated, inactivated or detoxified to make it suitable for immunisation purposes. Since incomplete execution of these treatments can lead to residual virulence, on the one hand, and excessive manipulation of the microorganism or toxin results in (partial) loss of immunogenicity on the other, it is essential to carry out extensive safety and efficacy testing on each vaccine batch to ensure that it is both safe and capable of inducing protective immunity after administration.

Quality control of vaccine batches is strictly controlled by guidelines as laid down by national control authorities and by international and supranational organizations such as the European Pharmacopoeia Commission and the World Health Organization. Part of the test procedures in quality control requires laboratory animals.

A breakdown of the use of animals within the RIVM for the quality control of vaccines by type of test is given in Table 1. It can be seen that the majority of the animals is required for potency testing. Since the potency testing of live vaccines is based on in vitro models, the entire usage is for the potency testing of inactivated vaccines.

Table 1. Numbers of animals required and distress rating for the various tests used in the quality control of inactivated vaccines at the RIVM in 1994

Animal test	No. of animals	Distress rating
Abnormal toxicity	9,2	slight
Specific toxicity	1,272	slight to severe
Potency	26,000	severe*

* except diphtheria potency test which is based on a serological model

2. Potency testing

In most European countries potency tests are usually performed in accordance with a standard protocol based on the guidelines of the European Pharmacopoeia (EP). They specify a quantitative dose-response determination, called the „3 + 3" assay or „parallel-line bioassay". Three groups of animals (mice or guinea pigs) are immunised with dilutions of the tests vaccine and another three groups are immunised with dilutions of a reference preparation calibrated in International Units (IU). A number of weeks after immunisation, the protective activity is assessed by challenge with the virulent microorganism (in the case of pertussis vaccine) or toxin (in the case of diphtheria and tetanus vaccine). By using death as an end-point, dose-response curves can be fitted both for the vaccine under study and for the reference preparation. On the condition of parallelism in dose-response between the reference preparation and the vaccine under study the potency of the vaccine under study can be calculated by probit analysis and expressed in IU. The precision of the estimate is indicated by the 95% confidence interval.

Although the classical potency test is very well accepted, it has a number of disadvantages:

- the number of animals is extensive, at least 120 per test.
- the challenge procedure used causes severe distress to the animals involved.
- a large number of factors might affect the outcome of the test, especially in pertussis and rabies vaccine potency testing.

In the mideighthies a project was started at the RIVM with the ultimate goal to reduce and refine the use of animals in potency testing of inactivated vaccines for human use being diphtheria and tetanus toxoid, pertussis vaccine and rabies vaccine.

The aims of this brief review are to explain and illustrate RIVM 3R research activities in potency testing on batches D, T and P vaccine. Successful, but also unsuccessful approaches are discussed. The activities are specified by the opportunity to reduce, refine or replace the use of experimental animals.

3. Reducing the use of animals

3.1. Reduction in the number of animals per group

Until some years ago, the accepted number of animals used per vaccine dilution in potency testing was 16 or more. This number was based on the requirements of the EP that the number of animals should be sufficient to assure a 95% confidence interval within the range of 50%-200% of the estimated potency By retrospective analysis of historical data and computer simulation of potency tests, varying the number of „animals", we could show for D and T vaccine potency testing that the 50%-200% requirement could even be met with about half the number of animals, i.e. 10 animals per vaccine dilution (HENDRIKSEN C.F.M. et al., 1987). The EP guidelines have meanwhile been adapted to the effect that the minimum number of animals may be reduced when consistency of production and testing has been established. Due to the high variability in test results, further reduction in the number of animals is not foreseeable for the whole cell pertussis vaccine potency test.

3.2. The single dilution test

According to the EP requirements on D, T and P vaccines estimation of potency is based on a quantitative approach, the multi-dilution „3 + 3" assay. This is a statistically valid test, giving reliable and accurate results, also when using the reduced number of animals for each vaccine dose as discussed above. However, for D and T toxoid vaccines it is questioned (KNIGHT P.A., 1992) whether accurate results are stricktly required, as the main requirement for batch approval is that estimates of potency exceed a specified number of IU. Present-day toxoid vaccines are potent and defined products, and consistency of production has been established at most production centres. Therefore, a simplified potency test for the routine control of diphtheria and tetanus toxoid batches might satisfy. Based on historical data we studied a simplified test based on a „1 + 1" approach; one group of animals (e.g. 12 animals) is immunised with one dose of the vaccine being tested, and one group of animals with one dose of the reference preparation. Evaluation showed that this test, at least in our hands was a valid approach to show that the vaccine batch exceeded the minimum requirements (AKKERMANS A. et al., 1993; MARSMAN F.R. et al., 1993).

3.3. Use of isogenic animals

Laboratories generally use outbred stocks of mice in vaccine potency testing. Protective immunity to diphtheria, tetanus and pertussis is largely based on a humoral (antibody) response. It was anticipated that animals from genetically heterogeneous populations vary more in their immune response than animals from genetically uniform populations. However, no experimental data was available as to whether genetic uniformity within isogenic groups of mice (inbred strains or F1 hybrids) leads to a reduction of the within-group variability in immune response compared to outbred stocks of animals. If so, replacement by isogenic strains may provide a basis for a reduction of the number of animals needed. We compared antitoxin response of a number of isogenic mice (inbred strains and F1 hybrids), immunised with diphtheria and tetanus reference vaccines, with the response of animals from our NIH outbred stock. It could be shown (Fig. 1) that variance in antitoxin response was smaller within the groups of isogenic mice than within the group of mice from the outbred strain.

Based on the data of this study we could show by computer simulation that replacement of the NIH outbred strain by an F1 hybrid (selected on the basis of sensitivity) would enable an estimated reduction in the use of animals of about 35%, without any loss of precision of the potency test (HENDRIKSEN C.F.M. et al., 1994a).

However, replacement of our NIH outbred strain by an F1 hybrid was never carried out, this for three reasons. First, isogenic animals are poor breeders and produce low off-spring rates. Secondly, introduction of another strain of animals in routine testing requires extensive validation studies, thus leading to a temporarily increase in the use of animals. However, the main reason was that a radical change in the standard procedure would stultify the historical set of data. Nevertheless, it might be worthwhile to use isogenic animals when starting with quality control of a new product.

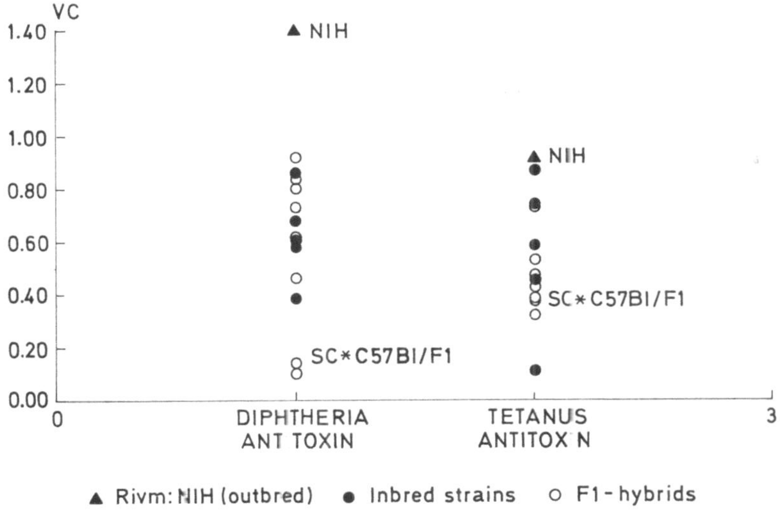

Fig. 1

4. Refining the use of animals

The high level of pain and distress in present-day potency testing is due to the challenge procedure and the end-points being lethality or clinical symptoms.

In those cases in which protection depends chiefly on the induction of a humoral immune response, replacement of the challenge procedure by a serological test should, in principle, be possible. This can greatly reduce the distress inflicted on the animals involved. Although serological tests based on immunological techniques, such as ELISA or Single Radial Diffussion (SRD), have been available for a long time now, vaccine producers have thus far been hesitant about using these tests in efficacy testing. The reason for this is that the techniques mentioned detect all the antibodies induced by a particular type of antigen and not only those involved in conferring protection (SIMONSEN O. et al., 1987). More or less specific tests have been developed in our institute for D, T and P vaccines. In these models the amount of „protective" antibodies induced after immunisation is no longer determined by means of a challenge but by bleeding of the animals under anaesthesia followed by serum titration in **in vitro** systems. The test for diphtheria toxoid is based on titration of serum samples in cultures of Vero cells (KREEFTENBERG J.G. et al., 1985). The principle of the test (Fig. 2) is as follows: serial dilution steps of serum are incubated with a fixed dose of diphtheria toxin. Free, „non-neutralized" toxin is thereafter detected by adding the serum-toxin mixtures to cultures of Vero cells. After 6 days the result can be read using cell-death (when non-neutralized toxin is present) as the end-point.

The principle of toxin-neutralization is also used in an in vitro model, called the Toxin binding inhibition (ToBI) test for tetanus potency testing. However, in this model free, „non-neutralized" toxin is detected in microtitre plates coated with purified horse tetanus IgG (HENDRIKSEN C.F.M. et al., 1988). Both models have been evaluated in extensive intra- and interlaboratory validation studies. Good correlation was demonstrated between the serological models and the conventional test systems (HENDRIKSEN C.F.M. et al., 1991; HENDRIKSEN C.F.M. et al., 1994b; LYNG J., 1992).

At this moment we study the use of ELISA for the potency test on whole cell pertussis vaccine. This model is based on the estimation of pertussis antibodies in microtitre plates coated with Bordetella pertussis antigen. In preliminary studies an excellent correlation was demonstrated between estimates of potency by the serological test and the intracerebral challenge test (VAN DER ARK A. et al., submitted).

Replacement of the challenge procedure by serology offers the opportunity to combine potency testing on D, T and P components in combined vaccines to one test, so reducing the number of animals needed significantly.

Table 2 highlights the effects of the opportunities for reduction and refinement in D and T potency testing on the number of animals to be used.

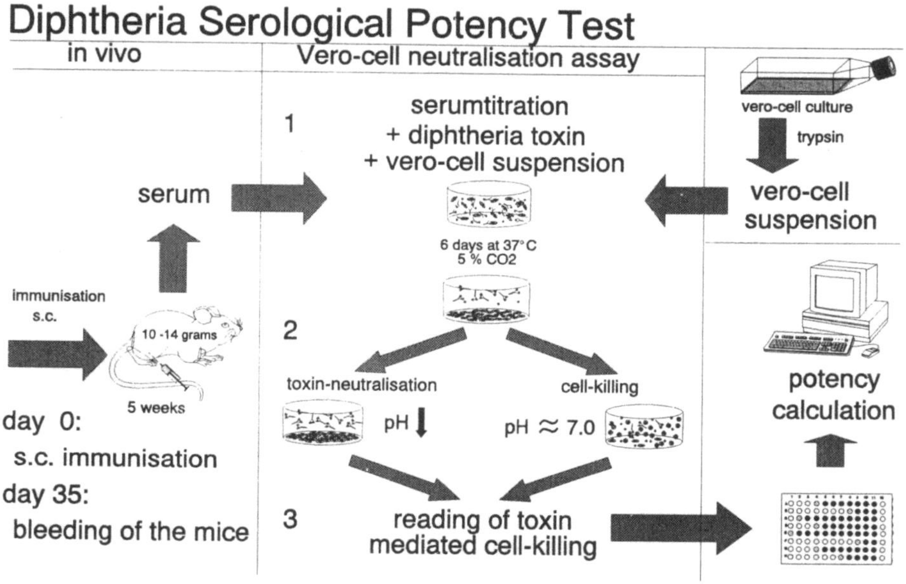

Fig. 2

5. Replacing the use of animals

Although in vitro tests for the estimation of the amount of antigen are available (the Limes flocculation test for the toxoid vaccines and test for Opacity Units for pertussis vaccine), these methods can not be used in potency testing because too many factors, such as the addition of an adjuvant and, in the case of combined vaccines, the influence of different antigens upon each other, will affect the immunogenicity of the product, factors which are not measurable in the **in vitro** models.

We studied an in vitro approach in which the immunogenic capacity of D and T toxoids to induce antibody production was evaluated in cultures of peripheral blood lymphocytes (PBLs) of immunised human volunteers and rabbits. In both test systems an increase was found in the number of antibody secreting cells, after incubation of PBLs with D or T toxoid vaccines. However, it was not possible to induce measurable antibody levels in the human system. Although a specific and dose-related antibody production was found in the rabbit system, it appeared to be impossible to obtain a reproducible harvest of rabbit PBLs (LOGGEN H.G. et al., 1992). Further reseach will be required to improve and optimize the in vitro system.

Table 2. Recent developments and future prospects in Diphtheria and Tetanus potency testing, effects on the use of animals

	Diphtheria and tetanus potency assay			Total no. of animals D + T
	Procedure	No. of animals/assay	Distress	
Original Procedure	D and T: Lethal challenge test	140	severe	280
Recent developments	D: intradermal challenge	80	moderate	220
	D: serology	96	slight	236
	D + T: reduction in no. of animals	D: 64 T:104	slight severe	168
Future prospects (short term)	T: serology	64	slight	128
	D + T: combined potency test		slight	96
	„1 + 1“ type of assay		slight	48
Future prospects (long term)	*in vitro* tests			

D = Diphtheria potency assay, T = Tetanus potency assay
N.B. only approximate figures are given
(from: HENDRIKSEN C.F.M., 1991)

6. Acceptance of alternative models

To ensure the acceptance of alternative models by international regulatory authorities, studies designed to demonstrate the reproducibility and relevance of these models are of paramount importance and therefore should be encouraged.

However, there have only been very few international collaborative studies so far. The reason is that these studies are difficult to organize, time-consuming, rather expensive and do not present a real scientific challenge to scientists. Fortunately, the EP has developed the so-called „Biological Standardisation Programme“ in collaboration with the European Union to fascilitate harmonization and to initiate validation studies.

Another, more emotional, reason for a reluctance to accept alternative models, particularly **in vitro** models, is what has been called the „high-fidelity fallacy“ (RUSSELL W. and BURCH R., 1959), the presupposition that studies in laboratory animals are, by definition, the best scientific models. Therefore, a vaccine potency test involving a challenge procedure in animals is believed to be a better model for the estimation of efficacy than an **in vitro** test, or even an animal model in which the challenge procedure has been replaced by a serological test (ELISA). Alternative models are considered as a replacement only when a good correlation has been found between the results of these models and those of the existing animal tests, and even then alternative models are unwillingly accepted. However, the fact that most of the existing animal models in vaccine potency testing are artificial, poorly understood and in fact do not always reflect vaccine-induced protective immunity in man is all too often overlooked. In addition, many of the traditional challenge tests are highly variable, despite the use of a reference preparation, and the relevance of these tests may be questioned (LYNG J. et al., 1990; STRAATEN-VAN DE KAPELLE I. et al., in press). For example, Fig. 3 shows the interlaboratory variation in the potency estimates of five batches of pertussis vaccine determined at a number of laboratories (STRAATEN-VAN DE KAPELLE I. et al., in press). As it can be seen, the potency values varied substantially between the laboratories, sometimes even as much as a factor of 12!

It is believed that the acceptability of an alternative method can be increased by combining a pragmatic validation approach in the form of **learning by doing**, that is, by doing the alternative test in addition to the existing animal test during a certain period of time, with an approach which scientifically underpins the alternative method as a model for immunogenicity in man.

Acceptance of an alternative model by a regulatory body can only come about if the model is recognized by other regulatory authorities. This underlines the need for international harmonization of the various guidelines. Its realization could make an important contribution to the effort to reduce the use of experimental animals. The most influential regulatory bodies are the WHO, the US Code of Federal Regulations, the EP, and the Japanese Pharmacopoeia. At present, a move towards harmonization between these bodies is being made.

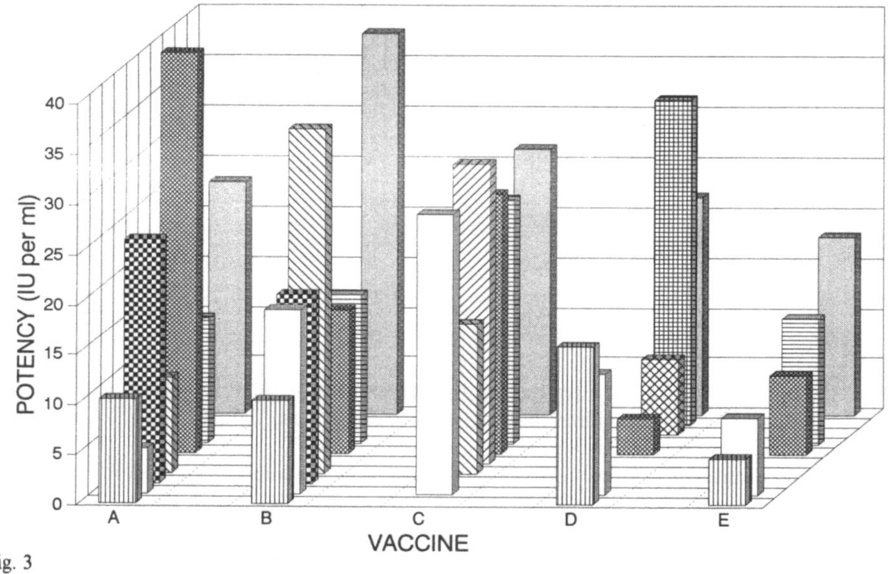

Fig. 3

References

AKKERMANS A., HENDRIKSEN C.F.M., MARSMAN F.R., DE JONG W.H., VAN DE DONK H.J.M., Evaluation of a single dilution potency assay based upon serology of vaccines containing diphtheria toxoid: analysis for consistency in production and testing at the laboratory for the Control of Biological Products of the RIVM, RIVM, Report no. 172203001, 1993

BRYDON J.E., MORGENROTH V.H., SMITH A., VISSER R., OECD's work on investigation of high production volume chemicals, Intern. Environm. Rep. 263-270, June 1990

HENDRIKSEN C.F.M., The use of animals in the production and quality control of biologicals: current practice and possible alternatives, in: HENDRIKSEN C.F.M. and KOETER H.B.W.M. (eds.), Animals in Biomedical Research, Amsterdam: Elsevier Science Publishers, 49-68, 1991

HENDRIKSEN C.F.M., VAN DER GUN J.W., MARSMAN F.R., KREEFTENBERG J.G., The effects of reductions in the numbers of animals used for the potency assay of the diphtheria and tetanus components of adsorbed vaccines by the methods of the European Pharmacopoeia, J. Biol. Stand., 15, 353-362, 1987

HENDRIKSEN C.F.M., VAN DER GUN J.W., NAGEL J., KREEFTENBERG J.G., The Toxin Binding Inhibition test as a reliable **in vitro**-alternative to the Toxin Neutralization test in mice for the estimation of tetanus antitoxin in human sera, J. Biol. Stand., 16, 287-297, 1988

HENDRIKSEN C.F.M., VAN DER GUN J.W., MARSMAN F.R., KREEFTENBERG J.G., The use of the in vitro-Toxin Binding Inhibition (ToBI) test for the estimation of the potency of tetanus toxoid, Biologicals, 19, 23-29, 1991

HENDRIKSEN C.F.M., SLOB W., VAN DER GUN J.W., WESTENDORP J.H.L., DEN BIEMAN M., HESP A., VAN ZUTPHEN L.F.M., Immunogenicity testing of diphtheria and tetanus vaccines by using isogenic mice with possible implications for potency testing, Laboratory Animals, 28, 121-129, 1994a

HENDRIKSEN C.F.M., WOLTJES J., VAN DER GUN J.W., AKKERMANS A.M., MARSMAN J.W., VERSCHURE M.H., VELDMAN K., Interlaboratory validation of in vitro-serological assay systems to assess the potency testing of tetanus toxoid, in: Vaccines for veterinary use, Biological, 22, 257-268, 1994b

KNIGHT P.A., Serological methods applicable to the determination of diphtheria and tetanus antibodies, in: Laboratory Methods for the Testing for Potency of Diphtheria (D), Tetanus (T), Pertussis (P) and Combined Vaccines, WHO BLG/91.1., 44-48, 1992

KREEFTENBERG J.G., VAN DER GUN J.W., MARSMAN F.R., SEKHUIS V.M., BHANDARI S.K., MAHESWARI S.C., An investigation of a mouse model to estimate the potency of the diphtheria component in combined vaccines, J. Biol. Stand., 13, 229-234, 1985

LOGGEN H.G., AKKERMANS A.M., VAN DE DONK H.J.M., KREEFTENBERG J.G., HENDRIKSEN C.F.M., DE JONG W.H., Study to the opportunities in in vitro-antibody production by immune cells for the quality control of diphtheria and tetanus toxoid vaccines, RIVM, Report no. 458802001, 1992

LYNG J., E.P./DT study on in vitro-methods for estimating antibodies to Diphtheria and Tetanus toxoid, An interlaboratory collaborative study, WHO document BS/92.1689, 1992

LYNG J., HERON I., LJUNGQVIST L., Quantitative estimation of Diphtheria and Tetanus Toxoids, 3. Comparative assays in mice and in guinea-pigs of two tetanus toxoid preparations, Biologicals, 18, 3-9, 1990

MARSMAN F.R., AKKERMANS A.M., HENDRIKSEN C.F.M., DE JONG W.H., Evaluation and validation of a single-dilution potency assay based upon serology of vaccines containing diphtheria toxoid, Statistical analysis, RIVM, Report no. 172203002, 1993

RUSSEL W. AND BURCH R., Principles of human experimental technique, London: Menthuen, 1959

SIMONSEN O., SCHOU C., HERON I., Modification of the ELISA for the estimation of tetanus antitoxin in human sera, J. Biol. Stand., 15, 143-157, 1987

STRAATEN-VAN DE KAPPELLE I., VAN DER GUN J.W., MARSMAN F.R., HENDRIKSEN C.F.M., VAN DEN DONK H.J.M., Collaborative study on test systems to assess toxicity of whole cell pertussis vaccine, RIVM, Report, in press

VAN DER ARK A., STRAATEN-VAN DE KAPPELLE I., AKKERMANS A., HENDRIKSEN C.F.M., VAN DE DONK H., Development of a serological potency test: correlation of antibody response induced by pertussis whole cell vaccine with mouse protection in the intracerebral challenge, submitted

Ersatzmethoden zu Tierversuchen in der Qualitätskontrolle von Virusimpfstoffen

H. Ronneberger

Zusammenfassung

Für die Qualitätskontrolle von Human-Virusimpfstoffen schreiben die Arzneibücher auch Tierversuche vor.

Der Test auf anomale Toxizität an Mäusen und Meerschweinchen sollte für Impfstoffe entfallen. Hier läuft zur Zeit eine wissenschaftliche Erhebung beim Paul-Ehrlich-Institut (D-Langen). Bei der Prüfung auf fiebererzeugende Stoffe wird bereits jetzt weitgehend der Limulus-Test eingesetzt.

Forschungsarbeiten laufen, um den Affen-Neurovirulenztest für orale Polio-Vakzinen durch Prüfungen an transgenen Mäusen oder durch einen Mutagenitätstest zu ersetzen. Affen wurden bei der Virustitration für diese Impfstoffe durch Übergang von einer primären Affennieren- auf eine permanente Zellinie eingespart.

Bei der Wirksamkeitsprüfung von Tollwutimpfstoffen wird noch ein Mäuseinfektionsversuch für die Chargenkontrolle vorgeschrieben, obgleich für In-Prozeß-Kontrollen und Entwicklung neuer Rabiesvakzinen ein gleichwertiger Alternativtest besteht.

1. Einleitung

Humane Virusimpfstoffe werden mit Hilfe von Saatviren aus Tieren, Hühnerembryonen, Zellkulturen oder Geweben hergestellt. Sie bestehen aus lebenden oder inaktivierten Virussuspensionen bzw. Fraktionen davon. Lebendimpfstoffe enthalten meist abgeschwächte Virusstämme, inaktivierte Vakzine werden durch chemische oder physikalische Methoden hergestellt.

Arzneibücher, wie die Europäische Pharmacopoe (Ph.Eur., 1986-93) oder das Deutsche Arzneibuch (DAB10, 1991) schreiben in der Qualitätskontrolle von humanen Virusimpfstoffen auch Prüfungen an Versuchstieren vor.

Neben allgemeinen Methoden der Biologie, wie z.B. dem umstrittenen Test auf anomale Toxizität (V.2.1.5) fordern Einzelmonographien teilweise weitere Untersuchungen an Tieren. Diese umfassen Prüfungen auf Identität, Reinheit und Wirksamkeit.

Wenn auch bei einigen dieser Impfstoffe tierfreie Tests bereits heute eingesetzt werden, ist ein völliger Ersatz noch nicht die Regel. Aber auch hier sind Fortschritte zu verzeichnen. So wurde bei der Identitätsprüfung von Grippeimpfstoffen in der neuen Monographie der Ph.Eur. auf den Identitätstest in Mäusen, Hühnern oder anderen geeigneten Tierarten verzichtet und nur noch ein Immunodiffusionstest vorgeschrieben.

Ein völliger Verzicht auf Tierversuche in der Prüfung von Impfstoffen soll hier natürlich nicht vorgeschlagen werden. Erinnert sei an die Unglücksfälle mit Vakzinen in der ersten Hälfte dieses Jahrhunderts durch Produktionsfehler, wie Kontamination mit Toxinen, Verwendung falscher Kultur oder, wie bei einem Polioimpfstoff, durch falsche Inaktivierung (WILSON G.S., 1967). Diese Zwischenfälle förderten den Einsatz von Tieren bei der Unschädlichkeitsprüfung von Vakzinen. Ein vollständiger Ersatz dieser Tests muß deshalb sehr wohl überlegt werden.

Dies zeigt auch ein Blick auf die US-Pharmakopoe (USP). Enthielt die USP XXI (1985) noch 404 Monographien mit Tiertesten, wurde durch intensive Überprüfung ein erheblicher Rückgang erreicht (DABBAH R., 1992). Die USP XXIII (in Vorbereitung) wird nur noch in 34 Einzelvorschriften den Einsatz von Tieren fordern, davon allerdings in 23 für Impfstoffe.

Dieser Rückgang in USA zeigt deutlich, welches Einsparungspotential auf dem Gebiet der Qualitätskontrolle auch bei uns noch besteht.

Arzneibuch-Monographien die Tiertests fordern, bestehen für folgende Human-Virusimpfstoffe: Influenza, Masern, Mumps, Pocken, Poliomyelitis, Tollwut und Varizellen. Außer für diese Impfstoffe werden Qualitätskontrollteste auch für andere Virusimpfstoffe mit Tieren durchgeführt, für die es keine eigenen Monographien gibt, wie Kombinationsvakzinen (z.B. Masern-Mumps-Röteln) oder für den Impfstoff gegen die von Zecken übertragene Frühsommer-Meningitis.

2. Test auf anomale Toxizität

Dieser Test ist für die Prüfung von Sera und Impfstoffen vorgeschrieben (Monographie V.2.1.5). Hiermit soll untersucht werden, ob der Impfstoff während des Produktionsprozesses ungewollt verunreinigt wurde. Dies ist bei den heutigen Herstellungsverfahren nach GMP-Richtlinien ein unwahrscheinlicher Fall. Seit Jahren hat dieser Test bei den Behringwerken noch nie zur Ablehnung einer Charge geführt.

Bei diesem Test erhalten 5 Mäuse und 2 Meerschweinchen von jeder Einzelcharge je eine Humandosis in die Bauchhöhle injiziert und dürfen in den folgenden 7 Tagen keine Krankheitszeichen zeigen oder sterben. Wir halten diesen Test für verzichtbar. Während bei einigen Entwürfen für humane Plasmaprodukte (z.B. intravenös anwendbare Immunglobuline und Albumine) diese Prüfung in den Vorschriften der Ph.Eur. nicht mehr enthalten ist, bestehen offensichtlich bei Impfstoffen hier noch gewisse Bedenken, diesen Test abzuschaffen.

Hoffnung auf Fortschritt besteht durch ein Forschungsvorhaben der zuständigen deutschen Behörde (Paul-Ehrlich-Institut), die Aussagekraft dieser Prüfung in Zusammenarbeit mit den Impfstoffherstellern wissenschaftlich zu untersuchen. Ziel ist es, Daten über Testergebnisse im Zeitraum von 1990-1992 zu sammeln und auszuwerten, um eine breite Basis für die Abschaffung oder Änderung dieses Testes zu gewinnen.

Auf einem internationalen Symposium im Paul-Ehrlich-Institut vom 2.-4. November 1994 wird dieser Test eines der Themen sein. Auf einem von ECVAM (European Centre for the Validation of Alternative Methods) veranstaltetem Experten-Workshop (NL-Utrecht, 16.-17.4.1994) wurde den Arzneibuchkommissionen empfohlen, diesen Test zu streichen, wenn der Hersteller ausreichende andere Testmethoden zur Chargencharakterisierung nachweist.

Somit bestehen berechtigte Aussichten, daß hier Fortschritte erzielbar sind.

3. Prüfung auf fiebererzeugende Stoffe (Pyrogene, Endotoxin)

Die Prüfung auf Freiheit von eventuell fieberauslösenden Verunreinigungen erfolgt an Kaninchen oder mit dem Reagenzglastest mit Lysat aus Blutzellen des Pfeilschwanzkrebses, dem sogenannten Limulustest. Nachdem jetzt durch die europäischen Behörden bei Vorlage von Validierungsdaten ein Wechsel auf das alternative Verfahren erlaubt wurde, ist diese Umstellung auch bei humanen Virusimpfstoffen möglich. Für Tollwutimpfstoffe wurde von den Behringwerken inzwischen diese Validierung durchgeführt.

Bei Grippevakzinen wurde bei der Überarbeitung der Monographie im Europäischen Arzneibuch als Neueinführung der Prüfung auf fiebererzeugende Stoffe gleich der Limulustest vorgeschrieben. Der gentechnologisch hergestellte Impfstoff gegen Hepatitis B wird seit Jahren bereits in dieser Ersatzmethode untersucht.

4. Orale Polio-Vakzine

4.1. Herstellung auf primären Affennieren-Zellkulturen

Orale Polio-Vakzine (OPV) wird auf primären Affennieren-Zellkulturen hergestellt. Die Virusvermehrung auf einer permanenten Zellinie ist prinzipiell möglich, wird aber bisher nur in Frankreich unter Verwendung der Verozelle praktiziert. In anderen Ländern, speziell Großbritannien, stehen die Behörden diesem Wechsel zurückhaltend gegenüber, da die Vermehrungsbedingungen, insbesondere die Temperatur, entscheidend für die Sicherheit der Vakzine sind. Da diese für die primären Affennieren-Zellen erprobten Verfahren bei anderen Zellkulturen unterschiedlich sein können, muß die Sicherheit des Impfstoffes bei Zellwechsel garantiert sein. Hierfür fehlen jedoch weitgehend bekannte Daten. Nicht nur aus Gründen des Tierschutzes, für die primären Zellinien müssen immer neue Affen geopfert werden, wären hier Forschungsarbeiten erforderlich, um einen Wechsel durchzuführen. Bei frischen primären Affenzellen ist eine potentielle Kontamination der Kultur mit Affenviren möglich, was bei permanenten Zellkulturen leichter auszuschließen ist.

Bei der Virustitration zur Titerbestimmung während der Produktion von oralen Polioimpfstoffen wurden früher ebenfalls primäre Affennierenzellen eingesetzt. Die Umstellung von jeweils frisch gewonnenen Zellen auf eine permanente Zellinie (Hep-2) erbrachte bei uns eine Einsparung von etwa 60 Meerkatzen pro Jahr.

4.2. Neurovirulenz-Test

Für orale Polioimpfstoffe wird ein Neurovirulenz-Test an Makaken, meist Cynomolgus-Affen durchgeführt. Hierbei soll eine Erhöhung der Infektiosität der Impfstoff-Stämme durch Viruskultivierung oder Passage durch Impflinge ausgeschlossen werden. Der Impfstoff wird den Tieren im Vergleich mit Referenzviruspräparation in die Lendengegend des zentralen Nervensystems injiziert (MARDSEN S.A. et al., 1980).

Obgleich durch eine Modifikation der Prüfung vor einigen Jahren eine Reduktion der Tierzahl durch Wegfall der früher zusätzlich geforderten Injektion in den Thalamus erfolgte, erfordert dieser Test immer noch eine große Anzahl Affen. Je nach Virustyp müssen pro Impfstoff und Positivkontrolle 12-20 Cynomolgen eingesetzt werden.

Die Tiere werden 17-22 Tage auf Symptome einer Polio- oder anderen Virusinfektion hin untersucht, danach getötet und seziert. Nach einem bestimmten Schema erfolgt die histologische Untersuchung des zentralen Nervensystems.

Nachteile des Affentestes sind die erheblichen Unterschiede in der Empfindlichkeit zwischen einzelnen Tieren, so daß große Versuchsgruppen eingesetzt werden müssen. Die Prüfung ist aufwendig und die histologische Bewertung ist nur durch Standardisierung mit der in anderen Labors durchgeführten Auswertung vergleichbar. Ein Weg, Primaten für die Neurovirulenzprüfung zu ersetzen, wäre die Prüfung an transgenen Mäusen, die in verschiedenen Geweben den Rezeptor für Polioviren haben. In den USA (REN R. et al., 1990) wurde eine derartige Maus entwickelt, die im Gegensatz zu normalen Mäusen mit Poliovirus infiziert werden kann und das klinische Bild einer paralytischen Polyomyelitis entwickelt. Erste Versuche, mit allerdings nur wenigen transgenen Mäusen, wurden durchgeführt und ergaben ähnliche Veränderungen in den Zielorganen, wie sie bei einer Poliovirus-Infektion beim Menschen oder Affen auftreten. Eine andere Möglichkeit, ganz auf eine tierfreie Untersuchung auszuweichen, ist eine Mutantenanalyse, bei der beim Poliovirus Typ 3 ein bestimmter Anstieg von Mutanten mit den Ergebnissen im Affenversuch korreliert (CHUMAKOV K.M. et al., 1991). Dieser Mutationstest könnte somit im Tier positiv reagierende Impfstoffchargen erkennen oder als Alternative eingesetzt werden.

Nachteilig ist, daß dieser Test bisher nur eine Mutation bei nur einem der drei Polio-Serotypen erkennt.

In einem gemeinsamen Forschungsvorhaben mit dem Paul-Ehrlich-Institut versuchen zur Zeit die Behringwerke, diesen Test zu optimieren, zu standardisieren und für Chargenprüfungen verwendbar zu machen (finanziell gefördert vom Forschungszentrum Jülich und von den Behringwerken). Diese Arbeiten werden noch einige Jahre in Anspruch nehmen, sind jedoch ein hoffnungsvoller Ansatz, den Makakentest durch eine tierfreie Methode zu ersetzen.

5. Tollwut-Impfstoffe

Die Prüfung auf Wirksamkeit von Tollwut-Impfstoffen wird in einem Mäuseschutztest untersucht. Für jede Untersuchung werden 136 Tiere benötigt. Die Mäuse werden mit Verdünnungen der zu prüfenden Vakzine und dem Standard zweimal immunisiert. Eine intrazerebrale Infektion mit Tollwutvirus erfolgt 7 Tage nach der 2. Immunisierung und die Mäuse werden weitere 14 Tage auf Zeichen von Tollwut beobachtet. Ein großer Teil der Tiere stirbt dabei an Tollwut. Dieser belastende Tiertest kann durch immunologische Methoden ersetzt werden (ELISA, Immundiffusion).

Als beste Alternative wurde ein in vitro durchzuführender Antikörper-Bindungstest entwickelt, bei dem eine Antikörper-Virus-Mischung primären Hühnerembryo-Zellen zugesetzt wird (BARTH R. et al., 1986).

In vergleichenden Untersuchungen (BARTH R. et al., 1990) wurde die gute Korrelation beider Tests nachgewiesen. Obgleich der tierfreie Test bei der Entwicklung von neuen Tollwut-Impfstoffen und in In-Prozeß-Kontrollen Unmengen von Mäusen ein qualvolles Ende ersparte, ist der Mäuse-Schutz-Test immer noch die vorgeschriebene Methode bei der Prüfung auf Wirksamkeit dieser Vakzinen. Hier sollte möglichst bald ein Ringversuch durchgeführt werden, um diesen offensichtlich mindestens gleichwertigen Antikörperbindungstest einzuführen.

6. Schlußfolgerung

Wenn bei der Einsparung von Versuchstieren bei der Prüfung von Human-Virus-Impfstoffen auch bereits erhebliche Fortschritte erzielt wurden, so bestehen hier noch weitere Möglichkeiten, Tiere einzusparen.

In Zusammenarbeit von Zulassungsbehörden und den Impfstoffherstellern kann dieser Weg erfolgreich sein.

Literatur

BARTH R., GRUSCHKAU H., MILCKE L., JAEGER O., Validation of an in vivo assay for the determination of rabies antigen, Develop. biol. Standard., 64, 87-92, 1986

BARTH R., FRANKE V., MÜLLER H., WEINMANN E., Purified chicken-embryo-cell (PCEC) rabies vaccine: its potency performance in different test systems and in humans, Vaccine, 8, 41-48, 1990

CHUMAKOV K.M., POWERS L.B., NOONAN K.E., ROBINSON I.B., Correlation between amount of virus with altered nucleotide sequence and the monkey test for acceptability of oral poliovirus vaccine, Proc. Natl. Acad. Sci. USA, 88, 199-203, 1991

DAB10, Deutsches Arzneibuch, 10. Ausgabe, 1991

DABBAH R., Alternatives to animal testing in USP: past, present and future, Pharmacopeial Forum 18, No 6, 4416-4418, 1992

Ph.Eur., European Pharmacopoeia, 2nd Edition, 1986-1993

MARDSEN S.A., BOULGER L.R., MAGRATH D.I., REEVE P., SCHILD G.C., TAFFS L.F., Monkey neurovirulence of live, attenuated (Sabin) type I and type II poliovirus vaccines, J. Biol. Standard., 8, 303-309, 1980

REN R., COSTATINI F., GORGACZ E.J., LEE J.J., RACANIELLO V.R., Transgenic mice expressing a human poliovirus receptor: a new model for poliomyelitis, Cell, 63, 353-362, 1990

USP XXI, United States Pharmacopeia, 21st revision, United States Pharmacopeial Convention, Inc., Rockville, USA, 1985

USP XXIII, United States Pharmacopeia, 23rd revision, in Vorbereitung

WILSON G.S., The hazards of immunization, The Athlone Press, 1967

Tierversuche im Arzneibuch - Möglichkeiten für Alternativen bei Veterinärimpfstoffen

K. Cußler

Zusammenfassung

Zahlreiche Prüfbestimmungen für biologische Arzneimittel zur Anwendung bei Tieren sind in Arzneibuchvorschriften festgelegt. Darunter sind sehr viele Tierversuche, die in den meisten Fällen mit erheblichen Belastungen für die Tiere verbunden sein können. Verbesserungsmöglichkeiten im Sinne der 3R werden anhand einiger Beispiele aufgezeigt.

1. Einleitung

Impfstoffe und Immunseren sind biologische Arzneimittel, deren Inhaltsstoffe herstellungsbedingt erheblichen Schwankungen unterliegen. Sie dienen der Vorbeugung von Infektionskrankheiten, und werden in der Regel bei klinisch gesunden Tieren eingesetzt. Diese sogenannten immunologischen Arzneimittel (IAM) werden daher bei jedem Herstellungsgang einer ausführlichen Prüfung unterzogen. Die Anforderungen bezüglich der Unschädlichkeit und Wirksamkeit sind besonders hoch. Für die IAM gelten deshalb andere gesetzliche Regelungen als für Arzneimittel mit chemisch definierten Substanzen. Es ist zwischen der Tierimpfstoff-Verordnung, die den allgemeinen Rahmen zur Prüfung aller IAM im Veterinärbereich vorgibt, und dem Deutschen Arzneibuch (DAB), das die Prüfbestimmungen für einzelne Produkte genau festlegt, zu unterscheiden. Alle Monographien über IAM fordern die Durchführung von Tierversuchen (TV). Gegenwärtig gibt es 37 Monographien über IAM in der Veterinärmedizin. Die Mehrzahl dieser Prüfbestimmungen ist unter Tierschutzaspekten kritisch zu bewerten. Im folgenden soll beispielhaft auf einige Prüfbestimmungen eingegangen und mögliche Änderungen im Sinne der 3R aufgezeigt werden.

2. Impfstoffmonographien im Arzneibuch

Die Bestimmungen des DAB sind durch die Arzneibuch-Verordnung rechtlich bindend. Zur Zeit gilt die 10. Fassung mit 2 Nachträgen (DAB 10, 1991). Im Bereich der IAM sind die Monographien im Deutschen Arzneibuch wortgleich mit den Bestimmungen des Europäischen Arzneibuches (EAB, 1990). Der Einfachheit halber wird nur noch vom EAB gesprochen.

In der EAB-Kommission sind 19 Mitgliedsstaaten vertreten. In 30 Expertengruppen und 5 Arbeitsgruppen werden die AB-Bestimmungen erarbeitet. Jedes Land hat das Recht, Experten in die einzelnen Arbeitsgruppen zu senden. In der Gruppe 15 werden die Humanimpfstoffe und in der Gruppe 15V die Veterinärimpfstoffe bearbeitet.

In der Regel wird ein Experte oder eine kleine Arbeitsgruppe beauftragt, einen Vorschlag für eine neue Impfstoff-Monographie anzufertigen. Dieser wird in der Gruppe diskutiert und überarbeitet. Der daraus resultierende Monographie-Entwurf wird in Pharmeuropa, der offiziellen Zeitschrift der EAB-Kommission, abgedruckt und zur öffentlichen Diskussion gestellt. Änderungsvorschläge sind jeweils an die Nationale Arzneibuchkommission zu senden. Von dort werden sie zum Sitz der EAB-Kommission in Straßburg weitergeleitet. Nach Ablauf der Einspruchsfrist wird der endgültige Text der Monographie fertiggestellt, von der EAB-Kommission verabschiedet und veröffentlicht. Rechtlich verbindlich wird eine Monographie erst, wenn sie in das Nationale Arzneibuch übernommen wurde.

Das beschriebene Verfahren dauert in der Regel ein bis zwei Jahre. Mitunter kann es aber auch sehr langwierig sein. Über die Monographie zu Tetanusimpfstoffen für Tiere wurde beispielsweise 10 Jahre lang beratschlagt.

3. Tierversuche in Arzneibuchmonographien

Impfstoffe wirken auf das Immunsystem. Die resultierende Immunantwort entsteht durch das höchst komplexe Zusammenwirken verschiedener Zellpopulationen und Mediatorsubstanzen. Die Immunantwort kann daher in aller Regel nur am Ganztier verfolgt werden. TV zur Untersuchung der Wirksamkeit und Unschädlichkeit biologischer Präparate sind daher die Regel.

Die Wirksamkeit eines Veterinärimpfstoffes ist in der in Tabelle 1 aufgezeigten Weise zu belegen. Der Impfstoffhersteller hat hierfür mindestens 3 unterschiedliche Ansätze des Impfstoffs zu produzieren. Diese Chargen werden im klinischen Versuch und in Feldversuchen an der Zieltierart geprüft, weshalb der Tierbedarf bei der Entwicklung für Prüfungen von Veterinärimpfstoffen besonders hoch ist. Versuche an Groß- und Heimtieren werden in der Regel lediglich während des Zulassungsverfahrens gefordert.

Tabelle 1. Beziehung zwischen der Reinheit eines Impfstoffes und der Art der Wirksamkeitsprüfung

Impfstoff	Tierversuch	Beispiel
protektive Antigene unbekannt oder noch ungenügend charakterisiert	Belastungsversuch am Tier	Leptospirose
Antigen bekannt, aber geringer Reinheitsgrad im Impfstoff	Immunisierung, Blutentnahme für Serologie, keine Belastung	Tetanus
Antigen bekannt, hoher Reinheitsgrad im Impfstoff	Tierversuch kann durch analytische Methoden ersetzt werden	(gentechnisch hergestellte Impfstoffe)

Während des Zulassungsverfahrens werden die Impfstoffe für Groß- und Heimtiere zusätzlich an einem Labortiermodell geprüft. Aus dem Vergleich der Wirksamkeitsparameter zwischen Zieltierart und Labortierart werden die Kriterien für die Chargenprüfung festgelegt. Bei kleinen Tierarten (z.B. Geflügel, Kaninchen, Fische) wird auch die Chargenprüfung am Zieltier durchgeführt.

Für Impfstoffgruppen, bei denen zahlreiche vergleichbare Produkte entwickelt wurden, werden diese Prüfungskriterien vereinheitlicht und in AB-Monographien festgeschrieben. Monographien existieren daher lediglich für gut etablierte Impfstoffe.

Zahlreiche Wirksamkeitsprüfungen verlangen den Einsatz sehr hoher Tierzahlen oder stellen für die Tiere eine extreme Belastung dar. Nachfolgend sollen einige Beispiele für kritikwürdige TV und tierschutzgerechtere Lösungsmöglichkeiten aufgezeigt werden.

4. Replacement

Der Verzicht auf einen Tierversuch zur Wirksamkeitsprüfung ist bei Impfstoffen bislang nur bei Virus-Lebendimpfstoffen möglich. Voraussetzung ist jedoch, daß die Erreger in einem Zellkultursystem oder im bebrüteten Hühnerei quantifizierbare Effekte hervorrufen, die zur Beurteilung der Wirksamkeit herangezogen werden können. Obwohl derartige *in vitro*-Techniken bei zahlreichen Virusimpfstoffen ausreichend erprobt sind, wird ihre Durchführung im Gegensatz zum TV in den entsprechenden AB-Monographien bisher nicht beschrieben.

Bei der Prüfung von inaktivierten Impfstoffen bestehen zur Zeit wenig Aussichten auf einen Ersatz von Tierversuchen. Der Zusammenhang zwischen der Art der Wirksamkeitsprüfung und der Reinheit eines solchen Impfstoffes ist in der Tabelle 1 dargelegt. Lediglich bei gentechnisch hergestellten Präparaten, die einen sehr hohen Reinheitsgrad des Endproduktes erwarten lassen, scheint ein Verzicht auf Tierversuche für die Wirksamkeit möglich. Zur Zeit befinden sich jedoch erst sehr wenige mit gentechnologischen Verfahren hergestellte Impfstoffe in der Erprobung.

Aussichtsreicher ist die Entwicklung von Alternativmethoden zum Tierversuch bei den antitoxischen Immunseren. Sofern Struktur und Wirkungsweise eines Toxins aufgeklärt sind, kann der neutralisierende Effekt von Antiseren mit *in vitro*-Methoden (in der Regel Enzymimmunoassays oder Zellkulturtechniken) gemessen werden (KNIGHT P.A. et al., 1986). Dies wurde z.B. für Tetanus-Antitoxin nachgewiesen (COX J.C. et al., 1983). Der in der entsprechenden Monographie geforderte Toxinneutralisationstest in der Maus ist daher nicht mehr zeitgemäß und sollte ersetzt werden.

5. Reduction

Die Reduzierung der Tierzahlen ist sicher in zahlreichen Monographien möglich. Besonders erfolgversprechend erscheint die Überarbeitung von Monographien, die eine Berechnung der Wirksamkeit in Internationalen Einheiten (I.E.), gemessen nach der sogenannten 3-Punkt-Methode, fordern. Hierbei werden Tiergruppen mit mindestens 3 unterschiedlichen Dosierungen eines Impfstoffs immunisiert. Ein Referenzimpfstoff mit bekannter Wirksamkeit wird parallel mitgeführt. Nach 3 Wochen werden die Tiere mit einer tödlichen Dosis von Toxinen oder Erregerkulturen belastet.

Auf der Grundlage der Überlebensrate in den einzelnen Gruppen wird die Wirksamkeit des Prüfimpfstoffs errechnet. Obwohl die Auswertung der Ergebnisse einheitlich erfolgt, sind die Tierzahlen in den einzelnen Monographien sehr unterschiedlich (siehe Tabelle 2). Eine Verringerung der erforderlichen Tierzahlen auf maximal 10 Tiere je Gruppe sollte hier gefordert werden.

Eine weitere Möglichkeit zur Einsparung von Versuchstieren besteht bei der Prüfung von Kombinationsimpfstoffen, die mehrere Krankheitserreger enthalten. Diese müssen die Anforderungen aller Einzelmonographien erfüllen. Ein Hundeimpfstoff beispielsweise, der gegen Parvovirose und gegen Leptospirose eingesetzt wird, muß für die Leptospirosekomponente in Hamstern und für den Parvoviroseanteil in Meerschweinchen geprüft werden. Hier wäre eine Prüfung beider Impfstoffanteile am Meerschweinchen anzustreben (HENDRIKSEN C.F.M., 1988).

Ähnliches gilt bei den Clostridien-Mischimpfstoffen für das Schaf. Für die Prüfung der Rauschbrandkomponente wird ein Infektionsversuch an Meerschweinchen gefordert. Die Wirksamkeit der anderen Clostridienanteile wird am Kaninchen getestet. Auch hier ist die Prüfung an nur einer Labortierart denkbar. Im Rahmen eines internationalen Ringversuchs zur Prüfung von Tetanusimpfstoffen wurde gezeigt, daß bei diesem Impfstoff beide Tiermodelle geeignet sind (HENDRIKSEN C.F.M. et al., 1993).

Tabelle 2. Unterschiedliche Tierzahlen bei Wirksamkeitsprüfungen nach der 3-Punkt-Methode

Monographie	Arzneibuchvorschrift	Gesamttierzahl
Schweinerotlauf-Impfstoff	mind. 6 Gruppen zu je 16 Mäusen 1 Kontrollgruppe zu 10 Mäusen	mind. 106 Mäuse
Schweinerotlauf-Serum	mind. 6 Gruppen zu je 10 Mäusen 1 Kontrollgruppe zu 10 Mäusen	mind. 70 Mäuse

6. Refinement

Wenn auch auf Tierversuche zur Prüfung von Impfstoffen in den meisten Fällen nicht verzichtet werden kann, so ist doch bei sehr vielen dieser Prüfungsvorschriften eine Verbesserung im Sinne des Refinements erforderlich. Hierbei sollte insbesonders die Ablösung der zahlreichen Infektions- und Toxinbelastungsversuche angestrebt werden.

In den letzten Jahren wurden erhebliche Fortschritte in der Erforschung von immunologischen Schutzmechanismen bei Infektionskrankheiten erzielt. Diese Ergebnisse können naturgemäß auch auf die Prüfung der entsprechenden Impfstoffe angewendet werden. Im Prinzip ist bei allen Krankheiten, bei denen ein erregerspezifischer Antikörperspiegel schützend wirkt, eine Wirksamkeitsbestimmung der Impfstoffe über serologische Methoden möglich. In der Tabelle 3 ist am Beispiel des Rotlaufimpfstoffs die Reduzierung der Belastung von Tieren bei einer *in vitro*-Methode im Vergleich zum Infektionsmodell dargelegt.

Tabelle 3. Reduzierung der Leiden für die Versuchstiere beim Ersatz des Infektionsversuchs durch eine serologische Methode am Beispiel der Rotlaufprüfung

	Belastung im	
	Mäuseschutztest	ELISA
Impfung	leicht	leicht
Infektion	schwer	-
Blutentnahme	-	leicht

7. Umsetzung von Alternativmethoden

Zu vielen der im Arzneibuch vorgeschriebenen Wirksamkeitsprüfungen sind schon Alternativmethoden publiziert worden. Meist wurden diese Methoden in einem Labor entwickelt und an einem Produkt erprobt. Zur Anerkennung als Referenzmethode ist jedoch notwendig, daß die Methodik in mehreren, unabhängig voneinander arbeitenden Laboratorien für möglichst viele Produkte anwendbar ist. Dies setzt im allgemeinen voraus, daß sogenannte Referenzsubstanzen mit genau definierter Wirksamkeit, Antigenpräparationen oder Zellinien vorhanden sind und bei jedem Test mitgeführt werden. Hierfür ist ein sehr zeitaufwendiger und vor allem kostspieliger Ringversuch durchzuführen. Es ist dringend erforderlich, daß von der EAB-Kommission, der WHO oder anderen internationalen Organisationen verbindliche Richtlinien für die Durchführung von Ringversuchen zur Impfstoffprüfung erarbeitet werden. Diese sollten Vorgaben über die Anzahl der zu beteiligenden Institutionen, den Umfang der zu prüfenden Produkte, die Art der statistischen Auswertung etc. enthalten.

8. Ausblick

Im Paul-Ehrlich-Institut wird zur Zeit eine Untersuchung zur Notwendigkeit der Tierversuche in den Arzneibuchmonographien für IAM durchgeführt. Hierbei wird jeder einzelne Tierversuch im Sinne der 3R beleuchtet. Alle Industrieunternehmen, die Veterinärimpfstoffe auf dem deutschen Markt vertreiben, wurden aufgefordert, an einer Befragungsaktion teilzunehmen. Wir hoffen, hiermit eine fundierte Grundlage für konkrete Verbesserungsvorschläge vorlegen zu können. Dieses Projekt wird aus Mitteln des Förderprogrammes „Alternativmethoden zu Tierversuchen“ des Bundesministeriums für Forschung und Technologie unterstützt. Der Bericht kann voraussichtlich noch 1995 vorgelegt werden.

Literatur

COX J.C., PREMIER R.R., FINGER W., HURRELL J.G.R., A comparison of enzyme immunoassay and bioassay for the quantitative determination of antibodies to tetanus toxin, J. Biol. Standard, 11, 123-128, 1983

CUßLER K., Gesetzlich geforderte Tierversuche und mögliche Alternativen bei der Prüfung von Impfstoffen und Immunseren ad us. vet., in: SCHÖFFL H., SPIELMANN H., GRUBER F.P., KOIDL B., REINHARDT C.A. (Hrsg.), Ersatz- und Ergänzungsmethoden zu Tierversuchen, Band II: Alternativen zu Tierversuchen in Ausbildung, Qualitätskontrolle und Herz-Kreislauf-Forschung, Wien New York: Springer, 156-162, 1993

DAB 10, Deutsches Arzneibuch, 10. Auflage, Band 3, Stuttgart: Deutscher Apothekerverlag, 1991

EAB, Europäisches Arzneibuch, englische Fassung, Second Edition, Fourteenth Fascicule, France: Maisonneuve S.A. Sainte-Ruffine, 1990

HENDRIKSEN C.F.M., Laboratory animals in vaccine production and control. Replacement, reduction and refinement, Dordrecht Boston London: Kluwer Academic Publishers, 1988

HENDRIKSEN C.F.M., WOLTJES J., VAN DE GUN J.W., AKKERMANS A.M., MARSMAN J.W., VERSCHURE M.H., VELDMAN K., Interlaboratory validation of in vitro serological assay systems for potency testing of tetanus toxoid vaccines for veterinary use, RIVM-Report Nr. 949106001, 1993

KNIGHT P.A., BURNETT C., WHITAKER A.M., QUEMINET J., The titration of clostridial toxoids and antisera in cell culture, Develop. Biol. Standard, 64, 129-136, 1986

Perspektiven zum Ersatz des Belastungsversuches bei Rauschbrandvakzinen

F. Roth, R. Schaper

Zusammenfassung

Für die Wirksamkeits- und Qualitätskontrolle von Rauschbrandvakzinen ist der Belastungstest an kleinen Versuchstieren vorgeschrieben. Die vorliegenden Untersuchungen sollen dazu beitragen, eine Ersatzmethode zu etablieren.

Zur Bestimmung des Antigengehaltes, der in einer kontinuierlichen Fermentation hergestellten Versuchsimpfstoffe von C.chauvoei, werden die hämolytischen und cytolytischen Toxine herangezogen. Meerschweinchen, Schafe und Rinder werden bzw. wurden mit verschiedenen Vakzinen gegen C.chauvoei immunisiert. Die Ermittlung der Antikörper erfolgt aus den Seren der Versuchstiere, wobei analog zu den oben genannten Testverfahren ein Hämolyse-Hemmungs- und Zytotoxizitäts-Neutralisationstest und ein ELISA-Test entwickelt werden bzw. wurden. Zusätzlich soll bzw. sollte der an Meerschweinchen durchgeführte Belastungstest Aufschluß über die erforderlichen hämolytischen und zytolytischen Einheiten geben, die zur erfolgreichen Immunisierung von Tieren notwendig sind. Aus den Auswertungen von bisher durchgeführten Versuchen ergaben sich hohe Korrelationen zwischen den Ergebnissen des Belastungstests an den Meerschweinchen und den immunologischen/serologischen Untersuchungen. Hierbei erwiesen sich der Zytotoxitäts- und ELISA-Test als gleichwertig, beide jedoch dem Hämolyse-Hemmungstest als überlegen.

Das jetzt laufende, vom deutschen Bundesministerium für Forschung und Technologie (BMFT) geförderte, Forschungsvorhaben hat den Zweck, die bisher gewonnenen Ergebnisse durch eine weitere Versuchsreihe abzusichern und ein Protokoll vorzulegen, das Grundlage für eine Änderung der geltenden Gesetzgebung sein soll.

1. Einleitung

Rauschbrand ist eine durch Clostridien hervorgerufene Erkrankung, die weltweit insbesonders in den Tropen und Subtropen verbreitet und im ariden und semiariden Weidegürtel der Erde enzootisch ist. Die Erreger des Rauschbrands sind, wie fast alle Clostridien, ubiquitäre Keime der Bodenflora, wo sie an der Eiweißdekompensation beteiligt sind. Durch die Futteraufnahme besiedeln sie den Darmtrakt und gehören dann zur normalen Darmflora. Auch in der Muskulatur und den Organen von Schlachttieren konnten Rauschbranderreger nachgewiesen werden.

Der klassische Erreger des Rauschbrands ist C.chauvoei. Charakteristisch ist, daß einzelne Spezies streng lokal begrenzt auftreten. In einem zusammenhängenden Weidegebiet können in unterschiedlichen Höhenlagen oder ökologischen Zonen unterschiedliche Erreger des Seuchenkomplexes identifiziert werden (SEIFERT H.S.H., 1992). Die Pathogene sind zum Teil mit C.chauvoei nicht identisch, aber trotzdem in der Lage, „Rauschbrand" hervorzurufen, so unter anderem der in Peru als C.chicamensis (SEIFERT H.S.H., 1975) identifizierte Erreger oder die Stämme 217, 335 und 735 aus Madagaskar (SEIFERT H.S.H. et al., 1983) und 805 aus Mexiko (SALINAS A., 1991).

Die Vielfalt der Erreger, ihre Fähigkeit bei ungünstigen Umweltbedingungen Sporen zu bilden und ihr Toxinbildungsvermögen erfordern die Herstellung von potenten lokalspezifischen Impfstoffen. Einmal verseuchte Böden bleiben auf Jahrzehnte kontaminiert.

Rauschbrand-Infektionen treten vornehmlich bei Wiederkäuern auf; Rinder sind am empfänglichsten, gefolgt von Schafen und Ziegen. Auch Schweine, Antilopen, Büffel und Pferde erkranken. Meerschweinchen, Hamster und Mäuse sind geeignete Versuchstiere.

Zur Verhütung des Rauschbrands werden Vakzinen unterschiedlicher Natur eingesetzt:

- Multikomponenten-Vakzinen, meist Kombinationen von Ganzzellkulturen, abgetötet mit Formalin und geringen Mengen von Formalin-Toxoiden. In der Regel werden C.chauvoei + C.septicum + P.multocida miteinander kombiniert. Mischungen mit bis zu 8 Komponenten sind auf dem Markt.
- Zellkomponenten-Vakzinen, die Zellwandbestandteile und/oder Geißeln des Erregers enthalten.
- Toxoide, vornehmlich durch Formalin toxoidierte Stoffwechselprodukte in gereinigter und ungereinigter Form.
- Lebendvakzinen aus attenuierten Stämmen. Sie konnten sich bisher nicht durchsetzen.

Die wissenschaftlichen Diskussionen, ob Ganzkulturvakzinen, gereinigte Toxoidvakzinen, gereinigte Zellvakzinen oder die Mischung von gereinigten Toxoiden und Zellen als Impfstoffe einzusetzen sind, sind speziell bei C.chauvoei umfangreich (BÖHNEL H., 1988).

Im Gegensatz zu anderen Clostridien gilt C.chauvoei als ein schwacher Toxinbildner. So fehlt dem Erreger ein sogenanntes alpha2-Toxin, welches bei dem mit C.chauvoei verwandten C.septicum auftritt, stark letal und nekrotisierend wirkt und zusätzlich eine große immunologische Bedeutung hat.

Als antigene und immunisierende Komponenten von C.chauvoei sind bekannt:

- alpha1-Toxin	letal, nekrotisierend, hämolytisch
- beta-Toxin	sehr aktive, hitzestabile Desoxyribonuklease
- gamma-Toxin	Hyaluronidase
- delta-Toxin	sauerstofflabiles Hämolysin, seine Bildung variiert stark zwischen den einzelnen C.chauvoei-Stämmen
- Ödem-Faktor	hitzelabil und nicht antigen
- lösliche und unlösliche immunisierende Komponenten	hitzelabil und antigen (protektiv).

Serologisch werden ein somatisches und mehrere Geiselantigene unterschieden, wobei dem allen Stämmen gemeinsamen hitzestabilen 0-Antigen eine erhebliche protektive Bedeutung beigemessen wird (MASON J.H., 1936; MASON J.H. and SCHEUBER J.R., 1936).

2. Eigene Untersuchungen

Angeregt durch intensive Arbeiten in den tropischen Regionen und insbesondere in den Entwicklungsländern begann sehr früh die Suche nach einem *in vitro*-Verfahren, welches eine qualitative und quantitative Aussage über den eingesetzten Impfstoff erlaubt und einen Belastungsversuch gegebenenfalls ersetzen könnte.

Speziell in den Entwicklungsländern, die ihre eigene standortspezifische Vakzine gegen Rauschbrand erzeugen wollen, sind Versuchstiere rar. In der Regel mangelt es an Geld und geeigneten Unterkünften für kleine Versuchstiere wie Mäuse oder Meerschweinchen. Dagegen sind z.B. kleine Wiederkäuer als Spender von Erythrozyten häufig vorhanden oder leicht zu besorgen. Eine einfache *in vitro*-Meßmethode könnte das infrastrukturelle Problem lösen und gleichzeitig einen Beitrag dafür leisten, den Belastungsversuch von Tieren auch in Entwicklungsländern zu minimieren.

Der Hämolyse-Test als Nachweismethode der hämolysierenden Antigene von C.chauvoei und verwandten Stämmen konnte schon vor Jahren in Göttingen etabliert werden. Erste Untersuchungen in Madagaskar zeigten, daß eine Korrelation zwischen dem Immunstatus bei Rindern und den antihämolytischen Einheiten besteht. In ersten Feldversuchen wurde eine Korrelation zwischen dem Immunschutz von Meerschweinchen, geprüft durch einen Belastungsversuch, und dem Antikörperspiegel bei Rindern, ausgedrückt in antihämolytischen Einheiten (AHE), ermittelt. Der Test erfolgte als einfacher Hämolyse-Hemmungstest in Form einer Toxinneutralisation (ROTH F. et al., 1989).

Die in Madagaskar und in Mexiko begonnenen Arbeiten wurden in Göttingen fortgeführt. Im Mittelpunkt stand, die im Feld gewonnenen Ergebnisse zu prüfen und mit alten verbesserten oder neuen alternativen Methoden zu vergleichen.

In parallelen Impfversuchen wurden Meerschweinchen und Schafe geimpft und auf ihre Antikörperentwicklung untersucht. Die Meerschweinchen wurden abschließend einem Belastungstest unterzogen. Der Nachweis von Antikörpern erfolgte mit dem bereits erwähnten Hämolyse-Hemmungstest, einem neu entwickelten Zytotoxizitätstest und mit einem ELISA-Test.

Überprüft werden sollte, welche Korrelation zwischen dem Belastungstest bei Meerschweinchen einerseits und dem Antikörperspiegel der Schafe andererseits besteht.

50 Schafe und 40 Meerschweinchen standen zur Verfügung. Getestet wurden zehn Impfstoffvarianten aus Toxoid-, Ganzzellkultur- und Ganzkulturvakzinen mit unterschiedlichem Antigenanteil.

In der ersten Abbildung (Abb. 1a-c) ist der Verlauf des Antikörper-Titers (Ak-Titers) gemessen in antihämolytischen Einheiten (AHE) 21, 42 und 212 Tage nach der ersten Impfung dargestellt. Deutliche Ak-Titeranstiege erfolgten erst 42 Tagen nach der ersten Impfung und drei Wochen nach der Wiederholungsimpfung. Der Toxoidimpfstoff und die Ganzkulturvakzine erwiesen sich gegenüber den anderen Vakzinen als überlegen. Nach 30 Versuchswochen ist ein deutlicher Rückgang der antihämolytischen Antikörper zu verzeichnen.

Während des gesamten Untersuchungszeitraumes steigerte sich die unspezifische Hämolyse-Hemmung bei den Proben der Kontrolltiere. Der antihämolytische Antikörpertiter der geimpften Tiere wurde um den Mittelwert der unspezifischen Hämolyse-Hemmung der Kontrolltiere bereinigt.

Abb. 2a-c gibt die Ergebnisse der antizytotoxischen Aktivität der Seren ebenfalls nach 21, 42 und 212 Tagen wieder. Ein deutlicher Antikörperanstieg ist auch bei dieser Untersuchungsmethode erst 42 Tage nach der ersten Impfung festzustellen. Die Antikörperentwicklung über den Untersuchungszeitraum von 212 Tagen ist mit dem der antihämolytischen Antikörper vergleichbar.

Die unspezifische antizyototoxische Hemmung ist um ein Vielfaches geringer als bei der Hämolyse-Hemmung. Deshalb war eine Bereinigung der Meßwerte nicht erforderlich.

Wie im Hämolyse-Hemmungstest war eine deutliche Abhängigkeit der Antikörperbildung von der verwendeten Impfstoffart und -dosis festzustellen. Die höchsten Titer wurden mit einem Toxoidimpfstoff und einer Ganzkulturvakzine erreicht.

Bei der Überprüfung der Antikörperentwicklung mittels ELISA müßte zwischen den zellulären und nicht zellulären Antigenen unterschieden werden. Zu den nicht zellulären Antigenen gehören wie bereits erwähnt, vor allem die Toxine von C. chauvoei.

Bei der Bestimmung des Antikörpertiters mit Hilfe des zellulären ELISA (Abb. 3a-c) konnte der höchste Antikörpertiter, wie in den vorangegangenen Untersuchungen, 42 Tage nach der ersten Impfung gemessen werden. 212 Tagen nach der ersten Impfung entsprach die Serumreaktion der des ersten Untersuchungstages. Der höchste Antikörpertiter wurde in der Gruppe ermittelt, die mit der Ganzkulturvakzine immunisiert wurde.

Die Ergebnisse des ELISA-Tests mit Antigenen (Abb. 4a-c) aus dem Kulturüberstand stimmen weitgehend mit den Ergebnissen aus dem Hämolyse-Hemmungstest und Zytotoxizitätstest überein. Die Seren der mit Toxoidvakzine geimpften Tiere zeigen deutlich höhere Reaktionen als die der ungeimpften Kontrollgruppe. Vermutlich befanden sich neben den Toxoiden weitere zelluläre Antigene aus lysierten Bakterien im Impfstoff.

Analog zu den oben genannten Untersuchungsmethoden konnten erst 6 Wochen nach der ersten Impfung bei Toxoid- und Ganzkulturvakzinen die höchsten Antikörpertiter nachgewiesen werden.

Ein Vergleich der serologischen Ergebnisse mit denen des Belastungstests an Meerschweinchen ergibt eine Korrelation von 0,96 zu den antizytotoxischen Einheiten beim Schaf, eine Korrelation von 0,93 zum ELISA mit Antigen aus dem Kulturüberstand, eine mittlere Korrelation zum Hämolyse-Hemmungstest von 0,65 und eine negative Korrelation zum ELISA mit zellulärem Antigen (Abb. 5).

3. Diskussion

Der Hämolyse-Hemmungstest ist die *in vitro*-Methode, die mit dem geringsten Aufwand durchgeführt werden kann. Neben den Testseren werden lediglich Erythrozyten und ein Standardtoxin benötigt. Allerdings liegt die Korrelation zum Belastungsversuch an Meerschweinchen nur bei 0,65, d.h. fehlerhafte Interpretationen sind schnell möglich, zumal der Einfluß der unspezifischen Hämolyse schwer zu erfassen ist. Außerdem werden mit dem Test lediglich die thermo- und sauerstoffstabilen Hämolysine nachgewiesen, deren Bedeutung für die Immunogenität unterschiedlich bewertet wird.

Der Zytotoxizitäts-Hemmungstest zeigt die höchste Korrelation zum Tierversuch und erwies sich als die reproduzierbarste und sensitivste Methode. Diese Methode hat den Nachteil, daß in einem bakeriologischen Untersuchungslabor auch Mammalia-Zellen zur Verfügung stehen müssen. Der Aufwand zur Durchführung der Untersuchung ist sehr groß und vergleichsweise kostenintensiv.

Trotz der hohen Korrelation des ELISA-Tests mit den Toxinen aus dem Kulturüberstand als Antigen kann die Durchführung des ELISA-Tests nicht als eine geeignete Kontrollmethode angesehen werden. Es ist zu klären, ob die hohe Korrelation aufgrund von zellulären Antigenen, die durch lytische Bakterien beim Reinigungsprozeß in den Impfstoff gelangten, hervorgerufen wird. Die Reinigung und Quantifizierung der Toxine des Kulturüberstandes ist eine Voraussetzung für den erfolgreichen Einsatz des ELISA.

Die negative Korrelation im ELISA-Test mit zellulären Antigenen erfordert ebenfalls weitere Untersuchungen mit gereinigtem und quantifiziertem Antigen. In den vorliegenden Untersuchungen wurde mit einem breiten Spektrum an Antigenen gearbeitet, dies gilt gleichmaßen für die zellulären Antigene als auch für die Toxine. Die Arbeit mit ungereinigtem Antigenmaterial führte zu hohen unspezifischen Reaktionen. Generell könnte auch ein ELISA mit hochgereinigten Antigenen Tierversuche einschränken oder gar ersetzen. Inwieweit dabei lediglich die zellulären Antigene oder die Toxine zu gesicherten Aussagen führen, ist zu prüfen.

Sollte sich in weiteren Untersuchungen herausstellen, daß eine oder nur wenige zelluläre Komponenten, wie z.B. das 0-Antigen der C.chauvoei Stämme oder ein Toxin bzw. Toxinkomponenten, als immunogene Parameter bzw. Marker notwendig sind, dann wäre auch der Einsatz von hochspezifischen monoklonalen Antikörpern denkbar.

Nach den vorliegenden Untersuchungen aus den Feld- (Madagaskar und Mexiko) sowie aus den vorgestellten Laborversuchen zeigen sich Wege, den Belastungsversuch für Rauschbrandimpfstoffe, hervorgerufen durch C.chauvoei und C.chauvoei verwandten Feldstämmen, durch eine *in vitro*-Methode zu ersetzen.

Trotz der geringen Tierzahlen, die eine endgültige statistische Absicherung der Untersuchungen nicht zulassen, konnte eine enge Korrelation zwischen den *in vitro*-Methoden und dem Belastungstest ermittelt werden.

Literatur

BÖHNEL H., Die Toxine der Clostridien, J.Vet. Med. B, 35, 29-47, 1988

MASON J.H., The toxin of Clostridium chauvoei, Onderstep. J. Vet. Sci., 7, 433-483, 1936

MASON J.H., and SCHEUBER J.R., The production of immunity to Cl.chauvoei, Onderstep. J. Vet. Sci., 7, 143-165, 1936

ROTH F., LABARRE B., SCHMIDT-PANNENBECKER E., Ein Hämolyse-Hemmungstest zur Kontrolle von Qualität und Wirksamkeit hochgereinigter C.chauvoei Toxoid-Vakzine, Dtsch. Tierärztl. Wschr., 102, 20-25, 1989

SALINAS A., Die Entwicklung einer für Nordost-Mexiko standortspezifischen Vakzine zur Verhütung des Gasödems, Göttingen: Diss.sc.agr., 1991

SEIFERT H.S.H., Untersuchungen zur Ätiologie von Anaerobeninfektionen von Rindern und Schafen in Lateinamerika, Zbl. Vet. Med. B, 22, 60-86 und 177-195, 1975

SEIFERT H.S.H., Tropentierhygiene, Jena: Fischer Verlag, 1992

SEIFERT H.S.H., BÖHNEL H., RANAIVOSON A., Verhütung von Anaerobeninfektionen bei Wiederkäuern in Madagaskar durch intradermale Applikation von ultrafiltrierten Toxoiden standortspezifischer Clostridia, Dtsch. Tierärztl. Wschr., 7, 274-279, 1983

Anhang

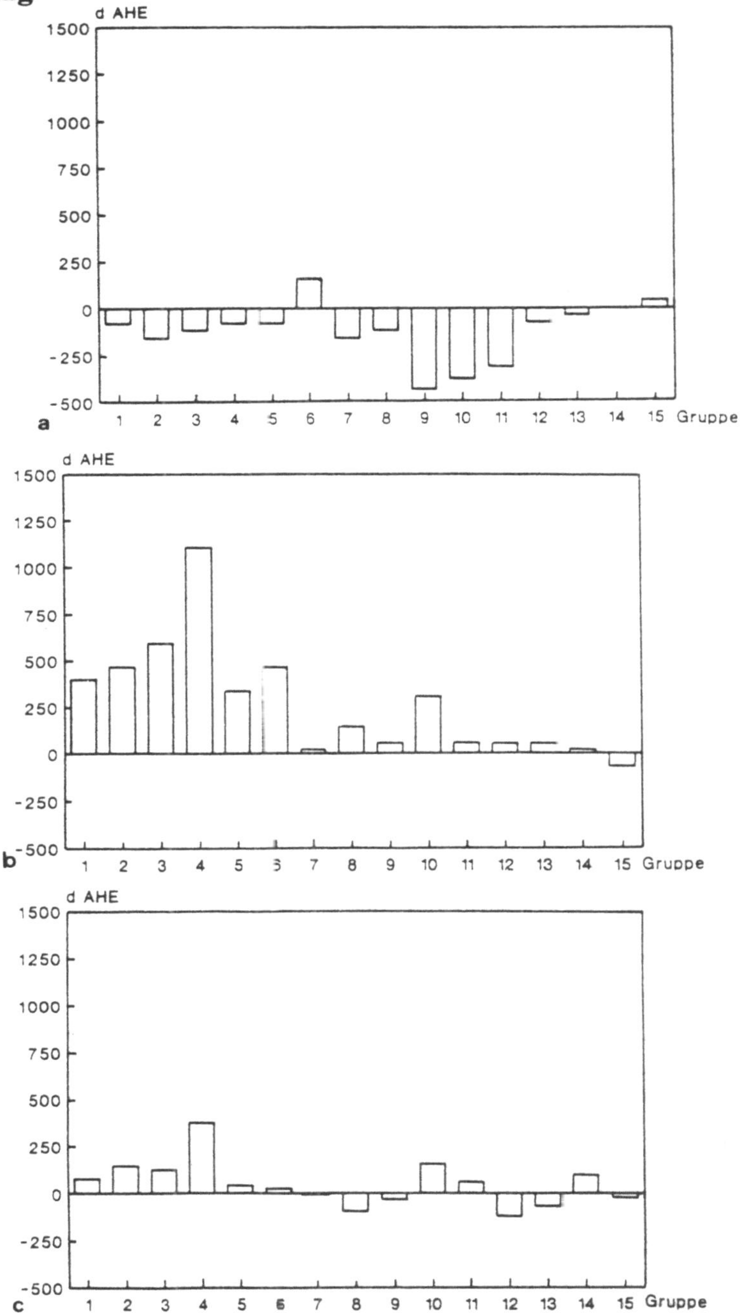

Abb. 1. **Antihämolytische Aktivität der Seren 21, 42 und 212 Tage nach der ersten Impfung**
Auftragung der AHE nach Abzug der unspezifischen, mittleren AHE der Kontrollgruppe
a: 21 Tage nach der 1. Impfung, unspezifische Hemmung 560 AHE
b: 42 Tage nach der 1. Impfung, unspezifische Hemmung 588 AHE
c: 212 Tage nach der 1. Impfung, unspezifische Hemmung 986 AHE

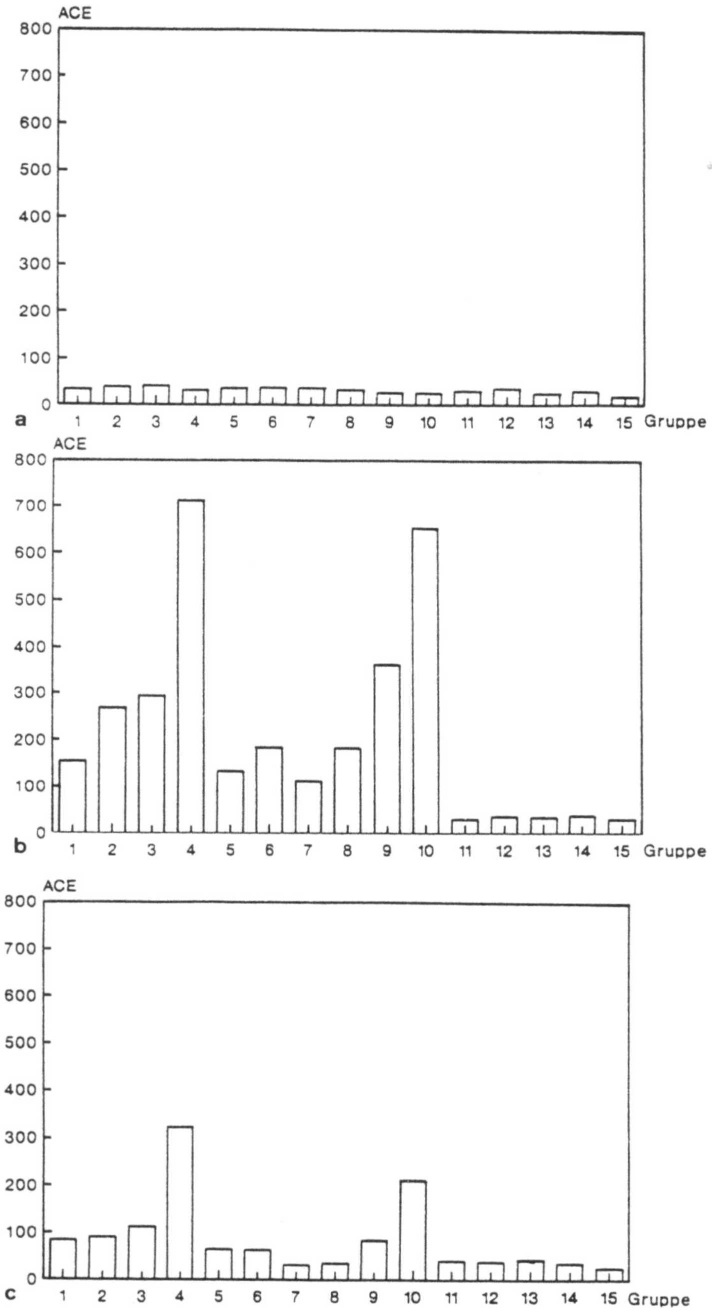

Abb. 2. **Antizytotoxische Aktivität der Seren 21, 42 und 212 Tage nach der 1. Impfung**
a: 21 Tage nach der 1. Impfung
b: 42 Tage nach der 1. Impfung
c: 212 Tage nach der 1. Impfung

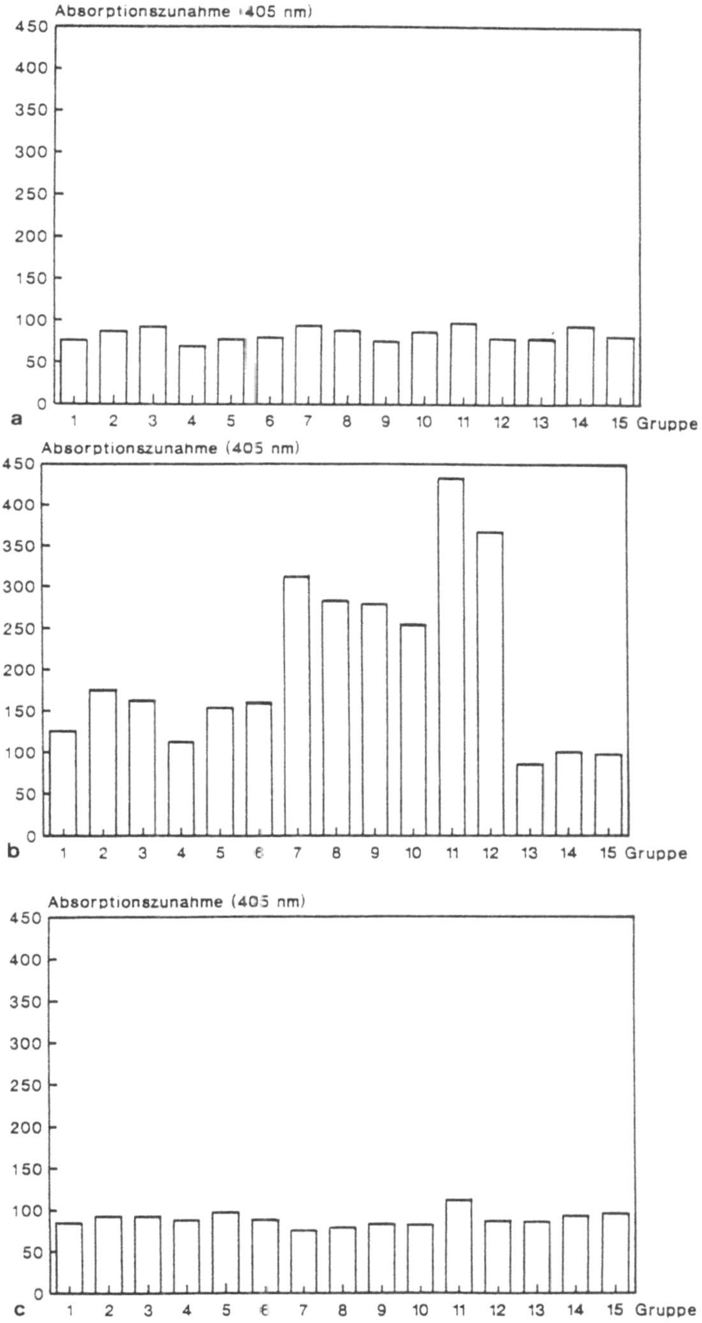

Abb. 3. **Vergleich der Reaktionen der Seren mit zellulären Antigenen**
a: Nullwerte
b: 42 Tage nach der 1. Impfung
c: 212 Tage nach der 1. Impfung

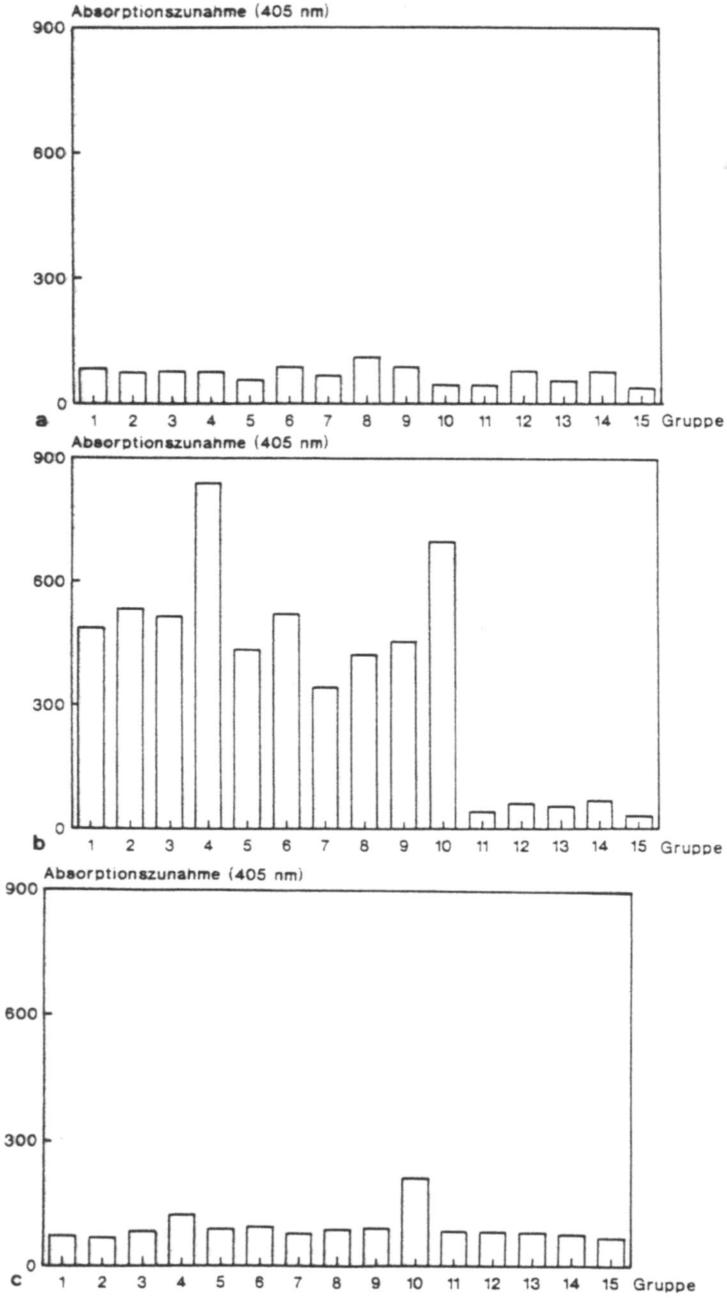

Abb. 4. **Vergleich der Reaktionen der Seren mit Antigenen des Kulturüberstandes**
a: **Nullwerte**
b. **42 Tage nach der 1. Impfung**
c: **212 Tage nach der 1. Impfung**

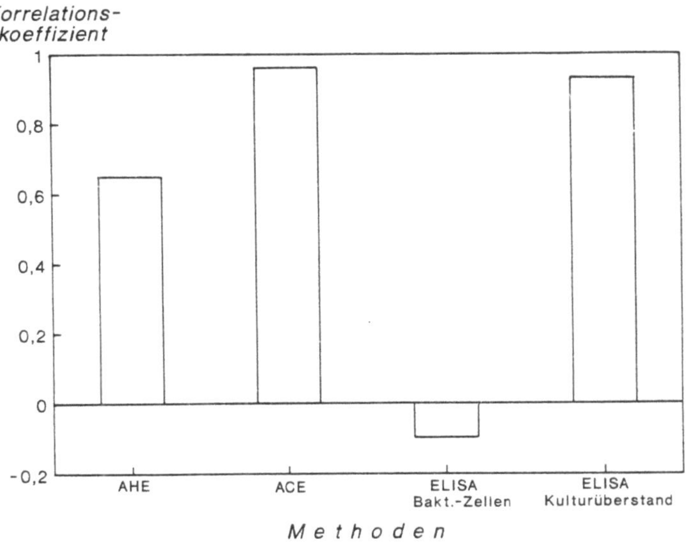

Abb. 5. Ergebnisse der immunologischen Methoden in Korrelation zum Belastungsversuch

Ersatz von Tierversuchen durch Testung von Clostridium-perfringens-Toxinen in Zellkulturen

E. Borrmann, F. Schulze

Zusammenfassung

Es sollte die Anwendbarkeit von Zellkultursystemen für die Wirksamkeitsprüfung von Clostridien-Impfstoffen und -Immunseren, die nach wie vor im Neutralisationstest an der Maus erfolgt, überprüft werden. Voraussetzung dafür ist ein Nachweis der zytotoxischen Wirkung der nicht neutralisierten Toxine auf Zellkulturen. Das zum Nachweis der zytotoxischen Aktivität verwendete ε-Toxin wurde nach Kultivierung von C.-perfringens Typ D in RCM-Medium aus dem Kulturüberstand durch Ammoniumsulfatfällung, Dialyse und Lyophilisation gewonnen. Die Aktivierung erfolgte mit 0,1%igem Trypsin. Aus dem Vergleich der zytotoxischen Aktivität von trypsinierten und nicht-trypsinierten Proben auf Zellkulturen konnte die Wirksamkeit der verwendeten Trypsinierungsmethode bestimmt werden. Als Nachweissystem verwendeten wir die permanente MDCK-Zellinie. Außerdem verglichen wir die zytotoxischen Wirkungen von C.-perfringens Typ A (α-Toxin), Typ C (α- und β-Toxin) und Typ D (α- und ε-Toxin) auf die MDCK-Zellinie mikroskopisch und mittels MTT-Test. Dabei zeigte sich, daß sowohl Typ A als auch Typ C kaum zytotoxisch auf die MDCK-Zellen wirkten, während Typ D (Kulturüberstand und Ammoniumsulfatpräzipitat, aktiviert) noch bei einem Titer von 1:100 deutlich zytotoxische Effekte zeigte. Das α- und β-Toxin störten somit in diesem Konzentrationsbereich die Bestimmungen nicht, und das Ammoniumsulfatpräzipitat (ε-Rohtoxin) ist für den Nachweis der Zytotoxizität geeignet. Die zytotoxische Wirkung des ε-Toxins auf die permanenten Zellinien FBTR, VERO, EBL, INT-407, IEC-6, MDCK und CHO-K_1 untersuchten wir mikroskopisch und mittels MTT-Test, wobei sich die MDCK-Zelle als optimal für den Nachweis von ε-Toxin erwies.

1. Einleitung

Das deutsche Tierschutzgesetz sieht vor, Versuche mit und an Tieren auf ein unerläßliches Maß zu reduzieren. Die konsequente Einhaltung des Tierschutzes durch Verminderung der eingesetzten Tierzahlen führt zu Überlegungen, wie herkömmliche, im Deutschen Arzneibuch (DAB 10) beschriebene Prüfverfahren für Impfstoffe und Immunseren durch Alternativmethoden ersetzt werden können. So sind für die Prüfung von Impfstoffen und Immunseren gegen die Clostridium- (C.-) perfringens-Infektionen durch Monographien des Arzneibuches zahlreiche Tierversuche vorgeschrieben (DAB 10, 1992a, b, c).

Infektionen mit C.-perfringens führen zu schweren Erkrankungen von Mensch und Tier. Es wurden bis zu 20 toxisch wirkende Substanzen nachgewiesen, die in minor- und majorletale

Toxine eingeteilt werden (KÖHLER B., 1978; SMITH L.D.S., 1979). Die majorletalen Toxine dienen zur Einteilung der Spezies in 5 Toxovare (Tabelle 1). Das Alpha-Toxin (Zink-metallo-phospholipase C) wird von allen Typen produziert, die Typen B-E weisen zusätzlich ein oder zwei majorletale Toxine auf. Für Menschen haben die Typen A und C Bedeutung. Typ A verursacht Lebensmittelvergiftungen und den gefürchteten Gasbrand. Typ C gilt als Erreger einer nekrotischen Enteritis.

Tabelle 1. Typen von Clostridium perfringens

Typ	A	B	C	D	E
Toxine	Alpha	Alpha Beta Epsilon	Alpha Beta	Alpha Epsilon	Alpha Iota

Alle C.-perfringens-Typen sind tierpathogen, wobei die Typen B-D in der Regel tödlich verlaufende Enterotoxämien auslösen können (STERNE M., 1981). Da diese akut bis perakut verlaufenden Infektionskrankheiten erhebliche wirtschaftliche Verluste besonders bei Schaf und Schwein verursachen und sich die Behandlung der Infektionen mit Chemotherapeutika als unwirksam erwies, werden in zahlreichen Ländern Impfstoffe gegen diese Erkrankungen eingesetzt (DAVIDSON I., 1976; HJERPE C.A., 1990).

Die in den Clostridien-Impfstoffen hauptsächlich vorkommenden Toxine bzw. Toxoide sind neben dem α- das β- und das ε-Toxin. Die Prüfung der Impfstoffe und Immunseren auf Wirksamkeit erfolgt nach wie vor gemäß DAB 10 im Letalitäts- bzw. Neutralisationstest an der Maus. Die Wirksamkeit der Impfstoffe wird an dem Gehalt an Antitoxin in den Seren von geimpften Kaninchen gemessen, indem die Seren mit einem Prüftoxin bekannter Dosis gemischt und anschließend Mäusen injiziert werden. Der so ermittelte LD_{50}-Wert (LD_{50}: mittlere letale Dosis, bei der 50% der Tiere sterben) ist als Maß der Neutralisation des Prüftoxins durch das gebildete Antitoxin zu betrachten. Die genaue Wirksamkeit des Impfstoffes in Internationalen Einheiten (I.E.) wird durch den Vergleich der Schutzwirkung der Kaninchenseren mit einer definierten Menge des Internationalen Antitoxinstandards bestimmt. Die notwendigen Vorversuche zur Bestimmung der Prüfdosis des Toxins und die Einstellung eines Antitoxin-Laborstandards erfolgen ebenfalls an Mäusen.

Unser Anliegen besteht in der Ablösung der für die Wirksamkeitsprüfung notwendigen Tierversuche durch zelluläre Testsysteme.

Voraussetzung für die Anwendung von Zellsystemen zur Bestimmung der Antitoxingehalte in Seren durch Neutralisationstests ist der Nachweis der zytotoxischen Wirkung der nicht neutralisierten Toxine auf Zellkulturen Deswegen bestand unsere erste Aufgabe in der Testung der zytotoxischen Wirkung des ε-Toxins auf Zellkulturen als notwendige Bedingung für den zu etablierenden Neutralisationstest.

In der Literatur wurde bereits über die zytotoxische Wirkung von Clostridien-Filtraten berichtet (SHAMRAEVA S.A. and ZEMLJANITZKAJA E.P., 1967). KNIGHT et al. (1986) überprüften erfolgreich die Anwendungsmöglichkeit der Zellkulturtechnik für Neutralisationstests von C.-perfringens, C.-septicum und C.-novyi.

Die Umwandlung des im Darm durch C.-perfringens Typ B und D gebildeten ε-Protoxins in das hochtoxische, letale, dermonekrotisch und ödematisierend wirkende Toxin erfolgt durch die Abspaltung einer Peptidkette mittels proteolytischer Enzyme. Das ε-Toxin hat eine Molmasse von ca. 30-40kDa und besitzt die gleichen immunologischen Eigenschaften wie das Protoxin. Das ε-Toxin steigert die intestinale Permeabilität und nach Eintritt in die Blutbahn verursacht es eine akute Enterotoxämie (MCDONEL J.L., 1986).

2. Material und Methoden

Das zum Nachweis der zytotoxischen Aktivität verwendete ε-Toxin gewannen wir nach Kultivierung von C.-perfringens Typ D (institutseigener Referenzstamm) in Reinforced Clostridium Medium (RCM) aus dem Kulturüberstand durch Ammoniumsulfatfällung, Dialyse, Lyophilisation und Aktivierung mit 0,1%igem Trypsin (EL IDRISSI A.H. and WARD G.E., 1992; WOOD K.R., 1991). Die Identifizierung des ε-Protoxins erfolgte durch SDS-PAGE und Immunoblot, wobei für den Immunoblot als primäres Antiserum ein Kaninchenantiserum von Tieren eingesetzt wurde, die mit einem ε-Toxoid enthaltenden Impfstoff immunisiert worden waren.

Den Zelltest führten wir, wie von KNIGHT et al. (1990) beschrieben, in 96-Well-Platten (Costar Europe Ltd., NL-Badhoevedorp) durch. Sowohl das lyophilisierte Ammoniumsulfatpräzipitat (ε-Rohprotoxin), gelöst in phosphatgepufferter Kochsalzlösung (PBS, pH 7,2), als auch den Kulturüberstand von C.-perfringens Typ D aktivierten wir vor dem Zelltest mit 0,1%igem Trypsin (Difco Laboratories, USA) 1h bei 37°C. Als Nachweissystem diente die Madin Darbin canine kidney (MDCK)-Zellinie in Eagels minimal essential medium (MEM) mit nichtessentiellen Aminosäuren (Sigma, D-Deisenhofen), 5% (v/v) fetalem Kälberserum und 5µg Gentamycin. Dieses Medium wurde auch zur Herstellung der entsprechenden Verdünnungsstufen verwendet. Die Auswertung erfolgte mikroskopisch und mittels MTT-Test (MOSSMANN T., 1983), wobei wir den Anteil der intakten Zellen nach Toxineinwirkung bezüglich der jeweiligen Zellkontrollen ermittelten. Das Prinzip des MTT-Tests beruht auf der Umwandlung des gelben 3-(4,5-Dimethylthiazol-2-yl)-2,5-Diphenyltetrazoliumbromids (MTT) in das blaue Formazan durch die Dehydrogenasen aktiver Mitochondrien nach Aufnahme des Farbstoffes in die Zellen (LINDL T. und BAUER J., 1989).

Weiterhin verglichen wir die zytotoxischen Wirkungen von C.-perfringens Typ A (α-Toxin), Typ C (α- und β-Toxin) und Typ D (α- und ε-Toxin) auf die MDCK-Zellinie mit den obigen Methoden.

Wir überprüften die Eignung der nachfolgenden permanenten Zellinien für den Nachweis der zytotoxischen Aktivität von ε-Toxin: embryonale bovine Lungenzellinie (EBL), fetale bovine Tracheazellinie (FBTR), Nierenzellinie der Afrikanischen Grünen Meerkatze (VERO), intestinale Rattenzellinie vom Dünndarm (IEC-6), embryonale intestinale Zellinie (INT-407), chinesische Hamsterovarienzellinie (CHO-K_1).

3. Ergebnisse und Diskussion

Vor der Verwendung der nach EL IDRISSI (1992) hergestellten Ammoniumsulfatpräzipitate für den Nachweis der zytotoxischen Aktivität von ε-Toxin und den aufzubauenden Neutralisationstest mußte abgeklärt werden, ob das durch C.-perfringens Typ D ebenfalls gebildete α-Toxin auf die MDCK-Zellinie zytotoxisch wirkt. Bei dem Vergleich der zytotoxischen Wirkungen von C.-perfringens Typ A (α-Toxin), Typ C (α- und β-Toxin) und Typ D (α-und ε-Toxin) zeigte sich, daß sowohl Typ A als auch Typ C kaum zytotoxisch auf die MDCK-Zellen wirkten, während Typ D (Kulturüberstand und Ammoniumsulfatpräzipitat, aktiviert) noch bei einem Titer von 1:100 deutliche zytotoxische Effekte zeigte (Tabelle 2). Damit konnte gezeigt werden, daß α- und β-Toxin in diesem Konzentrationsbereich die Bestimmungen nicht störten. Das ε-Toxin verursachte nach Trypsinaktivierung in hohen Konzentrationen den sofortigen Zelltod der MDCK-Zellen. Das Zellbild war durch vollständig lysierte Zellen charakterisiert (Abb. 1, 2, Tabelle 2). Eine stufenweise Verringerung der Toxinkonzentration führte zum Überleben einzelner Zellen und zur Herausbildung intakter neben lysierter Zellen (Abb. 3 und 4; Tabelle 2). Die Wirksamkeit der verwendeten Trypsinierungsmethode ergab sich aus dem Vergleich der zytotoxischen Aktivität von trypsinierten und nicht-trypsinierten Kulturüberständen auf der

MDCK-Zellinie. Während die trypsinierten Proben bei einem Titer von 1:10 eine vollständige Zellyse bewirkten, waren bei den nicht-aktivierten Kulturüberständen 46% der Zellen intakt.

Tabelle 2. Vergleich der zytotoxischen Wirkung von Clostridium-perfringens Typ A, C und D auf die MDCK-Zellinie

	Titer 1:10	1:50	1:100
C.-perfringens Typ A			
Kulturüberstand	78,8% ± 8%	91% ± 9%	100%**
Ammoniumsulfatpräzipitat (1mg/ml in PBS)	84,5% ± 10%	99%	100%**
C.-perfringens Typ C			
Kulturüberstand	87% ± 6%	100%**	100%**
Ammoniumsulfatpräzipitat (1mg/ml in PBS)	90% ± 7%	100%**	100%**
C.-perfringens Typ D			
Kulturüberstand (aktiviert)	9%	n.best.	77%
Ammoniumsulfatpräzipitat (v. 8.6.93) (1mg/ml in PBS, aktiviert)	0%*	16,5% ± 4,2%	63% ± 12%

* Zellyse; ** Zellen gegenüber Zellkontrolle unverändert

Wir testeten mehrere Ammoniumsulfatpräzipitate auf der MDCK-Zellinie, wobei wir quantitative Unterschiede hinsichtlich der zytotoxischen Wirkung ermittelten. Während bei einer Präparation bei einer Verdünnung von 1:100 nur lysierte Zellen vorhanden waren, wurden bei einer anderen Probe bereits 63% intakte Zellen nachgewiesen. Bei einer Verdünnung von 1:1.000 waren bei allen Präparationen keine Zellveränderungen mehr feststellbar. Die Bestimmung der wirksamen Dosis des ε-Toxins im Ammoniumsulfatpräzipitat in IE mittels eines Standardantitoxins ist somit die Voraussetzung für die Verwendung dieser ε-Protoxinpräparation für den aufzubauenden Neutralisationstest.

Die zytotoxischen Wirkungen des ε-Toxins auf sieben verschiedene Zellinien wurden verglichen (Tabelle 3). Während die IEC-6 bei einem Titer von 1:5 lysierte und morphologisch veränderte Zellen im mikroskopischen Bild zeigte, wirkte das ε-Rohtoxin nicht zytotoxisch auf die VERO-Zellinie. Die FBTR-, EBL-und INT-407-Zellen zeigten bei einem Titer von 1:5 neben abgerundeten viele intakte Zellen. Mit abnehmender Konzentration des ε-Toxins regenerierte sich das Zellbild und bei einem Titer von 1:50 waren Veränderungen nicht bzw. kaum zu erkennen. Die MDCK-Zellen reagieren bis zu einem Titer von 1:100 mit Zellyse und erst bei einem Titer von 1:1.000 waren keine Veränderungen (100% intakte Zellen im MTT-Test) mehr zu erkennen. Die MDCK-Zellen sind daher optimal für den Nachweis der zytotoxischen Aktivität von ε-Toxin und für den Neutralisationstest.

Da das ε-Toxin scheinbar relativ spezifisch auf die MDCK-Zellinie wirkt, ergeben sich in der Perspektive auch Möglichkeiten für die Anwendung dieses zellulären Testsystems in der Erregerdiagnostik.

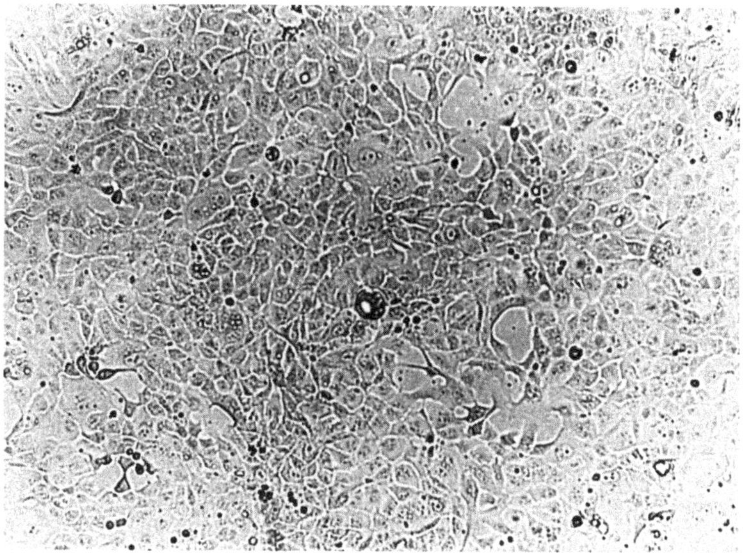

Abb. 1. Zellkontrolle

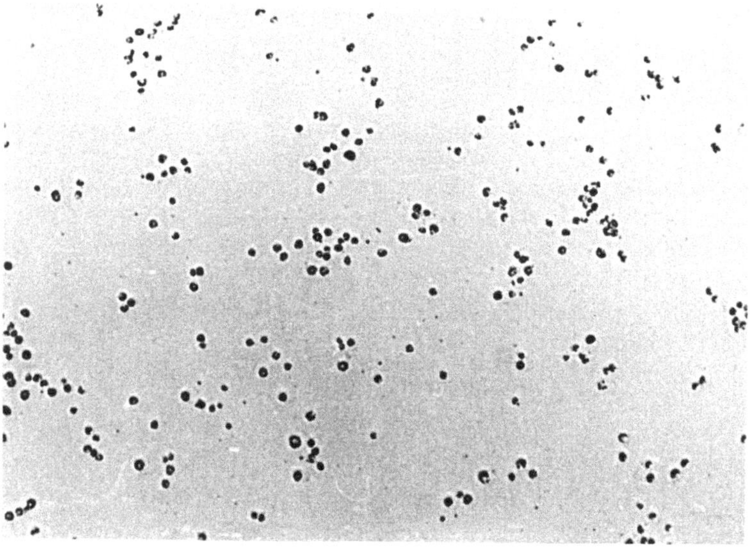

Abb. 2. ε-Toxin (v. 8.6.93) auf MDCK, 1:10

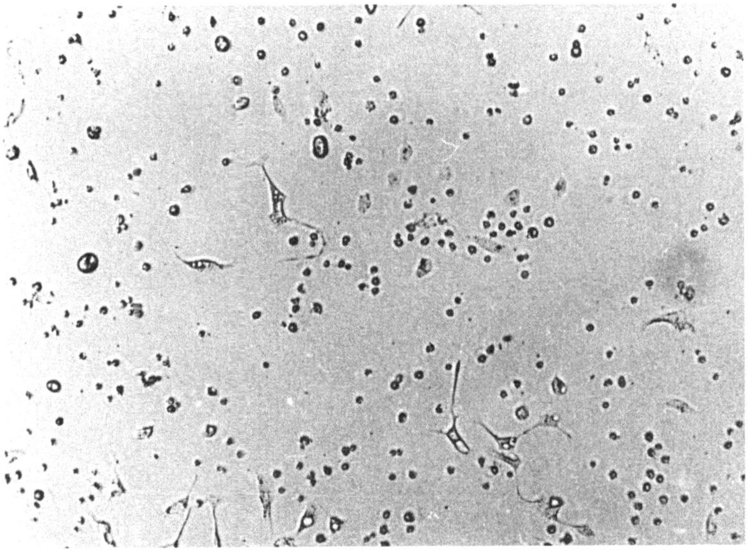

Abb. 3. ε-Toxin (v. 8.6.93) auf MDCK, 1:50

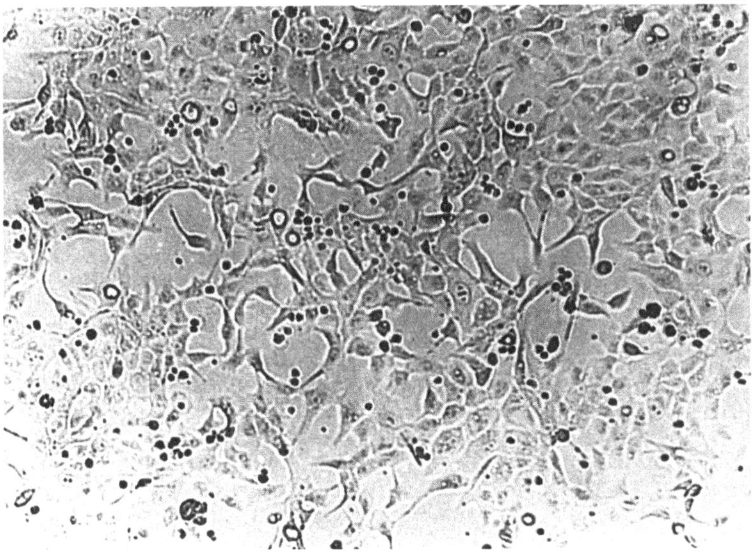

Abb.4. ε-Toxin (v. 8.6.93) auf MDCK, 1:100

Tabelle 3. Intakte Zellen nach Einwirkung (72h) von ε-Rohtoxin (v. 19.1.93) (Konz. 1mg/ml) auf verschiedene Zellsysteme

Zellinie	Titer		
	1:5	1:10	1:50
FBTR	75,8%	77,4%	92,8%
VERO	100%**	100%**	100%**
EBL	61,4%	68,3%	78%
INT-407	69%	77%	97%
CHO-K_1	97%	100%**	100%**
IEC-6	22%	85%	96%
MDCK	0%*	0%*	0%*

* Zellyse; ** Zellen gegenüber Zellkontrolle unverändert

Literatur

DAB 10, Deutsches Arzneibuch, Monographie: Clostridium-perfringens-Beta-Antitoxin für Tiere, 10. Ausgabe, 1992a

DAB 10, Deutsches Arzneibuch, Monographie: Clostridium-perfringens-Epsilon-Antitoxin für Tiere, 10. Ausgabe, 1992b

DAB 10, Deutsches Arzneibuch, Monographie: Clostridium-perfringens-Impfstoff für Tiere, 10. Ausgabe, 1992c

DAVIDSON I., An international survey of clostridial sera and vaccines, Develop. Biol. Standard., 32, 3-14, 1976

EL IDRISSI A.H. and WARD G.E., Development of douple sandwich ELISA for Clostridium perfringens beta und epsilon toxins, Vet. Microbiol., 31, 89-99, 1992

HJERPE C.A., Clostridial disease vaccines, Vet. Clin. North Am. (Food Anim. Prac.), 6, 222-234, 1990

KNIGHT P.A., BURNETT C., WHITAKER A.M., QUEMINET J., The titration of clostridial toxoids and antisera in cell culture, Develop. Biol. Standard., 64, 129-136, 1986

KNIGHT P.A., QUEMINET J., BLANCHARD J.H., TILLERAY J.H., In vitro tests for the measurements of clostridial toxins, toxoids and antisera. II. Titration of Clostridium perfringens toxins and antitoxins in cell culture, Biologicals, 18, 263-270, 1990

KÖHLER B., Untersuchungen zur nekrotisierenden Enteritis der Saugferkel (Clostridium-perfringens-Typ-C-Enterotoxämie), 2. Mitteilung: Toxinbildung, Hitze- und Chemotherapeutikaresistenz von Clostridium-perfringens-Stämmen von Saugferkeln und Broilern mit nekrotisierender Enteritis, Arch. exper. Vet. med., Leipzig, 32, 841-853, 1978

LINDL T. und BAUER J., Zell-und Gewebekultur, 2. Auflage, Stuttgart New York: Gustav Fischer Verlag, 1989

MCDONEL J.L., Toxins of Clostridium perfringens types A, B, C, and E, in: DORNER F. and DREWS J. (eds.), Pharmacology of bacterial toxins, Oxford: Pergammon Press, 477-506, 1986

MOSSMANN T., Rapid colorimetric assay for cellular growth and survival: application to proliferation and cytotoxicity assays, J. Immunol. Meth., 65, 55-63, 1983

SHAMRAEVA S.A. and ZEMLJANITZKAJA E.P., The effect of Cl. perfringens types B,C,D,E, and F toxins on tissue cultures, Zh. Mikrobiol. Epid. A Immunobiol., 44, 74-77, 1967

SMITH L.D.S., Virulence factors of Clostridium perfringens, Rev. Infect. Dis., 1, 254-260, 1979

STERNE M., Clostridial infections, Brit. vet. J., 137, 443-454, 1981

WOOD K.R., An alternative to the toxin neutralization assay in mice for the potency testing of the Clostridium tetani, Clostridium septicum, Clostridium novyi type B and Clostridium perfringens type D epsilon components of multivalent sheep vaccines, Biologicals, 19, 281-286, 1991

Bestimmung der Zellproliferationskinetik in situ als Alternativmethode beim Testen der Biokompatibilität von Metallegierungen

M. Cervinka, V. Puza, Z. Cervinkova

Zusammenfassung

Metallegierungen werden in der Medizin vor allem als Implantate in der Chirurgie und der Stomatologie angewandt. Das Testen der Toxizität solcher Materiale in vitro ist mit noch größeren technischen Problemen als die Toxizitätstestung neuer Medikamente behaftet. Es gibt drei Möglichkeiten, die Unlöslichkeit der geprüften Stoffe methodisch zu überwinden:

1. Untersuchungen der Folgeerscheinungen des direkten Kontakts des getesteten Materials
2. Vorbereiten eines Extraktes des getesteten Materials und Untersuchung seiner Toxizität
3. Benutzung einer Agarschicht zur Fixierung des getesteten Materials an die Zellen

Wir selbst testeten in den vergangenen zwei Jahren einige Metallegierungen auf der Basis von Titan sowie eine Reihe rostfreier Stahlsorten verschiedener Hersteller. Es soll nicht Ziel der vorliegenden Arbeit sein, die Ergebnisse dieser Testreihen darzubieten, sondern auf die Möglichkeit hinzuweisen, daß die Toxizität mittels direkter Beobachtung der Dynamik der Proliferationsaktivität der Zellen im Zellmonolayer bestimmt werden kann. Unsere Methode ist sehr einfach durchführbar und beruht auf der Zellauszählung an einer genau definierten Stelle der Kultivierungsschale. Es werden die Vorteile der direkten Feststellung der Proliferationsaktivität der Zellen als Kriterium der Zytotoxizität diskutiert.

1. Einleitung

Metallegierungen werden in der Medizin vor allem wegen ihrer guten mechanischen Eigenschaften, ihrer Korrosionsresistenz und ihrer guten Biokompatibilität angewandt. Eine Reihe medizinischer Fachgebiete, z.B. Stomatologie und Orthopädie, sind ohne Applikation von Metallimplantaten heute kaum noch vorstellbar. Goldlegierungen finden seit undenkbarer Zeit Anwendung, was vor allem bis zu den dreißiger Jahren unseres Jahrhunderts eine Selbstverständlichkeit war. Nach dem zweiten Weltkrieg verbreitete sich die Benutzung verschiedener rostfreier Stahllegierungen. Gegenwärtig gibt man in der Medizin vorwiegend Titan und seinen Legierungen den Vorzug. Zum ersten Mal wandten BRÅNEMARK et al. im Jahre 1970 ein Titanimplantat in der Stomatologie an.

In den letzten Jahre erschien jedoch eine Reihe von Veröffentlichungen, welche darauf hinweisen, daß einige Metalle schwerwiegende nichterwünschte Nebenwirkungen entfalten und deshalb ein potentielles Risiko für die betreffende Population darstellen. Es wurden toxische, mutagene und kanzerogene Einwirkungen verschiedener Metalle beobachtet. Mindestens drei Metalle - Nickel, Chrom und Arsen - stellen nachweislich menschliche Kanzerogene dar (WAALKES M.P., 1992). Mögliche toxische Wirkungen von Kadmium werden zur Zeit eingehend untersucht. Weil die Mehrzahl der Metallimplantate langzeitig mit Zellen des menschlichen Organismus Kontakt haben, ist eine gründliche Erhebung eventueller toxischer Einwirkungen unbedingt notwendig. Besonders markant kam diese Forderung in der letzten Zeit z.B. in der Information des BGA vom 1.8.1993 „Legierung in der zahnärztlichen Therapie" zum Ausdruck.

Alle oben angeführten Gründe machen die Forderung nach einer allgemein akzeptierten und angemessenen Methode zur Bestimmung der Toxizität von Metallegierungen zu einer Sache hoher Priorität. Leider gibt es bisher keine solche Methode. Da die Toxizitätsbestimmung nichtlöslichen Materials, zu dem neben Metallegierungen auch Polymere, Keramik und einige kosmetische Präparate gehören, ebenfalls technische Schwierigkeiten mit sich bringt, gibt es entsprechend weniger angemessene Methoden als auf dem Gebiet der Toxizitätsbestimmung löslicher Stoffe. Es gibt drei Möglichkeiten, die Unlöslichkeit der geprüften Stoffe methodisch zu überwinden:

1. Untersuchungen der Folgeerscheinungen des direkten Kontakts des getesteten Materials
2. Vorbereiten eines Extraktes des getesteten Materials und Untersuchung seiner Toxizität
3. Benutzung einer Agarschicht zur Fixierung des getesteten Materials an die Zellen

Trotz der noch nicht abgeschlossenen Diskussionen darüber, ob die Tests zur Feststellung der Zytotoxizität den Mechanismus betreffen müssen oder auf dem Korrelationsprinzip beruhen sollten, kann als gesichert gelten, daß die Festlegung der allgemeinen Zytotoxizität in vitro als Grundbaustein bei der Bestimmung der Biokompatibilität neuer Materialien zu gelten hat. Es wurde eine ganze Reihe von Methoden zur Bestimmung der Zytotoxizität beschrieben und einige von ihnen wurden fester Bestandteil nationaler und internationaler Testbatterien. Wegen des großen Einsparungspotentials und wegen der erheblichen ökonomischen Vorteile werden zum Screening meist Mikromethoden in ihren Modifikationen für 96-Well-Platten angewandt. Vorwiegend wurden Neutralrot, Kenacid-Blue, Freimachung von LDH und MTT angewandt (NORTHUP S.J., 1986).

Bei Anwendung von Mikromethoden auf der Basis von 96-Well-Platten geht ein wichtiger Aspekt verloren: die Dynamik der Reaktion der Zellpopulation auf die toxische Einwirkung. Höchstwahrscheinlich geht diese Tatsache auf den Mangel angemessen einfacher und dabei zuverlässiger Methoden zur Bestimmung der Zellreaktionsdynamik zurück. In einer ganzen Reihe von Veröffentlichungen wird allerdings festgestellt, daß die Proliferationsaktivität die Mehrzahl der Grundprozesse in sich integriert. Aus diesem einfachen Grund gehörte die Festlegung der Wachstumskurven auch von je her zu den Grundparametern. Im neuesten Manual der in vitro-Methoden (DOYLE A. et al., 1994) wird angegeben, daß es keine Methode zur Proliferationsmessung im Monolayer gibt. In unserem Beitrag möchten wir sie davon überzeugen, daß solche Methoden existieren und daß diese bei der Zytotoxizitätsbestimmung in vitro anwendbar sind.

Es ist nicht Ziel dieser Arbeit, weitere experimentelle Ergebnisse hinsichtlich der Toxizität bzw. Biokompatibilität konkreter zur Anwendung in der klinischen Praxis bestimmter Metallegierungen zu erbringen, sondern wir wollen am Beispiel der Zytotoxizitätsbestimmung von Metallegierungen auf ein allgemein gültiges Prinzip hinweisen: auf das Prinzip dynamischer Beobachtungen feststellbarer toxischer Einwirkungen. Wir sind zur Überzeugung gelangt, daß eine stärkere Akzentsetzung auf das Studium der Dynamik toxischer Veränderungen in vitro zu einer qualitativ besseren Festlegung der Toxizität in vivo beiträgt.

2. Material und Methodik

2.1. Zellinien

In der vorgelegten Arbeit wurde die stabilisierte Zellinie Hep-2 (ECACC Nr. 8603051) benutzt. Die Zellkultivation erfolgte unter Standardbedingungen. Details wurden an anderer Stelle beschrieben (CERVINKA M. and PUZA V., 1990). Die Zellen wurden in Petrischalen aus Plastik (Koh-i-noor Dalecín), 60mm, angesetzt. Auf die Außenseite des Bodens wurde ein selbstklebender Papierstreifen mit genau definierten Öffnungen angebracht.

2.2. Getestete Materialien

Getestet wurden Metallegierungen BMT Poldi Kladno, Tschechische Republik. Das Testmaterial erhielten wir direkt vom Hersteller in Stücken von 2 x 2 x 1mm Größe. Diese Stücke wurden zur Vorbereitung eines Extraktes benutzt. Als Kontrolle wandten wir Tween 20 in einer Konzentration von 0,32mg/ml an.

2.3. Prinzip der Methode

Unsere Methode beruht auf der Auszählung von Zellen in einer genau definierten Fläche in gegebenen Zeitintervallen. Auf diese Art und Weise erhalten wir quantitative Angaben, welche eine Festlegung der Zellproliferation möglich machen. Bei Anwendung unserer originalen Modifikation wenden wir zur präzisen Lokalisierung der zur Zellzählung bestimmten Stellen einen selbstklebenden perforierten Papierstreifen an, den wir am Boden der Außenseite der Petrischalen anbringen. Nach einer 24 Stunden dauernden Vorkultivierung wurde das Medium abgesaugt und zu den verbleibenden Zellen das Medium mit ensprechend konzentriertem Extrakt des getesteten Stoffes zugegeben. Nach diesem Medienaustausch wurden die Zellen in den definierten Öffnungen mit Hilfe eines Inversionsmikroskopes (Olympus IMT-2) im Phasenkontrast fotografiert. Weitere Fotografien wurden dann nach 24 und 72 Stunden angefertigt. Aus den Fotografien wurden manuell die vitalen Zellen ausgezählt und die Ergebnisse dienten zur Errechnung der spezifischen Wachstumsgeschwindigkeit. Jedes Material wurde auf diese Art und Weise viermal getestet.

3. Resultate und Diskussion

Zur Illustration bringen wir auf Abb. 1 eine Fotografie der Petrischale mit dem angehafteten perforierten Papierklebestreifen entsprechend der Vorgangsweise in unseren Experimenten. Die Abb. 2 bietet eine Serie von Fotografien, welche als Ausgangsmaterial zur Zellzählung dienen (die Originalgröße eines Fotos beträgt 9x13cm). Die Fotos stellen zugleich die grundlegende primäre Informationsquelle bei der Archivierung dar.

In den Abb. 3 und 4 werden als Beispiel unsere bei der Toxizitätstestung zweier Titanlegierungen (TI95 und TI45) gewonnenen Ergebnisse grafisch dargestellt. Es wird dabei deutlich, daß die Legierung TI95 bedeutend toxischer ist, was vor allem in der höchsten angewandten Konzentration des Extraktes (Verdünnung 1:2) seinen Ausdruck findet. Die Proliferationsaktivität wurde in drei Zeitintervallen gewertet: 0-24 Stunden, 0-72 Stunden und 24-72 Stunden nach Einwirkungsbeginn des Extraktes. Die Ergebnisse ermöglichen die Beurteilung der Veränderungen der Proliferationsaktivität. Aus den beiden grafischen Darstellungen wird deutlich, daß der Zeitintervall 24-72 Stunden nach Einwirkungsbeginn die Abhängigkeit des Effektes von der Dosierung am besten zum Ausdruck bringt. Demgegenüber wird bei der Wertung der Proliferationsaktivität während der gesamten Einwirkungszeit (Intervall 0-72 Stunden) die

Abhängigkeit des Effektes von der Dosierung total unterdrückt. Aus diesem Grund halten wir die Bestimmung der Dynamik der toxischen Veränderungen für enorm wichtig.

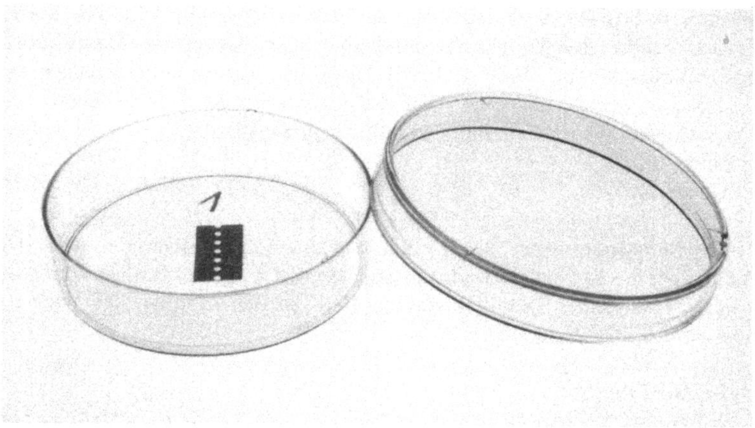

Abb. 1. Petrischale aus Polystyren (Durchmesser 60mm) mit perforiertem selbstklebendem Papierstreifen, welcher an der Außenseite des Bodens angebracht wurde. Die Öffnungen dienen zur Identifizierung der gewerteten Stellen der Zellkultur

Die Ansichten einer Reihe von Autoren stimmen dahingehend überein, daß direkte Messungen der Proliferationsaktivität von Zellen in vitro als Grundparameter zur Feststellung der Zytotoxizität angewandt werden sollten. Ungeachtet dessen werden in den letzten Jahren vorwiegend indirekte Mikromethoden benutzt, welche von der Festlegung der lysosomalen Aktivität der Zellen ausgehen (Anreicherung von Neutralrot), die Aktivität der Phosphatasen oder MTT beurteilen. Alle diese indirekten Methoden gehen davon aus, daß der beurteilte Parameter per cell konstant ist. Dieser Voraussetzung wird man auch bei Kontrollzellpopulationen nicht immer gerecht. Nach dem Einwirken einer unbekannten Substanz ist es äußerst schwierig festzustellen, ob diese grundlegende Voraussetzung erfüllt ist oder nicht. Außerordentlich bedeutsam ist in diesem Zusammenhang auch die Tatsache, daß die Zellpopulation in vitro nicht homogen ist und daß auf das Einwirken toxischer Stoffe unterschiedliche Zellen unterschiedlich reagieren.

Infolgedessen sind wir der Ansicht, daß die direkte Bestimmung der Proliferationsaktivität einer konkreten Zellpopulation die theoretisch bessere Alternative darstellt. Bisher fehlt allerdings eine angemessene Methode. Sogar im letzten Grundmanual zur Problematik der Gewebskulturen wird festgestellt, daß es für Zellen im Monolayer keine solche Methode gibt (DOYLE A. et al., 1994). Wir sind der Ansicht, daß solche Methoden existieren.

Die erste derartige sehr interessante und originelle Methode wurde erst unlängst entwickelt (STEINDL F., 1990). Das besondere Verdienst liegt darin, daß es gelang, mit Hilfe einer Reihe technischer Hilfsmittel die optischen Eigenschaften der Kultivationsplatten derartig zu verbessern, daß es möglich wurde, Veränderungen der optischen Densität zu messen, welche der Zellzahl proportional entsprechen. Die notwendige Einrichtung wird von SLT Labinstruments Austria hergestellt. Wir wählten eine abweichende Methodik. Unserer Ansicht nach ist es möglich, die Proliferationsaktivität der Zellen mittels direkter Auszählung der Zellanzahl festzustellen. Unter Anwendung dieser Methode ist es außerdem möglich, zwischen sich teilenden und sich nicht teilenden Zellen zu differenzieren.

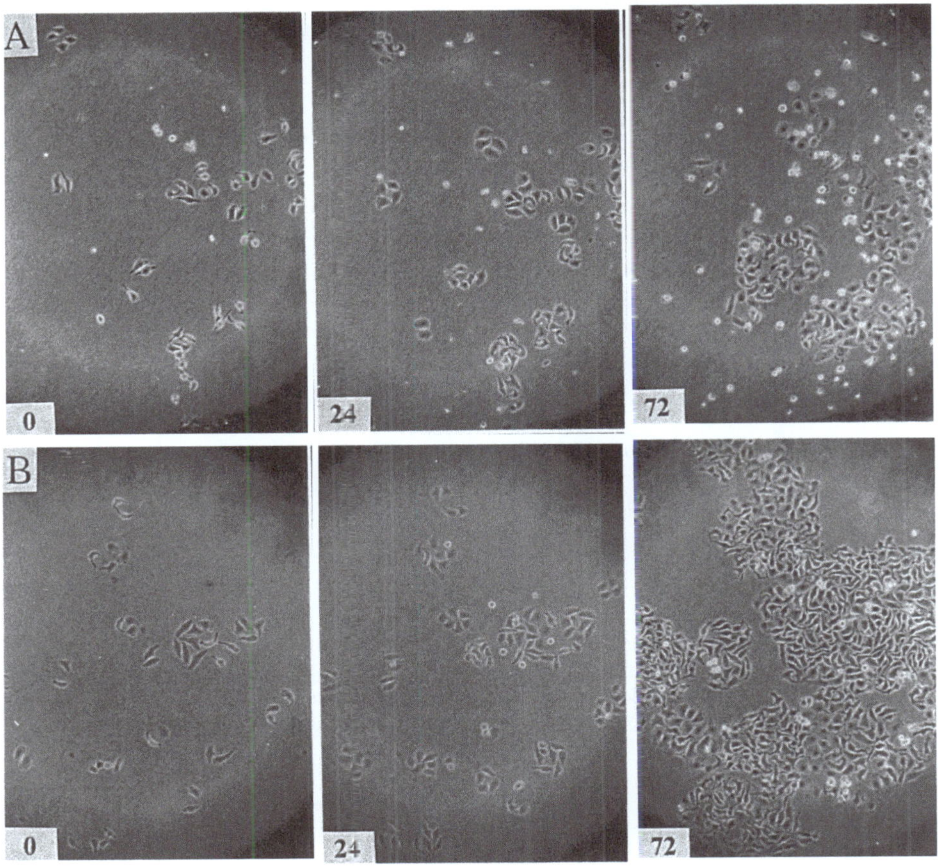

Abb. 2. Darstellung einer Fotografie, welche zur Zellzahlbestimmung in gegebenen Zeitintervallen dient (0, 24 und 72 Stunden). Originalgröße der Fotografie 9x13cm.
A: die Zellen Hep-2, beeinflußt durch ein Extrakt von TI95 mit einer Konzentration von 1:4
B: Kontrollzellkultur Hep-2

Zu diesen Ansichten gelangten wir auf Grund langjähriger Erfahrungen mit der Methodik der zeitlich abgestuften Mikrokinematografie von durch toxische Substanzen beeinflußten Zellkulturen. Diese Methodik eignet sich wegen ihrer Zeitaufwendigkeit nicht zur routinemäßigen Bestimmung der Zytotoxizität. Während einer Reihe von Jahren gelang es uns, das Prinzip der zeitlich abgestuften Registrierung stark zu modifizieren und vor allem zu vereinfachen. In der folgenden Diskussion wollen wir versuchen, die Vorteile und Nachteile unserer Methode herauszustellen.

Mittels der sehr zeitraubenden Analysen unserer Filme ist es möglich, sehr interessante Angaben über die getesteten Substanzen zu erhalten. Es handelt sich dabei um Ergebnisse, die man mittels anderer Methoden nur schwerlich oder indirekt gewinnen kann. Wir denken dabei vor allem an die Unterschiede im Verhalten einzelner Zellen, d.h. die Heterogenität der Zellantwort auf toxische Einflüsse, den zeitlichen Verlauf der toxischen Reaktion, seine Reversibilität u.ä.m. Diese Ergebnisse gewinnen wir durch Anwendung klassischer Methoden, durch den Vergleich paralleler Kulturen, nur indirekt. Mit Hilfe der zeitlich abgestuften Mikrokinematografie erhalten wir diese Angaben durch das Studium einer einzigen Zellpopulation. Mit Hilfe dieser Methode ist es möglich festzustellen, ob die Zellen degenerieren, überleben, sich vermehren, überleben und wachsen, überleben und proliferieren usw. Es ist unter diesen Bedingungen nicht notwendig, die Gültigkeit der Bedingung zu prüfen, daß der gegebene Parameter betreffs einer Zelle konstant ist. Diese Voraussetzung ist meist ungültig.

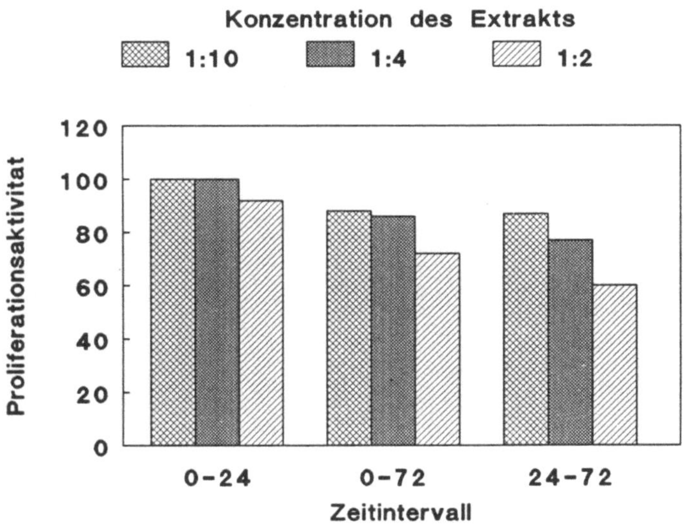

Abb. 3. Proliferationsaktivität der Zellen Hep2 nach Einwirkung eines Extraktes aus TI45 mit Konzentrationen von 1:2, 1:4 und 1:10. Gemessene Zeitintervalle 2-24, 0-72 und 24-72 Stunden nach Einwirkungsbeginn des Extraktes. Die Proliferationsaktivität wird prozentuell den Kontrollwerten gegenüber ausgedrückt

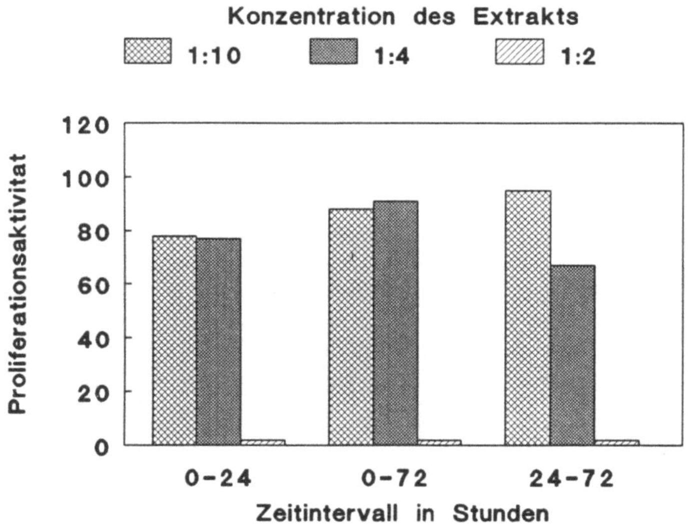

Abb. 4. Proliferationsaktivität der Zellen Hep2 nach Einwirkung eines Extraktes aus TI95 in Konzentrationen von 1:2, 1:4 und 1:10. Gemessen in Zeitintervallen von 2-24, 0-72 und 24-72 Stunden nach Einwirkungsbeginn des Extraktes. Die Proliferationsaktivität wird prozentuell den Kontrollwerten gegenüber angegeben

Im Hinblick auf die Notwendigkeit für Screeningmethoden nur einfache und billige Methoden anzuwenden, erarbeiteten wir eine auf dem Auswerten von Fotografien begründete Methodik. Als besonderen Vorteil dieses Vorgehens betrachten wir die Möglichkeit einer sehr guten Quantifizierung der erhaltenen Daten. Die von uns gemessene spezifische Wachstumsgeschwindigkeit schwankt in gerigem Ausmaß. Unter den Bedingungen unseres Labors handelt es sich um reproduzierbare Parameter.

Unsere in bestimmten Zeitabschnitten durchgeführten Messungen (meist innerhalb einer Woche) definieren nur den momentanen Zustand und den Trend der Dynamik der gegebenen Kultur, d.h. ob die Kultur stationär ist, wächst oder stirbt und ob sich das auf alle Zellen bezieht oder nicht, ob ein Teil der Zellen stirbt und ein Teil proliferiert.

Wir sind uns dessen bewußt, daß unsere Methode nicht für alle Zelltypen geeignet ist. Sie eignet sich nur für Monolayer sich nicht überdeckender Zellen, welche gut differenzierbar sind.

Gegenwärtig ist unsere Methode zeitlich sehr anspruchsvoll. Wir beschäftigen uns zur Zeit mit der Möglichkeit, das Bild mit Hilfe eines Computers zu bewerten. Falls es gelingen sollte, die Zellanzahl direkt mit Computerhilfe zu analysieren, ohne die Notwendigkeit die Bildinfomation zu speichern (gespeichert werden nur digitale Daten), könnte es zu einer deutlichen Beschleunigung der Arbeit kommen. Die Anwendungsmöglichkeiten der oben beschriebenen Methoden werden wahrscheinlich mit den Möglichkeiten einer billigen und sehr effektiven Computeranalyse der Zellbilder an Bedeutung gewinnen.

Als allgemein gültige Richtlinie müßte gelten, daß man sich beim Testen verschiedener Substanzen nie auf eine isolierte Methode verlassen sollte. Wir sind der Ansicht, daß die auf der Beobachtung der Dynamik der Zellkulturen begründeten Methoden immer Bestandteil der in vitro-Testmethoden seien sollten. Eine ideale Testmethode gibt es zur Zeit noch nicht und die konkrete Testselektion sollte immer auf Grund der konkreten Bedingungen erfolgen.

Danksagung

Für die Hilfe bei der Übersetzung der Arbeit ins Deutsche sind die Autoren Herrn Doz.Dr.med. GERHARD WABERZINEK, Chefarzt der Neurologischen Universitätsklinik in Hradec Králové, dankbar verbunden.

Literatur

CERVINKA M. and PUZA V., In vitro toxicity testing of implantation materials used in medicine: effects on cell morphology, cell proliferation and DNA synthesis, Toxicology in Vitro, 4, 711-716, 1990

BRÅNEMARK P., BREINE U., ADELL R., HANSSON B., LINDSTRÖM J., OHLSSON Å., Intra-osseus anchorage of dental prostheses, Scand. J. Plat. Reconstr. Surg., 3, 81-100, 1969

DOYLE A., GRIFFITHS J.B., NEWELL D.G., Cell & Tissue Culture: Laboratory Procedures, Chichester New York Brisbane Toronto Singapore: John Wiley & Sons, S. 4B:0.1, 1994

NORTHUP S.J., Mammalian cell culture models, in: POLLACK S.R. (ed.), Handbook of biomaterials evaluation, New York Toronto London: Macmillan Publishing Company, 209-225, 1986

STEINDL F., General Cell Screening System - A new dimension in screening and cell culture. International Biotechnology Laboratory, December 1990

WAALKES M.P., Toxicological principles of metal carcinogenesis, Critical Review in Toxicology, 22, 175-201, 1992

Das Bewilligungsverfahren für Tierversuche in der Schweiz

B. Rebsamen-Albisser

Zusammenfassung

Bewilligungspflichtige Tierversuche, das heißt Versuche, die einem Tier Schmerzen bereiten, ihm Leiden oder Schäden zufügen, es in schwere Angst versetzen oder sein Allgemeinbefinden erheblich beeinträchtigen können, sind nach dem eidgenössischen Tierschutzgesetz auf das „unerläßliche Maß" zu beschränken. Dieser unbestimmte Rechtsbegriff wird in der Tierschutzverordnung durch zahlreiche Detailvorschriften näher konkretisiert. So hat die kantonale Bewilligungsbehörde unter anderem zu prüfen, ob der Versuch einem erlaubten Zweck dient, ob er sich nicht durch Alternativmethoden ersetzen läßt, und ob die am Versuch beteiligten Personen über die notwendige Ausbildung und fachliche Qualifikation verfügen. Die Bewilligungsbehörde wird dabei von einer kantonalen Tierversuchskommission beraten, welcher auch Vertreter der Tierschutzorganisationen angehören müssen. Von der Tierversuchskommission wird erwartet, daß sie eine Interessen- und Rechtsgüterabwägung vornimmt, wobei auch tierschutzethische Aspekte angemessen berücksichtigt werden sollen. Verschiedene neuere Rechtsinstitute, wie insbesonders die Behördenbeschwerde des Bundesamtes für Veterinärwesen oder die sogenannte indirekte Verbandsbeschwerde im Kanton Zürich, ermöglichen eine rechtliche Überprüfung der erteilten Bewilligungen. Trotzdem bleibt der kantonalen Bewilligungsbehörde noch ein weiter Ermessensspielraum, den sie gewissenhaft und verantwortungsbewußt auszufüllen hat.

1. Ausgangslage und Fragestellung

In der Schweiz werden pro Jahr durchschnittlich 2.000 Tierversuchsbewilligungen erteilt und annähernd eine Million Versuchstiere verbraucht. Der weitaus größte Anteil an Tierversuchen entfällt auf den Kanton Basel-Stadt, den Hauptsitz der drei großen chemisch-pharmazeutischen Konzerne Ciba-Geigy, Hoffmann-La Roche und Sandoz. An zweiter Stelle steht der Kanton Zürich mit seinen zahlreichen Hochschulinstituten und Forschungsbetrieben[1]. Der jüngsten Tierversuchsstatistik[2] läßt sich entnehmen, daß im Jahre 1992 insgesamt nur 14 Bewilligungsgesuche von den Kantonen abgelehnt wurden. Gegen zwei Bewilligungen hat das Bundesamt

---

1 Die genauen Zahlen finden sich in der Tierversuchsstatistik Schweiz 1992, Tabelle 6 (Anzahl der erteilten Bewilligungen für Tierversuche nach Art der Bewilligung und Kanton).

2 Stand Februar 1994

für Veterinärwesen als eidgenössische Aufsichtsbehörde[3] Beschwerde[4] eingelegt.

Was uns im folgenden interessiert, ist die Frage, für welche Tierversuche in der Schweiz eine *Bewilligung* überhaupt erforderlich ist, nach welchen *Kriterien* die Bewilligungen erteilt werden und schließlich, wie das Bewilligungs*verfahren* in den verschiedenen Kantonen aussieht. Die Kernfrage dabei lautet: In welchen Verfahren und durch welche Organe fließen *Recht und Ethik* in die Tierversuchsbewilligung ein?

2. Zur Abgrenzung von Melde- und Bewilligungspflicht

Für Tierversuche jeglicher Art, also auch für das Tier nicht belastende Versuche, besteht eine *Meldepflicht*, für gewisse Tierversuche zusätzlich eine *Bewilligungspflicht*. Wer Tierversuche durchführen will, muß dies nach Art. 13a TSchG der kantonalen Behörde - in der Regel dem kantonalen Veterinäramt - mitteilen[5], worauf diese entscheidet, ob für das Versuchsvorhaben eine Bewilligung erforderlich ist oder nicht. Durch die *Meldepflicht* erhält die kantonale Bewilligungsbehörde einen umfassenden Überblick über die in ihrem Zuständigkeitsbereich durchgeführten Tierversuche. Die Meldungen bilden außerdem die Grundlage für eine aussagekräftige Tierversuchsstatistik, welche neben den bewilligungspflichtigen auch die nicht-bewilligungspflichtigen Tierversuche erfaßt[6].

Eine *Bewilligung* ist laut Art. 13 TSchG stets erforderlich für Tierversuche, bei denen schon im voraus feststeht oder zumindest nicht auszuschließen ist, daß sie dem Versuchstier *Schmerzen bereiten*, ihm *Leiden oder Schäden zufügen*, es *in schwere Angst versetzen* oder *sein Allgemeinbefinden erheblich beeinträchtigen*[7]. Schon die *Möglichkeit*, daß das Tier durch den beabsichtigten Versuch beeinträchtigt wird, genügt also zur Begründung der Bewilligungspflicht[8].

Die *Abgrenzungskriterien* zur Unterscheidung der bewilligungspflichtigen von den bloß meldepflichtigen Tierversuchen werden in der Tierschutzverordnung ausdrücklich geregelt[9]. Die Eingriffe am Tier, welche nach den gesetzlichen Kriterien als belastend eingestuft werden und daher der Bewilligungspflicht unterstehen, machen rund 85% aller in der Schweiz durchgeführten Tierversuche aus[10]. Die übrigen, *nicht-bewilligungspflichtigen* Tierversuche demgegenüber sind Versuche, in denen die Tiere nicht belastet werden, wie z.B. beim Töten von Tieren zur Organ- oder Gewebeentnahme, bei Verhaltensbeobachtungen oder bei Fütterungsversuchen.

---

3 Vgl. Art. 35 des Eidgenössischen Tierschutzgesetzes vom 9. März 1978, SR 455 (TSchG).

4 Zur sog. „Behördenbeschwerde" des Bundesamtes für Veterinärwesen siehe Art. 26a TSchG sowie den Beitrag von LEHMANN M., Das Behördenbeschwerderecht des Schweizer Bundesamtes für Veterinärwesen, in diesem Band.

5 Welche Behörde im konkreten Fall zuständig ist, bestimmt sich nach der Ausführungsgesetzgebung des jeweiligen Kantons. In aller Regel ist das kantonale Veterinäramt bzw. der Kantonstierarzt Bewilligungsbehörde.

6 Vgl. Art. 19a Abs. 3 TSchG.

7 Art. 13a Abs. 2 in Verbindung mit Art. 13 Abs. 1 TSchG.

8 Vgl. den Wortlaut von Art. 13 Abs. 1 TSchG: „Tierversuche, die dem Tier Schmerzen, Leiden oder Schäden zufügen, es in schwere Angst versetzen oder sein Allgemeinbefinden erheblich beeinträchtigen *können*, ...".

9 Siehe Art. 60 Abs. 2 der Tierschutzverordnung vom 27. Mai 1981, SR 455.1 (TSchV).

10 Im Jahre 1992 wurden von insgesamt 1.004.861 in Tierversuchen eingesetzten Tieren genau 863.659 Tiere in *bewilligungspflichtigen* Tierversuchen verbraucht; siehe hierzu die Tierversuchsstatistik Schweiz 1992, Abb. 1.

3. Die Bewilligungsvoraussetzungen für Tierversuche in der Schweiz

Bewilligungen für die Durchführung von Tierversuchen dürften erst erteilt werden, wenn die zuständige kantonale Behörde sorgfältig und gewissenhaft abgeklärt hat, ob die zahlreichen *Bewilligungsvoraussetzungen* sachlicher und persönlicher Natur erfüllt sind. Die zentrale, aber wohl zugleich auch am schwersten zu überprüfende Voraussetzung ist die *Unerläßlichkeit* des zu bewilligenden Tierversuchs.

3.1 Die „Unerläßlichkeit" des Tierversuchs

Nach Art. 13 Abs. 1 TSchG sind bewilligungspflichtige Tierversuche, das heißt Versuche, die einem Tier Schmerzen, Leiden oder Schäden zufügen, es in schwere Angst versetzen oder sein Allgemeinbefinden erheblich beeinträchtigen können, *auf das „unerläßliche Maß" zu beschränken*. Dieser *unbestimmte Rechtsbegriff* findet sich auch in analogen Tierversuchsregelungen Deutschlands und Österreichs[11]. Der Gesetzgeber hat mit dieser Formulierung die Erlaubnis zur Durchführung von Tierversuchen an die strengste aller möglichen Einschränkungen gebunden, also nicht nur an das vernünftige oder das notwendige, sondern eben an das unerläßliche Maß[12]. Was jedoch „unerläßlich" im konkreten Fall heißen soll, bleibt näher zu bestimmen. Der Gesetzgeber hat den Bundesrat daher in Art. 13 Abs. 2 TSchG beauftragt, die *Kriterien zur Beurteilung des unerläßlichen Maßes zu bestimmen* und ihn ermächtigt, *bestimmte Versuchszwecke als unzulässig zu erklären*.

Ob und inwieweit es dem Rechtsetzer gelungen ist, den inhaltlich offenen Begriff des „unerläßlichen Maßes" an Tierversuchen zu konkretisieren, soll nun anhand der einzelnen Tierversuchsbestimmungen näher untersucht werden. Dabei wird, der einschlägigen Literatur folgend, zunächst abgeklärt, für welche *Versuchszwecke* Tierversuchsbewilligungen überhaupt erteilt werden dürfen (sogenannte *finale Unerläßlichkeit* des Tierversuchs[13]); im Anschluß daran stellt sich die Frage, unter welchen Voraussetzungen Tierversuche als *Mittel* zur Erreichung eines gesetzlich erlaubten Versuchszweckes zu bewilligen sind (sogenannte *instrumentale Unerläßlichkeit* des Tierversuchs[14]).

Der ersten Frage ist Art. 14 TSchG gewidmet, welcher bestimmt, daß Tierversuche einem der folgenden *Zwecke* dienen müssen:

- der wissenschaftlichen Forschung;
- dem Herstellen oder Prüfen von Stoffen, namentlich von Seren, Vakzinen, diagnostischen Reagenzien und Medikamenten;
- dem Feststellen von physiologischen und pathologischen Vorgängen und Zuständen;

---

[11] §9 Abs. 2 des bundesdeutschen Tierschutzgesetzes vom 24. Juli 1972/18. August 1986 und §11 Abs. 1 des österreichischen Bundesgesetzes über Versuche an lebenden Tieren vom 27. September 1989. Zur komplexen Problematik dieses unbestimmten Rechtsbegriffs siehe u.a. TEUTSCH G.M., Stichwort "Unerläßliches Maß", S. 233 f,1987; GOETSCHEL A.F., S. 16 und S. 99 ff, 1989; derselbe, N 3 zu Art. 14 TSchG, S. 112 ff, 1986; VOGEL U., S. 86 ff. und S. 99 ff, 1985; derselbe, S 113 ff, 1980; SCHENKEL R., S. 8 f, 1980; BOLZERN M., S. 40 ff und S. 59, 1989; HÖFFE O., S. 92 ff, 1984; ZENGER C.A., S. 13 ff, S. 17 ff und S. 113 ff, 1989; WIRTH P., S. 35 ff und S. 61 ff, 1991.

[12] Vgl. ZENGER C.A., S. 20, 1989, welcher die Unerläßlichkeit mit der „ultima ratio" gleichsetzt.

[13] Das Gebot der finalen Unerläßlichkeit verlangt eine Reduktion der Tierversuche auf diejenigen Versuche, welche *unerläßlichen Zwecken* dienen. Vgl. ZENGER C.A., S. 113 ff, 1989; WIRTH P., S. 35 ff, 1991.

[14] Das Gebot der instrumentalen Unerläßlichkeit verlangt, daß Tierversuche als *Mittel* zur Erreichung eines erlaubten Zweckes unerläßlich sind, d.h. ohne ihren Einsatz das angestrebte Ziel des Versuches nicht erreichbar wäre. WIRTH P., S. 39, 1991; ZENGER C.A., S. 113 ff, 1989.

- der Lehre an Hochschulen und der Ausbildung von Fachkräften, soweit die Versuche zur Erreichung des Lernzieles unbedingt erforderlich sind;
- dem Erhalten oder Vermehren von lebendem Material für medizinische oder andere wissenschaftliche Zwecke, wenn dies auf andere Weise nicht möglich ist.

Die gesetzlich umschriebenen Versuchszwecke decken den gesamten Bereich der heute gebräuchlichen Tierversuche ab und führen damit noch zu *keiner eigentlichen Beschränkung* der Versuche. Wenden wir uns also der Tierschutzverordnung zu, in welcher der Bundesrat laut Auftrag des Gesetzgebers *die Kriterien zur Beurteilung des unerläßlichen Maßes zu bestimmen* und allenfalls *bestimmte Versuchszwecke als unzulässig zu erklären* hat.

3.2. Allgemeine Bewilligungsvoraussetzungen gemäß Art. 61 Abs. 1 TSchV

Bei den in Art. 61 Abs. 1 TSchV aufgeführten *allgemeinen Bewilligungsvoraussetzungen* stehen vor allem naturwissenschaftlich-technische Aspekte des Tierversuchs im Vordergrund, namentlich die Frage, wie ein zulässiger Versuchszweck mit möglichst wenig Versuchstieren unter größtmöglicher Schonung derselben erreicht werden kann. Ein belastender Tierversuch darf nach dieser Bestimmung bewilligt werden, wenn *kumulativ* folgende sieben Voraussetzungen erfüllt sind:

- Mit dem Tierversuch muß ein *Zweck* nach Art. 14 des Gesetzes angestrebt werden. Dieser Bestimmung kommt freilich keine selbständige Bedeutung zu, weil sie lediglich auf die abstrakte Zweckumschreibung des Tierschutzgesetzes verweist.
- Die *Methode* muß geeignet sein, das Versuchsziel zu erreichen, wobei der neueste Stand der Kenntnisse zu berücksichtigen ist.
- Die zur Verwendung im Tierversuch vorgesehene *Tierart* darf nicht durch eine auf niedrigerer Entwicklungsstufe stehende ersetzt werden können. Die dritte Voraussetzung wiederholt sinngemäß eine Bestimmung des Tierschutzgesetzes, wonach Tierversuche an höheren Tieren, beispielsweise an Säugetieren, nur ausgeführt werden dürfen, wenn der Zweck nicht mit niedriger stehenden Tierarten erreicht werden kann.
- Es muß die kleinste notwendige *Anzahl Tiere* eingesetzt werden, wobei die zweckmäßigsten Verfahren zur Auswertung der Versuchsergebnisse zu berücksichtigen sind. Bei dieser Regelung werden verbesserte Auswertungsverfahren wie insbesondere statistische Methoden, histologische Untersuchungen von Geweben und genauere Messungen als Maßnahmen zur Reduktion der Tierzahl in den Vordergrund gerückt.
- Die Anforderungen an die *Tierhaltung* müssen erfüllt sein. Hiermit sind die besonderen Tierhaltungsvorschriften für Versuchstiere angesprochen[15].
- Die Anforderungen hinsichtlich der *Herkunft der Tiere* müssen erfüllt sein; das heißt, daß die Tiere grundsätzlich aus speziellen Versuchstierzuchten stammen müssen[16].
- Der Versuch muß schließlich unter der *Leitung eines erfahrenen Fachmannes* durchgeführt werden[17]. Diese Vorschrift bezieht sich auf die fachliche Qualifikation des Tierversuchsleiters, auf die wir gleich noch zurückkommen werden.

---

[15] Vgl. Art. 58a und 59 TSchV.
[16] Vgl. Art. 59a TSchV.
[17] Vgl. Art. 15 Abs. 2 TSchG und Art. 59d TSchV.

3.3. Besondere Bewilligungsvoraussetzungen gemäß Art. 61 Abs. 2 TSchV

Für die Lehre an den Hochschulen und die Ausbildung von Fachkräften sowie für die Registrierung von Stoffen und Erzeugnissen in einem anderen Staat gelten nach Art. 61 Abs. 2 TSchV noch *weitere Bewilligungsvoraussetzungen*.

Tierversuche für die *Lehre an den Hochschulen* und die *Ausbildung von Fachkräften* dürfen hiernach nur bewilligt werden, wenn keine andere Möglichkeit besteht, um Lebensphänomene in verständlicher Weise zu erklären oder Fertigkeiten zu vermitteln, welche für die Berufsausübung oder die Durchführung von Tierversuchen notwendig sind[18]. Die Tierschutzverordnung knüpft mit dieser Bestimmung an eine Vorschrift des Tierschutzgesetzes an, wonach Tierversuche zum Zwecke der Lehre an den Hochschulen oder der Ausbildung von Fachkräften zulässig sind, soweit die Erreichung des Lernziels diese unbedingt erfordern. Da heute zahlreiche Möglichkeiten bestehen, um im Rahmen der Ausbildung von Studenten oder Fachkräften Lebensphänomene auch *ohne* Tierversuche verständlich zu machen, wie beispielsweise durch visuelle Dokumentation oder durch Computersimulation, erscheint es zumindest als fraglich, ob Tierversuche in der Hochschulausbildung überhaupt „unbedingt erforderlich" und als solche zu bewilligen sind[19].

Für die *Registrierung von Stoffen und Erzeugnissen in einem anderen Staat* dürfen Tierversuche dann bewilligt werden, wenn die Registrierungsanforderungen internationalen Regelungen entsprechen; angesprochen sind hierbei namentlich die OECD-Richtlinien und die Europäische Pharmakopoe. Ferner werden solche Versuche zugelassen, bei denen die Registrierungsanforderungen, gemessen an jenen der Schweiz, nicht wesentlich mehr Tierversuche oder Tiere für einen Versuch bedingen. Außerdem dürfen sie nicht Tierversuche verlangen, welche die Versuchstiere wesentlich mehr belasten. Ganz zu befriedigen vermag diese Bestimmung nicht: Finden sich doch keinerlei Anhaltspunkte dafür, was „nicht wesentlich mehr Tierversuche oder Tiere" konkret heißt[20].

3.4. Unzulässige Tierversuche gemäß Art. 61 Abs. 3 TSchV

Dem parlamentarischen Auftrag, die Kriterien zur Beurteilung des unerläßlichen Maßes zu bestimmen und allenfalls bestimmte Versuchszwecke als unzulässig zu erklären[21], soll insbesonders der dritte Absatz des maßgeblichen Art. 61 TSchV gerecht werden; wie vom Parlament gewünscht, berücksichtigt er auch den Gesichtspunkt der Ethik. Art. 61 Abs. 3 TSchV nennt insgesamt *vier Ausschlußgründe*, bei deren Vorliegen ein Tierversuch *nicht bewilligt werden darf*; zwei davon betreffen ethische Aspekte, während es sich bei den beiden übrigen vorab um naturwissenschaftlich-technische Fragen handelt.

Der erste Ausschlußgrund bezieht sich auf das Vorhandensein von *Alternativmethoden* für Tierversuche; ein Tierversuch darf nämlich nicht bewilligt werden, „wenn sein Ziel mit *Verfahren ohne Tierversuche* erreicht werden kann, die nach dem jeweiligen Stand der Kenntnis tauglich sind"[22]. Gerade die Frage, ob ein geplanter Tierversuch sich nicht durch andere Methoden ersetzen läßt, wird im Rahmen des Bewilligungsverfahrens *als eine der ersten* zu beantworten sein[23].

---

18 Art. 61 Abs. 2 lit. a TSchV.

19 Zur Problematik von Tierversuchen in der Hochschulausbildung siehe auch ZENGER C.A., S. 95 ff, 1989 und GOETSCHEL A.F., S. 108 ff, 1989.

20 Eine konkrete und von den kantonalen Bewilligungsbehörden direkt anwendbare Regel (z.B. nicht mehr als 5%) wäre hier durchaus möglich und angezeigt gewesen.

21 Art. 13 Abs. 2 TSchG.

22 Art. 61 Abs. 3 lit. a TSchV.

23 Bei der Suche nach allfälligen tauglichen Alternativmethoden für einen konkreten Tierversuch dürfte namentlich die eidgenössische Dokumentationsstelle für Tierversuche und Alternativmethoden den Bewilligungsorganen eine große Hilfe sein

Ein Tierversuch darf ferner dann nicht bewilligt werden, „wenn er *in keinem Zusammenhang mit der Erhaltung oder dem Schutz des Lebens und der Gesundheit von Mensch und Tier* steht, er *keine neuen Kenntnisse über grundlegende Lebensvorgänge* erwarten läßt und auch *nicht dem Schutz der natürlichen Umwelt oder der Verminderung von Leiden* dient"[24]. Trotz ihrer offensichtlichen Bemühung um eine ethische Interessenabwägung liefert diese Bestimmung in ihrer Abstraktheit und Unbestimmtheit kaum vollzugstaugliche Entscheidungsgrundlagen. Die weite Formulierung läßt namentlich Tierversuche für *Luxusgüter* (Kosmetika, Tabakwaren und alkoholische Getränke) weiterhin zu, obwohl solche Versuche in der Literatur als ethisch nicht vertretbar mißbilligt[25] und von weiten Bevölkerungskreisen eindeutig abgelehnt werden[26]. Ebenso zulässig sind sämtliche Tierversuche im Rahmen der biologisch-medizinischen Lehre und Forschung sowie in der Medikamentenentwicklung, aber auch weitergehende Abklärungen zum Schutz von Mensch, Tier und Umwelt. In die letztgenannte Kategorie fallen unter anderem Tierversuche für Waschmittel oder für Produkte der Agrochemie, welche im allgemeinen sehr umstritten sind. Schließlich soll auch die *Grundlagenforschung* in keiner Weise eingeschränkt werden.

Der dritte Ausschlußgrund soll unnötige Wiederholungen und Zusatztests an Tieren verhindern, soweit bei der Prüfung von Produkten keine neuen Grundstoffe verwendet werden. Nach der entsprechenden Bestimmung darf ein Versuch nicht bewilligt werden, „wenn er der *Prüfung von Erzeugnissen* dient und die angestrebte Kenntnis *durch Auswertung der Daten über deren Bestandteile gewonnen werden kann* oder das *Gefährdungspotential ausreichend bekannt ist*"[27].

Der letzte Ausschlußgrund basiert wiederum auf ethischen Überlegungen und verlangt von der Bewilligungsbehörde eine umfassende *Interessen- und Rechtsgüterabwägung*. Ein Tierversuch darf nämlich auch dann nicht bewilligt werden, wenn zwar alle übrigen Voraussetzungen erfüllt sind, der Versuch aber, „*gemessen am Kenntnisgewinn oder Ergebnis dem Tier unverhältnismäßige Schmerzen, Leiden oder Schäden bereitet*"[28]. Falls sich aus der Interessenabwägung ein Mißverhältnis zwischen der mutmaßlichen Bedeutung des Versuchsziels für Mensch, Tier und Umwelt einerseits und der Einschränkung des Wohlbefindens der Versuchstiere anderseits ergibt, ist der Tierversuch unzulässig.

Diese Vorschrift nimmt auf den wichtigen verwaltungsrechtlichen Grundsatz der *Verhältnismäßigkeit* Bezug, welcher insbesonders dann zum Tragen kommt, wenn die allfällige Verweigerung einer Bewilligung verfassungsrechtlich geschützte Grundrechte tangiert[29]. Gerade mit der ethischen Interessenabwägung im Einzelfall dürften die kantonalen Behörden aber regelmäßig Mühe haben. Es verlangt von der Bewilligungsbehörde doch einiges an Rückgrat, um ein Gesuch allein mit dem Hinweis auf die Unverhältnismäßigkeit der zugefügten Schmerzen, Leiden oder Schäden abzulehnen. Immerhin war vom Basler Veterinäramt zu erfahren, daß im letzten Jahr gestützt auf die zitierte Bestimmung zwei Bewilligungsgesuche abgelehnt wurden. Mit der sinngemäßen Verweisung auf das Verhältnismäßigkeitsprinzip ist das Problem der Abgrenzung zwischen ethisch vertretbarer und unverhältnismäßiger Leidenszufügung im Rahmen von Tierversuchen aber insgesamt nicht gelöst, sondern die Konkretisierungslast und damit auch die Verantwortung der kantonalen Bewilligungsbehörde aufgebürdet.

---

[24] Art. 61 Abs. 3 lit. b TSchV.

[25] Nach FLEINER ist die Forschungsfreiheit ganz oder zumindest stark einzuschränken, falls Tierversuche der Entwicklung und Herstellung von *Luxusgütern* dienen; FLEINER T., N 25, S. 12, 1987. Gleicher Meinung ZENGER C.A., S. 165 ff, 1989.

[26] Siehe hierzu die Ergebnisse einer öffentlichen Meinungsumfrage zu Tierversuchen, in: Bundesamt für Veterinärwesen, S. 126, 1991.

[27] Art. 61 Abs. 3 lit. c TSchV.

[28] Art. 61 Abs. 3 lit. d TSchV.

[29] WIRTH P., S. 57 f, 1991; ZENGER C.A., S. 140 ff, 1989; FLEINER T., N 22 - N 30, S. 9 ff, 1987.

3.5. Bewilligungsvoraussetzungen persönlicher Natur

Die *Bewilligungsvoraussetzungen persönlicher Natur*, wie insbesondere die fachliche Qualifikation des Versuchsleiters, sind für eine korrekte Durchführung von Tierversuchen von entscheidender Bedeutung; sie sind deshalb von der kantonalen Bewilligungsbehörde genauso zu überprüfen wie die soeben erläuterten sachlichen Voraussetzungen.

Nach Art. 14 TSchG werden Bewilligungen für Tierversuche nur *wissenschaftlichen Leitern von Instituten oder Laboratorien* erteilt. Diese tragen im Bereich ihres Forschungsbetriebes die Hauptverantwortung für die Einhaltung der gesetzlichen Tierschutzvorschriften und der mit einer Bewilligung verbundenen Bedingungen und Auflagen.

Von den Institutsleitern zu unterscheiden sind die *Tierversuchsleiter* als diejenigen Personen, unter deren Leitung und Aufsicht die Tierversuche durchgeführt werden; diese haben maßgeblichen Einfluß auf die Versuchsanordnung und auf die Eingriffe und Behandlungen am Tier. Als Versuchsleiter dürfen nur erfahrene Fachleute[30] eingesetzt werden, welche den gesetzlichen Anforderungen hinsichtlich Ausbildung und fachlicher Qualifikation genügen. Die Tierschutzverordnung verlangt vom Versuchsleiter eine abgeschlossene Hochschulausbildung (in der Regel in den Fachrichtungen Biologie, Veterinär- oder Humanmedizin) oder eine gleichwertige Ausbildung sowie eine mindestens dreijährige praktische Erfahrung auf dem Gebiet der Tierversuche. Ferner muß er mit den Eigenschaften, Bedürfnissen und Krankheiten der Versuchstiere sowie mit ihrem Einsatz im Versuch vertraut sein. Schließlich muß er die fachgerechte Betreuung der Tiere sicherstellen können[31].

Durchzuführen sind die Versuche gemäß Tierschutzgesetz von Personen, welche über die hierfür notwendigen Fachkenntnisse und die erforderliche Ausbildung verfügen[32]. In Frage kommen in erster Linie Tierpfleger mit Fähigkeitsausweis sowie allenfalls hinreichend ausgebildetes Laborpersonal.

4. Das Bewilligungsverfahren

Der Ablauf des Bewilligungsverfahrens ist relativ kompliziert und von Kanton zu Kanton ziemlich verschieden. Da die *Kantone* das Tierschutzrecht vollziehen[33] und die Tierversuchsbewilligungen erteilen, fällt die Regelung des Bewilligungsverfahrens nämlich grundsätzlich in den Bereich der kantonalen Verfahrensautonomie. Dennoch hat der Bund, vor allem mit der letzten Revision der Tierschutzgesetzgebung[34], ein paar allgemeine Organisations- und Verfahrensgrundsätze aufgestellt, die von sämtlichen Kantonen zu berücksichtigen sind. Das ermöglicht es, die generell am Verfahren beteiligten Parteien vorzustellen und den Verfahrensablauf in den gröbsten Zügen zu erläutern (Abb. 1 im Anhang).

Wer Tierversuche durchführen will, hat die entsprechenden Meldungen oder Gesuche auf einer *Formularvorlage des Bundesamtes für Veterinärwesen* bei der zuständigen kantonalen Behörde - in aller Regel dem kantonalen Veterinäramt - einzureichen[35]. Auf diesem Formular sind Angaben zu machen über das Versuchsziel und die Methodik sowie über die Art, Zahl, Herkunft und Haltung der Tiere, die verwendet werden sollen; verlangt werden ferner Angaben über die Dauer des Versuchs und über die voraussichtlichen Auswirkungen auf das Befinden der Tiere. Aus dem Gesuch muß klar ersichtlich sein, was mit den Tieren geschieht. Schließlich

30 Art. 15 Abs. 2 TSchG spricht ausdrücklich von einem „erfahrenen Fachmann".

31 Art. 59d TSchV.

32 Art. 15 Abs. 2 TSchG.

33 Art. 33 Abs. 2 TSchG.

34 Änderung des Tierschutzgesetzes vom 22. März 1991, Änderung der Tierschutzverordnung vom 23. Oktober 1991; beides in Kraft seit 1. Dezember 1991.

35 Art. 62 Abs. 1 TSchV.

sind der Versuch und die Methodik zu begründen und die verantwortlichen Personen zu nennen[36].

Aufgrund der eingereichten Unterlagen entscheidet die kantonale Behörde vorweg, ob für den gemeldeten Tierversuch eine Bewilligung erforderlich ist oder nicht. Unvollständige oder ungenügend begründete Gesuche werden zur Verbesserung an den Antragsteller zurückgewiesen. Soweit nötig holt die Behörde ergänzende Informationen ein[37]. Entspricht das Gesuch den formellen Anforderungen, so wird es zur materiellen Prüfung an die *kantonale Tierversuchskommission* überwiesen. Die kantonale Tierversuchskommission ist ein von der Bewilligungsbehörde unabhängiges Expertengremium, das sich je nach kantonaler Regelung aus Fachleuten für Versuchstierkunde und Tierversuche, aus Ärzten und Tierärzten, Tierpflegern mit Fähigkeitsausweis, Zoologen, Apothekern, Wissenschaftlern aus Hochschule und Industrie sowie aus Tierschützern zusammensetzt. Vertreter von Tierschutzorganisationen müssen der Kommission übrigens von Bundesrechts wegen angehören[38]. Von der Tierversuchskommission wird erwartet, daß sie die Bewilligungsbehörde kompetent und objektiv berät. Sie muß insbesonders gewährleisten, daß eine *Interessen- und Rechtsgüterabwägung* stattfindet, wobei *ethische Aspekte* und das *öffentliche Interesse am Tierschutz* angemessen berücksichtigt werden sollen. Diese beiden Aspekte sind vor allem durch die in der Kommission einsitzenden Vertreter der Tierschutzorganisationen zu wahren.

Zur Abklärung von Grundsatzfragen und von umstrittenen Fällen kann außerdem die *eidgenössische Tierversuchskommission* als beratendes Gremium beigezogen werden[39].

Die Bewilligungsbehörde hat ihrem Entscheid grundsätzlich den Antrag der kantonalen Tierversuchskommission zugrundezulegen. Entscheidet sie *entgegen* dem Kommissionsantrag, so muß sie dies der Kommission gegenüber begründen[40]. Diese Begründungspflicht liegt vor allem im Interesse einer transparenten Bewilligungspraxis innerhalb des Kantons.

Der Bewilligungsentscheid wird umgehend dem Antragsteller sowie dem Bundesamt für Veterinärwesen eröffnet. Er stellt eine *Verfügung* dar, die vom Antragsteller mit Rekurs und vom Bundesamt mittels *Behördenbeschwerde*[41] angefochten werden kann. Falls das kantonale Recht weitere Behörden oder Organisationen zur Beschwerde legitimiert, sind diesen die Entscheide ebenfalls mitzuteilen. In diesem Zusammenhang ist auf eine Besonderheit des zürcherischen Bewilligungsverfahrens hinzuweisen: Hier kommt nämlich nebst dem Antragsteller und dem Bundesamt für Veterinärwesen auch der *kantonalen Tierversuchskommission* ein eigenständiges Rekurs- und Beschwerderecht zu; die gleiche Befugnis haben drei gemeinsam handelnde Kommissionsmitglieder[42]. Da drei Mitglieder der Tierversuchskommission auf Vorschlag der Tierschutzorganisationen gewählt werden, kommt dies faktisch einem *indirekten Verbandsbeschwerderecht* gleich. Die Mitglieder der Zürcher Tierversuchskommission haben von ihrem Rechtsmittel bisher allerdings noch keinen Gebrauch gemacht[43]. Das spricht meines Erachtens für die Qualität des Bewilligungsverfahrens und läßt vermuten, daß schon die *Einräumung* des Beschwerderechts eine gewisse präventive Wirkung entfaltet.

---

36 Art. 71 Abs. 3 TSchV.
37 Vgl. Art. 62 Abs. 2 TSchV.
38 Siehe Art. 18 Abs. 3 Satz 1 TSchG und Art. 62 Abs. 3 TSchV.
39 Art. 19 TSchG.
40 Art. 62 Abs. 3 Satz 2 TSchV.
41 Art. 26a TSchG.
42 §12 Abs. 2 des Kantonalen Tierschutzgesetzes vom 2. Juni 1991.
43 Auskunft des Zürcher Veterinäramtes.

5. Zusammenfassung und Wertung

Lassen Sie mich schließen mit der Feststellung, daß das Bewilligungsverfahren für Tierversuche in der Schweiz heute sehr differenziert ausgestaltet ist. Verschiedene Institutionen, wie z.B. die Tierversuchskommissionen oder die Behördenbeschwerde des Bundesamtes für Veterinärwesen, sollen dafür sorgen, daß im Bewilligungsverfahren *tierschutzrechtliche* und *ethische* Überlegungen einfließen. Trotzdem bleibt der Bewilligungsbehörde bei der Rechtsgüter- und Interessenabwägung im Einzelfall immer noch ein weiter Ermessensspielraum und damit eine große Verantwortung.

Literatur

BOLZERN M., Grundlegende Bestimmungen des eidgenössischen Tierschutzgesetzes; Darstellung und Kritik, Verlag Bern/Stuttgart/Wien: Verlag Paul Haupt, 1989

Bundesamt für Veterinärwesen, Tierschutz - Ein Lehrmittel!, Bern: Eidgenössische Drucksachen- und Materialzentrale (EDMZ), 1991

FLEINER T., Kommentar zu Art. 25bis BV, in: AUBERT J.-F., EICHENBERGER K., MÜLLER J.P., RHINOW R.A., SCHINDLER D. (Hrsg.), Kommentar zur Bundesverfassung der Schweizerischen Eidgenossenschaft vom 29. Mai 1874, Basel/Zürich/Bern: Verlage Helbing/Schulthess/Stämpfli, 1987

GOETSCHEL A.F., Kommentar zum Eidgenössischen Tierschutzgesetz, Bern/Stuttgart/Wien: Verlag Paul Haupt, 1986

GOETSCHEL A.F., Tierschutz und Grundrechte, Diss. Zürich, Bern/Stuttgart/Wien: Verlag Paul Haupt, 1989

HÖFFE O., Ethische Grenzen der Tierversuche, in: HÄNDEL U.M. (Hrsg.), Tierschutz - Testfall unserer Menschlichkeit, Frankfurt a.M.: Fischer Verlag, 82 ff, 1984

SCHENKEL R., Die „wunden Punkte" der Tierschutzverordnung: Tierversuche, in: Schweizer Tierschutz (Publikationsorgan des Schweizer Tierschutz STS), 1, 8 f, 1980

TEUTSCH G.M., Mensch und Tier: Lexikon der Tierschutzethik, Göttingen: Verlag Vandenhoeck & Ruprecht, 1987

VOGEL U., Der bundesstrafrechtliche Tierschutz, Diss. Zürich, Zürich: Schulthess Polygraphischer Verlag, 1980

VOGEL U., Tierversuche und Gesetz: Gummiparagraphen lassen (fast) alles zu, in: DROEVEN A.M. (Hrsg.), Irrweg Tierversuch, Basel: Lenos Verlag, 85 ff, 1985

WIRTH P., Gesetzgebung und Vollzug im Bereiche der Tierversuche, Diss. Zürich, Bern/Stuttgart: Verlag Paul Haupt, 1991

ZENGER C.A., Das „unerläßliche Maß" an Tierversuchen: Ergebnisse und Grenzen der juristischen Interpretation eines „unbestimmten Rechtsbegriffs", Basel/Frankfurt a.M.: Helbing & Lichtenhahn Verlag, 1989

Anhang

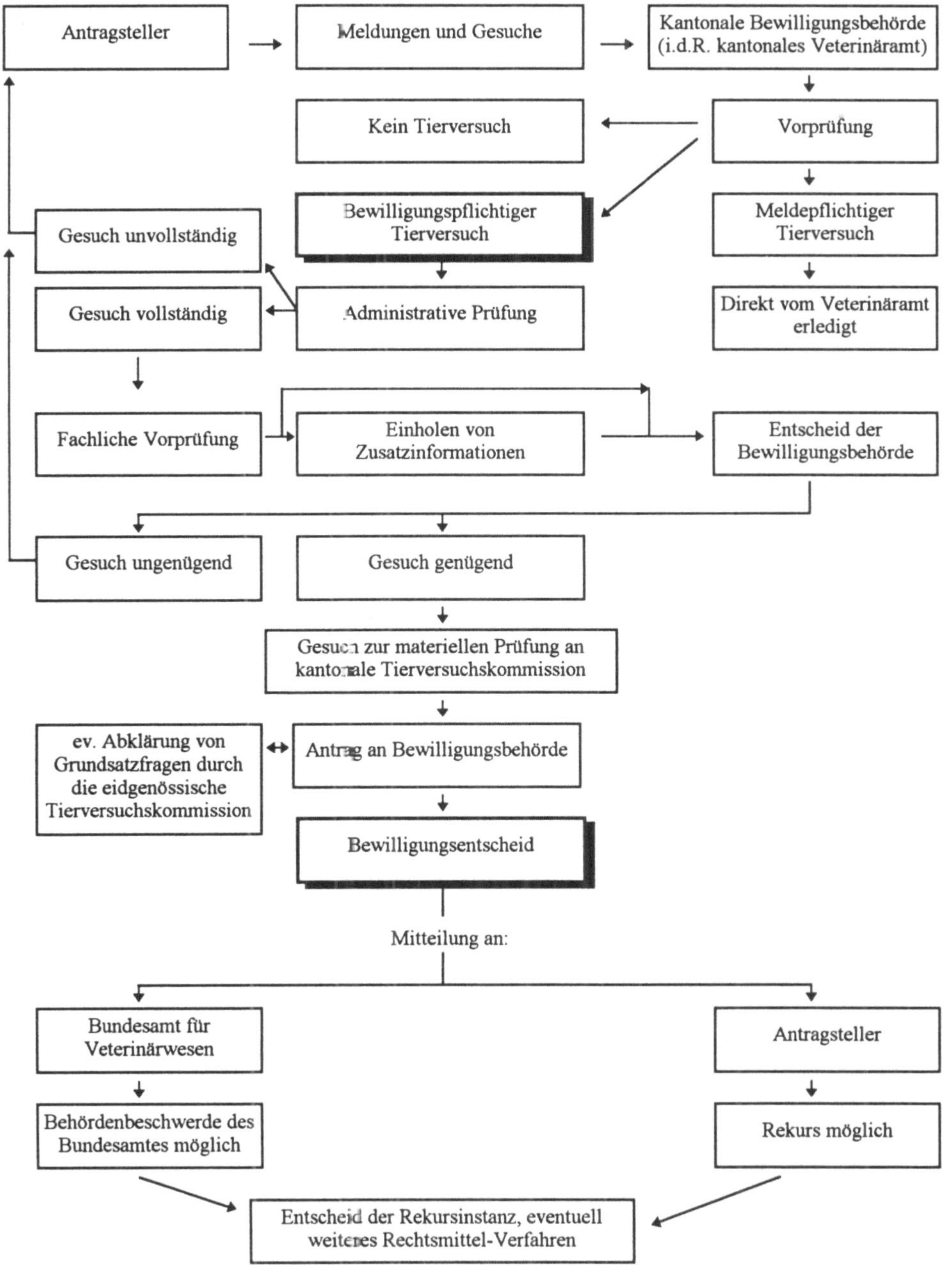

Abb. 1. Das Bewilligungsverfahren für Tierversuche in der Schweiz (vereinfachendes Schema)

Die statistische Erfassung von Versuchstieren in Österreich, Deutschland und der Schweiz

H. Appl, H. Schöffl, H.A. Tritthart

Zusammenfassung

Tierversuche werden in Österreich, Deutschland und der Schweiz gesetzlich geregelt. Teil dieser Regelungen ist die Erfassung der eingesetzten Versuchstiere.

Nur die in Form von Statistiken aufgearbeiteten Zahlen von eingesetzten Versuchstieren können innerhalb der jeweiligen Gesetzgebung über Jahre hinweg miteinander verglichen werden, um so eine Ab- oder Zunahme der Tierzahlen festzustellen. Prinzipiell wäre bei Vorliegen von Statistiken somit auch eine internationale Vergleichbarkeit gegeben. Dies ist derzeit jedoch unmöglich, da Unterschiedliches erhoben wird und auch der Begriff Tierversuch jeweils andere Definitionen erfährt. Die Tierversuchsdefinition ist jedoch entscheidend für die Einteilung in bewilligungs- bzw. meldepflichtige Tierversuche und somit auch ausschlaggebend dafür, ob ein Tier erfaßt wird oder nicht. Abgeschlossen wird die Problematik aber erst mit der Veröffentlichung der jeweiligen Daten. Auch hier treten sehr große Unterschiede auf, sodaß ein Vergleich nur sehr begrenzt möglich ist.

Die vorliegende Arbeit beleuchtet die Problematik sowie die Unterschiede in den einzelnen nationalen gesetzlichen Vorgaben über die statistische Erfassung von Versuchstieren und ihre Vergleichbarkeit miteinander. Zu diesem Zweck wurden die einzelnen Definitionen bzw. Bereiche Tierversuch, Anzeige-/Meldepflicht, behördliche Erfassung und Publikation der erhobenen Daten einander gegenübergestellt, miteinander verglichen und zum Teil bewertet.

1. Einleitung

Da das Gebiet der statistischen Erfassung von Versuchstieren ein äußerst umfangreiches ist, soll hier einzig die rechtliche Seite in den Staaten Österreich, Deutschland und der Schweiz dargestellt werden.

Tierversuche sind in Deutschland und in der Schweiz ein Teilbereich des Tierschutzgesetzes (in der Schweiz Tierschutzgesetz und Tierschutzverordnung, in der Folge unter Gesetz subsumiert). In Österreich werden Tierversuche durch ein eigenes Bundesgesetz geregelt. Dies ist deshalb erwähnenswert, weil Tierschutz Angelegenheit der einzelnen Bundesländer ist und es bis heute nicht gelungen ist, ein einheitliches Bundestierschutzgesetz zu schaffen.

Neben diesen nationalen gesetzlichen Regelungen wurde auch das Europäische Übereinkommen vom 18. März 1986 zum Schutz der für Versuche und andere wissenschaftliche Zwecke verwendeten Wirbeltiere des Europarates (Council of Europe, 1986) berücksichtigt. Dieses Übereinkommen wurde von den hier betrachteten Staaten bislang von Deutschland und der Schweiz ratifiziert. Keine Berücksichtigung fand hingegen die EG-Richtlinie 86/609/EWG vom 24. November 1986 zur Annäherung der Rechts- und Verwaltungsvorschriften der Mitgliedsstaaten zum Schutz der Versuche und andere wissenschaftliche Zwecke verwendeten Tiere (EG, 1986), weil der Geltungsbereich ausschließlich Tierversuche umfaßt, die aus wirtschaftlichen Gründen durchgeführt werden. Hauptzweck der Richtlinie ist die Vermeidung von Wettbewerbsverzerrungen oder Handelshemmnissen, die sich nachteilig auf die Schaffung und das Funktionieren des Gemeinsamen Marktes auswirken. Außer für Deutschland ist im hier behandelten Kontext diese Richtlinie nur noch für das künftige EU-Mitglied Österreich von Bedeutung, weil hier die Richtlinie noch in nationales Recht umgesetzt werden muß. Da im Zuge der Umsetzung und der damit notwendigen Änderung des österreichischen Tierversuchsgesetzes, die kaum vor 1996 zu erwarten ist, die rechtlichen Bestimmungen bezüglich der Einteilung in genehmigungs- und anzeigepflichtige Tierversuche sowie bezüglich der statistischen Erfassung von Versuchstieren keiner Anpassung bedürfen sondern sich diese lediglich auf Haltungsbedingungen und ähnliches beziehen werden, wurde diese Richtlinie für diese Arbeit außer Acht gelassen (s.a. NENTWICH M., 1994).

2. Definition von Tierversuch

Gemeinsam ist den gesetzlichen Definitionen, daß Eingriffe und Behandlungen am lebenden Tier vorgenommen werden. Die nach dem Gesetz erlaubten Tierarten unterscheiden sich erheblich voneinander. In Deutschland wird der Einsatz aller Tiere geregelt, in der Schweiz umfaßt der Geltungsbereich Wirbeltiere sowie Zehnfußkrebse (Decapoda) und Kopffüssler (Cephalopoda) und in Österreich nur Wirbeltiere.

2.1. Österreich

Das östereichische Tierversuchsgesetz (Österreichisches Tierversuchsgesetz, 1989) definiert Tierversuche als *alle für das Tier belastenden, insbesondere mit Angst, Schmerzen, Leiden oder dauerhaften Schäden verbundenen experimententellen Eingriffe an oder Behandlungen von lebenden Wirbeltieren, die über die landwirtschaftliche Nutzung hinausgehen und das Ziel haben, eine wissenschaftliche Annahme zu prüfen, Informationen zu erlangen, einen Stoff zu gewinnen oder zu prüfen oder die Wirkung einer bestimmten Maßnahme am Tier festzustellen.*

Der Begriff Schäden wird vom Gesetzgeber näher definiert, indem das Tier **dauerhafte Schäden** erleiden muß, um vom Gesetz erfaßt zu werden.

Die Tierversuche unterliegen einer Zulässigkeitsbeschränkung. Sie dürfen nur für 6 Zwecke angewandt werden sofern sie dafür unerläßlich sind und ein berechtigtes Interesse an den Versuchen besteht:

a) für Forschung und Entwicklung,
b) für berufliche Ausbildung
c) für medizinische Diagnose und Therapie
d) für Erprobung und Prüfung natürlich hergestellter Stoffe, Zubereitungen oder Produkte,
e) für die Erkennung von Umweltgefährdungen und
f) für die Gewinnung von Stoffen

Alle Tierversuche müssen laut §11 Tierversuchsgesetz auf das unerläßliche Maß beschränkt werden und haben dem anerkannten Stand der Wissenschaften zu entsprechen.

2.2. Deutschland

Tierversuche im Sinne des Tierschutzgesetzes (Deutsches Tierschutzgesetz, 1993) sind *Eingriffe oder Behandlungen zu Versuchszwecken*

1. *an Tieren, wenn sie mit Schmerzen, Leiden oder Schäden für diese Tiere oder*
2. *am Erbgut von Tieren, wenn sie mit Schmerzen, Leiden oder Schäden für die erbgutveränderten Tiere oder deren Trägertiere verbunden sein können.*

Hier ist allerdings anzumerken, daß es sich bei erbgutverändernden Eingriffen oft erst im Nachhinein herausstellt, ob dadurch Schmerzen, Leiden oder Schäden verursacht wurden. Das heißt, daß eine Erbgutveränderung nicht a priori als Tierversuch qualifiziert werden kann und unter Umständen die entsprechenden gesetzlichen Bestimmungen nachträglich eingehalten werden müßten.

Das deutsche Tierschutzgesetz sieht ebenfalls eine Zulässigkeitsbeschränkung vor. *Tierversuche dürfen nur duchgeführt werden, sofern sie zu einem der folgenden Zwecke unerläßlich sind:*

1. *Vorbeugen, Erkennen oder Behandeln von Krankheiten, Leiden, Körperschäden oder körperlichen Beschwerden oder Erkennen oder Beeinflussen physiologischer Zustände oder Funktionen bei Mensch oder Tier,*
2. *Erkennen von Umweltgefährdungen,*
3. *Prüfung von Stoffen oder Produkten auf ihre Unbedenklichkeit für die Gesundheit von Mensch oder Tier oder auf ihre Wirksamkeit gegen tierische Schädlinge,*
4. *Grundlagenforschung.*

Entsprechend dieser Definition ist in Deutschland der Einsatz von Tieren zum Zweck der Aus-, Fort- und Weiterbildung und zur Gewinnung von Stoffen **kein** Tierversuch.

Unabhängig von der Zulässigkeitsbeschränkung sind Tierversuche auf das unerläßliche Maß zu beschränken.

2.3. Schweiz

Die weitreichendste Begriffsbestimmung findet sich im Schweizer Tierschutzgesetz (Schweizer Tierschutzgesetz, 1992). Hier gilt als Tierversuch ***jede Maßnahme****, bei der Tiere mit dem Ziel, eine wissenschaftliche Annahme zu prüfen, Informationen zu erlangen, einen Stoff zu gewinnen oder zu prüfen oder die Wirkung einer bestimmten Maßnahme am Tier zu prüfen, verwendet werden.* Erweitert wird die Begriffsbestimmung durch *das Verwenden von Tieren zur experimentellen Verhaltensforschung.*

Eine Zulässigkeitsbeschränkung ähnlich dem österreichischen und dem deutschen Recht ist im Schweizer Gesetz nicht vorgesehen. Sehr wohl vorhanden ist eine Beschränkung auf das unerläßliche Maß. Dieses bezieht sich aber einzig auf *Tierversuche, die dem Tier Schmerzen, Leiden oder Schäden zufügen, es in schwere Angst versetzen oder sein Allgemeinbefinden erheblich beeinträchtigen können.*

3. Genehmigungs- und Anzeigepflicht

Grundsätzlich wurde in allen drei betrachteten gesetzlichen Regelungen vom Gesetzgeber eine Differenzierung in genehmigungspflichtige (Schweiz: bewilligungspflichtige) und anzeigepflichtige (Schweiz, Österreich: meldepflichtige) Tierversuche vorgenommen.

3.1. Österreich

Prinzipiell ist in Österreich jeder Tierversuch genehmigungspflichtig. Vorraussetzung dafür ist, daß der Tierversuch die für die Zulässigkeit festgelegten Kriterien erfüllt, eine genehmigte Tierversuchseinrichtung vorhanden ist und die Personen, die die Versuche durchführen, dafür über eine Genehmigung verfügen.

Ausgenommen von der Genehmigungspflicht sind unbeschadet obiger Erfordernisse Tierversuche,

a) die in Gesetzen oder Verordnungen angeordnet oder auf Grund richterlicher Anordnung durchzuführen sind,

oder

b) die als Impfungen, Blutentnahme oder sonstige Maßnahmen diagnostischer Art nach bereits erprobten Verfahren vorgenommen werden und der Erkennung insbesondere von Krankheiten, Leiden, Körperschäden oder körperlichen Beschwerden bei Menschen oder Tier oder die der Prüfung und Herstellung von Seren oder Impfstoffen dienen.

Derartige Tierversuche sind der zuständigen Behörde (für Tierversuche in Angelegenheiten des Hochschulwesens sowie der Österreichischen Akademie der Wissenschaften und ihrer Einrichtungen der Bundesminister für Wissenschaft und Forschung, ansonsten der jeweilige Landeshauptmann in erster Instanz) im vorhinein unter Angabe von Art und Umfang bekanntzugeben. Das Ansuchen um Genehmigung und die Meldung von nicht-genehmigungspflichtigen Tierversuchen erfolgt mittels eines Formblattes.

3.2. Deutschland

Wie bereits oben erwähnt, werden vom deutschen Tierschutzgesetz alle Tiere erfaßt. Von der Genehmigungspflicht jedoch sind nur Tierversuche betroffen, die mit Wirbeltieren durchgeführt werden. Auch hier müssen verschiedenste Vorraussetzungen für eine Genehmigung erfüllt werden (wissenschaftliche Begründung, Erfüllung der Zulässigkeitsbestimmung, fachliche Eignung der Personen, entsprechende Einrichtungen). Im Genehmigungsansuchen müssen auch Art und Zahl der eingesetzten Tiere angegeben werden.

Keiner ausdrücklichen Genehmigung durch Behörden bedürfen Versuchsvorhaben,

1. deren Durchführung ausdrücklich
   a) durch Gesetz oder Rechtsverordnung oder durch unmittelbar anwendbaren Rechtsakt eines Organs der Europäischen Gemeinschaften vorgeschrieben,
   b) in einer von der Bundesregierung oder einem Bundesminister mit Zustimmung des Bundesrates im Einklang mit § 7 Abs. 2 und 3 (Zulässigkeitsbeschränkung) erlassenen allgemeinen Verwaltungsvorschrift vorgesehen oder
   c) auf Grund eines Gesetzes oder einer Rechtsverordnung oder eines unmittelbar anwendbaren Rechtsaktes eines Organs der Europäischen Gemeinschaften von einem Richter oder einer Behörde angeordnet oder im Einzelfall als Voraussetzung für den Erlaß eines Verwaltungsaktes gefordert

   ist;
2. die als Impfungen, Blutentnahme oder sonstige Maßnahmen diagnostischer Art nach bereits erprobten Verfahren vorgenommen werden und der Erkennung insbesondere von Krankheiten, Leiden, Körperschäden oder körperlichen Beschwerden bei Mensch oder Tier oder der Prüfung von Seren oder Impfstoffen dienen.

Nicht genehmigungspflichtige Tierversuche sind in der Regel der zuständigen Behörde (Landesbehörde) im vorhinein anzuzeigen und dabei unter anderem *die Art und bei Wirbeltieren die Zahl der für das Versuchsvorhaben vorgesehenen Tiere* anzugeben.

Der Antrag auf Genehmigung erfolgt mit einem Schreiben, das alle Angaben entsprechend der Anlage 1 der Allgemeinen Verwaltungsvorschrift zur Durchführung des Tierschutzgesetzes (1988) enthält. Die Anzeige hat die in Anlage 2 dieser Verwaltungsvorschrift aufgelisteten Punkte dieser Verwaltungsvorschrift zu beinhalten.

3.3. Schweiz

Entsprechend Art. 13 Abs. 1 und Art. 13a Abs. 2 Tierschutzgesetz dürfen Tierversuche, die dem Tier, Schmerzen, Leiden oder Schäden zufügen, es in schwere Angst versetzen oder sein Allgemeinbefinden erheblich beinträchtigen können, nur mit einer kantonalen Bewilligung duchgeführt werden. In Art. 60 Abs. 2 Tierschutzverordnung werden in der Folge all jene Tierversuche aufgelistet, für die insbesonders eine Bewilligung erforderlich ist. Somit ist klargestellt, daß auch Tierversuche, bei denen nur die Möglichkeit gegeben ist, daß es z.B. zu Schmerzen für das Tier kommt, der Bewilligungspflicht unterworfen sind. Vor Beginn von Tierversuchen hat eine Meldung an die kantonalen Behörden zu erfolgen. Diese Behörde entscheidet dann in der Folge ob der Versuch nur mit einer Bewilligung duchgeführt werden darf oder ob sie es bei der Meldung beläßt.

Tierversuche, bei denen von vorneherein sichergestellt ist, daß keiner der obigen Effekte (Schmerzen, Leiden etc.) auftritt, unterliegen nicht der Bewilligungspflicht und es bleibt bei einer Meldung.

Im Gegensatz zu Deutschland und Österreich ergibt sich somit, daß auch Tierversuche, die durch Gesetze oder Verordnungen o. ä. angeordnet sind, voll und ganz der Bewilligungspflicht unterliegen sofern Schmerzen, Leiden etc. auftreten können.

Die Meldung erfolgt in der Schweiz mittels eines Formblattes auf dem u. a. auch Art und Anzahl der eingesetzten Tiere, der Bereich für den die Tiere verwendet werden, ev. Zusammenhänge mit Krankheiten etc., angegeben werden müssen. Zuständig sind die kantonalen Behörden.

4. Behördliche Erfassung

4.1. Österreich

In Österreich sind bei den Ansuchen um Genehmigung außer einer Beschreibung des Versuches auch die eingesetzten Tierarten und deren Anzahl anzugeben. Diese Angaben haben, wie bereits erwähnt, auch bei den meldepflichtigen Versuchen zu erfolgen. Um einen Überblick über die während eines Jahres tatsächlich eingesetzten Tierarten und -zahlen zu bekommen, hat der Träger der Tierversuchseinrichtung den zuständigen Behörden jährlich bis zum 31. Jänner die im vorangegangenen Kalenderjahr verwendeten Versuchstiere gemäß §16 Abs. 1 Tierversuchsgesetz 1988 in folgender Aufgliederung bekanntzugeben:

a) Zahlen und Arten der insgesamt verwendeten Versuchstiere,

b) Zahlen und Arten der zu medizinischen Zwecken oder zu Ausbildungszwecken verwendeten Versuchstiere,

c) Zahlen und Arten der zum Schutz des Menschen oder der Umwelt verwendeten Versuchstiere und

d) Zahlen und Arten der auf Grund von Gesetzen, Verordnungen oder auf Grund richterlicher Anordnungen verwendeten Versuchstiere.

Die eingehenden Daten sind von den zuständigen Bundesministerien entsprechend dieser Aufgliederung zu verarbeiten. Zuständig sind das

1. *Bundesministerium für wirtschaftliche Angelegenheiten in Angelegenheiten des Gewerbes und der Industrie,*
2. *Bundesministerium für Gesundheit, Sport und Konsumentenschutz in Angelegenheiten des Gesundheitswesens, des Veterinärwesens und des Ernährungswesens einschließlich der Nahrungsmittelkontrolle,*
3. *Bundesministerium für Land- und Forstwirtschaft in Angelegenheiten der wissenschaftlichen Einrichtungen des Bundes, für die der Bundesminister für Land- und Forstwirtschaft zuständig ist,*
4. *Bundesministerium für Wissenschaft und Forschung in Angelegenheiten des Hochschulwesens sowie der Österreichischen Akademie der Wissenschaften.*

4.2. Deutschland

Die deutschen Regelungen für den Bereich der statistischen Erfassung finden sich nicht direkt im Tierschutzgesetz. Dort ist zwar die Aufzeichnungspflicht vorgeschrieben, die Verpflichtung zur Information der zuständigen Behörde ist aber in der *Verordnung über die Meldung von in Tierversuchen verwendeten Wirbeltieren* (Versuchstiermeldeverordnung, 1988) festgeschrieben. Wie bereits aus dem Titel zu erkennen ist, bezieht sich diese Verordnung nur auf die in Tierversuchen eingesetzten Wirbeltiere. Daten über Wirbellose, die bekanntlich vom Tierschutzgesetz ebenfalls erfaßt werden, müssen nicht weitergeleitet werden. (Prinzipiell wäre das entsprechende Datenmaterial vorhanden, da gemäß §9a Tierschutzgesetz (Aufzeichnungspflicht) über Tierversuche Aufzeichnungen zu machen sind. Diese müssen bei Wirbellosen unter anderem auch die Zahl und Bezeichnung der eingesetzten Tiere beinhalten.) Die Meldungen sind für jedes Kalenderjahr mittels eines Formblattes bis zum 31. März des folgenden Jahres zu erstatten. Die eingehenden Meldungen werden von den zuständigen Behörden ebenfalls nach dem Muster des Formblattes zusammengefaßt und bis 31. Mai dem Bundesminister für Ernährung, Landwirtschaft und Forsten übermittelt. Das Formblatt gliedert sich in drei Punkte:

1. *Anzahl der verwendeten Versuchtiere, aufgegeliedert nach Art der Versuchstiere*
2. *Anzahl der Versuchstiere, aufgegliedert nach Art der Versuchstiere und nach bestimmten Versuchszwecken*
3. *Anzahl der Tiere der jeweiligen Tierart, aufgegliedert nach Art der Versuche, in Abhängigkeit von der Dauer der Versuche*

Beim ersten Punkt ist neben der Art auch anzugeben wieviele davon in mehreren Versuchen eingesetzt werden bzw. in Versuchen, die länger als ein Jahr dauern. Hier ist anzumerken, daß die Zählung nur zu dem Zeitpunkt erfolgen darf, an dem das Tier erstmals für einen Versuch verwendet wird. Bei 2. muß angegeben werden wieviele Tiere welcher Art zu welchem Zweck, insgesamt 7 Gruppen, eingesetzt wurden. Unter 3. erfolgt abschließend noch eine Angabe darüber wieviele Tiere in welcher Art der Versuche eingesetzt wurden (10 Unterteilungen) sowie über die Dauer der Versuche (4 Zeiträume).

Wie bereits oben erwähnt, fallen Eingriffe und Behandlungen zur Aus-, Fort- und Weiterbildung nicht unter die Tierversuchsdefinition. Dennoch müssen sie entsprechend dem Tierschutzgesetz angezeigt werden. Von der Versuchstiermeldeverordnung wiederum sind sie nicht betroffen, weil sie entsprechend der Definition keine Tierversuche darstellen. Somit scheinen sie auch in keiner Statistik auf.

4.3. Schweiz

Wer Tierversuche durchführt, muß nach der Formvorlage des Bundesamtes für Veterinärwesen, basierend auf Art. 63a Tierschutzverordnung, den kantonalen Behörden melden:

a) den Abschluß des Versuchs oder der Versuchsreihe innert drei Monaten nach dessen Beendigung
b) bei Versuchen, die sich über meherer Jahre erstrecken, jeweils bis Ende März die Angaben über die Versuchstätigkeit im abgelaufenen Kalenderjahr.

Das Formblatt für den Abschluß- bzw. den Zwischenbericht nimmt starken Bezug auf das Bewilligungsformblatt. So ist der Verwendungsbereich nicht nochmals eigens anzugeben sondern nur mehr die zur jeweiligen Bewilligung bzw. Meldung gehörenden Zahlen. Ein Punkt des Berichts sind die im Kalenderjahr verwendeten Tiere. Hier müssen die vom Vorjahr ins Berichtjahr übernommenen, die neu eingesetzten und die Gesamtzahl der verwendeten Tiere getrennt angeführt werden. Diese Daten werden dann an das Bundesamt übermittelt und dort verarbeitet.

5. Publikation der erhobenen Daten

5.1. Österreich

Entsprechend der unter 4.1. angeführten vorgeschriebenen Aufteilung für die statistische Erfassung von Versuchstieren müssen die so erstellten Statistiken über das vorangegangene Kalenderjahr jährlich bis zum 30. Juni in Form einer gemeinsamen Statistik im Amtsblatt zur Wiener Zeitung (1994) veröffentlicht werden. Gemeinsam heißt in diesem Fall aber nur, daß die einzelnen Ministerien ihre erfaßten Zahlen gemeinsam publizieren. Eine Verknüpfung der einzelnen Statistiken miteinander ist nicht vorgesehen.

5.2. Deutschland

Die gesetzliche Verpflichtung zur Veröffentlichung der gesammelten Daten läßt sich mit dem §16d Tierschutzgesetz begründen. Dort heißt es: *Die Bundesregierung erstattet dem Deutschen Bundestag alle zwei Jahre einen Bericht über den Stand der Entwicklung des Tierschutzes.* Da derartige Berichte öffentlich erhältlich sein müssen, kann von einer Veröffentlichung gesprochen werden. Dieser Tierschutzbericht wird in Broschürenform vom Referat für Öffentlichkeitsarbeit und Besucherdienst des Bundesministeriums für Ernährung, Landwirtschaft und Forsten herausgegeben. Die Aufgliederung der publizierten Daten entspricht der bei der behördlichen Erfassung vorgenommenen Unterteilung (siehe Punkt 4.2.) (Tierschutzbericht, 1993).

Außer §16d schreibt auch Artikel 27 des Gesetzes zu dem europäischen Übereinkommen vom 18. März 1986 zum Schutz der für Versuche und andere wissenschaftliche Zwecke verwendeten Wirbeltiere (1990) im Absatz 1 vor: *Jede Vertragspartei sammelt statistische Angaben über die Verwendung von Tieren in Verfahren; soweit dies zulässig ist, werden diese Angaben der Öffentlichkeit mitgeteilt.* Dieses Übereinkommen wurde von der Bundesrepublik im Dezember 1990 ratifiziert mit der Einschränkung, daß die im Übereinkommen als Tierversuche bezeichneten Versuche in der Aus-, Fort- und Weiterbildung nicht erfaßt und somit auch nicht publiziert werden müssen. Die Bundesrepublik muß auch gemäß Artikel 28 jährlich dem Generalseketär des Europarates statistische Angaben über die Versuchstiere übermitteln, die dieser zusammen mit den Angaben der anderen Vertragsparteien veröffentlicht.

5.3. Schweiz

Die vorgeschriebene Statistik wird im Art. 64b Tierschutzverordnung mit einem Satz geregelt: *Das Bundesamt berücksichtigt bei der Ausgestaltung und Veröffentlichung der Statistik internationale Regelungen und Empfehlungen.*

Genauere Regelungen sind nicht vorzufinden und den zuständigen Personen überlassen. Die einzige Bedingung, die die jährlich zu veröffentlichende Statistik zu erfüllen hat, ist, daß die notwendigen Angaben enthalten sein müssen, die eine *Beurteilung der Anwendung der Tierschutzgesetzgebung ermöglichen.*

Als praktisches Beispiel sei hier die zuletzt erschienene Statistik, die die Tierversuche des Jahres 1993 dokumentiert, angeführt. Die getroffenen Unterteilungen entsprechen der Aufteilung am Bewilligungsformblatt.

Aufgrund des vorgeschriebenen jährlichen Meldeverfahrens werden die Versuchstiere nach Kantonen erfaßt. Die in den einzelnen Kantonen in bewilligten Tierversuchen eingesetzten Tiere werden zudem noch in Anwendungsbereiche aufgeteilt:

- Biologische und medizinische Grundlagenforschung
- Entdeckung, Entwicklung und Qualitätskontrolle von Produkten und Geräten in der Medizin
- Schutz von Mensch, Tier und Umwelt durch toxikologische oder sonstige Unbedenklichkeitsprüfungen
- Krankheitsdiagnostik
- Lehre und Ausbildung

Ein weiterer Bestandteil der publizierten Statistik ist die Aufgliederung der Anzahl der Tiere in bewilligungspflichtigen Tierversuchen nach Tierart/ -gruppe. Aus weiteren 3 Aufstellungen ist ersichtlich wieviele Tiere welcher Tierart/-gruppe für welchen Zweck eingesetzt wurden. Diese Aufstellungen,

Anzahl Tiere in bewilligungspflichtigen Tierversuchen
- *für toxikologische oder sonstige Unbedenklichkeitsprüfungen,*
- *in Zusammenhang mit bestimmten Krankheiten und Gesundheitsstörungen und*
- *für die Registrierung und Zulassung von Arzneimitteln und anderen Stoffen oder Produkten (gesetzlich vorgeschriebene Verfahren),*

werden aber in sich nochmals untergliedert. So wird die erste Aufstellung nochmals in drei Gruppen aufgegliedert und eine davon nochmals in 6 Untergruppen. Diese 3 Aufstellungen überschneiden sich. Zusätzlich zu den bisher erwähnten Aufstellungen erfolgt eine über die Anzahl der Tierversuche, die in den einzelnen Kantonen bewilligt wurden. Diese Aufstellung differenziert aber auch u. a. in die Anzahl der Bewilligungen, die mit Einschränkung erteilt wurden oder in die Bewilligungen, deren Erteilung erst nach Einholen von ergänzenden Informationen erfolgte.

Aber nicht nur die Tiere, die in bewilligungspflichtigen Versuchen eingesetzt wurden, werden angeführt, sondern auch die nichtbewilligungspflichtigen aufgegliedert in Kantone und in einzelne Tierarten. Eine Einteilung in obige 5 Bereiche, in die die bewilligungspflichtigen aufgeschlüsselt werden, erfolgt bei den nichtbewilligungspflichtigen nicht.

Eigens angeführt werden in der Schweizer Statistik die in den jeweiligen Kantonen sowohl in bewilligungspflichtigen als auch in nichtbewilligungspflichtigen Versuchen eingesetzten Primaten.

6. Diskussion

Aufgrund obiger Fakten kann gesagt werden, daß zwar alle drei Staaten Daten über eingesetzte Versuchstiere verarbeiten und daraus Statistiken erstellen, daß diese aber nicht miteinander vergleichbar sind.

Jede veröffentlichte Statistik für sich betrachtet ist mehr oder weniger aussagekräftig. Die österreichische Statistik steht dabei in ihrer Aussagekraft weit hinter den beiden anderen zurück. Weder ist eine Aufteilung in genehmigungs- und meldepflichtige Tierversuche möglich, noch werden Versuche zu Ausbildungszwecken von jenen zu medizinischen Zwecken abgegrenzt. Die österreichische Statistik ist auch nicht in der Lage, Gesamtzahlen von den jeweiligen eingesetzten Tierarten anzugeben. Als Gegenargument wird seitens der zuständigen Behörden oft vorgebracht, die Zahlen könnte jedermann selbst zusammenzählen. Es stellt sich jedoch die Frage nach der Glaubwürdigkeit der einzelnen Bestrebungen der Ministerien, Tierversuche statistisch zu erfassen, wenn man nicht in der Lage ist, soweit zu kooperieren, daß neben den Einzelstatistiken entsprechend oben angeführter Aufteilung auch eine wirklich gemeinsame Gesamtstatistik publiziert werden kann.

Bei aller Kritik am österreichischen Ergebnis der statistischen Erfassung und Publikation ist auch auf Mängel im deutschen Bereich hinzuweisen. Zwar fallen in Deutschland Versuche zu Aus-, Fort- und Weiterbildungszwecken nicht unter den Begriff Tierversuch, dennoch müssen sie angezeigt werden. Für derartige Versuche kommen alle für genehmigungsfreie Tierversuche vorgesehenen Pflichten inklusive einer Zulässigkeitsbeschränkung sowie der Aufzeichnungspflicht zum Tragen. Dennoch werden sie behördlich nicht erfaßt. Ähnliches gilt für Versuche an Wirbellosen. Derartige Versuche sind generell nicht genehmigungspflichtig sondern unterliegen nur der Anzeigenpflicht. Auch sie werden von der Versuchstiermeldeverordnung nicht erfaßt und scheinen in keiner Statistik auf. Somit ergibt sich eine starke Relativierung der offiziellen deutschen Tierversuchstatistik. Niemand kann sagen, wie hoch die tatsächliche Zahl der jährlich in Deutschland eingesetzten Tiere ist.

Dies ist im übrigen auch in der Schweiz nicht möglich. Lag es 1992 daran, daß für die Statistik nicht alle Meldungen zeitgerecht eingegangen sind, so ist besonders die Statistik des Jahres 1993 sehr stark zu relativieren, weil von der chemisch-pharmazeutischen Industrie der Kantone Basel-Stadt, Basel-Landschaft und Aargau Tiere, die vom Vorjahr ins Berichtsjahr übernommen wurden, nicht erneut erfaßt wurden (Bundesamt für Veterinärwesen 1993, 1994). Somit entspricht die in der Schweizer Statistik angegebene Gesamtzahl der eingesetzten Tiere nicht der tatsächlichen Anzahl. Vorteil der Schweizer Publikation ist, daß Tiere, die in bewilligungs- und nicht-bewilligungspflichtigen Versuchen eingesetzt wurden, aufgelistet werden. Faktum ist jedoch, daß sich das Schweizer Gesetz nur auf Wirbeltiere, Zehnfußkrebse und Kopffüssler bezieht. Weiterers Negativum bei der Schweizer Statistik ist, daß die Tierzahlen in den nicht-bewilligungspflichtigen Versuche nicht entsprechend ihres Einsatzgebietes ähnlich den bewilligungspflichtigen aufgeschlüsselt wurden. Eine Aufgliederung der nicht-bewilligungspflichtigen Tierversuche gleich der für bewilligungspflichtige ist unrealistisch, da z.B. Tiere, deren Organe für völlig unterschiedliche Zwecke entnommen wurden, mehrmals zugeordnet werden müßten. Dadurch käme es zu einer starken Verzerrung der Statistik. Eine Zuordnung in andere Bereich, wie z. B. Organentnahme, Verhaltensforschung, Fütterungsversuche etc., scheint aber durchaus realisierbar.

Das bereits in der Einleitung und unter 5.2. angeführte Europäische Übereinkommen zum Schutz der für Versuche und andere wissenschaftliche Zwecke verwendeten Wirbeltiere wurde kürzlich auch von der Schweiz ratifiziert (Inkrafttreten per 1. Juli 1994). Österreich ist dem Übereinkommen noch nicht beigetreten. Da die Schweiz und Deutschland somit Vertragspartner sind und folglich zumindest im Bereich der Wirbeltiere den gleichen gesetzlichen Bestimmungen unterliegen (Versuche zur Aus-, Fort- und Weiterbildung wurden von Deutschland ausgenommen), kann davon ausgegangen werden, daß die Daten von 1994 dieser beiden

Staaten einigermaßen vergleichbar sein werden. Das soll jedoch nicht heißen, daß nicht auch die statistische Erfassung so wie sie derzeit im Übereinkommen vorgesehen ist, verbessert werden müßte. So sind z.B. bei den Untersuchungen im Bereich der Grundlagenforschung nur die Gesamtzahl der Tiere anzugeben sowie 3 Gruppen bestimmter Arten (Nager und Kaninchen, Hunde und Katzen, Primaten). Auf nationaler Ebene kommt die schweizer Erhebung dem Übereinkommen bei weitem am nächsten, die deutsche ist zwar in manchen Bereichen detaillierter als im Übereinkommen vorgesehen, in einigen Bereichen erfolgt aber noch eine andere Zuordnung.

7. Forderungen

Versuchstierstatistiken können hauptsächlich zwei Aufgaben erfüllen. Die eine Seite ist die behördliche. Durch gesetzliche Vorgaben und das Erstellen entsprechender Statistiken können die zuständigen Behörden einen Überblick über die jeweils eingesetzten Tierzahlen bzw. Tierarten bewahren. Das gesammelte und aufbereitete Zahlenmaterial ist aber auch die Grundlage für eine gezielte Forschungsföderung. Nur wenn bekannt ist, in welchen Bereichen besonders viele Tiere für besonders belastende Versuche eingesetzt werden, kann seitens der Behörden entsprechend gefördert werden. Hier stellt sich aber die Frage, wie denn die Behörden nun feststellen sollen, welche Versuche als besonders belastend einzustufen sind. Diese Frage kann nur durch die Entwicklung und gesetzliche Verankerung eines Beurteilungsschemas der Belastungen des Tieres im Versuch gelöst werden. Erst auf der Basis einer derartigen statistischen Einteilung kann eine wirklich gezielte Forschungsförderung betrieben werden. Durch entsprechende Statistiken ist im Anschluß daran auch feststellbar, ob die geförderten Projekte auch die gewünschten tierzahl- und belastungsreduzierenden Effekte erzielen konnten oder nicht. Somit ist zumindest die Möglichkeit einer teilweisen Erfolgskontrolle gegeben.

Die andere Seite ist die öffentliche. Das Problem Tierversuche wird immer stärker sowohl durch Teile der Bevölkerung als auch durch die Wissenschaftler selbst thematisiert. Damit einher geht auch die Forderung nach verstärkter Transparenz über die Vorgänge in den Labors. Da Tierschutz sich immer mehr zu einer internationalen Angelegenheit entwickelt, ist auch eine entsprechende internationale Vergleichbarkeit der Statistiken Grundbedingung für die Erfüllung obiger berechtigter Forderung.

Obwohl die Statistiken im Laufe der letzten Jahre einer ständigen Verbesserung unterzogen wurden, sind sie auch weiterhin zu verbessern. Aus österreichischer Sicht ergibt sich z.B. somit die Forderung nach einer möglichst raschen Ratifizierung des europäischen Übereinkommens zum Schutz der für Versuche und andere wissenschaftlichen Zwecke eingesetzten Versuchstiere durch die zuständigen Stellen. Gleichwohl ist hier anzumerken, daß auch die in diesem Übereinkommen vorgeschriebene Erfassung und Publikation ausgeweitet werden muß. So müssen die Bereiche Tierarten und Einsatzbreiche stärker aufgeschlüsselt werden, um auch im Übereinkommen Auswirkungen von z.B. neuen alternativen Methoden zum Tierversuch beurteilen zu können. Für eine derartige Erfolgskontrolle ist es aber auch notwendig, wie oben erwähnt, die Versuchstiere in Kategorien, die die Belastung wiedergeben, einzuteilen. Ansonsten ist nur eine Beurteilung der eventuellen Reduktion möglich aber nicht ob bzw. in welchem Ausmaß belastende Versuche reduziert werden konnten.

Dieses europäische Übereinkommen sollte nicht so sehr als eine endgültige Lösung angesehen werden als vielmehr als Grundlage für weitere Diskussionen und Verhandlungen. So wäre es wünschenswert, wenn auch die in Deutschland nicht als Tierversuche definierten Versuche in der Aus-, Fort- und Weiterbildung Eingang in diese internationale Statistik finden würden. Ziel muß es sein, alle für die unterschiedlichsten biomedizinischen Zwecke eingesetzten Tiere zu erfassen.

Eine derartige Erfassung beschränkt sich nicht allein auf Wirbeltiere. Es müssen ebenfalls Wege gefunden werden, wie Wirbellose praktikabel erfaßt werden können. Diese Überlegung begründet sich in der vom Gesetzgeber aufgestellten Forderung, wenn möglich niedere Tiere einzusetzen. In bezug auf Versuchstierstatistiken sind alle Tiere gleich zu bewerten und in entsprechende Kategorien einzuteilen. Eine Differenzierung in erfassungswürdige und nichterfassungswürdige Tiere erscheint unzulässig.

Literatur

Allgemeine Verwaltungsvorschrift zur Durchführung des Tierschutzgesetzes, BAnz. Nr. 139a, 3, 1. Juli 1988

Amtsblatt zur Wiener Zeitung, Nr. 146, 30. Juni 1994

EG, Amtsblatt der Europäischen Gemeinschaften, Richtlinie des Rates vom 24. November 1986 zur Annäherung der Rechts- und Verwaltungsvorschriften der Mitgliedstaaten zum Schutz der für Versuche und andere wissenschaftliche Zwecke verwendeten Tiere - 86/609/EWG, L 358, 1986

Bundesamt für Veterinärwesen, Statistik der Tierversuche 1992, Bern, korrigierte Version vom 28. Oktober 1993

Bundesamt für Veterinärwesen, Statistik der Tierversuche 1993, Bern, 15. September 1994

Council of Europe, European Convention for the Protection of Vertebrate Animals Used for Experimental and Other Scientific Purposes, Strasbourg: European Treaty Series, 123, 18.III.1986

Deutsches Tierschutzgesetz 1986, Stand Dezember 1993

Gesetz zu dem Europäischen Übereinkommen vom 18. März 1986 zum Schutz der für Versuche und andere wissenschaftliche Zwecke verwendeten Wirbeltiere, Bonn, BGBL. 46, 1485, 1990

NENTWICH M., Die Bedeutung des EG-Rechts für den Tierschutz, in: HARRER F. und GRAF G., Tierschutz und Recht, Wien: Verlag Orac, 1994

Österreichisches Tierversuchsgesetz 1988, BGBL. 501, 1989

Schweizer Tierschutzgesetz 1978, Stand Juli 1992

Schweizer Tierschutzverordnung 1981, Stand Juli 1992

Tierschutzbericht 1993, Bonn: BM für Ernährung, Landwirtschaft und Forsten, 48ff, 1993

Versuchstiermeldeverordnung, Bonn, BGBL. I, 1213, 1. August 1988

Die Tierversuchskommissionen nach §15 Tierschutzgesetz in der Bundesrepublik Deutschland

F.P. Gruber

Zusammenfassung

Seit 1987 stehen in Deutschland den Genehmigungsbehörden für Tierversuche beratende Kommissionen zur Seite. Mindestens ein Drittel der Kommissionsmitglieder wird auf Vorschlag von Tierschutzorganisationen berufen, wenn sie aufgrund ihrer Erfahrung zur Beurteilung von Tierschutzfragen geeignet sind. Die Zusammensetzung der Kommissionen und mögliche Interessenkonflikte werden diskutiert. Aus einer Umfrage bei Genehmigungsbehörden geht hervor, daß die Kommissionen überwiegend durch Diskussion zu gemeinsamen Empfehlungen kommen. Sie behandeln im Mittel sechs Anträge pro Sitzung. Der ethischen Güterabwägung könnte mehr Gewicht eingeräumt werden, dieser Aspekt werde aber zunehmend besser berücksichtigt. Die Mitglieder, die auf Vorschlag der Tierschutzorganisationen in den Kommissionen sitzen, haben überwiegend wegen ihrer naturwissenschaftlichen Ausbildung keine Verständnisprobleme mit den gestellten Anträgen. Der Prozentsatz der uneingeschränkten Zustimmung zu Anträgen variiert von Kommission zu Kommission sehr stark (18-96%). Insgesamt schätzen die Behörden die Arbeit der Kommission im Sinne des Tierschutzes für sehr gut bis gut ein.

1. Einleitung

Seit der Novellierung des Tierschutzgesetzes 1986 stehen in der Bundesrepublik Deutschland den Genehmigungsbehörden, die über Tierversuchsanträge an Wirbeltieren zu entscheiden haben, beratende Kommissionen zur Seite. Diese Regelung wurde am 1.1.1987 wirksam.

Wörtlich heißt es im §15 des zur Zeit gültigen deutschen Tierschutzgesetzes: „*Die nach Landesrecht zuständigen Behörden berufen jeweils eine oder mehrere Kommissionen zur Unterstützung der zuständigen Behörden bei der Entscheidung über die Genehmigung von Tierversuchen. Die Mehrheit der Kommissionsmitglieder muß die für die Beurteilung von Tierversuchen erforderlichen Fachkenntnisse der Veterinärmedizin, der Medizin oder einer naturwissenschaftlichen Fachrichtung haben. In die Kommission sind auch Mitglieder zu berufen, die aus Vorschlagslisten der Tierschutzorganisationen ausgewählt worden sind und auf Grund ihrer Erfahrung zur Beurteilung von Tierschutzfragen geeignet sind; die Zahl dieser Mitglieder muß ein Drittel der Kommissionsmitglieder betragen.*“

Festzuhalten bleibt, daß natürlich auch schon vor dieser Novellierung, also nach dem Tierschutzgesetz von 1972, Behörden das Recht hatten, bei der Prüfung von Genehmigungsanträgen sachverständige Gutachter zu Rate zu ziehen. In der Praxis wurde dies wohl nur sehr selten gemacht. Oft wurden Anträge sogar ohne Hinzuziehung des beamteten Tierarztes genehmigt, obwohl dies bereits im „alten" §15 als „Sollvorschrift" festgehalten war.

Neben den eigenen Erfahrungen, gewonnen in siebenjähriger Kommissionsarbeit, sind in diesem Beitrag die Ergebnisse einer Befragung von Genehmigungsbehörden zur Kommissionsarbeit enthalten.

2. Zusammensetzung der Kommissionen, Gründe der Befangenheit

Mit der Zusammensetzung der Tierschutzkommissionen war der Gesetzgeber dem Wunsch von Tierschutzorganisationen nach einer paritätisch besetzten Kommission nicht nachgekommen. Dies führte zu anfänglichem Widerwillen bei verschiedenen Tierschutzkreisen, überhaupt in einer solchen Kommission mitarbeiten zu wollen. Die Besetzungspraxis durch die Behörden war darüberhinaus kaum transparent. Anläßlich einer Tagung 1988 in Bad Boll (Gerechtigkeit für Mensch und Tier) wurde von einer Tierärztin sogar der Verdacht geäußert, daß eine namentlich genannte Behörde als Tierschutzvertreter Laien gegenüber Tierärztinnen und Tierärzten bevorzugen würde, weil auf diese Weise die Überlegenheit der wissenschaftlichen Argumentation in der Kommission sichergestellt sein sollte. Dies mag lokal vorübergehend der Fall gewesen sein, wobei der Wunsch von Behörden, unbequeme Kandidaten möglichst nicht zu berufen, sehr differenziert gesehen werden muß. In den Kommissionen sollen Anträge zu Versuchsvorhaben behandelt werden. Es ist nicht Sinn dieser Kommissionen, während jeder Sitzung über die Berechtigung von Tierversuchen eine Grundsatzdebatte zu führen. Sollte ein Kandidat diesen Wunsch erkennen lassen, ist eine Ablehnung seitens der Behörde nachvollziehbar.

In der allgemeinen Verwaltungsvorschrift zum TSchG heißt es zur Qualifikation der nichtwissenschaftlichen Kommissionsmitglieder: *„Aus den Vorschlagslisten der Tierschutzorganisationen werden Mitglieder ausgewählt, die auf Grund ihrer Erfahrung zur Beurteilung von Tierschutzfragen geeignet sind."* Da dies bei Tierärztinnen und Tierärzten wohl vorausgesetzt werden darf, müssen im berichteten Fall andere Gründe für die Ablehnung gegolten haben. Die Besetzungspraxis ist allerdings keinerlei demokratischer Nachprüfung zugänglich. Dies ist eine der vielen Schwachstellen im Tierschutzgesetz, die bei einer Novellierung behoben werden müssen.

Eine frühere Umfrage zur Besetzung der Kommissionen (KURTSIEFER H.-J., 1989) ergab, daß bei den befragten acht Kommissionen die Hälfte der von Tierschutzorganisationen vorgeschlagenen Kommissionsmitgliedern Veterinärmediziner, Mediziner und Naturwissenschaftler waren. Bei der Gruppe der Naturwissenschaftler waren von 34 Kommissionsmitgliedern jeweils 13 Veterinärmediziner und Mediziner, 8 Sitze verteilten sich auf andere naturwissenschaftliche Disziplinen.

AGENA (1988a) zieht zur Auswahl der Kommissionsmitglieder das Verwaltungsverfahrensgesetz, kurz VwVfG, heran. Danach nehmen Kommissionsmitglieder ein „Amt" im Sinne dieses Gesetzes wahr. Dieses Amt verpflichte zum emotionsfreien Abwägen zwischen den Rechten des Antragstellers und den Belangen des Tierschutzes. Es dürften auch nur solche Personen das Amt wahrnehmen, die dem Ausgang des Verfahrens unbefangen gegenüberstehen, bei denen also nicht zu befürchten sei, daß sie durch unsachliche Erwägungen beeinflußt sein könnten. Für ausgesprochene Tierversuchsgegener, die jeden Genehmigungsantrag ohne Einzelfallprüfung von vorneherein ablehnen, dürfte es sehr schwer sein, diese Bedingungen zu erfüllen. Tierschutzorganisationen wären daher schlecht beraten, radikale Tierversuchsgegner für die Kommissionsmitgliedschaft vorzuschlagen. Diese Überlegungen müssen natürlich auch für die sogenannten wissenschaftlichen Mitglieder in einer Kommission gelten. „Radikale" Wissenschaftler, die sich bereits öffentlich als pauschale Befürworter aller Tierversuche ausgegeben haben (Zitate: Auch jeder Fehlversuch ist eine wichtige Erkenntnis. Wir brauchen Tierversuche, um Arbeitsplätze zu erhalten. Sollen wir die Medikamente an unseren Kindern ausprobieren? Ich bin für Tierversuche.) sind generell als ungeeignet für die Kommissionsarbeit einzustufen.

Personen, die am Ausgang eines bestimmten Genehmigungsverfahrens ein wirtschaftliches oder sogar existentielles Interesse haben (Angehörige von Industrieunternehmen; Finanzierung der eigenen Stelle aus dem Etat des beantragten Tierversuchs usw.) sind zumindest bei den entsprechenden Anträgen als befangen anzusehen.

Trotz der Verpflichtung zur „emotionsfreien" Abwägung der Gründe, die für oder gegen die Empfehlung zur Genehmigung eines Tierversuchs sprechen, müssen natürlich grundsätzliche ethische Bedenken erlaubt sein. Die Überzeugung eines Kommissionsmitgliedes, daß die angestrebten Versuchsziele die zu erwartenden Belastungen der Tiere nicht rechtfertigen, darf nicht als emotionelle Äußerung disqualifiziert werden.

Bedenken bei der Besetzung von Kommissionsplätzen ergeben sich auch durch die vorgeschriebene Geheimhaltungspflicht. Offensichtlich befürchten Behörden bei den Mitgliedern einiger Tierschutzorganisationen von vorneherein, daß die Vertraulichkeit der Beratungen nicht gewährleistet sei. Der „putative" Bruch der Verschwiegenheitspflicht darf natürlich kein offizieller Ablehnungsgrund sein, es sei denn, ein vorgeschlagenes Kommissionsmitglied hätte sich eindeutig öffentlich zum Geheimnisbruch bekannt. Tatsächlich müssen noch Wege gefunden werden, wie grundsätzliche Entscheidungen, die sich aus der Kommissionsarbeit ergeben, ohne Verstoß gegen die Geheimnispflicht öffentlich diskutiert werden können.

Eine Befangenheitsvermutung anderer Art führte am Anfang der Kommissionsarbeit 1987 zu einiger Unruhe. Ist ein Angehöriger der Universität XY in der Kommission befangen, wenn ein Antrag der gleichen Universität beraten wird? Das VwVfG besagt, daß Personen, die beim Antragsteller gegen Entgelt beschäftigt sind oder bei ihm als Mitglieder des Vorstandes oder Aufsichtsrates oder eines gleichartigen Organs tätig sind, wegen Befangenheit auszuschließen sind.

Das Regierungspräsidium Karlsruhe forderte im März 1987 dazu eine juristische Stellungnahme der Universität Heidelberg an. In dieser Stellungnahme wird sinngemäß ausgeführt, daß mit dem VwVfG nur am Verfahren Beteiligte ausgeschlossen werden sollen. Als Beteiligte hätten aber nur Antragsteller und Stellvertreter, nicht aber Universitäts- oder Fakultätsangehörige zu gelten.

In einigen Fällen war auch die Klärung wichtig, ob Kommissionsmitglieder zu Anträgen Stellung nehmen können, zu denen sie schon vorher als Tierschutzbeauftragte (TSB) eine Stellungnahme abgegeben haben. Juristisch ist diese Frage nicht eindeutig zu klären. Eine frühere Mitwirkung an einem Verfahren in amtlicher Eigenschaft muß nicht zur Disqualifikation führen. Da der Tierschutzbeauftragte sich jedoch persönlich mit seiner früheren Stellungnahme identifizieren dürfte, liegt nach AGENA (1988a) die Besorgnis der Befangenheit vor. Auch KURTSIEFER (1989) kommt zu dem Schluß, daß ein Tierschutzbeauftragter in der Kommission nicht über Anträge abstimmen soll, über die er bereits in seiner Eigenschaft als Tierschutzbeauftragter eine Stellungnahme abgegeben hat. Das entsprechende Kommissionsmitglied sollte in solchen Situationen also nicht aktiv in die Beratung der Kommission eingreifen, aber den Kommissionsmitgliedern für Fragen zur Verfügung stehen. Daß jedoch einige Behörden grundsätzlich Tierschutzbeauftragte in den Kommissionen ablehnen, ist durch das VwVfG nicht gedeckt.

Eine interessante Frage war und ist natürlich, von welchen Tierschutzorganisationen Vorschläge zur Besetzung der Kommissionen akzeptiert werden. Nach Erkundigung, die der Deutsche Tierschutzbund eingezogen hat, sind bisher folgende Organisationen als vorschlagsberechtigte Tierschutzorganisationen akzeptiert worden:

- *Deutscher Tierschutzbund e.V. (DTB) und seine Landesverbände*
- *Bundesverband der Tierversuchsgegner e.V. und seine Landesverbände*
- *Lokale Tierschutzvereine*
- *Interessengemeinschaft für Mensch und Tier e.V.*
- *Tierärztliche Vereinigung für Tierschutz (TVT)*

- *Bundesverband Tierschutz - Arbeitsgemeinschaft Deutscher Tierschutz e.V.*
- *Bundesverband für Natur- und Artenschutz e.V.*
- *Verein Tierschutz und Umweltschutz e.V.*
- *Bund gegen den Mißbrauch der Tiere e.V.*

Dazu darf bemerkt werden, daß der Deutsche Tierschutzbund nicht alle diese Organisationen für Tierschutzorganisationen hält. Von der TVT zum Beispiel ist bekannt, daß in ihr neben sehr dem Tierschutz verpflichteten Tierärztinnen und Tierärzten auch Tierexperimentatoren aktiv sind. Dem geforderten Fachwissen kommt dies sicher sehr entgegen, ob aber die Besetzung der Kommissionen im Sinne des Gesetzgebers so gehandhabt werden darf, muß diskutiert werden. Der Deutsche Bundestag hat 1986 beschlossen, durch die Wahl von Mitgliedern aus den Vorschlägen von Tierschutzorganisationen auch Nichtwissenschaftler am Genehmigungsverfahren zu beteiligen. Der Sachverstand in der Kommission sei dadurch gewährleistet, daß die Mehrheit der Kommissionsmitglieder die erforderlichen Fachkenntnisse haben müsse. Es ist zu prüfen, ob Kommissionsmitglieder einer reinen Standesorganisation wie der TVT (Mitglieder können nur Tierärztinnen und Tierärzte sein), in der auch tierexperimentell tätige Wissenschaftler organisiert sind, dem Willen des Gesetzgebers entsprechen. Die Behörden müssen auf jeden Fall sicherstellen, daß über die Vorschlagslisten von Tierschutzorganisationen keine Kommissionsmitglieder berufen werden, die selbst Tierversuche durchführen. Damit wäre dem Willen des Gesetzgebers klar widersprochen. Auch KURTSIEFER (1989) kam zu dieser Aussage.

3. Die Arbeit der Kommissionen

Wie arbeiten nun die Kommissionen? Es soll hier nicht auf die rein formalen Punkte eingegangen werden, also Einladungsfristen, Regelmäßigkeit der Sitzungen, Verfahren bei Abwesenheit eines Mitgliedes und so weiter. Auch ob Stellvertreterinnen und Stellvertreter von ordentlichen Kommissionsmitgliedern alle Unterlagen bekommen und/oder an den Sitzungen teilnehmen können, soll hier nicht behandelt werden.

Alle Kommissionen haben sich Geschäftsordnungen gegeben, die sich nicht wesentlich voneinander unterscheiden dürften, weil sie auf den gleichen gesetzlichen Grundlagen basieren. Daß die Kommissionen „ergebnisorientiert" (AGENA C.-A., 1988b) arbeiten sollen, wurde bereits bei der Auswahl der Kommissionsmitglieder berücksichtigt. Trotz dieser Orientierung am Ergebnis „Empfehlung" oder „Nichtempfehlung" eines Versuchsantrages bleibt in den Kommissionen ein enormer Spielraum, in welchem Sinne die vorliegenden Anträge behandelt werden.

Zum heutigen Zeitpunkt, nach sieben Jahren Erfahrung mit Tierschutzkommissionen, erscheint es daher wichtiger, der Sache nachzugehen, in welcher Weise die Kommissionen zur Meinungsbildung der Behörde beitragen. Dazu gibt es zwei grundsätzlich verschiedene Möglichkeiten.

3.1. Das reine Abstimmungsverfahren

Die Kommissionsmitglieder beraten den Antrag, oft nach einer Einführung durch die/den Vorsitzende/n und stimmen dann über den Antrag formal ab. Dafür - dagegen - Enthaltung. In manchen Kommissionen wird den Vorsitzenden das Votum schon vorab schriftlich mitgeteilt (KURTSIEFER H.-J., 1989), was zum Teil sogar als förderlich für eine schnelle Entscheidung angesehen wird.

Dieses Verfahren führt zu klaren Positionen, bei Stimmengleichheit entscheidet üblicherweise die/der Vorsitzende. Die Gehmigungsbehörde hat ein leicht interpretierbares Votum.

Die Behörde muß zu den Sitzungen kein in Tierversuchsfragen kompetentes Mitglied schikken. Wenn von der Behörde überhaupt jemand an den Sitzungen teilnimmt, genügt die Kenntnis des Verwaltungsverfahrensgesetzes.

3.2. Das abstimmungsfreie Verfahren

Nach einer Einführung durch die/den Vorsitzende/n bringen der Reihe nach alle Mitglieder (also auch die aus der Gruppe der Naturwissenschaftler) ihre „Einwände" gegen den vorliegenden Versuchsantrag vor. Diese Einwände beziehen sich gemäß der allgemeinen Verwaltungsvorschrift auf folgende Punkte:

- Die Unerläßlichkeit eines Vorhabens.
- Gibt es andere - alternative - Verfahren?
- Wird das unerläßliche Maß bei den Belastungen eingehalten?
- Sind die Belastungen ethisch vertretbar im Hinblick auf den Versuchszweck?
- Sind bei lang anhaltenden oder sich wiederholenden erheblichen Schmerzen und Leiden die zu erwartenden Ergebnisse von hervorragender Bedeutung?
- Können weniger schmerzfähige Tierarten verwendet werden?
- Können weniger Tiere verwendet werden?

Ein/e Behördenvertreter/in nimmt alle Argumente zu Kenntnis. Es wird diskutiert, unter welchen Bedingungen eine gemeinsame Stellungnahme erfolgen könnte. Kommt es zu einer solchen Stellungnahme, übernimmt die Behörde das Verfahren wieder. Meist bleiben Fragen offen, die beim Antragsteller geklärt werden müssen. Es sollen alle Fragen, auch die beim ersten Anschein weniger wichtigen, in einem Anschreiben zusammengefaßt werden. Der Antrag geht zur Wiedervorlage. Eine formale Abstimmung findet nicht statt.

Für die Behörde ist der zweite Weg sicher mit mehr Arbeit verbunden. Das zweite Verfahren ist aber dazu angetan, allzu harte Konfrontationen zu vermeiden. Fast alle Kommissionen, in denen es in den letzten Jahren zu schweren Auseinandersetzungen gekommen ist, wenden das erste, also das formale Abstimmungsverfahren an (siehe auch Umfrageergebnisse).

Die Behörde ist mit ihrer Entscheidung nicht an das Kommissionsvotum gebunden. Die Kommission hat rein formaljuristisch nicht einmal das Recht, von einer abweichenden Behördenentscheidung informiert zu werden. Aber fast alle Behörden räumen der Kommission dieses Recht von sich aus freiwillig ein und unterrichten sie von ihren Entscheidungen.

Ist die Kommission nicht mit der Behördenentscheidung einverstanden, gibt es keinen Rechtsweg. Es kann versucht werden, wie 1994 in München, über den Petitionsausschuß des Landtages auf politischem Weg die Behörde umzustimmen. Ein Behördenvertreter kann natürlich auch mit einer Dienstaufsichtsbeschwerde angegriffen werden, aber dies dürfte wohl nur bei einem groben Verfahrensfehler ein erfolgreiches Mittel sein.

4. Umfragen zur Kommissionsarbeit

In einer früheren Umfrage wurden vom Deutschen Tierschutzbund (DTB, 1988) Kommissionsmitglieder über ihre Erfahrungen befragt. Auch H.-J. KURTSIEFER führte bereits 1988 eine Umfrage zur Erfassung der aktuellen Situation der nach §15 berufenen Kommissionen durch (veröffentlicht in seiner Dissertation 1989). Beide Befragungen waren sicher zu früh, um ausgewogene Urteile nach gerade einjähriger Mitgliedschaft erwarten zu können. Es wäre sinnvoll, der DTB würde in ähnlicher Weise, wie es soeben in der Schweiz geschehen ist (MERTENS C., 1994), eine nochmalige Befragung durchführen.

5. Ergebnisse einer Umfrage

Im folgenden soll von einer kleinen Umfrage berichtet werden, in die Genehmigungsbehörden verschiedener westdeutscher Bundesländer einbezogen waren. Die Fragen waren absichtlich neutral gehalten, um eine hohe Rücklaufquote zu erreichen.

Die Antworten stammen von 10 Behörden. Nach dem Zufallsprinzip waren 18 Behörden ausgewählt worden, eine Behörde hatte datenschutzrechtliche Bedenken, eine andere Behörde hatte keine eigene Tierversuchskommission, sechs Behörden haben nicht geantwortet.

Hier im einzelnen die Fragen und Antworten. Die Angaben zur Frage 1 sind parameterfrei in Minimum-, Median- und Maximumwerten angegeben (keine Normalverteilung), der Text des Fragebogens ist *kursiv* dargestellt.

1. *Wie viele Anträge wurden von Ihrer Kommission im Jahr 1993 ungefähr beraten und wieviele Sitzungen waren dazu nötig?*
Im Jahr 1993 wurden von den 10 Kommissionen 674 Versuchsanträge in 109 Sitzungen beraten.

Anzahl der	Anträge	Sitzungen 1993	Anträge je Sitzung
x_{min}	5	3	1,0
x_{med}	68	10	6,1
x_{max}	150	23	8,5

2. *Kommen die Empfehlungen der Kommission durch formale Abstimmung oder durch Diskussion bis zu einer gemeinsamen Stellungnahme zustande?*
Die Empfehlungen kommen in drei Kommissionen überwiegend durch eine formale Abstimmung zustande, in sieben Kommissionen wird überwiegend bis zu einer gemeinsamen Stellungnahme diskutiert.

3. *Wie hoch sind - ungefähr - die Prozentsätze der Anträge, die*
   - direkt abgelehnt werden: 0 bis 5%
   - zur Nachbesserung an den Antragsteller zurückgehen: 2 bis 68%
   - mit Beschränkungen und Auflagen genehmigt werden: 2 bis 38%
   - uneingeschränkt genehmigt werden: 18 bis 96%

4. *Werden den Kommissionsmitgliedern die Stellungnahmen der Tierschutzbeauftragten (TSB) und/oder der beamteten Tierärzte vorgelegt?*
   - keine Vorlage: 3,
   - beides wird vorgelegt: 2,
   - nur Stellungnahme des TSB wird vorgelegt: 5 Kommissionen.

5. *Wie schätzen Sie das Niveau ein, mit dem die wissenschaftlich begründete Darlegung der ethischen Vertretbarkeit des beantragten Versuches beschrieben wird (Mehrfachnennung möglich)?*
   - Dieser Aspekt des Antrags ist fast immer gut dargelegt: 4
   - Diesem Aspekt könnte mehr Beachtung geschenkt werden: 6
   - Diese Frage wird in letzter Zeit besser beantwortet: 5
   - Darüber gibt es fast immer kontroverse Diskussionen: 0

6. *Wie stellt sich Ihnen als Behörde die wissenschaftliche Qualifikation der Vertreter der Tierschutzorganisationen dar (Mehrfachnennung möglich)?*
Die Vertreter der Tierschutzorganisationen
   - können der wissenschaftlichen Diskussion überwiegend nur mühsam folgen: 2
   - haben überwiegend keine Probleme mit den Anträgen: 4
   - sind überwiegend naturwissenschaftlich vorgebildet: 7

- kommen eher aus dem geisteswissenschaftlichen Bereich: 2
- sind überwiegend völlige Laien: 4

7. *Wenn Sie als Behörde eine Note vergeben dürften, was die Einführung der Tierschutzkommissionen tatsächlich dem Tierschutz gebracht hat, welche Note würden Sie nach Ihren Erfahrungen geben (1=sehr viel, 6= gar nichts)?*
Das arithmetische Mittel der vergebenen Noten betrug 1,72

Alle Angaben beziehen sich auf das Jahr 1993.

6. Ausblick

Es wäre wünschenswert, diese Angaben der Behörden mit aktuellen Erfahrungen von Kommissionsmitgliedern aus den verschiedenen Gruppierungen vergleichen zu können. Nach MERTENS (1994) gibt es unter den Kommissionsmitgliedern in der Schweiz zwei völlig verschiedene „Profile", das des „zufriedenen" und das des „unzufriedenen" Kommissionsmitgliedes. Es ist anzunehmen, daß eine solche Einteilung auch in der BRD vorgenommen werden kann. Vor allem dem Aspekt der Darlegung der ethischen Vertretbarkeit von Tierversuchen muß sicher noch größere Aufmerksamkeit geschenkt werden. Es ist nach meiner Erfahrung anzunehmen, daß die meisten Kommissionen immer noch eher die wissenschaftliche Machbarkeit und die Erfolgsaussichten eines Vorhabens prüfen. Die Frage, ob ein bestimmtes Forschungsergebnis überhaupt von unserer Gesellschaft gewünscht wird, wenn es nur mit hohen Belastungen für die Versuchstiere erworben werden kann, ist sicher nicht immer der zentrale Punkt der Beratungen. Nur wenn die Argumentation sich auch in diese Richtung weiterentwickelt, können die Kommissionen nach §15 Tierschutzgesetz auch „Ethikkommissionen" genannt werden, so wie es etwas voreilig mancherorts bereits heute geschieht. Das Argument des Wissensverzichtes, wie es in den „Ethischen Grundsätzen und Richtlinien für wissenschaftliche Tierversuche" der Schweizerischen Akademie der medizinischen Wissenschaften und der Schweizerischen Akademie der Naturwissenschaften formuliert wurde, hat in Deutschland leider einen noch zu geringen Stellenwert.

Literatur

AGENA C.-A., Die Tierversuchskommission nach § 15 Tierschutzgesetz: Rechte und Pflichten der Kommissionsmitglieder, Deutsches Tierärzteblatt, 8, 6-8, 1988a

AGENA C.-A., Die Tierversuchskommission nach §15 Tierschutzgesetz: Rechtssystematische Einordnung und Zweck der Kommissionstätigkeit, Deutsches Tierärzteblatt, 8, 573-577, 1988b

DTB, Ergebnis einer Erhebung über die Arbeit der beratenden Kommissionen nach §15 Tierschutzgesetz, Deutscher Tierschutzbund (Hrsg.), Baumschulallee 15, D-53115 Bonn, 1989

Ethische Grundsätze und Richtlinien für wissenschaftliche Tierversuche, Schweizerische Akademie der medizinischen Wissenschaften und Schweizerische Akademie der Naturwissenschaften, Neufassung in der Schweizerischen Ärztezeitung, 75, 1255-1259, 1994

Gerechtigkeit für Mensch und Tier, Evangelische Akademie (Hrsg.), D-73087 Bad Boll, Protokolldienst Bad Boll 11, 1989

KURTSIEFER H.-J., Die Aufgabenstellung von Tierschutzbeauftragten und der nach §15 Tierschutzgesetz von 1986 berufenen Kommissionen und ihre Realisierung in den Jahren 1987 und 1988, Vet. Med. Dissertation, FU Berlin, 1989

MERTENS C., Die Arbeit in schweizerischen Tierversuchskommissionen, ALTEX 2, 92-100, 1994

Die Ethik-Kommission für Tierversuche der Schweizerischen Akademie der Naturwissenschaften (SANW) und der Schweizerischen Akademie der medizinischen Wissenschaften (SAMW)

H. Sigg

Zusammenfassung

Die Schweizerische Akademie der Naturwissenschaften und die Schweizerische Akademie der medizinischen Wissenschaften gaben 1983 „Ethische Grundsätze und Richtlinien für wissenschaftliche Tierversuche" heraus. Diese Richtlinien wurden für alle Wissenschafter verbindlich erklärt. Um die Einhaltung dieser auf die Selbstverantwortung der Wissenschaft hinzielenden Regeln zu gewährleisten, wurde 1984 eine Ethik-Kommission eingesetzt. Diese Kommission hat die Aufgabe, durch Informationskampagnen und Lehrangebote zur Bewußtseinsbildung beizutragen, problematische Versuche einer kritischen Prüfung der Vertretbarkeit zu unterziehen, wissenschaftliche und andere Organisationen zu beraten, gesetzliche Erlässe aller Stufen daraufhin zu prüfen, ob sie unzweckmäßige Tierversuche vorschreiben und die „Ethischen Grundsätze und Richtlinien" einer periodischen Überprüfung zu unterziehen. 1993 wurden diese Richtlinien vollständig überarbeitet und zum Teil neu formuliert, darunter einige Präzisierungen zur Durchführung von Versuchen und zur Verantwortlichkeit der Mitarbeiter. In der neuen Fassung wird mit dem Begriff der „Eigenwürde" der Tiere ein neues Verhältnis zum Versuchstier angesprochen.

Der vorliegende Bericht stützt sich auf den Tätigkeitsbericht für die Jahre 1985-1990 von Prof. H. RUH, dem ersten Präsidenten der Kommission, sowie auf eigene Erfahrungen des Autors als Kommissionsmitglied (seit 1990).

1. Die Stellung der Ethik-Kommission im Rahmen regulatorischer Gremien

Im Mai 1983 haben die Schweizerische Naturforschende Gesellschaft (jetzt Akademie der Naturwissenschaften SANW) und die Schweizerische Akademie der medizinischen Wissenschaften (SAMW) „Ethische Grundsätze und Richtlinien für wissenschaftliche Tierversuche" (in der Folge: EGR) herausgegeben. Die Akademien haben diese Grundsätze als Kodex für alle in der Schweiz tätigen Wissenschafter und deren Mitarbeiter als verbindlich erklärt. 1984 wurde von beiden Akademien die „Ethik-Kommission für Tierversuche" geschaffen, mit der Zielsetzung, zur Durchsetzung dieser Richtlinien beizutragen und sie auch periodisch auf ihre

Aktualität und Angemessenheit hin zu prüfen. Die Kommission wirkt auch als Beratungsorgan, das seine Dienste Forschern, Organen der Forschungsförderung und Behörden, aber auch aussenstehenden Organisationen, die sich mit dieser Problematik auseinandersetzen, zur Verfügung stellt.

Im Gegensatz zu Tierschutzgesetz und -Verordnung, deren Anwendung durch staatliche Instanzen geregelt ist, sind die ethischen Richtlinien keine Gesetzestexte und somit nur indirekt rechtsverbindlich. Zweck der Richtlinien ist nicht in erster Linie die rigorose Durchsetzung einmal festlegter Normen, sondern die Förderung des Verantwortungsbewußtseins in der biologischen Forschung. Neben dem Appell, durch verantwortliches Handeln eine Selbstregulation vorzunehmen, verfügen die Akademien dennoch über einige Machtmittel, so im Bereich der Finanzierung von Forschungsprojekten (Nationalfonds), bei Publikationen und bei Beratungen in wissenschaftlichen Gremien.

2. Pflichtenheft der Ethik-Kommission

- Die Kommission ist Beratungsorgan der SANW und der SAMW. Sie prüft die ethische Verantwortbarkeit wissenschaftlicher Tierversuche und gibt das Ergebnis ihrer Beurteilung bekannt. Dabei stützt sie sich auf die EGR und zieht, soweit es nötig erscheint, weitere Unterlagen hinzu.
- Die Dienste der Kommission können in Anspruch genommen werden von
  - Einzelforschern und Forschergruppen
  - wissenschaftlichen Akademien
  - Organen der Forschungsförderung (Nationalfonds)
  - Behörden
  - privaten Personen und Gruppen außerhalb der betroffenen Wissenschaften, soweit die Verfügbarkeit der Kommission dies zuläßt.
- Die Kommission überprüft die EGR periodisch und unterbreitet den Vorständen der SANW und der SAMW gegebenenfalls Änderungsvorschläge.
- Die Kommission greift spontan Fälle auf, welche die EGR verletzen. Sie berichtet den Vorständen von SANW und SAMW über das Ergebnis ihrer Untersuchung sowie allfällig von ihr eingeleitete Schritte zur Ahndung festgestellter Verstöße.
- Die Kommission prüft gesetzliche Erlässe aller Stufen darauf hin, ob sie unnötige oder unzweckmäßige Tierversuche vorschreiben. Ihre Einsichten teilt sie den Vorständen von SANW und SAMW mit und beantragt die ihr erforderlich scheinenden Maßnahmen.

Die Kommission äußert sich in gleichem Sinne zu internationalen Regelungen betreffend wissenschaftlicher Tierversuche.

3. Wahl und Zusammensetzung der Kommission

Die Mitglieder der Ethik-Kommission werden von den Vorständen der SANW und der SAMW gewählt. Die Kommission hat ein Vorschlagsrecht bei der Ernennung neuer Mitglieder.

In der Ethik gelten keine absoluten Maßstäbe. Ethische Überlegungen bilden vielmehr ein Instrument zur verantwortungsbewußten Abwägung verschiedener Interessen in Konflikten. Einerseits dienen die EGR als Grundlage und Leitlinie für die Diskussion, andererseits wurden bei der Zusammensetzung der Kommission die Mitglieder so gewählt, daß ein möglichst breites Meinungsspektrum in die Beratungen einfließt. Beides sind Vorbedingungen, um im Einzelfall zu einem tragfähigen Konsens zu gelangen.

Im folgenden Schema (Abb. 1) wird veranschaulicht, wie sich die verschiedenen Arbeitsgebiete um die Problematik des Tierversuchs gruppieren. Um eine umfassende Beurteilung zu ermöglichen, sollte die Kommission demnach Experten aller dargestellter Fachrichtungen einbeziehen.

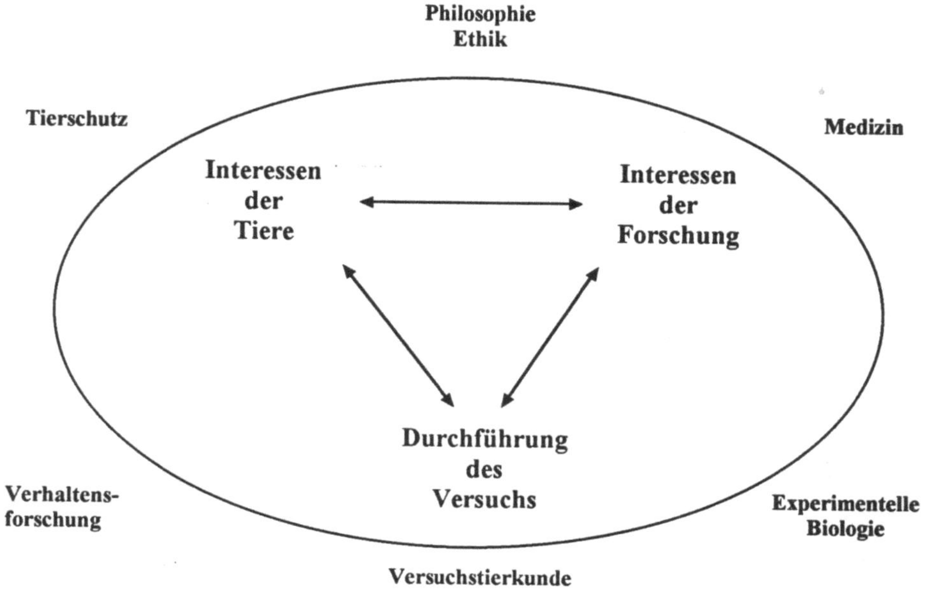

Abb. 1

4. Arbeit der Kommission

4.1. Information und Bewußtseinsbildung

Die wichtigsten Grundsätze der EGR wurden als „Grundregeln für die Durchführung von Tierversuchen" auf einem kleinen Plakat zusammengefaßt und über verschiedene Kanäle an alle Labors verteilt (Die Plakate in deutscher, französischer oder englischer Sprache werden Interessenten gratis zugestellt):

Grundregeln für die Durchführung von Tierversuchen

1. Der ethische Grundsatz der Ehrfurcht vor dem Leben von Mensch und Tier gebietet insbesonders, Tierversuche so weit als möglich einzuschränken, ohne aber dem Menschen die Erfüllung seiner eigenen Schutzansprüche vorzuenthalten.

2. Der ethische Grundsatz der Ehrfurcht vor dem Leben führt zur Forderung, mit einer möglichst geringen Zahl von Versuchen und Tieren und möglichst geringem Leiden der letzteren den größtmöglichen Erkenntnisgewinn zu erzielen.

3. Versuche, die dem Tier schwere Leiden verursachen, müssen vermieden werden, indem durch Änderung der zu prüfenden Aussage andere Erfolgskriterien gewählt werden oder indem auf den erhofften Erkenntnisgewinn verzichtet wird.

4. Die Forderung nach Begründung durch überwiegende Werte auferlegt den Wissenschaftern die Pflicht, Notwendigkeit und Angemessenheit jedes Tierversuchs nachzuweisen. Tierver-

suche sind ethisch nicht zulässig, wenn es für die Gewinnung der angestrebten Erkenntnisse genügend aussagekräftige Alternativen gibt. Tierversuche, die bereits fachgerecht durchgeführt wurden, dürfen nicht ohne ausreichende Begründung wiederholt werden.

5. Je schwerer das dem Tier durch den Versuch zugemutete Leiden ist, desto schärfer stellt sich die Frage nach der Verantwortbarkeit eines Versuches.

6. Versuche, welche Schmerzen verursachen können, müssen unter allgemeiner oder lokaler Betäubung vorgenommen werden, wenn der Zweck des Versuches dies nicht ausschließt.

7. Sind Schmerz, Leiden oder Angst unvermeidbare Begleiterscheinungen eines Versuches, müssen durch alle möglichen Maßnahmen deren Dauer und Intensität auf das unerläßliche Maß beschränkt werden. Das Tier muß seinen Empfindungen Ausdruck geben und, wenn immer möglich, schmerzhafte Reize durch Ausweichen vermeiden können; deshalb ist die Verwendung von lähmenden Substanzen ohne Narkose nicht erlaubt.

8. Zum Mittel der andauernden körperlichen Einengung darf nur gegriffen werden, wenn andere Verfahren erwogen und als untauglich befunden worden sind. Alle Mittel zur Linderung des Angstzustandes, insbesonders die sorgfältige und schonende Gewöhnung an die Versuchsbedingungen, sind einzusetzen.

9. Bei allen Versuchen, die chronisches Leiden zur Folge haben oder wiederholte Eingriffe nötig machen, sind alle möglichen Maßnahmen zur Linderung des Leidens und zur Dämpfung der Angst zu ergreifen. Von besonderer Bedeutung ist hier eine sorgfältige Gewöhnung an die Versuchsbedingungen und eine fachgerechte Betreuung der Tiere vor, während und nach dem Versuch.

10. Allen an Tierversuchen beteiligten Personen obliegt die Pflicht, für Wohlergehen und kleinstmögliches Leiden der Versuchstiere besorgt zu sein.

Die Kommission fördert die fachliche Ausbildung von Personen, die Tierversuche durchführen. (Die Universität Zürich hat die Ausbildung für Versuchsleiter, die auch ethische Gesichtspunkte vermittelt, im Jahr 1993 für verbindlich erklärt.)

Die Mitglieder der Kommission führen eigene Lehrveranstaltungen im Zusammenhang mit den ethischen Problemen der Tierversuche durch, oder beteiligen sich an solchen.

Eine Sammlung der wichtigsten klassischen und modernen Texte zur Tierethik bzw. zum Tierversuch, die in Lehrveranstaltungen gebraucht werden kann, wurde in Auftrag gegeben und erscheint im Sommer 1994 (BONDOLFI A., 1994).

4.2. Kommissionsinterne ethische Reflexion

In Hearings, Fallstudien und grundsätzlichen Diskussionen hat sich die Kommission mit den unterschiedlichen Standpunkten ihrer Mitglieder auseinandergesetzt und erprobt, in welchem Maße sich eine gemeinsame Sicht erarbeiten ließe.

Folgende Themen standen im Zentrum:

- Das Leiden der Tiere
- Grundlegende ethische Normen im Zusammenhang mit dem Tierversuch
- Ethische Modelle der Konfliktlösung
- Der Tod der Tiere
- Tierrechte

- Das Problem der transgenen Tiere
- Tierversuch und Grundlagenforschung aus der Sicht der Ethik
- Sicherheitsprüfung und Tierversuch

Es gelang allerdings nicht, daß sich die Kommission auf eine einheitliche Beurteilung des Stellenwerts dieser Werte und Normen einigen konnte.

4.3. Anfragen von Organisationen

In Beantwortung von Anfragen, die an die Ethik-Kommission herangetragen wurden, hat die Kommission mit ihren Stellungnahmen zur kritischen Evaluation und zur Verbesserung von Versuchsbedingungen beigetragen: Eine Anfrage betraf Versuche zur möglichen Verminderung bekannter schädlicher Nebenwirkungen eines Genußmittels. Die Versuchsanordnung hätte keine grundlegend neuen Erkenntnisse erwarten lassen, weil die Ursache der Nebenwirkungen bekannt waren und die angestrebte Aussage somit mit chemisch-analytischen Methoden erreicht werden konnte. Obwohl die Notwendigkeit von Versuchen mit Ausrichtung auf zivilisatorische Werte nicht kategorisch abgelehnt wurde, bedürfen solche Versuche einer besonders kritischen Überprüfung.

Der Wert der Versuche am isolierten Froschherzen im Rahmen des physiologischen Praktikums von Medizinstudenten wurde diskutiert, wozu sich die Kommission vor Ort direkt informierte. Der Erkenntnisgewinn wurde unter Berücksichtigung verschiedener Aspekte beurteilt, wobei diesem nicht von allen Mitgliedern derselbe Stellenwert eingeräumt wurde. Die Durchführung der Versuche wurde nicht grundsätzlich abgelehnt, jedoch wurden vermehrte Anstrengungen gefordert zur

- Reduktion von Organversuchen;
- stärkeren Berücksichtigung von Selbstversuchen;
- Optimierung der Rahmenbedingungen im Praktikum;
- Evaluierung des Erreichens der Lernziele.

Ohne daß ein Verbot je ausgesprochen worden wäre, ist der besagte klassische Lehrversuch aus den Ausbildungsgängen verschwunden.

Die Richtlinie 4.8 besagt (diese Regel ist inzwischen auch in die Tierschutzverordnung aufgenommen worden; die Kommission hat sich an deren Vernehmlassung beteiligt), daß Versuchstiere in der Regel aus speziellen Versuchstierzuchten stammen sollen. Dennoch wurden auch für Nationalfondsprojekte, die billigeren (von einem Händler gekauften) Tiere verwendet und nicht Tiere, die aus einer Zucht stammen. Die Kommission hat dem Nationalfonds die Situation dargelegt und ihn ersucht, in Forschungsgesuchen Angaben über die Herkunft der Versuchstiere zu verlangen. Der Forschungsrat hat nicht nur diesem Vorschlag zugestimmt, sondern auch die bereits laufenden Kredite soweit ergänzt, daß entsprechende Tiere gekauft werden konnten.

Die Frage nach der Anerkennung der Suprematie der Ethik über das Erkennen wurde von der Vereinigung „Ärzte gegen Tierversuche" an die Ethik-Kommission herangetragen. Die Problematik dieser Frage ist viel zu komplex, um eine kurze und einfache Antwort darauf zu geben. Die EGR anerkennen den hohen Wert des menschlichen Erkenntnisstrebens, der auch für die ethische Ausrichtung der forschenden Praxis wegleitend ist. Nach EGR 3.8 sind Tierversuche ethisch zulässig, wenn sie - auch ohne unmittelbar erkennbaren Nutzen für Leben und Gesundheit - dem Streben nach neuer Erkenntnis dienen. Der wissenschaftlichen Erkenntnis kommt indessen keine absolute Priorität zu: EGR 4.6 verlangt vom Forscher, daß Versuche, die dem Tier schwere Leiden verursachen, vermieden werden müssen, sei es, indem durch

Änderung der zu prüfenden Aussage andere Erfolgskriterien gewählt werden, sei es, indem auf den erhofften Erkenntnisgewinn verzichtet wird.

4.4. Revision der EGR

1993, zehn Jahre nach der Einführung der „Ethischen Grundsätze und Richtlinien", wurden diese einer Totalrevision durch die teilweise erneuerte Kommission unterzogen. Einerseits hat die im Laufe von 10 Jahren gesammelte Erfahrung gezeigt, daß in einigen Bereichen Präzisierungen nötig erscheinen, andererseits kamen neue Gesichtspunkte hinzu, die 1983 noch kaum zur Diskussion standen.

Einige Grundsatzdiskussionen um neue Konzepte zeigten, wie schwierig es ist, eine Struktur zu finden, die sowohl vom philosophisch-ethischen, wie auch vom pragmatisch umsetzbaren Aufbau eine logische Gliederung erlaubt. Die Kommission einigte sich schließlich darauf, die Strukturierung der bisherigen Richtlinien beizubehalten, die jeweiligen Formulierungen einer kritischen Überprüfung zu unterziehen und, wo nötig, Ergänzungen einzufügen.

Im Februar 1994 wurde die neue Version der EGR von der Ethik-Kommission, zuhanden der Vorstände der beiden Akademien, verabschiedet. Unter dem Vorbehalt der Zustimmung dieser Gremien werden die neuen EGR im Herbst 1994 in Kraft treten. Der nächste Abschnitt erläutert einige dieser Neuerungen.

5. Neuerungen in der revidierten Fassung der „Ethischen Grundsätze und Richtlinien für wissenschaftliche Tierversuche"

5.1. Ethische Grundlagen

Der erste Absatz des Kapitels über die ethischen Grundlagen führt den Begriff der „Würde" ein:

2.1 Die ethische Grundhaltung der Ehrfurcht vor dem Leben verpflichtet den Menschen zum Schutz der Tiere als empfindungsfähige Mitwesen. Tiere haben Anspruch auf Respekt vor ihrer Würde. Diese drückt sich in der artgerechten, freien Betätigung der natürlichen Entfaltungsmöglichkeiten aus. Das Ethos der Humanität erwächst entscheidend aus dem Solidaritätsgefühl mit allen Kreaturen, die leiden.

In den folgenden Abschnitten wird der Grundkonflikt in neuer Formulierung herausgehoben:

2.2 Das Leben stellt den Menschen vor unausweichliche Probleme, für deren Lösung er unter anderem der Ausweitung und Vertiefung des Wissens bedarf. Für das Verständnis von Lebensphänomenen sind Forschungsuntersuchungen am Tier oft von entscheidender Bedeutung. Sie stellen eine Form der vom Menschen unternommenen Nutzung von Tieren dar, mit dem Zweck seiner Selbsterhaltung und der Förderung seines Wohlergehens. Aus Tierversuchen gewonnene Erkenntnisse dienen dem Menschen zum Schutz des Lebens, zur Minderung von Leiden und zur Sicherung seines Überlebens. Das Recht, das der Mensch sich nimmt, Tiere zu nutzen, ist aber gekoppelt mit der Pflicht, den Mißbrauch dieses Rechts zu vermeiden.

2.3 Der Mensch vermag sein Handeln zu verantworten, weil er zu Überlegungen und zu Einsichten fähig ist. Er hat die Pflicht, in seinem Handeln das größtmögliche Wohlergehen aller Betroffenen zu erstreben. Hinsichtlich der Durchführung von Tierversuchen kann er sich dem ethischen Konflikt nicht entziehen, der zwischen dem Streben nach Verwirklichung menschlicher Werte und der ethischen Grundhaltung der Ehrfurcht vor dem Leben sowie dem Verzicht auf das Zufügen von Leiden entsteht. Dieser Konflikt ist unvermeidbar. Es kann ihm nur durch Abwägen der sich gegenseitig im Wege stehenden Werte verantwortungsvoll begegnet werden. Bei aller Güterabwägung darf nicht verdrängt werden, daß den verbrauchenden und Leid zufügenden Tierversuchen stets ein ethisch problematischer Charakter anhaftet.

2.4 Die ethische Grundhaltung der Ehrfurcht vor dem Leben von Mensch und Tier und die Pflicht, Leiden möglichst zu vermeiden, sowie der Respekt vor der Empfindungsfähigkeit und Eigenwürde der Tiere gebieten es, Tierversuche soweit wie möglich einzuschränken. Dabei darf dem Menschen die Erfüllung seiner eigenen Schutzansprüche nicht vorenthalten werden.

5.2. Ethische Anforderungen an die Zulässigkeit von Tierversuchen

Das Kapitel über die ethischen Anforderungen wird in einigen Punkten verschärft:

3.4 Forschungsuntersuchungen an Tieren müssen allen Regeln der Wissenschaftlichkeit genügen. Insbesonders müssen die angestrebten Erkenntnisse eindeutig über das Bekannte hinausweisen; die zu prüfende Annahme muß sinnvoll, das gewählte Verfahren erfolgversprechend und dem jeweiligen Stand der Forschung angepaßt sein. Ethisch fragwürdig sind namentlich Tierversuche, die über bekannte Produkte oder Produkteklassen keine Erkenntnisse gewinnen lassen, die nicht mit anderen Mitteln erhalten werden können.

3.8 Tierversuche sind umso fragwürdiger und einer besonderen Begründung bedürftig, je mehr sie ökonomisch motiviert sind und je mehr sie sich von folgenden Zielsetzungen entfernen: Erwerb, Vermittlung und Anwendung von biologischem und medizinischem Wissen sowie Verbesserung diagnostischer, therapeutischer und präventiv-medizinischer Mittel. Abzulehnen sind Tierversuche, die ausschließlich für Güter des Luxuskonsums durchgeführt werden.

5.3. Ethische Anforderungen an die Durchführung von Tierversuchen

Die Richtlinien betreffend Durchführung von Tierversuchen werden im wesentlichen durch zwei neue Grundsätze ergänzt:

4.1 ... Kann durch den Einsatz einer größeren Anzahl von Tieren das Leiden der einzelnen Tiere wesentlich reduziert werden, so ist der Reduktion individuellen Leidens Priorität gegenüber der Reduktion der Tierzahl einzuräumen.

4.4 Sind Schmerz, Leiden oder Angst unvermeidbare Begleiterscheinungen eines Versuches, müssen Dauer und Intensität auf das unerläßliche Maß beschränkt werden. Zu diesem Zweck sind die Tiere durch fachlich geschulte Beobachter angemessen zu überwachen. Gegebenenfalls sind die erforderlichen Maßnahmen zur Linderung des Leiden zu ergreifen. Das Tier muß seinen Empfindungen Ausdruck geben und, wenn immer möglich, schmerzhafte Reize durch Ausweichen vermeiden können; deshalb ist die Verwendung von lähmenden Substanzen ohne Narkose nicht erlaubt.

5.4. Verantwortlichkeiten

Bereits in den bisherigen Richtlinien wurde die Verantwortlichkeit aller in Tierversuchen tätigen Personen herausgestrichen und es wurde betont, daß alle Mitarbeiter ein volles Ausdrucksrecht haben müssen und gegebenenfalls die Mitarbeit verweigern können. In Absatz 5.2

der EGR wird ein Punkt angesprochen, der mit der Verschärfung der Auflagen zunehmend an Bedeutung gewinnt:

5.2 ... Forschende lehnen es aus ethischen Gründen ab, Tierversuche ins Ausland zu verlegen, die der schweizerischen Tierschutzgesetzgebung widersprechen und die nach den vorliegenden Ethischen Grundsätzen und Richtlinien nicht verantwortet werden können.

In der Ausbildung müssen ethische Gesichtspunkte verstärkt berücksichtigt werden:

5.6 ... Ein besonderes Anliegen muß es sein, den zu Tierversuchen künftig berechtigten Personen im Rahmen der Hochschulausbildung die Grundlagen für ein ethisches Verantwortungsbewußtsein zu vermitteln.

6. Mitglieder der Ethik-Kommission für Tierversuche (Stand Februar 1994)

Prof. Dr. PETER THOMANN (Präsident)
Institut für Labortierkunde
Universität Zürich-Irchel

Prof. Dr. PATRICK AEBISCHER
Centre Hospitalier Universitaire Vaudois
Lausanne

Prof. Dr. MARIE-CLAUDE HEPP-REYMOND
Institut für Hirnforschung
Universität Zürich

Prof. Dr. ADRIEN HOLDEREGGER
Theologische Fakultät
Universität Fribourg

PD Dr. MARK JENNY
Glarus

Dr. BERNHARD ERNST MATTER
Sandoz Pharma AG
Basel

Dr. ALEX MAURON
Fondation Louis Jeantet
Genf

Dr. PIERRE F. PIGUET
Centre médical universitaire
Genf

Prof. Dr. HANS RUH
Institut für Sozialethik
Universität Zürich

Dr. HANS SIGG
Kantonales Veterinäramt
Zürich

Prof. Dr. EUGEN VAN DER ZYPEN
Anatomisches Institut
Bern

Dr. ANDREAS STEIGER (ständiger Gast)
Bundesamt für Veterinärwesen
Bern

Frühere Mitglieder:

Prof. Dr. P. BURCKHARDT, Lausanne
Prof. Dr. J.-J. DREIFUSS, Genf
Prof. Dr. J.-C. GIVEL, Lausanne
Prof. Dr. R. HESS, Dornach
Mme A. PETITPIERRE, Genf
PD Dr. B. SITTER, Bern
R. STEINER, Basel
Prof. Dr. B. TSCHANTZ, Bern
Prof. Dr. E. R. WEIBEL, Bern
Prof. Dr. P. WALTER, Basel

Literatur

BONDOLFI A., Mensch und Tier. Ethische Dimension eines Verhältnisses, Universitätsverlag Freiburg, 1994

RUH H., Die Ethik-Kommission für Tierversuche von SAMW und SANW in den Jahren 1985-1990, Bulletin der Schweizerischen Akademie der Geisteswissenschaften und der Schweizerischen Akademie der Naturwissenschaften, Bern, 1991

Schweizerische Akademie der Naturwissenschaften und Schweizerische Akademie der medizinischen Wissenschaften: Ethische Grundsätze und Richtlinien für Wissenschaftliche Tierversuche. SANW, Bärenplatz 2, CH-3011 Bern, 1983

Darstellung der Geheimnisproblematik für Kommissionsmitglieder

E. Danner

Zusammenfassung

Die Mitglieder der schweizerischen Tierversuchskommissionen unterstehen dem Amtsgeheimnis. Dessen Umfang und Ausgestaltung wird durch das jeweilige kantonale Recht definiert. Die Tätigkeit der Kommissionen ist grundsätzlich geheim. Die Kommission kann indessen über Aspekte ihrer Tätigkeit informieren, soweit nicht überwiegende private oder öffentliche Geheimhaltungsinteressen bestehen. Nach kantonalzürcherischem Recht hat die Kommission einen jährlichen Rechenschaftsbericht abzulegen, der veröffentlicht wird. Zu einer teilweisen Öffentlichkeit kann auch das Beschwerdeverfahren führen. Kommissionsmitglieder können Versuchsbewilligungen anfechten, was zu einem öffentlichen verwaltungsgerichtlichen Verfahren führen kann. Die Kommissionsmitglieder sind schließlich befugt, die von ihnen vertretenen Organisationen in den Grundzügen über ihre Tätigkeit in der Kommission zu orientieren.

1. Bedeutung der Tierversuchskommission

Das schweizerische Tierschutzgesetz kennt seit der Änderung vom 9. April 1991 eine doppelte Zuständigkeit im Bewilligungsverfahren für Tierversuche: Der Bewilligungsinstanz vorgelagert ist obligatorisch eine begutachtende Instanz in Form der Tierversuchskommission. Diese besteht gemäß Art. 18 des Tierschutzgesetzes aus Fachleuten, sie ist von der Bewilligungsbehörde unabhängig, sie prüft die Gesuche um Durchführung von Tierversuchen und stellt bei der Bewilligungsbehörde Anträge. Sie wird für die Kontrolle der Versuchstierhaltung und der Durchführung der Tierversuche beigezogen. Es können ihr weitere Aufgaben übertragen werden.

Aus dem Wortlaut des Gesetzes könnte geschlossen werden, daß die begutachtende Kommission ausschließlich Expertenfunktion zuhanden der Bewilligungsbehörde wahrzunehmen hätte. Tierversuche werden in der Regel nur im Zusammenhang mit komplexen wissenschaftlichen Fragestellungen beantragt, und es fehlt deshalb der Bewilligungsbehörde - es ist dies in der Regel das kantonale Veterinäramt - häufig das Fachwissen, um die Gesuchsprüfung in jeder Hinsicht kompetent und umfassend vorzunehmen. Die Kommission sollte diesem Problem begegnen, indem sie mit Fachleuten aus verschiedensten Wissensgebieten bestückt wird, die natürlich zugleich etwas von Tierversuchen und Versuchstieren verstehen sollten. In ihrer Funktion als Expertengremium stellen sich für die Tierversuchskommission und ihre Mitglieder keine besonders heiklen Fragen im Hinblick auf die Geheimnisproblematik.

Die Tierversuchskommission hat indessen nicht nur eine Experten-, sondern auch eine tierschutzpolitische Funktion. Bereits die Entstehungsgeschichte zeigt dies. Die Gesetzesnovelle von 1991 wurde vom schweizerischen Bundesrat als indirekter Gegenvorschlag zur Volksinitiative des Schweizer Tierschutzes „zur drastischen und schrittweisen Einschränkung der Tierversuche (Weg vom Tierversuch!)" vorgeschlagen. Damit sollte der Volksinitiative, die einen weitgehenden Verzicht auf Tierversuche verlangte, ein Gesetz gegenüber gestellt werden, das die Tierversuche gegenüber dem bisherigen Recht zwar nicht zusätzlich einschränkt, den Interessen des Tierschutzes aber im Verwaltungsverfahren mehr Beachtung verschafft. Der Kommission haben gemäß dem bereits erwähnten Art. 18 des eidgenössischen Tierschutzgesetzes zwingend Vertreter von Tierschutzorganisationen anzugehören. Das kantonalzürcherische Recht geht noch etwas weiter, indem §4 Abs. 2 des kantonalen Tierschutzgesetzes festhält, daß drei Mitglieder der höchstens elfköpfigen Kommission auf Vorschlag der Tierschutzorganisationen gewählt werden.

2. Die Geheimnisproblematik

Versteht man die Tierversuchskommissionen mit dieser doppelten Legitimation als Gremium von „Eierköpfen" einerseits und von „Tierschutzpolitikern" anderseits, liegt auf der Hand, daß die Geheimnisproblematik nicht völlig trivial ist. Es sind wohl drei Fragestellungen, die im Vordergrund stehen:

- Darf ich der Tierschutzorganisation, als deren Vertreter ich der Kommission angehöre, Rechenschaft ablegen über meine Kommissionstätigkeit? Ein solches Bedürfnis ergibt sich aus dem Stellvertretungsgedanken - das Mitglied repräsentiert die Organisation - und natürlich auch im Hinblick auf die Gruppendynamik der Kommission, die sich wohl oft in eine bewilligungsfreundliche Richtung entwickelt. Wer selbst schon in der Situation war, für die Erteilung staatlicher Bewilligungen zuständig zu sein, weiß, daß eine Bewilligung zu erteilen einfacher ist als eine Bewilligung zu verweigern. Der Gedankenaustausch zwischen der Organisation und ihrem Mitglied in der Kommission könnte der Organisation zu einer verstärkten Einflußnahme verhelfen und damit zu einer stärkeren Gewichtung der Tierschutzinteressen führen.

- Der Informationsaustausch mit der Organisation oder mit einzelnen ihrer Mitglieder und Funktionäre könnte auch im Hinblick auf die persönliche Meinungsbildung des Kommissionsmitgliedes erwünscht sein bzw. von diesem gesucht werden, im Sinne einer besseren Qualifikation für die Kommissionsarbeit dank breiter Diskussion der anstehenden Probleme und Information. Ähnlich motiviert könnte auch der Wunsch sein, außenstehende Dritte um ihres besonderen Fachwissens willen beizuziehen. Solche „Konsultationen" sind auch dann von der Geheimnisproblematik betroffen, wenn der konkret zu beurteilende Fall anonymisiert wird, weil oft schon wenige Indizien Rückschlüsse auf Gesuchsteller oder Versuchsanordnung zulassen. Dies gilt natürlich in besonderem Maße für die hochspezialisierten Spitzenforscher mit ihrem Flair für die weltumspannende „scientific community".

- Schließlich kann auch ein Bedürfnis nach Information eines weiteren Kreises, bzw. der Öffentlichkeit, bestehen, dies aus verschiedensten Gründen. Ein Mitglied vertritt etwa die Auffassung, es seien Mißstände in der Arbeit der Kommission oder der Bewilligungsbehörde auszumachen. Oder es gelangt ein Mitglied aufgrund seines Einblicks in die Gesuche und das Bewilligungsverfahren zum Schluß, das Gesetz biete auch bei korrektem, d.h. gesetzmäßigem Vorgehen aller Beteiligten den Tieren keinen ausreichenden Schutz und, dies müsse öffentlich anhand konkreter Fälle diskutiert und verändert werden.

Gleich vorweg muß ich festhalten, daß all diesen Informations- und Kommunikationsbedürfnissen nach geltender Rechtsordnung enge Grenzen gesetzt sind. Ich werde nun zunächst die Grundzüge der Rechtsordnung schildern und anschließend den Versuch unternehmen, Wege aufzuzeigen, wie die erwähnten und wohl auch weitgehende legitimen Kommunikationsbedürfnisse abgedeckt werden können.

3. Nichtöffentlichkeit der Verwaltungstätigkeit contra demokratisch und rechtsstaatlich begründetes Informationsinteresse

Die Tätigkeit der Tierversuchskommission ist ein Teilbereich der staatlichen Verwaltungstätigkeit und gilt damit in der Schweiz wie in vielen anderen Staaten als nicht öffentlich. Geschützt wird diese Vertraulichkeit durch den strafrechtlichen Tatbestand der Amtsgeheimnisverletzung.

Art. 320 Ziff. 1 des Schweizerischen Strafgesetzbuches lautet: „Wer ein Geheimnis offenbart, das ihm in seiner Eigenschaft als Mitglied einer Behörde oder als Beamter anvertraut worden ist oder das er in seiner amtlichen oder dienstlichen Stellung wahrgenommen hat, wird mit Gefängnis oder mit Buße bestraft."

Das Prinzip der Nichtöffentlichkeit dient einerseits dem geordneten Geschäftsgang der Verwaltung und der rationellen Erfüllung ihrer Aufgaben, anderseits aber - und darin liegt die hauptsächliche Begründung - dem Schutz des Bürgers, der in verschiedensten Lebensbereichen Verwaltungsverfahren ausgesetzt ist und ein persönliches Interesse an der Geheimhaltung der ihn betreffenden Daten und Informationen hat.

Der grundsätzlichen Nichtöffentlichkeit steht das Interesse an Information über die staatliche Tätigkeit entgegen Die Information dient der Kontrolle über die Rechtsstaatlichkeit des Verwaltungshandelns. In der Schweiz ist beispielsweise das Verfahren vor Gericht grundsätzlich öffentlich und zwar sowohl im Strafrecht als auch im Zivilrecht, dies im Gegensatz zum grundsätzlich nicht öffentlichen Verwaltungsverfahren. Information der Öffentlichkeit ist im übrigen auch eine der wesentlichen Voraussetzungen für eine demokratische Willensbildung. In diesem Zusammenhang hat natürlich die Information gegenüber den Massenmedien eine besondere Bedeutung.

Die Frage, über welche Aspekte der staatlichen Tätigkeit informiert werden darf und soll und was definitiv als geheim zu betrachten sei, kann für das schweizerische Recht nicht generell und abstrakt beantwortet werden. Gewisse Grenzziehungen werden in neuerer Zeit mit Hilfe der Datenschutzgesetzgebung versucht, ohne daß indessen die Resultate in jedem Fall überzeugen. Als Richtschnur kann gelten, daß alle individuell konkreten Informationen im Zusammenhang mit Personen bzw. über Verwaltungsrechtssubjekte geheim zu halten sind. Für den Bereich der Tierversuche bedeutet dies, daß die Daten über Gesuchsteller und die von ihnen eingereichten Gesuche geheim bleiben. Namen von Gesuchstellern und Verfügungsadressaten oder Details über beantragte oder erteilte Bewilligungen - diese Aussage bezieht sich nicht auf Tierversuchsbewilligungen sondern auf Bewilligungen generell - dürfen allgemein nur bekannt gegeben werden, wenn ein besonderes öffentliches Interesse für die Bekanntgabe spricht, und dieses Interesse jenes an der Geheimhaltung überwiegt. Beispiele solcher Interessenabwägungen bietet etwa das Polizeirecht, wo im Rahmen von kriminalistischen Fahndungsaufrufen die Namen mutmaßlicher Verbrecher bekanntgegeben werden oder etwa der Bereich der Tierseuchenbekämpfung, wo es geboten sein kann, Maßnahmen unter Nennung der betroffenen Tierbesitzer im Interesse der Seuchenbekämpfung zu veröffentlichen. Selbstverständlich werden auch Bewilligungen zur Ausübung eines bewilligungspflichtigen Gewerbes öffentlich bekannt gemacht. Abgesehen von solchen besonderen Tatbeständen beschränkt sich das legitime Informationsinteresse der Öffentlichkeit in aller Regel auf nicht personenbezogene Informationen über die Verwaltungstätigkeit.

4. Das Amtsgeheimnis der Mitglieder der Tierversuchskommission

Im Sinne der eben dargelegten Rechtslage kann zur Vertraulichkeit der Tätigkeit der Tierversuchskommissionen und zum Amtsgeheimnis ihrer Mitglieder folgendes präzisiert werden:

- Das Amtsgeheimnis betrifft grundsätzlich alle Informationen zu konkreten Gesuchen und Gesuchstellern und bedeutet grundsätzlich ein Informationsverbot gegenüber allen Dritten, die nicht als Gesuchsteller oder in amtlicher Funktion am Bewilligungsverfahren teilnehmen. Dies erlaubt es den einzelnen Mitgliedern nicht, Informationen ihren Organisationen weiterzugeben, solange diesen nicht eine offizielle Stellung im Verfahren, etwa als Beschwerdeberechtigte, zukommt. Eine solche Berechtigung wurde zwar verschiedentlich diskutiert, wurde indessen nicht Gesetz. Auch der informelle Beizug von Dritten zur vertieften Abklärung einzelner Aspekte von Gesuchen ist nicht zulässig, soweit dadurch Rückschlüsse auf das Gesuch oder den Gesuchsteller möglich sind. Näheres dazu werde ich noch ausführen.

- Das Amtsgeheimnis umfaßt nach herrschender Auffassung grundsätzlich auch das sogenannte Sitzungsgeheimnis. Dies bedeutet, daß Einzelheiten über den Verlauf der Kommissionssitzungen und über die abgegebenen Voten der einzelnen Kommissionsmitglieder grundsätzlich nicht weitergegeben werden dürfen. Der Grundsatz ist allerdings in verschiedener Hinsicht zu relativieren. Ich komme darauf im nächsten Abschnitt noch zu sprechen. An dieser Stelle sei lediglich eine Relativierung erwähnt: Nach kantonalzürcherischem Recht steht jeweils drei gemeinsam handelnden Mitgliedern der Tierversuchskommission das Recht zu, gegen die Bewilligung eines Versuchs Beschwerde zu erheben, mit der Möglichkeit des Weiterzugs ans Verwaltungsgericht, das den Grundsatz der Öffentlichkeit seiner Verhandlungen kennt. In diesem Rahmen wird natürlich auch die Haltung der beschwerdeführenden Mitglieder der Kommission öffentlich. Einschränkend gilt indessen, daß das Gericht die Öffentlichkeit aus wichtigen Gründen von den Verhandlungen ausschließen kann, was unter Umständen im Hinblick auf ein Forschungsgeheimnis der Fall sein könnte.

5. Befriedigung legitimer Informations- und Kommunikationsbedürfnisse

Die bisherigen Ausführungen zeigen eine tendenziell geheimnisfreundliche und informationsfeindliche Haltung des schweizerischen Rechts im Bereich, den wir hier behandeln. Dies mag solange problemlos sein, als die zuständigen Behörden das Gesetz in jeder Hinsicht ernst nehmen und die Mitglieder der Tierversuchskommissionen in jeder Hinsicht über das erforderliche Fachwissen verfügen und vor allem auch genügend Zeit investieren können, um die hochkomplexe Materie zu durchdringen. Dem steht allerdings die Erfahrung entgegen, daß nicht nur die nebenamtlich tätigen Mitglieder der Tierversuchskommissionen oft subjektiv den Eindruck haben, zeitlich oder fachlich überfordert zu sein, sondern daß auch die Bewilligungsbehörden, die in der Regel vollamtlich tätig sind, das gleiche erleiden.

Ich will daher abschließend ein paar Punkte erwähnen, welche die Nachteile des geheimnisfreundlichen Standpunktes der vorherrschenden Auslegung des geltenden Rechts relativieren und teilweise auch den geheimnisfreundlichen Standpunkt als solchen flexibilisieren.

- Der Beizug von Experten. Das Verwaltungsverfahren ist von der Offizialmaxime beherrscht, die verlangt, daß alle Fakten, welche für einen Entscheid erforderlich sind, von Amtes wegen abgeklärt werden. Zu diesem Zweck können Experten beigezogen werden. Das eidgenössische und das kantonalzürcherische Recht sprechen sich nicht darüber aus, ob auch die Tierversuchskommission, welche ihrerseits Expertenfunktion ausübt, Experten beiziehen dürfe. Meines Erachtens besteht grundsätzlich eine solche Möglichkeit, wobei sich allenfalls finanzielle Fragen stellen, deren Beantwortung hier offen bleiben kann. Selbstverständlich müßte der Beizug mit der Bewilligungsbehörde koordiniert werden und ebenso selbstverständlich könnte der Entscheid über einen Expertenbeizug nicht von einem Kommissionsmitglied, sondern nur von der Kommission getroffen werden.

- Information der Kommission über ihre Tätigkeit. §13 Abs. 4 des kantonalzürcherischen Tierschutzgesetzes bestimmt, daß die Tierversuchskommission dem Regierungsrat einen jährlichen Bericht erstattet, den dieser in seinem Geschäftsbericht in geeigneter Form veröffentlicht. Der Kommission ist es grundsätzlich auch unbenommen, aus eigenem Antrieb die Öffentlichkeit zu informieren und beispielsweise eine Pressekonferenz durchzuführen. Aussagen, welche Rückschlüsse auf konkrete Gesuchsteller und den Gegenstand ihrer Gesuche zuließen, dürften dabei nicht gemacht werden.

  In diesem Zusammenhang darf wohl auch die Auffassung vertreten werden, daß das Sitzungsgeheimnis der Kommissionsmitglieder durch den besonderen Status, welcher den Tierschutzorganisationen dank ihres Vertretungsanspruchs in den Kommissionen zukommt, aufgelockert ist. Ich gehe davon aus, daß diese Mitglieder über ihre grundsätzliche Haltung innerhalb der Kommission orientieren dürfen, wieder ohne Aussagen zu machen, die Rückschlüsse auf konkrete Gesuchsteller und den Gegenstand ihrer Gesuche zulieẞen.

- Forschung wird oft mit Unterstützung des Staates oder vom Staat selbst betrieben. Im Kanton Zürich werden Tierversuche nahezu ausschließlich von Angehörigen der Universität, einer kantonalen Institution, sowie der Eidgenössischen Technischen Hochschule, ETH Zürich, durchgeführt. Die vom Staat finanzierte Forschung untersteht grundsätzlich der wissenschaftlichen Öffentlichkeit, so daß früher oder später die Projekte, für welche Tierversuche beantragt werden, der Öffentlichkeit präsentiert werden müssen. Es kann daher - etwa überspitzt formuliert - für Tierversuche im Rahmen der staatlich finanzierten Forschung nicht um die Frage der Geheimhaltung als solche gehen sondern lediglich um deren zeitliche Abgrenzung und um die Frage der Informationspolitik bzw. der Zuständigkeit für die Information der Öffentlichkeit. Es wird wohl kaum eine Institution im Rahmen des Bewilligungsverfahrens sein, welche hier zur Information berufen ist sondern vielmehr die Forschungs- oder die Forschungsförderungsinstitution selbst Und in diesem Rahmen kann dann auch die Diskussion über die Tierversuche geführt werden.

- Stellen die Tierversuchskommission oder ihre Mitglieder in der Ausübung ihrer Tätigkeit strafbare Handlungen oder Unterlassungen fest, so sind sie nicht nur berechtigt sondern verpflichtet, der zuständigen Behörde Strafanzeige zu erstatten. Diese Pflicht ist in §21 der kantonalzürcherischen Strafprozeßordnung festgehalten. Es fragt sich, ob ein einzelnes Mitglied auch den Rechtsanwalt in Tierschutzstrafsachen orientieren dürfe. Dieser hat von Amtes wegen die Aufgabe, sozusagen anstelle des Tieres bei Straftaten gegen die Tierschutzgesetzgebung die Rechte eines Geschädigten wahrzunehmen. Die Frage ist nicht definitiv geklärt. Es ist daher angezeigt, daß ein Kommissionsmitglied sich in solchen Fällen nicht direkt an den Rechtsanwalt wendet sondern der Bewilligungsbehörde Anzeige erstattet. Der Rechtsanwalt seinerseits ist befugt, in die Akten der Bewilligungsbehörde Einsicht zu nehmen.

Ich komme zum Schluß. Zusammenfassend kann ich sagen, daß für die Tierversuchskommissionen schweizerischen Zuschnitts eine Geheimhaltungspflicht besteht, die auch jeder soliden Schweizer Bank zur Ehre gereichte. Den legitimen Informationsbedürfnisse der Öffentlichkeit und der Tierschutzorganisationen wird in zwar beschränktem aber doch nicht zu vernachlässigendem Umfang Rechnung getragen. Diese Rechtslage ist das Ergebnis einer Interessenabwägung. Die Vertraulichkeit der Verwaltungstätigkeit wird dem Grundsatz nach - aber nicht absolut - höher bewertet als das Informationsbedürfnis der Öffentlichkeit. Ob diese Gewichtung der Interessen Bestand hat, wird die Entwicklung der Gesetzgebung zeigen.

Das Beschwerderecht innerhalb der Tierversuchskommission im Kanton Zürich

M. Leuthold

Zusammenfassung

Seit 1991 ist im Tierschutzgesetz des Kantons Zürich gesetzlich verankert, daß die Tierversuchskommission beziehungsweise drei gemeinsam handelnde Mitglieder im Bewilligungsverfahren zum Rekurs an den Regierungsrat und zur Beschwerde ans Verwaltungsgericht berechtigt sind. Bisher hatte nur der Gesuchsteller die Möglichkeit zum Rekurs, etwa wenn sein Gesuch von der Bewilligungsbehörde abgelehnt wurde. Diese gesetzliche Neuerung kam aufgrund einer Initiative von Tierschutzorganisationen, die zugunsten des vom Regierungsrat ausgearbeiteten Gegenvorschlags zurückgezogen wurde, zustande. Damit ist ein neues Instrument geschaffen, das hilft, den Tierschutzanliegen in Tierversuchen vermehrt Rechnung zu tragen. Die Wirkung ist vor allem präventiv zu sehen: seit seiner Einführung wird vermehrt eine Umkehr der Beweislast von Wissenschaftlerseite verlangt und vermehrt werden auch tierethische Aspekte in die Diskussion und Abklärungen miteinbezogen.

1. Einleitung

Im §12 des Tierschutzgesetzes des Kantons Zürich vom 2. Juni 1991 heißt es wie folgt:

„Die Tierversuchskommission ist im Bewilligungsverfahren für Tierversuche zum Rekurs an den Regierungsrat und zur Beschwerde an das Verwaltungsgericht berechtigt. Die gleichen Befugnisse haben mindestens drei gemeinsam handelnde Mitglieder."

Damit besteht ein in der Schweiz einzigartiges Instrument innerhalb der Tierschutzgesetzgebung, die Rechte der Tiere vermehrt wahrzunehmen.

2. Hintergründe

Das ideelle Verbandsbeschwerderecht ist in der Schweiz in mehreren Rechtsgebieten verankert, so z.B. im Umweltschutzgesetz und im Natur- und Heimatschutzgesetz und somit ein anerkanntes Rechtsinstrument. Das Tierschutzgesetz ordnet das menschliche Verhalten gegenüber dem Tier und dient dessen Schutz und Wohlbefinden. Die Tiere sind um ihrer selbst willen zu schützen, somit stehen ihnen Lebens- und Abwehrrechte gegenüber dem Menschen zu. Sie sind damit Subjekte des Rechts, auch wenn sie Objekte zwischen menschlichen vermögensrechtlichen Beziehungen bleiben. Das Tier ist somit rechtsfähig. Da es jedoch naturgemäß keine Handlungsfähigkeit hat, muß es zu seinem Schutz einen Treuhänder haben. Als Rechtsmittel scheint das Beschwerderecht geeignet. In der 1986 lancierten Volksinitiative „Zur drastischen und schrittweisen Einschränkung der Tierversuche" war das Verbandsbeschwerde- und Klagerecht von Tierschutzorganisationen eine der Hauptforderungen. Die Initiative wurde jedoch von Volk und Ständen verworfen.

Etwas später wurde ein erneuter Vorstoß auf kantonaler Ebene unternommen: Am 23. Februar 1988 wurde die Kantonal-Zürcherische Volksinitiative „Für ein Klage- und Kontrollrecht im Tierschutz" eingereicht. Wiederum war eine der zentralen Forderungen das Verbandsbeschwerde- und Klagerecht für Tierschutzorganisationen. Diese Initiative wurde von Tierschutzkreisen als maßvoll und realisierbar beurteilt. Von Interessenvertretern aus Wissenschaft und Industrie jedoch wurde befürchtet, daß damit die Geheimhaltung und der Persönlichkeitsschutz nicht mehr gewährleistet seien. Der Regierungsrat legte einen Gegenvorschlag vor, der als eine der Neuerungen das Behördebeschwerderecht bei Tierversuchen vorsah und somit zusammen mit weiteren wesentlichen Punkten den Tierschutzanliegen Rechnung trug. Die Tierschutzvereinigungen beschlossen daraufhin, die Initiative zurückzuziehen. Der Gegenvorschlag wurde am 2. Juni 1991 mit 83% Ja-Stimmen angenommen.

Somit kommt in der aktuellen Gesetzgebung die eingangs erwähnte Verbandsbeschwerde zum Tragen. Damit ist ein Instrument geschaffen, das sowohl der Gesamtkommission wie auch drei gleichhandelnden Mitgliedern die Möglichkeit gibt, Entscheide des Kantonalen Veterinäramtes anzufechten und Beschwerde ans Verwaltungsgericht einzulegen und somit die Rolle als Anwalt der Tiere verstärkt zu übernehmen. Bisher hatte nur der Gesuchsteller die Möglichkeit zum Rekurs, etwa wenn sein Gesuch von der Bewilligungsbehörde zurückgewiesen wurde.

3. Was sind die Implikationen auf die konkrete Arbeit innerhalb der Tierversuchskommission?

Seit Inkrafttreten im Jahre 1991 bis heute wurde vom Beschwerderecht noch nie Gebrauch gemacht. Dieses Faktum soll jedoch nicht voreilig zur Behauptung verleiten, daß das Instrument keine Wirkung habe. Einerseits deutet der bisherige Nichtgebrauch dieses Instrumentariums auf eine gute Zusammenarbeit innerhalb der Kommission, insbesondere zwischen den Vertretern des Tierschutzes und den übrigen Kommissionsmitgliedern hin. Die Existenz des Beschwerderechts zwingt die Kommission zu einer besonders sorgfältigen Arbeit und zur bestmöglichen Abklärung aller wissenschaftlichen und tierschützerischen Aspekte im Rahmen der gesetzlichen Bestimmungen. Andererseits reflektiert dieser bisherige Nichtgebrauch Eigenheiten und Schwachstellen des Tierschutzgesetzes, die im folgenden etwas genauer erläutert werden:

Das Problem der auslegebedürftigen Gesetzesbegriffe: Manche Formulierungen sowohl im Eidgenössischen wie auch im Kantonalen Gesetz sind schwer faßbar und lassen einen breiten Interpretationsspielraum offen; so zum Beispiel: „Einem Tier dürfen Leiden, Schmerzen und Schäden nur zugefügt werden, soweit dies für den verfolgten Zweck unvermeidlich ist; Beschränkung des Tierversuchs auf das unerläßliche Maß; Unerläßlichkeit des Tierversuchs zum Erreichen des Versuchsziels, methodisch taugliche Konzeption; kann nicht mit einer niedrigeren Tierart durchgeführt werden; vorgesehene Tierzahl für den Versuch nötig". Diese gewollt offenen Gesetzesbegriffe sollen gestatten, die Bewilligungspraxis ständig den Verhältnissen und insbesonders neuen Erkenntnissen anzupassen. Für die dabei zu beachtenden Kriterien sind vom Bundesamt für Veterinärwesen Richtlinien erlassen worden, denen jedoch leider keine Gesetzeskraft zukommt. Eine völlige Verwässerung des Tierschutzgesetzes muß deshalb durch Konkretisierung der einzelnen unbestimmten Normen und einer in hohem Maße sachkundigen, unabhängigen Behörde verhindert werden. In der Praxis ist es jedoch auch bei den größten Anstrengungen unmöglich, sämtliche Gesuche im Hinblick auf die oben erwähnten unbestimmten Gesetzesbegriffe zu prüfen. Einerseits fehlt eine auf allen Gebieten ausreichende Sachkompetenz, andererseits fehlt auch die notwendige Zeit, da die Kommissionsarbeit im Nebenamt getätigt wird und nicht vollamtlich ausgeführt werden kann. Nur schon zum Beispiel die genaue Abklärung, ob die im Gesuch dargestellte Methode wirklich die tierschonendste ist und ob sich keine Alternativmethoden anbieten, übersteigt in den meisten Fällen die Kapazität der Mitglieder. Ein weiteres Erschwernis ist das Amtsgeheimnis: Damit sind die Hände der Kommissionsmitglieder weitgehend gebunden. So dürfen die Kommission oder einzelne Mitglieder bei der Beurteilung der Gesuche externe Gutachter nur beiziehen, wenn der Gesuchsteller dazu, auch bezüglich der in Frage kommenden Person, sein Einverständnis gibt, womit natürlich die Unabhängigkeit und Objektivität des Experten in Frage gestellt wird.

Insgesamt muß wohl gesagt werden, daß es auch mit diesem recht fortschrittlichen Tierschutzgesetz schwierig ist, umfassende, ausgewogene Interessensabwägungen vorzunehmen und den Tierschutzanliegen im Tierversuch in allen Punkten Rechnung zu tragen.

Dennoch sind seit seiner Einführung jedoch einige Veränderungen zugunsten des Tierschutzes vonstatten gegangen: Vermehrt kommt zum Beispiel das Prinzip der Umkehr der Beweislast zur Anwendung: Vom Gesuchsteller muß die Wahl der Tierart, die Methode und die Tierzahl begründet werden und vermehrt werden auch Ethische Kommissionen sowie die Eidgenössische Kommission für Tierversuche in Abklärungen miteinbezogen. Wir werten diese positiven Trends als Folge der Präventivwirkung der neuen rechtlichen Möglichkeiten und damit als wichtigen Erfolg.

Literatur

Goetschel A., Kurzkommentar des Komitees Kantonales Tierschutzgesetz Zürich über die Volksinitiative „für ein Klage- und Kontrollrecht im Tierschutz“ KKT und über den Erlaß eines Kantonalen Tierschutzgesetzes, 1989

Goetschel A., Kurzkommentar des Komitees Kantonales Tierschutzgesetz Zürich zum Gegenvorschlag des Regierungsrates eines kantonalen Tierschutzgesetzes vom 30. August 1989

Goetschel A. und Wirth P., Juristischer Argumentationskatalog zur Eidgenössischen Tierschutzinitiative Schweizer Tierschutz STS, 1989

Kantonales Tierschutzgesetz vom 2. Juni 1991, Staatskanzlei Zürich, 1991

Kantonale Tierschutzverordnung vom 11. März 1992, Staatskanzlei Zürich, 1992

Schweizerisches Tierschutzgesetz vom 9. März 1978 in der Fassung vom 22. März 1991, Verordnung vom 27. Mai 1981 in der Fassung vom 23. Oktober 1991, 1991

Der Zürcher Rechtsanwalt in Tierschutzstrafsachen

M. Raess, A.F. Goetschel

Zusammenfassung

Der Kanton Zürich kennt seit dem 2. Juni 1991 das weltweit einmalige Amt des Rechtsanwaltes für Tierschutz in Strafsachen. Dieser Rechtsanwalt nimmt in Strafverfahren wegen Zuwiderhandlungen gegen die Tierschutzgesetzgebung als Vertreter des geschädigten Tieres dessen Rechte wahr. Mit den ihm zur Verfügung stehenden strafprozessualen Mitteln kann der Rechtsanwalt in Tierschutzstrafsachen die Interessen des Tieres wirksam vertreten und so zumindest im strafrechtlichen Bereich dafür sorgen, daß die Tierschutzbestimmungen auch tatsächlich vollzogen werden. Die bisherigen Erfahrungen haben gezeigt, daß dieses Amt einem echten Bedürfnis entspricht und, nicht zuletzt wegen der großen Beachtung, die es gefunden hat, eine nicht zu unterschätzende präventive Wirkung hat. Mit der Schaffung dieses Amtes wurde in beispielhafter Weise demonstriert, wie der Schutz des Schwächeren, in diesem Fall des Tieres, im Rechtsstaat wirksam verbessert werden kann. In dieser Beziehung könnte dieses Amt auch auf andere Bereiche ausstrahlen.

1. Entstehungsgeschichte

Ausgehend von der Erkenntnis, daß der strafrechtliche Tierschutz in der Mehrzahl der Fälle zu wenig greift, weil der Tierhalter selbst eine Zuwiderhandlung gegen die Tierschutzgesetzgebung an seinem eigenen Tier begeht, der Täter also mit demjenigen identisch ist, der eigentlich die Interessen des Tieres wahren sollte, lancierten im Jahre 1988 die drei großen Tierschutzvereine des Kantons Zürich eine Volksinitiative „Für ein Klage- und Kontrollrecht im Tierschutz", worin unter anderem eine Verbandsklage vorgesehen war. Damit sollten die Tierschutzvereine in Strafverfahren wegen Zuwiderhandlungen gegen das Tierschutzgesetz die gesetzliche Vertretung der geschädigten Tiere übernehmen können. Zu dieser Initiative erarbeiteten Regierung und Parlament einen Gegenvorschlag, worin anstelle des politisch damals nur schwer durchsetzbaren Verbandsklagerechts das Amt eines Rechtsanwaltes für Tierschutz in Strafsachen vorgeschlagen wurde. Die mit der Ausarbeitung dieses Gegenvorschlages befaßte kantonsrätliche Kommission fand mit diesem Vorschlag eine Lösung, die sowohl den Anliegen des Staates als auch des Tierschutzes entgegenkam und gleichzeitig sicherstellte, daß die Interessen des Tierschutzes in den Strafverfahren von einer Person wahrgenommen werden, die über die nötigen beruflichen Qualifikationen verfügt. In der Volksabstimmung vom 2. Juni 1991 wurde dieser Gegenvorschlag als kantonales Tierschutzgesetz mit einem überwältigenden Ja-Stimmenanteil von 83% angenommen und zusammen mit der dazugehörigen Verordnung per 1. April 1992 in Kraft gesetzt. Seither kennt der Kanton Zürich das weltweit wohl einmalige Amt eines Rechtsanwaltes in Tierschutzstrafsachen und verfügt damit über ein griffiges Instrument mehr zur Durchsetzung der Tierschutzvorschriften[1].

2. Befugnisse

2.1. Gesetzliche Grundlage

Das kantonale Tierschutzgesetz vom 2. Juni 1991 bestimmt nun in § 17:

„In Strafverfahren wegen Verletzung von Bestimmungen der Tierschutzgesetzgebung nimmt die Volkswirtschaftsdirektion sowie ein vom Regierungsrat auf Vorschlag der Tierschutzorganisationen ernannter Rechtsanwalt die Rechte eines Geschädigten wahr."

Dieser Bestimmung ist zu entnehmen, daß neben dem Rechtsanwalt in Tierschutzstrafsachen auch die kantonale Volkswirtschaftsdirektion über die Verfahrensrechte verfügt. Diese Zweigleisigkeit hat sich bereits als sehr hilfreich erwiesen, als das Amt des Tierschutzanwaltes nach dem unerwarteten Hinschied des ersten Amtsinhabers im Mai 1993 mehr als ein halbes Jahr vakant war[2]. In der Praxis wird die Volkswirtschaftsdirektion, zu der auch das Veterinäramt gehört und die daher gezwungenermaßen mit dem Tierschutzsanwalt eng zusammenarbeitet, aber nicht auch noch tätig, wenn in einem Strafverfahren bereits der Tierschutzanwalt die Rechte des Tieres wahrnimmt.

Die Stellung des Rechtsanwaltes in Tierschutzstrafsachen wird in der kantonalen Tierschutzverordnung wie folgt konkretisiert:

„Parteirechte im Strafverfahren

§ 13. Das Veterinäramt stellt dem gestützt auf § 17 des Kantonalen Tierschutzgesetzes ernannten Rechtsanwalt Kopien der vom Amt verfaßten Strafanzeigen wegen Verletzung von Bestimmungen der Tierschutzgesetzgebung zu.

Der Rechtsanwalt ist befugt, im Veterinäramt Einsicht in die Akten zu nehmen, die für ein Strafverfahren von Bedeutung sein können, insbesondere in Strafanzeigen privater Dritter sowie Berichte und Aktennotizen der Veterinärpolizei.

§ 14. Die Bezirksanwaltschaften und Statthalterämter teilen der Volkswirtschaftsdirektion und dem Rechtsanwalt die Eröffnung eines Untersuchungsverfahrens wegen Verletzung von Bestimmungen der Tierschutzgesetzgebung mit und laden sie zu den parteiöffentlichen Untersuchungshandlungen im Sinne von § 10 der Strafprozeßordnung ein.

Der Volkswirtschaftsdirektion und dem Rechtsanwalt steht nach Maßgabe von § 10 der Strafprozeßordnung Akteneinsichtsrecht zu. Sistierungsverfügungen, Strafverfügungen und Strafbefehle werden ihnen zugestellt.

In Fällen gerichtlicher Zuständigkeit sind sie zur Hauptverhandlung einzuladen; das Urteil wird ihnen zugestellt.

---

1 Zu den Schweizer Tierschutzvorschriften vgl. GOETSCHEL A.F., Kommentar zum Eidgenössischen Tierschutzgesetz, 1986, sowie GOETSCHEL A.F., Erlaß-Sammlung zum Schweizerischen Tierschutzrecht, 1987 und neuestens GOETSCHEL A.F., Das Schweizer Tierschutzgesetz, in: Recht und Tierschutz, S. 257 ff, 1993.

2 Zur Motivation der Volkswirtschaftsdirektion, diese Stellung auch für sich zu beanspruchen, vergleiche das Votum von DANNER E., in: Recht und Tierschutz, S. 72, 1993.

§ 15. Geht die Einleitung eines Strafverfahrens auf die Anzeige einer Tierschutzorganisation mit Sitz im Kanton Zürich zurück, sind Volkswirtschaftsdirektion und Rechtsanwalt befugt, sie über Stand und Ausgang des Verfahrens zu unterrichten.“

2.2. Die Rechte im einzelnen

2.2.1. Allgemeines

Grundsätzlich richten sich die Verfahrensrechte des Rechtsanwaltes in Tierschutzstrafsachen nach der Zürcher Strafprozeßordnung. Danach haben Geschädigte namentlich folgende Verfahrensrechte: Erstatten von Strafanzeigen, Teilnahme an Untersuchungshandlungen und Gerichtsverhandlungen, Antragsstellung, Stellen von Schadenersatzansprüchen, Akteneinsichtsrecht, Mitteilung von Entscheiden, Ergreifen von Rechtsmitteln auch im Strafpunkt und Anspruch auf Verfahrensentschädigung[3].

Grundsätzlich kann sich der Rechtsanwalt in Tierschutzstrafsachen selbst dann an einem Verfahren beteiligen, wenn die Interessen des Tieres bereits vom Tierhalter wahrgenommen werden. Immerhin ist es denkbar, daß ein Tierhalter aus finanziellen oder persönlichen Gründen sich aus einem Verfahren plötzlich doch zurückzieht.

2.2.2. Akteneinsichtsrecht und Bekanntgabe von Untersuchungen

Wie jeder Geschädigte hat der Rechtsanwalt ein Akteneinsichtsrecht soweit es zur Durchsetzung seiner prozessualen Rechte notwendig ist[4]. Vom durch eine Straftat direkt Geschädigten unterscheidet sich der Rechtsanwalt in Tierschutzstrafsachen dadurch, daß er von Verstößen gegen die Tierschutzgesetzgebung, abgesehen von Medienberichten, kaum direkt Kenntnis erhält. Es mußte deshalb ein Weg gefunden werden, um ihn über sämtliche schwebende Strafverfahren bei den Untersuchungsbehörden auf dem laufenden zu halten. Dies geschieht nun dadurch, daß ihm die Strafverfolgungsbehörden die Eröffnung eines Untersuchungsverfahrens wegen Verletzung von Bestimmungen der Tierschutzgesetzgebung anzeigen[5].

Zudem hat der Rechtsanwalt in Tierschutzstrafsachen das Recht, Einsicht in Akten des Veterinäramtes zu nehmen, was notwendig ist, weil dem Veterinäramt grundsätzlich der Vollzug der Tierschutzgesetzgebung obliegt und es erfahrungsgemäß recht häufig Adressat von Strafanzeigen im Zusammenhang mit Verstößen gegen die Tierschutzgesetzgebung ist. Das Akteneinsichtsrecht betrifft insbesondere Strafanzeigen privater Dritter sowie Berichte und Aktennotizen der Veterinärpolizei. Sollte der Rechtsanwalt in Tierschutzstrafsachen dann zum Schluß kommen, ein Vorfall habe über die praktische Erledigung der Beanstandung hinaus auch noch strafrechtliche Konsequenzen, so ist er berechtigt, die Anzeige von sich aus der zuständigen Strafuntersuchungsbehörde weiterzuleiten.

2.2.3. Teilnahmerechte

Der Rechtsanwalt in Tierschutzstrafsachen ist zu den parteiöffentlichen Untersuchungshandlungen im Sinne von § 10 der Strafprozeßordnung einzuladen[6]. Somit ist er berechtigt, den Einvernahmen von Zeugen und Sachverständigen beizuwohnen und an diese Fragen zu stellen, welche der Aufklärung der Sache dienen können. Ebenfalls kann er den Einvernahmen des

---

3 Vergleiche SCHMID N., N 513 - 523, 1993. Zur Geschädigtenstellung im Übertretungsstrafverfahren vergleiche § 363, 280 und 283 StPO ZH (Strafprozeßordnung Zürich) sowie neuestens Pr (Praxis des Bundesgerichts), Heft 10, 82. Jg, Nr. 81, 695 f, 1993

4 Vergleiche § 10 Abs. 3 und § 164 StPO ZH; SCHMID N., N 519 und N 262 - 266, 1993.

5 § 14 Tierschutzverordnung.

6 § 14 Tierschutzverordnung.

Angeschuldigten beiwohnen, soweit dies ohne Gefährdung des Untersuchungszweckes geschehen kann, was in aller Regel anzunehmen ist.

2.2.4. Recht auf Antragsstellung

Die Strafprozeßordnung räumt dem Geschädigten das Recht ein, Beweisanträge zu stellen, soweit diese „zur Feststellung des Schadens“ geeignet sind. Allerdings ist der Geschädigte auch mit Anträgen zum Schuldpunkt zuzulassen, weil sich Straf- und Zivilpunkt oft nicht trennen lassen[7]. So kann der Tierschutzanwalt insbesondere auf die Einholung von Gutachten von geeigneten Sachverständigen hinwirken, wo dies nötig ist, und mit seiner breiten Erfahrung auf dem Gebiet des Tierschutzes den Untersuchungsbehörden wertvolle Hinweise geben. Dies ist umso notwendiger, als es im Bereich des Tierschutzes noch nicht jene allgemein anerkannten unabhängigen Experten gibt wie in anderen Wissensgebieten, wie z.B. für Gebäudeschätzungen, verkehrstechnische Expertisen usw.[8].

2.2.5. Mitteilung von Entscheiden

Allgemein haben Geschädigte im Strafprozeß Anspruch darauf, daß ihnen die Entscheide der Gerichte, Verwaltungs- und Untersuchungsbehörden im Dispositiv hinsichtlich ihres Zivilanspruches mitgeteilt werden[9]. Die vollständige Ausfertigung eines Strafurteils erhält der Geschädigte im normalen Strafprozeß dagegen nur, wenn er es ausdrücklich verlangt. In diesem Punkt geht nun die kantonale Tierschutzverordnung weiter und sieht vor, daß dem Rechtsanwalt in Tierschutzstrafsachen in Fällen gerichtlicher Zuständigkeit das Urteil unaufgefordert und vollständig mitgeteilt wird[10]. Darin kommt die besondere Stellung des Rechtsanwaltes in Tierschutzstrafsachen zum Ausdruck, welcher ja keine Zivilansprüche gegen den Straftäter geltend machen soll sondern den Staat bei der Durchsetzung seines Strafanspruchs unterstützt. Nur wenn er Entscheide in vollständiger Ausfertigung erhält, vermag er zu prüfen, ob das Tierschutzgesetz richtig angewendet wird und die Interessen des Tieres gewahrt worden sind.

2.2.6. Ergreifen von Rechtsmitteln

Zur Ergreifung von Rechtsmitteln ist u.a. diejenige Person befugt, welcher durch die der gerichtlichen Beurteilung unterstehende Handlung unmittelbar ein Schaden zugefügt wurde oder zu erwachsen drohte[11]. Daraus ergibt sich, daß dem Rechtsanwalt in Tierschutzstrafsachen somit sämtliche Rechtsmittel des kantonalen und eidgenössischen Strafprozesses zur Verfügung stehen.

2.2.7. Anspruch auf Verfahrensentschädigung

Der Verurteilte hat in der Regel den Geschädigten für die ihm aus dem Verfahren entstandenen Kosten und Umtriebe zu entschädigen[12]. Damit hat grundsätzlich auch der Rechtsanwalt in Tierschutzstrafsachen Anspruch auf eine entsprechende Entschädigung. Daß er für seine Bemühungen grundsätzlich von der Volkswirtschaftsdirektion entschädigt wird, ändert nichts

---

7 SCHMID N., N 517, 1993.
8 Zur Problematik des Gutachters in Tierschutzprozessen vergleiche SPÜHLER K., Richterliche Erfahrungen bei „Tierprozessen“, in: Recht und Tierschutz, 117 ff, 1993
9 § 340 Abs. 2, § 320 und § 40 StPO ZH.
10 § 14 Abs. 3 TschV.
11 § 395 Abs. 1 Ziff. 2 StPO.
12 § 188 Abs. 1 StPO, SCHMID N., N 1201, 1993.

an seinem Anspruch gegenüber dem Verurteilten sondern berührt nur die interne Abrechnung zwischen dem Rechtsanwalt und der Volkswirtschaftsdirektion.

3. Bisherige Erfahrungen

Dem ersten Rechtsanwalt in Tierschutzstrafsachen war es nur etwas mehr als ein Jahr vergönnt, sein Amt auszuüben. Er hat in seinem Jahresbericht[13] festgehalten, daß die Tätigkeit des Tierschutzanwaltes im In- und Ausland auf großes Interesse der Öffentlichkeit gestoßen ist. In seiner kurzen Amtszeit hatte er sich mit rund 50 Fällen zu befassen, wobei die ausgesprochenen Strafen zwischen Fr. 80.- und Fr. 5.000.- Buße bzw. 30 Tage Freiheitsstrafe lagen, also von Bagatellfällen bis zu schweren Zuwiderhandlungen gegen die Tierschutzgesetzgebung von ihm bearbeitet werden mußten. Generell konnte der erste Amtsinhaber feststellen, daß seine Aufgaben und Pflichten überall auf Akzeptanz und Verständnis stießen, was nicht zuletzt darauf zurückzuführen sein dürfte, daß er richtigerweise von seinen Rechtsmittelmöglichkeiten nur zurückhaltend Gebrauch gemacht hat[14]. Es kann nicht Aufgabe des Rechtsanwaltes in Tierschutzstrafsachen sein, mit der Anfechtung von bloßen Ermessensentscheiden ohne Not in den Spielraum der Strafbehörden einzugreifen. Dies würde seine Stellung nur unnötig strapazieren und wäre für die von ihm zu vertretenden Anliegen letztlich kontraproduktiv. Vernünftigerweise wird sich der Rechtsanwalt in Tierschutzstrafsachen auf gravierende Verstöße sowie auf Fragen von grundsätzlicher Bedeutung konzentrieren.

Nach einer Vakanz von mehr als einem halben Jahr, während der die Rechte des Tierschutzanwaltes von der Volkswirtschaftsdirektion wahrgenommen wurden, trat am 1. Jänner 1994 der Nachfolger von Dr. BRUNO TRINKLER sein Amt an. Er mußte zunächst feststellen, daß die Verfahrensrechte des Rechtsanwaltes in Tierschutzstrafsachen noch nicht überall beachtet werden, was letztlich auf die längere Vakanz zurückzuführen sein dürfte. Das Spektrum der Fälle in denen er bisher tätig wurde, ist sehr breit. Es reichte von Zuwiderhandlungen im Zusammenhang mit Tierversuchen, Tierhaltung, Tiertransporten und der Ein- und Ausfuhr von Tieren bis hin zu eigentlichen Tierquälereien. Das Schwergewicht lag aber eindeutig bei Verstößen im Zusammenhang mit der Rinder- oder Hundehaltung. Dabei mußte auch der neue Tierschutzanwalt feststellen, daß sein Amt einem Bedürfnis entspricht[15]. Denn noch immer neigen Untersuchungsbehörden dazu, im Zweifel gegen das Tier zu entscheiden. Tierschutzzuwiderhandlungen werden von den Untersuchungsbehörden noch zu oft nicht mit der gleichen Akribie untersucht wie z.B. Vermögensdelikte. Die Tendenz, Verfahren im Zweifel einzustellen oder auf eine mildere Begehungsform (Übertretung statt Vergehen, Fahrlässigkeit statt Vorsatz) zu erkennen, ist nicht von der Hand zu weisen[16]. Es hat sich auch gezeigt, daß die Strafzumessung und Gesetzesinterpretation innerhalb des Kantons Zürich sehr uneinheitlich erfolgt, auch hier hat der Rechtsanwalt in Tierschutzstrafsachen für eine gleichmäßige Gesetzesanwendung zu sorgen.

---

[13] TRINKLER B., 7, 1993

[14] TRINKLER B., 7, 1993

[15] Vergleiche zum Vollzugsdefizit im Bereiche des Tierschutzes auch den Bericht der Geschäftsprüfungskommission des Ständerates an den Bundesrat Nr. 93.082 vom 5.11.1993, insbesondere 10 f, 1993, sowie REBSAMEN-ALBISSER B., in: Recht und Tierschutz, S. 135 ff, 1993

[16] Vergleiche zur Anwendung der strafrechtlichen Bestimmungen des schweizerischen Tierschutzgesetzes: GOETSCHEL A.F., in: Recht und Tierschutz, S. 257 ff, 1993

4. Schlußfolgerungen und Ausblick

Die bisherigen Erfahrungen haben gezeigt, daß es sich beim Rechtsanwalt in Tierschutzstrafsachen um ein griffiges Instrument zur Durchsetzung der Tierschutzgesetzgebung handelt. Dabei muß man sich aber immer vor Augen halten, daß damit nur der strafrechtliche Aspekt abgedeckt wird. Dennoch verfügen die Wirbeltiere im Kanton Zürich nun im Strafprozeß über einen einigermaßen gleichlangen Spieß wie die Täter, die Tiere lediglich als Sachen behandeln, ihre Haltungsansprüche mißachten und ihnen vorsätzlich oder fahrlässig Schaden oder Leiden zufügen. Dabei geht es in erster Linie gar nicht darum, eine möglichst hohe Zahl von Verurteilungen wegen Zuwiderhandlungen gegen die Tierschutzgesetzgebung zu erreichen, sondern die präventive Wirkung, die ein solches Amt haben kann, steht im Vordergrund. Viel wäre erreicht, wenn allein die Tatsache, daß es einen Rechtsanwalt in Tierschutzstrafsachen gibt, Tiermißhandlungen verhindern kann.

Der Kanton Zürich hat mit der Einführung dieses Amtes nicht nur Weitsicht und Mut gezeigt und juristisches Neuland betreten[17] sondern auch in ganz konkreter Weise dem Verfassungsauftrag von Art. 25bis Bundesverfassung Nachachtung verschafft[18]. Andere Kantone und Länder sind aufgerufen, diesem Beispiel zu folgen. Darüber hinaus könnte dieses Amt auch in andere Bereiche ausstrahlen, wo es ebenso nötig wäre; so etwa im Bereich des Umweltschutzes oder im Kindesschutz. Auch in jenen Bereichen haben die Geschädigten, sei es das Kind, sei es die Umwelt, niemanden, der ihre Rechte mit der gebotenen Durchsetzungskraft wahrnehmen kann.

Literatur

Bericht der Geschäftsprüfungskommission des Ständerates an den Bundesrat Nr. 93.082 vom 5.11.1993: Vollzugsprobleme im Tierschutz, 1993

Danner E., Votum, in: GOETSCHEL A.F. (Hrsg.), Recht und Tierschutz, Bern/Stuttgart/Wien: Verlag Paul Haupt, 72, 1993

FLEINER T., Das Tier in der Bundesverfassung, Staatsrechtliche Aspekte, in: GOETSCHEL A.F. (Hrsg.), Recht und Tierschutz, Bern/Stuttgart/Wien: Verlag Paul Haupt, 9 ff, 1993

GOETSCHEL A.F., Kommentar zum Eidgenössischen Tierschutzgesetz, Bern/Stuttgart: Verlag Paul Haupt, 1986

GOETSCHEL A.F., Erlaß-Sammlung zum Schweizerischen Tierschutzrecht, Bern/Stuttgart: Verlag Paul Haupt, (Ergänzungsband I 1991), 1987

GOETSCHEL A.F., Recht und Tierschutz; Hintergründe - Aussichten, Bern/Stuttgart/Wien: Verlag Paul Haupt, 1993

GOETSCHEL A.F., Das Schweizer Tierschutzgesetz, Übersicht zu Theorie und Praxis, in: GOETSCHEL A.F. (Hrsg.), Recht und Tierschutz, Bern/Stuttgart/Wien: Verlag Paul Haupt, 257 ff, 1993

GOETSCHEL A.F., Der Zürcher Rechtsanwalt in Tierschutzstrafsachen, in: Schweizerische Zeitschrift für Strafrecht, Band 112, Heft 1, Bern, 1994

HOFSTETTER B., VOTUM, IN: GOETSCHEL A.F. (Hrsg.), Recht und Tierschutz, Bern/Stuttgart/Wien: Verlag Paul Haupt, 35, 1993

LOEPER E. VON, Unabhängige Landesbeauftragte für Tierschutz, Aachen, 1993

Praxis des Bundesgerichts, 82. Jg., Heft 10, 81, 695f, 1993

---

[17] Das Amt des Rechtsanwaltes für Tierschutzstrafsachen ist soweit überblickbar weltweit einzigartig. Entfernt vergleichbar ist noch das Amt des Tierschutzbeauftragten, wie es Deutschland und die Schweiz zum Teil kennen. Allerdings verfügen diese Tierschutzbeauftragten nicht über derart griffige rechtliche Befugnisse wie der Zürcher Tierschutzanwalt. Vergleiche dazu für Deutschland LOEPER E. VON, Unabhängige Landesbeauftragte für Tierschutz, Aachen, 1993, für den Kanton Bern das Votum von HOFSTETTER B. in: GOETSCHEL A.F. (Hrsg.), Recht und Tierschutz, S. 35, 1993.

[18] Vergleiche zu den verfassungsrechtlichen Grundlagen FLEINER T., in: Recht und Tierschutz, S. 9ff, 1993.

REBSAMEN-ALBISSER B., Der Vollzug des Tierschutzrechtes in der Landwirtschaft, in: GOETSCHEL A.F. (Hrsg.), Recht und Tierschutz, Bern/Stuttgart/Wien: Verlag Paul Haupt, 135 ff, 1993

SCHMID N., Strafprozeßrecht, Eine Einführung auf der Grundlage des Strafprozeßrechtes des Kantons Zürich und des Bundes, 2. Aufl., Zürich, 1993

SPÜHLER K., Richterliche Erfahrungen bei „Tierprozessen", in: GOETSCHEL A.F. (Hrsg.), Recht und Tierschutz, Bern/Stuttgart/Wien: Verlag Paul Haupt, 117 ff, 1993

TRINKLER B., Jahresbericht 1992, in: zürcher tierschutz, Offizielle Zeitschrift des Kant. Zürcher Tierschutzvereins, 159, 6 ff, 1993

Das Behördenbeschwerderecht des Schweizerischen Bundesamtes für Veterinärwesen

M. Lehmann

Zusammenfassung

Gegen die kantonalen Bewilligungen für Tierversuche kann das Bundesamt für Veterinärwesen Beschwerde erheben. Seit Inkrafttreten dieser Bestimmung am 1. Dezember 1991 wurde gegen sieben Bewilligungen rekurriert. Außerdem wurden bei 10% der 4.200 Bewilligungen auf informellem Weg Präzisierungen eingeholt oder Beanstandungen angebracht. Das Behördenbeschwerderecht hat praktische Verbesserungen für die Tiere in Tierversuchen gefördert und mitgeholfen, den Vollzug in den verschiedenen Kantonen zu vereinheitlichen.

1. Einleitung

In der Schweiz verfügt die zuständige Bundesbehörde seit dem 1. Dezember 1991 über ein sogenanntes Behördenbeschwerderecht. Ihr stehen gegen Bewilligungen der kantonalen Vollzugsbehörden für das Durchführen von Tierversuchen (Verfügungen) die Rechtsmittel der Kantone und des Bundes zur Verfügung. Im Zusammenhang mit einer Initiative des „Schweizer Tierschutzes", die unter anderem das Verbandsbeschwerderecht für Tierschutzorganisationen in der Verfassung hatte festschreiben wollen, revidierte das Parlament im März 1991 das Tierschutzgesetz und verankerte darin ein Behördenbeschwerderecht. Dabei wurde argumentiert, daß im Falle des Verbandsbeschwerderechts der Schutz von Forschungsgeheimnissen nicht mehr gewährleistet wäre und daß durch allfälligen Mißbrauch des Beschwerderechts die Forschung verzögert oder blockiert würde (vgl. Botschaft des Bundesrates über die Volksinitiative „zur drastischen und schrittweisen Einschränkung der Tierversuche (Weg vom Tierversuch!)", 89.010). Nicht zuletzt aufgrund dieses indirekten Gegenvorschlags verwarf das Volk die Initiative mit 56% Nein-Stimmen am 17. Februar 1992. Konkret lautet die Bestimmung im Tierschutzgesetz (SR455):

Art. 26a Behördenbeschwerde

[1] *Gegen Verfügungen der kantonalen Behörden betreffend Tierversuchsbewilligungen stehen dem Bundesamt für Veterinärwesen die Rechtsmittel des kantonalen und des eidgenössischen Rechts zu.*

[2] *Die kantonalen Behörden eröffnen ihre Entscheide sofort dem Bundesamt für*

2. Anwendung in der Praxis

Damit erhält das Bundesamt für Veterinärwesen (BVET) Parteistellung in Sachen Tierversuche. Es kann in den verschiedenen Kantonen nach dem dort gültigen Verfahrensrecht unter Einhaltung der jeweiligen Fristen (zwischen 10 und 30 Tagen) gegen Tierversuchsbewilligungen das vorgesehene Rechtsmittel ergreifen, falls nach seiner Meinung ein Versuchsvorhaben den Bestimmungen der Tierschutzgesetzgebung nicht entspricht. Jede Beschwerde muß begründet sein und ausreichend Beweismittel enthalten (Literatur, Expertise etc.).

Während der zweieinhalb Jahre seit Inkrafttreten der neuen Bestimmungen am 1. Dezember 1991 wurden in der Schweiz 4.200 Bewilligungen erteilt respektive Entscheide über nichtbewilligungspflichtige Tierversuche gefällt. In fast 50% dieser Fälle haben die Kantone im Rahmen des Bewilligungsverfahrens zusätzliche Informationen von den Gesuchstellenden verlangt und zum Teil ausgiebige Verhandlungen zur Redimensionierung/Optimierung der Versuche geführt (reduce, refine, replace). 20% der Bewilligungen/Entscheide erteilten sie mit Auflagen oder Einschränkungen, während in 0,7% der Fälle ein Rückzug der Anträge erwirkt oder die Bewilligung verweigert wurde.

Im Rahmen der Oberaufsicht und um das Beschwerderecht wahrnehmen zu können, werden sämtliche Bewilligungen und Entscheide in der Schweiz vom BVET überprüft. Eintreffende Bewilligungen werden formal kontrolliert und inhaltlich beurteilt, gegebenenfalls werden Literaturrecherchen unternommen oder/und bei der kantonalen Behörde interveniert (präzisierende Angaben einholen, Akteneinsicht fordern, Beanstandungen machen, gegebenenfalls Rechtsmittel ergreifen). Anschließend wird jede Bewilligung mit Deskriptoren versehen, in einer Datenbank erfaßt und in der Registratur abgelegt. Damit ist gewährleistet, daß die inhaltlichen und formalen Daten einer Bewilligung umfassend zur Verfügung stehen (z.B. für Quervergleiche mit anderen Kantonen oder ähnlichen Tiermodellen) und später für die jährliche Tierversuchsstatistik genutzt werden können.

In einem Drittel der Fälle hatte das BVET formale Ergänzungen oder Korrekturen vorzunehmen. Knapp 10% verlangten nach zusätzlichen Präzisierungen oder wurden vom BVET informell beanstandet. In einzelnen Fällen (<1%) wurde die Eidgenössische Kommission für Tierversuche (EKTV), ein beratendes Gremium des BVET, um eine Stellungnahme angefragt. Lediglich in sieben Fällen (0,17%) wurde zum Instrument der Behördenbeschwerde gegriffen (Tabelle 1).

Tabelle 1

4.200	100,0 %	Total geprüfte Bewilligungen / Entscheide
1.458	34,7 %	Formale Ergänzungen / Korrekturen durch BVET
405	9,6 %	Einholen präzisierender Angaben / Beanstandungen durch BVET
28	0,7 %	Stellungnahme der Eidgenössischen Kommission für Tierversuche eingeholt
7	0,2 %	Rechtsmittel eingesetzt (d.h. Behördenbeschwerde durch BVET)

Stand 1. Juni 1994

Dabei handelte es sich jeweils um Bewilligungen, die einer grundsätzlichen rechtlichen Beurteilung zugeführt werden sollten oder um krasse Verstöße gegen die Tierschutzgesetzgebung (Tabelle 2). Universitäre und industrielle Forschung sind bei den Beschwerdefällen ebenso vertreten wie Unbedenklichkeitsprüfungen oder Qualitätskontrolle. Stets geht es um die Frage der Unerläßlichkeit der Belastung von Tieren. Insbesondere ist zu beurteilen, ob eine belastende Methode dem letzten Stand des Wissens entspricht, ob allenfalls die Anzahl der zu belastenden Tiere vermindert werden könnte oder ob gar ein alternatives Verfahren angewendet werden könnte, das ohne Tiere auskommt. Ein Tierversuch, respektive eine Methode, ist insbesondere dann nicht unerläßlich, wenn eine Alternative dazu besteht, die ohne Tiere auskommt oder die Tiere weniger belastet. Hingegen wurde die Argumentation, daß die Zielsetzung eines Versuchs nicht unerläßlich sei, bisher in keinem Beschwerdefall angewandt.

Tabelle 2

Beschwerdegrund	Bestimmung der Tierschutzverordnung	Gebiet	Dauer des Verfahrens	Ergebnis
belastende Methode, ungünstige Tierart, zu hohe Tierzahl	Art. 61 Abs. 1 Bst. b bis d	Pharmakaprüfung (Industrie)	9 Monate	stattgegeben
belastende Methode	Art. 61 Abs. 1 Bst. b	Pharmakaentwicklung (Industrie)	9 Monate	gerichtlicher Vergleich
belastende Methode, zu hohe Tierzahl, illegale Herkunft der Tiere	Art. 61 Abs. 1 Bst. d Art. 61 Abs. 3 Bst b und d	Viszeralchirurgie (Universität)	1 Monat	Rückzug durch Gesuchsteller
belastende Methode, zu hohe Tierzahl	Art. 61 Abs. 1 Bst. b Art. 61 Abs. 3 Bst a und b	Viszeralchirurgie (Universität)	6 Monate	Rückzug durch Gesuchsteller
belastende Methode / Alternative verfügbar	Art. 61 Abs. 3 Bst. a	Diagnostik (Universität)	11 Monate	teilweise stattgegeben
Unerläßlichkeit nicht prüfbar, zu hohe Tierzahl	Art. 61 Abs. 1 Bst. a und d	Pharmakaentwicklung (Industrie)	> 2 Monate	hängig
belastende Methode / Alternative verfügbar, zu hohe Tierzahl	Art. 61 Abs. 1 Bst. b und d	Qualitätskontrolle Vakzinen (Industrie)	> 1 Monat	hängig

Stand 1. Juni 1994

3. Diskussion

Das Behördenbeschwerderecht hatte weder Datenschutzprobleme zur Folge (Personendaten, Forschungsgeheimnis) noch hat es die Forschung blockiert. Hingegen hat es dazu geführt, daß die Oberaufsicht über die kantonalen Bewilligungsstellen verstärkt und deren Wirken vereinheitlicht werden konnte. Den wenigen offiziellen Beschwerden stehen nämlich eine Vielzahl informeller Kontakte mit den kantonalen Behörden gegenüber, die zu teils wenig spektakulären, aber konkreten Verbesserungen der Situation der Versuchstiere geführt haben. Zudem können sowohl die kantonale als auch die Bundesbehörde von sachbezogenen Kontakten viel über praktische Verbesserungsmöglichkeiten im Bereich Tierversuche und Alternativmethoden lernen.

Ein grundsätzliches Problem stellt die mangelhafte Information in den Gesuchen dar. Im Rahmen der Oberaufsicht können allfällige mündliche Besprechungen zwischen der kantonalen Behörde und den Gesuchstellenden nicht gewürdigt werden. Direkter Kontakt der Bundesbehörde zu den Gesuchstellenden ist nicht opportun, und formelle Akteneinsicht zu verlangen ist aufwendig. Gutes Einvernehmen zwischen Bund und Kantonen ist daher Voraussetzung, um sachlich und termingerecht arbeiten zu können.

Die Beanstandung einer Bewilligung bei der ersten Instanz - wenn auch informell - erscheint oft adäquater, da diese zur Erledigung der Beanstandung durchaus in der Lage und im Gegensatz zur nächsthöheren Instanz sachkundig ist. Demgegenüber ist das offizielle Beschwerdeverfahren schwerfällig und beschäftigt mehrere Stellen. Außerdem hat in einem föderalistischen System das Ergreifen eines Rechtsmittels gegen Verfügungen kantonaler Behörden durch die Bundesbehörde stets auch eine (nicht erwünschte) politische Dimension.

Das Beschwerderecht hilft, den Vollzug der Tierschutzbestimmungen bezüglich der Tierversuche in den verschiedenen Kantonen zu vereinheitlichen, indem es einerseits die Gesuchstellenden veranlaßt, die Gesetzgebung vermehrt zu beachten, und andererseits den informellen Interventionen des BVET mehr Gewicht verleiht. Das Beschwerderecht wahrzunehmen, ist allerdings personell sehr aufwendig und daher eigentlich nur im Zusammenhang mit der Nutzung der dabei gewonnenen Information für die Aus- und Weiterbildung der mit Tierversuchen befaßten Personen und Behörden zu vertreten. Diese Mehrfachnutzung der Information ist beim BVET insofern gegeben, als die *Sektion Tierversuche und Alternativmethoden* neben der Oberaufsicht auch für das Verfassen von Richtlinien im Bereich Tierversuche zuständig ist und außerdem eine Dokumentations- und Informationsstelle über Tierversuche und Alternativmethoden für Behörden und Private betreibt.

Erfahrungen bei der Anwendung der Datenbank des Deutschen Tierschutzbundes für Alternativmethoden zu Tierversuchen

U. Sauer, B. Rusche

Zusammenfassung

Der Deutsche Tierschutzbund hat 1986 eine Literatur-Datenbank für Alternativmethoden zu Tierversuchen eingerichtet, um einen Beitrag zur Behebung von Informationsdefiziten über Ersatzmethoden zu Tierversuchen zu leisten.

Die in der Datenbank enthaltenen Informationen werden auf verschiedene Weise den Interessenten zugänglich gemacht. Auszüge der Datenbank werden - nach verschiedenen Themen sortiert - regelmäßig als sogenannte Gelbe Listen veröffentlicht. Datenbankrecherchen zu konkreten Themen können als Autoren-, Schlagwort- oder Volltextrecherchen kostenlos beantragt werden. Über einen Lizenzvertrag können Institute die gesamte Datenbank sowie regelmäßige Up-Dates zur Einspeisung auf einem Personal-Computer erhalten.

1. Entstehung der Datenbank

Die Suche nach tierversuchsfreien Methoden sowie deren Weiterentwicklung geht ebenso wie die Nutzung bereits vorhandener Möglichkeiten nur schleppend voran, obwohl die Entwicklung von Ersatzmethoden zu Tierversuchen in den letzten Jahren intensiv gefördert wurde. Häufig werden Tierversuche nur deswegen noch durchgeführt, weil nicht bekannt ist, daß zur Beantwortung der anstehenden Fragestellung alternative Verfahren genutzt werden können oder weil ein tierversuchsfreies Verfahren bislang nur ansatzweise oder aus finanziellen Gründen noch gar nicht entwickelt worden ist. Als Lobby für Tiere sahen wir deswegen bereits in den 80er Jahren die Notwendigkeit, auf bisherige Versäumnisse hinzuweisen und die Entwicklung von Alternativen durch eigene Aktivitäten voranzutreiben.

Als Tierschutzorganisation können wir auf zwei Ebenen aktiv werden: Zum Einen können wir begründete Forderungen an Politiker und Wissenschaftler formulieren und auf deren Erfüllung drängen, zum Anderen können wir durch Informations- oder eigene Forschungsbeiträge Alternativmethoden fördern. Für diese Arbeit sind möglichst umfangreiche Kenntnisse über den Stand der Alternativmethodenforschung notwendig.

Da Informationen hierzu nicht erhältlich waren, haben wir 1986 eine Datenbank für Alternativmethoden zu Tierversuchen eingerichtet. Sie ist eine reine Literatur-Datenbank, in der inzwischen über 13.000 Eintragungen abgespeichert sind.

2. Aufbau der Datenbank

2.1. Themengebiete der Datenbank

Zur umfassenden Unterstützung unserer Arbeit sind in der Datenbank Informationen aus allen Bereichen der Wissenschaft enthalten. Es gibt Eintragungen aus der Grundlagenforschung, der angewandten Forschung, der Methodischen Forschung sowie aus dem Gebiet der Aus-, Fort- und Weiterbildung von Naturwissenschaftlern und Medizinern. Somit unterscheidet sie sich von anderen Alternativmethoden-Datenbanken, die beispielsweise nur Informationen aus der in vitro-Toxikologie enthalten.

2.2. Ausgangsmaterial für die Eintragungen

Zur Sammlung von Informationen für die Datenbank werden alle relevanten internationalen Fachzeitschriften fortlaufend geprüft. Weiterhin findet ein enger Informationsaustausch mit Arbeitsgruppen aus dem In- und Ausland statt. Auf diese Weise ist gewährleistet, daß die Eintragungen in der Datenbank den jeweiligen Stand der Forschung repräsentieren und mit ihrer Hilfe ein schneller, möglichst vollständiger Überblick über den Stand der Alternativmethodenforschung erhalten werden kann.

Als Ausgangsmaterial für die Eintragungen dienen somit Originalpublikationen aus Fachzeitschriften sowie, bei noch laufenden Projekten, unveröffentlichte Manuskripte. Voraussetzung ist natürlich, daß der Inhalt des Artikels als Information zur Einsparung von Tierversuchen genutzt werden kann, beispielsweise, weil eine neue Methode beschrieben oder ein alternatives Verfahren angewandt wird, mit dem Erkenntnisse in vitro gewonnen werden, nach denen bislang in vivo gesucht wurde.

In vitro-Untersuchungen zu Fragestellungen, die in vivo gar nicht hätten beantwortet werden können, können nicht als alternative Verfahren gewertet werden. Publikationen zu derartigen Studien werden somit nicht in unserer Datenbank abgespeichert.

2.3. Struktur und Verschlagwortung der Eintragungen

In den Dokumenten der Datenbank werden folgende Angaben vermerkt: Die Namen der Autoren, das Jahr der Veröffentlichung, der Titel des Artikels sowie die Quelle und eine Adresse zur Kontaktaufnahme mit den Wissenschaftlern.

Um ein themenbezogenes Abfragen der Informationen zu ermöglichen, werden die Eintragungen mit Schlagwörtern versehen. Mit diesen Schlagwörtern können der Forschungstyp, das Fachgebiet der Untersuchung, das Untersuchungsthema, das Zielobjekt und der Methodentyp charakterisiert werden. Spezielle Stichwörter geben Hinweise beispielsweise über die Art der untersuchten Substanzen, die Art der verwendeten Zellen oder den Endpunkt der betreffenden Methode und erlauben so die gezielte Beantwortung spezieller Fragen.

In einer Zusammenfassung wird dargestellt, auf welche Weise durch die Forschungsarbeit ein Beitrag zur Einsparung von Tierversuchen geleistet wird, und es wird bewertet, ob in dem betreffenden Artikel ein vielversprechender Ansatz für eine neue Methode aufgezeigt wird oder ob es sich um eine weiterentwickelte oder gar um eine anwendbare Methode handelt.

Ergebnisse der Untersuchung, beispielsweise konkrete Angaben über die toxische Wirkung einer Substanz, werden nicht aufgeführt. Wir gehen davon aus, daß die Auswertung der Testdaten Wissenschaftlern überlassen werden muß, die als Experten ihres jeweiligen Fachgebietes einerseits die notwendigen Fachkenntnisse besitzen und andererseits wissen, unter welchen Gesichtspunkten sie die Daten auswerten wollen.

3. Anwendung der Datenbank

Die Datenbank ist uns für unsere eigene politische und wissenschaftliche Arbeit unentbehrlich geworden bei der Aufdeckung von Forschungs- und Förderlücken, die die Fortentwicklung tierversuchsfreier Verfahren behindern. Mit den in der Datenbank enthaltenen Informationen können wir unsere Forderungen bei Gesetzgebern, Forschungsförderern und Wissenschaftlern wissenschaftlich untermauern. Bei der Bewertung von Tierversuchen und alternativen Verfahren sowie bei der Einschätzung von Förderschwerpunkten leistet sie wertvolle Hilfe für eine wissenschaftlich fundierte Arbeit.

1986 war unsere Datenbank die einzige Alternativmethoden-Datenbank, die alle Gebiete der Forschung abdeckte. Aus diesem Grunde bekamen wir bald viele Anfragen von Wissenschaftlern und anderen Tierschützern, die gerne auch unsere Datenbank für Alternativmethoden nutzen wollten. Um diesen Wünschen zu begegnen und somit einen weiteren Beitrag zur Abschaffung von Tierversuchen zu leisten, bieten wir verschiedene Arten der Nutzung der Datenbank an:

1. eine Nutzung über die „Gelben Listen",
2. durch Installation der Datenbank auf dem eigenen Computer und
3. über gezielte Datenbankabfragen.

Im folgenden soll auf diese drei Möglichkeiten näher eingegangen werden.

3.1. Anwendung der Datenbank über die „Gelben Listen"

Auszüge aus der Datenbank werden in bestimmten Abständen thematisch sortiert veröffentlicht. Von diesen sogenannten Gelben Listen sind bereits sechs Bände sowie ein kommentierter Band, unsere Dokumentation über den Draize-Test, erschienen. Die Gelben Listen haben wir nach ihrem Erscheinen kostenfrei an alle westdeutschen Universitätsbibliotheken sowie an die Genehmigungsbehörden der Landesministerien und an Mitglieder der Beratenden Kommissionen versandt. Gegen eine geringe Gebühr können die Gelben Listen auch beim Deutschen Tierschutzbund erworben werden. Auf diese Weise werden sie als Nachschlagewerke von Tierschützern, Mitgliedern von beratenden Kommissionen, Wissenschaftlern und Tierschutzbeauftragten genutzt.

3.2. Direkte Nutzung der Datenbank durch die Anwender

Seit 1992 bieten wir Instituten und Universitätsbibliotheken ebenfalls die Möglichkeit, über einen Lizenzvertrag die gesamte Datenbank sowie regelmäßige Up-dates zur Einspeisung in den Personal-Computer zu erhalten. Auf diese Weise können Wissenschaftler, Studenten und andere Interessierte vor Ort eigene Datenbankabfragen durchführen. Dies gewährleistet einerseits, daß diejenigen, die die Fragen haben, auch selbst in der Datenbank nach den Antworten suchen können. Jemand, der die Hintergründe eines Themas kennt, kann auch am gezieltesten nach den geeigneten Literaturstellen suchen.

Die Installation der Datenbank in einem „Tierschützer-freien" Institut ermöglicht aber andererseits auch denen, die sich scheuen, sich bei einer Tierschutzorganisation zu melden, unerkannt unsere Datenbank zu nutzen.

Eine Lizenz beinhaltet eine einmalige Gebühr von 1.000,- DM, jedes der halbjährlich erscheinenden Up-Dates wird mit einer Gebühr von 100,- DM berechnet. Mit diesen Gebühren können wir unsere eigenen Unkosten in keiner Weise decken, sie dienen lediglich einem rechtlichen Schutz. Da unsere Datenbank auf einem kommerziell erhältlichen Programm läuft, kommen noch die Kosten für dieses Programm dazu, welches sich jedoch für Hochschulen auf etwa

1.700,- DM beläuft. Bedauerlicherweise scheinen selbst diese relativ niedrigen Kosten den Etat vieler Hochschulen zu überschreiten.

3.3. Anwendung der Datenbank über Abfragen zu gezielten Themen

Datenbankabfragen zu gezielten Themen können jederzeit kostenlos bei uns beantragt werden. Je nach Art der Fragestellung kann die Datenbank auf verschiedene Weisen befragt werden:

- Bei einer Autorenrecherche wird nach den Namen von Verfassern gesucht.

- Die Deskriptorenrecherche dient dazu, mit einer Kombination von Schlagwörtern Artikel zu bestimmten allgemeinen Themen zusammenzustellen. Um einmal ein Beispiel zu nennen: Mit der Kombination der Deskriptoren „Pharmakologie", „Screening", „Herz" und „Zellkultur" können wir nach Veröffentlichungen über Zellkulturmethoden zum Screening pharmakologischer Substanzen, die am Herzen wirksam sind, suchen.

- Die speziellste Art der Abfrage ist mit der Volltextrecherche möglich, mit der nach beliebig zu wählenden Wörtern gesucht werden kann. Auf diese Weise könnten wir beispielsweise die Ergebnisse der soeben genannten Deskriptoren-Recherche eingrenzen, indem wir beispielsweise danach suchen, in welchen Arbeiten speziell „Digitalis-Glykoside" getestet wurden oder in welchen Arbeiten die „positiv inotrope Wirkung pharmakologischer Substanzen" untersucht wurde. Die Ergebnisse der Recherchen werden als Literaturlisten ausgedruckt und den Interessenten unverzüglich per Telefax oder per Post zugesandt.

4. Anfragen an die Datenbank

Unsere Datenbank ist für alle interessant, die nicht nur konkrete Informationen zu fertigen Alternativmethoden erhalten wollen, sondern einen Überblick darüber bekommen wollen, welche in vitro-Ansätze in einem bestimmten Forschungsgebiet bereits ausprobiert wurden. Anfragen zu Datenbankrecherchen kamen bislang von Universitäten, Studenten, Wissenschaftlern, von der Industrie, von Behörden und Tierschützern.

Über manche Anfragenden liegen uns keine näheren Angaben vor. Sicher wird es oft nicht für notwendig erachtet, nähere Angaben zur eigenen Person zu machen. Immer wieder machen wir jedoch auch die Erfahrung, daß Anfragende sich scheuen zuzugeben, daß gerade sie ein Angebot einer Tierschutzorganisation in Anspruch nehmen wollen. So kommt es sogar vor, daß Anfragende noch nicht einmal ihre dienstliche Telefonnummer oder Faxnummer bekannt geben wollen (von der dienstlichen Anschrift ganz zu schweigen) und vorschlagen, man könne sie ja zu Hause anrufen, wo sie spät abends immer zu erreichen seien.

Im folgenden soll aufgezeigt werden, aus welchen Motiven Datenbankrecherchen beantragt wurden.

4.1. Anfragen zu „speziellen Themen"

In der Gruppe „spezielles Thema" sind all die Anfragen zusammengefaßt, in denen darum gebeten wurde herauszufinden, ob man dieses oder jenes in vitro durchführen kann, beispielsweise „Kann man die Wirkung von Blutdrucksenkern in vitro überprüfen?" oder „Kann man die biochemischen Vorgänge der Neurotransmission in vitro untersuchen?".

Abfragen zur Gruppe der „speziellen Themen" kommen häufig von Studenten. Sie wenden sich mit der Bemerkung an uns „Ich soll eine Diplomarbeit, eine Doktorarbeit zu diesem oder jenem Thema schreiben. Kann ich das auch ohne Tierversuche machen?". Wir sehen immer wieder, daß gerade angehende, junge Wissenschaftler bereit sind, die Methode Tierversuch in

Frage zu stellen und neue Verfahren auszuprobieren. Aber auch Wissenschaftler wenden sich an uns und bitten um konkrete Informationen zu bestimmten Themen. Bedauerlicherweise ist uns nicht bekannt, inwieweit die anfragenden Wissenschaftler Tierschutzbeauftragte sind, die fremde Versuchsanträge begutachten wollen. Da wir jedoch in den letzten Jahren unsere Datenbank auf Tagungen vermehrt auch Tierschutzbeauftragten vorgestellt haben und gerade in dieser Gruppe auf großes Interesse gestoßen sind, gehen wir davon aus, daß die anfragenden Wissenschaftler Informationen zu eigenen Projekten, aber auch zu „zu begutachtenden" Projekten einholen wollen.

Datenbankabfragen über „spezielle Themen" sind wiederum auch für Behörden wichtig. Wir vermuten, daß unsere Informationen für die Bewertung oder die Genehmigung eines Versuchsvorhabens genutzt werden, obwohl uns natürlich hierüber keine konkreten Angaben vorliegen.

4.2. Anfragen zum Thema „Lehre"

In einer weiteren Gruppe sind die Anfragen zu dem Thema der Ersatzmethoden für die Aus-, Fort- und Weiterbildung zusammengefaßt. Diese Gruppe „Lehre" haben wir gesondert aufgeführt, obwohl man sie auch der Gruppe der „speziellen Themen" hätte zuordnen können, da dieses Thema in der Öffentlichkeit ein zunehmendes Interesse erfährt und wir somit auch recht viele Anfragen zu diesem Thema erhalten haben.

Die Anfragen zum Thema „Lehre" kamen von sehr vielen verschiedenen Anwendergruppen. Hier handelt es sich um Anfragen, wie: „Welche Möglichkeiten gibt es, den Physiologie-Unterricht für Mediziner tierverbrauchsfrei zu gestalten?" oder „Kann ich diesen oder jenen Versuch auch ohne Tiere durchführen?". Viele Studenten, die in ihrer Ausbildung mit tierverbrauchenden Versuchen konfrontiert werden, wenden sich an uns mit der Bitte um Informationen zu tierverbrauchsfreien Methoden, in der Hoffnung, auf diese Weise ihre Argumentation gegenüber den Hochschulprofessoren zu untermauern. Erfreulich ist, daß sich inzwischen auch Universitäten an uns wenden, um Informationen über alternative Möglichkeiten der Praktikumsgestaltung zu erhalten. In dieser Gruppe „Universität" haben wir im Gegensatz zu der Gruppe „Wissenschaftler" solche Anfragen zusammengefaßt, in denen sich ein Mitglied einer Fakultät mit dem Hinweis „Wir überlegen uns, wie wir das Praktikum neu gestalten können." an uns wandte. Erfreulich ist auch, daß das Thema „Ersatzmethoden in der Lehre" nun auch von Behörden aufgegriffen wurde. Wir hoffen, daß dies als erster Schritt dahingehend zu werten ist, daß tierverbrauchende Methoden vom Gesetzgeber und der beaufsichtigenden Behörde nicht mehr akzeptiert werden.

4.3. Anfragen zum Thema „Methoden"

Mit „Methode" haben wir all die Anfragen gekennzeichnet, in denen gezielt nach in vitro-Methoden gefragt war, beispielsweise nach einem Agar-Overlay-Test oder nach einem Hefetest und so weiter.

Das Interesse an neuen Methoden ist besonders groß bei Wissenschaftlern, die diese für ihre Arbeiten verwenden wollen.

5. Zusammenfassung und Ausblick

Abschließend kann gesagt werden, daß die Datenbank des Deutschen Tierschutzbundes für Alternativmethoden zu Tierversuchen in den knapp acht Jahren ihres Bestehens für unsere eigene Arbeit zur Abschaffung von Tierversuchen unverzichtbar geworden ist und darüber hinaus eine gute Verbreitung im deutschsprachigen Raum gefunden hat. Bewährt hat sich dabei unsere Entscheidung, Veröffentlichungen über alle Bereiche der Forschung abzuspeichern. Wir stellen immer wieder fest, daß die breite Palette der in der Datenbank enthaltenen Informationen auch wirklich genutzt wird. Ein großer Vorteil bei der Anwendung der Datenbank ist die Tatsache, daß sich die Datenbankrecherchen problemlos flexibel gestalten lassen und sehr schnell durchgeführt werden können.

Derzeit bauen wir eine Kooperation mit der Datenbank für Alternativmethoden von ECVAM, also des Europäischen Zentrums für die Validierung von Alternativmethoden, auf. In dessen Datenbank werden für bestimmte Chemikalien Testergebnisse aus in vitro-Untersuchungen abgespeichert. Somit können sich die in den beiden Datenbanken enthaltenen Informationen sinnvoll ergänzen.

Es ist geplant, eine englische Version der Datenbank zu erstellen, so daß sie auch über den deutschsprachigen Raum hinaus genutzt werden kann. Derzeit bauen wir ebenfalls unsere Rechneranlage aus, um eine Anbindung an das internationale Wissenschaftsnetz zu erhalten und somit einen schnellen und zuverlässigen Informationsaustausch zu gewährleisten.

Welche Literatur- und Faktendatenbanken nutzen die Wissenschaftler der Schering AG insbesonders für die Suche nach Alternativmethoden? Welche Erfahrungen gibt es?

C. Körner

Zusammenfassung

Am Beispiel der Schering AG wird aufgezeigt, welche Informationsmöglichkeiten aus externen, öffentlichen Datenbanken für die wissenschaftlichen Mitarbeiterinnen und Mitarbeiter bestehen. Dazu wird einleitend das weitgefächerte Angebot an Hosts und Datenbanken dargestellt, und anschließend werden die unterschiedlichen Datenbank- und Recherchekategorien näher beschrieben. Nachfolgend wird das Spektrum von Anfragen im Laufe der Arzneimittelentwicklung gezeigt, um dann speziell auf Fragestellungen im Zusammenhang mit Alternativen zu Tierversuchen einzugehen. Hier werden drei Typen von Anfragen deutlich:

1. die allgemeine Frage nach Publikationen über einen bestimmten Sachverhalt,
2. die direkte Frage nach Alternativen,
3. die Suche nach etablierten Methoden oder Modellen.

Für die Datenbank Medline werden einige vorgegebene Schlagworte mit ihren jeweiligen Treffermengen aufgelistet. Es werden die Faktoren benannt, die einen Einfluß auf ein Rechercheergebnis haben können. Für die nahe Zukunft ist zu wünschen, daß die Datenbankanbieter mehr auf Qualität als auf Quantität setzen, und daß die Fachleute die Möglichkeiten eines internationalen online-Erfahrungsaustausches nutzen.

1. Einleitung

Firmen arbeiten gewinnorientiert und möchten den Forschungsaufwand eines Tages als „return on investment" vom Markt zurückerhalten. Das bedeutet z.B. in der pharmazeutischen Industrie, daß ein Produkt neu oder besser als ein schon bekanntes sein muß. Es darf also das sprichwörtliche Rad nicht noch einmal erfunden werden.

Wissenschaftlerinnen und Wissenschaftler haben deshalb im Vorfeld eines jeden Forschungsprojektes die Pflicht, sich über den publizierten Wissensstand zu informieren. Wenn bereits publizierte Ergebnisse in ausreichendem Umfang vorliegen, rentiert sich die weitere Forschung auf diesem Gebiet nicht, weil kein Neuigkeitswert besteht.

Datenbanken können diese Verantwortung nicht abnehmen, aber mit ihrer Hilfe läßt sich der Suchaufwand erheblich reduzieren, weil in kürzerer Zeit ein größeres Informationsangebot auf die spezielle Fragestellung hin geprüft werden kann.

Abb. 1

2. Recherchemöglichkeiten bei Schering

Die wissenschaftlichen Mitarbeiterinnen und Mitarbeiter bei Schering haben verschiedene Möglichkeiten, das Informationsangebot externer Datenbanken zu nutzen. Zum êinen können sie selbst in externen Datenbanken suchen. Dazu stellen wir ihnen auf Wunsch einen persönlichen Zugang zu einem Host, also Datenbankanbieter, zur Verfügung.

Zum anderen haben wir im Bibliotheksbereich sogenannte Nutzer-PCs eingerichtet. Neben der Möglichkeit der Online-Recherche kann hier jeder z.B. in den wöchentlich aktualisierten Current Contents recherchieren oder auch die Medline-CD-Version „Knowledge Finder" nutzen.

Grundsätzlich steht den Schering-Mitarbeiterinnen und -Mitarbeitern natürlich auch immer der Weg offen, den Recherchewunsch als Auftrag an uns, die Wissenschaftliche Informationsvermittlung, zu richten.

Organisatorisch gehört die Informationsvermittlung bei Schering zusammen mit der Bibliothek zur Zentralen Biologischen Forschung. Eine unserer Aufgaben ist die eben erwähnte Bearbeitung von Rechercheaufträgen mittels externer Datenbanken, auf die ich im folgenden näher eingehen möchte.

3. Zugang zu Hosts und Datenbanken

Wir haben zur Zeit 25 Hosts unter Vertrag und können so auf ca. 1.700 Datenbanken mit unterschiedlichsten Inhalten zugreifen. Im Vergleich dazu: Es gibt zur Zeit weltweit über 8.000 öffentlich zugängliche Datenbanken, wobei sich das Angebot nahezu täglich ändert. Für Schering gilt, daß von unserem Angebot ca. 500 für biomedizinische Fragestellungen potentiell in Betracht kommen, wobei in der täglichen Routine die Recherchen zunächst auf wenige Datenbanken beschränkt werden. Nur wenn keine oder nicht genug zutreffende Informationen gefunden wurden, beziehen wir weitere Datenbanken ein.

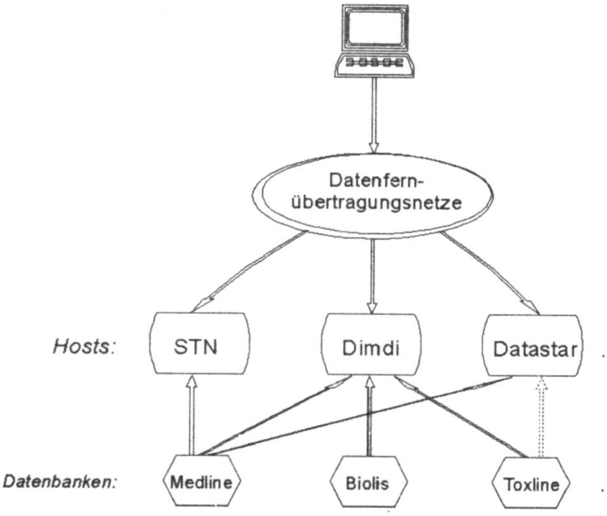

Abb. 2. Zugang zu Hosts und Datenbanken

Dabei muß erstens beachtet werden, daß die Datenbanken über kein gemeinsames, allgemeingültiges Vokabular verfügen, also derselbe Sachverhalt je nach Datenbank unterschiedlich verschlagwortet oder codiert wird. Daher sind für umfassende Recherchen fundierte Kenntnisse der jeweiligen Datenbankstrukturen notwendig. Zweitens ist es so, daß alle Hosts unterschiedliche Rechner und auch unterschiedliche Software benutzen. Das bedeutet wiederum für uns als Nutzer, daß es keine einheitliche oder genormte Oberflächen oder auch Suchsprachen gibt. Dies beides hat zur Folge, daß man z.B. die Datenbank Medline mit unterschiedlichem Komfort, in anderer Aufbereitung, mit ungleichem Aktualisierungsgrad und Jahresumfang und zu verschiedenen Preisen bei mindestens 10 Hosts abfragen kann.

An dieser Stelle drängt sich das Bild von der Suche nach der Nadel im Heuhaufen auf, nur daß wir es mit mehreren, unterschiedlichen Nadeln - nämlich den gesuchten, relevanten Informationen - zu tun haben, deren Anzahl wir von außen nicht erkennen können und die sich ihrerseits in mehreren Heuhaufen - nämlich den Datenbanken - verstecken, wobei jeder Haufen wiederum aus Millionen von Halmen - nämlich den Datensätzen - bestehen kann. Erschwerend kommt hinzu, daß sich diese Heuhaufen nicht alle mit dem gleichen Werkzeug bearbeiten lassen, sondern mit verschiedenen Schlagworten in unterschiedlichen Sprachen durchsucht werden müssen.

Die Datenbanken teilen wir in verschiedene Typen ein. Für unser Thema sind die bibliographischen Datenbanken und die Faktendatenbanken von Interesse. Zur ersten Gruppe gehören z.B. die klassischen Literaturdatenbanken, die wissenschaftliche Journale durch eine Verschlagwortung für die spätere Suche zugänglich machen. Solche bibliographischen Datenbanken enthalten also nicht direkt die gewünschte Information - allenfalls zufällig im Abstract -, sondern stellen einen Verweis auf die Originalarbeit her, in der etwas darüber geschrieben wurde. Da es oft viele Arbeiten zu einem Thema gibt, wird es bei manchen Suchen entsprechend viele Treffer geben, d.h., der Nutzer muß sich aus diesem Angebot die besten Informationen selbst heraussuchen.

Die zweite, zahlenmäßig kleinere Gruppe der Faktendatenbanken enthält die eigentliche Information direkt. Hier haben Spezialisten das Informationsangebot bewertet und zusammengefaßt, so daß der Nutzer im Idealfall nur ein Dokument mit richtigen, vollständigen und aktuellen Informationen erhält.

4. Recherchen: Arten, Themen, Quellen

Im folgenden möchte ich darauf eingehen, welche Arten von Recherchen möglich sind und wie man die gefundenen Informationen später weiterverarbeiten kann.

Bei den Recherchen unterscheiden wir zwischen Schnellrecherchen, orientierenden Recherchen und solchen zum „Stand der Technik". Die Bearbeitung einer Schnellrecherche dauert maximal eine halbe Stunde und soll einen ersten Einstieg ohne Anspruch auf Vollständigkeit darstellen. Dieser Service wird hauptsächlich von den Chemikern in Anspruch genommen, die konkrete chemische Strukturen abfragen. Die biomedizinischen Anfragen fallen eher in die zweite Kategorie der orientierenden Recherche. Die Bearbeitungszeiten liegen hier bei durchschnittlich 3-4 Stunden, und es werden oft mehrere Datenbanken durchsucht. Soll alles Verfügbare gefunden werden, z.B. im Vorfeld einer Patentanmeldung oder auch im Rahmen von Zulassungsverfahren, steigt der Aufwand, sowohl von Zeit als auch von Kosten, sofort deutlich an. All diese retrospektiven Recherchen können Grundlage für sogenannte Dauerrecherchen sein, bei denen der Nutzer mit jeder Aktualisierung der Datenbank die für sein Thema zutreffenden Informationen erhält.

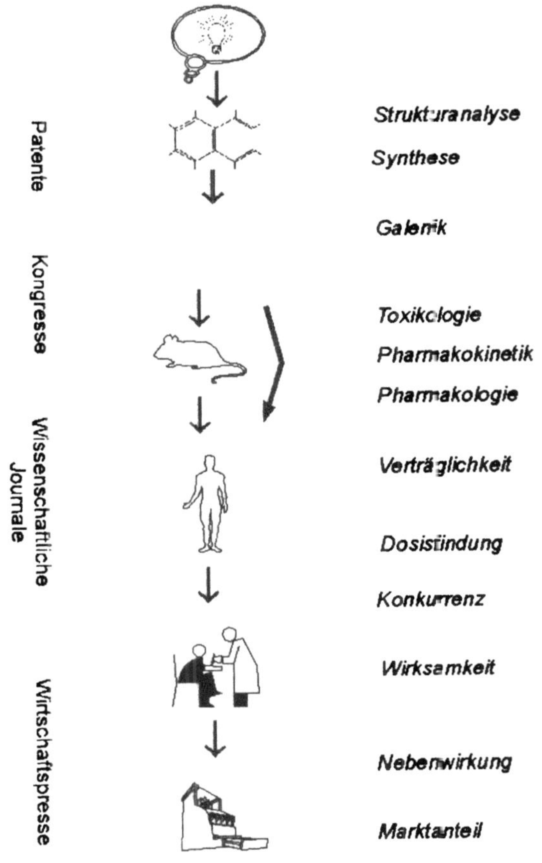

Abb. 3. Informationsquellen und Fragestellungen im Laufe der Arzneimittelentwicklung

Die Ergebnisse solcher Recherchen werden von uns als Papierausdruck oder als Datei an die Auftraggeber weitergegeben. Gerade diese maschinenlesbaren Formate werden zunehmend beliebter und sind oft die Grundlage für persönliche Arbeitsplatz-Datenbanken, denen man eigene Schlagworte und Kommentare hinzufügen kann. Dadurch ist es dann auch später noch möglich, gezielt auf diese Rechercheergebnisse zuzugreifen.

Kommen wir nun zu den Inhalten der Rechercheaufträge, die an uns gerichtet werden. Prinzipiell reicht das Spektrum von der Chemie über Pharmazie, Biologie und Medizin bis hin zu wirtschaftsrelevanten Fragestellungen.

Betrachtet man eine bestimmte Substanzgruppe oder einen Forschungsschwerpunkt über die Zeit, also im Laufe der Arzneimittelentwicklung von der chemischen Substanz über den Wirkstoff hin zu einem Präparat, so zeigt sich ein Wandel der Inhalte. Am Anfang stehen eher chemische Fragestellungen im Vordergrund, z.B. die Synthese von bestimmten Substanzgruppen, Herstellungsvorschriften oder die Patentsituation. Es folgen Struktur-Wirkungsbetrachtungen und erste vorklinische Fragestellungen zur Toxikologie, Pharmakokinetik oder Galenik. Zu diesem Zeitpunkt tauchen auch die Fragen nach Screeningmethoden, Tierversuchsalternativen oder Modellen auf. Mit der Anwendung beim Menschen verlagert sich der Schwerpunkt auf klinische Gesichtspunkte, wie Wirksamkeit und Verträglichkeit, und auf den Vergleich mit anderen etablierten Präparaten. Spätestens jetzt muß auch auf die Forschungsanstrengungen der Konkurrenz gesehen und das Marktpotential abgeschätzt werden. Nach der Zulassung gilt es besonders, keine Veröffentlichungen über Nebenwirkungen zu übersehen.

Auch die Art der Quellen, aus denen man diese Informationen erhält, ändert sich mit dem Zeitverlauf. Zuerst wird eine neue Substanz in einem Patent erwähnt werden, dann folgen Berichte von Kongreßbeiträgen, später Veröffentlichungen in wissenschaftlichen Journalen, und zum Schluß finden wir auch in marktorientierten Publikationen entsprechende Hinweise.

5. Die Suche nach Alternativen zu Tierversuchen

Im zweiten Teil meines Beitrages möchte ich nun speziell auf die Suche nach Alternativen zu Tierversuchen eingehen.

Betrachtet man die Aufträge, die im Laufe der letzten Jahre bei uns eingingen, kann man feststellen, daß nur selten nach einer konkreten Alternative gefragt wurde. Welche Fragestellungen können also implizit bedeuten, daß Tierversuche eingespart würden?

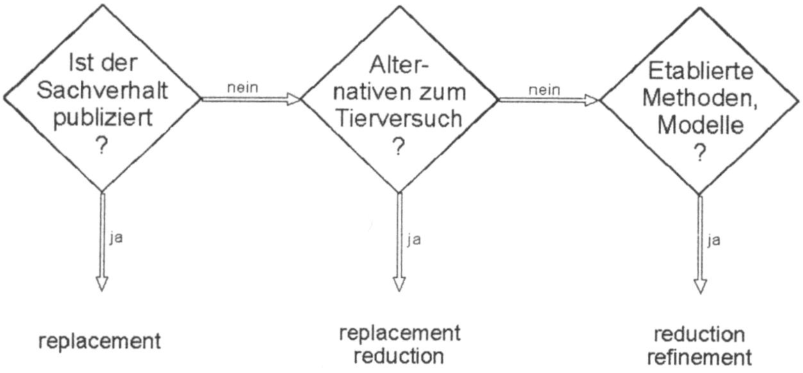

Abb. 4. Fragestellungen im Zusammenhang mit der Suche nach Tierversuchsalternativen

Vor jedem Forschungseinstieg steht, wie schon erwähnt, das Sachkundigmachen über das Thema durch Lehrbücher und/oder gezielte Recherchen. Ist der Sachverhalt in der Literatur ausreichend beschrieben, braucht er oft nicht experimentell bearbeitet zu werden. Typische

Beispiele dafür sind Fragen nach der Toxizität, Karzinogenität oder Mutagenität von bekannten Hilfsstoffen, die in einem neuen Präparat eingesetzt werden sollen, d.h. im positiven Fall wird hier der komplette Tierversuch eingespart. An dieser Stelle wird erneut deutlich, daß sich der Aufwand für die Informationsbeschaffung auch finanziell lohnt.

Gibt es nicht genügend Publikationen zu der Fragestellung oder ist ein Experiment vorgeschrieben, kann zum einen nach Tierversuchsalternativen gesucht werden. Wie bereits gesagt, wird diese Fragestellung so direkt eher selten an uns gerichtet. Zum anderen, und das kommt häufiger vor, wird nach etablierten Methoden oder Modellen gesucht. In diese Kategorie fallen u.a. Tiermodelle für die Untersuchung bestimmter Erkrankungen oder in vitro-Modelle zur Untersuchung von Substanzen. Das Spektrum der Anforderungen reicht bis hin zur Ermittlung der Anschrift eines Lieferanten für eine bestimmte Tumorzellinie.

Bisher gibt es noch keine öffentlich zugängliche Datenbank, die sich ausschließlich des Tierversuchsthemas angenommen hat. Immerhin werden speziell für den Bereich der Toxikologie einige Faktendatenbanken angeboten, z.B. HSDB und RTECS. Hier kann man gezielt eine LD_{50} ermitteln, wobei die Frage der Validität des Wertes offen bleibt. Hauptsächlich recherchieren wir bei solchen Fragestellungen aber in den etablierten biomedizinischen Datenbanken, wie Biosis, Embase, Medline und Toxline, um nur einige zu nennen. Neben der Bibliographie enthalten sie eine mehr oder weniger gute Verschlagwortung und meistens auch die Autoren-Abstracts.

Am Beispiel der Datenbank Medline, die meiner Meinung nach am besten verschlagwortet ist, möchte ich die Suchmöglichkeiten aufzeigen. Der MeSH, das kontrollierte und hierarchisch strukturierte Vokabular der Datenbank - auch Thesaurus genannt -, bietet uns z.B. das Schlagwort *animal-testing-alternatives* an. Das Schlagwort wurde 1985 in die Datenbank aufgenommen und als Unterbegriff den Einträgen *research* und *bioethics*, aber nicht speziellen Methodiken oder Modellen zugeordnet. Das erklärt die geringen Trefferquoten, die mit diesem Begriff erzielt werden, nämlich nur ein verschwindend kleiner Teil der relevanten Arbeiten ist damit indexiert. Also müssen zuverlässigere Schlagworte gefunden werden. Dazu bieten sich z.B. *cells-cultured*, *tissue-culture*, *models-biological* und *disease-models-animal*, aber auch *computer-simulation* oder *in-vitro* an.

QN	DATABASE	DOCS	SEARCH TERMS
1	MEDL	84	ANIMAL-TESTING-ALTERNATIVES
2	MEDL	76072	CELLS-CULTURED#
3	MEDL	3670	TISSUE-CULTURE#
4	MEDL	7597	DISEASE-MODELS-ANIMAL
5	MEDL	15419	MODELS-BIOLOGICAL#
6	MEDL	30935	IN-VITRO
7	MEDL	3262	COMPUTER-SIMULATION
8	MEDL	127514	1 OR 2 OR 3 OR 4 OR 5 OR 6 OR 7
9	MEDL	115	LIMULUS-TEST
10	MEDL	100	9 NOT 8

Abb. 5. Suchformulierung in Medline ab 1991 mit Treffermengen

Alle genannten Schlagworte haben unterschiedliche, sich ergänzende Treffermengen, und sie sind einander nicht hierarchisch zugeordnet. Für uns als Nutzer bedeutet dies, daß sich die Suche und die Relevanzprüfung aufwendiger gestalten, und daß man selbst an die verschiedenen Varianten denken muß. Ein weiteres Problem ist es, daß gerade für neue Forschungsrichtungen noch keine Schlagworte in den Datenbanken etabliert sind. Dann muß im sogenannten Freitext recherchiert werden, also mit den Worten, die der Autor verwendet hat. Das geht natürlich um so besser, je mehr fachliche Detailkenntnisse vorhanden sind. Dieses Verfahren birgt aber immer die Gefahr, relevante Arbeiten nicht zu finden. Hier ist die Zusammenarbeit zwischen Informationsspezialisten und Wissenschaftlern gefragt. Diese reicht von einem klärenden Gespräch vor der eigentlichen Datenbanksuche - „Presearch-Interview" - bis hin zum gemeinsamen Recherchieren. In diesem Fall kann von der einen Seite die Fachterminologie eingebracht werden, während die andere Seite über das Know-how in bezug auf die Datenbanken verfügt.

An dieser Stelle möchte ich die Faktoren auflisten, die einen Einfluß auf das Ergebnis einer Datenbankrecherche haben können.

- ✓ **Formulierung der Fragestellung / Presearch-Interview**
- ✓ **Erfahrung und Fachwissen**
- ✓ **Auswahl der Datenbank**
- ✓ **Inhalt der Datenbank (Jahre, Region, Quellen)**
- ✓ **Strukturierung der Datenbank (Verschlagwortung)**
- ✓ **Verläßlichkeit der Indexierung**
- ✓ **Suchformulierung**
- ✓ **Ergebnisselektion**

Abb. 6. Einfluß auf das Rechercheergebnis

6. Ausblick

Das angestrebte Ziel, alles Wesentliche zu finden, ohne Ballast zu haben, bedeutet zur Zeit immer noch einen hohen Aufwand. Von der Information auf Knopfdruck sind wir doch noch weiter entfernt, als es uns einige Werbebroschüren glauben machen wollen.

Abb. 7

Was die Informationsbeschaffung der nahen Zukunft angeht, möchte ich mit einigen Wünschen abschließen.

Auf der einen Seite müssen die Verschlagwortungen in den etablierten Datenbanken zuverlässiger und prägnanter werden. Wir haben es mit einer stetig ansteigenden Zahl von Informationen zu tun, die bei jeder Frage durchsucht werden müssen. Ohne eine vernünftige Struktur wird auch der Anteil an Ballast immer größer.

Auf der anderen Seite ist die institutionsübergreifende Kooperation der Fachleute gefordert, z.B. indem Informationen in eine gemeinsame Datenbank eingegeben werden, aus der sich bei Bedarf jeder bedienen kann. Im Idealfall wäre es eine Faktendatenbank, wo die Informationen bewertet und in verdichteter Form angeboten werden.

Auch sollten moderne Telekommunikations-Medien - wie das Internet - für einen internationalen und unbürokratischen Informationsaustausch genutzt werden. Experten können hier online mit anderen Fachleuten in sogenannten Foren diskutieren und Erfahrungen austauschen.

Kommen wir auf die zu Beginn erwähnten Nadeln im Heuhaufen zurück, dann wäre es für die Zukunft wünschenswert, nur einen Haufen zu haben, der zusätzlich durchsichtig ist, und in dem jeder mit einem einfachen Werkzeug genau die richtige Nadel finden kann.

Welche Unterstützung können ZEBET und DIMDI Wissenschaftlern bei der Suche nach Alternativmethoden zu Tierversuchen geben?

B. Grune-Wolff, A. Dörendahl, S. Skolik, H. Spielmann

Zusammenfassung

Das Deutsche Institut für Medizinische Dokumentation und Information, DIMDI, ist eine der wichtigsten Informationszentralen für medizinische Fachliteratur in Deutschland. DIMDI bietet Benutzerführungen an, um allen Interessenten einen leichteren Zugang zu internationalen Datenbanken zu ermöglichen. Es werden die Möglichkeiten der Benutzerführungen bei DIMDI vorgestellt.

ZEBET arbeitet mit DIMDI an einem „online"-Anschluß für die ZEBET-Datenbank über Ersatz- und Ergänzungsmethoden zu Tierversuchen. Als Ergebnis dieser Zusammenarbeit wurde die ZEBET-Datenbank bereits bei DIMDI zur Testung eingerichtet. Über die Verknüpfung mit DIMDI sollen „online"-Recherchen in der ZEBET-Datenbank in die üblichen Literaturrecherchen eingebunden werden und die Recherche nach Literatur über Ersatz- und Ergänzungsmethoden für DIMDI-Benutzer unterstützen.

1. Einleitung

Das Deutsche Institut für Medizinische Dokumentation und Information, DIMDI, ist eine der wichtigsten Informationszentralen für medizinische Fachliteratur in der Bundesrepublik Deutschland. DIMDI gehört, wie das Bundesgesundheitsamt, zum Geschäftsbereich des Bundesministeriums für Gesundheit.

ZEBET ist eine Einrichtung im Institut für Veterinärmedizin des Bundesgesundheitsamtes[1] und hat im Rahmen des Vollzuges des Tierschutzgesetzes in Deutschland die Aufgabe, Informationen über die Möglichkeiten der Anwendung von Ersatz- und Ergänzungsmethoden zu Tierversuchen auf Anfrage zur Verfügung zu stellen. Die Anfragenden sind Behördenvertreter, Wissenschaftler, Tierschutzbeauftragte und die interessierte Öffentlichkeit. Für den Informationsdienst greift ZEBET auf die eigene ZEBET-Datenbank zu und nutzt auch die Möglichkeit, über DIMDI auf nationale und internationale Literatur- und Faktendatenbanken zuzugreifen.

DIMDI bietet den Zugriff auf rund 100 Literatur- und Faktendatenbanken an. Das Spektrum dieser Datenbanken umfaßt Informationen aus der Medizin, Psychologie, Sozialmedizin, öffentliches Gesundheitswesen, Krankenhausbau, Biologie, Ernährung, Landwirtschaft, Forstwirtschaft und Sportwissenschaft. Eine der bekanntesten medizinischen Datenbanken, die

---

[1] Im Juli 1994 wurde das Bundesgesundheitsamt (BGA) reorganisiert. ZEBET ist jetzt Teil des Bundesinstitutes für gesundheitlichen Vebraucherschutz und Veterinärmedizin (BgVV).

DIMDI anbietet, ist MEDLINE (MEDical literature onLINE). Diese Literaturdatenbank wird von der National Library of Medicine (Bethesda, USA) erstellt.

2. Instrumente und Hilfsmittel, die die Recherche nach Literatur über Alternativmethoden in Datenbanken erleichtern: DIMDI's Benutzerführungen

Für die Recherche nach Literatur über Ersatz- und Ergänzungsmethoden zu Tierversuchen gelten die gleichen Regeln wie für die Suche nach Literatur zu jedem anderen wissenschaftlichen Thema. Neben den selbstverständlichen Voraussetzungen für einen Zugriff auf die Datenbanken des DIMDI, wie DIMDI-Anschluß und User-Code, war es bisher auch erforderlich, die Abfragesprache GRIPS (General Relation Based Information Processing System) zu beherrschen und über Kenntnisse von Struktur und Inhalt der einzelnen Datenbanken und der dazugehörigen Thesauri zu verfügen.

Seit einiger Zeit bietet DIMDI Benutzerführungen an, die den Interessenten einen leichteren Zugang zu den Datenbanken ermöglichen. Zur Bedienung der Benutzerführungen ist keine Ausbildung als Searcher erforderlich. Der Nutzer wird am Bildschirm durch „auszufüllende Formblätter" Schritt für Schritt durch die Recherche geführt. DIMDI hat 1993 die Broschüre „DIMDI's Benutzerführungen" herausgegeben. In dieser Broschüre sind alle Möglichkeiten der Benutzerführungen an Beispielen detailliert dargestellt und erklärt. An dieser Stelle soll daher aus der Sicht der Anwender auf die Möglichkeiten, die diese Benutzerführungen bieten, aufmerksam gemacht werden.

2.1. Benutzerführung grips-Index

Die Benutzerführung **grips-Index** hilft dem Nutzer, diejenigen Datenbanken herauszufinden, die am besten zu seiner speziellen Fragestellung passen. Nach der Eingabe einer einfachen Suchformulierung, die das Thema charakterisiert, markiert der Searcher in einer Liste von Datenbankgruppen diejenige, die am besten zu dem speziellen Thema paßt. Anschließend wird die Anzahl der Publikationen zum Thema in den einzelnen Datenbanken der markierten Datenbankgruppe angezeigt. Anhand der Anzahl der vorhandenen Publikationen kann der Nutzer entscheiden, in welchen Datenbanken die eigentliche Suche durchgeführt werden soll.

Eine Datenbankgruppe ist eine Zusammenstellung von Datenbanken nach fachlichen Gesichtspunkten aus den ca. 100 Literatur- und Faktendatenbanken, die DIMDI bereithält. Alle Datenbankgruppen sind in der oben genannten Broschüre aufgelistet.

Zur Datenbankgruppe XMED gehören z.B. folgende 14 Datenbanken: MEDLINE; BGA-Pressedienst; SOMED; AIDSLINE, BIOETHICSLINE; CANCERLIT; HECLINET; IPA; BIOSIS-Previews; SCISEARCH; EMBASE; PHTM; RUSSMED ARTICLES. Zur Datenbankgruppe XTOXLIT gehören folgende 10 Datenbanken: MEDLINE; BGA-Pressedienst; SOMED; TOXLINE; IPA; BIOSIS-Previews; SCISEARCH; EMBASE; TOXLIT; SEDBASE.

Die Benutzerführung „**grips-Index**" empfiehlt z.B. für die Suche nach Literatur zum Thema Tollwut die Datenbanken MEDLINE, SOMED und EMBASE.

2.2. Benutzerführung grips-Menue

Wenn der Nutzer eine geeignete Datenbank aufgerufen hat, kann er sich bei seiner Suche nach Literatur anschließend durch ein „menue" führen lassen. Nach der Eingabe des Suchbegriffes zum speziellen Thema wird der weitere Verlauf der Recherche z.B. unterstützt durch

- das Angebot weiterer Schlagwörter zum eingegebenen Suchbegriff.

- das Angebot der Einschränkung des Suchergebnisses durch geeignete Suchbegriffe oder durch die Markierung von Kriterien wie z.B. Mensch oder Tier.

Die Recherche nach den neuesten Veröffentlichungen zum Thema Tollwutdiagnostik wird z.B. mit dem Begriff Tollwut begonnen. Die Benutzerführung **grips-Menue** bietet dem Nutzer daraufhin die Begriffe „Diagnose" oder „Rabiesvakzine" oder „Hunde" an, um seine Suche zu spezifizieren. Eine weitere Einschränkung des Suchergebnisses wird auch durch die Angabe des gewünschten Publikationsjahres ermöglicht.

Es sollte immer an die Eingabe englischer Suchbegriffe gedacht werden. Da in den meisten Datenbanken die Titel, Abstracts und Schlagworte in englischer Sprache vorliegen, liefert die Recherche mit dem englischen Begriff „rabies" wesentlich mehr Literaturzitate als die Recherche mit dem Begriff „Tollwut".

2.3. Benutzerführung grips-Services

Grips-Services bietet eine Reihe von Möglichkeiten zur Weiterverarbeitung des Suchergebnisses an. Während oder am Ende einer Recherche kann das Suchergebnis am Bildschirm angezeigt werden. Die relevanten Zitate können am Bildschirm markiert, ausgedruckt oder auch direkt bestellt werden.

2.4. Benutzerführung grips-Chem

Bei der Suche nach chemischen Substanzen ist es meist erforderlich, möglichst alle Synonyme zu berücksichtigen. **Grips-Chem** bietet an, für eine eingegebene Substanz eine Liste von Synonymen, sowie die Chemical Abstracts Registry Number (CAS Reg. No.) und bei Enzymen den Enzymcode aus der Datenbank CHEMLINE abzurufen. Grips-Chem kann aus einer beliebigen Datenbank heraus aufgerufen werden. Die Liste der Synonyme wird anschließend in die Ausgangsdatenbank übertragen und kann dort in die weitere Suche einbezogen werden.

2.5. Benutzerführung grips-Syn

Mit dieser Benutzerführung werden zum eingegebenen Suchbegriff weitere verwandte Wörter (Synonyme) angegeben. Diese Benutzerführung erinnert den Nutzer an spezielle Schreibweisen oder hilft, wenn genaue Kenntnisse des Thesaurusvokabulars fehlen.

Bei der Eingabe des Suchbegriffes Tollwut z.B. erinnert grips-Syn den Nutzer daran, die Begriffe Rabies, Hydrophobia und Lyssa in die Recherche einzubeziehen.

2.6. Benutzerführung grips-Account

Der Nutzer kann sich über **grips-Account** während der Recherche laufend über die Kosten seiner aktuellen aber auch der zurückliegenden Recherchen informieren.

3. Zugang der Öffentlichkeit zur ZEBET-Datenbank über DIMDI

Die ZEBET-Datenbank über Ersatz- und Ergänzungsmethoden ist Bestandteil des ZEBET-Dokumentations- und Informationsdienstes, der seit 1989 arbeitet. In dieser Zeit wurden ca. 330 Anfragen von Behördenvertretern, Wissenschaftlern, Tierschutzbeauftragten und Vertretern von Tierschutzorganisationen beantwortet. Den Hauptteil nehmen Anfragen von Länderbehörden, Universitäten und Forschungszentren ein:

- **Anfragen von Länderbehörden**
  Im Rahmen des Vollzuges des Tierschutzgesetzes in Deutschland nimmt ZEBET - als Teil der dem Bundesministerium für Gesundheit zugeordneten Bundesoberbehörde BGA - in strittigen Fällen gutachterlich Stellung zu Anträgen auf Genehmigung und zu Anzeigen von Tierversuchen, die in den Kompetenzbereich der Bundesländer fallen. Auf dem Wege der Amtshilfe werden diese Anfragen von den zuständigen Behörden der Bundesländer eingereicht.

- **Anfragen von Universitäten und Forschungszentren**
  ZEBET beantwortet spezielle Anfragen von Wissenschaftlern und insbesonders Tierschutzbeauftragten zu Möglichkeiten der Anwendung von Ersatz- und Ergänzungsmethoden zu Tierversuchen.

Die thematischen Schwerpunkte des Informationsdienstes sind Fragestellungen aus der Toxikologie, Pharmakologie, Bakteriologie und Virologie. Daneben werden auch Anfragen aus der Chirurgie, Neurologie, Krebsforschung, klinische Chemie, Immunologie sowie Eingriffe und Behandlungen an Tieren zur Aus-, Fort- und Weiterbildung beantwortet.

Neben dem Informationsdienst arbeitet ZEBET an einer Datenbank über Ersatz- und Ergänzungsmethoden. Derzeit sind ca. 204 Methoden aus der Pharmakologie, Toxikologie, Bakteriologie, Virologie, Parasitologie, Immunologie, Neurologie, Krebsforschung und Tierproduktion in einzelnen Dokumenten erfaßt. Diesen Methodendokumenten sind insgesamt ca. 2.000 Literaturstellen zugeordnet. Der Inhalt der einzelnen Dokumente wird in einem der nachfolgenden Abschnitte beschrieben. Die Dokumentation wird kontinuierlich erweitert.

Die Informationen der ZEBET-Datenbank können bisher nur auf schriftliche Anfrage im Rahmen des Informationsdienstes abgerufen werden. Die Erfahrungen des Informationsdienstes zeigen aber, daß Bedarf an einer Datenbank besteht, die „online" befragt werden kann, d.h. zu der der Benutzer direkten Zugriff hat, wie zu allen Datenbanken bei DIMDI. Der Wissenschaftler oder Tierschutzbeauftragte möchte Informationen über Ersatz- und Ergänzungsmethoden möglichst ohne zeitliche oder formale, d.h. behördliche Einschränkungen, abrufen können. Eine solche Recherche sollte sich in die Recherche nach Literatur einfügen, die im Rahmen wissenschaftlicher Arbeit ohnehin notwendig ist.

ZEBET wurde gegründet mit dem Auftrag, eine Datenbank über Ersatz- und Ergänzungsmethoden einzurichten und diese Benutzern in öffentlich zugänglichen Datennetzen in Zusammenarbeit mit DIMDI anzubieten.

Augenblicklich arbeiten Mitarbeiter des DIMDI und der ZEBET an einem **„online"-Anschluß für die ZEBET-Datenbank**. Als Ergebnis dieser Zusammenarbeit liegt jetzt eine bereits bei DIMDI eingerichtete ZEBET-Datenbank zur Testung vor. „Zur Testung" heißt, diese Datenbank wird noch überprüft und ist noch nicht für allgemeine Benutzer freigegeben. Die notwendigen Festlegungen über Inhalt und Struktur der Datenbank wurden bereits getroffen. Von Seiten des DIMDI wurde großer Wert darauf gelegt, daß die Bezeichnung und der Inhalt der Datenfelder der ZEBET-Datenbank mit denen der anderen Datenbanken übereinstimmen, die über DIMDI abrufbar sind.

Das **Konzept für die ZEBET-Datenbank** ist die Dokumentation bewerteter Ergänzungs- und Ersatzmethoden zum Tierversuch (SPIELMANN H. et al., 1992). Das Kriterium für die Aufnahme einer Methode in die ZEBET-Datenbank ist ihre Bewertung entsprechend der **„3R"**-Kriterien von RUSSEL und BURCH (1959):

Replacement	- Ersatz einer tierexperimentellen Methode
Reduction	- Reduktion der Anzahl der Versuchstiere
Refinement	- Verminderung der Leiden der Versuchstiere im Experiment

In der ZEBET-Datenbank wird ebenfalls der Entwicklungsstand einer Methode bewertet und dokumentiert. Dieser Teil der Bewertung stützt sich auf die Definition der Validierung, die 1990 auf einem internationalen Workshop über die Methoden der Validierung toxikologischer Prüfmethoden erarbeitet wurde (BALLS M. et al., 1990). Validierung heißt dabei Prüfung der Reproduzierbarkeit, der Vergleichbarkeit der Ergebnisse und der Relevanz einer toxikologischen Methode. Relevanz bedeutet eine ausreichende Korrelation der Versuchsergebnisse „in vitro" mit den Versuchsergebnissen des zu ersetzenden Tierversuches „in vivo".

Die in der ZEBET-Datenbank erfaßten Daten sind nicht so ausführlich, daß sie ein Nacharbeiten der Methode erlauben. Nur die wichtigsten Informationen zu einer Ersatz- und Ergänzungsmethode werden aus der Literatur herausgefiltert, aufbereitet und dokumentiert. Die Informationen in der ZEBET-Datenbank werden in deutscher Sprache angeboten. Für jede Methode liegt ein Dokument vor, das bis zu 15 Datenfelder umfassen kann.

Die Datenfelder für ein Methodendokument in der ZEBET-Datenbank werden im folgenden erläutert. Die Struktur wurde mit DIMDI abgesprochen.

4. Datenfelder eines Methodendokumentes

ND: Number of Document

MNR: Methodennummer

LR: Last Revision,
Datum der Erfassung oder Aktualisierung der Methode;
Angabe in Jahr-Monat-Tag

SC: Section Code **SH:** Section Heading
Bezeichnung des Fachgebietes, dem die Methode zugeordnet wird; dabei wird eine mehrfache Zuordnung vernachlässigt; der Section Code ist die Abkürzung für die Fachgebietsbezeichnung

TI: Titel oder Bezeichnung der Methoden

UT: Uncontrolled Terms
Schlagwörter, die die Methode und ihre Anwendung charakterisieren; da kein abgeschlossener Schlagwortkatalog vorliegt, werden sie als uncontrolled terms bezeichnet

EV: Evaluation, Bewertung
Werden durch die Anwendung der Methode Tierversuche ersetzt, die Anzahl der Versuchstiere oder das Leiden der Tiere im Experiment vermindert?
Replace - Reduce - Refine (RUSSEL W.M.S. and BURCH R.L., 1959)

STA: Status der Methode
Welchen Entwicklungsstand hat die Methode erreicht?
Entwicklung - Validierung - Akzeptanz (BALLS M. et al., 1990)

VOR: Vorschrift
wenn vorhanden, Angabe von geltendem Gesetz, Richtlinie, Empfehlung oder Norm zur Anwendung der Methode

SPE: Spezies
Tierart, die im Tierversuch verwendet wird

AB: abstract
zusammenfassende Darstellung von Aufgabe und Prinzip sowie die Bewertung der Methode bezüglich der 3R und des Entwicklungsstandes

NOTE: Note, Anmerkungen
zusätzliche Hinweise auf andere Methoden oder auf den Einsatz in einer Testbatterie

RN: Reference Number
Anzahl der Literaturstellen

RF: Reference
Literatur zur Alternativmethode und zum Tierversuch
Angabe von Autor, Titel und Quelle

Die Struktur der ZEBET-Datenbank soll am Beispiel des Limulus-Amöbozyten-Lysat-Tests veranschaulicht werden, der den Pyrogentest am Kaninchen weitgehend ersetzen kann (FLINT O., 1994).

3.1. Beispiel eines Methodendokumentes

ND:	133
MNR:	133
SC:	PM **SH:** Pharmazie
LR:	940216
TI:	**Limulus-Amöbozyten-Lysat-Test (LAL) zur Prüfung auf Bakterien-Endotoxin als Ersatz des Pyrogentests am Kaninchen**
UT:	Pharmazie / Sicherheitsprüfung / Deutsches Arzneibuch / European Pharmakopoe / Pyrogenitätstest / Pyrogene / Endotoxine, bakteriell / Pfeilschwanzkrebs / Amöbozyten-Lysat / Endotoxinkonzentration / Limulus-Test
EV:	replace
STA:	Akzeptanz
VOR:	Deutsches Arzneibuch 10 (1991): V.2.1.4 Prüfung auf Pyrogene; V.2.1.9 Prüfung auf Bakterien-Endotoxine; Monographie Parenteralia Bundesanzeiger Nr. 2 vom 6.1.1993: Bekanntmachung zur Möglichkeit des Ersatzes der Prüfung auf Pyrogene durch die Prüfung auf Bakterien-Endotoxine nach DAB 10 (Parenteralia; Prüfung auf Reinheit) vom 25./30. November 1992
SPE:	Kaninchen
AB:	Jede Charge einer Substanz, die zur parenteralen Applikation beim Menschen vorgesehen ist, muß nach den gültigen Bestimmungen des DAB auf Pyrogenfreiheit geprüft werden. Das Bundesgesundheitsamt und das Bundesamt für Sera und Impfstoffe weisen in einer gemeinsamen Bekanntmachung vom 6.1.1993 auf die Voraussetzungen hin, unter denen die Prüfung auf Pyrogene am Kaninchen durch die Prüfung auf Bakterien-Endotoxine mittels LAL-Test ersetzt werden kann. Für den Nachweis von Bakterien-Endotoxinen wird ein aus Pfeilschwanzkrebsen gewonnenes Amöbozyten-Lysat verwendet. Die Zugabe einer endotoxinhaltigen Lösung zu einer Lösung dieses Lysats führt zur Trübung, Ausfällung oder Gelbildung des Gemisches.
NOTE:	Der Limulus-Test wird auch in der Lebensmittelhygiene angewandt. siehe: Amtliche Sammlung von Untersuchungsverfahren nach § 35 LMBG (Dezember 1988)
RN:	23
RF:	Literatur zur Alternativmethode und zum Tierversuch ...

Es werden nicht immer alle Datenfelder für die verschiedenenen Methoden belegt. Das Datenfeld „VOR" = Vorschrift ist nur vorhanden, wenn es für die jeweilige Methode auch eine behördliche oder vergleichbare Vorschrift gibt. Im Falle des LAL-Tests ist die Vorschrift im Deutschen Arzneibuch und einer amtliche Bekanntmachung enthalten.

5. Ausblick

Die ZEBET-Datenbank kann zukünftig mit der GRIPS-Kommandosprache abgefragt werden. Detaillierten Angaben über die Recherchemöglichkeiten werden erst mit der Freigabe der Datenbank von DIMDI veröffentlicht. Gegenwärtig befindet sich der „online"-Anschluß der ZEBET-Datenbank noch in der Testung. Der Termin der Freigabe hängt von der Klärung organisatorischer Fragen zur Erhebung und Aktualisierung der Daten ab.

Die ZEBET-Datenbank hat das Ziel, ausgewählte Informationen über Ersatz- und Ergänzungsmethoden zu Tierversuchen „online" zur Verfügung zu stellen. Die Datenbank soll auf diesem Wege ein Hilfsmittel für Tierschutzbeauftragte und Genehmigungsbehörden bei der Beurteilung von Tierversuchen sein.

Darüber hinaus können die „online"-Recherchen in der ZEBET-Datenbank in die üblichen Literaturrecherchen eingebunden werden und auf die Weise Recherchen nach Literatur über Ersatz- und Ergänzungsmethoden unterstützen.

Literatur

Deutsches Institut für Medizinische Dokumentation und Information (Hrsg.), DIMDI's Benutzerführungen: grips-Menue, grips-Services, grips-Chem, grips-Index, grips-Account, Ausgabe 3.0, 15.5.1993

BALLS M., BLAAUBOER B., BRUSTIK D., FRAIZER J., LAMB D., PEMBERTON M., REINHARDT CH., ROBERFROID M., ROSENKRANZ H., SCHMID B., SPIELMANN H., STAMMATI L., WALUM E., Report and recommendations of the CAAT/ERGATT workshop on the validation of toxicity test procedures, ATLA 18, 313 - 373, 1990

FLINT O., A timetable for replacing, reducing and refining animal use with the help of in vitro tests: the Limulus Amebocyte Lysat Test (LAL) as an example, in: REINHARDT C.A. (Hrsg.) Alternatives to animal testing, new ways in the biomedical sciences, trends and progress, Weinheim: VCH Verlagsgesellschaft mbH, 27-43, 1994

RUSSEL W.M.S. and BURCH R.L., The principles of humane experimental technique, London: Methuen, 1959

SPIELMANN H., GRUNE-WOLFF B., EWE S., SKOLIK S., LIEBSCH M., TRAUE D., HEUER J., ZEBET's data bank and information service on alternatives to the use of experimental animals in Germany, ATLA 20, 362-367, 1992

Methoden zur Untersuchung der Rezeptor-vermittelten Interaktion zwischen Leukozyten und Endothelzellen im Entzündungsgeschehen

D. Seiffge

Zusammenfassung

Die Rezeptor-vermittelte Interaktion von Leukozyten und Endothelzellen wird als ein initiales Zeichen des Entzündungsprozesses angesehen. Neben den schon physiologisch exprimierten Adhäsionsmolekülen kommt es unter der Einwirkung von Entzündungsmediatoren (Leukotriene, PAF) und Zytokinen (TNF-alpha, Interleukine) zur zeitlich gestuften, massiven Expression von Adhäsionsmolekülen auf den Zellen. Sie werden derzeit in drei Gruppen eingeteilt: 1. Immunglobulin-Gensuperfamilie, 2. Integrine und 3. Selektine. Während die Adhäsion zwischen Molekülen der Ig-Gensuperfamilie und den Integrinen über Protein-Protein-Bindungen abläuft, stehen bei der Kooperation zwischen Selektinen Lektin-Kohlenhydrat-Bindungen im Vordergrund.

Zur Untersuchung der Blutzell-Gefäßwand-Interaktion stehen verschiedene in vitro-Methoden zur Verfügung. Primär finden Tests Anwendung, welche exklusiv Informationen über nur ein Ligandenpaar geben. Von COS-Zellinien isolierte Adhäsionsmoleküle (als Fusionsprotein mit IgG) werden auf mit antihuman IgG-AK beschichtete Mikrotiterplatten gegeben. Nach Testsubstanzzugabe wird zytofluorometrisch die Zelladhärenz (z.B. von HL-60-Zellen) quantifiziert. In weiterführenden Untersuchungen besteht die Zellmatrix aus humanem Endothel (HUVEC) bei Zugabe von HL-60 Zellen oder Leukozyten. Darüberhinaus wird der gleiche Untersuchungsgegenstand in einer Fließkammer unter strömungsdynamisch relevanten Bedingungen untersucht. Den Abschluß einer Forschungsreihe bildet nach strenger Selektion der in vivo-Versuch, um die Wahrscheinlichkeit der Wirkung zu überprüfen und als Sicherheit vor der humanen Erstanwendung.

1. Einleitung

Das Ziel der vorliegenden Arbeit ist es aufzuzeigen, wie in der experimentellen Forschung verschiedene Testmodelle in ihrer Information und Aussage aufeinander aufbauen können. Mit der zu schildernden Vorgangsweise werden durch eingehende in vitro-Untersuchungen die Anzahl notwendiger in vivo-Untersuchungen auf ein Minimum reduziert. Als ein exemplarisches Beispiel dafür dient die Blutzell-Endothelzellen-Interaktion. Grundsätzlich dienen Untersuchungen der Rezeptor-vermittelten Interaktion zwischen Leukozyten- und Endothelzellen der Entwicklung von Modellen für die Grundlagenforschung und die Prüfung von Stoffen, welche uns Einblick in eine unter bestimmten pathophysiologischen Bedingungen fehlgeleitete zelluläre Interaktion und Funktion gewähren.

Als ein initiales Zeichen des Entzündungsprozesses wird der mehrstufige Prozeß der rheologischen Margination, des Rollens und des Adhärierens an den Endothelzellen sowie der Emigration und Migration in das Interstitium von Leukozyten in der Mikrozirkulation angesehen. Schon im letzten Jahrhundert war das „sticking" Phänomen der Leukozyten von DUTROCHET (1824) und COHNHEIM (1867) beschrieben worden. Adhäsionsmoleküle sind Strukturen, die weißen Blutzellen wie Leukozyten, Monozyten oder Lymphozyten, welche normalerweise als große Zellen im Zentralstrom der Blutgefäße frei mitfließen, ermöglichen, an der Gefäßwand haften zu bleiben (HARLAN J.M., 1985). Die Expression dieser Moleküle wird deshalb heute als ein entscheidendes Ereignis im Entzündungsgeschehen angesehen (Abb. 1). Darüberhinaus spielt dieser Vorgang auch eine bedeutende Rolle in der Entstehung und im Verlauf einer großen Reihe von Erkrankungen, wie z.B. Tumormetastasen, Wundheilung, Trauma, Schock, Schlaganfall, Herzinfarkt und Transplantationen.

Als gemeinsamer Mechanismus liegt vielen Ereignissen ein sogenannter Reperfusionsschaden zugrunde.

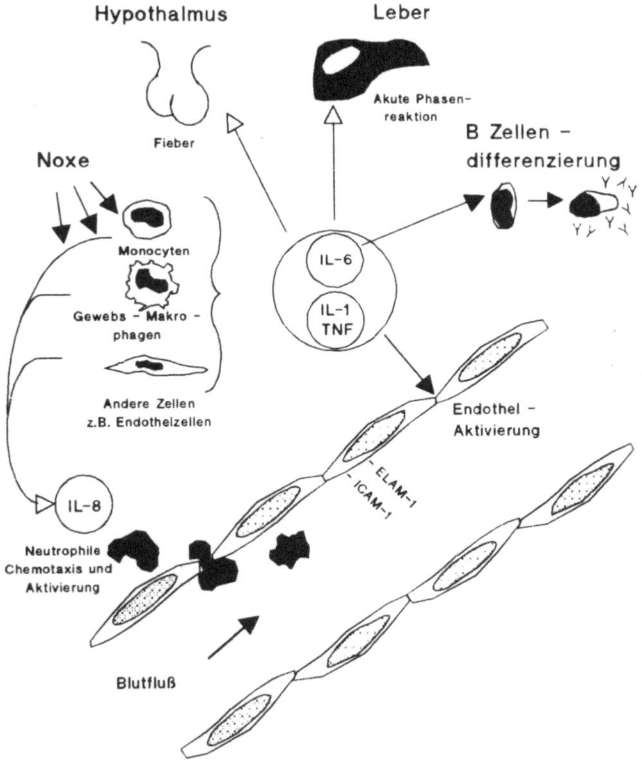

Abb. 1. Die Auswirkung von Entzündungsvorgängen auf die Mikrozirkulation: Zytokin-induzierte Endothelaktivierung und Diapedese von Leukozyten

2. Forschungsgegenstand: Rezeptor und Ligand

Wir wissen heute recht viel über die Strukturen und Funktionen von Rezeptor und Liganden (SPRINGER A., 1990). Es sind eine große Zahl an Entzündungsmediatoren bzw. Zytokinen beschrieben worden, welche die Expression von Adhäsionsmolekülen auf Leukozyten und Endothel induzieren und zu einer Anheftung und Emigration von Leukozyten sowie Extravasation von plasmatischen Makromolekülen führen (HYNES P.O. and LANDER A.D., 1992).

In Abb. 2 ist die Mediator/Zytokin-induzierte Interaktion von neutrophilen Granulozyten (PMN) und Endothelzellen mittels der Expression von Adhäsionsmolekülen schematisch dargestellt. Von Leukozyten stammen diverse Mediatoren wie Prostanoide, Leukotriene oder der Plättchen-aktivierende Faktor (PAF) aber auch als Zytokine klassifizierte Proteine wie die verschiedenen Interleukine. Es konnte gezeigt werden, daß Endotoxin sowohl in vitro wie auch in vivo die PMN-Adhäsion und die Permeabilität für Makromoleküle unter gegenseitiger Beeinflussung induziert (DOUKAS J. et al., 1989; SVENSJÖ E. et al., 1990). Die Zugabe zur Kultur oder Injektion in Versuchstiere von Lipopolysaccharid (LPS) aus Gram negativen Bakterien dient als inflammatorischer Stimulus und führt zur Produktion, respektive Freisetzung des Tumornekrose-Faktor (TNF-alpha) und verschiedener Interleukinen (IL-1, IL-6, IL-8) (FOSTER S.J. et al., 1993). Die interzelluläre Kommunikation und Kooperation im Rahmen inflammatorischer Prozesse wird durch spezielle Moleküle an der Oberfläche der beteiligten Blut- und Endothelzellen ermöglicht. Diese Rezeptoren werden entweder ständig exprimiert oder als Antwort auf einen spezifischen Reiz rasch an die Zelloberfläche gebracht. Von zentraler Bedeutung ist dabei der individuelle zeitliche Verlauf der Expression. Aufgrund vergleichender Untersuchungen der Primärsequenzen dieser Adhäsionsmoleküle wird derzeit eine Unterteilung in drei Gruppen vorgenommen (Abb. :):

1. Immunglobulin-Gensuperfamilie (viele Vertreter, z.B. ICAM-1/2, LFA-2/3, VCAM-1)
2. Integrine (Leukozyten-Integrine LFA-1, Mac-1, p 150,95, Very Late Activation Antigen VLA-1-7, Zytoadhäsin:)
3. Selektine (LECAM-1, ELAM-1 oder E-Selektin, GMP-140 oder P Selektin, LAM-1 oder L-Selektin)

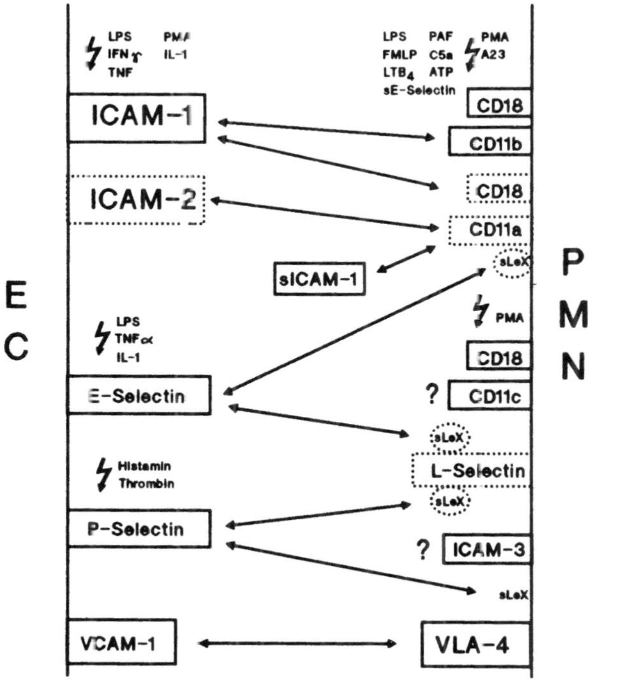

Abb. 2. Schematische Darstellung der Mediator/Zytokin-induzierten Interaktion von Leukozyten (PMN) und Endothelzellen (EC) über Adhäsionsmoleküle

Während die Adhäsion zwischen Molekülen der Ig-Gensuperfamilie und den Integrinen (z.B. Interaktion zwischen LFA-1 und ICAM-1) über Protein-Protein-Bindungen abläuft, stehen bei der Kooperation zwischen Selektinen Lektin-Kohlenhydrat-Bindungen im Vordergrund. Selektine steuern im Verlauf von Entzündungsprozessen die initiale Interaktion von Leukozyten mit Endothelzellen. Erst später kommt es im Zuge der Stabilisierung dieses Zellkontaktes auch zur funktionellen Kooperation mit Integrinen sowie deren Liganden der Ig-Gensuperfamilie. Die Integrinfamilie besteht aus Oberflächenglykoproteinen und umfaßt Rezeptormoleküle, die sich aus einer alpha- und einer beta-Kette aufbauen. Ein wichtiges Merkmal ist ihre Fähigkeit zur Bindung an Moleküle (Liganden), die spezifische Aminosäureabfolgen (Arg-Gly-Asp), RGD-Sequenzen genannt, aufweisen. Die Spezifität für die jeweiligen Liganden wird vor allem durch die individuellen alpha-Ketten begründet. Unter dem Begriff „Ig-Gensuperfamilie“ werden verschiedene Zelladhäsionsmoleküle und die Immunglobuline zusammengefaßt, weil sie in ihrer Aminosäurensequenz sowie den DNA-Sequenzen entsprechenden Genen viele Gemeinsamkeiten aufweisen. Sie besitzen einen Glykophospholipidanker in der Zellmembran. Die Selektine lassen sich auch in einen extrazellulären, transmembranen und zytoplasmatischen Abschnitt gliedern. Sie binden spezifisch an Kohlenhydrate. Ihnen gemeinsam ist eine aminoterminale c-Typ Lektin-Domäne. Daran schließt sich eine Epidermal Growth Factor (EGF)-ähnliche Domäne sowie eine variable Zahl kurzer Consensus Repeats an.

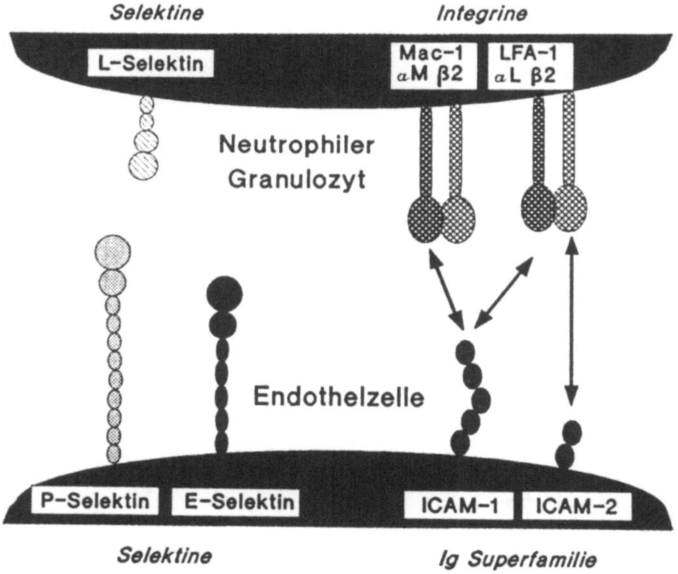

Abb. 3. Gruppen von Adhäsionsmolekülen, welche in die Leukozyten (PMN) und Endothelzellen Interaktion involviert sind

3. In vitro-Prüfmethoden

Zur Untersuchung der Blutzell-Gefäßwand-Interaktion stehen uns verschiedene in vitro- und in vivo-Methoden zur Verfügung. Wertvolle Anregungen und Möglichkeiten erhält die Zellforschung in den letzten 15 Jahren durch die Züchtung geklonter Zellinien mit stabilen Eigenschaften, die ihre speziellen Funktionen über zahlreiche Passagen unverändert beibehalten und damit eine breite Basis für die Durchführung biologischer und pharmakologischer Experimente liefern. Für das Eingangsscreening von Substanzen mit antiadhäsiven Eigenschaften eignen sich Tests, welche exklusiv Informationen über nur ein Ligandenpaar geben: Die Fusionsproteine E-Selektin-IgG (ELAM-1) oder P-Selektin-IgG (GMP-140) für den Kohlenhydrat-Liganden (lösliches Lewis X, L-Selektin) exprimiert auf einer promyelotischen Leukämiezellinie (z.B. HL-60); ebenso das Fusionsprotein VCAM-1-IgG (Ig-Superfamilie) als Adhäsionsmolekül für den Liganden VLA-4 (Integrin) exprimiert auf HL-60 Zellen. Die Bindungstests werden folgendermaßen durchgeführt (BARTNIK E., 1993): Mikrotiterplatten werden mit Schaf-antihumanen IgG-AK sowie mit einem Fusionsprotein, bestehend aus einer extrazytoplasmatischen Domäne mit dem Adhäsionsmolekül und einer konstanten Region aus humanen IgG, beschichtet. Das jeweilige Fusionsprotein wird unter Anwendung molekularbiologischer Techniken von einer COS-Zellinie produziert und isoliert. Anschließend werden die Testsubstanzen (z.B. spezifische AK) auf die Platten gegeben. Daraufhin fügt man die Liganden exprimiert z.B. auf fluoreszenzmarkierten HL-60 Zellen hinzu. Die Zahl adhärenter Zellen wird zytofluorometrisch quantifiziert.

In einem weiterführenden Test werden die Mikrotiterplatten mit HUVECs (humanen, umblikalvenösen Endothelzellen) beschichtet und die Expression von Adhäsionsmolekülen durch Zytokine (z.B. IL-1, TNF-alpha) induziert. Es dienen HL-60 Zellen oder neutrophile Granulozyten als Träger der Liganden. Die Adhäsivität von PMNs wird in einem Adhärenzessay (Myeloperoxidasetest) untersucht (KLEE A. et al., 1993). Die PMN-Separation aus Vollblut erfolgt über einen 2-Stufen Gradienten. Anschließend werden mit FMLP (Formyl-ethionyl-leucyl-phenylalamin) stimulierte PMN auf die Albumin- bzw. Fibronectin beschichtete 48 well-Gewebekulturplatten gebracht. Nach 30minütiger Inkubation werden nicht adhärierende Zellen verworfen. Die verbleibenden Zellen werden lysiert und deren Myeloperoxidase kolometrisch in einem Elisa-Reader bestimmt. Das Enzym Myeloperoxidase setzt H_2O_2 (Substrat) um, das Endprodukt reagiert mit TMB (Tetramethylbenzidine) und erzeugt einen photometrisch quantifizierbaren Farbumschlag.

Neben tierschutzrelevanten Gesichtspunkten besteht aufgrund rheologischer Zusammenhänge der Bedarf nach einem strömungsdynamisch orientierten - in vitro- - Versuchsmodell zur Untersuchung von Blutzell-Endothel-Interaktionen. Im wesentlichen sind unter strömungsdynamisch orientierten Gesichtspunkten bisher zwei Modellkammern entwickelt worden. Hierbei wird der Forschungsgegenstand entweder bei konzentrisch-viskosimetrischen bzw. bei planen Randbedingungen (FRANKE R.P. et al., 1984) in oszillierender Strömung untersucht. Der Einsatz einer Strömungskammer bringt den großen Vorteil, der - in vivo- - Gefäßgeometrie wesentlich näher zu kommen. Eine mit Endothelzellen beschichtete Glaskapillare (Durchmesser ca. 200µm) bzw. Gefäßtransplantate werden unter kontrollierten Druckbedingungen mit Blutzellen bzw. -fraktionen (PMN) durchströmt. Vorhandene Mikroskopanlagen (inklusive dem konfokalen-Laserscanning-Mikroskop), Video- sowie Videoanalysesysteme dienen zur Datenerfassung und -auswertung.

4. In vivo-Prüfmethoden

Mit den vorgenannten Methoden ist eine weitgehende Abklärung des Untersuchungsgegenstandes möglich. Zudem ist es aber notwendig, die Ergebnisse in relevanten in vivo-Methoden zu überprüfen. Die folgenden drei in vivo-Methoden geben aufbauend aufeinander wertvolle Informationen zum Untersuchungsgegenstand Zelladhäsion.

Die (induzierte) Adhäsion von PMN wird mit einer intravitalmikroskopischen Untersuchungstechnik quantifiziert (ATHERTON A. and BORN G.V.R., 1972). Im Mesenterium der narkotisierten Ratte (Hamster) bzw. dem Rückenhautkammermodell der Ratte (LAUX V. and SEIFFGE D., 1993) wird die Interaktion von (fluoreszenzmarkierten) Leukozyten nach Stimulation durch systemische Verabreichung von LPS (Lipopolysachcharid) bzw. durch topische Applikation eines Zytokins mit dem venulären Endothel untersucht. Leukozyten werden entsprechend ihrer Interaktion mit dem Endothel als nicht adhärend, rollend oder steckend klassifiziert. An dem Endothel rollende Leukozyten bewegen sich langsamer als der Erythrozytenfluß, festhaftende Leukozyten werden als Anzahl pro Flächeninhalt (μm^2) quantifiziert. Als weitere Auswertungsparameter für das Videoanalysesystem dienen die Gefäßgeometrie und die lokale Erythrozytenfließgeschwindigkeit.

Die mögliche Folgeerscheinung einer erhöhten Leukozytenaktivität und der damit verbundenen Veränderung der Gefäßwandschrankenfunktion ist das Ödem. Ein Ödem ist die entzündungsbedingte Ansammlung von großmolekularen Plasmabestandteilen im Extravasalraum.

Die Untersuchungen zur (induzierten) Permeabilität von Makromolekülen erfolgen intravitalmikroskopisch im Mesenterium von Ratten oder Hamstern. Nach der Injektion von FITC-markiertem, homologem Serumalbumin (RSA) führt die Verabreichung von Mediatoren bzw. Zytokinen (Histamin, PAF, LTB4, LTC4, LPS, FMLP oder IL-2) zu einer massiven Extravasation von fluoreszenzmarkiertem Albumin im postkapillaren, venulären Bereich des Mesenteriums (SEIFFGE D. and LAUX V., 1992). Mediatoren vom Typ des PAF, LTB4, FMLP, LPS oder IL-2 üben ihren permeabilitätssteigernden Effekt über eine Aktivierung von Leukozyten/Monozyten auf die Gefäßwand aus. Die Extravasation des fluoreszenzmarkierten Albumins wird intravitalmikroskopisch mittels einer Restlichtkamera erfaßt und mit Hilfe eines analogen Videoanalysesystems als Verschiebung der Grauwerthäufigkeit verarbeitet und über den Zeitverlauf hin quantifiziert.

In einer weiteren Untersuchungsstufe soll der Einfluß der aktivierten Leukozyten auf die Organfunktionen ermittelt werden. Hierfür bietet sich als Beispiel die empfindliche Lunge an.

Die Quantifizierung einer (induzierten) Lungenverletzung durch Leukozyteninvasion erfolgt mittels kontinuierlicher Messung der thorakalen Akkumulation von 111In oder 51Cr-markierten Leukozyten an Ratten, Hamstern oder Meerschweinchen (KLEE A. and SEIFFGE D., 1991). Nach Stimulation der Leukozyten durch Entzündungsmediatoren wie TNF, IL, PAF, IgG, Thrombin oder durch den Kobragiftfaktor (CVF) wird extrakorporal die Verteilung der Leukozyten gemessen. Der dosisabhängige Anstieg der Radioaktivität im thorakalen Bereich (C1) wird begleitet von einer Abnahme im abdominalen Bereich (C2) und als Veränderung von C1/C2 analysiert und ausgedruckt. Diese Ergebnisse implizieren, daß Leukozyten nach Stimulation (Noxe) im vaskulären Bereich aggregieren, d.h., in der pulmonalen Mikrozirkulation akkumulieren und folglich die Lungenfunktion schädigen.

5. Schlußfolgerungen

Es steht eine ausreichende Anzahl an in vitro-Methoden zur Verfügung, um Erkenntnisse über die Rezeptor-vermittelte Interaktion zwischen Leukozyten und dem Endothel zu gewinnen. Bevor diese Erkenntnisse in Form von Therapieverfahren beim Menschen angewandt werden, sollte eine Überprüfung in relevanten Modellen am Versuchstier erfolgen, um einen mit hoher Wahrscheinlichkeit verbundenen Therapieerfolg beschreiben zu können. Damit sind die Versuche elementare Voraussetzungen für die Sicherheit in der Anwendung an Menschen. In der Arzneimittelforschung werden grundsätzlich in vitro-Methoden den notwendigen in vivo-Untersuchungen vorangestellt (KÜSTERS G. und GEURSEN R., 1993). Zudem ermöglichen heute verfügbare Molekül- und Strukturanalysen von wichtigen Botenstoffen eine sehr zielgerichtete Vorgehensweise im „molecule modeling“ und damit der chemischen Synthese von Arzneimitteln.

Literatur

ATHERTON A. and BORN G.V.R., Quantitative investigations of the adhesiveness of circulating polymorphnuclear leukocytes to blood vessel walls, J. Physiol., 222, 447-474, 1972

BARTNIK E., Im Methodenkatalog der SBU-Rheumatologie, Wiesbaden, 1993

COHNHEIM J.F., Über Entzündung und Eiterung, Virchow's Arch, 40, 1-97, 1867

DOUKAS J., HECHTMAN H.B., SHEPRO D., Vasoactive amines and eicosanoids interactively regulate both polymorphnuclear leukocyte diapedesis and albumin permeability in vitro, Microvas. Res., 37, 125-137, 1989

DUTROCHET M.H., Recherches anatomiques et physiologiques sur la structure intimé des animaux et des vegetaux et sur la mobilité, Paris: Baillie et Fils, 1824

FOSTER S.J., MC CORMICK L.M., NTOLOSI B.A., CAMPBELL D., Production of TNF-alpha by LPS-stimulated murine, rat and human blood and its pharmacological modulation, Agents and Actions, 38, C77-C79, 1993

FRANKE R.P., GRÄFE M., SCHNITTLER H., SEIFFGE D., MITTERMAYER C., DRENCKHAHN D., Induction of human vascular endothelial stress fibres by fluid shear stress, Nature, 307, 648-649, 1984

HARLAN J.M., Leukocyte-endothelial interaction, Blood, 65, 513-525, 1985

HYNES P.O. and LANDER A.D., Contact and specifities in the association, migrations and targeting of cells and axons, Cell, 68, 303-322, 1992

KLEE A. and SEIFFGE D., Evaluation of pulmonary accumulation of 51Cr-labelled rat platelets following intravenous application of ADP and collagen, Thromb. Haemostas. 65, 588-595, 1991

KLEE A., SEIFFGE D., BÄDORF D., VATER S., NEUMANN S., HEILMANN L., Altered rheological properties of red and white cell during normal gestation, Clin. Hemorheol., 13, 501-514, 1993

KÜSTERS G. und GEURSEN R., Gesundheit für Mensch und Tier - warum Tierversuche noch nötig sind, München, Zürich: Piper-Verlag, 110-136, 1993

LAUX V. and SEIFFGE D., Platelet function in the dorsal skin fold chamber of the rat, in vivo, 7, 45-52, 1993

SEIFFGE D. and LAUX V., Influence of different inflammatory mediators on macromolecular permeability in the microcirculation, Int. J. Microcirc. Clin. Exp., 11, 105, 1992

SPRINGER T.A., Adhesion receptors of the immun system, Nature, 346, 425-434, 1990

SVENSJÖ E, ERLANSSON M., VAN DEN BOSS G.C., Endotoxin-induced increase in leukocyte adherence and macromolecular permeability of postcapillary venules, Agents and Actions, 29, 21-23, 1990

Die septische Leberschädigung im Zellmodell: Überaktivierung von Zellen der unspezifischen Immunabwehr

A. Sauer, T. Hartung, A. Wendel

Zusammenfassung

Das septische Leberversagen ist charakteristisch für das Multiorganversagen des Septischen Schocks, einer der häufigsten Todesursachen auf Intensivstationen. Tierexperimentelle Arbeiten belegen, daß die Organschädigung durch Überaktivierung von Zellen der unspezifischen Immunabwehr des Körpers, verursacht durch Infektionen, entsteht. Zentral sind hierbei Makrophagen und neutrophile Granulozyten. In Vorarbeiten konnten bereits zahlreiche Aspekte der Leberschädigung in einer Leberzellkultur aus Makrophagen und Hepatozyten modelliert werden. Um in einer weiteren Stufe der Komplexizität den in vivo-Verhältnissen näher zu kommen, wurde nun der Zusatz von neutrophilen Granulozyten (PMN) erprobt. Unter diesen Bedingungen wurden die Leberzellen deutlich stärker geschädigt. Es wurde gezeigt, daß dies freigesetzten Proteasen zuzuschreiben ist, deren wichtige Rolle auch im Patienten und im Tierversuch bekannt ist. Die Aktivierung der PMN wird in unserem Modell hauptsächlich durch Tumor-Nekrose-Faktor-α (TNFα) vermittelt, der von Makrophagen auf bakterielle Aktivierung hin freigesetzt wird. Dies ist im Einklang mit der Vorstellung über die zentrale Rolle von TNFα in vivo. Auf der Basis der Erweiterung des Modells um PMN als weiteren Zelltyp des unspezifischen Immunsystems, scheint es nun möglich, auch diesen Aspekt des septischen Organversagens in der Zellkultur zu studieren.

1. Einleitung

Septische Komplikationen stellen ein stetig wachsendes Problem der modernen Intensivmedizin dar und sind nach Gefäßerkrankungen die häufigste Todesursache auf Intensivstationen (PARRILLO J.E., 1990). Durch in den Kreislauf gelangende Bakterien oder deren Zellwandbestandteile, die Endotoxine (LPS), kommt es zu einer Überaktivierung der Zellen der unspezifischen Immunabwehr (Makrophagen und PMN): Makrophagen setzen eine Reihe proinflammatorische Mediatoren frei. Dies sind zum einen Zytokine, wie Tumor-Nekrose-Faktor-α (TNFα), Interleukine und Kolonie-stimulierende Faktoren, zum anderen, Lipidmediatoren und Radikale (STRIETER R.M. et al, 1990). Dieser Cocktail von Mediatoren wirkt einerseits direkt auf die verschiedenen Organe und aktiviert andererseits Neutrophile Granulozyten (PMN) zur Infiltration in die Organe. Häufig führt dies zum sogenannten Multiorganversagen, das die Hauptorgane Lunge, Leber, Niere, Herz oder Darm betrifft. Bei Versuchstieren kann man durch Injektion mit Bakterien oder deren Zellwandbestandteil LPS ähnliche Schädigungen hervorrufen.

Als medikamentöse Behandlung stehen bisher indirekte Maßnahmen zur Unterstützung lebenserhaltender Funktionen im Vordergrund. Trotz dieser Bemühungen verstirbt ein erheblicher Prozentsatz der Patienten im septischen Multiorganversagen. Der sich daraus ableitende Forschungsbedarf zieht einen hohen Verbrauch an Versuchstieren nach sich.

Es ist deshalb von Interesse, ein Zellmodell zu entwickeln, in dem man die Überaktivierung der Zellen der unspezifischen Immunabwehr mit daraus resultierender Organschädigung modellieren kann. Damit können sowohl mechanistische Studien durchgeführt als auch Wirksubstanzen klassifiziert werden.

2. Überaktivierung von Makrophagen in vivo und in vitro

Vor diesem Hintergrund wurde von uns ein Zellkulturmodell entwickelt, das die septische Leberschädigung als Modellsystem für septische Organschädigung betrachtet (HARTUNG T. and WENDEL A., 1991a). Diese Leberzellkultur aus Kupffer-Zellen (KC) und Hepatozyten (PC) der Rattenleber untersucht die Bedeutung von Makrophagen bei der Leberzellschädigung. Der Vergleich des Zellmodells mit Tierversuchen erbrachte eine grundlegende Übereinstimmung bezüglich der Mechanismen und der protektiv wirksamen Inhibitoren (HARTUNG T. and WENDEL A., 1991b; HARTUNG T. und WENDEL A., 1993; HARTUNG T. et al., 1992).

Dieses Zellmodell weist allerdings auch einige Unterschiede zum in vivo-Modell auf. So schützen in der Leberzellkultur Protease-Inhibitoren nicht, und TNFα, ein zentraler Mediator der Schädigung in vivo, ist in vitro nur bedingt beteiligt. Außerdem bedarf es der Stimulation mit sehr hohen LPS-Konzentrationen, um in Leberzellkulturen eine Makrophagen-abhängige Schädigung auszulösen. Wir haben deshalb untersucht, wie sich der Zusatz von PMN in dieser Kultur von Kupffer-Zellen und Hepatozyten auf die Zellschädigung durch Endotoxin auswirkt.

3. Überaktivierung von PMN in vivo und in vitro

Die histologische Untersuchung des Gewebes von an septischem Leberversagen Verstorbenen zeigt eine massive Infiltration von PMN in die Leber. Aus Tierversuchen, in denen experimentell septisches Leberversagen ausgelöst wurde, ist bekannt, daß PMN nach einigen Stunden in die Leber infiltrieren (JONKER A.M. et al., 1990; SCHLAYER H.J. et al., 1989). Depletion der PMN schützt solche Tiere vor septischem Leberversagen (HEWETT J. et al., 1992) ebenso wie die Hemmung der PMN-Infiltration (JAESCHKE H. et al., 1991).

Um die Wirkung von PMN in unserem Zellmodell zu untersuchen, wurden den Leberzellkulturen PMN zugesetzt und diese anschließend mit LPS stimuliert. Wie in Abb. 1 zu sehen, verstärkte die Zugabe der PMN zur Leberzellkultur die LPS-induzierte Schädigung der Hepatozyten. Diese Schädigung war abhängig von der eingesetzten LPS-Konzentration. In Gegenwart von PMN genügte ein Hundertstel der Konzentration an LPS zur Auslösung einer Reaktion, die zum Leberzelluntergang führt.

In Tierversuchen ist gezeigt worden, daß TNFα von Makrophgen auf LPS-Stimulus hin sezerniert wird und dann eine Infiltration der PMN in die Leber auslöst (SCHLAYER H.J. et al., 1989). Deshalb untersuchten wir die Wirkung von TNF in unserem System. Im Gegensatz zur Leberzellkultur ohne PMN, in der der Ersatz des LPS durch einen TNF-Stimulus keinen Effekt hatte, beobachteten wir in Gegenwart von PMN eine TNF-konzentrationsabhängige massive Schädigung der Hepatozyten (Abb. 2). Sowohl die Schädigung durch TNF als auch die durch niedrige LPS-Konzentrationen (10ng/ml) induzierte Schädigung in Leberzellkulturen + PMN war durch einen polyklonalen TNF-Antikörper komplett hemmbar. Bei Stimulation der Leberzellkulturen + PMN mit sehr hoher LPS-Konzentration gewinnen neben TNFα noch weitere Faktoren an Bedeutung, die bisher nicht identifiziert sind.

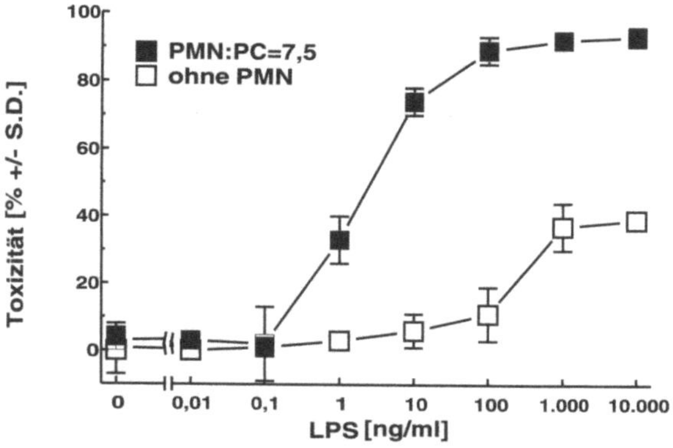

Abb. 1. Konzentrationsabhängigkeit der LPS-induzierten Schädigung von Leberzellen in Gegenwart von PMN

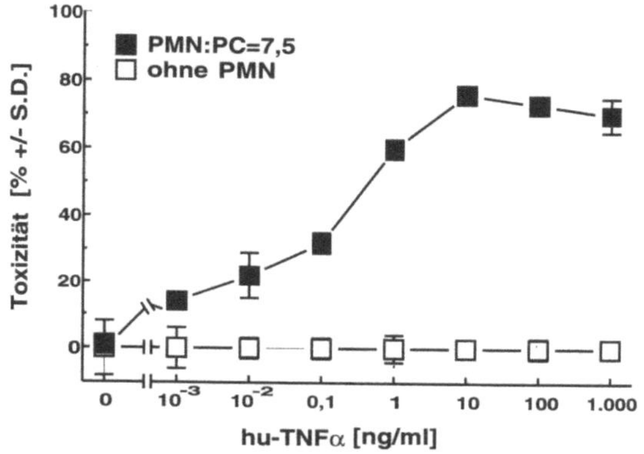

Abb. 2. Konzentrationsabhängigkeit der TNFα-induzierten Schädigung von Leberzellen in Gegenwart von PMN

Weitere Untersuchungen befaßten sich mit der Frage, durch welche PMN-Produkte die Hepatozyten geschädigt werden. Tierexperimentelle Arbeiten geben sowohl Hinweise auf die Beteiligung von Sauerstoffradikalen, als auch von durch die PMN freigesetzten Proteasen. Wir untersuchten daraufhin eine Reihe von Antioxidantien und Protease-Inhibitoren in den Leberzellkulturen + PMN. Die Antioxidantien hatten keinen protektiven Effekt. Anders die Protease-Inhibitoren: Von den untersuchten Substanzen schützten selektiv Serin-Protease-Inhibitoren die Leberzellen, nicht aber Aspartat-, Cystein- oder Metallo-Protease-Inhibitoren. Diese Ergebnisse deuten somit auf eine entscheidende Rolle von Serin-Proteasen beim Zelluntergang im Modellsystem hin, liefern aber keinen Anhaltspunkt für die Beteiligung von durch die PMN gebildeten Sauerstoffradikalen.

Der gegenwärtige Stand unserer mechanistischen Vorstellungen, die sich aus den Untersuchungen des um die PMN erweiterten Zellmodells ergeben, sind in Abb. 3 zusammengefaßt. Gemäß dieser Vorstellung werden die Kupffer-Zellen durch LPS zur Freisetzung von TNFα und anderen proinflammatorischen Mediatoren stimuliert. Der freigesetzte TNFα ist in der Lage, möglicherweise unterstützt durch weiter noch unbekannte Faktoren, PMN zu aktivieren, die wiederum nach Degranulation, über einen Serin-Protease-abhängigen Mechanismus Hepatozyten schädigen.

Der Vergleich der in vivo-Daten mit der reinen Leberzellkultur und der um PMN erweiterten Leberzellkultur zeigt weitere Übereinstimmungen zwischen in vivo und in vitro auf

(Tabelle 1). Neben der Sensitivierung der Leberzellkulturen gegenüber LPS, wurde sowohl die zentrale Mediatorwirkung von TNFα, wie auch der Schutzeffekt von Protease-Inhibitoren gezeigt.

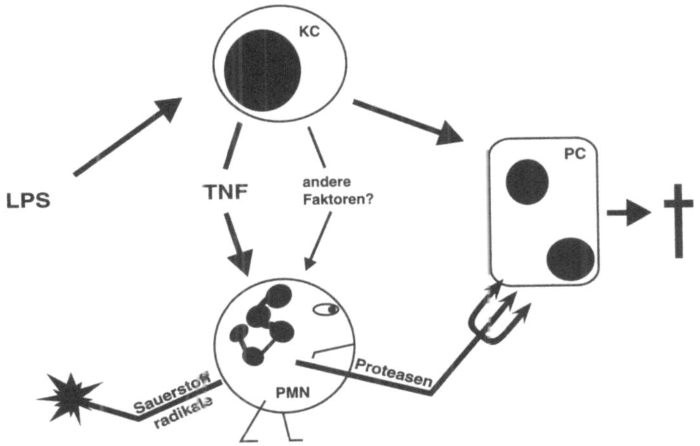

Abb. 3. Gegenwärtige Modellvorstellung zur LPS-induzierbaren Leberzellschädigung in vitro

Tabelle 1. Vergleich des Tierversuchs mit den Zellkulturmodellen zum septischen Leberversagen

	Tierversuch	Leberzellkultur	Leberzellkultur + PMN
Aktivierung durch LPS	ja	ja (1μg/ml)	ja (10ng/ml)
Makrophage als Effektorzelle	ja	ja	ja
Freisetzung proinflammatorischer Mediatoren (TNFα, Interleukine, Thromboxan, ...)	ja	ja	ja
Hemmung der Zytokinfreisetzung	Schutz	Schutz	Schutz
TNFα als zentraler Mediator	ja	partiell	ja
PMN als Effektorzelle	ja	nein	ja
Protease-Inhibitoren	Schutz	kein Schutz	Schutz

4. Modellgrenzen und Ausblick

Trotz steigender Komplexizität werden in diesem erweiterten Zellmodell einige wichtige Aspekte der septischen Leberschädigung nicht berücksichtigt: Hierzu gehören Wechselwirkungen zwischen dem Endothel und PMN, zwischen Endothel und Kupffer-Zellen, die Endothelschädigung, die Bedeutung von Plasmafaktoren und anderen Blutbestandteilen, sowie Gefäß- und Kreislaufeffekte. Aber auch für diese verschiedenen Teilaspekte lassen sich möglicherweise Zellmodelle entwickeln bzw. sind bereits entwickelt.

Das Zellmodell erscheint geeignet für ein Primär-Screening neuer Wirkstoffe, die die bakterielle Überaktivierung der Zellen der unspezifischen Immunabwehr beeinflussen. Die hier vorgestellte Erweiterung der Leberzellkultur um die PMN führt das Zellmodell näher an die in vivo-Situation heran, indem es weitere, bisher in vitro nicht gezeigte Charakteristika der septischen Leberschädigung aufweist. Es bietet die Möglichkeit mechanistischer Studien, um die Vorgänge bei der septischen Leberschädigung besser zu verstehen. Es ist jedoch unerläßlich, die in einem zellulären Primär-Screening gefundene Vorauswahl potentieller Wirksubstanzen im Tierversuch zu überprüfen. In diesem Schritt liegt allerdings auch quantitativ die größte Chance der Reduktion von Tierversuchen, weil aus dem Screening von Hunderten von Verbindungen nach bisheriger Erfahrung nur einige wenige für weitere Entwicklungen in Frage kommen.

Literatur

HARTUNG T. and WENDEL A., Endotoxin-inducible cytotoxicity in liver cell cultures-I, Biochem. Pharmacol, 42, 1129-1135, 1991a

HARTUNG T. and WENDEL A., Endotoxin-inducible cytotoxicity in liver cell cultures-II. Demonstration of endotoxin-tolerance, Biochem. Pharmacol, 43, 191-196, 1991b

HARTUNG T. und WENDEL A., Entwicklung eines Zellkulturmodells für das Organversagen im septischen Schock, ATLA, 18, 16-24, 1993

HARTUNG T., TIEGS G., WENDEL A., The role of leukotriene D4 in septic shock models, Eicosanoids, 5, 42-44, 1992

HEWETT J.A., SCHULTZE A., E. VANCISE S., ROTH R.A., Neutrophil depletion protects against liver injury from bacterial endotoxin, Laboratory Investigation, 66, 347-361, 1992

JAESCHKE H., FARHOOD A., SMITH C.W., Neutrophil-induced liver injury in endotoxin shock is a CD11b/CD18-dependent mechanism, Am. J. Physiol., 261, G1051-G1056, 1991

JONKER A.M., DIJKHUIS F.W., KOESE F.G.M., HARDONK M.J., GRONIN J., Immunopathology of acute galactosamine hepatitis in rats, Hepatology, 11, 622-627, 1990

PARRILLO J.E., Septic shock in humans. Advances in the understanding of pathogenesis, cardiovascular dysfunction, and therapy, Annals of Internal Medicine, 113, 227-242, 1990

SCHLAYER H.J., LAAF H. PETERS T., SCHAEFER H.E., DECKER K., Tumor necrosis factor (TNF) mediates lipopolysaccharide (LPS)- elicited neutrophil sticking to sinusoidal endothelial cells in vivo, in: WISSE E., KNOOK D.L., DECKER K. (eds.), Cells of the Hepatic Sinusoide, Vol. 2, The Kupffer Cell Foundation Rijswijk, 319-324, 1989

STRIETER R.M., LYNCH III J.P., BASHA M.A., STANDIFORD T.J., KASAHARA K., KUNKEL S.L., Host responses in mediating sepsis and adult respiratory distress syndrome, Semin. Resp. Infect., 5, 233-247, 1990

Herstellung von humanen monoklonalen Antikörpern in vitro durch Repertoir-Klonierung

B.M. Stadler

Zusammenfassung

Die Methodik der Repertoir-Klonierung erlaubt es heute, praktisch jede denkbare Antikörperspezifität in vitro herzustellen. Auf der Oberfläche von filamentösen Phagen werden die variablen Immunglobulin-Ketten zur Expression gebracht, wodurch „Phaben" entstehen, d. h. Phagen, die Fab-Antikörper-Moleküle tragen. Auf diese Art können Antikörper-Genbanken hergestellt werden, die 10^7 bis 10^8 verschiedene Spezifitäten enthalten. Über das Antigen können die spezifischen Phagen isoliert werden, um so oligoklonale oder monoklonale Antikörper zu erhalten. Es ist denkbar, daß diese Methodik die traditionelle in vivo-Antikörperproduktion oder die Hybridomatechnik ablösen wird, um Antikörper für die Diagnostik oder die Therapie herzustellen.

1. Natürliche und künstliche Antikörper

Die Herstellung von polyklonalen Antiseren ist noch immer weit verbreitet. Dies hängt damit zusammen, daß die Hybridoma-Technologie (KÖHLER G. and MILSTEIN C., 1975) nur beschränkt benutzt werden kann, um eine normale Immunantwort zu studieren, oder per definitionem nur monoklonale Antikörper liefert. Auch dauert es im Normalfall sehr lange, bis man weiß, ob die richtige Spezifität in der Form eines monoklonalen Antikörpers auch wirklich gefunden wurde. Andererseits war es nur dank der Hybridoma-Technik möglich, „künstliche" in vitro-Antikörper herzustellen.

Da Antikörper aus verschiedenen Domänen bestehen, können diese auch wieder auseinandergebrochen werden (Abb. 1). Man spricht von einem Antigen bindenden Fragment (Fab), wenn die beiden variablen Domänen (V_H und V_L) inklusive einer konstanten Domäne vorliegen und so ein monovalenter Antikörper darstellen. Von Fv-Antikörpern spricht man, wenn die variablen Domänen der leichten und schweren Kette zusammengelassen werden aber der Rest des Antikörpermoleküls entfernt wurde. So sind auch Antikörper konstruierbar, die nur noch aus einer einzelnen variablen Domäne bestehen (scFv). Die Antigen bindenden Domänen (V_L und V_H) bestehen aus relativ konstanten Regionen, die durchbrochen werden durch die drei hypervariablen Regionen, die man „complementary determining regions" oder CDR nennt (KABAT E.A. and WU T.T., 1971). Ersetzt man bei einem menschlichen Antikörper diese drei CDR-Regionen mit den CDR-Regionen eines spezifischen Maus-Antikörpers, wird die Spezifität der Maus humanisiert. Selbst Bruchstücke der variablen Domäne, die einzelne oder mehrere CDR enthalten, werden noch als Antigen bindende Moleküle betrachtet, die dann „Minimal Recognition Units" genannt werden.

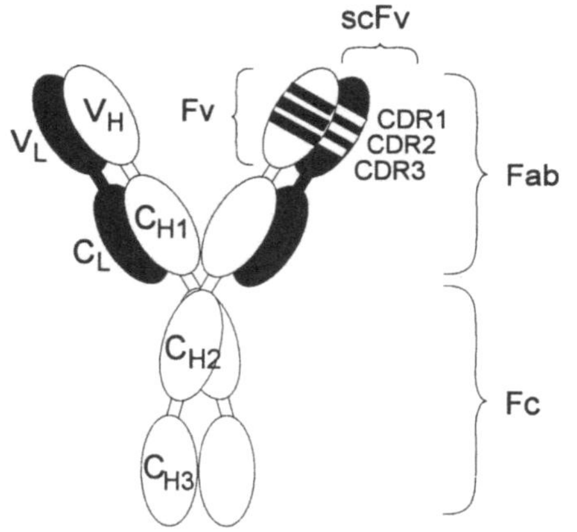

Abb. 1. Struktur und mögliche Fragmente eines typischen Antikörpers

2. Antikörper ohne Hybridomas

Wir verdanken den Hybridomas die profunde Kenntnis über den Aufbau der variablen Gene. Diese Technik hat letztlich dazu beigetragen, daß das Immunglobulin-Genrearrangement besser verstanden wurde (TONEGAWA S., 1983). Es entstand der Wunsch und die Möglichkeit, V-Gene direkt zu isolieren. Die Realisierung dieses Wunsches wurde möglich, weil MCCAFFERTY et al. (1990) zeigen konnten, daß Antikörper auf der Oberfläche von filamentösen Phagen exprimiert werden können. Mit dieser Technik konnte gezeigt werden, daß aus einem riesigen Repertoir von Antikörper-V-Genen künstliche Antikörper hergestellt werden können (CLACKSON T. et al., 1991; MARKS J.D. et al., 1991), deren Fragmente in Bakterien zur Expression gebracht werden können (BETTER M. and CHANG C.P., 1988; SKERRA A. and PLÜCKTHUN A., 1988).

2.1. Phaben

Werden rekombinante Fab-Fragmente von Antikörpern auf der Oberfläche von filamentösen Phagen exprimiert, werden diese oft im englischen Sprachgebrauch „Phabs" genannt, oder zu Deutsch Phaben. Dabei gibt es grundsätzlich zwei Möglichkeiten, die Fab-Fragmente auf der Oberfläche zu exprimieren. Mittels rekombinanter DNA-Techniken können die Antikörper-Fragmente an zwei verschiedene Oberflächenproteine des Bakteriophagen gekoppelt werden. Man verwendet entweder das hauptsächliche Mantelprotein, das durch Gen VIII kodiert wird, oder das Adsorbtionsprotein, das durch Gen III kodiert ist (Abb. 2). Im Fall, daß das System basierend auf Gen VIII gebraucht wird, erscheinen auf der Oberfläche der Phagen vielzählige Kopien, theoretisch über 2.000 Kopien pro Bakteriophagen. Das Gen III-Produkt ist hingegen an der Spitze des Phagen in 3-4 Kopien und wird von Bakteriophagen benutzt, um sich an die F-Pili von E.coli Bakterien zu haften, um somit sein genetisches Material in die Bakterien zu schleusen. Werden nur Fab-Antikörper an dieses dritte Protein geheftet, sollte zumindest eines der pIII-Proteine frei bleiben, damit der Bakteriophage noch infektiös bleibt. Dies wird erreicht, indem man Phagemiden produziert, die Plasmide darstellen, die ebenfalls in Phagenpartikel verpackt werden können, die aber ihrerseits noch die Hilfe eines Helper-Phagen benötigen.

Somit kompetiert schlußendlich das natürliche pIII Protein von Helper-Phagen mit dem pIII Protein, das auf dem Phagemiden kodiert und das FabFragment trägt.

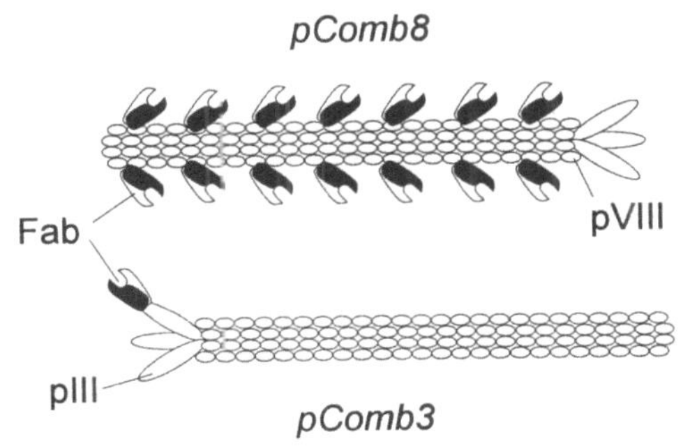

Abb. 2. Multi- und monovalente Expression von Fab auf filamentösen Phagen

2.2. Phaben imitieren die B-Zelle

Nachdem das pIII-Protein produziert worden ist, werden Bakterien resistent für eine zweite Infektion, d.h., genau gleich wie eine B-Zelle, die nur immer eine Spezifität trägt, tragen Phaben auch nur immer eine Art von Antikörper-Spezifität. In Analogie zu den B-Zellen, wo das Antigen in vivo aus einer großen Zahl von verschiedenen Spezifitäten einzelne B-Zell-Klone ausliest, können Phaben ähnlich selektioniert werden. In einem kleinen Volumen von 50-100µl kann man mehr als 10^{11} Phaben mit dem Antigen reagieren lassen. Befindet sich das Antigen auf der festen Phase, werden die nicht-bindenden Phaben weggewaschen. Anschließend werden die gebundenen Phaben eluiert und damit erneut Bakterien infiziert. Dadurch wird die Anzahl der spezifischen Phagen vertausendfacht. Nach einer weiteren Runde von Adherenz (Panning) und Infektion wird eine millionenfache Vermehrung erreicht. Es wurde gezeigt, daß mit dieser Methodik von mehrfachen Pannings sehr seltene Phaben (ein spezifischer aus 10^7 unspezifischen) isoliert werden können (MARKS J.D. et al., 1991).

2.3. Affinität und Spezifität von Phaben

Verwendet man das Protein VIII-System für die Expression der Fab, hat man ein multivalentes Selektionssystem. In diesem Fall wird die Avidität wichtiger als die Affinität der einzelnen Interaktion und es können schwach-affine Antikörper isoliert werden (Abb. 2). Wird hingegen pIII verwendet, entsteht ein univalentes Expressionssystem, bei dem hoch-affine Antikörper isoliert werden. Ansonsten können die üblichen immunologischen Parameter verwendet werden (Ionenstärke, pH, Assoziationsrate etc.), um für noch stärker-affine Phaben zu selektionieren. Also auch in diesem System kann man die natürliche Selektion, die das Antigen vornimmt, nachahmen.

2.4. Phaben immitieren die Plasmazelle

Vergleicht man Phaben mit einer B-Zelle, die Membranimmunglobuline trägt, so gibt es auch biotechnologische Systeme, die die Plasmazelle imitieren, d.h., infizierte Bakterien werden dazu gebracht, nur noch Fab-Antikörper herzustellen. Relativ einfach kann dies durchgeführt werden, indem man das pIII- oder PVIII-Protein auf DNA Ebene vor dem Fab wegschneidet, und somit anstelle der Phaben nur noch Fab produziert werden. In Analogie zur Plasmazelle wäre also kein Membran-Ig mehr vorhanden sondern nur sekretorische Immunglobuline.

3. Repertoir-Klonierung

Das B-Zell-Repertoir einer Maus wird auf 10^6-$5 \cdot 10^7$ geschätzt, während beim Menschen die Schätzungen im Bereich von 10^8-10^9 verschiedenen Antikörper-Klone liegen. Es ist heute bereits möglich, Phagen-Genbanken von der Größenordnung 10^7-10^8 Klone herzustellen, d.h., man kommt praktisch schon an die eigentliche Repertoir-Größe des Menschen heran. Die Grösse einer Phagen-Bibliothek ist limitiert durch die Effizienz der bakteriellen Transfektion, aber es gibt heute bereits verschiedene Möglichkeiten, bei der Herstellung einer Genbank eine Anreicherung gewisser Spezifitäten zu erreichen. Ein Teil der produzierten Phaben wird hingegen immer künstlich sein, weil die V_H- und die V_L-Gene in den meisten der heute angewandten Methoden zufällig wieder gemischt werden. Dies kommt daher, daß für die Klonierung des Repertoirs universelle Primers eingesetzt werden, um damit einerseits die schweren und die leichten Immunglobulin-Gene separat mittels PCR zu amplifizieren. Erst im nachhinein werden die beiden V-Genbanken zusammen in einen Expressionsvektor gebracht. Hier entsteht selbstverständlich eine zufällige Durchmischung, und es müssen sich nicht die ursprünglichen Paare von V_L- und V_H-Genen wiederfinden.

3.1. Phaben aus dem rearrangierten Repertoir

Ein großer Vorteil der Repertoir-Klonierung besteht darin, daß man von der RNA aus Plasmazellen ausgehen kann. Dies ganz im Gegensatz zur Hybridomatechnik, wo sich Plasmazellen sehr schlecht zum Fusionieren eignen, d.h. es ist möglich, kurz nach einer Immunisierung in der Peripherie beim Menschen Plasmazellen zu isolieren und daraus Genbanken herzustellen. Im Gegensatz zu der ursprünglichen Annahme finden wir und andere (VOGEL M. et al., 1994), daß die Chance, spezifische Antikörper zu finden, in einer Genbank von einem immunisierten Individuum ungemein höher ist. Die ursprüngliche Annahme von WINTER und MILSTEIN (1991), daß in einer sehr großen Phaben-Bibliothek sogar die ursprünglichen Paarungen der V-Gene wiedergefunden werden können, scheint sich auch zu bewahrheiten, weil wir bei anti-Tetanus-Toxoid-spezifischen Phaben praktisch die gleiche Oligoklonalität wieder gefunden haben, wie sie im menschlichen Serum vorherrscht (LANG et al., Manuskript in Vorbereitung). Wir haben auch ähnliche Affinitäten beobachtet ($Ka=10^9M^{-1}$).

Interessanterweise fanden wir mit Hilfe der Repertoir-Klonierung sowohl Antikörper gegen fremde wie auch körpereigene Strukturen. Wir haben auf diese Art anti-Isotyp-Autoantikörper gegen IgE isolieren können von hoher Affinität und zudem eine Vielzahl von antiidiotypischen Antikörpern (VOGEL M. et al., 1994). Dies bedeutet, daß eine geeignete Auswahl des Spenders sowie der Zellen (die verwendet werden, um die RNA zu isolieren; Tonsillen, Lymphknoten, Milz oder sogar peripheres Blut, je nach Immunisation) es ermöglichen sollten, jede gewünschte Spezifität, die im Normalfall auch im Serum anzutreffen ist, mit dieser Methode zu isolieren.

3.2. Phaben aus dem naiven Repertoir

Wird das Repertoir aus Knochenmarkszellen oder aus der Peripherie ohne Plasmazellen kloniert und verwendet man dazu speziell noch Primer auf der konstanten μ-Domäne, kann man für naive, also für natürliche, Antikörper selektionieren. Verwendet man zusätzlich das multivalente pVIII-Expressionssystem, bei dem schwache Affinitäten aufgrund der vermehrten Avidität isoliert werden, besteht eine sehr große Chance, daß man sogar Antikörper gegen „eigen" isolieren kann.

3.3. Phaben aus einem künstlichen Repertoir

Aus ethischen Überlegungen ist es nicht möglich, gegen jedes wünschbare Antigen Menschen zu immunisieren. Es konnten Phaben gegen gp120 von HIV-I seropositiven Individuen isoliert werden (BURTON D.R. et al., 1991), aber ob aus naiven Antikörper-Genbanken klinisch relevante Antikörper, ohne daß eine Seropositivität vorliegen würde, isoliert werden können, ist bis heute nicht klar. Hier bietet sich das naive Repertoir an, um sozusagen in vitro-Reifungssysteme zu entwickeln, z B. durch Mutagenese und einer anschließenden Selektion von Varianten mit einer erhöhten Affinität. GRAM et al. (1992) haben gezeigt, daß dies möglich ist, indem eine mit Fehlern behaftete PCR verwendet wurde, um zufällige Mutationen in den Immunglobulin-variablen Genen zu erreichen. Dadurch entstanden Antikörper, die bis 30mal besser Antigen binden konnten. Neuere Bestrebungen laufen dahingehend, daß nicht mehr die ganze variable Domäne zufällig verändert wird, sondern daß nur die CDR-Regionen manipuliert werden, da hier meist die Mutationen stattfinden, die eine Affinitätsreifung bewirken (HOOGENBOOM H.R. and WINTER G., 1992). Diese neuen Erkenntnisse wecken die Hoffnung, daß es einmal möglich sein wird, künstlich ein Repertoir herzustellen, das Antikörper kodiert, die das ganze Universum der Antigene abdecken.

4. Repertoir-Klonierung und die 3R

Im Prinzip, so scheint es, kann die Methodik des Repertoir-Klonierens in der Zukunft dazu verwendet werden, jegliche Art von Antikörpern herzustellen. Es wird vermutet, daß die Methodik vielleicht sogar mehr kann als die natürliche Immunisation, nämlich verbotene Antikörper, die das Immunsystem im Normalfall nicht zuläßt, herzustellen. Die Methodik wird aber wahrscheinlich nie so weit reifen, als daß man damit die natürliche Immunantwort nachahmen kann. Das heißt, für den Geist der 3R werden sicherlich diejenigen Immunisationen mit der Zeit ersetzt, die darauf abzielen, Antikörper als Produkte zu erhalten.

Die Methodik scheint sich aber wesentlich langsamer einführen zu lassen als zuerst erwartet. Dies kann darauf zurückgeführt werden, daß die traditionelle Hybridomatechnik doch bereits eine Vielzahl von Antikörpern geliefert hat, die heute als Instrumente in Gebrauch sind. Es wäre doch mit einem relativ hohen Aufwand verbunden, diese Instrumente alle aus Hybridomazellen umzuklonieren oder überhaupt zu kopieren. Es soll auch nicht verschwiegen werden, daß die perfekten Expressionssysteme, um komplette Antikörper zu produzieren, noch nicht die Marktreife erreicht haben. Viele kommerzielle Anwender der Antikörperproduktion scheuen sich auch vor der Methodik, da sie leider durch mannigfaltige patentrechtliche Ansprüche abgedeckt ist und somit ganz im Gegensatz zur Hybridomatechnik nicht von jedermann angewendet werden kann.

Danksagung

Die vorliegende Arbeit wurde durch Beiträge der Stiftung Forschung 3R und durch den Schweizerischen Nationalfonds für die wissenschaftliche Forschung (Gesuch Nr. 31-36083.92) ermöglicht.

Literatur

BETTER M. and CHANG C.P., Escherichia coli secretion of an active chimeric antibody fragment, Science, 240, 1041, 1988

BURTON D.R., BARBAS C.F., PERSSON M.A.A., KOENIG S., CHANOCK R.M., LERNER R.A., A large array of human monoclonal antibodies to type 1 human immunodeficieny virus from combinatorial of asymptomatic seropositive individuals, Proc. Natl. Acad. Sci. USA, 88, 10134, 1991

CLACKSON T., HOOGENBOOM H.R., GRIFFITHS A.D., WINTER G., Makin antibody fragments using phage display libraries, Nature, 352, 624, 1991

GRAM H., MARCONI L.-A., BARBAS C.F., COLLET T.A., LERNER R.A., KANG A.S., In vitro selection and affinity maturation of antibodies from a naive combinatorial immunoglobuline library, Proc. Natl. Acad. Sci. USA, 89, 3576, 1992

HOOGENBOON H.R. and WINTER G., Bypassing immunisation: human antibodies from synthetic repertoires of germ line V_H-gene segments rearranged in vitro, J. Mol. Biol., 227, 381, 1992

KABAT E.A., and WU T.T., Attempts to locate complementarity-determining residues in the variable positions of light and heavy chains, Ann. N.Y. Acad. Sci., 190, 382, 1971

KÖHLER G., and MILSTELIN C., Continuous cultures of fused cells secreting antibody of predefined specificity, Nature, 256, 495, 1975

MARKS J.D., HOOGERBOOM H.R., BONNERT T.P., MCCAFFERTY J., GRIFFITHS A.D., WINTER G., Bypassing immunization: Human antibodies from V-gene libraries displayed on phage, J. Mol. Biol., 222, 581, 1991

MCCAFFERTY J., GRIFFITHS A.D., WINTER G., CHISWELL D.J., Phage antibodies: filamentous phage displaying antibody variable domains, Nature, 348, 552, 1990

SKERRA A. and PLÜCKTHUN A., Assembly of a functional immunoglobulin Fc fragment in Escherichia coli, Science, 240, 1038, 1988

TONEGAWA S., Somatic generation of antibody diversity, Nature, 302, 575, 1983

VOGEL M., MIESCHER S., BIAGGI CH., STADLER B.M., Human anti-IgE antibodies by repertoire cloning, Eur. J. Immunol., 24, 1200-1207, 1994

WINTER G. and MILSTEIN C., Man-made antibodies, Nautre, 349, 293, 1991

In vitro-Produktion von monoklonalen Antikörpern in hoher Konzentration in einem neuen und einfach bedienbaren Modular-Minifermenter (miniPERM®)

F.W. Falkenberg, H. Weichert, M. Krane, I. Bartels, H.O. Nagels, I. Behn, H. Fiebig

Zusammenfassung

In diesem Artikel wird ein neuer, einfach handhabbarer und wiederverwendbarer Minifermenter beschrieben, der für die Kultur von Hybridomzellen in hohen Zelldichten geeignet ist. Er besteht aus zwei Modulen, die durch eine Dialysemembran voneinander getrennt sind. Diese Membran ermöglicht den Austausch von niedermolekularen Nährstoffen und Metaboliten des Zellstoffwechsels. Die Zellen werden in dem 30ml großen Produktionsmodul kultiviert. Darin erfolgt auch die Anreicherung der produzierten monoklonalen Antikörper. Der äußere Teil des Produktionsmoduls besteht aus einer dünnen gaspermeablen Silikonmembran, welche den Gasaustausch ermöglicht. Das Versorgungsmedium befindet sich im größeren Nährstoffmodul. Während der Kultur wird der Minifermeter auf einer Flaschendrehvorrichtung in einem mit CO_2 begasten Inkubator gerollt. In Abhängigkeit von den verwendeten Hybridomzellen können Zelldichten von mehr als 10 Millionen Zellen/ml, Antikörperkonzentrationen von mehreren mg/ml und damit Ausbeuten von 30-100mg Antikörper innerhalb von 1-4 Wochen erreicht werden. Die so produzierten Antikörper unterscheiden sich in ihren Eigenschaften nicht von Antikörpern aus Aszites oder aus einer herkömmlichen Standkultur. Dieser neue Minifermenter und die beschriebene Kulturmethode sind eine nutzbare Alternative zur Produktion von monoklonalen Antikörpern in Form von Aszites in der lebenden Maus.

1. Einleitung

Die Einführung der Hybridomtechnologie 1975 (KÖHLER G. and MILSTEIN C., 1975) erweckte die Hoffnung, daß Tierexperimente in der Immunologie überflüssig würden. Prinzipiell ist die Hybridomtechnik eine in vitro-Technik, da die Herstellung und Selektion der Hybridome in vitro erfolgt und sich in der Regel auch eine in vitro-Kultur anschließt. Qualität und Konzentration der so produzierten Antikörper ist für die meisten immunologischen Fragestellungen, bei denen die Reaktion des monoklonalen Antikörpers mit dem entsprechenden Antigen mittels eines markierten (Fluorochrome, Enzyme, Radionuklide), polyklonalen Sekundärantikörpers nachgewiesen wird, ausreichend. Es gibt jedoch immunologische Methoden, für die es notwendig ist, über monoklonale Antikörper in hoher Reinheit und/oder hoher Konzentration zu verfügen. Dies ist vor allem dann notwendig, wenn die Antikörper direkt mit Fluorochromen, Enzymen oder Radionukliden markiert werden sollen. Für diese Zwecke benötigt man Präparate, die frei von Kontaminationen, von denaturierten Antikörpern oder Bruchstücken davon sind und in Konzentrationen zwischen 1 und 10mg/ml vorliegen. Diese Zielsetzungen werden mit der Aufarbeitung von monoklonalen Antikörpern aus Aszitesflüssigkeit von der lebenden Maus erfüllt. Diese in vivo-Methode ist sehr einfach handhabbar und billig. Unter optimalen Bedingungen werden Antikörperkonzentrationen von 10-20mg/ml erreicht. Nach einem einfachen Reinigungsschritt können diese Antikörper für die erwähnten Anwendungen eingesetzt werden.

Für die in vitro-Massenproduktion von monoklonalen Antikörpern wurden in den letzten Jahren sehr interessante und technisch perfekte Lösungen entwickelt, die es ermöglichen, Antikörper in sehr großen Mengen zu produzieren. Die meisten dieser Systeme sind sehr teuer und in ihrer Handhabbarkeit kompliziert. Für den Einsatz in Forschung und Entwicklung wird eine Methode benötigt, die folgende Bedingungen erfüllt:

- Es muß möglich sein, mehrere Hybridome (10-20) gleichzeitig zu kultivieren.
- Das Kultursystem sollte einen geringen Platzbedarf haben und in einem gebräuchlichen Inkubator nutzbar sein.
- Es sollten Antikörperkonzentrationen von mehreren mg/ml erzielt werden können.
- Die Produktion von 10-100mg Antikörper sollte innerhalb eines vertretbaren Zeitraums (1-3 Wochen) möglich sein.
- Die Kultur der Zellen kann ohne vorherige Adaptation an spezielle Medien oder Kulturbedingungen erfolgen.
- Die direkte Überführung der gewonnenen Zellen aus der stationären Kultur in das Kultursystem muß möglich sein.
- Es sollte in jedem Labor nutzbar sein.
- Die Verwendung zusätzlicher Pumpen, Begasungssysteme oder andere Zusätze ist nicht notwendig.
- Es sollte ein geschlossenes System sein, das autoklavierbar ist und mehrfach verwendet werden kann.
- Die Kosten für Einwegmaterialien sollen vergleichbar den Kosten sein, die für einige Mäuse notwendig wären.
- Das System sollte durch jede Person mit Erfahrungen in der Zellkultur bedienbar sein.

Es wurde bereits ein Rollerflaschen-ähnliches Kulturgefäß beschrieben (FALKENBERG F.W. et al., 1993), in welchem die Zellen in Dialyseschläuchen kultiviert wurden und das die meisten der angeführten Anforderungen erfüllte. Dieses Konzept wurde weiterentwickelt und ein neues, kleineres und einfacher zu handhabendes Kultursystem mit passivem Gasaustausch entwickelt.

Die Resultate dieser Entwicklung werden in der vorliegenden Publikation vorgestellt.

2. Material und Methoden

Die Hybridome wurden unter Standardbedingungen in einem HERAEUS BB6220 Inkubator mit CO_2/O_2-Regulation und einer speziell angefertigten Rollerapparatur (Rollergeschwindigkeit 0,1 bis 20Upm) kultiviert. In einem BB6220 Inkubator (220l) können gleichzeitig 24 Minifermenter betrieben werden.

Zur Bestimmung der Antikörperkonzentration wurden folgende Techniken verwendet: Sandwich-ELISA, analytische Anionenaustauschchromatographie oder Mancini Radialimmundiffusion.

Laktat- und Glukosegehalt der Kulturmedien wurden mit einem kommerziellen Testsystem (Boehringer Mannheim GmbH) in der Modifikation nach HATTERSCHEID (HATTERSCHEID G. und WILENBRINK J., 1991) bestimmt.

Die Konzentration an Ammoniumionen wurde mit Hilfe einer ionenselektiven Elektrode ermittelt (Ingold Meßtechnik GmbH, D-Steinbach/Ts.).

Für die durchflußzytometrische Analyse der Bindung der monoklonalen Antikörper an Zellen wurde eine indirekte Methode angewandt. Die Auswertung erfolgte mit einem FACScan (Becton & Dickinson GmbH, D-Heidelberg).

Die simultane Messung des Partialdruckes von Sauerstoff und Kohlendioxid im Kulturmedium und in der Gasphase des Minifermenters erfolgte mit Hilfe eines ABL3 ACID BASE LABORATORY Blutgasanalysators der Firma Radiometer (Radiometer Deutschland GmbH, D-Willich 3).

3. Ergebnisse

3.1. Konstruktion des neuen Minifermenters

Der neue Minifermenter besteht aus einem 35ml großen Produktionsmodul, in welchem die Zellen kultiviert werden und die Antikörperproduktion erfolgt, und einem 600ml fassenden Mediumreservoir (Abb. 1a). In den Abb. 1b und 1c ist der detaillierte Aufbau dieser Teile schematisch dargestellt. Die zwischen den beiden Modulen vorhandene Dialysemembran (MWCO: 15 kD, Akzo Enka AG, D-Wuppertal) hält die Zellen und die produzierten Antikörper im Produktionsmodul zurück, ermöglicht aber gleichzeitig den Austausch niedermolekularer Nährstoffe und Metaboliten zwischen beiden Modulen.

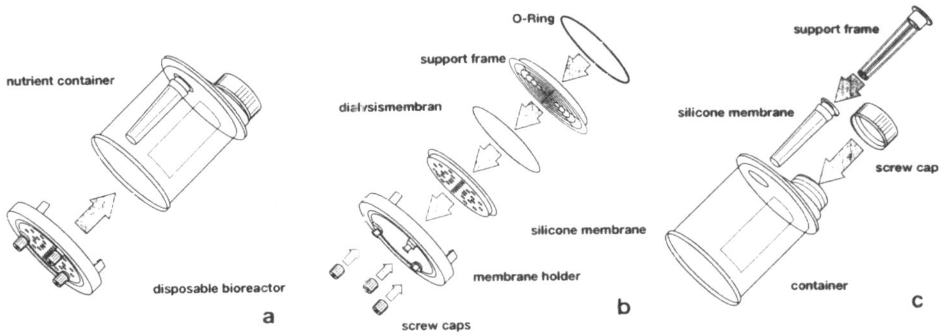

Abb. 1. Schematische Darstellung der konstruktiven Details

Eine hohe Gasaustauschrate wurde durch die Integration einer dünnen (0,1mm), gaspermeablen Silikonmembran in das Produktionsmodul erreicht, das an das vorbereitete Mediumreservoir angekoppelt wird.

3.2. Kulturbedingungen im neuen Minifermenter

Während der Kultur wird der Minifermenter auf einer Flaschendrehvorrichtung mit 10Upm gerollt. Der Gasaustausch erfolgt passiv durch die Silikonmembran.

Für den Beginn der Kultur werden Zellen aus einer gebräuchlichen stationären Kultur gewonnen. Bei Hybridomzellen hat sich eine Zelldichte von $2x10^6$ Zellen/ml als geeignet erwiesen. Diese Zellen (35ml) können ohne vorherige Adaptation in das Produktionsmodul überführt werden. Der Wechsel des Mediums im Mediumreservoir (400ml) ist abhängig von der erreichten Zelldichte im Produktionsmodul.

Abb. 2 zeigt eine typische Wachstumskinetik und Antikörperproduktionsrate am Beispiel der Zellen der Hybridomlinie HUA I 3B5, die in DMEM/5% Pferdeserum kultiviert wurde.

Bereits am 5. Kulturtag wird eine Zelldichte von $15x10^6$ Zellen/ml, bei einer Vitalität von 82%, erreicht. Die Antikörperkonzentration betrug am 6. Kulturtag 1,8mg/ml. Nach 6 Tagen wurde eine Ausbeute von 63mg Antikörper erzielt.

Tabelle 1 zeigt eine Vielzahl ähnlicher Resultate mit Zellen anderer Hybridomzellinien.

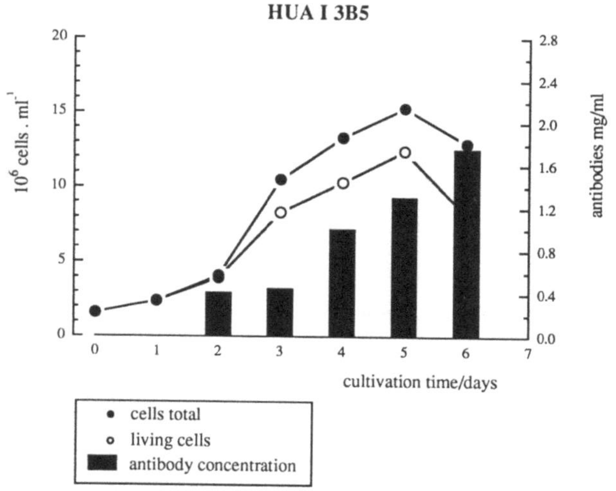

Abb. 2. Zelldichte und Antikörperkonzentration während der Kultur des Hybridoms HUA I 3B5 im Minifermenter

Tabelle 1. Zelldichten und Antikörperausbeuten der untersuchten Hybridome

Hybridoma line	Maximal cell density x 10^6	Maximal* antibody concentr. mg/ml		Total antibody harvest mg	Ttime to harvest days	Antibody specificity
BL-Tsub/2	17	3,3		89	27	gp190
BL-Throm/1	27	4,6	(48)	115	16	CD61
BL-AT III/3	5	0,5		14	26	Antithrombin III
BL-B72	10	0,37	(24)	11	27	CD72
BL-B23/1	20	0,24	(93)	9	20	CD23
BL-TP2a	15	4,4	(21)	132	19	CD2
HUA I 3 B5	15	1,8	(110)	63	6	interstice (human)
HUA I 3 B5	32	2,2	(110)	77	14	interstice (human)
MIV 38+)	10	1,3		46	6	mouse macrophage
MIV 55+)	20	0,9		32	6	mouse macrophage
Pap X 17F10	17	1,1		39	8	rat collecting duct
Pap X 5C10	16	0,9	(10)	32	5	rat collecting duct
PM II 74 C2	19	0,8	(60)	28	5	human capillary endoth.
PM II 9 C2	21	2,7	(32)	95	8	Tamm-Horsfall-Protein

* Antibody yield (µg/ml) reached in conventional stationary culture with this line is given in parenthesis
+) rat x mouse interspecies hybrids

Um die Aktivität der so produzierten Antikörper zu testen, wurde deren Reaktivität im Verhältnis zur Immunglobulinkonzentration untersucht. In Abb. 3 ist dies am Beispiel des monoklonalen Antikörpers BL-B23/1 gezeigt. Dabei wurde die Reaktion des Antikörpers mit Zellen der humanen lymphoblastoiden Zellinie IM 9 mittels Durchflußzytometrie untersucht. Ausgehend von gleichen Antikörperkonzentrationen konnte gezeigt werden, daß Antikörperpräparate aus der Minifermenterkultur, aus Aszites oder aus herkömmlichen stationären Kulturen vergleichbare Resultate erbringen.

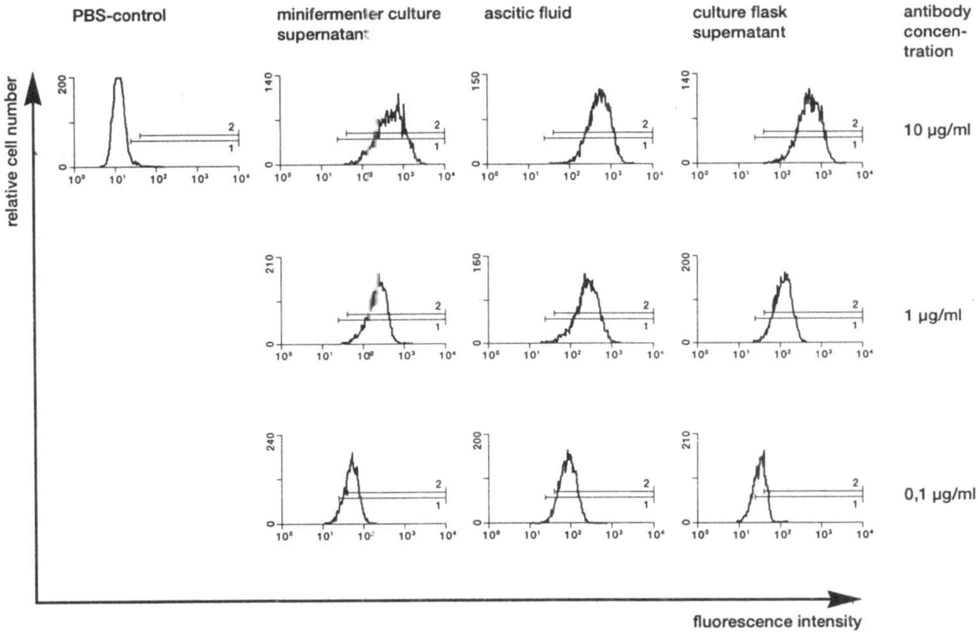

Abb. 3. FACS Analyse der Reaktion des monoklonalen Antikörpers BL-B23/1 aus verschiedenen Kultursystemen (Minifermenter, Aszites, stationäre Kultur) mit Zellen der humanen B-Zellinie IM 9

Die spezifische Reaktion verschiedener monoklonaler Antikörper (HUA I 3B5, PM II 9C2, PAP X 5C10, PM II 42F9 und PM II 74 C2) wurde an humanen Nieren- und Rattennierenpräparaten mittels indirekter Immunofluoreszenz untersucht (Resultate nicht gezeigt). Sowohl die monoklonalen Antikörper aus Aszites als auch die Minifermenterkulturüberstände ergaben bei gleicher Immunglobulinkonzentration vergleichbare Fluoreszenzintensitäten. Es konnte auch gezeigt werden, daß aus Minifermenterüberstand präparierte und mittels heterobifunktioneller Spacer mit Meerrettichperoxidase markierte Antikörper im Sandwich-ELISA einsetzbar sind. Präzision und Spezifität der Tests waren vergleichbar mit Tests in denen aus Aszites gewonnene Antikörper eingesetzt wurden.

Der monoklonale Antikörper BL-TP2a wurde an Protein G-Agarose (Boehringer Mannheim) gereinigt und mit FITC markiert. Das Konjugat mit einer F/P Ratio von 2,5 zeigte bei der direkten Markierung von Zellen (1 µg/ml) eine Reaktion, die der in der indirekten Methode erhaltenen vergleichbar war.

3.3. Wichtige Parameter für die erfolgreiche Zellkultur im Minifermenter

Die Effektivität des Gasaustausches an der Silikonmembran und der Transport von Nährstoffen und Metaboliten durch die Dialysemembran wurden ebenfalls untersucht. Die Ergebnisse zeigen, daß bei hohen Zelldichten (über $10x10^6$ Zellen/ml) die Sauerstoffversorgung der Zellen zum limitierenden Faktor wird. Gleichzeitig führt die Akkumulation von CO^2, Laktat und anderen sauren Metaboliten zu einem Abfall des pH-Wertes unter 7,0. Da Glukose und Laktat durch die Dialysemembran ausgetauscht werden können, ist deren Konzentration in beiden Modulen gleich. Das Ansteigen der Konzentration von Laktat und Ammonium korreliert mit der Zelldichte. Zum Ende der Kultur, bei sehr hohen Zelldichten, sind die Konzentrationen an Metaboliten noch so hoch, daß die toxische Wirkung von z.B. Ammonium die Zellvitalität beeinflussen kann.

4. Diskussion

Die dargestellten Ergebnisse zeigen, daß mit dem neuen Minifermenter Hybridomzellen in hohen Zelldichten kultiviert und monoklonale Antikörper in hohen Konzentrationen produziert werden können. Die erhaltenen Antikörper entsprechen in ihrer Qualität und Quantität in Aszites hergestellten. Obwohl die absolute Antikörperkonzentration nicht so hoch wie in der Aszitesflüssigkeit ist, ist das Verhältnis von monoklonalem Antikörper zu Gesamtprotein („spezifischer Antikörpergehalt") vergleichbar, in einigen Fällen sogar günstiger.

Unter Beachtung der einfachen Handhabbarkeit des Minifermenters ist die Produktion von Antikörpern einfacher und die Kosten sind geringer als in anderen etablierten in vitro-Systemen (stationäre Kultur, Rollerflasche, Spinnerkultur, Hohlfaser-Technik etc). Dies konnte durch die Kombination verschiedener technischer Prinzipien erreicht werden:

- Anwendung eines Zwei-Kammer-Kultursystems
- Transport der Nährstoffe und Metaboliten durch eine Dialysemembran
- passive Begasung durch eine dünne Silikonmembran
- Anwendung des Rollflaschenprinzips

Die Kombination dieser technischen Prinzipien in einem kleinem Kulturgefäß macht den Minifermenter universell einsetzbar für die Kultur von Zellen (Hybridome, transfektierte Zellen, Tumorzellen, Pflanzenzellen) in hohen Zelldichten. Durch die einfache Handhabung ist der neue Minifermenter für die Produktion von monoklonalen Antikörpern in Forschung und Entwicklung vielfältig einsetzbar. Für diese Anwendungen werden Antikörpermengen zwischen 10 und 100mg in einem Konzentrationsbereich von 1-10mg/ml benötigt. Diese Anforderungen können mit Hilfe dieses Minifermenters erfüllt werden.

Danksagung

Dieses Projekt (Verbundprojekt) wurde durch das Bundesministerium für Forschung und Technologie (Projekt-Nr.: 0310081B) im Rahmen des Forschungsprogramms „Ersatzmethoden zum Tierversuch" unterstützt.

Wir danken der Firma Radiometer Deutschland GmbH für die Bereitstellung des Blutgasanalysators.

Anmerkung

Der beschriebene Minifermenter ist bei der Firma Heraeus Instruments GmbH unter dem Handelsnamen „miniPERM" erhältlich.

Literatur

FALKENBERG F.W., HENGELAGE T., KRANE M., BARTELS I., ALBRECHT A., HOLTMEIER N., WÜTHRICH M., A simple and inexpensive high-density dialysis tubing cell culture system for the in vitro production of monoclonal antibodies in high concentration, J.Imunol. Meth., 165, 193-206, 1993

HATTERSCHEID G. und WILENBRINK J., Mikrotiterplattenleser zur enzymatischen Zuckerbestimmung, BioTec, 4, 46-50, 1991

KÖHLER G. and MILSTEIN C., Continous culture of fused cells secreting antibody with predefined specificity, Nature, 256, 495-497, 1975

Dotterantikörper als Alternative zu den Serumantikörpern

M. Erhard

Zusammenfassung

Unsere Arbeitsgruppe beschäftigt sich seit den 60er Jahren mit der Immunologie des Haushuhns (BRÜGGEMANN J. et al., 1967; LÖSCH U. und SCHUHMACHER H.J., 1971). Für die Verwendung von Dotterantikörpern als Alternative zu Serumantikörpern wurden schon vor Jahren zahlreiche Untersuchungen bezüglich Immunisierung der Legehennen, Ausbeute und Isolierung von Dotterantikörpern und Herstellung von Detektionsantikörpern durchgeführt. Korrelationen in Hinblick auf Menge und Spezifität der Antikörper in Serum und Eidotter wurden dokumentiert. Der breite Anwendungsbereich wurde an einigen Beispielen dargestellt. So kommen Dotterantikörper in immunochemischen Nachweissystemen, aber auch in Prophylaxe und Therapie von Durchfallerkrankungen zum Einsatz. Dank der Verwendung des Lipopeptids Pam_3Cys-Ser-$(Lys)_4$ kann das mit beträchtlichen Nebenwirkungen behaftete Freund's komplette Adjuvans ersetzt werden. Auf Blutentnahmen kann vollständig verzichtet werden, da aufgrund des gleichen Antikörper-Spektrums in den Seren und Eidottern die Titer auch in Eidotterproben bestimmt werden können. Somit stellt die Herstellung von Dotterantikörpern einen entscheidenden Beitrag zum angewandten Tierschutz dar.

1. Einleitung

Antikörper werden in der Immundiagnostik, aber auch in der Therapie und Prophylaxe von Infektionserkrankungen und Intoxikationen häufig eingesetzt. Dazu werden zum Teil große Mengen von Antikörpern benötigt. In der Regel stammen diese Antikörper von Säugern. Eine Alternative stellt das Huhn mit der Möglichkeit, Antikörper über das Ei zu gewinnen, dar. Pro Ei sind 100 bis 250mg Immunglobulin G im Dotter zu erwarten, so daß über einen längeren Zeitraum enorme Mengen an Antikörpern produziert werden können (ROSE M.E. et al., 1974; KOWALCZYK K. et al., 1985; LÖSCH U. et al., 1986). Die Vorteile von Dotterantikörpern sind in Tabelle 1 zusammengefaßt.

Grundsätzlich ist die Herstellung von aviären und von Säuger-Antikörpern vergleichbar. Untersuchungen zur Immunisierung von Legehennen, zum Transfer von IgG in den Eidotter und zur Isolierung des IgGs aus dem Eidotter wurden von unserer Arbeitsgruppe durchgeführt (LÖSCH U. et al., 1986; KÜHLMANN R. et al., 1988). Außerdem wurde die Tenazität der Dotterantikörper gegen chemische und proteolytische Prozesse kontrolliert. (SCHMIDT P. et al., 1989; WIEDEMANN V. et al., 1990).

Aufgrund der phylogenetischen Distanz zum Säuger können zusätzlich gegen hochkonservierte Säugerantigenstrukturen Antikörper erzeugt werden. Vorteilhaft erscheint in diesem Zusammenhang, daß Dotterantikörper weder an Protein A und G noch an F_c-Rezeptoren von Säugerzellen binden. Außerdem treten keine Kreuzreaktionen mit Säugerimmunglobulinen auf.

Tabelle 1

Vorteile von Dotterantikörpern
• Große Antikörpermenge (bis 250mg pro Ei)
• Einfache und kostengünstige Herstellung
• Einfache Isolierung aus dem Dotter
• Phylogenetische Distanz zum Säuger
• Verwendungsmöglichkeiten analog zu dem Säugersystem
• Detektionsantikörper vorhanden (Mab)
• Minimierung der störenden Einflüsse (Protein A/G, Fc-Rezeptoren, Säugerimmunglobuline werden nicht erkannt
• Tierschutz: keine Blutentnahme alternative Adjuvantien (PCSL) vorhanden

2. Korrelation der Antikörperkonzentrationen in Serum und Eidotter

Im Rahmen von Immunisierungsstudien mit Rota- und Coronaviren, E. coli K99 und Kryptosporidien konnte eine durchschnittliche Korrelation der spezifischen Antikörper in Serum und Eidotter von 0,84 festgestellt werden (Tabelle 2). Dies entspricht auch der Korrelation von 0,88 bei vergleichender Messung zur Gesamt IgG-Konzentration in den Seren und Eidottern. Die Gesamt IgG-Messung (eine Woche später) in den Dotterproben wurde mit dem bei ERHARD et al. (1992) beschriebenen ELISA durchgeführt. Zur Bestimmung der spezifischen Antikörper gegen die verschiedenen Erreger wurde das jeweilige Antigen aus dem Lactovac®-ELISA (Fa. Hoechst, D-Unterschleißheim) in 10ml PBS aufgenommen und damit die ELISA-Platte beschichtet (siehe auch ERHARD M.H., 1995).

Tabelle 2. Korrelation Immunglobulin-Konzentration Serum/Eidotter (eine Woche später)

Immunglobulin G	0,88
anti Rotavirus	0,85
anti Coronavirus	0,84
anti E. coli K99	0,78
anti Kryptosporidien	0,90

3. Beispiele zur Anwendung von Dotterantikörpern

Bei immundiagnostischen Nachweisen, wie z.B. im Sandwich ELISA-System oder in immunhistochemischen Doppelfärbungen, können Säugerantikörper und aviäre Antikörper auch kombiniert werden, um auf diese Weise störende Hintergrundreaktionen zu vermeiden (BOSCATO L.M. and STUART M.C., 1986; SCHMIDT P. et al., 1993). Für diese Techniken benötigte Detektionsantikörper stehen mit den monoklonalen anti-Hühner-IgG-Antikörpern zur Verfügung (ERHARD M.H. et al., 1992). Auch die Verwendung von Dotterantikörpern bei der Therapie und Prophylaxe von erregerbedingten Durchfallerkrankungen führte zu guten Erfolgen (ERHARD M.H. et al., 1993; KELLNER J. et al., 1994). Zur Herstellung von Eipulver wurden die Eier der immunisierten Hühner sprühgetrocknet oder lyophilisiert. Beispielhaft sind einige neuere Ergebnisse in den Abb. 1 und 2 zusammengefaßt.

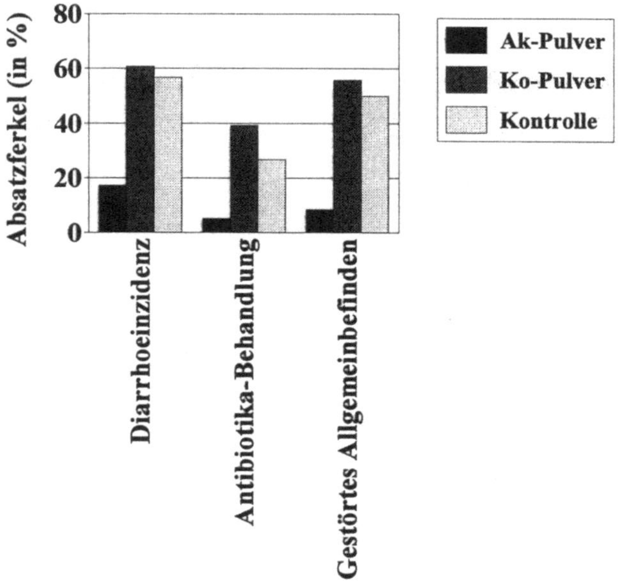

Abb. 1. Der Feldversuch zur prophylaktischen Wirkung von spezifischen Dotterantikörpern bei Durchfallerkrankungen wurde in einem Doppelblindversuch mit 179 Absatzferkeln durchgeführt. In dem betreffenden Betrieb wurden E. coli K88 positive Kotproben festgestellt. Die Ferkel wurden auf drei Gruppen verteilt. Die Antikörperpulvergruppe (Ak-Pulver) erhielt Eipulver mit spezifischen Antikörpern gegen E. Coli K88, K99 und 987P sowie gegen Rotaviren. Eine Kontrollgruppe (Ko-Pulver) erhielt Eipulver nicht immunisierter Hennen und die andere Kontrollgruppe erhielt kein Eipulver (Kontrolle). Die jeweiligen Eipulver wurden in einer 5%igen Beimischung über das Futter ad libitum verabreicht. In den Kontrollgruppen starben drei Ferkel an den Folgen von Durchfall.
Parameter: Diarrhoeinzidenz, Störung des Allgemeinbefindens, Antibiotika-Behandlung

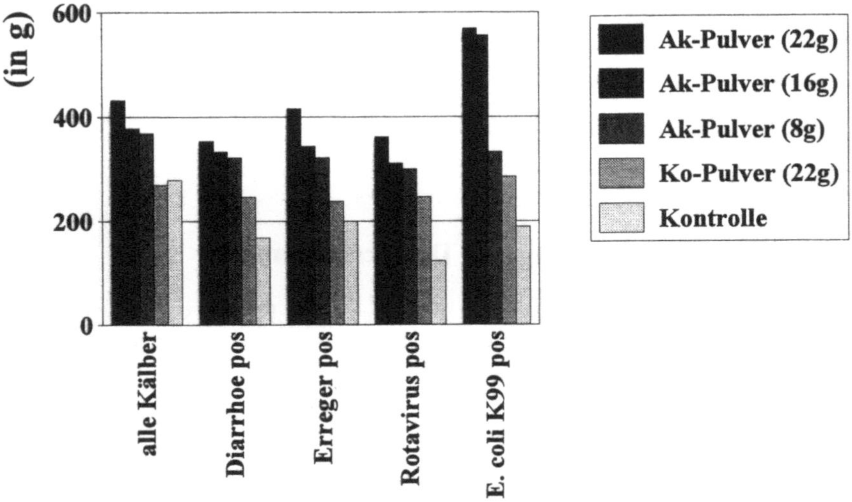

Abb. 2. Feldversuch zur prophylaktischen Wirkung von spezifischen Dotterantikörpern bei der Neugeborenendiarrhoe des Kalbes (Teilergebnisse siehe auch ERHARD M.H. et al., 1993). Die 278 Kälber wurden auf fünf Gruppen verteilt. Drei Gruppen erhielten über die Tränke Eipulver mit spezifischen Antikörpern gegen E. coli K99 und Rotaviren (Ak-Pulver) in einer Dosierung von 22g, 16g und 8g pro Tier und Tag. Eine Kontrollgruppe erhielt Eipulver (22g) nicht immunisierter Hennen (Ko-Pulver), eine zweite Kontrollgruppe erhielt kein Eipulver (Kontrolle). Der Versuchszeitraum erstreckte sich über die ersten 10 bzw. 14 Lebenstage (Abb. zeigt die tägliche Zunahme)

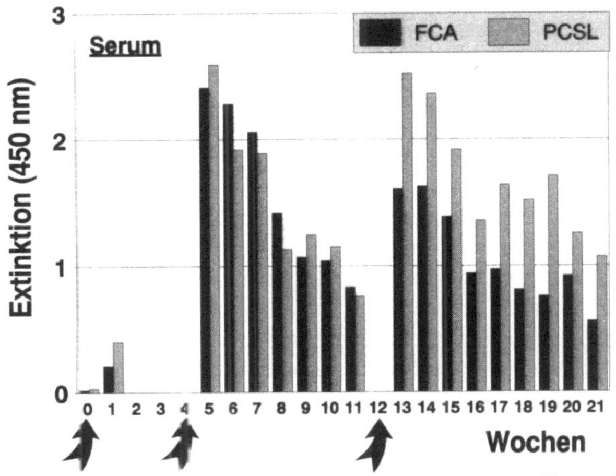

Abb. 3 und 4. Immunisierung (siehe Pfeile) von Legehennen mit Coronavirus (Lactovac®, Hoechst) in einer Dosierung von $10^{-4,8}$ $GKID_{50}$ (Gewebekulturinfektiöse Einheiten Dosis 50%) unter Verwendung der Adjuvantien Pam_3Cys-Ser-$(Lys)_4$ (PCSL; 0,5mg pro Huhn) und Freund's komplettes Adjuvans (FCA; 0,5ml pro Huhn). Die Titer wurden in den Seren (Abb. 3) und in den Dotterproben (Abb. 4) indirekt über die Extinktionswerte eines Coronavirus-spezifschen ELISAs bestimmt. Die Seren und Dotterproben wurden jeweils **1:50.000** vorverdünnt

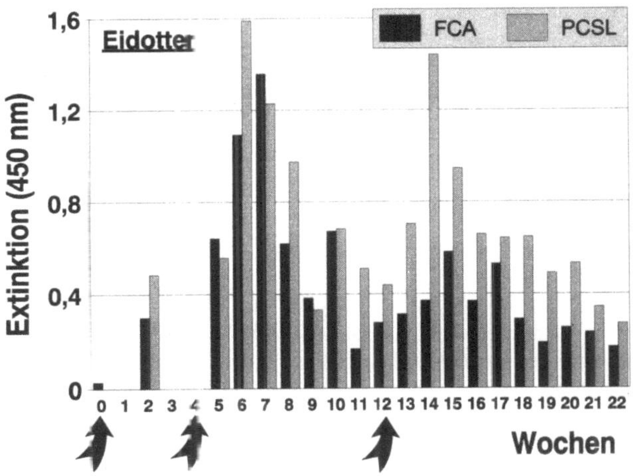

Abb. 4

4. Immunisierung von Legehennen unter Verwendung geeigneter Adjuvantien

Die Eigenschaften und damit verbunden die biologischen Funktionen der Antikörper im Hühnerei sind den entsprechenden Antikörpern des Serums der jeweiligen Henne gleichzusetzen. Somit kann auf Blutentnahmen vollständig verzichtet werden, da der Antikörpertiter direkt im Ei verfolgt werden kann. Die einzige Belastung für das Spendertier bleibt somit nur die Immunisierung.

Um eine ausreichende Immunantwort zu erreichen, müssen häufig immunstimulierende Substanzen dem jeweiligen Antigen beigefügt werden. Nach unseren neuesten Untersuchungen kann auf Freund's komplettes Adjuvans (FCA), das auch beim Huhn zu beträchtlichen Nebenwirkungen führt, verzichtet werden, da mit dem Lipopeptid Pam_3Cys-Ser-$(Lys)_4$ (PCSL) eine echte Alternative gefunden werden konnte (ERHARD M. et al., 1994). Die Abb. 3 zeigt die Titer bei einem Vergleich der Adjuvantien PCSL und FCA im Serum von Hühnern, die mit Coronavirus immunisiert wurden. Unter Verwendung von PCSL konnten hierbei sowohl im Serum als auch im Eidotter (Abb. 4) höhere Titerwerte gemessen werden.

5. Diskussion

Anhand von einigen Beispielen konnte gezeigt werden, daß Dotterantikörper eine echte Alternative zu Serumantikörpern darstellen. Zum einen tragen sie zu praktiziertem Tierschutz bei, zum anderen können sie analog zu Säugerantikörpern verwendet werden. Aufgrund der phylogenetischen Distanz zum Säuger können zusätzlich Antikörper gegen hochkonservierte Säugerantigene hergestellt werden. Anwendungsbeispiele wurden gezeigt. Neben der Gesamtmenge an IgG im Eidotter (bis 250mg) interessierte die Korrelation zwischen Serumantikörpern und den Dotterantikörpern aus den Eiern der entsprechenden Legehennen. Sowohl die Gesamt IgG-Konzentration als auch die Menge an spezifischen Antikörpern waren positiv korreliert.

Nachdem durch die Herstellung von Eiantikörpern die Belastung einer Blutentnahme beim Huhn auf einfache Weise vermieden werden kann, bleibt als letzter kritischer Punkt die Immunisierung mit den entsprechenden Antigenen. Am Beispiel des Coronavirusantigens wurde das nebenwirkungsfreie Lipopeptid Pam_3Cys-Ser-$(Lys)_4$ dem potenten, aber aus Gründen des Tierschutzes abzulehnenden, Freund's kompletten bzw. inkompletten Adjuvans gegenübergestellt. Es konnten vergleichbar hohe Titer sowohl im Serum als auch im Eidotter erzielt werden. Dieses alternative Adjuvans muß anhand von weiteren Antigenen auf seine Praxistauglichkeit getestet werden.

Zusammenfassend kann festgestellt werden, daß das Huhn gegenüber dem Säuger bei der Herstellung von Antikörpern insbesondere bei Säugerantigenen zahlreiche Vorteile besitzt. Das Huhn kann somit mit der „Antikörper-Quelle" Ei einen wesentlichen Beitrag zum angewandten Tierschutz leisten.

Literatur

BOSCATO L.M. and STUART M.C., Incidence and specificity of interference in two-site immunoassay, Clin. Chem., 32, 1491-1495, 1986

BRÜGGEMANN J., MERKENSCHLAGER M., KIRCHNER B., LÖSCH U., Eine erbliche Hypo- bzw. Dysgammaglobulinämie beim Haushuhn, Naturwissenschaften, 54, 97-98, 1967

ERHARD M.H., Polyklonale und monoklonale Antikörper in der Diagnostik, Therapie und Prophylaxe: Ein Beitrag zur Herstellung, Charakterisierung und Anwendung, Habilitationsschrift, Universität München, eingereicht 1995

ERHARD M.H., KELLNER J., KÜHLMANN R., LÖSCH U., Influence of various adjuvants on the synthesis of specific antibodies of chicken, sheep and rabbit following immunization with an hapten, J. Vet. Med. A, 38, 21-27, 1991

ERHARD M.H., VON QUISTORP I., SCHRANNER I., JÜNGLING A., KASPERS B., SCHMIDT P., KÜHLMANN R., Development of specific enzyme-linked immunosorbent antibody assay systems for the detection of chicken immunoglobulins G, M, and A using monoclonal antibodies, Poultry Sci., 71, 302-310, 1992

ERHARD M.H., KELLNER J., EICHELBERGER J., LÖSCH U., Neue Möglichkeiten in der oralen Immunprophylaxe der Neugeborenendiarrhoe des Kalbes - ein Feldversuch mit spezifischen Eiantikörpern, Berl. Münch. Tierärztl. Wschr., 106, 383-387, 1993

ERHARD M.H., KELLNER J., BESSLER W., LÖSCH U., Ein Lipopeptid als Adjuvans zur Immunisierung von Hühnern, Biochemica-Information, 94, 13-14, 1994

KELLNER J., ERHARD M.H., RENNER M., LÖSCH U., Therapeutischer Einsatz von spezifischen Eiantikörpern bei Saugferkeldurchfall - ein Feldversuch. Tierärztl. Umschau, 49, 31-34, 1994

KOWALCZYK K., HALPERN J.D.J., ROTH T.F., Quantification of maternal-fetal IgG transport in the chicken, Immunol., 54, 755-762, 1985

KÜHLMANN R., WIEDEMANN V., SCHMIDT P., WANKE R., LINCKH E., LÖSCH U., Chicken egg antibodies for prophylaxis and therapy of infectious intestinal diseases. I. Immunization and antibody determination, J. Vet. Med. B., 35, 610-616, 1988

LÖSCH U. und SCHUHMACHER H.J., Immunglobulin M im Dottersackinhalt von Hühnerküken, 3. Tagg. Ges. Immunologie, Marburg, Abstract 46, 1971

LÖSCH U., SCHRANNER I., WANKE R., JÜRGENS L., The chicken egg, an antibody source, J. Vet. Med. B., 33, 609-619, 1986

ROSE M.E., ORLANS E., BUTTRESS N., Immunoglobulin classes in the hen's egg: their segregation in yolk and white, Europ. J. Immunol., 4, 521-523, 1974

SCHMIDT P., WIEDEMANN V., KÜHLMANN R., WANKE R., LINCKH E., LÖSCH U., Chicken egg antibodies for prophylaxis and therapy of infectious intestinal diseases. II. In vitro studies on gastric and enteric digestion of egg yolk antibodies specific against pathogenic Escherichia coli strains, J. Vet. Med. B., 36, 619-628, 1989

SCHMIDT P., ERHARD M.H., SCHAMS D., HAFNER A., FOLGER S., LÖSCH U., Chicken egg antibodies for immunochemical labeling of growth hormone and prolactin in bovine pituitary gland, J. Histo. Cytochem., 41, 1441-1446, 1993

WIEDEMANN V., KÜHLMANN R., SCHMIDT P., ERHARDT W., LÖSCH U., Chicken egg antibodies for prophylaxis and therapy of infectious intestinal diseases. III. In vivo tenacity test in piglets with artificial jejunal fistula, J. Vet. Med. B., 37, 163-172, 1990

Substituierung mammärer Antikörper (Ak) durch aviäre vitelline Ak in Testsystemen zum quantitativen Nachweis von Akutphaseproteinen (APP)

R. Schade, W. Bürger, T. Schöneberg, A. Schniering, A. Hlinak

Zusammenfassung

Die Erzeugung spezifischer Antikörper (Ak) im Huhn gilt als Alternative im Sinne des Tierschutzes, weil die Möglichkeit der Extraktion spezifischer Ak aus dem Eidotter gegeben ist, und somit ein das Tier belastender Schritt (Blutgewinnung) entfällt. Wenn diese Methode sich breiter Akzeptanz erfreuen soll, dann muß bewiesen sein, daß die auf diese Art gewonnenen Ak imstande sind, mammäre Ak zumindest in spezifischen Anwendungsbereichen ohne Einbußen für das Testergebnis zu substituieren. Dieses Ziel liegt der vorliegenden Arbeit zugrunde. An zwei Beispielen aus dem Bereich der Serumproteinquantifizierung soll im Vergleich zu mammären Ak getestet werden, wie aviäre Ak in einem entsprechenden Testsystem (ELISA) reagieren. Wir können zeigen, daß Substitution des mammären Ak durch einen aviären Ak ähnlicher Spezifität zu identischen Ergebnissen führt. Quantifiziert wurden das C-reactive protein (CRP) des Menschen sowie das α2-acute phase globulin der Ratte. Für das CRP ergab der Vergleich beider Ak eine Korrelation von 0,967 bei n=64 (Zweiseitenbindungsassay) und für α2-APG eine Korrelation von 0,991 bei n=36 (Competitiver Assay).

1. Einleitung

Sowohl polyklonale als auch monoklonale Antikörper (Ak) sind aus der modernen naturwissenschaftlich-medizinisch orientierten Forschung nicht mehr wegzudenken.

Derartige Ak sind essentielle Bestandteile verschiedenster Testsysteme, die in unterschiedlichsten Bereichen Anwendung finden.

Die Ak werden in der Regel in Säugern (meist Kaninchen aber auch kleinere Labornager bzw. größere Spezies wie Pferd, Schaf, Ziege) erzeugt. Dazu sind zwei Schritte erforderlich, die die Tiere mehr oder weniger stark belasten:

1. **Injektion des Antigens (Ag) als Grundvoraussetzung für die Erzeugung von Ak gegen dieses Ag im Rezipienten;**
2. **Blutentnahme zur Gewinnung der AK.**

Beide Schritte verletzen die Integrität des betreffenden Tieres und erzeugen physischen und/oder emotionalen Streß.

Bedingt auch durch eine breite öffentliche Diskussion zu Fragen des Tierschutzes, besonders hinsichtlich eines ethisch vertretbaren Umganges mit Tieren in der biomedizinischen Forschung, sucht man nach Alternativen, die die Belastung der Ak-„Produzenten“ wenigstens partiell reduziert. Eine derartige Alternative stellt die Gewinnung spezifischer Ak im Huhn dar, weil der zweite der obengenannten Schritte durch eine nichtinvasive Ak-Extraktion aus dem Ei entfällt. Wie schon zu verschiedenen Gelegenheiten beschrieben, muß die Gleichwertigkeit aviärer Ak im Vergleich zu mammären Ak erwiesen sein, um als tatsächliche Alternative zu gelten. Hierzu sind Untersuchungen auf verschiedenen Ebenen derzeit im Gange. Für den weiten Bereich der Serumproteine zeigt sich immer deutlicher, daß Hühner als alternative Spezies zur Ak-Gewinnung sehr gut geeignet sind und mammäre Ak in üblichen Testsystemen unproblematisch durch aviäre Ak substituiert werden können. An zwei Beispielen aus dem Bereich der Akutphaseproteine (APP) soll dies belegt werden.

Im Nachfolgenden sollen kurz die beiden APP vorgestellt und auf ihre Bedeutung für bestimmte Fragestellungen in der biologisch-medizinischen Forschung bzw. klinischen Diagnostik eingegangen werden.

APP fallen dadurch auf, daß sie in der Folge von chirurgischen Eingriffen, Infektionen sowie Gewebsuntergängen mit Konzentrationsänderungen reagieren. Je nach Richtung der Änderung spricht man von positiven bzw. negativen Akutphaseproteinen.

Zu den positiven APP des Menschen zählt das „C-reactive protein“ (CRP), das, ausgehend von Basalwerten um 1mg/l, bis auf Werte von über 100mg/l ansteigen kann.

Ein vergleichbares Protein ist das α2-APG der Ratte. Ähnlich wie beim CRP des Menschen sind die Basalwerte mit Immunpräzipitationsmethoden kaum nachweisbar, unter den oben beschriebenen Bedingungen kann das α2-APG aber um mehr als das Hundertfache ansteigen (von 0,1mg/ml bis auf 20mg/ml). Beiden Proteinen werden Funktionen im Zusammenhang mit der unspezifischen Abwehr zugesprochen. Quantitative Bestimmungen dieser APP sind bedeutungsvoll z.B. für das Monitoring entzündlicher Prozesse.

Üblicherweise werden APP-Konzentrationsänderungen mittels Enzymimmunoassay erfaßt. Grundlage der kommerziellen EIAs sind mammäre Ak unterschiedlicher Spezies. Im Folgenden wurde in entsprechenden Tests ein mammärer Ak durch einen aviären Ak eigener Produktion substituiert.

2. Material und Methoden/Ergebnisse

CRP wurde mittels eines Zweiseitenbindungsassays bestimmt (Abb. 1a). Die CRP-Bestimmung unter Einbeziehung von aviärem anti-CRP-AK und mammärem anti-IgY-POD Konjugat (Kaninchen) erfolgte mittels eines indirekten ELISAs (Abb. 1b). Modifikationen betrafen den aviären anti-CRP-AK der ohne weitere Aufreinigung der Eidotter in einer 1:10 Verdünnung in physiologischer Kochsalzlösung vorlag. Dieser Extrakt wurde 1:200 mit PBS verdünnt für die quantitativen Bestimmungen eingesetzt. Das anti-IgY-POD-Konjugat (Sigma) setzten wir in einer Verdünnung von 1:20.000 ein.

Zur α2-APG-Bestimmung wurde ein kompetitiver ELISA (CIEIA, Abb. 1c) aufgebaut, in dem fixes, an der Mikrotiterplatte gebundenes α2-APG mit löslichem α2-APG um die Bindungsstellen von zugefügtem mammären bzw. aviären Ak konkurrieren . Auf ausführliche Darstellung der Testdurchführung wird hier verzichtet, weil diese weitestgehend üblichen Verfahren entspricht. Mit dem direkten bzw. indirekten Zweiseiten-Bindungsassay konnte CRP in einem Bereich von <1-ca. 100mg/l erfaßt werden. Die Korrelation der quantitativen Untersuchung des CRP aus Patientenproben (n=64), die parallel mittels mammärem bzw. aviärem anti CRP-AK bestimmt worden waren, betrug r=0,967 (Abb. 2a). Die gefundenen Werte zeigen, daß der Eidotterantikörpertest in gleicher Weise für die Bestimmung des CRP im ELISA eingesetzt werden kann.

Die quantitative Bestimmung von Ratten α2-APG ergab, ähnlich wie für CRP, für beide Antikörper einen nahezu identischen, linearen Detektionsbereich von 9,5-600µg/ml (13,1-827nmol/ml). Bei einer normalen Serumkonzentration von 0,05-0,2mg/ml können mit beiden Testsystemen Basalwerte sicher erfaßt werden. Es ergaben sich Intraassayvariabilitäten (n=15) von 8,25% (Kaninchenantikörper) bzw. 3,91% (Huhnantikörper). Die Korrelation der ermittelten α2-APG-Konzentrationen in beiden Testsystemen betrug r=0,991 (bei n=36, Abb. 2b).

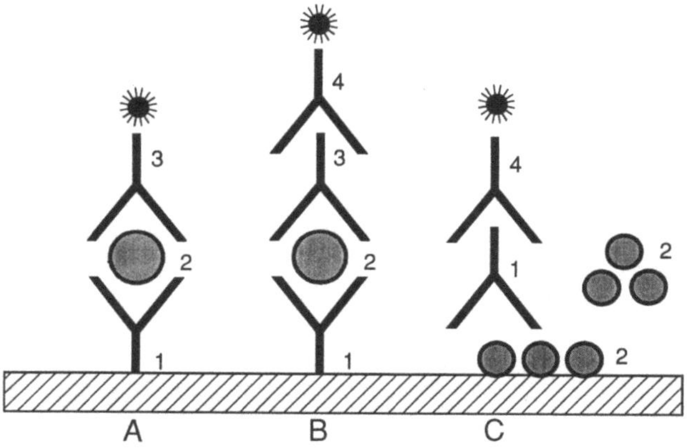

Abb. 1. Schematische Darstellung des Aufbaus der für die Proteinbestimmungen verwendeten Enzymimmunassays
1 = antigenspezifischer AK, 2 = Antigen, 3 = antigenspezifischer AK (von anderer Tierspezies), 4 = speziesspezifischer AK, die Markierung am AK bedeutet Markierung mit POD

3. Diskussion

Es gibt gegenwärtig eine relativ große Zahl an Arbeiten (z.B. GASSMAN M. et al., 1990; LARSSON A. et al., 1993; LÖSCH U. et al., 1986; SCHADE R. et al., 1991) die zusammenfassend die Anwendung von aviär-vitellinen (Dotter-Antikörper) Ak diskutieren und dabei auf unbestreitbare Vorteile der Methode verweisen wie z.B.:

- unblutige Methode der Ak-Gewinnung;
- Erzeugung einer wesentlich höheren Menge an spezifischen Ak als im gleichen Zeitraum von Kaninchen zu gewinnen wären;
- Erzeugung spezifischer Ak gegen Antigene, die in Säugern keine verwertbare Ak-Produktion auslösen (phylogenetische Differenz zwischen Aves und Mammalia).

Darüberhinaus existiert mittlerweile eine Vielzahl von Fallbeschreibungen (siehe in SCHADE R. et al., 1991) in denen über die erfolgreiche Anwendung von aviären Ak in unterschiedlichsten Testsystemen berichtet wird. Arbeiten, in denen aviäre und mammäre Ak zumindest ähnlicher Spezifität in einem Testsystem bezüglich der Bestimmung verschiedener Parameter verglichen werden, finden sich hingegen kaum. Für die Akzeptanz aviärer vitelliner Ak sowie der Methode als Alternative insgesamt sind aber solche Vergleiche als Validierung der Methode von großer Bedeutung. Insofern ist es wichtig, daß an verschiedenen Beispielen unter Verwendung unterschiedlichster Testsysteme die unproblematische Substituierung mammärer Ak belegt wird und darüberhinaus besondere Eignungen aviärer Ak demonstriert werden. Nach eigenen Erfahrungen scheint sich abzuzeichnen, daß besonders Kombinationen (wo möglich) aviärer und mammärer Ak zu ausgezeichneten Ergebnissen führen kann.

Wir haben erfolgreich gegen verschiedenste Antigene Ak erhalten mit Titern bis 1:100.000 und darüber. Diese Ak finden in unterschiedlichsten immunologischen Bestimmungsmethoden Verwendung (besonders Enzymimmunoassays aber auch Immunhistochemie mit sehr gutem Erfolg). Vergleichende Untersuchungen zur Affinität aviärer und mammärer Ak sind uns aus der Literatur nicht bekannt. Ergebnisse hierzu, erhoben an polyklonalen Ak, wären auch eher schwierig zu interpretieren. Die beobachteten hohen Titer deuten allerdings darauf hin, daß bei den aviären Ak zumindest vergleichbare Affinitäten wahrscheinlich sind. Untersuchungen zur Spezifität aviärer Ak im Vergleich zu mammären Ak, erzeugt gegen ein identisches Antigen, sind die Ausnahme. Im Rahmen eines BMFT-Projektes wurden solche Untersuchungen vorgenommen. Es zeigte sich, daß der hier schon beschriebene anti-human-CRP-Ak zumindest eine sehr ähnliche Spezifität mit einem entsprechenden mammären Ak hat. Allerdings zeigt der aviäre Ak Kreuzreaktionen mit Pentraxinen (CRP, SAP) anderer Spezies, mit denen der mammäre Ak nicht reagiert. In ähnlichen Untersuchungen (SCHNIERING A., in diesem Band) ergaben sich Hinweise auf eine zum Säuger unterschiedliche Spezifitätsentwicklung. In einem anderen Beispiel erzeugten wir aviäre Ak gegen ein Neuropeptid (Cholecystokinin Octapeptid) mit dem Ergebnis, daß wir sicher und reproduzierbar Somata in Hirnregionen der Ratte finden, für die positive Nachweise, wenn überhaupt, nur ganz selten beschrieben und nur mit wenigen Somata belegt werden. Der Ak reagiert nachweislich mit CCK in verschiedenen Testsystemen (EIA, RIA) und erkennt offensichtlich eine bestimmte Region des CCK-Moleküls, weil C-terminale Änderungen der Sequenz zu einem Ausbleiben bzw. einer drastischen Reduzierung der Bindung führen. Mammäre Ak, erzeugt gegen eine identische CCK-Sequenz, ergeben in der Immunhistochemie differente Bilder. Auf dieser Basis stellt sich gegenwärtig für uns die generelle Frage nach dem Zusammenhang zwischen der Spezifität und immunhistochemischen Ergebnissen, besonders dann, wenn es sich um Antigene handelt, die in verschiedenen molekularen Subspezies existent sind und die im Rahmen des qualitativen Nachweises einem Fixierungsprozeß unterliegen. Es ließe sich daran denken, daß die Ak, abhängig von der Herkunft, besser Konformationsdeterminanten bzw. Sequenzdeterminanten erkennen. Man darf nicht vergessen, daß die aviären Ak sich in ihrer molekularen Struktur von den mammären Ak deutlich unterscheiden, was die Ursache für eine unterschiedliche Epitoperkennung sein könnte. Auf diesem Wege ergeben sich Befunde und damit ein Erkenntnisgewinn, der (zumindest bezogen auf das CCK-Beispiel) nur mit mammären Ak nicht zu erreichen wäre. Dies ist auch ein wesentlicher Grund dafür, daß wir uns mit Argumenten gegen diese Technologie als einem „alten Hut" offensiv und vehement auseinandersetzen, weil die"IgY-Technologie", ganz abgesehen von dem Aspekt des Tierschutzes, Potenzen in sich birgt, die noch längst nicht ausgeschöpft und möglicherweise noch nicht erkannt sind. Systematische Untersuchungen zur molekularen Struktur der aviären Ak könnten Überraschendes bieten.

Die Lagerfähigkeit aviärer Ak unterscheidet sich nach unseren Erfahrungen nicht von der der mammären Ak. Wir verwenden heute noch Ak, die seit über fünf Jahren portioniert bei -20°C gelagert werden. In einem Modellversuch hat fünfmaliges Einfrieren und Auftauen die Aktivität der aviären Ak nicht beeinträchtigt.

Resümierend kann festgehalten werden, daß jetzt schon zumindest für einen spezifischen Anwendungsbereich die Brauchbarkeit aviärer Ak außer Frage steht. Es konnte gezeigt werden, daß mammäre Ak in zwei unterschiedlichen Testsystemen unproblematisch durch entsprechende aviäre Ak substituiert werden konnten, ohne das Bestimmungsergebnis nachteilig zu beeinflussen.

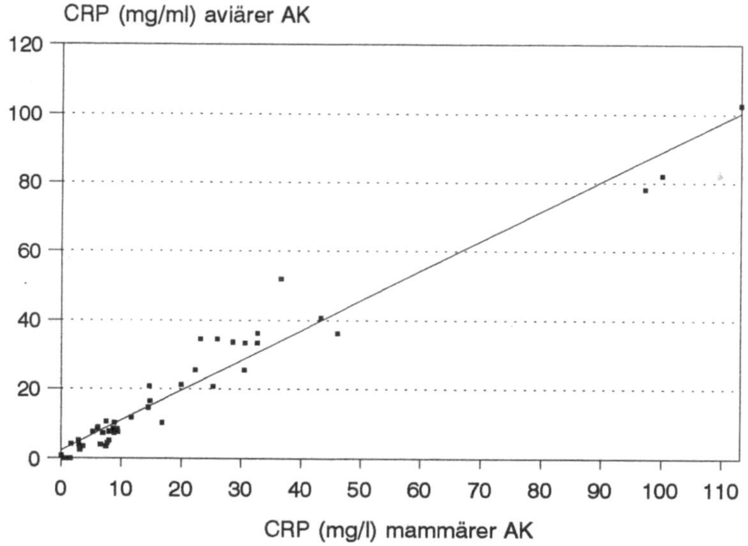

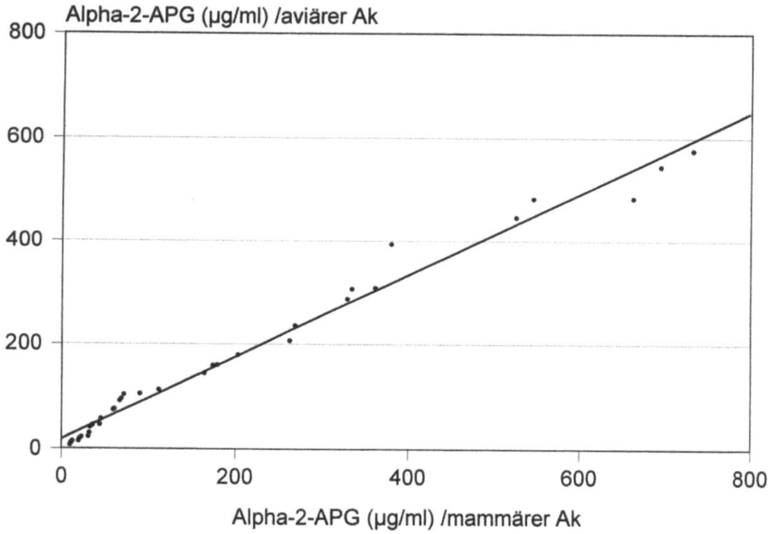

Abb. 2. **Kreuzvergleich der mit aviärem bzw. mammärem AK ermittelten CRP- bzw. α2-APG-Werte**
Für CRP gilt $y = 0{,}952x + 2{,}055$ mit $r = 0{,}967$, für α2-APG gilt $y = 0{,}97x + 17{,}91$ mit $r = 0{,}991$

Dieses Vorhaben wurde mit Mitteln des Bundesministeriums für Forschung und Technologie (Projekt-Nr.: 031012A) „Alternative Methoden" gefördert.

Literatur

GASSMANN M., WEISER T., THÖMMES P., HÜBSCHER U., Das Hühnerei als Lieferant polyklonaler Antikörper, Schweiz. Arch. Tierheilk., 132, 289-294, 1990

LARSSON A., BALÖW R., LINDAHL T.L., FORSBERG P.O., Chicken antibodies: Taking advantage of evolution - A review, Poultry Science, 72, 1807-1812, 1993

LÖSCH U., SCHRANNER I., WANKE R., JÜRGENS L., The Chicken egg, an antibody source, J. Vet. Med., B 33, 609-619, 1986

SCHADE R., PFISTER C., HALATSCH R., HENKLEIN P., Polyclonal IgY antibodies from chicken egg yolk - an alternative to the production of mammalian IgG type antibodies in rabbits, ATLA, 19, 403-419, 1991

Einsatz von aviären vitellinen Antikörpern in der Veterinärmedizin

A. Hlinak, A. Schniering, Ch. Schwarzkopf, R. Schade, P. Blankenstein, M. Krüger, C. Staak, D. Ebner

Zusammenfassung

Auf der Basis der Präparation von spezifischen, aviären vitellinen Antikörpern gegen virale, bakterielle und parasitäre Antigene sowie gegen speziesspezifische Globuline werden Beispiele für die Anwendung von Dotter-Antikörpern in der veterinärmedizinischen Diagnostik erläutert. Für den Nachweis von BLV-Antigenen in Zellkulturüberständen werden Varianten eines Enzym-Immuno-Assays (EIA) unter Verwendung von IgY dargestellt. Aus der bakteriologischen Routinediagnostik wird die Verwendung von Dotter-Antikörpern in Nachweisverfahren für *Bordetella bronchiseptica* gezeigt. Erstmals kann über die Etablierung eines EIA (unter Verwendung von vitellinen Antikörpern) zum Nachweis von Koproantigen von *Ascaris suum* (Spulwurmantigen) berichtet werden.

Untersuchungen zur Bestimmung und Differenzierung von Wirtstierarten (Säugetiere) aus Abdominalblut hämatophager Insekten mittels EIA weisen auf die besondere Eignung von speziespezifischen Antikörpern hin, die aus dem Hühnerei gewonnen wurden.

1. Einleitung

Die stärkere Beachtung tierschützerischer Aspekte in der Grundlagen- und angewandten Forschung sowie bei methodischen Fragestellungen der Routinediagnostik hat in den letzten Jahren zur Entwicklung von verschiedenen Ersatz- und Ergänzungsmethoden zum Tierversuch geführt.

Die Herstellung und Anwendung von spezifischen Antikörpern aus dem Dotter von Hühnereiern (aviäre vitelline Antikörper; IgY) stellt eine realistische und effiziente Alternative zur Verwendung von mammären Antikörpern in einem breiten Spektrum von Nachweissystemen dar. Da die Dotter-Antikörper unblutig bzw. nichtinvasiv gewonnen werden können, reduziert diese Methode objektiv die Belastung von Versuchstieren. Ein weiterer Vorzug ist die im Vergleich zum Säuger (Kaninchen, Ziege,...) bedeutend größere Menge spezifischer Antikörper in einem definierten Zeitintervall (30 Tage), sodaß durch den Einsatz weniger Tiere die gleiche Antikörpermenge zu erhalten ist. Weitere Vorteile und Besonderheiten der aviären vitellinen Antikörper gegenüber Säuger-Antikörpern in bezug auf die Induktion, Präparation, Charakterisierung und Reinigung sind von vielen Autoren beschrieben worden (SCHADE R. et al., 1991; SCHWARZKOPF C. et al., 1993; WALLMANN J. et al., 1990). Publikationen zur Anwendung dieser „alternativen Antikörper" in der biomedizinischen Forschung, der diagnostischen Routine sowie zur Lösung ausgewählter therapeutischer und prophylaktischer Fragestellungen zeigen nicht nur die zunehmende Akzeptanz dieser Antikörperquelle und deren Anwendung sondern auch das Bemühen vieler Arbeitsgruppen, Ersatz- und Ergänzungsmethoden zu etablieren (GRAEWSKAJA N.A. et al., 1988; KELLNER J. et al., 1994; SCHMIDT P. et al., 1989).

In der vorliegenden Arbeit sollen mehrere Beispiele für die Anwendung von aviären vitellinen Antikörpern in immundiagnostischen Testsystemen aus dem Bereich der Veterinärmedizin vorgestellt und erläutert werden.

2. Enzym-Immuno-Assay (EIA) zum Nachweis von Bovinem Leukosevirus (BLV)

Die Rinderleukose ist eine der wichtigsten Infektionskrankheiten des Rindes, wobei insbesondere die Bedeutung für die Tierzucht und den Tierhandel hervorzuheben sind.

Für verschiedene Fragestellungen der Forschung sowie für diagnostische Verfahren kann Virusantigen des BLV in vitro über Zellkultursysteme (permanente Lammnieren-Zellinie) produziert werden. Der Antigengehalt des Zellkulturüberstandes wird mittels EIA bestimmt. Der Aufbau des verwendeten EIA ist in Abb. 1 dargestellt. Entscheidend für den Antigennachweis ist der Einsatz zweier Antikörper, wobei ein monoklonaler Antikörper (anti-gp 51/anti-p 24) als sogenannter „catch"-Antikörper und ein zweiter, polyklonaler Antikörper (bovines anti-BLV-IgG) als Detektions-Antikörper (Nachweis durch POD-markierten anti-Spezies-Antikörper) fungiert.

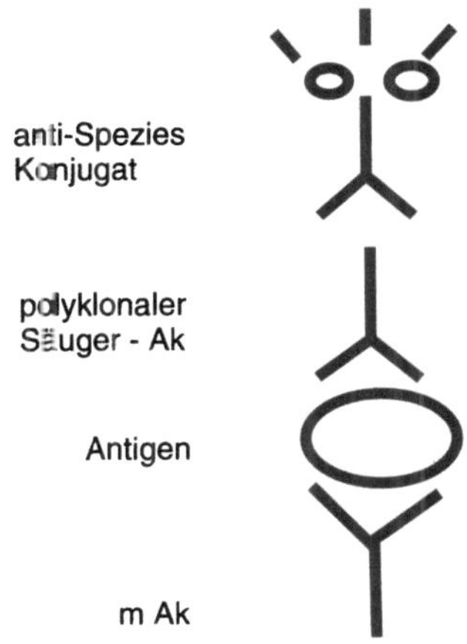

Abb. 1. **Aufbau des EIA zum Nachweis von BLV-Antigen**
Säuger-Ak = Säuger-Antikörper; Antigen = Antigene des bovinen Leukosevirus; mAk = monoklonale Antikörper

In einer Variation kann dieser Test auch zum Nachweis von anti-BLV-Antikörpern in Rinderseren genutzt werden (siehe Abb.2a).

Als Alternative zu den im EIA verwendeten mammären Antikörpern wurden aviäre vitelline Antikörper gegen das Strukturprotein p24 des BLV sowie gegen das Vollvirus präpariert und vergleichend als „catch"- oder als Detektions-Antikörper im beschriebenen Test eingesetzt (Abb.2a, b).

Die spezifischen Dotter-Antikörper konnten in dem dargestellten Nachweisverfahren (EIA) die Funktion der mammären Antikörper (monoklonal/polyklonal) einnehmen; die wesentlichen Testparameter (Spezifität, Sensitivität,...) konnten im Vergleich zum Standard-EIA bestätigt werden.

Voraussetzung für die Substitution der mammären Antikörper durch Dotter-Antikörper war der Vergleich verschieden präparierter spezifischer IgY und deren Einsatz im EIA. Aus diesen Vorversuchen konnte der Schluß gezogen werden, daß als „catch"-Antikörper das IgY mittels chromatographischer Verfahren gereinigt werden muß, um als Alternative zu einem Säuger-Antikörper, insbesondere zu einem monokonalen Antikörper, Anwendung zu finden. Für die Verwendung als Detektions-Antikörper ist eine Präparation mittels herkömmlicher eiweißfällender und/oder entfettender Methoden (Ammoniumsulfatfällung, BATCH-Verfahren,...) ausreichend, um diese Dotter-Antikörper als Ersatz für polyklonale Säuger-Antikörper im EIA zu nutzen.

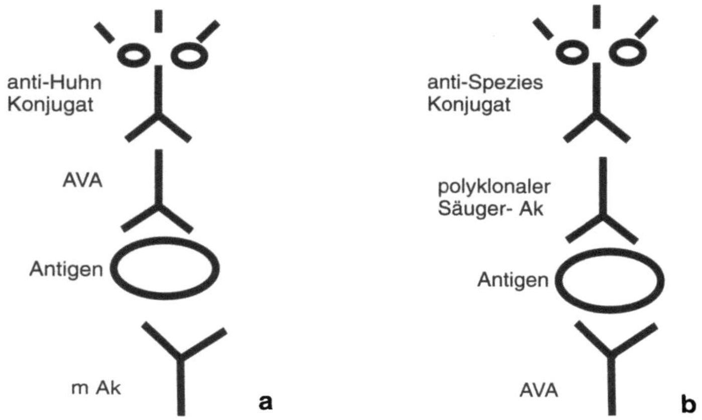

Abb. 2a, b. **Aufbau des „alternativen" EIA zum Nachweis von BLV-Antigen**
Säuger-Ak = Säuger-Antikörper; AVA = aviäre vitelline Antikörper (IgY); Antigen = Antigene des bovinen Leukosevirus; mAk = monoklonale Antikörper

3. Nachweisverfahren für Bordetella bronchiseptica

Für diagnostische Verfahren zum Nachweis von Bordetella bronchiseptica, dem Erreger von Atemwegserkrankungen des Schweines und von Versuchsnagern, wurden Dotter-Antikörper als Alternative zu Säuger-Antikörpern präpariert und vergleichend eingesetzt.

Die aviären vitellinen Antikörper wurden als „catch"-Antikörper in einem EIA zum Nachweis von Antikörpern in Schweineseren eingesetzt, wobei das spezifische IgY ein gering aufbereitetes Bakterienantigen bindet. Die bisherigen Ergebnisse bestätigen die Eignung des Tests mit den Dotter-Antikörpern im Vergleich zum etablierten Routine-EIA unter Einsatz von Kaninchen-Antikörpern.

Der Nachweis von Bordetella bronchiseptica aus Nasenspülproben kann in einem EIA geführt werden, wobei das IgY als „catch"-Antikörper oder als Detektions-Antikörper (Nachweis durch anti-Huhn-Konjugat) eingesetzt wird.

Voraussetzung für den Einsatz der spezifischen Dotter-Antikörper als „catch"-Antikörper ist eine affinitätschromatische Reinigung oder eine Kombination von eiweißfällenden und entfettenden Präparationsmethoden.

Für die Anwendung von anti-Bordetella bronchiseptica-IgY im herkömmlichen Agglutinationstest eignen sich aus unseren Erfahrungen nur Antikörper nach Ammoniumsulfatfällung, PEG-Fällung oder BATCH-Verfahren (SCHADE R. et al., 1992; SCHWARZKOPF C. et al., 1993).

4. Enzym-Immuno-Assay zum Koproantigennachweis von Askariden

Als Alternative zur koproskopischen Spulwurmdiagnostik bei Schwein und Mensch wurde ein Enzym-Immuno-Assay (EIA) unter Verwendung von aviären vitellinen Antikörpern zum Nachweis von Ascaris suum in Kotproben etabliert.

Der Aufbau des Testes ist in Abb. 3 dargestellt. An die feste Phase wird dabei affinitätschromatografisch gereinigtes, polyklonales anti-Ascaris suum-IgG vom Kaninchen (hyperimmunisiert mit somatischem /So-AG/ oder Exkretions- bzw. Sekretions-Antigenen /ES-AG/ adulter Spulwürmer) als „catch“-Antikörper gebunden. Als Detektionssystem dienen anti-Ascaris suum-IgY, die aus dem Dotter immunisierter Hühnereier gewonnen wurden, und POD-konjugiertes anti-Huhn-IgG von der Ziege.

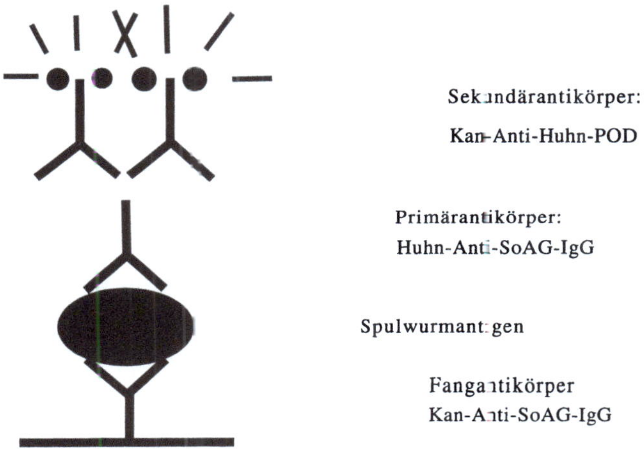

Abb. 3. **Aufbau eines Kopro-Antigen-EIA**
Kan-Anti-Huhn-POD = POD-markierter anti-Huhn-Antikörper vom Kaninchen; Huhn-Anti-SoAG-IgG = Dotter-Antikörper, spezifisch gegen das somatische Antigen von Ascaris suum; Kan-Anti-SoAG-IgG = Antikörper vom Kaninchen, spezifisch gegen das somatische Antigen von Ascaris suum

Anti-So-AG-Antikörper eignen sich besser für den Test als anti-ES-AG-Antikörper. Die verwendeten Dotter-Antikörper wurden mittels des mehrfach beschriebenen „BATCH“-Verfahrens präpariert (SCHADE R. et al., 1992).

Die Nachweisgrenze des EIA lag unter 5ng Protein je ml für So-AG. Von bisher 224 untersuchten Schweinekotproben konnten acht koproskopisch und 13 Proben im EIA positiv bestimmt werden; zwei der acht koproskopisch positiven Proben (jeweils nur ein Ascaris suum-Ei nachgewiesen) wurden im EIA als negativ definiert. Koproskopisch positive humane Stuhlproben konnten mittels EIA bestätigt werden.

Als Vorteile des EIA sind beachtenswert, daß aufgrund der phylogenetischen Unterschiede der Herkunftsspezies von „catch“-Antikörpern und Primär-Antikörpern des Dedektionssystemes unspezifische Reaktionen erheblich weniger auftreten als bei Verwendung von Antikörpern aus zwei Säugetierspezies. Weiterhin weisen bisherige Ergebnisse darauf hin, daß Kreuzreaktionen mit Trichuris sp. oder Magen-Darm-Strogylata nicht auftreten.

Allgemein kann eingeschätzt werden, daß der Koproantigennachweis mittels EIA der koproskopischen Diagnostik überlegen ist, weil während der Präpatentphase und aufgrund der diskontinuierlichen Eiausscheidung das herkömmliche Verfahren bei Schwein und Mensch einen hohen Anteil falsch negativer Ergebnisse liefert.

5. Präparation von speziesspezifischen Antikörpern bzw. POD-markierten anti-Spezies-Konjugaten

Da das Huhn zu Säugern eine größere phylogenetische Distanz aufweist als Säugetiere untereinander, werden vor allem bei speziesspezifischen Antikörpern aus dem Eidotter starke Kreuzreaktionen vermutet. Dies konnte durch eigene Untersuchungen zur Präparation von anti-Spezies-Antikörpern widerlegt werden. Durch Induktion von Antikörpern in Legehennen, deren Präparation aus dem Dotter und Reinigung durch Absorptionschromatografie konnten anti-Spezies-Antikörper gegen Schwein, Warzenschwein, Pferd, Flußpferd, Elefant, Löwe, Hund, Maus, Ratte, Kaninchen, Rind sowie Mensch hergestellt und nach POD-Markierung im EIA eingesetzt werden.

Als spezifischer Anwendungsfall sei hier die Bestimmung der Wirtstierart (aufgeführte Säuger) aus dem Abdominalblut von hämatophagen Insekten mittels konjugierter anti-Spezies-Antiköper aus dem Eidotter im EIA genannt. Die Ergebnisse belegen die Eignung von IgY für die immunologische Bestimmung und Differenzierung von Säugerspezies. Auftretende Kreuzreaktionen sind nicht ausgeprägter als bei Antiseren/-körpern aus Kaninchen und lassen sich durch Absorption beseitigen.

Zusammenfassend läßt sich feststellen, daß auch und besonders unter den vielfältigen Fragestellungen der veterinärmedizinischen Diagnostik die Anwendung von aviären vitellinen Antikörpern in immunologischen Verfahren einen realistischen Ersatz und eine Alternative gegenüber mammären Antikörpern darstellen. Der große Bedarf an Antikörpern unterschiedlicher Spezifität und das Bemühen, Methoden im Sinne der 3R zu etablieren, erhöhen zunehmend die Akzeptanz der Dotter-Antikörper.

Das diesem Bericht zugrundeliegende Vorhaben wird mit Mitteln des Bundesministers für Forschung und Technologie gefördert.

Literatur

GRAEWSKAJA N.A., KUSOW J.J., DONETS M.A., Eigelb immuner Hühner als Quelle für die Gewinnung von Immunglobulinen für die Diagnostik von Virusinfektionen, Mh. Vet. Med. 43, 677-680, 1988

KELLNER J., ERHARD M.H., RENNER M., LÖSCH U., Therapeutischer Einsatz von spezifischen Eiantikörpern bei Saugferkeldurchfall - ein Feldversuch, Tierärztl. Umschau, 49, 31-34, 1994

SCHADE R., PFISTER C., HALATSCH R., HENKLEIN P., Polyclonal IgY antibodies from chicken egg yolk - an alternative to the production of mammalian IgG type antibodies in rabbits, ATLA, 19, 403-419, 1991

SCHADE R., SCHNIERING A., HLINAK A., Die Gewinnung spezifischer, polyklonaler Antikörper aus dem Dotter von Hühnereiern als Alternative zur Immunisierung von Säugern - eine Übersicht, ALTEX, 17, 43-56, 1992

SCHMIDT P., HAFNER A., REUBEL G.H., WANKE R., FRANKE V., LÖSCH U., DAHME E., Production of antibodies to canine distemper virus in chicken eggs for immunhistochemistry, J. Vet. Med., B 36, 661-668, 1989

SCHWARZKOPF C., STAAK C., THIELE C., THIELE B., Das Hühnerei - die Alternative zu Tierseren als Quelle spezifischer polyklonaler Antikörper, Der Tierschutzbeauftragte, 3/93 , 40-42, 1993

WALLMANN J., STAAK C., LUGE E., Einfache Methode zur Isolierung von Immunglobulin (Y) aus Eiern immunisierter Hühner, J. Vet. Med., B 37, 317-320, 1990

Poster

Förderschwerpunkt „Ersatzmethoden zum Tierversuch" des Bundesministeriums für Forschung und Technologie im Programm „Biotechnologie 2000" der Bundesregierung der Bundesrepublik Deutschland

Projektträger Biologie, Energie, Ökologie/Forschungszentrum Jülich GmbH

Das Bundesministerium für Forschung und Technologie (BMFT) fördert seit 1980 Forschungsvorhaben zur Entwicklung von Ersatzmethoden zu Tierversuchen. Im Jahr 1984 wurde hierzu ein eigener Förderschwerpunkt im Rahmen des BMFT-Förderprogramms „Biotechnologie" eingerichtet, dessen Zielsetzung im Dezember 1984 in einer ersten Bekanntmachung veröffentlicht wurde. Ziel dieser ersten Förderphase war es, in vitro-Ansätze zum Ersatz und zur Ergänzung von Tierversuchen breit zu fördern.

Die zweite Bekanntmachung vom Mai 1989 hat eine stärkere Umsetzung der erarbeiteten Alternativmethoden in die Praxis zum Ziel. Sie konzentriert die Förderung auf die Entwicklung von Ersatzmethoden für konkret zu benennende Tierversuchsmodelle, bei denen die Tiere stark belastet oder für die besonders viele Tiere verwendet werden. Ein weiterer Schwerpunkt ist die Optimierung und Validierung erfolgreich entwickelter in vitro-Methoden.

Im Oktober 1991 veröffentlichte das BMFT im Rahmen des Förderschwerpunktes „Ersatzmethoden zum Tierversuch" eine ergänzende Bekanntmachung über die Förderung von Forschungsaufenthalten zum Erlernen von in vitro-Techniken als Alternative zu Tierversuchen. Diese Fördermaßnahme ist zur Zeit bis zum 31.12.1994 befristet. Sie soll es wissenschaftlichem und technischem Personal ermöglichen, in Gastlabors in vitro-Techniken zu erlernen und im eigenen Labor zum Ersatz von Tierversuchen bzw. zur Entwicklung von Ersatzmethoden einzusetzen.

Im BMFT-Förderschwerpunkt „Ersatzmethoden zum Tierversuch" wurden in den Jahren 1980 bis 1993 insgesamt 129 Forschungsvorhaben gefördert und rund 95,5 Mio DM an Fördermitteln eingesetzt. Nach der derzeitigen Planung werden in den nächsten Jahren ca. 9,5 Mio DM pro Jahr vom BMFT für entsprechende Projekte bereitgestellt werden.

Der BMFT-Förderschwerpunkt „Ersatzmethoden zum Tierversuch" ist Teil des Programms „Biotechnologie 2000" der Bundesregierung. Die organisatorische und fachliche Abwicklung (u.a. Prüfung und Abstimmung von Förderanträgen, fachliche und administrative Betreuung der laufenden Forschungsvorhaben) dieses Förderprogramms wird vom Projektträger Biologie, Energie, Ökologie (BEO) am Forschungszentrum Jülich im Auftrag des BMFT durchgeführt.

Vor einer Antragstellung sollte mit dem Projektträger BEO Kontakt aufgenommen werden, um gegebenenfalls anhand einer kurzgefaßten Projektskizze abzuklären, ob voraussichtlich die Möglichkeit besteht, ein entsprechendes Arbeitsprogramm mit Fördermitteln des BMFT zu unterstützen.

Die Forschungs- und Entwicklungsvorhaben sollen in der Regel von Wirtschaftsunternehmen als Verbundprojekte oder in Form von Arbeitsgemeinschaften zwischen öffentlichen und industriellen Einrichtungen durchgeführt werden. Es können grundsätzlich nur Forschungs- und

Entwicklungsvorhaben gefördert werden, die in der Bundesrepublik Deutschland durchgeführt und verwertet werden.

Bis Ende 1994 wurden ca. 90 Millionen DM an Fördermitteln vergeben.

Anfragen und Anträge auf Forschungsförderung sind zu richten an:
Forschungszentrum Jülich GmbH,
Projektträger Biologie, Energie, Ökologie (BEO), Bereich 21,
D-52425 Jülich,
Telefon: +49 2461 616897, 615566, 615543

Förderprogramm „Entwicklung von Alternativmethoden zur Vermeidung von Tierversuchen“ des Ministeriums für Wissenschaft und Forschung Baden-Württemberg

R. Fischer

1. Ziele und Aufgaben

Die Landesregierung von Baden-Württemberg mißt dem Thema der Entwicklung von Ersatzmethoden zum Tierversuch große Bedeutung bei und fördert in Baden-Württemberg Forschungsvorhaben mit dem Ziel, Tierversuche durch in vitro-Methoden zu ersetzen. Die Ersatzmethode soll im Blick auf einen bestimmten Tierversuch (oder eine Tiernutzung) entwickelt werden. Dabei soll nicht die Reduzierung von Tierversuchen ausschließlich in der eigenen Forschung des Antragstellers gefördert werden, sondern es ist vor allem an verbreitete, häufig durchgeführte Tierversuche gedacht, bei denen die Tiere besonders belastet und viele Tiere verwendet werden.

Gefördert werden können unter anderem Vorhaben zur

- Reduzierung des Tierverbrauchs durch die Entwicklung eines vollständigen Ersatzes für den Tierversuch;
- Reduzierung des Tierverbrauchs durch die Einführung tierverbrauchsfreier/verbesserter Vorschaltversuche oder Screeningmethoden;
- Reduzierung des Tierverbrauchs durch Verbesserung von Methodik und Auswertung des Tierversuchs.

2. Fördermöglichkeiten

Der für die Jahre 1994ff vorgesehene Mittelansatz beträgt 500.000,-- DM pro Jahr.

Analog zu den Förderrichtlinien der Deutschen Forschungsgemeinschaft (DFG) können Personalmittel für die Antragstellerin/den Antragsteller selbst nicht beantragt werden.

3. Vergabeverfahren

Die Anträge sind beim Ministerium für Wissenschaft und Forschung einzureichen.

Über die Mittelvergabe entscheidet das Ministerium auf der Grundlage der Empfehlung der für das Förderprogramm berufenen Gutachterkommission. Praktiziert wird ein zweistufiges Prüfungsverfahren durch fachspezifische Gutachter und durch die Förderkommission.

Die Mittel werden gemäß den geltenden haushaltsrechtlichen Bestimmungen vergeben.

4. Allgemeine Vergabevoraussetzungen

Die Vergabekriterien sind:

- Bedeutung des Vorhabens für die künftige Vermeidung oder Reduzierung von Tierversuchen (Tierschutzrelevanz) sowie Möglichkeiten der Verbreitung (Anwendbarkeit, Akzeptanz, Häufigkeit);
- wissenschaftliche Qualität des Vorhabens (wissenschaftliche Relevanz);
- Zeitplanung und Durchführbarkeit;
- Angemessenheit des Personal- und Mitteleinsatzes im Verhältnis zum Ziel und zum methodischen Vorgehen (Kosten-Nutzen-Relevanz).

Bevorzugt gefördert werden Vorhaben zu Fragestellungen, die bislang im Rahmen der Forschungsförderung noch nicht ausreichend berücksichtigt wurden.

Die Entscheidung über die Vergabe der Mittel im einzelnen richtet sich ausschließlich danach, ob der jeweilige Antrag den Kriterien des Förderprogramms entspricht und ob die vorhandenen Mittel eine Förderung möglich machen.

5. Bisherige Forschungsförderung

Von Anfang 1989 bis Ende 1994 wurden 50 Einzelprojekte mit einer Gesamtfördersumme von 3,6 Millionen DM in die Förderung aufgenommen. Dies entspricht einer durchschnittlichen Fördersumme von 73.200,-- DM/Projekt.

FFVFF - Stiftung Fonds für versuchstierfreie Forschung

I. Hagmann, S. Goll, F.P. Gruber

Gründung:	1976 wird die Stiftung von Susi Goll, Irène Hagmann, Max Keller und Max Neidhart in Zürich gegründet.
Hauptziel:	**„...dem Menschen seine Verantwortung gegenüber dem Tier als Versuchsobjekt klarzumachen und die Entwicklung von Methoden zu fördern, welche Tierexperimente ersetzen können und gültige Aussagen erlauben..."**
Finanzierung:	Die Stiftung wird ausschließlich durch private Spenden und Zuwendungen von anderen Tierschutzorganisationen getragen. Dankend seien hier der Tierschutzbund Zürich, der Zürcher Tierschutz und der Schweizer Tierschutz STS genannt.
Fördersumme:	Bis Ende 1994 wurden ca. 1,8 Millionen SFR an Fördermitteln ausgegeben.

Bisher geförderte Projekte:

1980/81°°	Literaturstudie über den LD_{50}-Test von G. Zbinden und M. Flury-Roversi: „Significance of the LD_{50}-Test for the Toxicological Evaluation of Chemical Substances".

1981-90°	G. ZBINDEN richtet in Zusammenarbeit und mit Förderung des FFVFF, des STS und des Zürcher Tierschutzes das Zellkultur-Labor am Toxikologischen Institut der ETH und Universität Zürich in Schwerzenbach ein (Einstellung von CHRISTOPH A. REINHARDT). Erstes Forschungsziel: Entwicklung einer Alternative zum Draize-Test.
1981°°	Studie „Schmerzbekämpfung bei Nagern im Tierversuch“ von A. BAUMGARTNER, Tierspital Zürich.
1983/84°°	Recherche über die Relevanz von Tierversuchen von R. LANDOLT.
1983/85°°	Projekt „Structureactivity Relationships of Sulfonamide Drugs and Human Carbonic Anhydrase C“ von A. VEDANI, ETH Zürich.
1984°	Internationaler Workshop zum Ersatz des Draize-Tests in der Kartause Ittingen. Erste Zusammenarbeit zwischen Tierschutz, Wissenschaft und Pharmaindustrie.
1984°°	Studie „Leidensbegrenzung bei Versuchstieren“, rechtlich-ethische Vorschläge zu einer Gesetzesänderung von CH. GREYERZ, U. VOGEL, G.M. TEUTSCH und B. SITTER.
1984°	Studie „Parasitologische in vitro-Modelle“ VON J. ECKERT, Institut für Parasitologie der Universität Zürich.
1984°°	Informationssymposium für Studenten an der Universität Zürich über Alternativmethoden.
1984 bis heute°°	**Erstmalige Publikation des Periodikums „Alternativen zu Tierexperimenten“, aus dem sich das heutige ALTEX entwickelt hat.**
1985°°	ERGATT-Meeting in Zürich.
1986°	Studie „Sensorische Nervenzellen in Kultur, biochemische Mechanismen der Schmerzbekämpfung“ von U. OTTEN, Biozentrum Basel.
1986*	Förderpreis für die Studie „Alternativmethoden zu Tierversuchen für die Untersuchung der Wirkung von Antibiotika“ von J. BLASER, Medizinische Poliklinik der Universität Zürich.
1985/86°°	Dissertation „Die Interaktion des Neurohypophysenhormons Oxytocin mit myometrialen Zellen des Schafs“ von H. KOHLHAUF ALBERTIN, ETH Zürich.
1985/87°°	Forschungsprojekt „Antiepileptika-Entwicklung mit Hilfe von Hirnschnitten *in vitro*“ von H. HAAS, Neurochirurgische Klinik, Universitätsspital Zürich.
1986/87°°	Entwicklung des „PharmaTutor“ von D. KELLER, Institut für Pharmakologie der Universität Zürich.
1987°°	Informationssymposium für Studenten an der Universität Basel über Alternativmethoden.
1987 bis heute°	Zuschuß an FRAME zur Herausgabe von ATLA.
1988°	Dissertation „Die Schmerzbekämpfung im Tierversuch“ von P. KISTLER, ETH Zürich.
1988/91°	Anstoß und Mithilfe bei der Gründung des SIAT.
1989°°	Studie „Die Frage der ethischen Zulässigkeit oder Unzulässigkeit von Tierversuchen in der Grundlagenforschung“ von G.M. TEUTSCH, Bayreuth.

1989/90°°	Studie „Alternativmethoden zum Tierversuch in der Toxikologie" von ST. STÖCKLIN.
1990°°	Studie „Tierversuche in der Pharmakologie" von F. GEISER.
1990/91°°	Recherche „Tierversuche in der Lehre an Deutschschweizer Hochschulen" von CH. PEISKER und D. KELLER. „Recherche sur la pratique de l'expérimentation animale dans l'enseignement et la formation" von C. BASS.
1994°	**Herausgabe des „neuen" ALTEX beim Spektrum Akademischer Verlag, Heidelberg, in Zusammenarbeit mit der Stiftung zur Förderung der Entwicklung von Ersatz- und Ergänzungsmethoden zum Tierversuch (D-Mainz), der Akademie für Tierschutz des Deutschen Tierschutzbundes (D-Neubiberg), dem Arbeitskreis für die Förderung von tierversuchsfreier Forschung (AFTF, A-Linz), dem Schweizerischen Institut für Alternativen zu Tierversuchen (SIAT, CH-Zürich) und der Zentralstelle zur Erfassung und Bewertung von Ersatz- und Ergänzungsmethoden zum Tierversuch (ZEBET, D-Berlin). ALTEX ist das offizielle Organ der Mitteleuropäischen Gesellschaft für Alternativen zu Tierversuchen (MEGAT, A-Linz).**
1994°	Zuschuß für AFTF und MEGAT bei der Durchführung des „3. Österreichischen internationalen Kongresses über Ersatz- und Ergänzungsmethoden zu Tierversuchen in der biomedizinischen Forschung" in Linz.
1994°	Pharmakokinetik Simulationen: Entwicklung eines computergestützten Ausbildungsprogrammes in der Pharmakologie, D. KELLER, Institut für Pharmakologie der Universität Zürich.
1995°°	Studie zur Situation des „Tierverbrauchs" in der biomedizinischen Ausbildung in Österreich, AFTF-Projekt.
1995°	Zuschuß für AFTF und MEGAT bei der Durchführung des „4. Österreichischen internationalen Kongresses über Ersatz- und Ergänzungsmethoden zu Tierversuchen in der biomedizinischen Forschung" in Linz.

°° Vollförderung, °Teilförderung, *ideelle Förderung

Anfragen sind zu richten an die Geschäftsstelle des FFVFF,
Biberlinstr 5, CH-8032 Zürich,
Tel +41-1-422-7070, Fax +41-1-422-8010

Organigramm der Stiftung Fonds für versuchstierfreie Forschung, Zürich

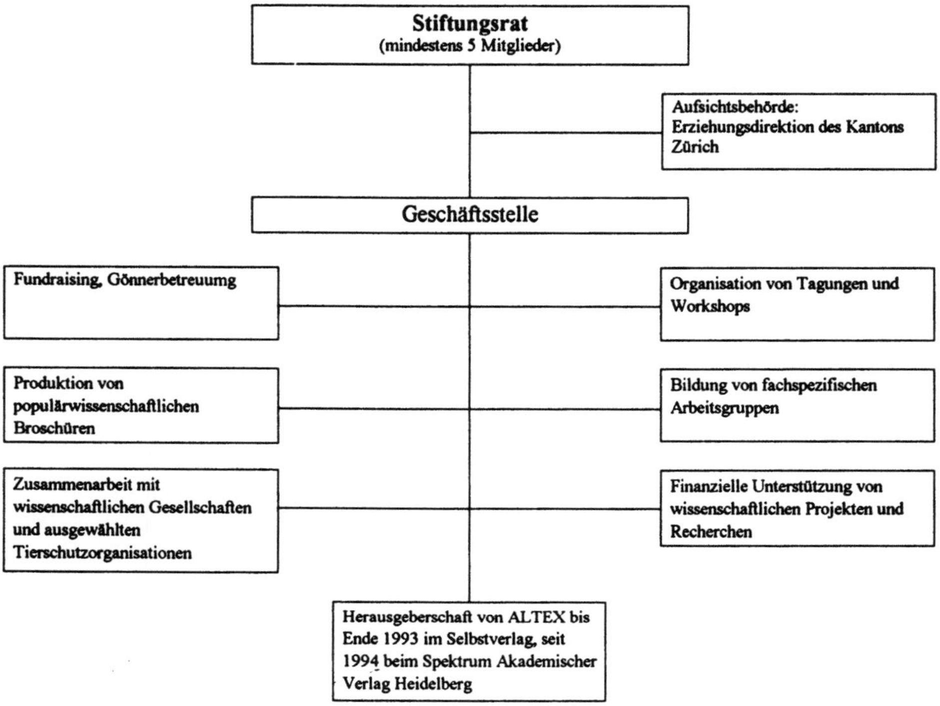

Kotsuspension als Inokulum im Hohenheimer Futterwerttest ersetzt Pansensaft von fistulierten Spendertieren

K.-P. Aiple, H. Steingass, W. Drochner

Der Hohenheimer Futterwerttest (HFT) ist ein *in vitro*-Verfahren zur energetischen Bewertung von Futtermitteln für Wiederkäuer. Bei diesem Verfahren steht die Gasmenge (CO_2 und CH_4), die bei der Fermentation mit Pansensaft nach 24 Stunden freigesetzt wird, in enger Beziehung zur Verdaulichkeit und damit zum Energiegehalt des inkubierten Substrates (MENKE K.-H. and STEINGASS H., 1988). Die Verwendung von Pansensaft machte bisher die Haltung von fistulierten Spendertieren erforderlich Andererseits war es mit dieser *in vitro*-Methode möglich, bereits zuvor eine Vielzahl von Verdaulichkeitsuntersuchungen *in vivo* zu vermeiden bzw. zu ersetzen.

Tabelle 1. **Regressionsgleichungen zur Schätzung des Gehaltes an umsetzbarer Energie**
Gehalt an umsetzbarer Energie (ME) aus der Gasbildung und den Rohnährstoffgehalten (GbP = Gasbildung mit Pansensaft 24h, GbK = Gasbildung mit Kot 48h , XP = Rohprotein, XL = Rohfett, XF = Rohfaser, MJ = Megajoule, TS = Trockensubstanz)

Gleichung (MJ/kg TS; ml/200mg TS; % i. TS)	r^2 (%)	$s_{y.x}$ (%)
Mischfutter und Komponenten (n=145):		
ME = 1.81 + 0.1495 GbP + 0.0683 XP + 0.2308 XL - 0.0379 XF	91,9	4,1
ME = 2.29 + 0.1325 GbK + 0.0786 XP + 0.0210 XL - 0.0489 XF	91,5	4,2
Rauhfutter (n=117):		
ME = 2.78 + 0.1407 GbP - 15.20/GbP + 0.0253 XP + 0.0557 XL2	95,2	4,2
ME = 1.64 + 0.1292 GbK - 24.84/GbK + 0.0885 XP + 0.3670 XL	93,7	4,8

In den vorliegenden Untersuchungen wurde geprüft, ob sich frischer Kot von Wiederkäuern aufgrund seiner ähnlich zusammengesetzten Mikroorganismen anstelle von Pansensaft als Inokulum eignet. Zu diesem Zweck wurde die Gasbildung von 262 Futtermitteln mit bekannten *in vivo*-Verdaulichkeiten nach folgendem Schema bestimmt: Inkubation mit frischem, rektal entnommenem Kot von Schafen, eine definierte Fütterung der Spendertiere mit 1.000g Frischsubstanz, bestehend aus 35% Mischfutter, 15% Grascobs und 50% Heu, eine Verdünnung von Kot (mg TS) zu Medium (ml) von ca. 1:30 und eine Inkubationszeit von 48 Stunden. Mit Hilfe der multiplen Regressionsanalyse wurden Gleichungen berechnet, die aus der ermittelten Gasbildung und verschiedenen Rohnährstoffgehalten eine Schätzung der in vitro-bestimmten Futterwerte mit hoher Genauigkeit ermöglichen. Die Tabelle 1 zeigt einen Vergleich der Schätzgenauigkeit beider Methoden.

Die Ergebnisse zeigen, daß mit der Kotsuspension in etwa dieselbe Schätzgenauigkeit erzielt wird wie mit Pansensaft. Mit der entwickelten Modifikation steht somit eine brauchbare und vereinfachte Alternative zur Verfügung, die in Zukunft beim Einsatz des HFT einen Verzicht auf die Haltung von fistulierten Spendertieren möglich macht.

Literatur

MENKE K.-H. and STEINGASS H., Estimation of the energetic feed value obtained from chemical analysis on in vitro gas production using rumen fluid, Anim. Res. Dev., 28, 7-55, 1988

Einsatz von aviären vitellinen Antikörpern als Sekundärreagenzien

I. Behn, U. Hommel, H. Weichert, H. Fiebig

Zur Überprüfung der Eignung aviärer vitelliner Antikörper (IgY) als Sekundärreagenzien in der Durchflußfluorozytometrie wurden SPF-Hühner mit Maus-IgM (Sigma) und Maus-IgG (Sigma) immunisiert.

Die Präparation der Antikörper erfolgte mit der PEG-Präzipitation (POLSON A. and VON WECHMAR B., 1980) aus Eiern, die während der Sekundärreaktion nach Immunisierung mit jeweils 0,5mg Antigen/KFA (Injektion am 0. und 28.Tag) gelegt worden waren. Die so präparierten Antikörper (HAM-IgM; HAM-IgG) wurden zum Nachweis von Oberflächenstrukturen auf humanen, peripheren Blutlymphozyten unter Verwendung von Maus-mAk unterschiedlichen Isotyps (IgM: BL-TH4 (CD4); BL-B40 (CD40); BL-Ia/1 (MHCcl.II) bzw. IgG: BL-TP3b (CD3)) eingesetzt. Dazu wurden sie entweder mit Fluoreszenzfarbstoff (FITC) gekoppelt oder biotinyliert.

Es wurden Einfach- und Doppelmarkierungsexperimente in verschiedenen Varianten ausgeführt (indirekt; direkt/indirekt; indirekt/indirekt). Wie gezeigt werden konnte, eignen sich die aus der Sekundärreaktion der Hühner stammenden HAM-IgM- und HAM-IgG-Antikörper auch nach Kopplung mit FITC bzw. Biotinylierung ausgezeichnet für entsprechende Untersuchungen.

Verdünnungen des gekoppelten Materials für die Bestimmung der Arbeitskonzentration in der Durchflußfluorozytometrie sind in gewohnter Weise möglich (vgl. ZAM-HAM) und führen zu den erwarteten deutlichen Histogrammen. Der Einsatz von HAM-Biotin-Strept-avidin-Phycoerythrin ist effektiver als die Markierung mit ZAM-Phycoerythrin.

Die aus dem Eidotter präparierten Antikörper (HAM-IgM-Biotin) arbeiten im Zusammenspiel mit direkt markiertem BL-TP3b-FITC (mAk) und erfassen spezifisch die im System befindlichen Maus-mAk vom IgM-Isotyp.

Darüberhinaus können sogar zwei unterschiedlich markierte (FITC, Biotin) HAM-Ig-Antikörper (HAM-IgM-FITC und HAM-IgG-Biotin) nebeneinander im indirekten System zur Erfassung von Maus-mAk unterschiedlichen Isotyps genutzt werden.

Abkürzungen

SPF	spezifiziert pathogenfrei
KFA	Komplettes Freundsches Adjuvans
HAM-IgM	Huhn anti Maus-Immunglobulin M
HAM-IgG	Huhn anti Maus-Immunglobulin G
CD	cluster of differentiation
Bl-mAk	monoklonale Antikörper der BL-Serie (Biowissenschaften Leipzig)
MHC	major histocompatibility complex
FITC	Fluoresceinisothiocyanat
ZAM	Ziege anti Maus-Immunglobulin

Literatur

POLSON A. and VON WECHMAR B., Isolation of viral IgY antibodies from yolks of immunized hens, Immunological Communications, 9 (5), 475-493, 1980

Hepatocytoma (HPCT)-Hybridzellen: ein *in vitro*-Modell zur Untersuchung hepatozellulärer Zelleistungen wie Gallensäuresynthese und -transport

M. Blumrich, U. Zeyen-Blumrich, P. Pagels, M. Germroth, E. Petzinger

Die Fusion verschiedenartiger Zellen mit Polyethylenglykol wurde ursprünglich zur Immortalisierung von Lymphozyten und zur Gewinnung von monoklonalen Antikörpern eingesetzt (KÖHLER G. und MILSTEIN C., 1976). Mit dieser Methode haben wir Hybridzellen aus der Fusion von kultivierten Hepatozyten und Fao-Hepatomzellen hergestellt und mehrere sog. Hepatocytoma-Zellinien kloniert (PETZINGER E. et al., 1994). Ein Hepatozytoma-Klon HPCT 1E3 wurde über 80 Passagen kultiviert. In diesen Zellen wurden leberspezifische Eigenschaften wie ein hormonsensitiver Kohlenhydratstoffwechsel, die Aktivität von fremdstoffmetabolisierenden Enzymen und die Sekretion von Plasmaproteinen (KATZ N. et al., 1992; UTESCH D. et al., 1992; IMMENSCHUH S. et al., 1993) gefunden. In dieser Arbeit berichten wir über zwei weitere, hepatozytenspezifische Eigenschaften der HPCT 1E3-Zellen, nämlich über einen sättigbaren Membrantransport von Gallensäuren und die Synthese und Sekretion endogener Gallensäuren (BLUMRICH M. et al., 1994).

HPCT 1E3-Zellen bilden wie primäre Hepatozyten in Kultur einen konfluenten Monolayer, der zahlreiche Gallecanaliculi enthält. Dort läßt sich das kanalikuläre Antigen B10 immunhistochemisch nachweisen. Die unkonjugierte Gallensäure Cholat wird von den Zellen über einen carriervermittelten, aktiven Transportprozeß aufgenommen. Die Aufnahme ist dabei zu 40% von Natriumionen als treibende Kraft abhängig. Die kinetischen Parameter dieser Aufnahme sind: $K_m = 47 \pm 9 \mu mol/l$ und $V_{max} = 94 \pm 29 pmol \times mg^{-1} \times min^{-1}$. Im Unterschied zu Cholat werden konjugierte Gallensäuren wie Glyko- bzw. Taurocholat von diesen Zellen nicht aufgenommen. Außer Cholat wird auch das leberspezifische Pilzgift Phalloidin transportiert. Nach Inkubation der Zellen mit Phalloidin entwickeln sich wie an Hepatozyten die typischen Membranprotrusionen, die bei gleichzeitiger Anwesenheit von unkonjugierten Gallensäuren im Überschuß unterdrückt werden. HPCT 1E3-Zellen können endogen Gallensäuren synthetisieren und unkonjugierte Gallensäuren mit Glycin und Taurin konjugieren. Beide Eigenschaften fehlen den parentalen Fao-Hepatomzellen. Die Synthese der Gallensäuren kann durch Zugabe von Precursor-Mevalonsäure stimuliert sowie in Abwesenheit von Hydrocortison blockiert werden.

Aus diesen Ergebnissen schließen wir, daß immortalisierte HPCT-Zellen bestimmte leberspezifische Eigenschaften bewahrt haben und somit ein vielversprechendes *in vitro*-Modell für Untersuchungen zur Regulation dieser Prozesse darstellen.

Literatur

BLUMRICH M., ZEYEN-BLUMRICH U., PAGELS P., PETZINGER E., Immortalization of rat hepatocytes by fusion with hepatoma cells. II. Studies on the transport and synthesis of bile acids in hepatocytoma (HPCT) cells, Eur. J. Cell Biol., 64, 339-347, 1994

IMMENSCHUH S., PETZINGER E., KATZ N., Secretion of plasma proteins and ist insulin-dependent regulation in rat hepatocyte-hepatoma hybrid cells, Eur. J. Cell Biol., 60, 256-260, 1993

KATZ N., IMMENSCHUH S., GERBRACHT U., EIGENBRODT E., FÖLLMANN W., PETZINGER E., Hormone-sensitive carbohydrate metabolism in rat hepatocyte-hepatoma hybrid cells, Eur. J. Cell Biol., 57, 117-123, 1992
KÖHLER, G. and MILSTEIN C., Derivation of specific antibody-producing tissue culture and tumor lines by cell fusion, Eur. J. Immunol., 6, 511-519, 1976
PETZINGER E., FÖLLMANN W., BLUMRICH M., WALTHER P., HENTSCHEL J., BETTE P., MAURICE M., FELDMANN G., Immortalization of rat hepatocytes by fusion with hepatoma cells. I. Cloning of a hepatocytoma cell line with bile canaliculi, Eur. J. Cell Biol., 64, 328-338, 1994
UTESCH D., ARAND M., PETZINGER E., OESCH F., Xenobiotic metabolizing enzyme activities in hybrid cell lines established by fusion of primary rat liver parenchymal cells with hepatoma cells, Xenobiotica, 22, 1451-1457, 1992

Intrazelluläre Ca^{2+} und pH-Wert als sensitive Parameter der Toxizität in neuronalen Zellkulturen

T.-S. Chen, E. Koutsilieri, W.-D. Rausch

Bei den Untersuchungen an Zellkultursystemen handelt es sich um eine versuchstierfreie bzw. versuchstierreduzierende Technik, die die Grundsätze der „3R" (refine, reduce, replace) erfüllt. Primärzellkulturen von Neuronenzellen zeigen wesentliche Eigenschaften der Zellen in vivo und eignen sich somit zum Studium der Wirkung toxischer Substanzen auf das Nervensystem.

Intrazelluläres Kalzium besitzt eine Vielfalt biologischer Funktionen in tierischen Zellen wie strukturelle Aufgaben, Beeinflussung der Signalübertragung, als Kofaktor für Enzyme und als intrazellulärer Regulator der Zellaktivität. Mit Hilfe von Fluoreszenzindikatoren, Fura-2 und BCECF (2',7'-Bis-(carboxyethyl)-5(6)-carboxyfluorescein) können in Zellkulturen die Konzentrationen der intrazellulären Kalzium-Ionen und Wasserstoff-Ionen ermittelt werden.

Für die Untersuchungen wurden Zellkulturen aus dem Mesencephalon embryonaler C57/Bl6 Mäuse herangezogen. Die Zellen wurden zuerst in serumhaltigem und danach in serumfreiem Medium kultiviert. Selektive immunhistochemische Färbemethoden erlauben die Differenzierung von Neuronen und Gliazellen (Neuronen-spezifische Enolase; Tyrosin Hydroxylase; glial fibrillary acidic protein).

Ein weiteres Modell der Toxizität wurde erarbeitet. Aus Gehirnen von Hunden, die aus klinisch indizierten Gründen eingeschläfert werden mußten, wurden Synaptosomen isoliert. Das Hundegehirn bietet dabei die Möglichkeit, spezielle dopaminerge Bereiche (z.B. Striatum) zu untersuchen. Daraus hergestellte Synaptosomen stellen ausreichend frische Präparationen dar, die für die Messung intrazellulärer Ionen eingesetzt werden können.

Der akute und prolongierte Einfluß von Neurotoxinen, MPP^+, MPTP und Paraquat, d.h. von Substanzen, die besonders auf dopaminerge Neuronen wirken, wurde dabei untersucht. Im Unterschied zu membranaktiven Toxinen (wie z.B. Ionomycin, A23187) zeigten diese Neurotoxine keinen akuten Effekt auf die intrazellulären Ionenkonzentrationen. Erst bei einer Langzeitinkubation mit MPP^+ und MPTP konnte eine toxische Wirkung nachgewiesen werden, die sich auch in erhöhten Ca-Werten widerspiegelt.

Bestimmung des Endotoxingehaltes von E. coli-Impfstoffen mit dem LAL-Test

K. Cußler, H. Godau, H. Gyra

1. Einleitung

Escherichia (E.) coli-Impfstoffe werden in der tierärztlichen Praxis bei Rindern und Schweinen als Muttertierimpfstoffe eingesetzt. Die durch den Impfstoff induzierten Antikörper werden über die Milch an die Nachzucht weitergegeben. Die Jungtiere werden auf diese Art und Weise vor Durchfallerkrankungen (hervorgerufen durch E. coli) geschützt.

Gelegentlich treten nach der Verimpfung von E. coli-Impfstoffen Nebenwirkungen auf. Diese können in Einzelfällen erhebliche Ausmaße erreichen. Besonders bei Rindern wird über das Auftreten von Aborten und schweren Schocksymptomen, auch mit Todesfolge, berichtet. Der bisher zur Prüfung der Unschädlichkeit geforderte Tierversuch (Prüfung auf anomale Toxizität) kann diese Schadwirkungen offensichtlich nur ungenügend erfassen.

Wir haben daher untersucht, inwiefern der Limulus Amoebozyten Lysat (LAL)-Test geeignet ist, die Unschädlichkeit der E. coli-Impfstoffe einzuschätzen.

2. Material und Methoden

2.1. Impfstoffe

Es kamen 7 handelsübliche E. coli-Impfstoffe für das Rind zum Einsatz (R1-R7). Zur Kontrolle wurden Virusimpfstoffe (K3 und K4), ein Antiserum (K2) und eine Suspensionsflüssigkeit für bakterielle Lebendimpfstoffe (K1) mitgeführt.

2.2. LAL-Test

Die Durchführung des LAL-Tests entsprach der Arzneibuchvorschrift. Als Referenzpräparat wurde der Standard EC5 mit der definierten Aktivität von 10.000 I.E. pro Ampulle eingesetzt. Die Firma Pyroquant Diagnostik (D-Walldorf) lieferte die Reagenzien. Als Lysat wurde die Charge 42-109-551 mit einer Sensitivität von 0,03 I.E./ml für alle Ansätze benutzt.

3. Ergebnisse

In der Abb.1 sind Ergebnisse unserer Untersuchung graphisch dargestellt. Die Methodik erwies sich für alle geprüften Rinderimpfstoffe als gut durchführbar. Die Ergebnisse waren durchwegs gut reproduzierbar. Lediglich ölhaltige Impfstoffe, wie sie teilweise bei Schweinen oder Geflügel eingesetzt werden, können nicht mit dem LAL-Test geprüft werden.

Die Impfstoffcharge, die zu erheblichen Impfreaktionen geführt hat, enthielt den höchsten Endotoxingehalt aller geprüften Rinderimpfstoffe (siehe Pfeil in Abb. 1).

4. Diskussion

Unsere Ergebnisse zeigen, daß der LAL-Test zur Untersuchung des Endotoxingehaltes in E. coli-Impfstoffen geeignet ist. Die Zusammensetzung des Impfstoffes (Konservierungsmittel, Adjuvantien (Ausnahme: Öladjuvantien), weitere Antigene) scheinen den Test nicht zu beeinflussen.

Die zur Prüfung auf Unschädlichkeit vorgeschriebenen Tierversuche an Mäusen und Meerschweinchen (Test auf anomale Toxizität) sind für den Nachweis eines erhöhten Endotoxingehaltes ungeeignet, weil diese Tierarten im Gegensatz zum Rind nur wenig empfindlich für Endotoxin sind. Auch die Prüfung auf spezifische Toxizität an 2 Kälbern mit der doppelten Impfdosis kann endotoxinbedingte Unverträglichkeiten nicht sicher nachweisen, weil es sehr große individuelle Unterschiede in der Empfindlichkeit gibt. Außerdem scheinen trächtige Rinder besonders empfindlich auf Endotoxin zu reagieren. Insbesonders Aborte treten gehäuft auf. Eine Prüfung auf Unschädlichkeit an trächtigen Kühen ist jedoch in der Praxis nicht durchführbar.

Wir haben daher vorgeschlagen, den LAL-Test zur Bestimmung des Endotoxingehaltes bei E. coli-Impfstoffen vorzuschreiben. Mittlerweile liegt eine definitive Fassung einer Arzneibuchmonographie für E. coli-Impfstoffe vor. Darin wird der Endotoxingehalt für Rinderimpfstoffe auf $2{,}5x10^5$ festgelegt.

Tierversuche zur Prüfung der Unschädlichkeit von E. coli-Impfstoffen sollten zukünftig erst angesetzt werden, wenn das Ergebnis des LAL-Testes vorliegt.

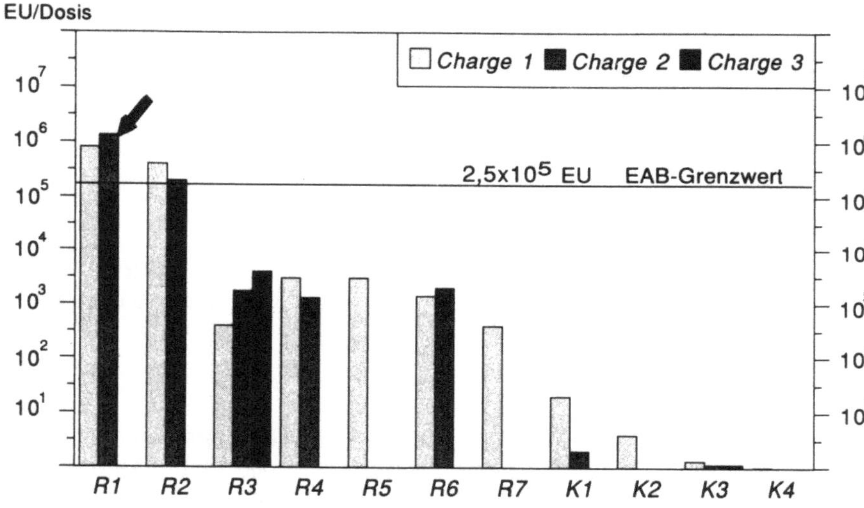

Abb. 1. **Endotoxingehalt in E. coli-Impfstoffen für das Rind**
Von den Impfstoffen R1 bis R7 wurden bis zu drei Produktionschargen im LAL-Test auf den Endotoxingehalt untersucht. Die mit dem Pfeil markierte Charge hat zu erheblichen Impfstoffreaktionen geführt. Die mit K1 bis K4 bezeichneten Präparate wurden zur Kontrolle mitgeführt (siehe *2.1. Impfstoffe*).

Literatur

Cußler K., Godau H., Gyra H., Untersuchungen zum Endotoxingehalt von Tierimpfstoffen, ALTEX, Supplement, 24-29, 1994

Ein humanorientiertes, dreidimensionales und mechanisches Hautäquivalent-Konzept für die in vitro-Toxikologie

B. DeWever, L. Rheins, T. Donnelly

Advanced Tissue Sciences, ein amerikanisches Unternehmen für Gewebe-Technologie, das sich mit dem Wachstum von menschlichen Geweben und Organen beschäftigt, hat ein dreidimensionales humanes Hautäquivalent entwickelt und charakterisiert.

Dieses Modell mit der Bezeichnung Skin² ZK1300 kann als wertvolle Technologie in der dermatologischen und toxikologischen Forschung und Entwicklung eingesetzt werden. Die einzigartigen Eigenschaften des Modells gestatten breite Anwendungsmöglichkeiten in der kosmetischen und pharmazeutischen Industrie.

Das Skin² ZK1300-Modell ist morphologisch und biochemisch der humanen Haut entsprechend entwickelt worden, es ist aufgebaut aus mitotisch und metabolisch aktiven Dermal- und Epidermalschichten.

Neonatale Fibroblasten bilden in einem Nylonnetz eine funktional aktive extrazelluläre Matrix aus. Diese fördert das Wachstum und die Differenzierung einer funktionalen Epidermis, die aus den Schichten stratum basale, spinosum, granulosum und stratum corneum besteht. Das Modell ZK1300 weist darüber hinaus eine völlig entwickelte Basalmembran auf, bestehend aus Lamina densa, Haftfasern (anchoring fibers), Hemidesmosomen und Mikrofibrillen.

Angestrebt werden verschiedene immunologische, biochemische und histologische Endziele. Zahlreiche Studien belegen die Verwendbarkeit des Skin² ZK1300-Modelles für die Ermittlung von Haut-Irritationspotential, Metabolismus, Permeabilität nach topisch angewendeten Arzneimitteln, Kosmetika und Chemikalien. Auch können Umweltschädigungen durch UV-A/UV-B Strahlungen nachgewiesen und die Phototoxizität oder LSF (Lichtschutzfaktor-Bestimmung) ermittelt werden.

Außerdem wurde ein dreidimensionales Modell zur Prüfung von Augenirritationen entwickelt. Struktur und Histologie des Modelles Skin² ZK1200 sind der Cornea des Kaninchens ähnlich und erlauben die topische Anwendung jedes gewünschten Produktes. Ein verwendbares Protokoll wurde in Zusammenarbeit mit Procter & Gamble charakterisiert und validiert; die bisherigen Erfolge sind vielversprechend.

Ermutigt durch diese erfolgreichen Ergebnisse und die überaus guten Korrelationswerte mit in vivo-Daten partizipieren die Skin²-Modelle an verschiedenen Validierungsprogrammen in Europa, den USA und Japan.

Prüfung Xenobiotika-induzierter Membranschädigungen auf Temperaturabhängigkeit und Reversibilität

K. Eigenwillig, R. Klöcking, H.-P. Klöcking

Membranschädigende Substanzen gewinnen als Ursache umweltbedingter Erkrankungen zunehmend an Bedeutung. Basierend auf Untersuchungen von STARK et al. (1983) konnten wir kürzlich zeigen, daß die [^{3}H]Arachidonsäure(AA)-Freisetzung von U937-Zellen einen hochempfindlichen Bioindikator für die Membrantoxizität von Umweltchemikalien darstellt (KLÖCKING H.-P. et al., 1994). Ziel der vorliegenden Untersuchungen ist es, die schadstoffinduzierte [^{3}H]AA-Freisetzung anhand von Temperaturabhängigkeit und Reversibilität näher zu charakterisieren.

Zur Prüfung der Temperaturabhängigkeit wurden [^{3}H]AA-markierte U937-Zellen in serumfreiem RPMI 1640 1h bei 4°C bzw. 37°C mit ansteigenden Konzentrationen der Testsubstanzen inkubiert und die ^{3}H-Aktivität im 600xg-Überstand der Zellen gemessen.

Die Untersuchung der Reversibilität erfolgte an [^{3}H]AA-markierten Zellen, die mit der fünffachen maximal tolerierbaren Substanzkonzentration (MTC) 1h bei 4°C inkubiert, 2 x mit RPMI gewaschen, in RPMI resuspendiert und bei 4°C bzw. 37°C weiterinkubiert wurden. Vor, sowie 1, 2 und 24h nach dem Auswaschen der Zellen wurde die [^{3}H]-Aktivität im 600xg-Überstand gemessen und mit der von testsubstanzfreien Kontrollzellen verglichen.

Die Ergebnisse, beispielhaft dargestellt für Natriumdodecylsulfat (SDS), Dimethoat, Chloramin T und Dimethylsulfoxid (DMSO), lassen sich wie folgt zusammenfassen:

SDS bewirkt bei 4°C und bei 37°C einen konzentrationsabhängigen Anstieg der [^{3}H]AA-Freisetzung mit deckungsgleichem Verlauf beider Dosis-Wirkungs-Kurven. Der Effekt bleibt auch nach Auswaschen der Testsubstanz erhalten. Daraus folgt, daß es sich bei der bekannten membrandesintegrierenden Wirkung von SDS um einen temperaturunabhängigen, irreversiblen Vorgang handelt.

Auch Dimethoat provoziert bei 4°C und bei 37°C einen dosisabhängigen, irreversiblen Anstieg der [^{3}H]AA-Freisetzung, der aber im Gegensatz zu SDS durch Temperaturerhöhung von 4°C auf 37°C noch verstärkt wird. Da die [^{3}H]AA-Freisetzung auch bei weiterer Temperaturerhöhung auf 44°C noch zunimmt, ist die temperaturabhängige Wirkungskomponente vermutlich nicht auf eine Enzymaktivierung zurückzuführen. Vielmehr muß von einer beschleunigten chemischen Zerstörung der Zellmembran ausgegangen werden.

Chloramin führt erst in höheren Konzentrationen zu einem Anstieg der [^{3}H]AA-Freisetzung. Als Ursache für die Temperaturabhängigkeit dieses Effektes ist die beschleunigte Umwandlung von Chloramin in Toluensulfonamid und Natriumhypochlorit, den eigentlichen membrantoxischen Schadstoff, anzusehen.

DMSO wird bis zu einer Konzentration von 125mg/ml ohne Beeinflussung der [^{3}H]AA-Freisetzung toleriert. Eine weitere Erhöhung der Substanz-Konzentration erweist sich als nicht sinnvoll, weil die DMSO-Lösung, insbesondere bei 4°C, eine zunehmend gelartige Konsistenz annimmt.

Für die Einschätzung des Gefahrenpotentials membrantoxischer Substanzen erlauben die in vitro-Parameter Temperaturabhängigkeit und Reversibilität präzisere Aussagen als der Tierversuch.

Literatur

KLÖCKING H.-P., SCHLEGELMILCH U., KLÖCKING R., Assessment of membrane toxicity using [^{3}H]AA release in U937 cells, Toxic. in vitro, 1994

STARK D.M., SHOPSIS C., BORENFREUND E., WALBERG J., Alternative approaches to the Draize assay, in: GOLDBERG A.M. (ed.), Alternative methods in toxicology 1: Product safety evaluation, New York: Liebert, 179-203, 1983

In vitro-Kultur von IgE-induzierenden parasitischen Helminthen

F.H. Falcone, K. Herrmann, H. Hebestreit, A. Gronow, A. Ruppel, H. Zahner, H. Haas, M. Schlaak

Die *in vitro*-Kultur von parasitischen Helminthen bietet gegenüber der Helminthen-Infektion von Versuchstieren den Vorteil, Würmer bzw. deren Produkte ohne störende Beimengungen von Wirtsprodukten zu gewinnen. Dies ist eine wichtige Voraussetzung für die Untersuchung des biologischen Effektes von Wurmprodukten. Da parasitische Würmer im Gegensatz zu Allergenen potente und zuverlässige Induktoren der IgE-Synthese sind, bietet es sich an, ihre Strategien zur Induktion der IgE-Synthese zu studieren. Die hierbei gewonnenen Erkenntnisse dürften auch zu einem besseren Verständnis des Mechanismus der IgE-Induktion bei der Allergie beitragen. In diesem Zusammenhang haben wir die *in vitro*-Kultur von zwei humanpathogenen Helminthen etabliert. Es handelt sich dabei um den Trematoden *Schistosoma mansoni* und den Nematoden *Brugia malayi*. Bei *Schistosoma mansoni* besitzt das Ei-Stadium die IgE-induktive Potenz, bei *Brugia malayi* sind es die Adultwürmer (möglicherweise auch das späte L4-Stadium) und die Mikrofilarien. Unser Ziel ist die *in vitro*-Kultivierung der IgE-induzierenden Stadien dieser Parasiten im Labor-Maßstab.

Die vollständige *in vitro*-Kultivierung von *Schistosoma mansoni* vom Cercarienstadium zum adulten Wurm, einschließlich der *in vitro*-Paarung und *in vitro*-Eiablage wurde in unserem Labor erreicht. Unseres Wissens ist dies bisher nur von BASCH (1981a,b) beschrieben worden, der zu diesem Zweck Medium 169 mit diversen Zusätzen unter Zugabe von Erythrozyten und Humanserum benutzte. Wir verwendeten Iscove's Modified Dulbecco's Medium (IMDM) unter Zusatz von Transferrin und Insulin, supplementiert mit 10% Humanserum, und kultivierten die Parasiten in Anwesenheit von menschlichen mononukleären Zellen aus peripherem Blut und wenigen Erythrozyten. Nach der ersten Kulturwoche ist in unserem System die Mortalität sehr gering im Vergleich zu einer von BASCH beschriebenen Mortalität von 15% pro Woche über die gesamte Kulturdauer. Die Würmer erreichten innerhalb von 5 Wochen die Geschlechtsreife, die Pärchenbildung mit nachfolgender Eiablage fand nach 6-7 Wochen statt. Damit ist die *in vitro*-Entwicklung der Schistosomen gegenüber der *in vivo*-Situation etwas verlangsamt. Die Anzahl der pro Wurmpaar abgelegten Eier (bis zu 200 im Vergleich zu bis zu 40) war in unserem System höher als in dem von BASCH beschriebenen System (bis zu 40). Jedoch waren die Eier auch in unserem System noch unfertil (sie enthielten keine lebenden Miracidien) und zeigten morphologische Aberrationen. Gegenwärtig untersuchen wir den Effekt von menschlichem Pfortaderserum und TNF-alpha in der Kultur mit dem Ziel, fertile Eier von *Schistosoma mansoni* zu erhalten.

Es gibt bisher keine reproduzierbare Technik, die eine *in vitro*-Produktion vitaler, adulter *B. malayi*-Würmer oder -Mikrofilarien ermöglicht. In einer Versuchsreihe mit Seren von 100 gesunden (nicht-immunen) Spendern als Zusatz zum Kulturmedium fanden wir einen modulierenden Einfluß des verwendeten Serums im Hinblick auf die Häutungsfrequenz, -geschwindigkeit und die Überlebenszeit der Larven *in vitro* (bis zu über 3 Wochen). Dabei zeigten sich erhebliche Unterschiede in der Eignung der Seren für die Kultur. Die ersten Häutungen vom L3- zum L4-Stadium traten nach 8 Tagen auf. Innerhalb von 14 Tagen hatten sich bis zu 70% der eingesetzten L3-Larven gehäutet. Im zellfreien System kam es nach der Häutung bei über 95% der L4-Larven zu einer deutlichen Abnahme der Beweglichkeit sowie zum Auftreten von morphologischen Aberrationen wie z.B. „Korkenzieherformen". Im zellhaltigen System (Einsatz von menschlichen Fibroblasten als Feeder-Zellen) behielten 20% der Larven nach der Häutung zum L4-Stadium ihre volle Beweglichkeit; diese waren dabei meist morphologisch unauffällig. Von der Anwesenheit menschlicher Feeder-Zellen (bestrahlte mononukleäre Zellen, T- und B-Zell-

Hybridome, Basophilenzellinien und Fibroblasten) erwarten wir eine weitere Verbesserung der Kulturbedingungen im Hinblick auf die Weiterentwicklung zum geschlechtsreifen Adultwurm *in vitro*.

Zusammenfassend können wir feststellen, daß es uns gelungen ist, den Wirbeltierabschnitt des Lebenszyklus von *Schistosoma mansoni* von der Cercarie bis zum (noch) infertilen Ei *in vitro* darzustellen. Weiterhin konnten wir bei *Brugia malayi* die Häutung vom L3- zum L4-Stadium *in vitro* beobachten und die L4-Larven bis zu mehreren Wochen in Kultur halten. Wir erwarten uns von derzeit laufenden Modifikationen der Kulturbedingungen die Produktion vitaler IgE-induzierender Stadien beider Wurmspezies und werden diese in einem *in vitro*-Modell zur Untersuchung des Mechanismus der IgE-Induktion einsetzen.

Dieses Projekt wird von der Deutschen Forschungsgemeinschaft gefördert (DFG Ha1590/2-1).

Literatur

BASCH P.F., Cultivation of Schistosoma mansoni in vitro, I: Establishment of cultures from cercariae and development until pairing, Journal of Parasitology, 67 (2), 179-185, 1981a

BASCH P.F., Cultivation of Schistosoma mansoni in vitro, II: Production of infertile eggs by worm pairs cultured from cercariae, Journal of Parasitology, 67 (2), 186-190, 1981b

Vergleich von Standardmethoden zur Präparation von Dotterantikörpern

M. Fischer, A. Hlinak, Th. Montag, M. Claros, R. Schade, D. Ebner

Eine attraktive Alternative bzw. Ergänzung zur Gewinnung spezifischer mammärer Antikörper (Ak) stellt die Isolation von Dotter-Ak aus Hühnereiern dar.

Diese oft zu Unrecht abgelehnte Möglichkeit der Ak-Produktion reduziert objektiv die direkte Belastung der Versuchstiere durch die unblutige Gewinnung der aviären vitellinen Ak. Weiterhin hat diese Methode, neben vielen Vorteilen der späteren Anwendung der Dotter-Ak, den Vorzug, daß im Vergleich zum Säuger (z.B. Kaninchen) bedeutend größere Mengen an spezifischen Antikörpern in der gleichen Zeiteinheit gewonnen werden können. Dies trägt wesentlich zu einer Verringerung der Anzahl der notwendig eingesetzten Versuchstiere bei.

Eine entscheidende Etappe bei der Herstellung von aviären vitellinen Ak ist die Präparation der Ak aus der Dotterflüssigkeit. Dabei werden insbesonders herkömmliche entfettende oder eiweißfällende Methoden angewandt, die meist willkürlich gewählt sind und den anwendungsfähigen Ak direkt liefern oder Grundlage für weitere Präparations- und Reinigungsschritte (chromatografische Verfahren) sein können.

In der vorliegenden Arbeit werden die Ergebnisse verschiedener Präparationsmethoden (Ammoniumsulfatfällung; Dextransulfatfällung; Polyethylenglycol (PEG)-Fällung; Entfettung mittels Azeton und/oder Chloroform; Separierung in wässriger Phase bei -20°C; sog. „Batchverfahren“ mit Ionenaustauschern u.a.) mittels Gelelektrophorese (SDS-PAGE) verglichen und ihre Eignung für weitere Reinigungsschritte bewertet.

Aus dem dargestellten Vergleich ist ersichtlich, daß alle herkömmlichen Präparationsmethoden, die aus der allgemeinen Proteinchemie übernommen wurden, für die Extraktion von Dotter-Antikörpern nicht ausreichend erscheinen, sondern daß sie modifiziert und optimiert werden müssen. Aus unseren Erfahrungen erscheint eine Kombination entfettender und eiweißfällender

Methoden als ausreichend (hinsichtlich Ausbeute und Reinheit der Ak), um Dotter-Ak für viele Anwendungsbereiche herzustellen.

Enzymassays als Methode zur Entwicklung und Detektion von Enzymhemmern des Angiotensin-Converting Enzyms (ACE) und der Xanthin-Oxidase (XOD)

R. Fleischhacker, W. Kraus

Enzyme wurden bisher fast ausschließlich für technische Zwecke in der Lebensmittelindustrie, für analytische Bestimmungen in der Lebensmittelchemie, zur Diagnose in der klinischen Chemie und für molekularbiologische Techniken eingesetzt. Erst in den letzten Jahren wurde solchen Enzymtests, die sich mit der Detektion natürlich vorkommender oder chemisch zu synthetisierenden Inhibitoren beschäftigen, mehr Aufmerksamkeit geschenkt.

Zur Behandlung bestimmter Krankheiten, z.B. Bluthochdruck, spielen Inhibitoren mittlerweile eine wichtige Rolle. Bluthochdruck, ein in den industrialisierten Ländern der westlichen Hemisphäre weit verbreitetes Leiden, kann wirksam durch die Verabreichung von Medikamenten, sog. Konversionsenzymhemmern, die das Angiotensin-Converting Enzym (ACE) hemmen, behandelt werden (WALPOLE C.S.J. and WRIGGLESWORTH R., 1989). Ein weiteres Beispiel für diese Art von Behandlung ist die Hemmung von XOD, wodurch es möglich ist, Gicht zu behandeln und zusätzlich die Effektivität eines Medikaments gegen Kinderleukämie zu verbessern.

Zur Bestimmung der ACE-Aktivität sind einige Methoden veröffentlicht, aber überwiegend zur Bestimmung des ACE-Serumgehalts bei Patienten; nur wenig wurde auf dem Gebiet der Enzyminhibitortests getan (WAGNER H. and ELBL G., 1991). Die meisten der publizierten Methoden besitzen jedoch einen oder mehrere Nachteile, die ihre Eignung als Screening-Methode für Inhibitoren ausschließen oder doch stark einschränken: aufwendige Extraktions- und Wiederaufnahmeschritte, der Einsatz von radioaktiven Substanzen, spezielle und teure apparative Ausstattung wie Flüssigszintillationszähler, HPLC oder Fluorimeter. Wir entwickelten ein empfindliches und kostengünstiges Testsystem zur Hemmung von ACE, welches auf der spezifischen Farbreaktion der in der enzymatischen Reaktion freigesetzten Hippursäure mit Cyanurchlorid basiert (SUZUKI S. et al., 1970).

In den bisher beschriebenen Enzyminhibitorassays, die sich mit XOD beschäftigen, wurde die Umsatzrate der aus Xanthin gebildeten Harnsäure zur Bestimmung der Enzymaktivität herangezogen (NORO T. et al., 1983). Wie sich jedoch in eigenen Untersuchungen zeigte, kann diese Art der Messung (photometrisch bei 295nm) aufgrund hoher Hintergrundabsorption der Matrix und dem Bedarf an Sauerstoff als terminalem Elektronenakzeptor zu Problemen führen.

Wir umgehen diese Probleme durch die Verwendung einer definierten Menge von Iodonitrotetrazoliumviolett (INT) als Elektronenakzeptor (FRIED R., 1966). Das bei der Reduktion von INT entstehende Formazan kann bei 503nm photometrisch gemessen werden, was Hintergrundabsorptionen erheblich vermindert. Darüberhinaus zeigte sich in unseren Versuchen, daß die Verwendung von Hypoxanthin als Substrat an Stelle von Xanthin durch die Erhöhung der Extinktion und damit der Empfindlichkeit des Tests von Vorteil ist.

Beide Tests eignen sich sehr gut für die Suche nach neuen Enzyminhibitoren, ohne daß dabei auf Tierversuche zurückgegriffen werden mu_.

Literatur

FRIED R., Colorimetric determination of xanthine dehydrogenase by tetrazolium reduction, Anal. Biochem., 16, 427-432, 1966

NORO T., ODA Y., MIYASE T., UENO A., FUKUSHIMA S., Inhibitors of xanthine oxidase from the flowers and buds of *daphne genkwa*, Chem. Pharm. Bull., 31, 3984-3987, 1983

SUZUKI S., HACHIMORI Y., YAODA U., Spectrophotometric determination of glycine with 2,4,6-trichloro-s-triazine, Anal. Chem., 42, 101-103, 1970

WAGNER H. and ELBL G., A new method for the in vitro screening of inhibitors of angiotensin converting enzyme (ACE), using the chromophore- and fluorophore-labelled substrate dansyltriglycine, Planta Medica, 57, 137-141, 1991

WALPOLE C.S.J. and WRIGGLESWORTH R., Enzyme inhibitors in medicine, Natural Product Reports, 6, 311-345, 1989

Aufbau eines EDV-gestützten Expertensystems zur toxikologischen Chemikalienbewertung mit Hilfe von Stoffdatenbanken. Auswertung der im Rahmen von Meldungen nach dem Chemikaliengesetz erhobenen Daten zum Zweck der Erarbeitung tiersparender Prüfstrategien

I. Gerner, G. Graetschel, E. Schlede

Im Bundesinstitut für gesundheitlichen Verbraucherschutz und Veterinärmedizin (BgVV) sind im Rahmen der Meldung von Chemikalien nach dem Chemikaliengesetz für etwa 800 Stoffe mit einem Reinheitsgrad von über 95% physikalisch-chemische und toxikologische Stoffdaten vorhanden. Diese Datensammlungen werden gegenwärtig zum Zweck des Aufbaus theoretischer Struktur-Wirkungs-Modelle (SAR-Modelle) ausgewertet. Dazu werden Datenbanken angelegt, in denen Angaben über die physikalisch-chemischen und die toxischen Eigenschaften dieser Chemikalien zusammengetragen werden.

Im Rahmen eines Pilotprojektes wurden erste EDV-gestützte SAR-Modelle entwickelt, die die chemische Struktur und die daraus resultierende chemische Reaktivität von Stoffen mit Hilfe von physikalisch-chemischen Stoffdaten definieren und diese so gewonnenen „Strukturangaben" den entsprechenden toxikologischen Einzelparametern (Einzelwerte aus den Prüfunterlagen zu Draize-Tests, aus Prüfungen der akut-toxischen Wirkungen und aus Hautsensibilisierungstests) gegenüberstellen. Diese SAR-Modelle werden durch ein EDV-gestütztes Pilot-Expertensystem zusammengefaßt, mit dessen Hilfe die Chemikalienbewertungsstelle im BgVV toxikologische Vorhersagen über gemeldete Chemikalien erarbeitet.

Ein Anschlußprojekt hat die Entwicklung eines vollautomatischen (auf einem PC installierbaren) Expertensystems zum Ziel, mit dessen Hilfe auch externe Systembenutzer bei Vorliegen physikalisch-chemischer Stoffdaten entscheiden können, ob zur Bewertung lokaler Reizwirkungen des betreffenden Stoffes an Haut und Augen

- lediglich theoretische Struktur-Wirkungs-Überlegungen erforderlich sind,
- oder ob derartige theoretische Überlegungen in Kombination mit Alternativmethoden (wie z.B. der im ZEBET evaluierten HET-CAM-Methode an der Chorionallantoismembran des bebrüteten Hühnereis) genügen,
- oder ob bis auf weiteres noch Tierversuche benötigt werden.

Zusätzlich kann die Notwendigkeit einer experimentellen Überprüfung der akuten dermalen Toxizität des Stoffes zum Zwecke der Einstufung und Kennzeichnung des Stoffes nach dem Chemikaliengesetz vorhergesagt werden.

Durch das im Aufbau befindliche EDV-gestützte Vorhersagesystem werden Wege gewiesen, in den Ablauf der gesetzlich vorgeschriebenen toxikologischen Chemikalienbewertung sowohl theoretische Struktur-Wirkungs-Berechnungen als auch ergänzende in vitro-Methoden so einzubeziehen, daß die Zahl der nach dem Chemikaliengesetz erforderlichen Tierversuche auf ein Minimum reduziert werden kann.

Computer Assisted Biomaterialtest for Percutaneus Devices with Human Keratinocytes

C. Grosse-Siestrup

1. Problem

A problem in the long-term use of percutaneous devices - i.e. for catheters for the peritoneal dialysis treatment - is the danger of infection of the exit-site and subsequent complications as abscess formation, peritonitis and septicaemia.

One principal weak point in the application of percutaneous implants is the „Three-Phase-Junction“, where contaminated air, implant and skin come together (GROSSE-SIESTRUP C. and AFFELD K., 1984). Leakage in this area will lead to the invasion of microorganisms into the body (VON RECUM A.F., 1984). Good attachment of the skin to the material of the device will form a biological seal with the consequence of reduced local infections. Appropriate biomaterials have to be selected.

One possibility to investigate the adhesion mechanisms of the skin to foreign bodies and to assess different testmaterials due to cell adhesion, spreading and propagation can be done by cell cultures. In these models, the influence of the biomaterial on skin attachment can be hardly evaluated, because local infections on the basis of movement and mechanical stress by the animal are seen frequently.

2. Material and Methods

We tested six clinically used biomaterials - silicone, polyurethane, PVC-DEHP, PVC-TEHTM, polyethylene and polypropylene - in form of films. Testcells are HaCaT-cells, a spontaneously transformed permanent human keratinocyte cell line. The cells are plated on the testfilms, which are fixed in Combi Ring Dishes (CRD, type B-No.30903 and type C-No. 30904, Renner GmbH, D-Dannstadt) and placed in 24-well tissue culture dishes. The adhesion, spreading and propagation of the cells is examined by phasecontrast, scanning electronic and time-lapse video microscopy.

To quantify the cell-vitality we established a computer assisted method measuring the cell confluence of the monolayer cultures three days after incubation. Therefore the cells are fixed, stained and photographed in a magnification ten times the size. For the digital calculation of the cell covered area, the pictures are scanned and transformed into binary pictures. The results are represented in a diagramm, showing the median, the 10th, 25th, 75th, 90th percentils and significant differences ($p<0,05$).

3. Results

The test shows on the control dishes 100%, on silicone 80%, on polyurethane 50%, on PVC-DEHP 40%, on PVC-TEHTM 30%, and on polyethylene 20% of cell confluence. Polypropylene is the only material demonstrating a side-dependant result.

The quantitative analysis is comparable to morphological findings in previous studies (NÜHLEN U. and GROSSE-SIESTRUP C., 1992) showing an unimpended cell spreading by forming lamellopodia on silicone films similar like on the control dishes. On the other testfilms filopodia like structures predominated, indicating a reduced contact area to the test-materials.

4. Conclusions

Silicone revealed to be the most qualified biomaterial for the adhesion, spreading and proliferation of the HaCaT cells. This finding is confirmed by the clinical experience with silicone as a good material for percutaneous devices.

The test-method can be used as screening-test prior to animal experiments for grading biomaterials. It can be performed easily with high numbers of samples necessary for standardization.

References

GROSSE-SIESTRUP C. and AFFELD K., Design criteria for percutaneous devices, J. Biomed.Mat.Res., 18, 357-382, 1984

NÜHLEN U. and GROSSE-SIESTRUP C., Keratinocyte Cell cultures for testing polymers for percutaneous devices, in: LEMM W. (ed.), The reference materials of the European Communities. Results of hemocompatibility tests, Dordrecht, Boston, London: Kluwer Academic Publishers, 217-226, 1992

VON RECUM A.F., Applications and failure modes of percutaneous devices: A review, J.Biomed.Mat. Res., 18, 323-336, 1984

Ein in vitro-Kultivierungssystem zur Untersuchung der intestinalen Phase der Salmonelleninfektion

I. Hänel, U. Dinjus

Die Expression bakterieller Virulenzfaktoren kann von geeigneten Umweltfaktoren abhängig sein. Viele der gebräuchlichen in vitro-Kultivierungsbedingungen sind für die Expression dieser Faktoren nicht geeignet.

Über die Virulenzfaktoren der Salmonellen existiert noch wenig gesichertes Wissen. In früheren Untersuchungen gelang uns bei virulenten Salmonellastämmen, die aus Kälbern isoliert worden waren, der Nachweis toxischer Aktivitäten in verschiedenen Enterotoxintestsystemen. Es gelang jedoch keine Zuordnung der nachgewiesenen Toxinaktivitäten zur Virulenz und zum epidemiologischen Verhalten der Stämme. Bei einer nach einem Jahr erfolgten Überprüfung der Stämme im CHO-K_1-Enterotoxintest war eine Toxinbildung nicht mehr nachweisbar. Es stellte sich die Frage, ob diese Stämme das Toxinbildungsvermögen vollkommen verloren hatten, oder ob sie unter Kultivierungsbedingungen, die der in vivo-Situation näher kommen, wieder zur Toxinproduktion angeregt werden können. Es wurde ein in vitro-Modell entwickelt, das die Kultivierung von Salmonellastämmen im Kontakt mit Epithelzellen erlaubt.

Zur Kultivierung der Salmonellen im Kontakt mit Epithelzellen wurden eine intestinale Epithelzellinie des Dünndarms aus der Ratte (IEC-6) und eine Nierenepithelzellinie der Afrikanischen Grünen Meerkatze (VERO) verwendet. Die in die Untersuchungen einbezogenen Salmonellastämme sind für Kälber virulent. Subkonfluente Zellmonolayer werden nach mehrmaligen Waschprozessen mit einer Bakteriensuspension (Zellen:Bakterien 1:1) 3h bei 37°C und 5% CO_2 inkubiert. Nach der Inkubation wurden die Überstände abgesaugt und verworfen, die Epithelzellen mehrmals gewaschen und nach Zugabe des entsprechenden Zellkulturmediums für 20h weiterkultiviert.

Durch die von uns gewählte Versuchsanordnung erreichten wir, daß nach einer ersten 3stündigen Inkubationsphase und anschließenden Waschprozessen die Weiterkultivierung von überwiegend irreversibel an die Zellen gebundenen Salmonellen ausging. Das Toxin wurde vergleichend im steril filtrierten Überstand nach Kultivierung der Stämme in diesem System und nach Kultivierung im Zellkulturmedium ohne Epithelzellkontakt im CHO-K_1-Enterotoxintest bestimmt.

Wir erhielten folgende Ergebnisse:

1. Die untersuchten Salmonellastämme, die im zellfreien Medium kein Toxin zu bilden vermochten, bildeten geringe Mengen Toxin in Gegenwart der VERO-Zellen (20-30% elongierte CHO-Zellen) und deutliche Mengen (70-80% elongierte CHO-Zellen) in Gegenwart der Darmepithelzellen.
2. Die in Gegenwart der Zellen beobachtete Toxinbildung der Salmonellen geht nicht auf die Induktion einer generellen, auch ohne Zellkontakt wirksamen Befähigung zur Toxinbildung zurück. Aus den Überständen der Epithelzellen reisolierte Salmonellen zeigten bei erneuter Anzucht ohne Zellkontakt keine Toxinproduktion.
3. Die Kinetik der Keimzahl und der Toxinkonzentration im Überstand der intestinalen Darmzellen zeigten keine parallele Entwicklung.
4. Das gebildete Toxin läßt sich durch Hitzebehandlung (60°C, 60min) inaktivieren. Möglicherweise handelt es sich bei dem induzierten Toxin um ein hitzelabiles Enterotoxin der Salmonellen.
5. Die deutliche Stimulation der Toxinproduktion durch die Darmepithelzellen scheint durch besondere Eigenschaften der Darmepithelzellen (z.B. bestimmte Rezeptoren) induziert zu werden.
6. Das von uns entwickelte in vitro-Kultivierungssystem von Salmonellen auf der IEC-6-Zelllinie stellt ein Modell dar, mit dem die intestinale Phase der Erreger-Wirt-Wechselwirkung während der Salmonelleninfektion untersucht werden kann.

Eine moderne Prüfstrategie zur Abklärung des irritierenden Potentials von Chemikalien

C. Hagemann, W. Gfeller

Die Aufgabe der toxikologischen Untersuchung ist es, potentielle Gesundheitsgefahren zu erkennen, um danach das Ausmaß und die Wahrscheinlichkeit eines Schadens für Mensch, Tier und Umwelt abzuschätzen (Risk Assessment) und um entsprechende Maßnahmen zu treffen, die das Risiko auf einem für alle akzeptablem Niveau zu halten vermögen (Risk Management).

Wo es sinnvoll und auch möglich ist, sollen bei toxikologischen Abklärungen Tierversuche vermieden und durch versuchstierfreie Methoden ersetzt werden. Das Reaktionsverhalten eines Gesamtorganismus mit dem Zusammenspiel verschiedenster Organsysteme kann allerdings in seiner Komplexität in vitro (noch?) nicht erfaßt werden. Hier ist es aber wichtig, mit einer möglichst geringen Anzahl an Versuchstieren und in Kombination mit validierten *in vitro*-Methoden einen möglichst hohen Wissensstand zu erreichen.

Schon seit vielen Jahren wird nach Ersatzmethoden zu den Irritationsprüfungen auf der Haut und am Auge des Kaninchens gesucht. Fortschritte sind erzielt worden, und kleinere Anpassungen der OECD- und EG-Richtlinien sind erfolgt. Unserer Ansicht nach kann eine Entwicklung von echten in vitro-Ersatzmethoden nur schrittweise erfolgen. Eine weitere Adaptation an den neuesten Erkenntnisstand erscheint uns aber notwendig.

Ausgehend von der physikalisch-chemischen Beschaffenheit der Testsubstanz, mit Hilfe der quantitativen Struktur-Wirkungsbeziehungen (QSAR, z.B. TOPKAT), und unter Zuhilfenahme verschiedener orientierender in vitro-Systeme sollte bereits ein sorgfältiges Prescreening erfolgen. Nach Ermittlung der akuten dermalen Toxizität an der Ratte (OECD 1987; EEC, 1992) mit der Maximaldosis von 2000 mg/kg sollte bei Abwesenheit von Hautreizung keine Haut-Irritationsstudie durchgeführt werden (gemäß 92/69/EEC B.4. - EEC, 1992b). Ein positiver Befund (Reizung) in darauffolgenden zuverlässigen in vitro-Augen-Irritationsstudien (z.B. der BCOP Assay) sollte bereits zur entsprechenden Klassifikation führen. Der Befund einer in vitro nicht-reizenden Testsubstanz sollte jedoch an einem einzelnen Kaninchen bestätigt werden.

Ähnlich würde bei leichten Reizungen der Haut der Ratte bei der Ermittlung der akuten dermalen Toxizität verfahren. Idealerweise mit einer Batterie von in vitro-Testsystemen wird nacheinander die Haut- und Augenirritation ermittelt, wobei ein positiver Befund (Reizung) zur Klassifikation führt und ein negativer Befund (keine Reizung) an einem Kaninchen *in vivo* bestätigt wird. Ein positiver Befund bei der in vitro-Haut-Irritation ist natürlich gleichbedeutend mit der Klassifikation der Testsubstanz als haut- und augenreizend und beendet somit die Versuchsreihe, ohne daß ein Kaninchen eingesetzt wurde.

Summarisch kann festgehalten werden, daß bei in vitro und in vivo nichtreizenden Testchemikalien 2 anstatt bisher 6 Kaninchen eingesetzt werden müßten; bei *in vitro* nicht hautreizenden, jedoch *in vivo* reizenden Substanzen würde nur noch 1 Kaninchen statt bisher mindestens 3 eingesetzt, und bei in vitro hautreizenden Eigenschaften würde kein Tier mehr benötigt. Dies würde gleichzeitig zu einer Verminderung der Tierzahlen und zu einer Reduktion der Belastung der Tiere führen, ohne daß dabei eine sorgfältige Risikobeurteilung außer acht gelassen wird.

Literatur

EEC, Commission Directive 92/69/EEC B.3., Acute Toxicity (dermal), 1992a

EEC, Commission Directive 92/69/EEC B.4., Acute Toxicity (skin irritation), 1992b

Gautheron P., Giroux J., Audogond L., Cottin M., Hagemann C., Haynes G., Jacobs G., Kalweit S., Mayordome L., Morilla A., Pirovano R., Prinsen M., Vanparys P., Interlaboratory Assessment of the Bovine Corneal Opacity and Permeability (BCOP) Assay, Toxicology in Vitro, 1994

OECD, Guidelines for Testing of Chemicals No. 402 „Acute Dermal Toxicity", 1987

Verwendung von Humangewebe anstelle von Tiergewebe zum immunhistochemischen Nachweis von krankheitsspezifischen Antikörpern

M. Hartmann, E. Rossipal

Seit etwa 10 Jahren ist bekannt, daß sich im Serum von Patienten, die an Zöliakie leiden, Antikörper vom IgA-Typ gegen Strukturen des Endomysiums glatter Muskulatur, anti-Endomysium Antikörper (IgA-EmA), nachweisen lassen. IgA-EmA haben Bedeutung sowohl für die Diagnostik als auch für die Therapie- und Verlaufskontrolle dieser Erkrankung. Unbehandelte

Zöliakiepatienten zeigen individuell hohe Antikörpertiter, nach Einführung einer streng glutenfreien Diät sinken die Titer ab und sind schon nach Monaten nicht mehr nachweisbar. Bei Glutenbelastung bzw. bei Diätfehlern - bewußt oder unbewußt - steigen sie jedoch wiederum an.

Der Nachweis dieser anti-Endomysium Antikörper erfolgt immunhistochemisch - bisher üblicherweise an Gefrierschnitten von Affenösophagusgewebe, wobei verschiedene Firmen dazu Schnitte bzw. Testkits anbieten. Verwendet wird dabei der untere Teil des Ösophagus, eine positive Reaktion findet sich an Strukturen des Endomysiums der glatten Muskulatur in der Lamina muscularis mucosae und der Tunica muscularis.

Nicht zuletzt die Verwendung von Tiergewebe und auch die hohen Kosten dieser Schnitte bzw. Testkits haben uns bewogen, eine gleichwertige Ersatzmethode mit leicht zur Verfügung stehendem humanen Gewebe zu entwickeln. Als geeignetes Testmaterial, welches einfach, frisch und in ausreichender Menge verfügbar ist, hat sich die menschliche Nabelschnur herausgestellt. In ein mesenchymähnliches Bindegewebe sind hier zwei Arterien und eine Vene eingelagert. Anti-Endomysium Antikörper können an endomysialen Strukturen der Media dieser Blutgefäße immunhistochemisch nachgewiesen werden. Wir verwenden für unsere Tests Nabelstränge von Spontangeburten am Termin nach unauffälliger Schwangerschaft. Davon werden etwa 5mm große Gewebsstückchen präpariert, in flüssigem Stickstoff eingefroren und anschließend Gefrierschnitte angefertigt. Als immunhistochemische Färbemethoden eignen sich sowohl eine indirekte Peroxidase- wie auch eine indirekte Fluoreszenzmethode. Dazu werden die Gefrierschnitte zunächst mit Kontroll- und Patientensera unverdünnt und 1:2,5, 1:5, 1:10, 1:20, 1:40, 1:80, 1:160, 1:320 und 1:640 mit Puffer verdünnt inkubiert, die zweite Inkubation erfolgt mit einem Antikörper gegen humanes IgA - je nach Methode mit einem Fluoreszenzfarbstoff oder mit Peroxidase konjugiert. Parallel dazu wurden mit denselben Methoden auch Affenösophagusschnitte (Viroimmun, BioSystems) mitgetestet. Positive Resultate zeigen sich in Form einer Fluoreszenz bzw. Rotbraunfärbung der endomysialen Strukturen der glatten Muskulatur von Nabelstrangarterien und -vene bzw. der Lamina muscularis mucosae des Affenösophagus. Positive Befunde sprechen für das Vorliegen einer Zöliakie mit den charakteristischen Dünndarmschleimhautveränderungen (Zottenatrophie), wobei aber aus der Höhe des Titers nicht eindeutig auf den Grad dieser Veränderungen geschlossen werden darf. Sehr wohl aber können Titeränderungen beim einzelnen Patienten während einer glutenfreien Diät bzw. während einer Glutenbelastung mit dem Verlauf der Erkrankung korreliert werden. Im Vergleich zwischen Affenösophagusgewebe und Nabelstranggewebe zeigt sich in den höheren Titerstufen (1:320, 1:640,...) der Nachweis am Affengewebe etwa um 1 bis maximal 2 Titerstufen sensibler. Da jedoch, wie oben ausgeführt, für die Diagnostik im wesentlichen lediglich positive oder negative Resultate verwertbar, für die Therapie- und Verlaufskontrolle dieser Erkrankung aber der Anstieg oder Abfall der Titerhöhe beim individuellen Patienten relevant sind, kann der immunhistochemische Nachweis der für die Zöliakie spezifischen anti-Endomysium Antikörper an humanem Nabelstranggewebe als gleichwertige Ersatzmethode beurteilt werden. An der Universitäts-Kinderklinik Graz wurden innerhalb der letzten zwei Jahre sämtliche IgA-EmA-Bestimmungen nach dieser Methode durchgeführt.

Die Frühentwicklung des Zebrafisches als *Screening*-Testsystem für die Teratogenität von Substanzen

K. Herrmann, S. Berking

Nicht-Säuger-Systeme können möglicherweise als ergänzende, vorgeschaltete Screeningtests die Voraussage der Teratogenität bei Säugern verbessern und somit die Zahl der Versuchstiere reduzieren. Dies gilt für Substanzen, die den Säuger-Embryo in utero erreichen können. Die Frühentwicklung des Zebrafisches, Brachydanio rerio, scheint als Screening-Testsystem geeignet:

- Eier und Embryonen sind durchsichtig, die Entwicklung findet außerhalb des mütterlichen Organismus statt.
- Die Entwicklung ist schnell, 24 Stunden nach der Befruchtung sind fast alle Organe wie Augen, Herz, Gehirn entwickelt.
- Die Entwicklung der Eier ist bis zum 3. Tag synchron, sogar Gelege verschiedener Eltern entwickeln sich gleich schnell.
- Die Entwicklungsstadien sind leicht und sicher zu bestimmen.
- Zur Validierung als Testsystem wurden zwei Substanzklassen untersucht, deren Effekte bei Säugern bereits bekannt sind:
  - Valproinsäure und 12 chemisch verwandte Substanzen und
  - Retinsäure und 8 chemisch verwandte Substanzen.
- Die Ergebnisse zeigen:
  - Die Effekte sind reproduzierbar und eindeutig zu bestimmen.
  - Die Substanzen erzeugen Mißbildungen wie z.B. Microcephalie, Anophthalmie, Lordosis, Ödeme und Mißbildungen der Ohr-Anlagen, des Herzens und des Kreislaufsystems.
  - Es gibt Gemeinsamkeiten, aber auch Unterschiede zu der Reihenfolge der Wirksamkeit der Substanzen in anderen Testsystemen. Die Ähnlichkeit ist am größten zu Nicht-Säuger-Testsystemen und zu Säuger-whole-embryo-Kulturen in vitro. Insgesamt hat die Frühentwicklung des Zebrafisches einen hervorragenden prädikativen Wert für die teratogene Wirkung von Substanzen bei Säugern. Im Gegensatz zu den Säuger-Systemen kann beim Zebrafisch sogar die gesamte frühe Entwicklung untersucht werden. Besondere Mißbildungen, die nur von einigen Substanzen verursacht werden, ermöglichen die Untersuchung der Struktur/Funktions-Beziehung und bieten Hinweise auf den Wirkungsmechanismus der Substanzen.

Literatur

HERMANN K., The effects of the anticonvulsant drug valproic acid and related substances on the early development of the zebrafish (Brachydanio rerio), Toxicology in vitro, 7, 41-54, 1993

Verlauf der Immunantwort (aviäre vitelline Antikörper) beim Huhn nach Immunisierung mit Proteinantigen

U. Hommel, I. Behn, H. Weichert, H. Fiebig

Hühner aus SPF- und Normalhaltung wurden mit verschiedenen Proteinantigenen (Maus-IgM, Maus-IgG, DNP-RGG) immunisiert. Danach wurden mittels PEG-Präzipitation nach POLSON und VON WECHMAR (1980) aviäre vitelline Antikörper (IgY) gewonnen.

Die Titerbestimmung der aus dem Einzelei präparierten Antikörper erfolgte in entsprechenden ELISA-Systemen, wobei jeweils zwei Tiere vergleichend untersucht wurden.

Durch die Anwendung steigender Antigenmengen (0,1mg, 0,5mg, 1,0mg) und Adjuvans konnte die Immunantwort erhöht werden. Bei Gabe von hohen Antigenmengen (1,0mg/KFA) wurden die höchsten Antikörpertiter, aber gleichzeitig ein Rückgang der Legeleistung bei fast allen Tieren festgestellt.

Immunisierung mit Proteinantigenen führte bei SPF-Hühnern (Immunisierung mit Maus-IgM bzw. Maus-IgG) zu einer deutlich stärkeren Immunantwort im Vergleich zu Tieren in Normalhaltung (DNP-RGG-Immunisierung).

Mit Maus-IgM immunisierte Hühner reagierten in allen Versuchsgruppen mit den höchsten Antikörpertitern. Die Anti-Maus-IgG-Antwort mit Adjuvans ist der Anti-Maus-IgM-Antwort mit Adjuvans vergleichbar. Eine schwächere Reaktion ist bei Gabe des Antigens in unterschiedlichen Dosen ohne Adjuvans zu verzeichnen. Selbst bei Verwendung von Adjuvans lag der maximal erreichte Anti-RGG-Titer bei Tieren in Normalhaltung deutlich niedriger als bei den beiden anderen Proteinantigenen. Ohne Verwendung von Adjuvans ließ sich bei diesen Tieren nur eine schwache Immunantwort induzieren.

Die Untersuchungen zur Kinetik der Antikörperbildung (Immunisierungen: 0., 28., 56. Tag) zeigten, daß bei Anwendung von Adjuvans nach einer schwächeren Primärimmunreaktion bereits in der Sekundärimmunreaktion die höchsten Antikörpertiter erreicht wurden. Die Tertiärimmunisierung führt in den meisten Fällen nicht zu einer weiteren Steigerung, sondern zu einer Verlängerung der Immunantwort auf gleichem Niveau. Ohne Verwendung von Adjuvans ist bei dreimaliger Immunisierung im Abstand von 4 Wochen das Auftreten von starken Schwankungen in der Höhe der Immunantwort zu beobachten.

Die vorliegenden Ergebnisse lassen den Schluß zu, daß nach dreimaliger Immunisierung mit Proteinantigen und Adjuvans (0,5 mg/KFA) zwischen dem 40. und 90. Tag die größten Mengen spezifischer, vitelliner Antikörper aus den Eiern präparierbar sind.

Literatur

POLSON A. and VON WECHMAR B., Isolation of viral IgY antibodies from yolks of immunized hens, Immunological communications, 9, 475-493, 1980

Transfektion des natriumabhängigen Taurocholattransporters in eine immortalisierte Hepatozyten-Zellinie

W. Honscha, H. Platte, E. Petzinger

Differenzierte Zellfunktionen von Leberparenchymzellen, wie die Fähigkeit, Gallensäuren zu transportieren, gehen in frisch isolierten Hepatozyten innerhalb von einigen Stunden verloren. Auch in primären Hepatozytenkulturen ist diese Transportaktivität nach 48-72 Stunden nicht mehr nachweisbar. Hepatomzellinien, wie z.B. AS-30D-, Fao- und HepG2-Zellen, verlieren während der Transformation die Fähigkeit, Gallensäuren zu transportieren. Aus diesem Grunde konnten bisher hepatozelluläre Aufnahmeprozeße von Gallensäuren nur an frisch isolierten Hepatozyten untersucht werden. Wir haben versucht, durch die Fusion von primären Hepatozyten mit Fao-Hepatomzellen immortale Hybridzellen mit differenzierten Hepatozyteneigenschaften zu erhalten. Die resultierende Zellinie HPCT Klon E3 verfügt über einen basalen Cholsäuretransport, jedoch ist diese Zellinie nicht in der Lage, die Gallensäure Taurocholat aufzunehmen. Aus diesem Grunde haben wir die Zellen mit der cDNA für den natriumabhängigen Taurocholattransporter transfiziert. Die neue Zellinie (HPCT-E3TC) zeigt einen natriumabhängigen Taurocholattransport, der durch Gallensäuren inhibiert wird. Dieser Transport kann durch fluoreszierende Gallensäuren direkt sichtbar gemacht werden. Die Zellinie HPCT-E3TC erlaubt somit erstmalig eine Untersuchung der Regulation des natriumabhängigen Gallensäuretransporters in einer Zelle mit hepatozellulären Eigenschaften.

In vitro-Testung von Prothesenabriebstäuben - eine zwingende Untersuchung vor der Anwendung neuartiger Prothesenwerkstoffe an Mensch oder Tier

S. Johann, G. Blümel

In den Anfangsjahren der Prothesenimplantation wurden Materialien verwendet, die gute biomechanische Eigenschaften aufwiesen, jedoch stark mit dem umgebenden Gewebe reagierten und somit zu Komplikationen führten. In vitro-Untersuchungen von Abriebstäuben im Vorfeld der Prothesenkonzeption sollen toxische Materialien ausfindig machen. Ziel der vorliegenden Studie war die Testung neuer Prothesenwerkstoffe (Kohlenstoffasern, KF; Epoxidharz, EH) auf Lymphozyten und Makrophagen (Mø) des Menschen in vitro im Vergleich zu Standardmaterialien.

Als Testmaterialien wurden Partikel aus KF, EH, Titan (cpT) und Latex mit einem mittleren Durchmesser von 1-6µm verwendet. Mononukleäre Blutleukozyten (MNL) wurden über Ficoll-Dichtegradienten gewonnen und in Zellkulturplatten eingesät. Nach Zugabe der Partikel wurden die Lymphozyten bei 37C° 48 Stunden inkubiert. Die mitochondriale Enzymaktivität wurde durch Reduktion von Methylthiazol-Tetrazoliumbromid (MTT) zu Formazan photometrisch bestimmt. Die Lymphoblastogenese wurde durch die Zugabe von radioaktiv markiertem Thymidin für 20 Stunden mittels Flüssigszintillationszähler gemessen.

Adhärent wachsende MNL (Makrophagen, Mø) wurden 8 Tage nach Inkulturnahme mit den Testpartikeln für 48 Stunden inkubiert. Der Gehalt an LDH im Überstand, ein Maß für die Zellaktivität bzw. Zellschädigung, wurde photometrisch bestimmt. Mø wurden für 72h mit Abriebstäuben kultiviert und anschließend nach Standardmethode für die rasterelektronenmikroskopische (REM) Untersuchung vorbereitet.

Die Umsetzung von MTT zu Formazan wurde durch KF, cpT und Latex in niedriger Konzentration (100µg), zusätzlich durch EH in hoher Konzentration (400µg) gesteigert. Hingegen ergab die Kostimulierung mit PHA in beiden Staubkonzentrationen Werte vergleichbar der Mediumkontrolle. Die lymphozytäre DNS-Syntheseleistung konnte durch KF allein sowie in Kostimulierung mit PHA vermindert werden. EH und TI führten in niedriger Konzentration zu leichter Erhöhung, in hoher Konzentration zu geringer Hemmung der Lymphoblastogenese. Latex steigerte die Thymidineinbaurate signifikant. Die LDH-Konzentration war ausschließlich nach 24 Stunden und Inkubation mit EH gegenüber der Medium-Kontrolle erhöht. In der REM Untersuchung konnten verschiedene Aktivierungsgrade ohne Zellschädigung nachgewiesen werden.

Die untersuchten Biomaterialien führten zu einer Beeinflussung immunkompetenter Zellen ohne Anzeichen einer Zelltoxizität. KF und cpT bewirkten eine Suppression der Lymphoblastogenese bei gleichzeitiger Steigerung der Aktivität mitochondrialer Enzyme. EH verursachte die Freisetzung von LDH aus Mø, welches in Verbindung mit der REM Untersuchung auf Aktivierung, nicht auf Schädigung der Mø schließen läßt. Ergebnisse dieser Untersuchungen zeigen, daß neue Biomaterialien vor ihrem Einsatz an Mensch und Tier in der Zellkultur getestet werden können und müssen.

Einsatz einer menschlichen Leberzellinie (HepG2) zur Detektion von erbsubstanzschädigenden Kanzerogenen

S. Knasmüller, R. Sanyal, R. Kubiak, R. Schulte-Hermann, A.T. Natarajan

Für die routinemäßige Prüfung von Substanzen auf gentoxische Effekte werden derzeit diverse Bakterientests sowie Tests mit Säugerzellen durchgeführt. Die Ergebnisse dieser Untersuchungen können Hinweise auf mögliche kanzerogene Effekte von Chemikalien liefern. Untersuchungen mit Säugerzellen werden meist als in vitro-Tests mit stabilen Zellinien durchgeführt, denen allerdings Enzyme fehlen, die die metabolische Aktivierung und Desaktivierung von Kanzerogenen im lebenden Tier katalysieren. Daher werden meist zellfreie Enzymextrakte bei den in vitro-Tests zugesetzt, die jedoch die Vorgänge im lebenden Tier nur teilweise reflektieren. Als alternative Methode werden häufig in vivo-Mikrokerntests im Knochenmark von Laborsäugern durchgeführt. Mikrokerne (MK) entstehen als Folge von Chromosomenbrüchen oder falschen Chromosomenaufteilungen. Bei diesen Untersuchungen werden erheblich viele Tiere verbraucht, dennoch werden die erbsubstanzschädigenden Effekte zahlreicher Kanzerogene nicht erfaßt, da Stoffwechselprodukte, die insbesondes in der Leber gebildet werden, das Knochenmark nicht erreichen.

Auf der Suche nach möglichen Alternativmethoden haben wir die Einsetzbarkeit einer menschlichen Leberzellinie (HepG2) untersucht, die im Gegensatz zu anderen stabilen Linien Enzyme besitzt, die an der Verstoffwechslung erbsubstanzschädigender Kanzerogene beteiligt sind. Als Endpunkt diente ebenfalls die Induktion von Mikrokernen. Die Ergebnisse von Untersuchungen mit diversen Kanzerogenen sind in Tabelle 1 zusammengefaßt. Es zeigte sich, daß mit zahlreichen Verbindungen, die im MK-Knochenmarktest falsch negative Ergebnisse ergeben, in der HepG2-Linie positive Resultate meßbar sind. Dies deutet darauf hin, daß die Methode für *routinemäßige Substanzprüfungen* möglicherweise besser geeignet ist, als der MK-Test *in vivo*.

Tabelle 1. **Resultate mit diversen Vertretern von Promutagenen im MK-Test mit HepG2-Zellen**
a) Die Tests wurden gemäß dem Protokoll NATARAJAN und DARROUDI (1991) durchgeführt. Die Zellen wurden in DMEM gezüchtet und für 24h mit diversen Konzentrationen der Testsubstanzen inkubiert. Nach Medienwechsel wurde Cytochalasin B zugesetzt und die Zahl der MK/1.000 binucleäre Zellen nach Giemsa-Färbung ausgezählt.
b) Resultate nach HEDDLE et al. (1983); MIRKOVA and ASHBY, 1988, WILD et al. (1985)
c) Resultate nach IRAC Mon. Evaluation of Carcinogenic Risks to Humans (1993)
d) Con-controversal

Testsubstanz	**Substanzklasse**	**Vorkommen**	**Resultat mit HepG2-Zellen im MK-Test**[a]	**Resultat im MK-Knochenmarktest in vivo**[b]	**Ergebnis von Karzinogenitätsstudien**[c]
Benz(a)pyren	polyzyklische Kohlenwasserstoffe	Verbrennungsprozesse, Teer, Nahrungsmittel, Luftverunreinigungen	+	+	+
Dimethylnitrosamin	Nitrosamine	Nahrungsmittel, (insbesondere Räucherung u. Pökelung), Industrieabgase, Tabakrauch	+	-	+
ß-Naphtylamin	Aromat. Amin	Farbstoffindustrie	+	con[d]	+
2-Amino-3-methylimidazo [4, 5, *f*] quinoline	heterozykl. N-haltige Amine	thermische Zersetzung von eiweißhaltigen Nahrungsmitteln	+	-	+

Beim Kochen eiweißreicher Nahrung entstehen heterozyklische Amine. Diese unterscheiden sich in Bakterientests in ihrer mutagenen Wirkung um viele 10er Potenzen, während ihre Effekte in der HepG2-Linie sehr ähnlich sind (Tabelle 2). Vorläufige Resultate aus Karzinogenitätsuntersuchungen zeigen, daß die verschiedenen Substanzen tatsächlich eine sehr ähnliche kanzerogene Potenz besitzen. Das Verfahren ermöglicht offensichtlich eine bessere *Gefährlichkeitsabschätzung* dieser Kanzerogene als Bakterientests. In weiteren Untersuchungen konnten wir zeigen, daß die Mikrokerninduktion durch heterozyklische Amine unterbleibt oder reduziert wird, wenn im ng-Bereich Geschmacksstoffe (Vanillin, Zimtaldehyd, Coumarin) oder Caffein zugesetzt werden. Die Tests sind also auch für *Antimutagenitätsstudien* einsetzbar.

Tabelle 2. Mutagene Effekte heterozyklischer Amine, die bei der Nahrungszubereitung aus Aminosäuren entstehen

Testsystem	**Endprodukt**	**PhIP**	**IQ**	**MeIQ**	**MeIQx**
Salmonella/Mikrosomentest nach Ames mit TA 98	Zahl der his^+ Mutanten per µg Substanz/Platte	1800	360.000	661.000	56.000
MK-Test mit HepG2-Zellen	Zahl der pro 1.000 binucleären Zellen pro 1mg/ml in den HepG2-Zellen induzierten MK	35	37	42	40

Letztendlich wurde das Verfahren für die *Untersuchung von Wasserproben* modifiziert, indem filtersterilisiertes Testwasser (chemisch verunreinigtes, urbanes Flußwasser und Trinkwasser) zur Herstellung der Kulturmedien verwendet wurde. Die Resultate zeigen einen deutlichen Anstieg der MK bei Prüfung des Flußwassers, während Trinkwasser (Wien) keine deutlichen Effekte auslöste. Insgesamt deuten die bisher erhaltenen Resultate darauf hin, daß MK-Tests mit HepG2-Linien eine sehr vielversprechende Alternative zu anderen Prüfverfahren darstellen könnten.

Literatur

HEDDLE A.J., HITE M., KIRKHART B., MAVOURIN K., MAC GREGOR J.T., NEWELL J.T., NEWELL G.W., SALAMONE F., The induction of micronuclei as a measure of genotoxicity. A report of the U.S. environmental protection agency gene tox program, Mutat. Res., 123, 61-118, 1983

Irac Monographs on the evaluation of carcinogenic risks to humans, Vol. 1-56, Lyon: WHO, 1993

MIRKOVA E. and ASHBY J., Activity of the human carcinogens benzidine and 2-naphtylamine in male mouse bone marrow micronucleus assays, Mutagenesis, 3, 437-439, 1988

NATARAJAN A.Z. and DARROUDI F., Use of human hepatoma cells for in vitro metabolic activation of chemical mutagens/carcinogens, Mutagenesis, 6, 399-403, 1991

WILD D., GOCKE E., HARNASCH D.H., KAISER G., KING M.T., Differential mutagenic activity of IQ (2-amino-3-methyl-imidazo (4,5-*f*)quinoline) in Salmonella typhimurium strains in vitro and in vivo, in Drosophila and in mice, Mutat Res., 156, 93-102, 1985

Entwicklung eines Pseudorezeptors der Protein-Kinase C (PKC): ein Modell zur zielgerichteten Synthese neuer antineoplastischer Wirkstoffe

G. Krauter, C.W. von der Lieth, E. Hecker

Die Protein-Kinase C (PKC) repräsentiert eine strukturell homologe Gruppe von neun Isoenzymen ähnlicher Größe, Struktur und Aktivierungsmechanismen. Diese Enzym-Familie besitzt Serin/Threonin-Kinase-Funktion und ist Bestandteil eines der wichtigsten Signalübertragungswege der Zelle, durch die eine Vielzahl zellulärer Prozesse einschließlich Zellproliferation, Zelldifferenzierung und Änderung der Genexpression reguliert werden. Die physiologische Aktivierung erfolgt durch die Hydrolyse von membranständigen Inositol-Phospholipiden, wobei sn-1,2-Diacylglycerole entstehen.

Die PKC ist auch der zelluläre Rezeptor der meisten tumorpromovierenden Substanzen (z.B. Phorbolester, Aplysiatoxin, Teleocidin). Es wird angenommen, daß die Aktivierung der PKC für die tumorpromovierende Aktivität dieser Substanzen verantwortlich ist. Seit der Entdeckung antineoplastischer Substanzen, die ebenfalls an der PKC angreifen, gelten die Isoenzyme als potentielle Targets für die Entdeckung und Entwicklung neuer Chemotherapeutika. Auf der anderen Seite wurden bisher noch keine potenten und selektiven Aktivatoren und Inhibitoren der PKC-Isoenzyme entdeckt.

In dieser Untersuchung wird ein Pseudorezeptor für die PKC generiert. Dieses Modell basiert auf sechs Aktivatoren, die alle an die regulatorische Domäne des Enzyms spezifisch binden. Für diesen Zweck wurde das Programm Yak 1.5 (VEDANI A., Schweizerisches Institut für Alternativen zu Tierversuchen - SIAT) benutzt. Es erlaubt die Konstruktion dreidimensionaler peptidischer Pseudorezeptoren um das Ensemble der sechs Aktivatoren, die das Pharmakophormodell repräsentieren. Die Philosophie basiert auf den direkten, gerichteten Molekülinteraktionen zwischen den Liganden und den (peptidischen) Aminosäuren (Wasserstoffbrückenbindung, Metall-Ligand-Wechselwirkungen und hydrophobe Wechselwirkungen).

Der Pseudorezeptor kann für die zielgerichtete Synthese neuer spezifischer Agonisten und Antagonisten verwendet werden, um die Erforschung der Rolle der PKC und ihrer Isoenzyme im Signalübertragungsweg der Zelle voranzutreiben. Des weiteren kann er als Modell zur Synthese neuer antineoplastischer Wirkstoffe dienen.

Der Einsatz dieser Methode bzw. Modells läßt bei der Entwicklung eines Pharmakons frühzeitig ein mögliches Wirkungspotential erkennen und somit die Zahl von Tieren für aufwendige Screening-Untersuchungen reduzieren.

Toxizitätsbewertung mit dem Pollenschlauch-Wachstumstest

U. Kristen, F. Barile, P. Dierickx, B. Ekwall, W. Pape

Toxische Substanzen können die Keimung von Pollenkörnern und das Wachstum von Pollenschläuchen hemmen. Unter Verwendung von Tabakpollen der Spezies Nicotiana sylvestris haben wir die Zytotoxizität verschiedener Substanzen nach der folgenden Methode bestimmt (KAPPLER R. and KRISTEN U., 1987; KAPPLER R. and KRISTEN U., 1988): Suspension von Pollen in einem Kulturmedium, 18h Inkubation mit verschiedenen Konzentrationen der zu testenden Substanz, Färbung der Pollenschläuche mit Alcianblue, Ablösung des Farbstoffes von den Pollenschläuchen durch Ansäuerung mit Zitronensäure, photometrische Bestimmung der produzierten Pollenschlauchmenge durch Messung der Alcianblue-Extinktion, Erstellung einer Dosiswirkungskurve durch Plotting der Wachstumshemmung (in %) gegen die Testkonzentration, Ermittlung des ED_{50}-Wertes. Der ED_{50}-Wert entspricht der Konzentration eines Stoffes, die das Pollenschlauch-Wachstum gegenüber der Kontrolle um 50% reduziert. Nach dieser Methode wurden alle 50 MEIC-Chemikalien (BONDESSON I. et al., 1989) getestet. Die ED_{50}-Werte dieser Chemikalien korrelierten sehr gut mit den LD_{50}-Werten für Nager und mit den klinischen Daten für die akute, systemische Toxizität beim Menschen. Im Vergleich mit dem Draize-Augenirritationstest lieferte der Pollenschlauch-Wachstumstest (PTG-Test) für Tenside, hydroalkoholische Formulationen und gebrauchsfertige Kosmetika sehr gute Ergebnisse (CTFA-Programm, USA). Bei der Prüfung von 22 Detergentien ergaben die ED_{50}-Werte ebenfalls eine gute Rangkorrelation mit den entsprechenden Werten des Erythrozyten-Hämolyse-Tests und des Draize-Tests (KRISTEN U. et al., 1993). Unsere Ergebnisse zeigen, daß der PTG-Test geeignet ist, die Zahl der Tierexperimente (insbesondere für die toxikologische Bewertung von oberflächenaktiven Verbindungen und Formulationen) zu reduzieren.

Literatur

BONDESSON I., EKWALL B., HELLBERG S., ROMERT L., STENBERG K., WALUM E., MEIC - a new international multicenter project to evaluate the relevance to human toxicity of in vitro-cytotoxicity tests, Cell Biol. Toxicol., 5, 331-347, 1989

KAPPLER R. and KRISTEN U., Photometric quantification of in vitro-pollen tube growth: a new method to determine the cytotoxicity of various environmental substances, Envir. Exp. Bot., 27, 305-309, 1987

KAPPLER R. and KRISTEN U., Photometric quantification of water-insoluble polysaccharides produced by in vitro grown pollen tubes, Envir. Exp. Bot., 28, 33-36, 1988

KRISTEN U., KAPPLER R., PAPE W.J.W., HOPPE U., In vitro-toxicity assessment of tensides: The pollen tube growth test, the red blood cell test and the Draize eye irritation assay in comparison, Bio-Engineering, 5/93, 9.Jg., 39-45, 1993

Vollendung des Lebenszyklus einer Schildzeckenart (*Amblyomma hebraeum*) durch in vitro-Fütterung

F. Kuhnert, P. Diehl, P. Guerin

Zum ersten Mal ist es gelungen, den Lebenszyklus einer Schildzeckenart (Amblyomma hebraeum KOCH) allein durch Fütterung auf künstlichen Membranen zu vollenden. Zum Einsatz kam ein einfaches Fütterungssystem (umgebaute Honiggläser). Für Larven und Nymphen wurde eine dünne Viskosefaser-gestützte, für die Adulten eine dickere Silikonmembran benutzt. Als Attachment-Stimuli dienten Kaninchenfell und ein Pheromongemisch. Angeboten wurde defibriniertes Rinderblut vom Schlachthof, versetzt mit Bakterio- und Fungistatika sowie Blutinhaltstoffen. Bei Larven und Nymphen fand der Blutwechsel zweimal, bei den Adulten dreimal täglich statt. Die Fütterungseinheiten standen in einem 38°C-Wasserbad bei einer Umgebungstemperatur von 23°C und normaler CO_2-Konzentration. Auf diese Weise ernährte Jugendstadien erreichten mit auf Rindern gesogenen Zecken vergleichbare Körpermassen und Häutungserfolge. Die Gewichte künstlich gefütterter Weibchen lagen bei 38%, deren „egg conversion factor" bei 47% der von ihren Rind-gesogenen Kolleginnen erreichten Werte. Während natürlicherweise aus etwa 87% der abgelegten Eier Larven schlüpften, waren es bei von in vitro-Zecken gelegten Eiern 71% und bei Weibchen, die als Nymphen bereits in vitro gefüttert wurden, 42%. Die Eiproduktion der Adulten ist noch unbefriedigend und müßte verbessert werden.

Diese in vitro-Methode bietet machbare Alternativen beim Screening systemischer Akarizide, in der Entwicklung von Repellenzien und Antifeeding-Substanzen und neue Perspektiven für die in vitro-Zucht von Schildzecken.

Heterohybridome - eine Möglichkeit zur Produktion von tierartspezifischen Antikörpern?

E. Leidinger, P. Winkler, M. Gemeiner

1. Einleitung

Murine monoklonale Antikörper (mAk) werden nicht nur in der Human-, sondern auch in der Veterinärmedizin erfolgreich für diagnostische Zwecke und in der Forschung eingesetzt. Für spezielle Anwendungen wäre jedoch der Einsatz von tierartspezifischen mAk wünschenswert. Diese können durch PEG-induzierte Fusion von Blutlymphozyten (PBL) oder Splenozyten der gewünschten Tierart hergestellt werden. Da in der Regel keine arteigenen Fusionspartner (Myelomlinien) zur Verfügung stehen, werden nichtsezernierende, HAT-sensitive murine Myelomlinien (Ag8, NSO, SP2/0...) mit den Lymphozyten der jeweiligen Tierart fusioniert.

2. Ziel der Untersuchung

In der vorliegenden Arbeit wurde versucht, mittels der oben beschriebenen Technik durch Fusion von felinen Lymphozyten mit murinen Myelomlinien (NSO und Ag8) Hybridome zu erhalten, die feline mAk sezernieren. Diese sollen als Standards für die Bestimmung von IgG-Subklassen der Katze herangezogen werden.

3. Material und Methoden

3.1. Fusion und Kulturbedingungen

Die murinen Fusionslinien NSO und Ag8 wurden unter Standardbedingungen kultiviert. Katzenlymphozyten wurden von Tieren gewonnen, die aus verschiedenen Gründen an der I. Med. Klinik der Veterinärmedizinischen Universität Wien euthanasiert wurden. Die Zellen wurden isoliert und der Prozentsatz an lebenden Zellen mittels Trypanblauausschlußtest geschätzt. Ein Teil der isolierten Lymphozyten wurde für weitere Experimente eingefroren.

3.2. Medienzusätze

Für die Kultur von fusionierten Zellen wurden dem Standard-Kulturmedium (RPMI + 7% FKS) 5% hitzeinaktiviertes Katzenserum von gesunden Spendertieren, 25% makrophagen-konditioniertes Medium und 0,1mg/ml Taurin (2-Aminoethansulfonsäure) zugesetzt.

3.3. ELISA-Assay

Kulturüberstände wurden mittels ELISA-Assays auf die Anwesenheit von felinem IgG und IgM getestet.

3.4. Karyotypisierung

Die Chromosomen von Hybridomklonen wurden gebändert (G-Bänderung) und die Gesamtzahl der Chromosomen sowie die Zahl der Katzenchromosomen bestimmt. Katzenchromosomen wurden anhand der Bänderung und der Position der Zentromeren von Mauschromosomen differenziert.

4. Ergebnisse

Bei 12 Hybridisierungsexperimenten wurden 223 Klone registriert, die wenigstens 15 Tage überlebten, 23 davon (10,3%) überlebten mehrere Monate.

Die Heterohybridome waren signifikant größer als die Ausgangslinien (15,00 ± 1,16μm für Klon 37/5C5 im Vergleich zu 12,71 ± 0,69μm für Ag8) und teilten sich langsamer.

Die Fusion von Katzenlymphozyten mit Ag8 oder NSO führte zu einem Anstieg der Chromosomenzahl, die meisten Katzenchromosomen gingen allerdings nach wenigen Wochen in Kultur verloren. In mehreren der Klone wurde jedoch eine unterschiedliche Anzahl zurückgehalten und im Zuge der Mitose weitergegeben.

Bei zwei Hybridomen konnte die Produktion von felinem IgG mittels ELISA nachgewiesen werden. In beiden Fällen ist die Spezifität der mAk unbekannt.

5. Diskussion und Überblick

Unsere Ergebnisse haben gezeigt, daß es möglich ist, mit Hilfe von Heterohybridomen tierartspezifische (= homologe) monoklonale Antikörper zu produzieren. Folgende Vorteile und Limitierungen dieser Technik sind jedoch gegeneinander abzuwägen:

5.1. Vorteile der Verwendung von Heterohybridomen

1. Geklonte Heterohybridome sezernieren Immunglobuline einer einzigen Spezifität.
2. Aufgrund ihrer Artspezifität besitzen homologe mAk auch bei mehrfacher Applikation keine Allergenwirkung auf den Organismus.
3. mAk verschiedener Tierarten können zur Standardisierung von immunologischen Reagentien und Screening-Assays (z.B. ELISA) eingesetzt werden.
4. Die Verwendung von PBL für Fusionen beeinträchtigt die Spendertiere in keiner Weise.

5.2. Nachteile und Einschränkungen

1. Heterohybridome sind aufgrund von Chromosomenverlusten weniger stabil als Maus x Maus Hybridome.
2. Sie verlieren häufig die Fähigkeit, Immunglobuline zu produzieren bzw. zu sezernieren.

3. Die Menge der von Heterohybridomen produzierten mAk ist 5 bis 10 mal geringer als von Maus x Maus Hybridomen.
4. Blutlymphozyten können eine Infektionsquelle für die Zellkultur sein.

Diese Arbeit wird durch die „Hochschuljubiläumsstiftung der Stadt Wien" und den Fonds „200 Jahre Veterinärmedizinische Universität Wien" gefördert.

Literatur (Auswahl)

ANDERSON D.V., CLARKE S.W., STEIN J.M., TUCKER E.M., Bovine and ovine monoclonal antibodies to erythrocyte membrane determinants, produced by interspecific (hetero-) myelomas, Biochem. Soc. Trans., 14, 72-72, 1986

AUCKEN H.M., MORRIS C.M., TUCKER E.M., HANNANT G., MUMFORD J.A., POWELL J.R., Production of equine monoclonal immunoglobulins by mouse x horse heterohybridomas. Immunobiol. Supplement, 4, 140-141, 1989

GALAKHAR N.L., DJATCHENKO S.N., FOMICHEVA I.I., MECHETINA L.V., TARANIN A.V., BELOUSOV E.S., NAYAKSHIN A.M., BARANOV O.K., Mink-mouse hybridomas that secrete mink immunoglobulin G., J. Immunol. Methods, 115, 39-43, 1988

GROVES D.J., MORRIS B.A., CLAYTON J., Preparation of a bovine monoclonal antibody to testosteron by interspecies fusion, Res. Vet. Sci., 43, 253-256, 1987

KUO M.-C., SOGN J.A., MAX E.E., KINDT T.J., Rabbit-mouse hybridomas secreting intact rabbit immunoglobulin. Mol. Immunol., 22, 351-359, 1985

LEIDINGER E., KRAMBERGER-KAPLAN E., GEMEINER M., Optimization of culture conditions for feline x murine heterohybridomas, Comp. Immun. Microbiol. Infect. Dis., 16, 289-298, 1993

Etablierung einer leukosefreien Hühnerzucht

G. Malin, H. Dietrich, G. Wick, K. Hala

Infektionen des aviären Leukosevirus (ALV), einem Retrovirus, sind in kommerziellen Hühnerpopulationen wegen der speziellen, kongenitalen Übertragung weit verbreitet. Aviäre Leukoseviren verursachen neben neoplastischen Erkrankungen (z.B. lymphoide Leukose, Nephroblastome und Erythroblastome) auch nicht-neoplastische Erkrankungen (Anämien, kardiovaskuläre Erkrankungen und Aszites), wodurch es zu drastischen wirtschaftlichen Einbußen kommen kann. In einer ALV-freien Population treten diese Krankheiten nicht auf, die Tiere sind gesünder. Wenn auch das „Wohlbefinden" der Hühner für einen menschlichen Beobachter - wenn überhaupt - nur durch intensive ethologische Untersuchungen quantifiziert werden kann, so ist doch anzunehmen, daß der leukosefreie Status, also ein verbesserter Gesundheitszustand, von Vorteil für die Hühner ist.

Deshalb wurde in der Zentralen Versuchstieranlage der Medizinischen Fakultät der Universität Innsbruck eine leukosefreie Hühnerzucht etabliert. Mit Hilfe eines ELISA gegen das virale Hauptstrukturprotein p27 im Eialbumin konnten innerhalb von drei Generationen alle ALV-positiven Hühner analysiert und ausgeschieden werden. In der ersten Generation (1990/91) waren noch 43 (=46%) aller insgesamt 94 geprüften Tiere ALV-positiv und nur 30 Hühner (=32%) negativ. Die restlichen 21 Tiere wiesen ELISA-Ergebnisse im Grenzbereich zwischen negativen und positiven Werten auf. Dies ist vor allem auf die Sensitivität des eingesetzten Systems zurückzuführen. In der zweiten Generation (1991/92) wurden 129 Hühner geprüft. Es zeigte sich, daß 105 Tiere (=81%) ALV-negativ waren, 18 (=14%) ALV-positiv und 6 Tiere (=5%) fragliche ELISA-Werte zeigten. In der 3. Generation (1992/93) waren von den insgesamt geprüften 147 Hühnern 143 (=97%) ALV-negativ und je 2 Tiere (=1,5%) ALV-positiv bzw. fraglich.

Für stichprobenartige Untersuchungen wurde auch der sogenannten R(-) Q-Zell-Test eingesetzt, der eine hohe Sensitivität aufweist und auch geringe Mengen von Viruspartikeln nachweisen kann. Neben diesen Untersuchungen wurden alle notwendigen zootechnischen Begleitmaßnahmen genauestens eingehalten.

Unsere ALV-negativen Hühner zeigten eine längere Lebenserwartung, bessere Vitalität und eine um 10% höhere Legeleistung. Zusätzlich wurden die Hühner strichprobenartig serologisch gegen andere Viren (z.B. Infektiöse Laryngotracheitis, Newcastle Disease, Gumboro), Mycoplasmen (*M. gallisepticum*, *M. synoviae*) und *Salmonella* (B und D) geprüft und für negativ befunden. Deshalb wurde die Anzahl der für unsere Hühnerzucht erforderlichen Hähne und Hennen um 10-20% reduziert. Der Einfluß einer ALV-Infektion wurde in leukosefreien Küken des Obese Stammes (OS) auf die Entwicklung einer autoimmunen Schilddrüsenentzündung untersucht.

Die Arbeit in schweizerischen Tierversuchskommissionen

C. Mertens

Seit Dezember 1991 haben in der Schweiz gemäß Tierschutzgesetz Delegierte des organisierten Tierschutzes Einsitz in den kantonalen Tierversuchskommissionen, die Forschungsgesuche im Hinblick auf ihre Genehmigung beurteilen. Um die Wirkung dieser Neuerung zu evaluieren, erhielten im April 1993 sämtliche 86 Mitglieder der 14 Kommissionen vom „Schweizer Tierschutz" (STS) einen Fragebogen. Sie wurden darin zu 8 Aspekten der Kommissionsarbeit und der Bewilligungspraxis befragt:

1. Die Kommission als Gremium: Arbeitsweise, Beschlußfindung
2. Tierschutzdelegierte innerhalb der Kommission: Status, Kompetenz, Auswirkung
3. Die kantonale Behörde (= Bewilligungsinstanz): Verhältnis Kommission <=> Behörde
4. Die Gesuchstellenden: Verhältnis zur Kommission; Kooperationsbereitschaft
5. Probleme bei der Inspektion von Einrichtungen, die Tierversuche durchführen
6. Das Gesuchsformular (dieses ist in allen Kommissionen identisch)
7. Die Gesuche: Zielsetzung, Methoden, verwendete Tierarten und -zahlen
8. Die eigene Kompetenz und erhaltene Unterstützung.

Anhand aller vorgegebenen Antworten (multiple choice) wurde ein Profil des zufriedenen bzw. unzufriedenen Kommissionsmitgliedes erstellt. Der prozentuale Anteil der zufriedenen und unzufriedenen Personen wurde für einzelne Antworten oder Antwortgruppen berechnet, zunächst für die Gesamtheit der Antwortenden. Sodann wurde die Beurteilung durch Tierschutzdelegierte mit derjenigen der übrigen Mitglieder verglichen und mittels x^2-Tests auf Signifikanz der Unterschiede geprüft.

28 Adressaten haben den Fragebogen ausgefüllt (Rücklaufquote = 33%): Darunter befinden sich genau 14 Tierschutzdelegierte und 14 andere Interessenvertreter aus Hochschule und Industrie. Werden alle Aspekte und Antwortenden berücksichtigt, besteht ein sehr hohes Maß an Zufriedenheit, aber auch eine Palette von Negativpunkten. Eine Hauptschwierigkeit der Kommissionsarbeit liegt darin, daß oft Rückfragen bei den Gesuchstellenden nötig sind; viele unter ihnen scheinen immer noch nicht so genau zu wissen, was man angeben muß und wieviele Details unumgänglich sind. Nebst Kritik wurden auch einige Verbesserungsvorschläge gemacht, z.B. eine häufigere Diskussion grundsätzlicher Fragen innerhalb der Kommission oder eine strengere Anwendung der Grundsatzartikel des Tierschutzgesetzes.

Wenn auch Tierschutzdelegierte absolut mehr Kritik äußerten, so sind die Unterschiede zu den übrigen Kommissionsmitgliedern doch erstaunlich klein und nur in wenigen Fällen statistisch abgesichert.

Danksagung

Diese Untersuchung wurde dankenswerterweise vom Schweizer Tierschutz (STS) angeregt und finanziert. Ebenfalls sei dem Zürcher Tierschutz (ZT) gedankt, der einen Publikationsbeitrag leistete.

Literatur

MERTENS C., Die Arbeit in schweizerischen Tierversuchskommissionen, ALTEX, 2, 92-100, 1994

Eine serologische Methode zur Wirksamkeitsprüfung von Impfstoffen gegen die Rhinitis atrophicans der Schweine

V. Öppling, M. Kusch, P. Rühmann, K. Cußler

Der Schutzmechanismus bei Impfstoffen gegen die Rhinitis atrophicans der Schweine beruht auf der Weitergabe von Antikörpern über die Muttermilch geimpfter Sauen an die für die Erkrankung empfänglichen Ferkel. Wichtigste Impfstoffkomponente ist ein von Pasteurella multocida gebildetes, inaktiviertes Toxin.

Ein wesentliches Kriterium für die Bewertung der Qualität dieser Impfstoffe stellt deren Fähigkeit zur Induktion von Antikörpern gegen dieses Toxin dar. Ein Serum-Neutralisationstest auf embryonalen bovinen Lungenzellen (EBL) ist für den Nachweis von Antikörpern gegen das Pasteurella multocida-Toxin (PMT) geeignet. Die in diesem Test verwendete Toxinkonzentration hat einen großen Einfluß auf den Titer der Prüfseren.

Zur Erzielung gut reproduzierbarer Ergebnisse ist daher der Einsatz möglichst konstanter Toxinkonzentrationen erforderlich. Dies wurde durch Lyophilisation eines aus dem Ultraschallüberstand gewaschener Bakterienkulturen gewonnenen Rohtoxins ermöglicht. Dieses bei 4°C gelagerte, lyophilisierte Rohtoxin behält seine EBL-zytotoxische Aktivität über mindestens 18 Monate bei. Selbst nach Resuspension und weiterer Lagerung bei 4°C ist ein Abfall der zytotoxischen Aktivität erst nach mehr als 35 Wochen zu beobachten. Neben der Verwendung konstanter Toxinmengen trägt der Einsatz eines Referenzserums zur besseren Reproduzierbarkeit von Ergebnissen bei. Im Paul-Ehrlich-Institut wurde ein solches Referenzserum vom Schwein gewonnen und in größerer Stückzahl lyophilisiert. Dieses als „aPMT1“ bezeichnete Referenzserum kann für Vergleichsuntersuchungen zur Verfügung gestellt werden.

In Untersuchungen mit mehreren kommerziellen Rhinitis atrophicans-Impfstoffen konnte gezeigt werden, daß das Meerschweinchen im Vergleich zu Inzucht-(BALB/c) und Auszuchtmäusen (NMRI) eine hohe und gleichmäßige humorale Immunantwort gegen das PMT entwickelt. Nach zweimaliger Applikation einer fünftel Schweinedosis im Abstand von drei Wochen an Meerschweinchen erreichten sowohl ölig als auch wässrig adjuvierte Impfstoffe bereits zwei Wochen nach der letzten Immunisierung einen Höchsttiter gegen das PMT.

Dreizehn Chargen vier verschiedener Impfstoffe wurden in diesem Modell vergleichend geprüft. Alle erreichten zwei Wochen nach der letzten Immunisierung einen um mindestens 2 log2-Stufen höheren anti-Pasteurella multocida-Toxin-Titer als das stets im Zellkultur-Neutralisationstest mitgeführte Referenzserum aPMT1, das einen mittleren Titer von $1\text{-}2^{3,26}$ aufwies. Die Immunisierung von Meerschweinchen mit Rhinitis atrophicans-Impfstoffen und eine nachfolgende Bestimmung der anti-PMT-Titer im Neutralisationstest auf EBL stellt eine zuverlässige Methode für die Bewertung der Pasteurella multocida-Toxoid-Komponente dieser Impfstoffe dar. Das Prüfmodell erscheint geeignet, derzeit noch durchgeführte letale Belastungsversuche zu ersetzen.

Das Projekt wurde mit Unterstützung des Bundesministeriums für Forschung und Technologie durchgeführt.

In vitro-Screening von proliferationsmodifizierenden Substanzen an Zellkulturen von humanen medullären Schilddrüsenkarzinomen

R. Pfragner, A. Behmel, G. Wirnsberger, B. Niederle

Medulläre Schilddrüsenkarzinome (MTC) entwickeln sich aus den parafollikulären C-Zellen der Schilddrüse. Diese neuroendokrinen Tumoren sind durch die Produktion von spezifischen Peptiden charakterisiert, wie Calcitonin (CT), Calcitonin-gene related peptide (CGRP) und Bombesin (GRP). MTCs können sporadisch auftreten oder im Rahmen des dominant vererbten MEN2 Syndroms (Multiple Endokrine Neoplasie Typ 2): MEN 2, MEN 2B und FMTC. Ausgelöst wird die Entwicklung von MTCs durch Mutationen in RET Proto-Onkogen (10q11.2.). Humanes Tumorgewebe verschiedener Tumorstadien wurde in Zellkultur angesetzt. 6 kontinuierliche MTC-Zellinien konnten etabliert werden, sowie 12 Langzeitkulturen. Die Differenzierungsgrade der Zellinien wurden mittels Elektronenmikroskopie, Immuncytochemie, in situ-Hybridisierung und Northern Blot untersucht. Die Produktion von CT, CGRP und GRP konnte auch in vitro nachgewiesen werden. Alle Tumoren/Tumor-Zellinien wurden zytogenetisch untersucht und die in vitro-Entwicklung des Karyotyps während der Tumorprogression verfolgt. Tierexperimente beschränkten sich auf die Prüfung der Tumorgenität durch Heterotransplantation in die Nacktmaus. Da Bestrahlung und die herkömmliche Zytostatikatherapien bei MTCs geringe Wirkung zeigen, ist die Erforschung neuer therapeutischer Ansätze von besonderer Bedeutung. Die MTC-Zellinien sind geeignete Modelle für das in vitro-Screening von biologischen Modulatoren: Interferon alpha-2b (INTRON A, Aesca, Austria/Schering Plough Research, New Jersey) rief eine dosisabhängige Wachstumshemmung hervor. Diese Hemmung war umso ausgeprägter, je höher die Wachstumsrate der jeweiligen Zellkultur war.

Das CHEN-Zellsystem (Chick Embryo Neural Cell System) für das Screening auf Neuro- und Entwicklungstoxikologie

Ch.A. Reinhardt

Das von uns in den letzten Jahren entwickelte CHEN-Zellsystem (Chick Embryo Neural Cell System) zur Erkennung potentieller neurotoxischer und teratogener Schadwirkungen basiert auf 7 Tage alten, embryonalen Hirn- und Retinazellen aus dem Hühnerei (REINHARDT C.A., 1993 a,b; REINHARDT C.A., 1994). Dieser robuste in vitro-Test weist nur wenige, aber essentielle Marker oder Endpunkte auf, die in ein ausgewogenes und nicht überempfindliches System eingebettet sind.

Monolayer-Kulturen dienen als Vororientierung zur Bestimmung der wirksamen Konzentrationen der Testsubstanzen (EC_{50}). Reaggregat-Kulturen (in bewegter Suspension) zeigen dank ihrer weitgehenden Ähnlichkeit zum normalen Gewebe an, wieweit hirnschädigende oder entwicklungsschädigende Effekte der Testsubstanzen zu erwarten sind. Nervenzellen, Astrozyten und Sehzellen (im Falle der Retina) werden während der aktiven Differenzierungsphase (bis 14 Tage in vitro) mittels spezifischer Zell- und Differenzierungsmarker (Neurofilament-Protein NF-68kD, Glia-fibrilläres saures Protein GFAP, Glutaminsynthetase) auf Schadwirkung hin untersucht und in Relation zu einer allgemeinen Zytotoxizität gesetzt (Morphologie, Zytotoxizität, Vitalität, Proteingehalt). Im Rahmen einer laborinternen Prävalidierungsstudie mit 10 Neurotoxinen zeigte sich, daß der biochemisch bestimmte Marker Glutaminsynthetase für einen Routinetest zum Screening auf neurotoxische Aktivität am besten geeignet ist (REINHARDT C.A. and SCHEIN C.H., 1994).

Molekularbiologische Methoden werden nun zur rascheren und genaueren Messung der zellverändernden und schädigenden Effekte eingesetzt (mRNA-Proben für Zellstreßproteine, Cytokine und Differenzierungsproteine). Damit soll das CHEN-Zellsystem einerseits empfindlicher für die kritischen neurotoxischen und entwicklungsbiologischen Vorgänge werden. Andererseits kann das System mit einer Serie dieser Meßpunkte automatisiert und damit leichter für das Screening größerer Substanzgruppen in der Praxis eingesetzt werden. Folgende Fragen werden verfolgt:

1. Bestimmung der geeignetsten Schlüsselproteine zur Messung von neurotoxischem bzw. teratogenem Potential; Charakterisierung der zellulären Veränderungen auf der Ebene der Transkription der Messenger-RNA (mRNA) von Schlüsselproteinen wie Zytokine (G-CSF, GMCSF, Interleukin-1-alpha, TNF-alpha, Interferone), Zellstreßproteine (Heat shock proteins) und Differenzierungsmarker (GFAP und Neurofilament);
2. Schwellenwert- und Sensitivitätsbestimmung für die einzelnen Marker;
3. Abschätzung der Relevanz des CHEN-Tests mittels breiter Validierung nach Abschluß der laborinternen Prävalidierungsphase.

Eine Akzeptanz von neuen Modellen zur Risikoabschätzung und ganz speziell von in vitro-Methoden, setzt eine eingehende Validierung voraus. An solchen Validierungsstudien ist unsere Gruppe mit verschiedenen internationalen Projekten beteiligt (BLAAUBOER B.J. et al., 1994; BALLS M. et al 1994). Das Projekt ist Teil dieser Validierungsprojekte. Dabei werden nicht nur unsere in vitro-Modelle mit Hirn- und Retinazellen aus Hühner-Embryonen einbezogen, sondern auch andere in vitro-Systeme wie Stammzellkulturen, Reaggregat-Kulturen aus Rattenhirnzellen, Massenkulturen aus Extremitäten und Gehirn von Rattenembryonen, sowie ganze Embryonen in Kultur evaluiert.

Literatur

BALLS M, BLAAUBOER B.J., BRUNER L., COMBES R.D., EKWALL B., FENTEM J.H., FIELDER R., GUILLOUZO A., LEWIS R., LOVELL D., REINHARDT C.A., REPETTO G., SLADOWSKI D., SPIELMANN H., ZUCCO F., Practical aspects of the validation of toxicity test procedures. Report and recommendations of an ECVAM/ERGATT workshop in Amden, Switzerland (24.-28. Jan. 1994). ATLA, 1994 (im Druck)

BLAAUBOER B.J., BALLS M., BIANCHI V., BOLCSFOLDI G., GUILLOUZO A., MOORE G.A., ODLAND L., REINHARDT C.A., SPIELMANN H., WALUM E., ECITTS integrated toxicity testing scheme: the application of in vitro test systems to the hazard assessment of chemicals. Toxicology in Vitro, 8, 845-846, 1994

REINHARDT C.A., Neurodevelopmental toxicity in vitro: Primary cell culture models for screening and risk assessment. Reproductive Toxicology, 7, 165-170, 1993a

REINHARDT C.A., The protocol of the CHEN cell system (Chick Embryo Neual Cell System) to monitor neurotoxic and teratogenic drugs and chemicals. INVITTOX data bank for in vitro methods in toxicology, Nottingham U.K., 1993b
REINHARDT C.A. (ed.), Alternatives to animal testing. New ways in the biomedical sciences, trends and progress, Weinheim: VCH Verlagsgesellschaft, 1994
REINHARDT C.A. and SCHEIN C.H., Glutamine synthetase activity as a marker of toxicity in cultures of embryonic chick brain and retina cells. Toxicology in Vitro, 1994 (in Druck)

Die Legeleistung von Hühnern nach Immunisierung - Einfluß von Antigen und Adjuvans

R. Schade, A. Hlinak, A. Schniering

In der Literatur findet sich hartnäckig der Hinweis auf geringere Empfindlichkeit von Hühnern gegenüber Freunds komplettem Adjuvans (FCA) im Vergleich zu Säugern. In der Regel wird diese Einschätzung nicht weiter erörtert, sodaß unklar bleibt, auf welche Kriterien sie sich gründet. Es läßt sich lediglich vermuten, daß die meisten Autoren von der oberflächlichen Beobachtung ausgehen, nach denen Hühner auch bei Einsatz von FCA nicht mit solchen Gewebsnekrosen, wie bei Kaninchen zu beobachten, reagieren. Genauere Untersuchungen (LÖSCH U. et al., 1986) konnten aber belegen, daß auch Hühner nach FCA erhebliche Gewebsreaktionen zeigen, die allerdings oberflächlich nicht ohne weiteres erkennbar sind. Hieraus ergibt sich die Frage, ob es Kriterien gibt, an denen sich die Belastung eines Huhnes als Folge der FCA-Anwendung einschätzen läßt. Ein Kriterium könnte die Legeleistung immunisierter Hühner sein, wenn man annimmt, daß die Konstanz dieser Leistung auch abhängig ist von dem Wohlbefinden des Tieres. Wir sind dieser Frage nachgegangen, indem wir die Legeleistung immunisierter Hühner über einen Zeitraum von mehreren Monaten verfolgt und auf Zusammenhänge zwischen Boosterung und Veränderungen der Legeleistung analysiert haben (8 Gruppen zu n = 5, 5 Einzeltiere). Als Antigene wurden virale/bakterielle Ag, Extrakte von Ascaris suum, Serumproteine sowie ein Peptid als Peptid-BSA Konjugat eingesetzt.

Die Resultate lassen sich wie folgt einschätzen: Die Arbeit hatte eingangs die Frage gestellt, ob die Wirkung des FCA in irgendeiner Weise an der Legeleistung erkennbar sei. Nach Analyse der vorliegenden Daten läßt sich diese Frage nicht klar mit ja oder nein beantworten. Es ist vielmehr so, daß das Profil der Legeleistung von verschiedenen Einflußgrößen bestimmt zu werden scheint, was auch zu erwarten wäre. Wir erkennen deutlich, daß Extrakte von *Ascaris suum* offensichtlich eine eigene Wirkung haben, die zu wochenlangen Ausfällen führen kann. Es wäre nicht unwahrscheinlich, daß in diesen Extrakten Stoffe enthalten sind, die diese Effekte bewirken. Im Unterschied hierzu scheinen die Serumproteine kaum eine eigene Wirkung zu haben. Es ist weiterhin erkennbar, daß die individuelle Variabilität der Hühner außerordentlich groß ist, sodaß zwar zweifelsfrei ein Einfluß der Antigenapplikation nachzuweisen ist, aber schwer differenziert werden kann zwischen dem Einfluß der Manipulation selbst und dem Einfluß von FCA. Die Beobachtung, daß die Tiere hinsichtlich ihrer Legeleistung gelegentlich auf die Anwendung von FCA nicht oder nur schwach reagieren, unterstreicht dieses Problem. Immunisierungen ohne FCA zeigen, daß der Einfluß von FCA zwar erkennbar, aber nicht so stark wie vielleicht erwartet, ist. Abgesehen von den erwähnten Einflußgrößen scheinen auch „systemimmanente" Effekte eine Rolle zu spielen, weil sonst kaum die, unabhängig vom eingesetzten Antigen, gefundenen Gemeinsamkeiten in den jeweiligen Legeprofilen zu erklären wären. Zusammenfassend hierzu läßt sich festhalten, daß die Legeleistung multifaktoriell beeinflußt wird und sich daher verallgemeinerungswürdige Aussagen (außer der multifaktoriellen Beeinflussung) kaum treffen lassen.

Aus der Sicht des Tierschutzes ist die Suche nach Adjuvantien, die bei gleicher Effizienz nicht die Gewebseffekte des FCA aufweisen, erforderlich. Da das FCA sich bisher als das für die Erzeugung hoher Titer am besten geeignete Adjuvans erwiesen hat, wird dieses Problem nicht einfach zu lösen sein. Alternative Adjuvantien sind bereits im Angebot, haben allerdings den Nachteil, daß sie relativ teuer sind bei bestenfalls gleicher Wirksamkeit im Vergleich zu FCA. Nach dem Stand der Dinge scheint die Suche nach dem „idealen" Adjuvans sinnvoll. Mit dem wachsenden Verständnis immunologischer Zusammenhänge ergeben sich möglicherweise erfolgversprechende Strategien zur Adjuvansentwicklung.

Dieses Vorhaben wurde mit Mitteln des Bundesministeriums für Forschung und Technologie (Projekt-Nr.: 031012A) „Alternative Methoden" gefördert.

Literatur

LÖSCH U., SCHRANNER I., WANKE R., JÜRGENS L., The chicken egg, an antibody source, J.Vet.Med., 33, 609-619, 1986

SPRICK-SANJOSE MESSING A., Studien zur Adjuvanswirkung beim Haushuhn (Gallus gallus), Inaugural Dissertation, Universität München, 1990

Untersuchungen zur Spezifität von Säugerantikörpern im Vergleich zu aviären Antikörpern mittels Polyacrylamidgel-Elektrophorese und Immunoblotting von Antigenen des Intestinalparasiten *Ascaris suum*

A. Schniering, R. Schade

In der vorliegenden Arbeit sollen Ergebnisse dargestellt werden, die Aussagen zur Spezifität von aviären und Säugerantikörpern liefern. Als Antigen findet ein Gemisch von Proteinen des Schweinespulwurms Ascaris suum Verwendung. Das sogenannte „Somatische Antigen" weist Proteine in einem weiten Molekulargewichtsspektrum auf. Antikörper dagegen wurden sowohl im Huhn als auch im Kaninchen produziert.

Nach der elektrophoretischen Auftrennung des somatischen Antigens in Polyacrylamid-Mini-Flachgelen wurden die Proteine auf fliesverstärkte Zellulosenitratfolie (0,22µm Porengröße) geblottet und diese daraufhin in für die nachfolgenden Immunreaktionen geeignete Streifen geschnitten. Als Primärantikörper wurden die aus Hühnern bzw. Kaninchen gewonnenen Antikörper in geeignete Verdünnungen eingesetzt, als Sekundärantikörper fanden Kaninchen-Anti-Huhn-IgG-POD bzw. Ziege-Anti-Kaninchen-IgG-POD Verwendung. Nach dem Abstoppen der Farbreaktionen wurden die Blottstreifen gescannt. Das Streifenmuster auf den Blottstreifen kann auf diese Art in einem Chromatogramm dargestellt werden. Durch die Ermittlung der relativen Peakvolumina sind objektive Vergleiche der Blottreaktionen untereinander möglich.

Grundsätzlich lassen sich in der Reaktionslage der Immunsysteme vom Kaninchen bzw. Huhn auf das somatische Antigen von Ascaris suum erhebliche Ähnlichkeiten feststellen. Ein Großteil der immunologisch erkannten Proteinbanden ist sowohl beim Kaninchen als auch beim Huhn zu sehen. An mehreren Stellen sind Unterschiede vorhanden, die am stärksten im niedermolekularen Bereich deutlich werden.

Nicht nur zwischen Huhn- und Kaninchenantikörpern sind Unterschiede festzustellen, sondern auch bei jeweils einem Tier im Laufe der Immunantwort. Das ergab der Vergleich der

Reaktionen der Antikörper, die jeweils nach den einzelnen Immunisierungen gewonnen wurden.

Die bisher vorliegenden Ergebnisse erlauben es nicht, definitiv systematische Unterscheidungen in der Epitoperkennung durch aviäre bzw. mammäre Antikörper zu konstatieren. Möglicherweise ist das verwendete Antigenmodell hierfür ungeeignet bzw. reicht die Anzahl der Beobachtungen nicht aus. Es ist wünschenswert, auch andere Antigene (z.B. Proteine von Säugern) für Untersuchungen dieser Art einzusetzen.

Das diesem Bericht zugrundeliegende Vorhaben wurde mit Mitteln des Bundesministers für Forschung und Technologie gefördert (Projektnummer 0310124A).

Entwicklung eines in vitro-Zytotoxizitätstests zur Abwasserüberwachung

M. Schulz, J. Rickert, H.G. Miltenburger

In der Bundesrepublik Deutschland sieht der §7a des Wasserhaushaltsgesetzes (WHG) vor, daß Abwässer industrieller und kommunaler Einleiter u.a. auf ihre Fischgiftigkeit getestet werden müssen. Als Testsystem ist der Fischtest (DIN 38 412 Teil 31) mit Goldorfen (Leuciscus idus melanotus) vorgeschrieben.

Um die Anzahl dieser Tierversuche zu reduzieren oder den *in-vivo* Versuch ganz zu ersetzen, wurde der Einsatz von *in vitro*-Tests mit Fisch- bzw. Säugerzellen geprüft. Wir haben die permanenten Fischzellinien D11, RTG-2 und ULF-23HU sowie die Säugerzellinien Balb 3T3, L929 und V79 eingesetzt und - sofern keine entsprechenden Daten vorlagen wie bei den Fischzellinien - charakterisiert. Hierzu gehörte auch die Überprüfung der Fischzellinien auf Einsatz für gentoxikologische Analysen (Chromosomenaberrationen, SCEs). Folgende Anforderungen wurden an die Testmethode gestellt: stabile Zellinien-Charakteristika, standardisiertes und einfaches Testprotokoll, möglichst kurze Versuchsdauer, gute Reproduzierbarkeit. Als Kriterium für die Erfassung toxischer Effekte wurde die Zellproliferation in Monolayerkulturen nach der Behandlung mit dem zu prüfenden Agens gewählt, beginnend einige Stunden nach der Passage bzw. nach der Behandlung. Unterschiedliche kolorimetrische Endpunktmessungen (Kristallviolett-, MTT- und Neutralrot-Färbung) in 96-Napf-Platten wurden eingesetzt.

Die Fischzellinie ULF-23HU eignet sich wegen ihrer schlechten Proliferationskinetik nicht. Die Fischzellinien D11 und RTG-2 (beide von Salmo gairdneri) wurden nach einem für diese Zellinien geeigneten Testprotokoll (4stündige Anheftungszeit/20stündige Behandlung) mit zwei Substanzen behandelt, die in industriellem Abwasser vorkommen können. Mit diesen Versuchen wurden Erkenntnisse vor allem über die Sensitivität der Fischzellinien, der zwei Färbemethoden (Kristallviolett-Feucht, Neutralrot) sowie über die Reproduzierbarkeit der Ergebnisse gewonnen. Bei Behandlung mit der abwasserrelevanten Substanz Kaliumdichromat traten beträchtliche Unterschiede sowohl im Hinblick auf die Sensitivität der Zellinien als auch auf die Nachweisbarkeit mittels der gewählten kolorimetrischen Meßmethode auf. Die Werte des Konzentrations-Wirkungskurven-Verlaufs lagen mit der Neutralrot-Färbung durchwegs etwa 20% unter denen mit der Kristallviolett-Färbung. Des weiteren zeigte die Zellinie D11 eine bis zu 2 Dekaden (IC_{50}-Wert) geringere Sensitivität gegenüber Kaliumdichromat-induzierten zytotoxischen Effekten der RTG-2-Zellen. Um vergleichsweise hierzu eine vorwiegend Zellmembran-aktive Substanz zu prüfen, wurde Triton X-100 eingesetzt. Hiermit ergaben sich keine Unterschiede in bezug auf die Sensitivität, weder zwischen den beiden Zellinien, noch zwischen den kolorimetrischen Methoden.

Beide Fischzellinien sind mittels der hier untersuchten kolorimetrischen Endpunktmessungen zur Bestimmung von Zytotoxizität geeignet. Damit ist auch eine Voraussetzung für Gentoxizitätsstudien erfüllt. Insbesondere die Zellinie RTG-2 hat sich wegen ihres geeigneten Karyotyps (59±1 Chromosomen) in entsprechenden Experimenten in unserem Labor hierfür geeignet. Über diese Daten wird an anderer Stelle berichtet.

In vitro-Herstellung vitaler Gewebe mit Hilfe resorbierbarer Polymervliese und Perfusions-Kulturkammern

M. Sittinger, J. Bujia, W.W. Minuth, C. Hammer, G.R. Burmester

Resorbierbare Polymervliese wurden als Trägermaterial für die Etablierung dreidimensionaler Knorpelzellkulturen eingesetzt. Die Polymeroberfläche der Vliesfasern wurde zuvor mit Adhäsionsfaktoren beschichtet. Mit Hilfe photometrischer Assays zur Zellanheftung wurde eine Reihe verschiedener Anheftungsfaktoren wie z.B. Kollagen, Laminin, Polylysin, Fibronectin zu diesem Zweck ausgetestet. Die effektivste und schnellste Bindung der Chondrozyten an die Polymerfasern wurde mittels Polylysin erzielt. Zur Herstellung des Zell-Polymer-Gewebes wurden Chondrozyten-Suspensionen (20 Mio Zellen/ml) in die Vliesstrukturen eingebracht. Das entstandene Zell-Polymer-Integrat wurde anschließend in 4%ige „low melting" Agarose eingeschlossen, sodaß ein Nährstoffaustausch ähnlich wie im Knorpelgewebe nur durch Diffusion möglich war. Das Gel sorgte darüber hinaus für eine verbesserte Retention, Akkumulation und Aggregation von synthetisierten hochmolekularen Komponenten der extrazellulären Matrix. Seine Funktion als molekulares Sieb verbesserte die Ausbildung einer neuen interzellulären Matrix. Um die Mediumversorgung der Zell-Polymer-Gewebe möglichst stabil zu halten, wurden sie in Perfusionskammern kultiviert. Mit einer langsamen Peristaltikpumpe wurde in variablen Intervallen frisches Medium durch die Kammer mit einer Geschwindigkeit von 1cm/h gepumpt. Der Differenzierungsgrad der Chondrozyten sowie die Proteoglykan- und Kollagen-Synthese wurden mit Hilfe von immunhistochemischen bzw histochemischen (Azan-Färbung und Alcianblau) Methoden bestimmt.

Die Chondrozyten behielten in diesem Kultursystem ihre morphologischen und phänotypischen Eigenschaften. Es konnte eine Akkumulation von Matrixkomponenten zwischen Zellen und Polymerfasern beobachtet werden. Mittels monoklonaler Antikörper wurde die Synthese des knorpelspezifischen Kollagens Typ II sowie die Expression weiterer spezifischer Differenzierungsmarker nachgewiesen. Elektronenmikroskopische Untersuchungen zeigten *in vitro* eine Aggregation von Kollagenfasern mit typischer Querstreifung.

Diese Ergebnisse zeigen, daß in einem automatisierten dreidimensionalen Kultursystem unter Zuhilfenahme eines geeigneten resorbierbaren Trägers eine in vitro-Herstellung vitaler Zellgewebe möglich ist.

Isolierte humane Zellen können in herkömmlichen Monolayer-Kulturtechniken vermehrt und anschließend für die Herstellung eines neuen Gewebeverbandes eingesetzt werden. Mittels gewebeähnlicher dreidimensionaler Zellkulturen könnten in vivo-Situationen weit besser simuliert werden als mit herkömmlichen Monolayerkulturen. Der resorbierbare Zellträger wird im Laufe der Gewebebildung funktionell durch eine neue interzelluläre Matrix, bestehend aus Kollagenen und Proteoglykanen, ersetzt.

Ein neues System zur nicht invasiven Bestimmung von Zellzahlen und Wachstumskinetiken in 96 Well-Platten - General Cell Screening System (GCSS)

F. Steindl, J. Atzler, A. Livingston, K. Puchegger, C. Schmatz, W. Steinfellner, K. Vorauer, P. Rubenzer, H.W.D. Katinger

In vielen der als Alternativen zu Tierversuchen eingesetzten Zellkulturmethoden wird die Zytotoxizität von Substanzen an tierischen oder menschlichen Zellen ermittelt. Dabei wird in der Regel, unabhängig von der Chemie und dem toxischen Wirkmechanismus der Stoffe, ein Standardprotokoll mit festgelegtem Zeitschema für den Kontakt der Zellen mit dem Xenobiotikum und die Bestimmung der zytotoxischen Wirkung verwendet. Die zahlreichen Möglichkeiten der Bestimmung der toxischen Wirkung (z.B. Vitalfärbung, Enzymaktivitäten oder Einbau markierter Nukleotide in die DNA) setzen eine Fixierung oder Ablösung der Zellen zum Zeitpunkt der Bestimmung voraus; sie sind daher nur Momentaufnahmen des Geschehens. Alle kinetischen Parameter und die gesamte Entwicklung des Versuches bis zum gemessenen Endpunkt bleiben bei diesen Methoden als „black box" verborgen.

Mit dem GCSS ist es erstmals möglich, Zellzahlbestimmungen beliebig oft in 96 Well-Platten durchzuführen, kinetische Parameter quantitativ zu bestimmen und am Bildschirm darzustellen. Dieses System besteht aus dem GCSS-Reader (8 Kanal-Photometer mit rechteckigem Lichtstrahl), der GCSS-Platte mit der neuen Wellform und der entsprechenden GCSS-Software für Apple Macintosh Computer. Die Methode basiert auf einer hochauflösenden Transmissionsmessung direkt in den 96 Well-Zellkulturplatten, wodurch die Zellen in keiner Weise beeinflußt werden. Die konischen Wells der GCSS-Platte sind wie bei einer normalen Mikrotiterplatte angeordnet und haben eine rechteckige Grundfläche (6x2mm). Mit einem feinen 2mm breiten, rechteckigen Lichtstrahl wird der Wellinhalt im Ausmaß der gesamten Grundfläche durch 17 additive Messungen quantitativ erfaßt. Anhand einer einmalig erstellten Eichkurve für die jeweilige Zellinie (Zelltyp) kann die Zellzahl/Well zu jedem Meßzeitpunkt und auch die Zellverteilung innerhalb der Wells in Meßrichtung am Bildschirm dargestellt werden. Die exakte Datenprotokollierung, die Geschwindigkeit der Messung (8sec/Platte) und die Darstellung der Ergebnisse am Bildschirm (inklusive der Zellwachstumskinetikkurven) innerhalb weniger Sekunden sind weitere Vorteile dieses Systems gegenüber herkömmlichen Methoden.

Das GCSS ist in einer Kooperation zwischen dem Institut für Angewandte Mikrobiologie an der Universität für Bodenkultur in Wien und der Fa. SLT Labinstruments in Grödig realisiert worden.

Das Projekt wurde vom österreichischen Forschungsförderungsfond für gewerbliche Wirtschaft gefördert.

Möglichkeiten zur Einschränkung der Tierversuche bei der Wirksamkeitsprüfung von Toxoid-Impfstoffen

K. Weißer, A. Zott

1. Hohe Wirksamkeit von Impfstoffen

Bei der Auswertung der Untersuchungsergebnisse von Impfstoffen über mehrere Jahre fällt auf, daß die von der WHO empfohlene und von der EP vorgeschriebene Mindestwirksamkeit für Tetanus-Impfstoffe nicht nur sicher erreicht, sondern von den meisten Herstellern um ein Mehrfaches überboten wird.

Über den Sinn eines extrem wirksamen Impfstoffes bzw. einer fehlenden Obergrenze soll hier nicht diskutiert werden.

Es stellt sich jedoch die Frage, ob aufwendige Tierversuche zum Nachweis einer Mindestwirksamkeit nötig sind, wenn bereits mit hoher Wahrscheinlichkeit angenommen werden kann, daß der Impfstoff ein Mehrfaches der vorgeschriebenen Wirksamkeit besitzt, und dies von Charge zu Charge nur im Rahmen der Präzision des Testverfahrens schwankt.

2. Tierbedarf für die Tetanus-Wirksamkeitsprüfung

In der Praxis des derzeit vorgeschriebenen Mehrdosenverfahrens (Challenge-Test nach Immunisierung mit mindestens je 3 Dosen von Test- und Referenzpräparat) zeigt sich bei den verschiedenen Herstellern ein sehr unterschiedlicher Bedarf an Tieren je Charge.

Dieser resultiert neben Unterschieden in der Anzahl Dosen (3-6) und der Anzahl Tiere je Dosis (10-20) auch aus Unterschieden in der Handhabung der Versuche (Testung mehrerer Chargen gleichzeitig; vermeidbare Wiederholungen).

Somit bestehen schon im Rahmen der geltenden Vorschrift Einsparmöglichkeiten. Die mögliche weitere Reduzierung des Tierbedarfs bei Zulassung des 1-Dosis-Verfahrens ist an 2 Beispielen dargestellt, auf die im weiteren eingegangen wird.

3. Möglichkeiten zur Reduktion der Wirksamkeitsbestimmung an 2 Beispielen

21 bzw. 18 aufeinanderfolgende Chargen der Präparate H und D wurden retrospektiv auf **Chargenhomogenität** anhand der Ergebnisse aus dem Mehrdosenverfahren geprüft. Dazu wurde die gewichtete mittlere Wirksamkeit berechnet und einem Homogenitätstest (x^2-Tests, s=0,95) unterzogen.

In beiden Fällen konnten keine Unterschiede bezüglich der Wirksamkeit von Charge zu Charge festgestellt werden. Auch waren andere Kriterien der Konsistenz erfüllt (weniger als 20% der Versuche ungültig wegen Nichtlinearität/Nichtparallelität der Dosis-Wirkungs-Kurven, alle Vertrauensintervalle im Bereich 50-200% des Schätzwertes).

Die retrospektive Prüfung der Möglichkeit eines reduzierten **1-Dosis-Verfahrens** für diese beiden Präparate wurde nach DOBBELAER et al. (1992) (WHO BLG/92.1) durchgeführt. Dabei wird anhand der Ergebnisse jeweils einer Dosis von Test- und Referenzpräparat geprüft, ob das Testpräparat eine Wirksamkeit >40 (bzw. 60) I.E./Dosis besitzt (P<0,025).

Bei Impfstoff H (mit sehr hoher Wirksamkeit) zeigte sich, daß zum Nachweis der Mindestwirksamkeit aller Chargen ein 1-Dosis-Verfahren mit nur 8 Tieren je Gruppe genügt hätte. Das hätte eine Einsparung von 83% der Tiere (Mäuse) bedeutet.

Bei Impfstoff D (mit relativ geringer Wirksamkeit) zeigten 3 von 18 Chargen (17%) in dieser Simulation zu geringe Wirksamkeit. Bei Annahme von 3 Wiederholungsprüfungen hätte sich dennoch eine Gesamtersparnis von 50% ergeben.

4. *In vitro*-Kontrolle der Chargenhomogenität mittels Rocket-Immunelektrophorese

Mit der Rocket-Immunelektrophorese (RIE) kann, nach spezieller Behandlung des Impfstoffs, die „aktive Substanz", das Toxoid, dargestellt werden. Im Vergleich mit verschiedenen Mengen eines Referenz-Toxoids läßt sich die Menge an freigesetztem Toxoid ermitteln und bietet so ein reproduzierbares Verfahren zur qualitativen und quantitativen Chargenüberprüfung.

Darüber hinaus zeigt sich bei einigen Impfstoffen ein enger Zusammenhang zwischen der freigesetzten Toxoidmenge in der RIE und der im Tierversuch ermittelten Wirksamkeit. Dieser Befund ist möglicherweise nicht auf alle Impfstoffe übertragbar, sodaß ein solcher Zusammenhang im Einzelfall geprüft werden muß.

5. Zusammenfassung

Am Beispiel verschiedener Tetanus-Impfstoffe konnte gezeigt werden, daß unter den heutigen Bedingungen eine deutliche Reduzierung des Tierbedarfs bei der Wirksamkeitsprüfung möglich ist, ohne die sichere Wirkung der Impfstoffe in Frage stellen zu müssen.

Die Einschränkungsmöglichkeiten der Tierversuche des derzeit vorgeschriebenen Mehrdosenverfahrens reichen vom zeitweiligen Verzicht (z.B. Prüfung nur jeder 5. Charge) über die Anwendung eines 1-Dosis-Verfahrens bis hin zur Kontrolle des Antigengehalts durch Rocket-Immunelektrophorese.

Konkrete Entscheidungen für einen bestimmten Impfstoff lassen sich nach retrospektiver Analyse der Wirksamkeitsprüfungen beim Hersteller und der zuständigen Kontrollbehörde festlegen.

Literatur

DOBBELAER R., KNIGHT P., LYNG J., Giudelines for the validation and use of simple vaccine dilution quatal response potency assay for diphteria tetanus and combined vaccines, WHO BLG/92.1, 5-16, 1992

Kultivierung und Charakterisierung von humanen nasalen Epithelzellen in Primärkultur

U. Werner, T. Kissel

In den letzten Jahren beschäftigte sich die Forschung vermehrt mit Alternativen zur parenteralen Applikation von Peptiden. Ein vielversprechender Weg ist die Resorption solcher Arzneistoffe über die Nasenschleimhaut. Die dazu notwendigen Vorversuche wurden bisher am in situ Rattenmodell durchgeführt bei dem die Ratte anschließend getötet wurde. Um die Anzahl dieser Tierversuche zu verringern, beschäftigen sich mehrere Arbeitskreise mit der Entwicklung eines *in vitro*-Zellkulturmodells nasalen Epithels. Die Schwierigkeiten dieses Vorhabens liegen in der Dedifferenzierung der Zellen zu Plattenepithel ohne typische Becher- oder Zilienzellen. Auch ein dichter Monolayer mit tight junctions wurde nur selten erreicht.

Das Ziel unserer Studien war die Entwicklung eines solchen Modells aus menschlichen nasalen Epithelzellen, unter Beibehaltung der Zilienzellen und der Ausbildung von *tight junctions*, um Transportstudien zu ermöglichen.

Zu diesem Zweck isolierten wir enzymatisch (0,5% Protease, 20h, 4°C) Zellen aus frisch operierten Nasenmuschelstücken, die bei Nasenscheidewandbegradigungen anfielen. Diese

Zellen wurden in einer Dichte von 10^5 Zellen/cm^2 auf Petrischalen oder Filtern ausgesät, die entweder unbehandelt oder kollagen beschichtet waren. Unter 4 verschiedenen Medien ergaben folgende die besten Ergebnisse bezüglich Anheftung, Vermehrung und Differenzierung:

1) M199 + Hydrocortison, Transferrin, EGF, Insulin und 20% FKS;
2) DMEM + 10% FKS.

Zwischen diesen beiden Medien konnte kein Unterschied beobachtet werden, obwohl 2) ein einfaches Standardmedium ist. 24 Stunden nach der Aussaat hefteten sich die Zellen an und begannen auszuspreiten. Nach 6 Tagen konnte ein dichter Monolayer beobachtet werden, der aktiv schlagende Zilien aufwies. Nach weiteren 2 Tagen formierten sich Domes. Domes entstehen, wenn Zellprodukte, die durch die basolaterale Membran ausgetreten sind, nicht in die apikale Lösung entweichen können. Dadurch entsteht ein Flüssigkeitsreservoir unter den Zellen und diese lösen sich vom Untergrund ab. Somit sind Domes ein Beweis für die Ausbildung von tight junctions. Diese Kultur blieb unverändert, bis sich nach 18 Tagen ganze Zellverbände vom Untergrund ablösten und die Kultur abstarb.

Für die Charakterisierung dieser Kulturen verwendeten wir FITC-markierte Lectine. Vorversuche an 5µm dicken Mikrotomschnitten menschlicher Nasenschleimhaut zeigten eine ausgeprägte Fluoreszenz des Schleims durch PNA und WGA. WGA färbte zusätzlich leicht die Zilien. In unseren Primärkulturen ließen sich Schleimzellen durch PNA nachweisen, und Zilienzellen wurden mit WGA intensiv markiert.

Zusammenfassend läßt sich sagen, daß wir ein primäres Zellkulturmodell humaner nasaler Epithelzellen entwickelt haben, das wichtige morphologische Eigenschaften der natürlichen Nasenschleimhaut beibehält. Durch die Ausbildung von tight junctions werden Transportstudien von Arzneistoffen durch die humane nasale Schleimhaut ermöglicht. Dieses erhöht die Korrelation mit in vivo-Versuchen und reduziert die Anzahl der Tierversuche.

Danksagung

Finanziell unterstützt wurde dieser Kongreß von:

Bundesministerium für Gesundheit, Sport und Konsumentenschutz
Bundesministerium für Land- und Forstwirtschaft
Bundesministerium für Umwelt, Jugend und Familie
Bundesministerium für Wissenschaft und Forschung
Landesregierung Oberösterreich
Landeshauptstadt Linz

FFVFF - Fonds zur Förderung versuchstierfreier Forschung, CH-Zürich
set - Stiftung zur Förderung der Entwicklung von Ersatz- und Ergänzungsmethoden zu Tierversuchen, D-Mainz

Fa. Aigner Laborbedarf Ges.m.b.H., A-Wien
Fa. Gibco BRL - Life Tech. Overseas GmbH, A-Wien
Fa. Heraeus Ges.m.b.H., A-Wien
Fa. ICT Handels GmbH, A-Wien
Fa. Laevosan Ges.m.b.H., A-Linz
Oberbank, A-Linz
Fa. Scandic HandelsgesmbH, A-Wien
Fa. Tissue Engineering Int., B-Gierle
Fa. Behringwerke AG, D-Marburg
Fa. Buderus Tec Laboranlagen, D-Sinn
Fa. Coulter Electronics GmbH, D-Krefeld
Fa. Hoechst AG, D-Frankfurt/Main
Fa. Sigma Chemie GmbH, D-Deisenhofen

Redaktion

Helmut Appl

AFTF - Arbeitskreis für die Förderung
von tierversuchsfreier Forschung
Postfach 39
A-1123 Wien

Tel./Fax: +43 1 8151023

MEGAT

Mitteleuropäische Gesellschaft für Alternativmethoden zu Tierversuchen
Postfach 748
A-4021 Linz

Sind Sie schon MEGAT-Mitglied?

MEGAT steht für...

- **Verbreitung und Validierung** neuer Methoden, die alternativ zu Tierversuchen eingesetzt werden können,
- **Forschungsförderung**, die dem 3R-Konzept dient (reduce, refine, replace),
- **Reduktion des Tierverbrauches** für Versuche in Aus- und Weiterbildung,
- **Leidens- und Belastungsminderung** für Versuchstiere durch bessere Zucht, Haltung, Versuchsplanung und andere begleitende Maßnahmen,
- **sachverständige Beratung** und gutachterliche Stellungnahme für öffentliche und private Einrichtungen, Behörden, Firmen, Universitäten und
- **sachgerechte Information** der Öffentlichkeit, der Presse und des Fernsehens...

MEGAT bietet Ihnen...

☞ Als Mitglied erhalten Sie die **Fachzeitschrift ALTEX - Alternativen zu Tierexperimenten 4 x jährlich kostenlos**. ALTEX ist zugleich unser offizielles Organ. (Fordern Sie umgehend ein Probeheft bei uns an!)

...weiters erhalten Sie als MEGAT-Mitglied

☞ **Ermäßigungen für die Österreichischen internationalen Kongresse über Ersatz- und Ergänzungsmethoden zu Tierversuchen in der biomedizinischen Forschung** (zugleich Jahrestagung der Gesellschaft) und andere von der MEGAT mitveranstaltete Tagungen.

Wenn Sie mehr über MEGAT wissen wollen, rufen Sie uns an:

Präsident der Gesellschaft

Prof. Dr. Horst SPIELMANN
Zentralstelle zur Erfassung und Bewertung von Ersatz- und Ergänzungsmethoden zu Tierversuchen
Bundesinstitut für gesundheitlichen Verbraucherschutz und Veterinärmedizin
Diedersdorfer Weg 1
D-12277 Berlin
Tel.: +49 30 7236 2270 - Fax: +49 30 7236 2958

Springer-Verlag
und Umwelt

Als INTERNATIONALER WISSENSCHAFTLICHER VERLAG sind wir uns unserer besonderen Verpflichtung der Umwelt gegenüber bewußt und beziehen umweltorientierte Grundsätze in Unternehmensentscheidungen mit ein.

VON UNSEREN GESCHÄFTSPARTNERN (DRUCKEREIEN, Papierfabriken, Verpackungsherstellern usw.) verlangen wir, daß sie sowohl beim Herstellungsprozeß selbst als auch beim Einsatz der zur Verwendung kommenden Materialien ökologische Gesichtspunkte berücksichtigen.

DAS FÜR DIESES BUCH VERWENDETE PAPIER IST AUS chlorfrei hergestelltem Zellstoff gefertigt und im pH-Wert neutral.

MIX
Papier aus verantwortungsvollen Quellen
Paper from responsible sources
FSC® C105338

If you have any concerns about our products,
you can contact us on
ProductSafety@springernature.com

In case Publisher is established outside the EU,
the EU authorized representative is:
Springer Nature Customer Service Center GmbH
Europaplatz 3, 69115 Heidelberg, Germany

Printed by Libri Plureos GmbH
in Hamburg, Germany